智能图像信息
处理丛书

朱秀昌　唐贵进 / 编著

现代
数字图像处理

Advanced
Digital
Image
Processing

人 民 邮 电 出 版 社
北 京

图书在版编目（CIP）数据

现代数字图像处理 / 朱秀昌，唐贵进编著. -- 北京：人民邮电出版社，2020.5
（智能图像信息处理丛书）
ISBN 978-7-115-52039-5

Ⅰ. ①现… Ⅱ. ①朱… ②唐… Ⅲ. ①数字图象处理 Ⅳ. ①TN911.73

中国版本图书馆CIP数据核字(2019)第197213号

内 容 提 要

本书主要介绍现代数字图像处理的基本原理、主要技术和典型应用，共 15 章，大致分为 4 部分。第一部分为第 1 章和第 2 章，介绍图像基本概念和数字化图像基础。第二部分为第 3 章至第 8 章，介绍经典的图像处理原理和技术，包括图像的变换、增强、复原、小波、压缩和分割处理等。第三部分为第 9 章至第 12 章，介绍近来发展较快的图像特征描述、彩色图像处理、形态学图像处理和基于偏微分方程的图像处理。第四部分为第 13 章至第 15 章，介绍近期已成为热门的图像处理新方法，包括图像的超分辨率重建、基于人工神经网络的图像处理和图像压缩感知。

本书适合电子信息、信号处理、自动控制、通信工程、广播电视、生物医学工程、遥感遥测、计算机应用、模式识别、光学工程等专业的本/专科高年级学生、硕士研究生等用作教材或参考书，也可供和图像有关的科技工作者、工程技术人员及其他感兴趣的读者阅读。

◆ 编　　著　朱秀昌　唐贵进
　责任编辑　邢建春
　责任印制　彭志环

◆ 人民邮电出版社出版发行　　北京市丰台区成寿寺路 11 号
　邮编　100164　　电子邮件　315@ptpress.com.cn
　网址　http://www.ptpress.com.cn
　北京市艺辉印刷有限公司印刷

◆ 开本：787×1092　1/16　　　　彩插：4
　印张：29　　　　　　　　　　2020 年 5 月第 1 版
　字数：688 千字　　　　　　　2020 年 5 月北京第 1 次印刷

定价：198.00 元

读者服务热线：(010)81055493　印装质量热线：(010)81055316
反盗版热线：(010)81055315
广告经营许可证：京东工商广登字 20170147 号

前 言

几十年前，谈到图像技术，人们大致会联想到电视、电影、照相、遥感、美术等方面的相关技术，和大多数人关系不大。但是，随着信息化浪潮席卷全球，作为信息重要来源的图像信息和相应的图像技术随之迅猛发展。今天，图像已经无处不在、无时不在，几乎找不到什么地方、什么人、什么时间、什么工作不需要图像和图像技术。

正是这无时无处不在的图像信息、图像知识和图像技术的普及和发展，使“数字图像”这一概念深入人心。自冈萨雷斯教授 1977 年出版《数字图像处理》一书到现在已 40 余年，从国外到国内出现了各具特色的有关图像处理的教材和参考资料，有的注重理论，有的注重工程，有的注重前沿，有的注重基础，其中不乏优秀教材。

我们编写过数字图像处理方面的教材，为什么还要编写这本《现代数字图像处理》，其必要性何在？这实际上是近年来我们不断思考的问题，编写这本书的初心和动机归纳起来大致如下：其一是图像处理技术发展很快，不断有新理论、新方法和新应用出现，有的图像处理方面的教材往往不能反映当前图像处理技术的发展，因此需要不断吐故纳新，精炼经典内容，补充最新内容，跟上时代发展的脚步；其二是对迄今为止在图像处理领域出现的比较成熟的新概念和新技术进行梳理，给出一些实例，让读者花较少的时间和精力就能理解和掌握这些新内容，少花宝贵的时间来翻资料、找参考、钻难点；其三是面向广大的读者，不让图像处理新技术成为学习的拦路虎，融合经典和现代技术，出版一本让初学者能够逐步看懂、有一定基础的读者可以获得启发的教材。

本书尝试在传统和现代之间架起一座桥梁，使读者可以领略从经典到现代数字图像处理的大致内容、处理方法和发展趋势。实际上，这也是我们亲历过的一段学习和研究过程。这是我们的良好愿望，但繁杂冗长的写作过程告诉我们，虽然已经尽力，但要达到上述目标并不容易，特别是把握好那些仍然在蓬勃“生长”中的新理论和新技术更是如此。

对于数字图像处理，本书总的特点是规范“经典”、强调“现代”。“现代”发源于“经典”，既和以往的图像处理有深厚的联系，但也有显著的不同之处，大致可以归结为以下几个方面：学科之间的相互交融，如和计算机科学、数理方程、数学形态学等学科的交融；人工智能的引入，如人工神经网络、机器学习、模式识别等；新的数学理论的引入，如压缩感知理论等。

在这个理念的指导下，本书共编写了 15 章，大致分为 4 部分。第一部分为第 1 章和第 2 章，内容是图像基本概念和数字化图像基础。第二部分为第 3 章至第 8 章，介绍经典的图像处理原理和技术，包括图像的变换、增强、复原、小波、压缩和分割处理等。即使是经典部分，在其中也增加了一些最新内容。第三部分为第 9 章至第 12 章，分别介绍近来发展较快和应用较多的图像特征描述、图像配准、彩色图像处理、形态学图像处理和偏微分方程图像处理等。第四部分为第 13 章至第 15 章，介绍近期热门的图像处理新方法，包括图像的超分辨率重建、基于神经网络的图像处理和图像的压缩感知。

从课程的性质看，数字图像处理是一门工科课程，是一门实践性很强的课程。因此，建议读者重视图像处理实践，重视在实验中加深对图像处理原理的理解。限于篇幅，本书没有图像处理的具体算法和程序方面的介绍，但并不代表不重要。在这方面，Matlab 为我们提供了一个桌上“实验室”，Open CV 提供了一个开源的图像处理算法库，在人工智能领域应用广泛的基于 Python 的多种开源软件也是一个很好的选择，这些软件已成为我们进行图像处理实验的好帮手。

本书在编写过程中，得到了同事、学生和朋友的支持和帮助，参考和引用了前人的著作、论文和其他研究成果，我们对这些文献的著作者和提供意见、建议的朋友表示深切的谢意。

最后，限于作者的学识水平，编写谬误在所难免，希望广大读者对于书中任何错误、不足提出宝贵的意见和建议，我们一定诚恳接受，并对此表示由衷感谢。

作者

2019 年 5 月于南京

目　录

第1章 绪论

本章首先简要介绍数字图像处理理论和技术的起源，它所采用的基本方法和包含的主要内容。然后，简述图像的呈现机理，以及光和图像之间的密切关联，分析图像信息不同于其他媒体信息的主要特点；简述人眼的视觉特性，它的几种常见表现和对图像处理的影响。最后，从应用的角度介绍常见的图像质量评价方法，这是一个既经典、又现代，且至今尚未很好解决的关键问题。

随着人类社会的进步和科学技术的发展，人们对信息处理和信息交流的要求越来越高。图像（Image）信息具有直观、形象、易懂和信息量大等特点，已成为人们日常生活、生产中频繁接触的信息种类之一。近年来，随着信息社会数字化的进展，数字图像处理（DIP，Digital Image Processing）无论在理论研究方面还是在实际应用方面都取得了长足进展，尤其是计算机技术的应用、因特网的普及、人工智能的兴起、遥感技术的发展、数字处理芯片性能的提高以及数学理论与方法的更新，对数字图像处理的发展起了关键性的推动作用；而数字图像处理技术的应用和发展又有力地促进和加速了上述各项技术的进步。

1.1 数字图像处理

图像是人类获取信息的一个重要来源，相关研究表明，约 70%的信息是通过人眼获得的图像信息。在当代科学研究、军事技术、航天、气象、医学、工农业生产等领域，人们越来越多地通过图像信息来认识和判断事物，解决实际问题。例如，人们利用人造卫星所拍摄的地面照片分析地球资源、气象态势和污染情况，利用宇宙飞船所拍摄的月球表面照片分析月球的地形、地貌。在医学上，通过计算机断层（CT，Computed Tomography）图像，医生可以观察和诊断人体内部是否有病变组织。在公安侦破中，采用指纹图像提取和比对来识别罪犯。在军事上，目标的自动识别和跟踪都有赖于高速图像处理。在交通领域，通过计算机视觉对场景的分析来实现汽车的无人驾驶。尚有更多的应用难以一一列举。从这些耳熟能详的事例中，我们可以清楚地看到图像处理技术的广泛应用前景。

1.1.1 图像处理的简要历程

如果将 1826 年世界上第一张照片算作图像技术的开始，图像至今经历了光学图像、印刷图像、电子图像的发展历程。最早的数字图像处理可以追溯到 20 世纪 20 年代人们借助于打印机设备进行的数字图像处理。图 1.1 是当时电报打印机采用不同字符表示不同的灰度在编码纸带上打印出的图像。但现代意义上的数字图像处理技术是建立在计算机快速发展基础上的，它开始于 20 世纪 60 年代初期，那时第三代计算机研制成功，快速傅里叶变换（FFT，Fast Fourier Transform）出现，图像的输出有了专用设备，这些使某些图像处理算法可以在计算机上实现。

在图像处理的研究和应用方面，美国国家航空航天局喷气推进实验室（JPL，Jet Propulsion Laboratory）的开拓性工作就是其中一例。在 20 世纪 60 年代中期，他们对航天探测器“徘徊者”发回的几万张月球照片用几何校正、灰度变换、去噪声、傅里叶变换、去模糊以及二维滤波等方法进行处理，由计算机成功地绘制了月球表面地形图、彩色图以及全景镶嵌图。图 1.2 是当时航天器传送的第一张月球表面照片。

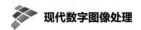

图 1.1 1921 年打印的图像

图 1.2 1964 年第一张月球表面照片

20 世纪 70 年代以来，数字图像处理从空间技术逐渐向其他应用领域推广。例如，在生物医学领域，CT 技术的发明以及在临床诊断中的广泛应用，使医学数字图像处理技术倍受关注，成功地推动了图像处理的理论和技术跨上一个新的台阶。

到了 20 世纪 80 年代以及进入 21 世纪以来，越来越多从事数学、物理、计算机等基础理论和工程应用的研究人员关注和加入图像处理这一研究领域，逐渐改变了图像处理仅受信息工程技术人员关注的状况。各种与图像处理有关的新理论与新算法不断出现，如小波分析（Wavelet）、分形几何（Fractal）、形态学（Morphology）、偏微分方程（PDE，Partial Differential Equations）、模糊集合（Fuzzy Sets）、遗传算法（GA，Genetic Algorithms）、人工神经网络（ANN，Artificial Neural Networks）、压缩感知（CS，Compressed Sensing）等，已经成为图像处理理论与技术的研究热点，并取得了长足进展。与此同时，计算机运算速度的提高，硬件处理器能力的增强，使人们不仅能够处理单幅的二维灰度图像，而且开始处理彩色图像、视频序列图像、三维图像和虚拟现实图像。

图像处理技术如今已逐步应用到我国社会生活和生产的各个方面，如近年来蓬勃发展的医学图像处理、航天图像处理、智能图像分析、多媒体信息处理、遥感图像处理、生物图像特征识别、自动目标识别和跟踪、虚拟现实技术等。作为图像处理技术应用的一个生动缩影，在 2010 年“上海世博会”，除了参展区宏大的气势和各展馆精美的展品外，留给广大观众深刻印象的就是五彩缤纷的图像技术应用：从传统的彩色图片，到高清晰度、特大屏幕的动态“清明上河图”的演示；从传统的视频动画到环幕、球幕三维视频的显示等。

另外一个实例是近 5 年我国发射的一系列高分辨率遥感卫星（简称高分卫星），如 2018 年 7 月发射的高分辨率十一号光学遥感卫星，具有非常高的空间分辨率（1 m 以下），为国土普查、城市规划、路网设计、农作物估产和防灾减灾等领域提高足够高分辨率的地面图像。图 1.3 是 2014 年高分二号卫星发回的上海浦东地面照片。实际上，我国目前最强的民用侦测卫星分辨率已经达到 0.3 m，军用侦测卫星的精度更高。

图 1.3　中国高分二号卫星拍摄的上海浦东地面图像

1.1.2　图像处理的内容

1. 数字信号处理

数字信号处理（DSP，Digital Signal Processing）是比数字图像处理更大的一个学科范畴，数字图像处理是数字信号处理的一部分，因此，在介绍图像处理的基本方法时，不得不从数字信号处理说起。一般说来，数字信号处理的基本理论、技术和系统能够适用于数字图像处理。和一般数字信号处理的不同之处在于图像系统中处理的是数字图像信号，它往往具有维数高（一般大于二维）、数据量大、运算复杂度高等特点。

数字信号处理技术通常是指利用计算机或/和专用处理设备（包括器件），以数字的形式对信号进行采集、滤波、去噪、检测、均衡、变换、压缩、分类、估计等处理，以得到符合人们需要的信号形式。这里所指的处理是对数字化后的信号施加某种数学或逻辑运算。例如，对音频信号进行去噪和压缩处理，其目的是滤除混杂在信号中的噪声和干扰，将信号变换成易于识别和理解的形式，也可对它进行压缩，减少信号中的冗余信息，便于存储、传输。再如，对卫星云图进行图像增强处理，以便于观察和分析，有助于准确地预报天气。

数字信号处理是相对于模拟信号处理而言的，它比模拟信号处理有更多的优点，如处理功能强、处理精度高、处理灵活性强、稳定性好、抗干扰能力强、设备体积小、便于加密等，因此，更易于大规模集成，易于实现多维处理，从而使适用领域更加广泛。

自 1965 年快速傅里叶变换算法提出以来，数字信号处理技术获得了重大突破。随着超大规模集成电路技术和计算机技术的发展，各种快速数字信号处理器件大量问世并得到广泛应用。目前，国际市场上涌现出多种多样的数字信号处理器（DSP，Digital Signal Processor）芯片和系统，如专用的数字滤波器、数字频谱分析器件、并行图像处理系统、视频编解码芯片、通用的图像处理单元（GPU，Graphics Processing Unit）、高速多媒体信号处理器等。DSP 的高速运算能力和多核化解决了许多信号实时处理问题，使图像实时处理易于实现。目前，高性能 DSP 的指令处理能力在千 MIPS（Million Instructions Per Second）以上，单片集成度高达数百万门以上，而功耗却低至 0.1mW/MIPS 以下。同时，器件性能的更新周期还在逐步缩短。

随着信息技术的日益普及，数字信号处理技术正在迅速地扩展到各个应用领域中。在图像处理领域，人们广泛地利用图像处理技术对光学图像、雷达图像、红外图像、超声图像、CT 图像、遥感图像等进行图像的增强、复原、去噪、滤波、压缩、分割等处理。可见，数字图像处理就是根据特定的数学原理，采用某些信号处理的方法，对数字图像信号进行有目的运算，使其结果满足人们的视觉需求和其他应用需求。

2. 图像处理的 3 个层面

数字图像处理既是一个前沿的理论研究领域，又是一个高端的工程技术领域，同时还是一个新兴的推广应用领域。图像处理学科的这一特性，恰好反映了图像领域 3 个层面的基本结构，如图 1.4 所示。

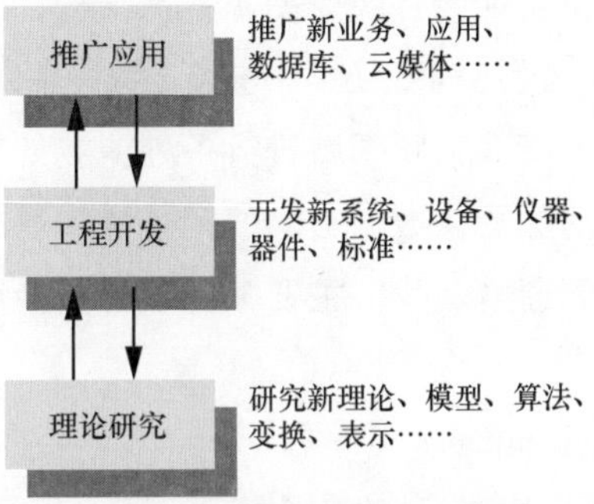

图 1.4 图像处理的 3 个层面

在理论研究层面，主要涉及应用数学、光电物理、信息理论、信号处理、形态学等基础学科和前沿学科的部分内容。在工程开发层面，涉及电子技术、微电子技术、计算机技术、通信技术以及软件技术等多门类技术。在推广应用层面，更是丰富多彩，如航天图像处理、医学图像处理、遥感图像处理、普通图像处理、雷达图像处理等多个领域。图像处理的这 3 个层面之间是相互关联、相互影响的。图像处理理论研究的新成果，往往会直接影响到新的工程实现方案的诞生，有可能带动一种新业务的出现，或提高以往图像处理业务的效率和质量；类似地，工程开发方面的新进展，也会同时促进理论研究的改进和加快推广应用的步伐；而推广应用则是图像处理理论研究和工程开发的最终目标，新的图像处理应用的普及和深入，必定会对理论研究和工程开发提出新的要求，提供新的研究方向和新的开发目标。

本书所涉及的数字图像处理是围绕这 3 个层面介绍和分析的，我们把主要精力集中于现代数字图像处理的基础理论、基本技术及其最新发展等方面，对开发和应用也给予必要的关注和说明。

3. 本书的主要内容

数字图像处理的内容非常丰富，在后续章节中我们将详细地介绍以下基本内容，这也是各章的内容提要。

（1）数字图像处理

数字图像处理主要包括图像处理发展的历程，光和图像的关系，人眼的视觉特性和图像质量评价方法。

（2）图像数字化（Image Digitalization）

外部场景图像以及人眼所能够感知、理解的是模拟图像，但计算机（或其他数字设备）进行处理的必须是数字图像，这其中的桥梁就是模拟图像的数字化处理。了解图像数字化过程有助于对数字图像的产生图像处理方法以及数字图像和模拟图像之间关系有深入的理解。模拟图像数字化过程中最为关键的是取样、量化和编码这 3 个步骤，我们主要关注其中取样图像的混叠效应和图像的分辨率指标。

（3）图像变换（Image Transform）

图像变换通常是指利用正交变换能够改变图像数据结构、便于处理的特性，如傅里叶变换、余弦（正弦）变换、沃尔什/阿达马变换、小波变换等，将图像转换到变换域中进行分析或处理。例如，将空间域的图像转换到频率域进行各种滤波处理，以改善图像的质量；对空间域图像进行主分量分析，以消除图像数据之间的相关性。另外，大多数变换都有快速实现的方法，大大提高了处理运算的速度。我们主要关注多种变换和分析的原理、特性、模型和快速实现方法。

（4）图像增强（Image Enhancement）

图像增强是按照人们的主观要求对目标图像进行处理，主要是指利用各种数学方法和变换手段提高图像中人们感兴趣部分的清晰度等观看指标。我们主要关注图像的灰度修正、图像平滑、噪声去除、边缘增强、特殊图像（如雾天图像、暗光图像等）增强等具体措施。

（5）图像复原（Image Restoration）

在景物成像过程中，光学或电学系统的畸变、各种噪声的干扰、目标的运动等因素，会导致成像后的图像降质（或退化）。图像复原就是把降质图像尽可能恢复成原来的图像，是一类以客观指标为准的图像处理方法。我们主要关注对图像降质因素和降质模型的分析，以及针对降质模型的多种复原处理方法，包括无约束复原、有约束复原、非线性复原以及几何校正等。

（6）小波变换（Wavelet Transform）

小波变换虽然属于图像变换的一种，但是由于小波变换和常见的傅里叶变换等有很大不同，所以对它单独介绍。小波变换是一种局部化时频域分析方法，具有傅里叶变换、Gabor 变换等所不具备的优良特性，如多尺度分解性、时频联合分析、方向选择、对象的自适应性等。我们主要关注小波变换的原理和方法，多分辨率分析的基本内容和离散小波变换及其应用。

（7）图像压缩（Image Compression）

因为数字图像的数据量庞大，存在较强的内在相关性，所以有必要对数字图像进行压缩（编码），减少其相关性，形成高效的表示方法。这里主要介绍基于图像统计特性的图像压缩原理和方法，在满足一定图像质量要求的前提下，最大限度地压缩图像的数据量，以便存储更多的图像，或使图像传输节省更多的带宽。我们主要关注静止图像和活动图像的压缩方法（包括预测编码、变换编码和熵编码等），以及指导图像压缩的信息熵概念和有限失真编码定理等。

（8）图像分割（Image Segmentation）

图像分割的主要目标是按照具体应用的要求将图像中有意义或感兴趣的部分分离或提取出来，这种分离或提取通常是根据图像的各种特征或属性进行的。图像分割往往不是最终目的，它可以帮助我们进一步理解、分析或识别图像的内容，因而图像分割经常是模式识别和图像分析的前处理阶段。我们主要关注经典的基于阈值、边界和区域的分割，以及较新的基于遗传算法的分割等方法。

（9）图像描述（Image Description）和图像配准（Image Registration）

图像描述是指用简单明确的数值、符号、图形或它们的组合表达图像目标或区域的特征，以及区域之间的关系等。图像配准主要是通过比对同一场景不同图像的特征，将这些图像在几何位置上进行配准，以便综合利用多幅图像中的信息满足一定的应用需求。图像描述和配准大多是为其后续的图像处理服务的，如图像目标识别、机器人视觉、数据挖掘、目标分类等。我们主要关注图像的边界描述、区域描述，基于特征的图像配准，如近年来行之有效的 SIFT 配准和 SURF 配准方法等。

（10）彩色图像处理（Color Image Processing）

彩色图像处理和灰度图像处理有很多的共同之处，但是也存在不少的差异。在灰度图像处理的基础上，针对图像的彩色特性进行处理就形成了独具特点的彩色图像处理。我们主要关注不同彩色空间的基本构成和转换，彩色图像的平衡、增强、分割等基本处理方法。

（11）形态学图像处理（Morphological Image Processing）

将数学形态学应用于图像处理和模式识别领域，形成了图像处理的一类新方法。在这类方法中，用集合来描述图像目标及图像各部分之间的关系，说明目标的结构特点。在形态学图像处理中，特别设立了一种“结构元素”（Structure Element）来度量和提取图像中的对应形状，以达到对图像进行分析和识别的目的。我们主要关注二值图像和灰度图像的形态学处理两部分，腐蚀和膨胀两种基本形态学运算方法。

（12）基于偏微分方程的图像处理（Image Processing based on Partial Differential Equation）

基于偏微分方程（PDE）的图像处理方法针对图像空间域内像素点灰度值建立一阶、二阶或高阶微分方程，以此来表征图像中的区域纹理或边界等特征。由于 PDE 具有不同于信号分析和统计分析的特性，如各向异性的扩散性能等，因而通过 PDE 数值解的方法可以在图像处理的同时较好地保持图像的原有特征。我们主要关注基于 PDE 的图像去噪、分割、放大和修复等处理方法。

（13）超分辨率重建（SRR，Super Resolution Reconstruction）

在实际的应用中，由于受到多种因素的影响，理想的高分辨率图像往往会退化为低分辨率图像，而我们总希望恢复到原来的高分辨图像。这样，从低分辨率到高分辨率图像的超分辨率重建技术是当前一类较新的图像处理技术。图像超分辨率技术与图像恢复技术的目标都是重建高质量的原图像，不同之处是图像恢复技术处理后的图像空间分辨率不变，而超分辨率技术所重建的图像空间分辨率是成倍增加的。我们主要关注基于插值的、基于重建的和基于学习的 3 类超分辨率图像重建方法。

（14）人工神经网络（ANN，Artificial Neural Network）图像处理

基于人工神经网络图像处理是人工智能领域兴起的一项重要理论和应用技术。它从信息处理角度对人脑神经元网络进行抽象和模仿，建立某种简单模型，按不同的连接方式组成不同的信息处理网络，已在图像处理、模式识别、自动控制等领域得到广泛应用，表现出了良好的智能特性。我们主要关注人工神经网络的基本结构和工作原理，基本的反向传播（BP，Back Propagation）网络，在图像处理中应用效果良好的卷积神经网络（CNN，Convolutional Neural Network）和生成对抗网络（GAN，Generative Adversarial Network）。

（15）图像的压缩感知（CS，Compressed Sensing）

除了基于统计特性的图像压缩方法外，近年来出现一类新的基于信号稀疏性的压缩方法，即压缩感知理论和技术，为大多数自然信号的采集和压缩带来了突破性进展。该技术以远小于奈奎斯特（Nyquist）采样率，用随机采样获取信号的离散样本，将常规的取样、压缩两个步骤合并一起完成；而且，对压缩感知产生的压缩信号，通过适当的非线性重建算法可准确地重建原信号。我们主要关注压缩感知理论中的 3 个基本问题（信号的稀疏表示、非相关测量和感知信号非线性重建），以及视频信号的分块压缩感知方法。

上面列举的是本书主要涉及的数字图像处理的内容，尚有不少内容没有涉及。这是由于图像处理包括的内容实在太多，随着技术的发展，学科本身的发展及学科之间的渗透和融合，有些内容已发展成为独立的专业学科，如模式识别、图像分析、图像理解等。

1.1.3 图像处理系统

实际的图像处理系统是一个非常复杂的系统，既包括硬件又包括软件，还和网络环境密切关联。虽然图形处理系统随着具体应用目标的不同，其构成大不相同，但从最基本的功能特征出发，可以构建出如图 1.5 所示的数字图像处理系统的概念模型。

在这个基本的系统中，除了网络环境以外，包括五大部分图像处理功能：待处理图像信号的输入，即采集模块；已处理图像的输出，即显示模块；在处理过程中需要用到控制和存储模块；和用户打交道的存取、通信模块；最为关键的图像处理核心模块，即主图像处理设备。下面简要介绍这几个模块的组成和特点。

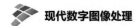

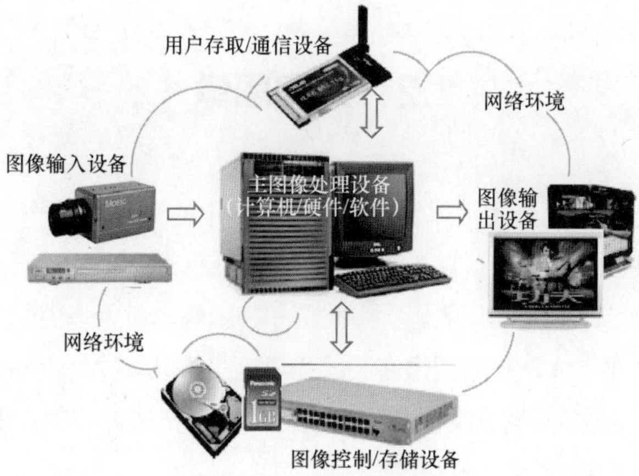

图 1.5　数字图像处理系统模型

（1）图像输入设备：根据不同的应用需求，图像的输入设备可以采用不同的方式。如 CCD/CMOS 摄像机、数字照相机、磁带录像机的输出，激光视盘的输出，红外光摄像机、扫描仪的输出，计算机断层扫描的输出，磁共振成像（MRI）的输出等。此外，接收的广播电视信号，来自互联网的图像数据以及来自其他图像处理系统的信号，也可以作为图像处理系统的输入。

（2）图像输出设备：常见的图像输出设备如电视机、计算机的显示器。高质量显示设备包括平板液晶显示器（LCD，Liquid Crystal Display）和发光二极管（LED，Light Emitting Diode）显示器，还有色彩更加丰富的有机发光二极管（OLED，Organic LED）显示器，便于携带的可弯曲的 LED 显示器等。除了各类显示器，还有大屏幕投影仪、彩色打印机、硬盘复制机、彩色绘图仪等，甚至网络云端的各种输出设备。

（3）图像控制/存储设备：控制设备主要用于在图像处理过程中对主图像处理设备进行控制，如键盘、鼠标、控制杆、各种开关，还包括立体图像处理中使用的数据手套、力感应器和各种专用控制部件等。图像存储设备更是种类繁多，主要用于在图像处理过程中，对图像信息本身和其他相关信息进行暂时或永久存储，如各种大容量 RAM、ROM、闪存（Flash Memory）、SD 卡、硬盘、光盘、磁带机等。对于大容量、特大容量的数据可快速地存储在网络云端的数据中心。

（4）用户存取/通信设备：有些情况下，用户需将已处理好的或还要进一步处理的图像信号取出或送入主图像处理设备，该模块可满足用户的这一需求。存取一般是指本地操作，如光盘、磁带、硬盘或各种存取器件等；而通信则相当于远端的存取操作，如基于局域网、Internet、数字通信网的通信设备等。

（5）主图像处理设备：这部分是图像处理系统的核心。主处理设备可以大到分布式计算机组、一台大型计算机，小至一台微机，甚至一片 DSP 芯片。除了硬件外，它还包括用于图像处理的各种通用或专用软件，其规模可以是一套图像处理系统软件，也可以只是一段图像处理指令。

1.2 光和图像

自然场景图像实际上是场景中物体发出的光或反射出的光通过光学部件（镜片或镜片组）投射在像平面或感光器件上形成的"纹路"，使感光平面上每一感光单元所接收的光照强度和场景中的点相对应、成比例，即形成一幅图像。由此可知，图像本质上是由光形成的，没有光就没有图像，因此我们很有必要了解一些和图像有关的光学度量方法。物理学知识告诉我们，光的本质是一种频率很高的电磁波辐射，因此对光的度量实际上是对电磁波辐射量的度量。需要说明的是，这里我们主要关心可见光部分。

1.2.1 光学单位和成像原理

1. 光学单位

（1）光源的总能量

一个发光体（光源）以辐射形式发出的电磁波的总能量为 E，单位为焦耳（J）。

（2）光源的辐射通量

总能量不能说明该发光体单位时间内辐射出的能量，因此需引入辐射功率这一参数，即辐射通量，又称光通量（Luminous Flux），表示光源的强弱，用符号 Φ_E 表示，其单位为瓦特（W）。

$$\Phi_E = \frac{\mathrm{d}E}{\mathrm{d}t} \tag{1.1}$$

式（1.1）在使用物理测量仪器测试该辐射源功率时，Φ_E 无疑是正确的。但当我们用眼睛作为"测量仪器"来感受时，情况就不一样了。光本质上是一种电磁波，随着波长的增加，光波依次从 γ 射线、X 射线、紫外线到可见光，再到红外线、微波、无线电波等。一般人的眼睛只对其中可见光波长为 390～770 nm 部分有反应，即"看得见"，对其他部分是没有反应的，即"不可见"。人眼对不同波长的可见光感受为不同的彩色，而且对相同功率、不同波长光的感受程度（灵敏度）也是不同的：对 550 nm 左右的黄绿光最为敏感，对波长靠近 380 nm 和 780 nm 的紫外光和红外光灵敏度最低。人眼的这种灵敏度和波长之间的关系可用函数 $V(\lambda)$表示，由此绘制成一条归一化的光谱视敏度（Spectral Luminous Efficiency）曲线，如图 1.6 所示。

考虑到人眼视敏度，以人眼感受为标准的光通量（辐射功率）Φ 应为 λ 的函数，对于波长为 λ 的单色光，光源的通量调整为

$$\Phi(\lambda) = V(\lambda)\Phi_E \tag{1.2}$$

其单位为流明（lm）。可见以 lm 为单位的光通量本质上和以 W 为单位的光通量是相同的，都表示光源的功率，所不同的是，"流明"包含了人眼的视觉生理特性。

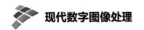

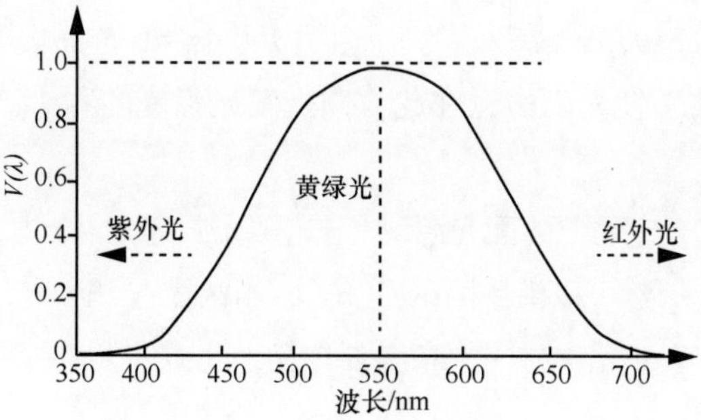

图 1.6 相对视敏度函数曲线

（3）光源的发光强度

上述的光通量是光源总功率的概念，是一种表达光源总体功率大小的参数。但光源的辐射往往不是各向同性的，在不同的方向，其辐射功率并不相同。因此，为了表示某一方向上光源的辐射功率（光通量），引入了发光强度（Luminous Intensity）的概念。

发光强度实际上是在某一方向对光源辐射强度的度量。下面分两种情况讨论光源的发光强度，一种是点光源情况，另一种是面光源情况。

在点光源的情况下，发光强度的计算如图 1.7（a）所示。点光源 Q 沿 r 方向的发光强度 I 定义为沿此方向上单位立体角内发出的光通量，如式（1.3）所示。

$$I = \frac{\mathrm{d}\Phi}{\mathrm{d}\Omega} \tag{1.3}$$

其中，$\mathrm{d}\Omega$ 表示 r 方向上立体角的微元，单位为球面度（sr，steradian），$\mathrm{d}\Phi$ 表示该立体角微元内的光通量微元，单位为流明（lm），发光强度 I 的单位为坎德拉（cd，candela），由式（1.3）可知 1 cd = 1 lm/sr。

在面光源情况下，光源不是一个点，而是一个发光面。此时，我们将发光面划分为许多很小的发光微元 ds，由于微元的面积极小，可以近似当作点光源来处理，此时发光强度的计算如图 1.7（b）所示，由 ds 产生的、沿 r 方向的发光强度微元 dI 为

$$\mathrm{d}I = \frac{\mathrm{d}\Phi}{\mathrm{d}\Omega} \tag{1.4}$$

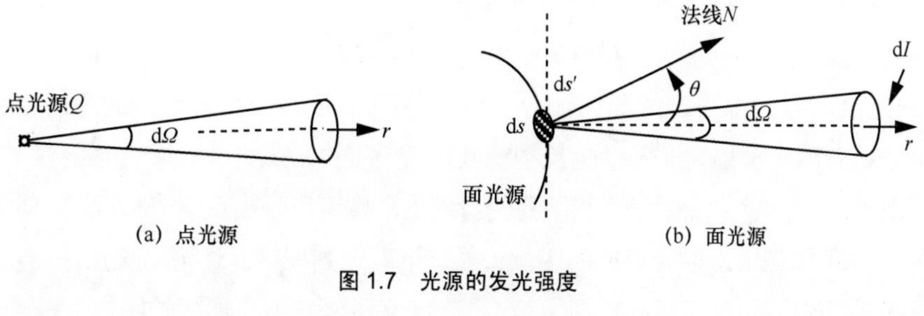

(a) 点光源　　(b) 面光源

图 1.7 光源的发光强度

如果发光面微元 ds 的法线 N 和 r 方向一致，则式（1.4）没有问题，如果 N 和 r 的方向

不一致，则可将 ds 乘上 $\cos\theta$，形成等效的发光面微元 $ds'=ds\cdot\cos\theta$。因此，面光源沿 r 方向的总发光强度为各个（等效）发光面微元在此方向上发光强度的和。

（4）面光源的亮度

实际的光源大多是有一定面积的面光源，针对这类光源定义沿 r 方向的单位面积上的发光强度为亮度（Brightness）。仍然可以沿用图 1.7（b），当法线 N 和 r 夹角为 θ 时，面元 ds 有效发光面积为 $ds'=ds\cdot\cos\theta$，面元 ds 沿 r 方向的亮度 B 定义为此方向上单位投影面积的发光强度。

$$B=\frac{dI}{ds'}=\frac{dI}{ds\cdot\cos\theta}=\frac{d\Phi}{d\Omega\cdot ds\cdot\cos\theta}(\mathrm{cd/m^2}) \tag{1.5}$$

亮度 B 的单位为 cd / m^2（坎德拉/平方米），旧称尼特（nt），以平方厘米计的单位为 cd/cm^2（坎德拉/平方厘米），旧称熙提（sb，stilb）。

另外，亮度是对光源发光面而言的，但它也适用于对物体表面反射出光的亮度进行计量。

（5）物体的照度

照度（Illumination）是针对被光照射的物体而言的，用于计量光源照射的物体单位面积上的光通量，照度 E 的定义如下：

$$E=\frac{d\Phi}{ds} \tag{1.6}$$

E 的单位为勒克斯（lx），1 lx=1 lm/m^2。照度是一个常用的光学单位，我们在摄影、摄像时，首先关注的一个参数就是被摄对象的照度，即拍摄对象和环境有多亮，然后由它决定常用的光圈、曝光时间等参数。例如，普通 CCD（Charge Coupled Device）相机灵敏度在几十到几百勒克斯之间，好的 CCD 相机灵敏度可达 0.1～1 lx。

（6）反射系数

通常拍摄的图像都是采集被拍摄对象反射出来的光线，由感光器件记录形成的。如果将一幅图像看成是一个二维的亮度函数 $f(x,y)$，它既可表示整幅图像，也可表示在点(x,y)处的亮度值。因此，图像 $f(x,y)$可以看成由两个因素决定，第一个因素是照射到场景上的光源的光照强度，第二个因素是场景被光照以后反射出来的反射光强度，而反射光的强度是由入射光的强度乘上物体的反射系数（Reflection Coefficient）得到。如果入射光用 $i(x,y)$表示，反射系数用 $r(x,y)$表示，则图像 $f(x,y)$可表示为入射光强 × 反射（透射）系数。

$$f(x,y)=i(x,y)\times r(x,y) \tag{1.7}$$

其中，$i(x,y)$是由入射光源决定的照射成分，值域范围有限，$r(x,y)$为场景的反射系数，数值在 0 和 1 之间，0 表示无反射，1 表示全反射。这决定了图像 $f(x,y)$是值域有限的。

如果将眼睛看成一个“照相机”，则我们看到的图像可以是由反射光形成的，如实物、风景、投影屏幕等；也可以是由透射光形成的图像，如玻璃花纹图案等；还可以直接是发光体（光源）发出的光形成的图像，如显示器屏幕图像等；当然，多种光线混合形成的图像也是可能的。这些情况都可以用式（1.7）表示。

（7）常见场景的照度和亮度

表 1.1 给出几种常见的场景和光源照度和亮度的参考数值，我们能够从中获得一些有关光照单位和场景照度的大致定量概念。

表 1.1　不同光源和场景的亮度和照度值

亮度（光源）/(cd·cm^{-2})		照度（场景）/lx	
太阳光	15 000	阳光下	10^3～10^4
白炽灯	500	明亮的室内	100～500
蜡烛光	0.5	一般办公室	20～100
月光	0.25	月光	0.2
黑夜	10^{-8}	黑夜	3×10^{-4}

2. **成像机理**

最简单的光学成像系统如图 1.8 所示，它包含透镜或透镜组、景物和图像 3 部分。按照几何光学原理，透镜左方景物上某一点发出的光线直线传播经过透镜折射后汇聚在透镜右方成像平面上特定的点。这样可将物平面景物上所有点的光强成比例地汇集在像平面上，形成图像。如果在成像平面上安装有光敏感器件，将呈现的图像转换为不同的光照强度，再经光电转换形成不同电平的信号。将这些电信号记录下来，就成了场景的照片或图像。实际上，这就是最简单的照相机光学成像系统的基本原理，也是光学成像的简单过程。

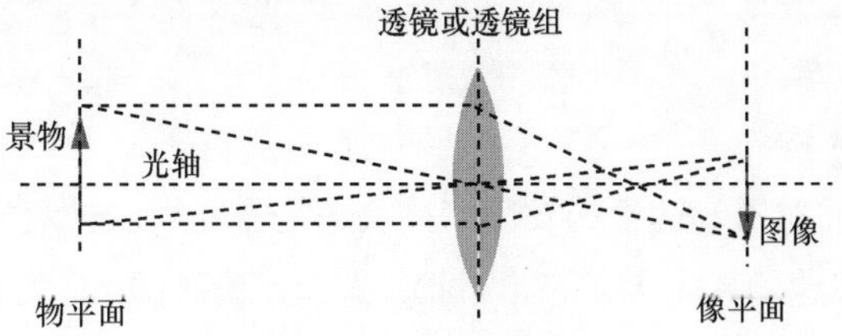

图 1.8　光学成像系统示意

由上述的成像原理可知，从物理光学的角度来看，人眼是一台精伦无比的光学仪器，但人眼成像原理最本质的部分是和图 1.8 所示的光学成像机制一致的。人眼的晶状体相当于照相机中的透镜，视网膜相当于照相机中的成像平面，视网膜上的感光细胞相当于照相机感光芯片上的光电转换单元。

1.2.2　什么是图像

至此，我们已经反复使用“图像”这一词汇，但到底什么是图像？但对图像至今没有严格的定义。在韦氏（Webster）英文词典中，图像（Image）一词的定义是“an imitation or presentation of a person or thing, drawn, painted，photographed”，即图像是人或景物、图纸、绘画、照片的一个仿真或表示。我们无意追寻图像的严格定义，只是认为图像是自然界景物经可见光的照射，由人的视觉系统所感知的结果。

在图像处理领域所涉及的原始图像大体可分为两类：一类是自然场景图像，如照相机、摄像机感光芯片所感知获得的图像等；另一类是人工绘制或机器产生的图像，如人工绘制的或计算机绘制的图像、图形、动画等，CT 机、磁共振、超声波扫描得到的图像，显微镜目镜呈现的图像，雷达扫描获得的回波图像等。其实，图像的种类随着时代的进步而不断扩充，如近来出现的三维图像（立体图像）、真三维图像、虚拟现实图像等，正在打破传统图像是一种平面光强阵列的概念。一般的数字图像处理主要涉及自然场景图像。

早期的“图像”一词和英文中的 picture 对应，后来逐渐被 image 一词取代，今天几乎用 image 来对应图像。在数字图像中，像素是其基本的单元，“像素”对应的英文为 picture element，简称为 pixel 或 pel。注意，pixel 一般是指二维图像的像素。对于三维图像（立体图像），像素则演化为“体素”（volume element），简称为 voxel。

1.2.3 图像信息的特点

我们经常接触的媒体信息主要有三大类，它们分别是语音、文本和图像。其中，语音和简单的图像（图形）是人类最早应用于信息交流的一种方式。随着社会的发展，出现了表达某种特定信息的符号，即文字、文本。这三类信息各具特点，这里所说的图像信息的特点，是和语音、文本信息相比较而言的，并且仅从人们对这些信息的发出、接收、理解和表达等方面有何不同这一角度出发。

1. 语音和文本信息

生活经验表明，人们对语音信息的发出和接收，是需要经过一定学习和实践的，要学习发音规则、不同的音节所表达的具体含义等。因此，人们无论是说话（发出语音信息）或听话（接收语音信息），都必须通过大脑的思维，将不同的音节“转换”为不同的含义。很显然，大家都必须遵循同一“转换”规则，才能进行有效的信息交流。

和语音信息类似，文本信息的交流更是需要经过人的思维“转换”，需要一套严密的“转换”法则，为不同的符号赋予不同的含义。为此，人们必须学习这些规则。一般说来，文本信息是语音信息的书写“符号”表达方式，所表示的意义和相应的语音一样。但文本信息的规则往往较语音信息的规则更复杂和严格，它所表示的内容也更精确。所以，各种法律文书都是以文本的形式发布和记录。这些规则的不同就形成了不同的语种和文字。不经过一定的学习，是不可能“听懂”或“读通”某一种语言或文字的，更不用说用这种语言或文字来表达自己的思想。一般说来，人们学习文字规则，比学习语音规则的难度大。这就是长期以来社会上一直存在为数众多的“文盲”，而很少见正常人是“语盲”现象的原因。而且，对于大多数人来说，一般只能掌握一两种语言或文字，对其他的语言或文字仍然是无能为力的。

还可以从人们接收或发出信息的方式来比较。人们在发言或聆听的过程中，基本上是一种“串行”的输入、输出方式。以发言为例，说话者必须一个字一个字说，由若干个字形成一句话，由若干句话形成一段发言，不可能同时将这段话的每个字的所有语音一并发出。当然，听话也是如此。文本信息的接收或发出方式也和语音差不多，文章必须逐字阅读、逐字书写。读书也必须逐字、逐句地读。显然，这也是一种串行的信息交流方式。

2. 图像信息的特点

和语音、文本信息相比较，图像信息(这里主要指自然场景图像，不包括某些特殊的图形、标记或图标等)主要具有以下 3 方面的特点。

一是图像的直观性强。一般情况下图像是外界场景的直接反映，它的内容和我们由眼睛直接观察到的、呈现在脑海中的印象非常接近；或者说我们摄取图像的方法本身就是受人眼获得图像机理的启示。因而图像信息使我们一看就懂，直观性很强，几近于“所见即所得”，不需要经过思维的特别“转换”，可以直接被人所理解。对于通常的自然景物图像，人们不必经过特别的学习就能理解，而不像语音或文本那样，存在语种的差别。例如，对于风景照片，无论是中国人、外国人，大家一看就明白，不存在“看不懂”的问题。

二是图像的信息量特别大。俗话说“百闻不如一见”，它表明一幅图像带给我们的信息量是巨大的。例如，我们可以凭一张某人的照片在人群中识别出此人，但很难依据一篇描述此人的文章(尽管可以用成千上万的文字来描述)来识别他。此外，“百闻不如一见”中的“见”也表明人们接收图像信息是一种“并行”的方式，一眼看去，图中所有的像素尽收眼底，而不是一个像素接一个像素、一行接一行地看。可见，由于图像信息的直观和便于并行接收，尽管图像的信息量大，但人们的接收速度却没有问题。

三是图像信息(尤其是自然场景图像)的确切性不十分好，存在一定的模糊性，这是相对于语音和文本信息而言的。例如，面对同一幅图像，不同的观察者会有不同的理解和感受，甚至有可能给出不同的解释。如果让他们写出各自观察的内容，几乎各不相同。

将以上叙述的内容进行归纳，如表 1.2 所示，从中可以清楚地看出图像信息的特点。图像信息的直观性强，易于被人们所接收，能表达语音或文本信息难以表达的内容，这就是图像信息倍受人们欢迎的根本原因之一。但是图像信息量大、语义不清的特点，往往会形成图像处理领域中的瓶颈问题。

表 1.2　3 类信息的特点比较

信息类型	确切性	直观性	接收方式	信息量	易于理解程度
语音信息	中	中	“串行”	中	难（需转换）
文本信息	好	差	“串行”	小	较难（需转换）
图像信息	差	好	“并行”	特大	易（无须转换）

3. 图像的数据量

数字图像是二维信号，其数据量很大。例如，一幅 512×512 像素组成的简单灰度图像，其像素的灰度级若用 8 bit 的二进制数表示，那么这一幅图像的数据量高达 512×512×8 bit，相当于标准 PCM 数字语音（64 kbit/s）约 32 s 的数据量。现在的高清彩色图像动辄 4096×3072 像素的尺寸，对这样大信息量的图像进行处理，必须用高速信号处理器或计算机才能胜任。存储这一类图像信息，必然要占用大量的存储单元。所以在图像采集、传输、存储、处理、显示等各个环节的实现上，其处理技术难度较大，成本也高，往往是技术瓶颈所在。

虽然图像的数据量计算起来很大，但数字图像中各个像素值并非统计独立，往往具有较强的相关性。在图像画面上，经常有大批像素具有相同或接近的灰度。就普通图像的画面而言，同一行中相邻两个像素值相等或近似相等的概率很大，其归一化相关系数可达 0.9 以上。在后续章节中我们可以看到，正是图像存在相当大的统计相关性，使图像数据存在较大的冗余，有相当大的压缩余地。

1.3 人眼视觉特性

人眼作为图像信息最重要的接收“部件”，具有一些重要的特殊性能。图像处理只有尽可能地顺应或利用这些特点，才能够达到高效处理的目的。以下从人眼的基本结构出发，简要分析人眼的视觉机理和视觉特点，给出简单的视觉模型。

1.3.1 基本视觉机理

1. 人眼构造和视觉

图 1.9 为人眼截面的简单示意。眼睛的前部为一圆球，其平均直径约为 20 mm，它由 3 层薄膜包着，即角膜/巩膜外壳、脉络膜和视网膜。角膜是一种硬而透明的组织，它覆盖眼睛的前表面。巩膜与角膜连在一起，是一层包裹着眼球剩余部分的不透明的膜。脉络膜位于巩膜的里边，这层膜含有血管网，它是眼睛的重要滋养源。脉络膜含有丰富的色素细胞，呈现黑色，有助于减少进入眼内的外来光在眼球内的回射。脉络膜的最前面被分为睫状体和虹膜。虹膜随不同人种有不同颜色，如黑色、蓝色、褐色等。虹膜的中间开口处是瞳孔，它的直径是可变的，随着虹膜的收缩和扩张，可由 2 mm 变到 8 mm，用以控制进入眼球内部的光通量，其作用恰似照相机中的“快门”。

眼睛最里层的膜是视网膜，它布满在整个眼球后部的内壁上，当眼球适当聚焦，从眼睛外部物体来的光就在视网膜上成像。整个视网膜表面上分布的分离的“光接收器”造成了图像视觉。这种“光接收器”可分为两类：锥状体（Cones）细胞和杆状体（Rods）细胞。

每只眼睛中锥状体的数目在 600 万～700 万之间。它们主要密集分布在视网膜中间部分叫作中央凹（Fovea）的区域，这是人眼对光线最敏感的部位。锥状体对彩色很敏感，在足够的环境照度下，人们用这些锥状体能充分地识别图像的色彩和细节，而在光线较暗的情况下它们几乎不工作，因此锥状视觉又叫白昼视觉。每个锥状体都被接到其本身神经的一端，控制眼睛的肌肉使眼球转动，从而使人所感兴趣的物体呈像落在视网膜的中央凹上。

杆状体数目更多，有 7 500 万～15 000 万个，分布在视网膜表面上，因为分布面积较大，并且几个杆状体接到一根神经的末端上，因而使接收器识别细节的能力减小了。杆状体给出视野中大体的图像，它没有色彩的感觉，而对景物的照明强度较敏感。例如，在白天呈现鲜明颜色的物体，在月光下却没有颜色，这是因为只有杆状体受到了刺激，而杆状体没有色彩的感觉，杆状视觉因此又叫夜视觉。

眼睛中的晶状体与普通的光学透镜之间的主要区别在于前者的适应性强，如图 1.9 所示，晶状体前表面的曲率半径大于后表面的曲率半径。晶状体的形状由睫状体韧带的张力来控制，为了对远方的物体聚集，肌肉会使晶状体变得较厚。

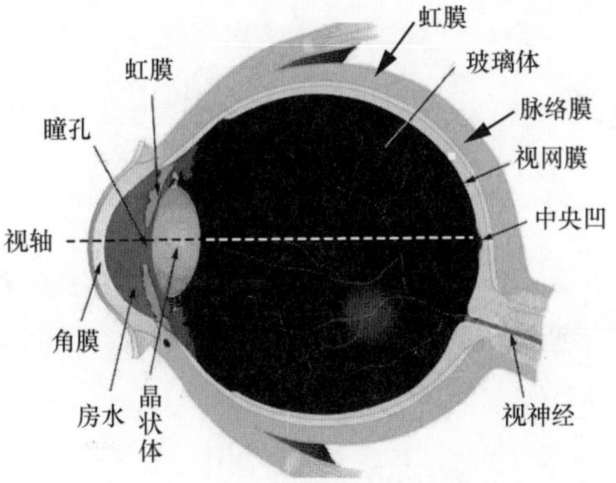

图 1.9 人眼截面示意（见彩插图 1.9）

当晶状体的折射能力由最小变到最大时，晶状体的聚集中心与视网膜之间的距离约由 17 mm 缩小到 14 mm。当眼睛聚焦到远于 3 m 的物体时，晶状体的折射能力最弱；当聚焦到非常近的物体时，其折射能力最强。利用这一数据，很容易根据图 1.8 大致计算出视线范围内物体在视网膜上形成图像的大小。

2. 人眼视觉模型

人的双眼对同一场景的呈像略有不同，左右眼视图的差别中包含场景的深度信息。而且，图像是倒置的，通过视神经传送到脑部，通过大脑的纠正作用，形成正置的立体图像。需要说明的是，在人的大脑中并没有一个呈现的图像实体。可见，人的视觉过程是其主观视觉功能和客观环境的物理属性（照明等条件）相结合的一种复杂的生物–物理过程，二者缺一不可。

人们将人类视觉系统（HVS，Human Visual System）的功能抽象化为简单的模型，便于以此模型为基础对视觉系统的功能进行研究，或工程上加以模仿。目前人眼视觉模型大致分为两类。

一类是描述人眼内部视觉功能和过程的视觉模型，侧重于人眼视觉过程的生理结构和心理过程的建模，可用电子系统、器件和线路加以效仿。这类模型有神经元模型、黑白视觉模型、彩色视觉模型等。另一类是不涉及人眼内部的视觉过程，将人眼当作一个“黑匣子”式的光学系统或光电系统，定义此系统的输入和输出关系。

我们关注的是第二类模型，如图 1.10 所示，这类模型中最简单的是将人眼作为一个光学二维线性移位不变系统来处理。此时，只需要知道该系统的传递函数就可以唯一确定人眼的视觉特性。

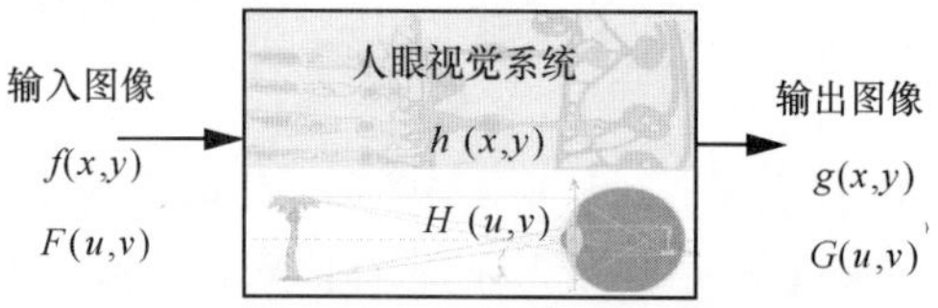

图 1.10　人眼视觉系统光学模型（见彩插图 1.10）

由于该系统为移位不变线性系统，设其输入和输出图像的傅里叶变换分别为 $F(u,v)$和 $G(u,v)$，人眼视觉系统的传递函数为 $H(u,v)$，则输出图像和输入图像之间的关系为

$$H(u,v)=\frac{G(u,v)}{F(u,v)} \tag{1.8}$$

其中，u 和 v 分别代表水平和垂直方向上的空间频率分量。给定输入 $F(u,v)$，测量出输出 $G(u,v)$，则可以确定人眼系统的光学传递函数 $H(u,v)$。在实际应用场合，我们常常只关心此传递函数模值的大小，即

$$|H(u,v)|=\frac{|G(u,v)|}{|F(u,v)|} \tag{1.9}$$

称模值$|H(u,v)|$为光学系统的调制传输函数（MTF，Modulation Transfer Function）。

根据线性系统的原理，传递函数 $H(u,v)$所对应的系统冲激响应函数为其反傅里叶变换 $h(x,y)$，又称为系统的点扩展函数（PSF，Point Spread Function）。PSF 和输入、输出图像之间的关系必然是卷积关系，即

$$g(x,y)=h(x,y)*f(x,y) \tag{1.10}$$

由此可见，线性光学系统和线性电信号系统是完全对应的关系。在电系统中，$h(x,y)$为二维冲激脉冲函数的响应，简称为冲激响应函数，而在光学系统中，$h(x,y)$为二维点光源的响应，简称为点扩展函数。

PSF 的傅里叶变换——传递函数 $H(u,v)$可以决定人眼视觉系统的频域特性，它表示人眼对不同空间频率的响应情况。类似于时间频率（周/秒）表示单位时间内正弦信号变化了多少个周期，图像的空间频率（周/度）表示人眼视野中单位视角度数内图像中正弦图案（在某一方向上灰度的变化符合正弦函数的规律）变化了多少个周期，如图 1.11 所示。这里的“度”是指人眼对图

像所呈视角的度数，显然和人眼到图像的视距有关。同样周期的正弦图像，随着视距的增加（视角减小）其空间频率也在增加。

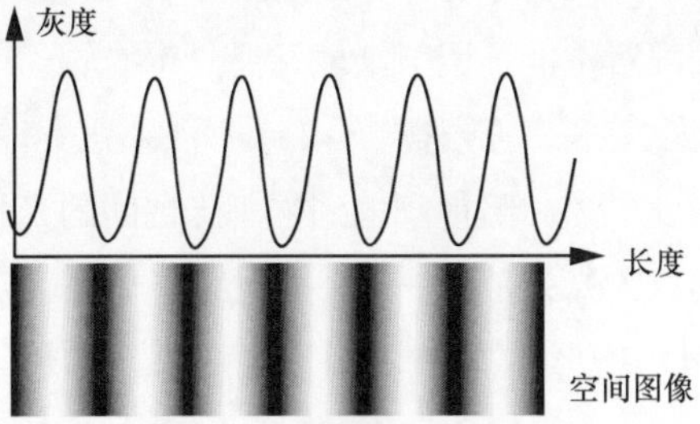

图 1.11　空间频率的概念

人眼并非一台精密的光学测量仪器，对任何微小的灰度变化都能够感知并正确测试。人眼对亮度变化的感知是有一定门限值的，低于此门限值的亮度变化难以察觉，而且其门限值随外界环境、被测图像亮度的变化等因素的不同而改变。因此，我们在实际测试人眼视觉系统时，所得到的 $H(u,v)$已不是严格意义上的线性系统传递函数了。

实际的测量是用一幅（或多幅）调制正弦波光栅作为人眼系统的输入，如图 1.12 所示，光栅是由频率从左到右逐渐增加的正弦空间图像，其亮度从上到下逐渐变暗。观察者离开画面一定的距离，标记出人眼刚好能够分辨出明暗条纹的位置，就可以得到一条人眼系统调制传输函数的曲线，如图 1.13 所示。从图中可以看出，人眼空间频率的视觉响应在中频处比较灵敏，在低频和高频处灵敏度相对较差。

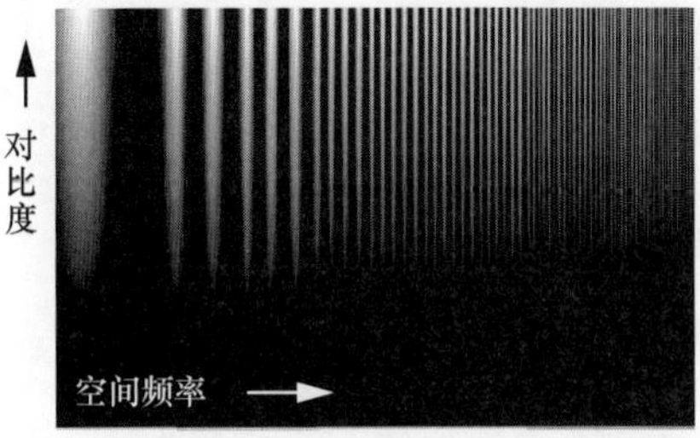

图 1.12　调制正弦波光栅

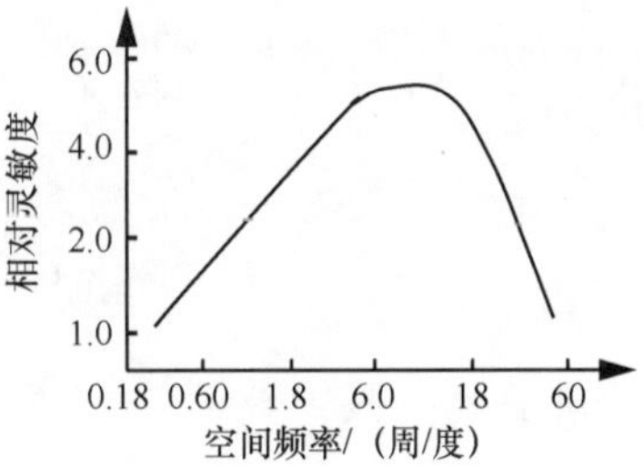

图 1.13　人眼系统的 MTF 示意

1.3.2　人眼视觉特性

一般说来，图像处理的结果是给人看的，人眼是图像信息最终、最重要的接收者，也是图像质量最权威的判断者。人的视觉系统除了一般的视觉功能外还具有一些重要的特殊性能，了解这些特性，对图像信号的处理是很有用处的。图像处理只有尽可能地顺应或利用这些特点，才能够达到高效处理、获得高质量图像的目的。以下介绍几种主要的视觉特性。

1. 亮度自适应特性

当一个人从明亮的大厅步入较暗的房间后，开始感到一片漆黑，什么也看不清，但经过一段时间的适应就逐渐能够看清物体，我们称这种适应能力为暗光适应。同样，当从较暗的房屋进入明亮的大厅时，开始也是什么都看不清，但渐渐地又能分辨物体，这种适应能力称为亮光适应。亮光适应所需时间比暗光适应短得多，它仅需 1～2 s，而暗光适应需 10～30 s。

人眼适应亮度的范围是很宽的，由暗视阈值到强闪光之间的光强度差别约为 10^{10} 级。当然，人的眼睛并不能同时适应这样宽的光强范围。一个人适应某一平均亮度时，能够同时鉴别出光强变化的范围要窄得多，图 1.14 中短交叉虚线说明了这种情况。虚线的上下限是人眼在特定的光强附近能够同时适应的亮度范围。在虚线和白昼视觉曲线交点以下，主观感觉亮度比实际的亮度更亮，而在交点以上，主观感觉是更暗。

此外，实验证明，主观感觉亮度与进入眼内的外界刺激光强并非呈线性关系。图 1.14 表明，在很大范围内，主观亮度与光强的对数呈线性关系。图中曲线的下部表明了白昼视觉和夜晚视觉的不同。

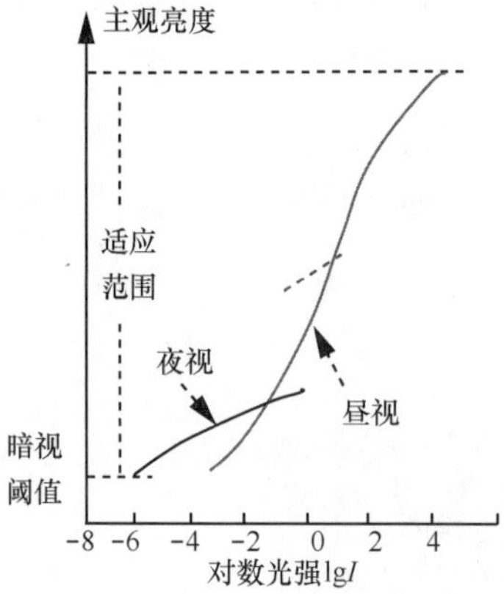

图 1.14 眼睛对亮度的适应能力

2. 对比度敏感特性

眼睛的对比灵敏度可以由实验测得。在均匀照度背景 I 上设有一照度为 $\Delta I + I$ 的光斑，如图 1.15（a）所示，眼睛刚能分辨出的照度差 ΔI 是 I 的函数，当背景照度 I 增大时，能够分辨出光斑的 ΔI 也需要增大，在相当宽的强度范围内比值 $\Delta I/I$（Weber 比）为一常数，约等于 0.02。但在亮度很强或很弱时，这个比值不再保持为常数。

另一个类似的实验表明，眼睛的对比灵敏度还与周围环境有关，如图 1.15（b）所示。设有两相邻的光斑，一个强度为 I，另一强度为 $I+\Delta I$。周围环境的照明强度为 I_0，实验测得比值 $\Delta I/I$ 为常数的范围大大缩减，而且是环境照明强度 I_0 的函数。更有趣的是，图 1.15（b）中曲线谷点的包络线和图 1.15（a）中的曲线相同。在环境照明强度为 I_0 的情况下，$\Delta I/I$ 的比值为常数的范围虽大大减小，但它仍可和大多数电子成像系统的动态范围相比拟，因为对数强度的微分为

$$d(\ln(I)) = \frac{dI}{I} \approx \frac{\Delta I}{I} \tag{1.11}$$

这表明由于主观感觉亮度的变化（即刚可辨认的强度变化）是 $\Delta I/I$，和亮度对数的变化呈线性关系。由 Weber 比常数 $\Delta[\ln(I)]\approx 0.02$ 可知，某一亮度的对数变化 2%以上时，我们可以察觉出来。换句话说，从 0（黑）到这一亮度的对数 $\ln(I)$，人眼最多只能够分辨出约 50 级不同的明暗变化。因此，为了适应人眼的视觉对比灵敏度特性，往往可以对输入图像进行对数运算，同时可以看出在对图像灰度进行量化时，太小的量化步长是没有必要的。

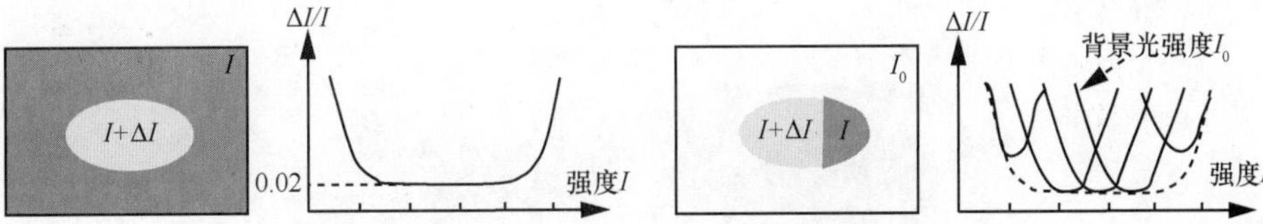

(a) 无背景光　　(b) 有背景光

图 1.15　对比灵敏度的测定

3. **同时对比度特性**

由于人眼对亮度有很强的适应性，因此很难精确判断刺激的绝对亮度。即使有相同亮度的刺激，由于其背景亮度不同，人眼所感受的主观亮度也是不一样的。图 1.16 可用来证明同时对比的刺激，图中 3 个中心小方块实际上有相同的物理亮度，但因为与它们的背景强度相关很大，故它们的主观亮度显得大不一样，这就是同时对比（Simultaneous Contrast）效应。同时对比效应随着背景面积增大而显著，这种效应与后面要讨论的 Mach 带现象类似，但是 Mach 带现象是对亮暗分界部分而言，而同时对比效应是由面积上亮度差产生的现象。

由于同时对比效应是由亮度差引起的，所以可称为亮度对比。相应的还有色度对比，如同样的灰色物体，红背景时看起来带绿色，反过来，绿背景时看起来带红色。

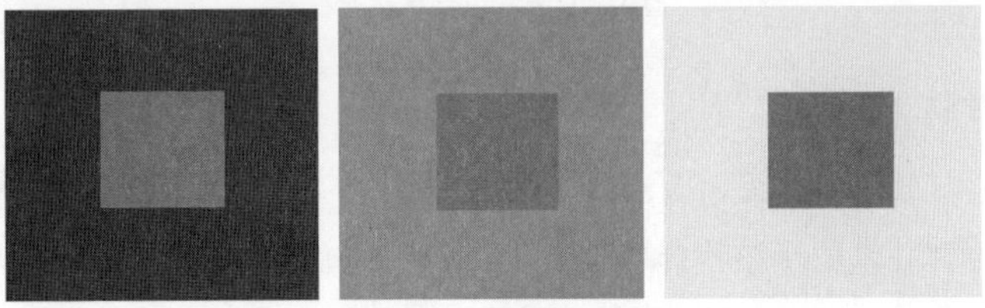

图 1.16　同时对比度

4. **Mach 带特性**

人们在观察一条由均匀黑和均匀白的区域形成的边界图像时，可能会认为人的主观感受是与图像中观察点的光强度成正比。但实际情况并不是这样，人感觉到的是在亮度变化部位附近的暗区和亮区中分别存在一条更暗和更亮的条带，这就是“Mach 带”，奥地利物理学家 Ernst Mach 在 1865 年观察并讨论了这种现象。如图 1.17（a）为水平方向和垂直方向灰度阶梯变化的图像，图 1.17（b）和图 1.17（c）分别表示实际水平方向阶梯变化图像强度和主观感觉的图像强度变化情形。

可以看出，实际图像跳变的左右两边是两个不同灰度的条带，而主观亮度中增加了一个分量，它相当于原图像的二阶导数，使在阶跃边界处主观的明暗反差显著地增强了，即“亮的更亮和暗的更暗”。也可以从人眼视觉特性的角度来说明，Mach 带上的亮度和暗度过冲是因为人眼空间频率响应在高频和低频部分灵敏度比较低，在中频部分响应较高，而在图像黑白突变的区域具有大量的中频成分。从图 1.17（a）还可以看出，垂直方向同样的亮度阶跃变化也可以引起 Mach 带效应，但不如水平方向变化明显。

(a) 水平和垂直方向灰度阶梯变化的图像

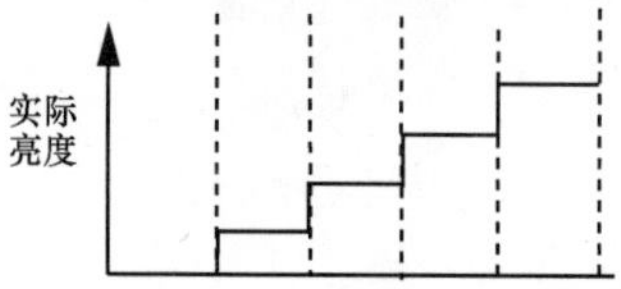

(b) 实际水平方向阶梯变化图像强度

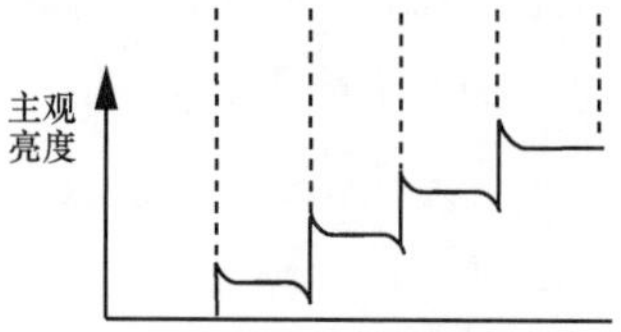

(c) 主观感觉的图像强度变化情形

图 1.17 Mach 带现象

5. 视觉暂留特性

人眼的视觉暂留（Persistence of Vision）现象描述了主观亮度和光作用时间的关系。人眼之所以能够看清一个物体，是由于该物体在光的照射下，物体所反射或透射的光进入人眼，成像于视网膜，刺激了视神经，引起了视觉反应。当一定强度的光突然作用于视网膜时，人眼并不能立即获得稳定的亮度感觉，而需经过一个短暂的由小到大的变化过程才能够达到稳定的亮度感觉。

与上述过程相反，当人眼所观察的物体从眼前移开，作用于人眼的光线突然消失，即对人眼的刺激作用消失，该物体的形状和颜色不会随着物体移开而立即消失，它在人眼会做一个短暂停留。物体形状及颜色在人眼中这个短暂时间的停留，称为视觉暂留现象。亮度感觉并非立即消失，而是近似按指数规律下降而逐渐消失。图 1.18（a）为主观亮度感觉随时间的变化过程。图 1.18（b）照片中 3 个人手中挥动的荧光灯形成了一道道光圈，这一现象表明照相机感光器件和人眼相似，具有视觉暂留特性。

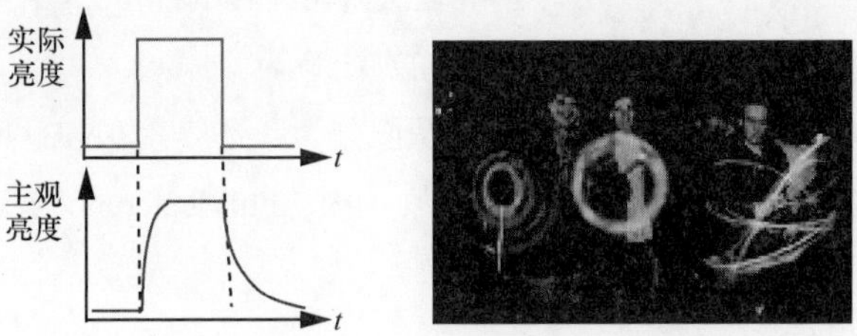

(a) 人眼的主观亮度感觉滞后　　(b) 照相机的感光滞后

图 1.18 视觉暂留现象（见彩插图 1.18）

人眼亮度感觉变化滞后于实际亮度变化的视觉暂留现象是人眼重要特性之一，它表明人眼的视觉感受不能够及时地随着外界光照强度的变化而变化。人眼视觉暂留时间在日间约为 0.02 s，夜间视觉时为 0.2 s。也正是人眼的这种特性，使我们“误”将连续更换的画面当成连续活动的图像，电影或电视都是利用人眼这一特性而获得动感效果。如果人眼没有视觉暂留特性，则不知道如何才能看到动态场景的重现。

视觉暂留现象的另一个表现是色光的混合效应。例如，在一个转盘上以 1:1 的比例间隔均匀地涂上红、绿两种颜色。快速转动转盘，可以看到转盘上已不再是红、绿两种颜色，而是一种黄色。这是因为当转盘快速转动时，如果红色反射光进入人眼，就会刺激感红细胞。当红色转过，绿色反射光进入人眼，就会刺激感绿细胞。此时，感红细胞所受刺激并没有消失，它继续停留约 0.1 s 的时间。在这个瞬间，感红细胞与感绿细胞同时兴奋，就产生了综合的黄色感觉。彩色转盘转动越快，这种混合就越彻底。

1.4 图像质量评价

对于图像处理系统，其信息的主体是图像，衡量这个系统的最重要指标，就是图像的质量。例如，图像增强处理是为了改善图像显示的主观视觉质量；图像复原处理则是为了补偿图像的降质，使复原后的图像尽可能接近原始图像质量；图像压缩处理，就是在保持被压缩图像一定质量的前提下，以尽量少的码字来表示图像，以便节省信道带宽或存储容量。这些都要求有一个合理的图像质量评价（IQA，Image Quality Assessment）方法。

图像质量的含义包括两个方面：一是图像的逼真度，即被评价图像与原标准图像的偏离程度；二是图像的可懂度，是指图像向人或机器提供信息的能力。相比较而言，图像的可懂度属于更高层次的问题，涉及更多人的感知判断，难以统一评价，所以当前图像质量评价的重点在于图像的逼真度，一般说到图像质量评价是指考察处理后图像和原图像的逼真程度。

按照质量评价方法是否需要人的参与分为主观（Subjective）评价和客观（Objective）评价

方法两类。主观评价是以平均意见分（MOS，Mean Opinion Score）为基础的人眼观察评分的方法。客观评价是根据图像信号本身用计算机算法自动计算的评价方法，包括基于信号统计特性的方法、基于视觉模型的方法和基于机器学习的方法等。

在所有的评价方法中，按照是否需要参考图像分为：无参考（NR，No Reference）评价、部分参考（RR，Reduced Reference）评价和全参考（FR，Full Reference）评价 3 类。

1.4.1 主观评价方法

图像质量最基本的含义是指人们对一幅图像视觉感受的主观评价，人自身对图像的评价是最为准确的。例如，国际电联 ITU-R 关于电视图像主观质量评价 BT.500-13 标准中的平均意见分（MOS）方法，就是通过人来观察图像，对图像的优劣进行主观评定（打分），然后对评分进行统计并平均，得出评价结果。这时评价出的图像质量与观察者的特性及观察条件等因素有关。为保证主观评价在统计上有意义，选择观察者时既要有未受过训练的“外行”观察者，又要有对图像技术有一定经验的“内行”观察者。另外，参加评分的观察者至少要 15 名以上，测试条件应尽可能与使用条件相匹配。

图像质量主观评价的 MOS 计分有两种尺度，即国际上通行的 5 级评分的质量尺度和损伤尺度，如表 1.3 所示，其中质量尺度更为常用。MOS 分是由观察者根据自己的经验对图像质量做出的判断。评价时可以有标准图像作为参考，也可以没有。

表 1.3　图像主观质量的 MOS 分评价

损伤尺度	得分	质量尺度
无察觉	5	优
有点察觉	4	好
有点讨厌	3	中
讨厌	2	差
很讨厌	1	劣

1.4.2 客观评价方法

尽管主观质量的评价是最权威的方式，但在一些研究或应用场合，易受到观察者本身知识背景、心理状态以及个人爱好等因素的影响，并且从工程的角度来看，此种方法过于费时费力，且难于实时实现或在线实现。因此，长久以来，人们都希望对图像质量有一个定量的客观评价方法。下面给出两类最常见的客观评价方法：一类是 ITU-R 视频质量专家组（VQEG，Video Quality Expert Group）规定的计算像素平均误差的客观质量评价方法；另一类是近年来推出的考虑人眼视觉特性的计算结构相似度的客观质量评价方法。

1. 基于像素误差的评价

对于数字图像，设 $f(m,n)$为原参考图像， $\hat{f}(m,n)$为其失真图像，尺寸皆为 $M\times N$，定义失真图像的均方误差值（MSE，Mean Square Error）为

$$MSE = \frac{1}{MN}\sum_{n=1}^{N}\sum_{m=1}^{M}[f(m,n) - \hat{f}(m,n)]^2 \tag{1.12}$$

在 MSE 的基础上定义失真图像的峰值信噪比（PSNR，Peak Signal Noise Ratio）为

$$PSNR = 10 \cdot \lg \frac{A^2}{MSE} \ \text{（dB）} \tag{1.13}$$

其中，A 为图像 $f(m,n)$的最大灰度值，如 8 bit 精度的图像，$A=2^8-1=255$。如将 $M\times N\times A^2$ 看成是图像信号的峰值功率，将 $M\times N\times MSE$ 看成因图像失真而引起的等效噪声功率，PSNR 的物理意义自然就是峰值信噪比。

必须指出，虽然 PSNR（也包括 MSE）在研究和测试中经常被采用，但它们还存在一定的局限性：一是为了获得 PSNR 数据，需要用原始的图像作为对比，这在不少情况下是难以实现的；二是 PSNR 不一定能准确地反映主观图像质量值，相同的 PSNR 值并不一定表示其主观质量一样，主观上感觉好的图像不一定 PSNR 值高。图 1.19 就是一个实例，图中 3 幅失真图像的 PSNR 值都是一样的，但它们的感知质量显然有很大差别。

图 1.19　3 幅具有同样 PSNR 的图像

2. 基于结构相似度的评价

由于大多数图像应用的最终评价主体是人，因此充分考虑 HVS 特性的客观图像质量评价方法是近来大家所关注的问题。基于结构相似度（SSIM，Structure Similarity）图像质量评价方法虽然是一种有参考图像的客观评价，但它充分考虑了人眼视觉特性。这种方法认为，相对于亮度和对比度信息，人类视觉系统对图像中的结构信息高度敏感，具有自动从视觉感知中提取结构信息的能力，因此结构信息量的变化能够反映一幅图像视觉感知失真的程度。而且，从图像形成的角度上看，结构信息反映了场景中物体的结构，它基本独立于图像的亮度和对比度，亮度或对比度的改变对图像结构信息影响不大。

SSIM 方法对原始图像与失真图像分别从亮度、对比度和结构 3 个方面的相似性进行比较，最后综合计算出 SSIM 值。实验证明，SSIM 评价与主观质量评价比较一致，而且由于计算量较小，已被引入若干视频编码国际标准中，如以前的 H.264/AVC 标准，现在的 H.265/HEVC

标准的参考软件中用它来评价编码视频的质量。

SSIM 的比较对象为两幅灰度图像 X 和 Y，其中一幅为参考图像，另外一幅为其失真图像。设 x 为图像 X 的像素，y 为图像 Y 的像素，两者的总像素数都为 N，$l(X,Y)$是它们的亮度比较式，$c(X,Y)$是对比度比较式，$s(X,Y)$是结构比较式，分别定义如下。

$$l(X,Y)=\frac{2\mu_X\mu_Y+c_1}{\mu_X^2+\mu_Y^2+c_1} \tag{1.14}$$

$$c(X,Y)=\frac{2\sigma_X\sigma_Y+c_2}{\sigma_X^2+\sigma_Y^2+c_2} \tag{1.15}$$

$$s(X,Y)=\frac{\sigma_{XY}+c_3}{\sigma_X\sigma_Y+c_3} \tag{1.16}$$

上述 3 式中，X 的平均强度为 $\mu_X=\frac{1}{N}\sum_{i=1}^{N}x_i$，方差为 $\sigma_X^2=\frac{1}{N-1}\sum_{i=1}^{N}(x_i-\mu_X)^2$，$Y$ 的平均强度、标准差和 X 类似，X、Y 之间的协方差为 $\sigma_{XY}=\frac{1}{N-1}\sum_{i=1}^{N}[(x_i-\mu_X)\cdot(y_i-\mu_Y)]$，$c_1$、$c_2$、$c_3$ 是为了避免分母接近零时测量值不稳定而定义的小常数。式中所有的变量都需做归一化处理。最后，将这 3 个比较式（1.14）、（1.15）和（1.16）组合起来成为图像 X 和 Y 的 SSIM 指数。

$$SSIM(X,Y)=[l(X,Y]^{\alpha}[c(X,Y)]^{\beta}[s(X,Y)]^{\gamma} \tag{1.17}$$

为了简化表达，设定 $\alpha=\beta=\gamma=1$ 且 $c_3=\frac{c_2}{2}$，则 SSIM 指数为

$$SSIM(X,Y)=\frac{(2\mu_X\mu_Y+c_1)(2\sigma_{XY}+c_2)}{(\mu_X^2+\mu_Y^2+c_1)(\sigma_X^2+\sigma_Y^2+c_2)} \tag{1.18}$$

这样得到的 SSIM 指数 $0\leqslant SSIM(X,Y)\leqslant 1$，且 SSIM 值越接近 1，说明失真图像的主观质量越好。结构相似度函数具有以下特性。

（1）对称性：$SSIM(X,Y)= SSIM(X,Y)$。

（2）有界性：$0\leqslant SSIM(X,Y)\leqslant 1$。

（3）具有唯一的最大值：当且仅当 $X=Y$ 时，$SSIM(Y,X)=1$。

由于图像统计特征通常是非全局平稳的，对整幅图像计算 SSIM 指数不如局部分块的效果好。例如，把图像分成不重叠的 8×8 的小块，分块计算它们的 SSIM 值，整幅图像的 SSIM 值由各块的测量值加权平均得到，也可由简单平均得到

$$SSIM(X,Y)=\frac{1}{M}\sum_{j=1}^{M}SSIM(bx_j,by_j) \tag{1.19}$$

其中，X 和 Y 分别是参考图像和失真图像，bx_j 和 by_j 分别是 X、Y 对应位置的第 j 个小块，M 是图像小块的个数。

SSIM 质量评价方法考虑了 HVS 特性，从高层视觉特性出发理解图像质量，避免了底层建模的

复杂性，以一种简洁的方式较好地评价了图像质量，与主观视觉质量基本上保持一致，很大程度上克服了 PSNR 等指标和主观感受并不完全一致的缺陷。

补充说明一点，目前相对成熟的是对黑白图像质量的定量评价，对彩色图像质量的评价是一个更加复杂的问题，实用中往往将彩色图像的各个彩色分量作为灰度图像来评价，所有分量图像质量的平均就是该彩色图像的质量评分。

1.4.3 其他评价方法

除了前面介绍的几种基本的图像评价方法，由于应用场合的不同，还有一些其他评价方法。例如，基于观察者感兴趣区域的质量评价方法，同时考虑音频对图像质量影响（联合视听）的图像质量评价方法，无参考图像的“盲”质量评价方法以及最近发展起来的基于机器学习（ML，Machine Learning）的图像质量评价方法等。

1. **基于感兴趣区域的评价**

实际中，一幅图像中人眼感兴趣区域（ROI，Region of Interest）对图像的视觉质量影响很大，如道路监控图像中的车辆、会议场景中的人脸部位等。因此在进行 PSNR 计算时，对人眼感兴趣区域的像素给予更大的权值，加重 ROI 对图像质量结果的影响。这种方法较通常对整幅图像的所有像素平等对待更为合理（符合人眼的视觉心理要求）。当然，如何划分 ROI 区域、如何调整权值等关键技术正在进一步研究中。

2. **联合视听评价**

一般情况下，我们在观看视频时都伴随着声音，此时对图像质量的评价往往需要联合考虑音频和视频质量之间的相互作用。人们在研究分析音频质量、视频质量以及视听质量之间相互影响的基础上，通过实验获得了若干有用的结论：首先，音频质量和视频质量共同贡献于总体视听质量；其次，一般情况下总体质量中视频质量占优势，而在音频和视频编码比特率都很低的情况下，或者视频质量已经大于某个门限值时，音频质量比视频质量更重要，并且随着音频质量的降低在总体质量中的影响逐渐增加；再次，对于某些应用，其中音频明显比视频内容更重要，如远程会议、新闻、音乐视频等，音频质量在总体质量中占优势；最后，视听质量还会被其他因素影响，包括运动信息和视频内容的复杂性等。

3. **无参考图像的评价**

在许多实际应用中，经常得不到参考图像或者获得参考图像代价太大，因而要求评价方法降低对参考图像的依赖程度。经验表明，有时并不需要参考图像也能够对图像质量做出合理的评价，只要观测者在进行评价时抓住反映图像质量最本质的特征，如平滑程度、细节可分辨程度、彩色的鲜艳程度等。近年来，由于无参考图像评价方法的应用需求增加，这种方法开始引起众多研究者的关注。目前比较成熟的有面向特定失真和面向非特定失真的两类评价方法。特定失真中最常见的是模糊失真和噪声干扰，此外还有块效应失真、JPEG 压缩失真等。

4. 基于机器学习的评价

机器学习作为一种数据驱动型的智能化信号处理工具已开始应用于图像质量评价领域，出现了多种接近主观评价的图像质量评价算法。

早先的基于学习的图像质量评价方法是一种浅层的学习模型，如基于支持向量机（SVM，Support Vector Machine）分类器的训练，通过分析小波系数来提取图像中的特征，或者从 DCT 域提取特征，此后使用支持向量回归（SVR，Support Vector Regression）找到图像质量与特征之间的关系，最后综合得到图像质量。

更为有效的评价方法是近年来基于深度学习（Deep Learning）的人工神经网络方法，可对整幅图像或局部图像进行质量评价。在深度学习中，人工设计特征不再是必要的环节，直接将整幅图像输入深度学习模型中，模型在训练过程中自动挖掘大量图像数据中的特征和失真之间的关系，以达到质量评价的目的。

需要说明的一点是，对数字图像质量的评价方法仍然是一个有待进一步研究的问题。在图像质量的客观评价和主观评价之间并没有取得真正一致性，除非对于已经达到一定显示精度、样值精度和显示帧频的图像，如高分辨率图像、高清晰度电视图像等，这时两者之间比较统一。

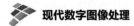

第2章

数字图像基础

本章从图像的数字化谈起，对数字化的深入理解有助于对后续章节的数字图像处理概念和方法的掌握。为此，首先给出连续图像的统一多维函数表示，不同类型的图像实际上是该函数在不同变量选取下的特殊情况；然后分别介绍模拟图像数字化的3个基本过程，即取样、量化和编码；继而讨论和数字图像密切相关的混叠效应和亚取样方法；最后对表征数字图像性能的空间分辨率、灰度分辨率和时间分辨率进行具体的说明。

最常见的图像处理是在以计算机为中心的，包括多种输入、输出、存储、传输及显示设备在内的数字图像处理系统上进行的。目前常用的图像分为两类：一类连续（或模拟）图像，如从传统照相机、摄像机获取的图像；另一类是直接获取数字图像，如数码相机、数字摄像机等。为了方便在计算机上进行图像处理，输入的图像必须是数字图像。对模拟图像而言，则必须在计算机进行图像处理之前将其数字化，转变为数字图像交由计算机处理。对数字图像而言，可以直接送给计算机进行处理，省略数字化这一过程。

数字图像设备的普及，并不表示图像的数字化不再重要，因为：（1）外界场景是连续光的世界，图像是连续光强的一种呈现；（2）许多数字图像设备其来源仍然是模拟图像，只是在设备内部完成了数字化甚至数据压缩处理；（3）人眼所能够感知、理解的是模拟图像，数字图像必须通过 D/A 转换成为模拟图像显示后才能够为人眼所接收。因此，了解图像的数字化过程有助于对数字图像的产生、数字图像处理的方法，以及数字图像和模拟图像之间的关系有深入的理解。

2.1 连续图像

迄今为止很难给图像下一个严格的定义，一般说来，图像是人眼对外界场景视觉感知的物质再现，可以由光电设备等获取。这样，图像就是当光辐射能量照在物体上，经过物体的反射或透射在光电传感器上所呈现出的物体视觉信息，如照片、图片、电影、视频、图画、CT 成像等都属于图像的范围。图像的自然属性是连续的，或称模拟的，但随着数字采集和信号处理技术的发展，越来越多的图像是以数字形式采集、处理和存储的。

2.1.1 连续图像函数

既然图像是通常意义下光辐射和场景物体反射的共同结果，那么我们可以用辐射的强度，即图像的亮度表示光强度的空间分布，形成空间坐标(x,y,z)的函数，如 $f(x,y,z)$。如果是一幅彩色图像，各点值还应反映出色彩变化，用$f(x,y,z,\lambda)$表示，其中 λ 为波长。假如是活动彩色图像，还应是时间 t 的函数，可表示为连续的多维函数，如下。

$$I = f(x, y, z, \lambda, t) \tag{2.1}$$

其中，x，y，z 表示空间某点的坐标，t 为时间轴坐标，λ为光的波长。注意，这里的 λ 表明，在空间某一点(x,y,z)既可以对应某一波长 λ 的值，也可以对应若干波长 λ 的值，因此函数中的 λ 是一个复合波长的概念。

在现实世界中，由于 I 表示的是物体反射、透射或辐射的光能量，所以 $I=f(\cdot)$是一个非负、连续的有限函数，即 $0 \leqslant I \leqslant I_{MAX}$。其中 I_{MAX} 表示 I 的最大亮度值，一般 $I=0$ 表示黑色，负的亮度值一般没有实际的物理意义。

我们主要关注离散的数字图像，尽管数字图像的表示和处理在很多方面优于模拟图像，但模拟图像仍然是很重要的，最主要的原因是人眼所能够感知的景物一般必须是连续的，因此不管中间过程如何用数字的方法进行处理，最终提交给眼睛的图像必须是连续的，即连续图像或模拟图像。

2.1.2　常见图像种类

图像按其所占空间维数的不同，可分为平面的二维图像和立体的三维图像等；图像按其内容随时间的变化情况，可分为不随时间变化的静态图像和随时间变化的活动图像（视频）等；图像按照波长λ的不同，可分为固定波长的单色（灰度）图像和波长随坐标变化的彩色图像等。常见图像的分类可以用式（2.1）自变量和函数值的不同取值情况来说明，如图 2.1 所示。

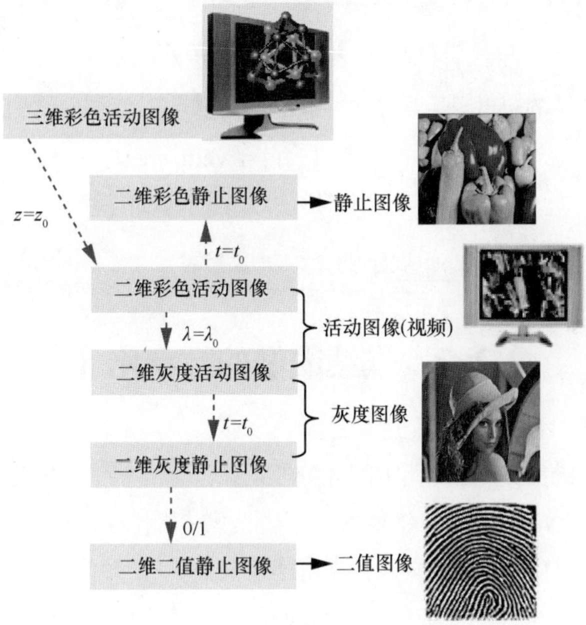

图 2.1　常见图像的分类示意

式（2.1）表示一个三维、彩色、活动的图像。当式（2.1）取 $z=z_0$ 时，或者不考虑深度信息 z 时，则表示一个二维、彩色、活动的图像，如下式。

$$I = f(x,y,z_0,\lambda,t) \text{ 或 } I = f(x,y,\lambda,t) \tag{2.2}$$

二维图像按其色调不同，可分为无色调的灰度（黑白）图像和有色调的彩色图像两种。在式（2.2）中，如果 $t=t_0$，说明图像内容不随时间变化，则称为二维、静止的彩色图像，如下式。

$$I = f(x,y,\lambda,t_0) \text{ 或 } I = f(x,y,\lambda) \tag{2.3}$$

上式是一个表示彩色图像的三维函数，对于波长λ不易进行分析，可以根据红黄蓝（RGB，Red Green Blue）三基色原理，将I分解为 3 个基色分量图像I_R、I_G和I_B，即

$$\begin{cases} I_R = f_R(x,y,\lambda_R) \\ I_G = f_G(x,y,\lambda_G) \\ I_B = f_B(x,y,\lambda_B) \end{cases} \tag{2.4}$$

其中，λ_R，λ_G，λ_B为 3 个基色波长。上式将三维函数分解为 3 个二维函数，可理解为在某一坐标(x,y)处有 3 个彩色分量映入我们的眼睛，从而产生不同的彩色感觉。

如果式（2.2）中$\lambda=\lambda_0$，当λ取为定值时，表示单色图像，或只关心图像的亮度，和波长无关，则称为二维、活动、灰度（单色）图像，如下式。

$$I = f(x,y,\lambda_0,t) \text{ 或 } I = f(x,y,t) \tag{2.5}$$

在上式中，如果图像内容不随时间变化，即$t=t_0$，或者图像内容不随时间变化，则称为二维、静止、灰度图像，简称灰度图像。灰度图像是彩色图像的特殊情况，如下式。

$$I = f(x,y,t_0) \text{ 或 } I = f(x,y) \tag{2.6}$$

在上式中，如果图像的灰度只取黑白两个值，就形成了二值图像，如下式。

$$I = f(x,y) = \begin{cases} 1, & (x,y) \in \text{white erea} \\ 0, & (x,y) \in \text{black erea} \end{cases} \tag{2.7}$$

本书的大部分内容讨论式（2.6）表示的二维灰度图像。

2.2 连续图像的数字化

由于图像至少是二维函数，因此模拟图像的连续性包含两方面的含义，即空间位置延续的连续性，以及每一个位置上光强度变化的连续性。连续的模拟图像无法用计算机进行处理，也无法在各种数字系统中传输或存储，所以必须首先将连续（模拟）图像信号转变为离散（数字）信号，这样的变换过程称其为图像信号的数字化（Digitalization）。图像信号的数字化过程和其他模拟信号的数字化基本类似，一般要经历 3 个过程：取样（Sampling）、量化（Quantization）和编码（Coding）。

（1）取样

图像$f(x,y)$的定义域在二维空间（x-y 平面）上的离散化过程称为取样或抽样。被选取的点称为取样点、抽样点或样点，这些取样点也称为像素（pixel）。在取样点上的函数值称为取样值、抽样值或样值。取样就是在定义域空间（图像）上用有限的取样点来代替连续无限的坐标值。一幅图像应取多少样点才能够保证由这些样点可完全重建原图像（和原图像一模一样）？如果样点取得过多，则增加了用于表示这些样点的数据量；如果样点取得过少，则有可能会丢失原图像所

包含的信息，不能够完全重建原图像。所以，最少样点数应该满足一定的约束条件：由这些样点，采用某种方法能够完全重建原图像。实际上，这就是二维奈奎斯特取样定理的内容。

（2）量化

对每个取样点函数值（灰度）的离散化过程称为量化。即用有限个数值来代替连续无限多的灰度值。常见的量化可分为两大类，一类是将每个样值独立进行量化的标量量化（Scaling Quantization）方法，另一类是将若干样值联合起来作为一个矢量来量化的矢量量化（Vector Quantization）方法。在标量量化中，按照量化等级的划分方法不同又分为两种：一种是将样点灰度值等间隔分档，称为均匀量化；另一种是不等间隔分档，称为非均匀量化。在工程应用中，最常见、最方便的是采用均匀的标量量化方法。和取样中到底需要多少样点的问题类似，在量化中也存在到底用多少个有限的量化值来代替连续的灰度值问题。但和取样问题不同的是，无论用多少个有限的量化值来代替连续值，理论上都存在失真，都不可能由量化后的值完全恢复原来的量值。这就涉及能够容忍多大的量化失真问题，在实用中我们往往按照一定的应用要求来决定量化值的个数。

（3）编码

将经过量化后的离散灰度值用适当的二进制（或其他进制）数来表示，就是编码，实际上就是给不同的量化值“编号”。既然是编号，就可能有不同的编码方法，只要保持量值和号码之间的对应关系即可。在实际中，应用最多的是 PCM 编码，即脉冲编码调制（PCM，Pulse Code Modulation），它和量值之间按大小关系自然对应，形成二进制码，我们从 PCM 码字所代表的数能够知道其灰度的量值。其他二进制编码还有格雷码（Gray Code）、循环码（Cyclic Code）等。

值得注意的是，量化本来是指对模拟样值进行的一种离散化处理过程，无论是标量量化还是矢量量化，其对象都是模拟值。但在实际的图像处理过程中，也常常先将模拟量采用足够精度的均匀标量量化的方法形成数字量，即通常所说的 PCM 编码（几乎所有的 A/D 变换器都是如此），再根据需要，在 PCM 数字量的基础上实现所需要的标量量化（均匀量化或非均匀量化）或矢量量化等。

2.2.1　二维图像频谱

二维图像信号的频谱实际上就是图像函数的傅里叶变换（Fourier Transform）频域系数。我们从一维傅里叶变换开始分析，对于一维有界连续信号 $f(x)$，其傅里叶变换将其变换到频率域，如下。

$$F(f)=\frac{1}{\sqrt{2\pi}}\int_{-\infty}^{\infty}f(x)\mathrm{e}^{-\mathrm{j}2\pi fx}\mathrm{d}x \tag{2.8}$$

我们称频域函数 $F(f)$ 为 $f(x)$ 的频谱，表示 $f(x)$ 在频率域的分布。

在二维情况下，类似地定义连续图像信号 $f(x,y)$ 的傅里叶变换 $F(u,v)$，如下。

$$F(u,v)=\frac{1}{2\pi}\int_{-\infty}^{\infty}\int_{-\infty}^{\infty}f(x,y)\mathrm{e}^{-\mathrm{j}2\pi(ux+vy)}\mathrm{d}x\mathrm{d}y \tag{2.9}$$

$F(u,v)$也称作$f(x,y)$的频谱，同样，它表明了图像的空间频率成分，即在二维频域的分布情况，其中，u 表示水平方向的频率成分，v 表示垂直方向的频率成分。

图 2.2 是一幅图像的傅里叶变换示意，图的左边是空间域，右边是频率域，其中图 2.2（a）和图 2.2（c）分别是图像函数$f(x, y)$的平面表示和立体表示，图 2.2（b）和图 2.2（d）分别是图像傅里叶变换模值 $|F(u,v)|$ 的平面和立体表示。

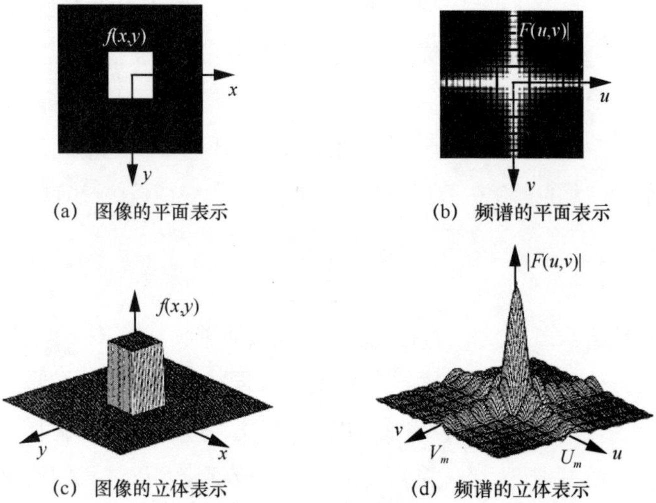

图 2.2 图像的傅里叶频谱示意

对于要处理的实际二维图像，其傅里叶变换一般在频率域上是有界的，即信号频谱的有用成分总是落在一定的频率域范围之内。如图 2.2（d）所示，U_m、V_m 分别为水平方向和垂直方向的最大空间频率。

上述的频率域有限性质的物理依据在于：图像中实际景物的复杂性具有一定的限度，其中大部分内容是变化不大的区域，完全像“雪花”点似的图像没有任何实际意义；图像采集设备的光电传感器件往往具有限带特性，对于过高的频率分量它几乎没有输出；人眼对空间复杂性（频率）的分辨率以及显示器的分辨能力都具有一定的限度。因此，图像的频谱大多局限在一定的范围内，过高的频率分量没有多大的实际意义。

2.2.2 取样函数阵列

由于冲激函数独特的性能，人们往往用它对信号处理系统进行“测量”或“提取”，从而获得信号或系统的特性参数，它是对二维函数进行取样的基础。因此这里简单回顾一下冲激信号的定义和性质。

1. 冲激函数

一维冲激函数 $\delta(x)$又称 Drac 函数，是连续域的一种广义函数，其定义为

$$\delta(x)=\begin{cases}\infty,\ x=0\\0,\ 其他\end{cases}，且满足\int_{-\infty}^{\infty}\delta(x)\mathrm{d}x=1 \tag{2.10}$$

在一维冲激函数的基础上，定义二维 Drac 函数$\delta(x,y)$为

$$\delta(x,y)=\begin{cases}\infty,\ x=y=0\\0,\ 其他\end{cases}，且满足\int_{-\infty}^{\infty}\int_{-\infty}^{\infty}\delta(x,y)\mathrm{d}x\mathrm{d}y=1 \tag{2.11}$$

$\delta(x,y)$ 和平移 x_0、y_0 后的二维 Drac 函数 $\delta(x-x_0,y-y_0)$ 如图 2.3（a）所示。由无穷多个经过规则位移的二维 Drac 函数可以组成一个二维 Drac 函数无穷阵列 $s(x,y)$，如图 2.3（b）所示，其表达式如下。

$$s(x,y)=\sum_{m=-\infty}^{+\infty}\sum_{n=-\infty}^{+\infty}\delta(x-m\Delta x,y-n\Delta y) \tag{2.12}$$

空间域上无穷阵列 $s(x,y)$的傅里叶变换是频域中 δ 函数的无穷阵列 $S(u,v)$，如图 2.3（c）所示，其表达式如下，间隔分别为 $\Delta u=\dfrac{1}{\Delta x}$ 和 $\Delta v=\dfrac{1}{\Delta y}$，即

$$S(u,v)=\frac{1}{\Delta x\Delta y}\sum_{i=-\infty}^{\infty}\sum_{j=-\infty}^{\infty}\delta(u-\frac{i}{\Delta x},v-\frac{j}{\Delta y}) \tag{2.13}$$

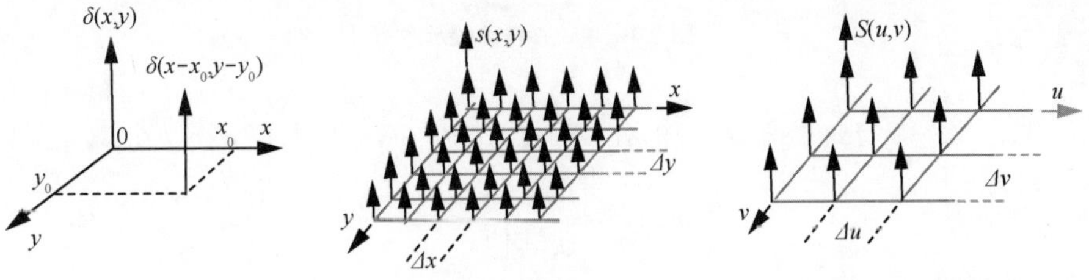

(a) 二维Drac函数　(b) 二维Drac函数阵列　(c) 频域Drac函数阵列

图 2.3　二维 Drac 函数示意

类似一维 Drac 函数，二维 Drac 函数$\delta(x,y)$具有以下几个性质。

（1）抽样性质（乘积）

$$f(x,y)\delta(x-\alpha,y-\beta)=f(\alpha,\beta)\delta(x-\alpha,y-\beta) \tag{2.14}$$

（2）筛选性质（卷积）

$$\int_{-\infty}^{\infty}\int_{-\infty}^{\infty}f(x,y)\delta(x-\alpha,y-\beta)\mathrm{d}x\mathrm{d}y=f(\alpha,\beta) \tag{2.15}$$

（3）偶函数和可分离

$$\delta(-x,-y)=\delta(x,y)=\delta(x)\cdot\delta(y) \tag{2.16}$$

（4）卷积

$$\delta(x-x_1,y-y_1)*\delta(x-x_2,y-y_2)=\delta[x-(x_1+x_2),y-(y_1+y_2)] \tag{2.17}$$

（5）尺度变化

$$\delta(ax,by)=\frac{1}{|a|\cdot|b|}\cdot\delta(x,y),\ a\cdot b\neq 0 \tag{2.18}$$

（6）傅里叶变换

对于任意常数 k，$k\delta(x,y)$的傅里叶变换为 k。

2. **取样阵列**

在离散域，和 Drac 函数相对应的是一维单位抽样（Kronecker 函数）信号为$\delta(n)$，如下。

$$\delta(n)=\begin{cases}1,n=0\\0,其他\end{cases} \tag{2.19}$$

如图 2.4 所示，时移 k 后的 Kronecker 函数为$\delta(n-k)$。Kronecker 函数序列为

$$p(n)=\sum_{k=-\infty}^{+\infty}\delta(n-k) \tag{2.20}$$

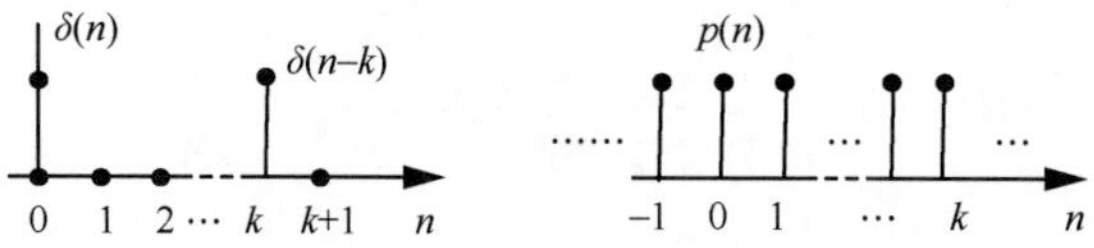

图 2.4　单位抽样函数示意

在离散域，和二维 Drac 函数$\delta(x,y)$相对应的是二维单位抽样信号为$\delta(m,n)$，其定义为

$$\delta(m,n)=\begin{cases}1,m=n=0\\0,其他\end{cases} \tag{2.21}$$

可以仿照二维 Drac 函数阵列的情况，根据式（2.12），构造出二维 Kronecker 函数阵列，如下。

$$p(m,n)=\sum_{j=-\infty}^{+\infty}\sum_{k=-\infty}^{+\infty}\delta(m-j,n-k) \tag{2.22}$$

2.2.3　连续图像的取样

连续图像的取样即图像空间位置的离散处理。

1. **二维取样定理**

在一维限带模拟信号的数字化取样过程中，着重考虑的是信号频带宽度和取样间隔之间的关系，即奈奎斯特取样定理。将这种方法推广到二维图像取样的场合，着重关注的是图像

信号的二维频谱和二维取样间隔之间需要满足什么样的关系才能够保证图像的无失真重建。在均匀方格（正交）取样的前提下，图像取样要解决的问题是：找出从取样图像精确地恢复原图像所需要的最小取样点数 $M \times N$（M、N 分别为水平和垂直方向取样点数），或取样点在水平和垂直方向上最大的间隔。

图 2.5（a）为一连续图像 $f_i(x,y)$，其傅里叶频谱 $F_i(u,v)$如图 2.5（c）所示，它在水平方向的截止频率为 U_m，在垂直方向的截止频率为 V_m，只要水平方向的空间取样频率 $U_0 \geqslant 2U_m$，垂直方向的空间取样频率 $V_0 \geqslant 2V_m$，即取样点的水平间隔 $\Delta x \leqslant \dfrac{1}{2U_m}$，垂直间隔 $\Delta y \leqslant \dfrac{1}{2V_m}$，图像可被精确地恢复。这就是二维取样定理，下面予以简要证明。

设 $f_i(x,y)$为一连续图像函数，空间上无限大（近似，实际上办不到），频域上占有限带宽。如图 2.5（b）所示，用理想空间取样函数阵列对连续图像 $f_i(x,y)$进行采样后的图像为

$$
\begin{aligned}
f_p(x,y) = f_i(x,y)\cdot s(x,y) = f_i(x,y)\sum_{i=-\infty}^{\infty}\sum_{j=-\infty}^{\infty}\delta(x-i\Delta x, y-j\Delta y) = \\
\sum_{i=-\infty}^{\infty}\sum_{j=-\infty}^{\infty} f_i(i\Delta x, j\Delta y)\cdot\delta(x-i\Delta x, y-j\Delta y)
\end{aligned}
\tag{2.23}
$$

根据卷积定理，用 $F_p(u,v)$表示取样后图像的频谱，$F_i(u,v)$表示连续图像 $f_i(x,y)$的频谱，$S(u,v)$表示取样阵列 $s(x,y)$的傅里叶变换，上式的频域表示为

$$
F_p(u,v) = F_i(u,v) * S(u,v) = \frac{1}{\Delta x\Delta y}\sum_{i=-\infty}^{\infty}\sum_{j=-\infty}^{\infty} F_i(u-i\Delta u, v-j\Delta v) \tag{2.24}
$$

由上式可见，取样后的频谱 $F_p(u,v)$是原频谱 $F_i(u,v)$在 u、v 平面内按 $\Delta u=\dfrac{1}{\Delta x}$、$\Delta v=\dfrac{1}{\Delta y}$ 周期无限重复（延拓），如图 2.5（d）所示。

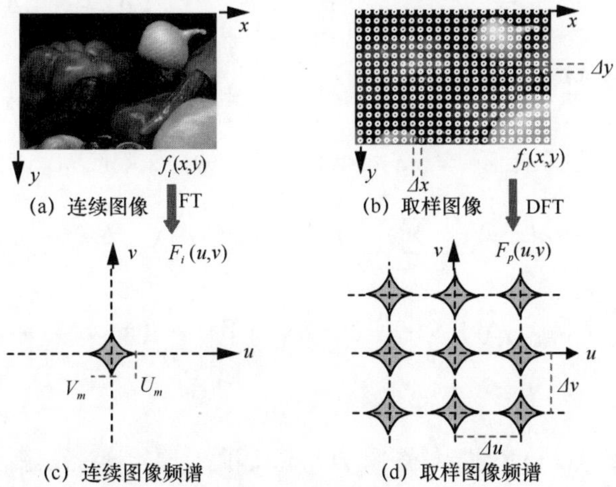

图 2.5　取样图像的频谱

显然，若原图像频谱是限带的，且 Δx 和 Δy 取得足够小，使 $\Delta u \geqslant 2U_m$，$\Delta v \geqslant 2V_m$，U_m、V_m 为频谱受限的最高频率，则取样后各延拓的频谱之间不会发生重叠，我们至少可以通过低通滤波的方法完整地取出基带频谱部分而完全恢复原图像。也就是说，图像信号在满足二维奈奎斯特取样准则的情况下，我们完全可以从取样图像信号精确重建原图像。

2. **取样图像的重建**

如图 2.5（d）所示，在满足取样定理条件下，各周期延拓的频谱区域互不重叠，要从二维取样重建原图像，最简单的方法是用一个中心位于原点的理想二维方形滤波器完整地将频谱中的各个高次谐波滤除，利用剩下的基波分量就可以恢复原始图像。理想的低通滤波器的特性为

$$H(u,v)=\begin{cases}1, |u| \leqslant 1/(2\Delta x) \text{且} |v| \leqslant 1/(2\Delta y) \\ 0, \quad \text{其他}\end{cases} \tag{2.25}$$

显然，重建图像的频谱 $F_r(u,v)$应该等于取样图像的频谱 $F_p(u,v)$和低通滤波器 $H(u,v)$的乘积。

$$F_r(u,v)=F_p(u,v)H(u,v) \tag{2.26}$$

根据 $F_p(u,v)$的定义，用 $H(u,v)$乘 $F_p(u,v)$，相当于使式（2.24）求和号中 $i=j=0$ 这一项不变，其余各项皆等于零，显然 $F_r(u,v)= F_i(u,v)$，即可完全重建原图像 $F_i(u,v)$。这样，我们从频域的角度证明了二维取样定理。

我们还可以从空域的角度描述二维取样定理。用于重建图像的理想低通滤波器的冲激响应是 $H(u,v)$的傅里叶反变换。

$$\begin{aligned} h(x,y) &= \int_{-\infty}^{\infty}\int_{-\infty}^{\infty} H(u,v)\mathrm{e}^{\mathrm{j}2\pi(ux+vy)}\mathrm{d}u\mathrm{d}v = \\ & \Delta x\cdot\Delta y\int_{-\frac{1}{2\Delta x}}^{\frac{1}{2\Delta x}} \mathrm{e}^{\mathrm{j}2\pi ux}\mathrm{d}u\cdot\int_{-\frac{1}{2\Delta y}}^{\frac{1}{2\Delta y}} \mathrm{e}^{\mathrm{j}2\pi vy}\mathrm{d}v = \mathrm{Sa}\left(\frac{\pi x}{\Delta x}\right)\cdot\mathrm{Sa}\left(\frac{\pi y}{\Delta y}\right)\end{aligned} \tag{2.27}$$

其中，函数 $\mathrm{Sa}(x)=\dfrac{\sin(x)}{x}$ 为 sinc 函数。于是，将式（2.25）重建图像的频域表达式对应到空域，则重建图像 $f_r(x,y)$可以通过取样信号 $f_p(x,y)$和低通滤波器的冲激响应 $h(x,y)$的卷积求得。

$$\begin{aligned} f_r(x,y) &= f_p(x,y)*h(x,y)=\left(\sum_{i=-\infty}^{\infty}\sum_{j=-\infty}^{\infty} f_i(i\Delta x, j\Delta y)\cdot\delta(x-i\Delta x, y-j\Delta y)\right)*h(x,y)= \\ & \sum_{i=-\infty}^{\infty}\sum_{j=-\infty}^{\infty} f_i(i\Delta x, j\Delta y)\cdot\mathrm{Sa}\left[\frac{\pi}{\Delta x}(x-i\Delta x)\right]\cdot\mathrm{Sa}\left[\frac{\pi}{\Delta y}(y-j\Delta y)\right]\end{aligned} \tag{2.28}$$

上式中的重建图像 $f_r(x,y)$就是原始图像 $f_i(x,y)$，因此，原始连续图像信号可通过在每一取样点插入一个以其取样值为权值的二维 sinc 函数的线性组合得以恢复。

2.2.4　取样值的量化

经过取样的图像，只是在空间上被离散成为像素（样本）的阵列。而每个样本灰度值还是一个有无穷多取值的连续变化量，必须将其转化为有限个离散值、赋予不同码字才能真正成为数字图像，方便计算机或其他数字设备进行处理。这种将有无穷多个值的连续量转化为有限数量的离散量的过程称为量化。

如前所述，如果对每个样值进行独立量化处理，称之为标量量化。标量量化有两种方式：一种是将样本的连续灰度值空间进行等间隔分层的均匀量化；另一种是不等间隔分层的非均匀量化。这里以一个实例说明均匀标量量化的基本概念。如图 2.6 所示，用判决电平将连续的灰度范围分为 8 个等份，形成 8 个量化间隔（区域）。在两个判决电平之间的所有灰度值用一个量化值（称为量化器输出的量化电平）来表示。量化既然是以有限个离散值近似表示无限多个连续量，就一定会产生误差。例如，在图中输入的灰度值为 x，经量化以后，输出的灰度值为 y，两者之间的差 $\Delta=y-x$ 就是量化误差，由此所产生的失真即量化失真或量化噪声。之所以把量化形成的失真称为量化噪声，是因为这两种失真产生的过程和结果是十分相似的。噪声所引起的失真相当于在准确的图像灰度值基础上加上（或减去）噪声的值。而量化所引起的失真，实际上也在是准确值的基础上加上（或减去）量化所引起的误差。当量化层次少到一定程度时，量化值与连续量值之间的差值（量化误差）变得很显著，引起严重的图像失真，尤其在原先亮度值缓慢变化的区域会引起生硬的“伪轮廓”。

图像量化的基本要求是在量化噪声对图像质量影响一定的前提下用最少的量化层进行量化。通常对取样值进行等间隔的均匀量化，量化层数 K 取为 2^n。这样，每个量化区间的量化电平可采用 n bit 自然二进制数表示，形成 PCM 编码。对于均匀量化，由于是等间隔分层，量化分层越多，量化误差越小，但编码时占用比特数就越多。

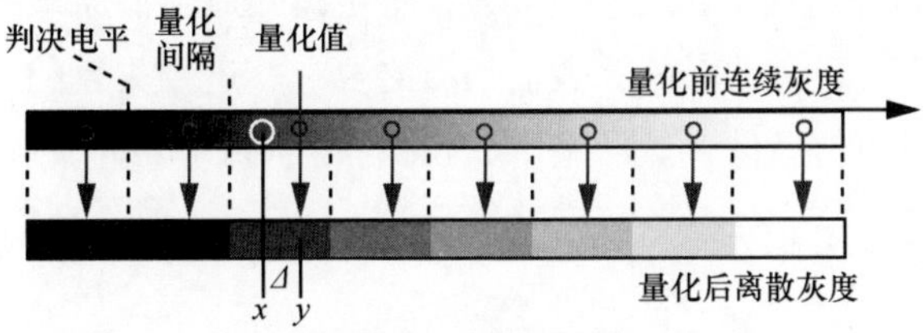

图 2.6　量化示意

2.2.5　量化值的编码

在完成了对模拟图像的取样、量化后，就实现了图像空间和量值的离散化，但还未形成数字化的图像。数字化的图像是指用二进制（或多进制）的符号按一定的顺序表示每个像素点的量值。

图像的采样值在量化以后形成了有限数量的量化值，量化值实际上是一套标号，每一个标号表示该量化值属于某个量化区间。因此，设计一套二进制的比特组合来对应这一套标号，就是编码。模拟图像在经过取样、量化和编码后形成二进制比特表示，就完成了图像的数字化，形成了数字图像。因此，量化的本质就是给一组量化区间发放标号，如十进制的标号。为了适应二进制的应用，必须给这些十进制标号"编"上一个二进制的"码"，这就是编码的实质所在。

最简单的编码方法就是等长度的自然二进制编码。等长度就是每个样值都用相同长度的二进制比特来表示。将一组等长的二进制码按大小顺序排列，需要编码的量化值也按大小顺序排列，然后进行一一对应的编码。这就是最为常见的二进制 PCM 编码，几乎成了数字化编码一种约定俗成的方法。

例如，图像的连续样值在 0 至 255 间，采用 8 bit 均匀量化，那么图像灰度等级分为 2^8=256 层，每个量化区间（层）长度皆为 1。例如，输入某一图像样值幅度为 107.2，经量化后为 107，可用二进制 8 bit 长的码 01101011 来表示。

2.2.6 量化失真

在图像的数字化过程中，如果不考虑取样密度不足带来的混叠失真（Aliasing Distortion），如果编码是和量化值形成一一对应的关系（即一个量化值唯一对应一个码字，一个码字也唯一对应一个量化值），那么，在图像数字化的过程中，只有量化会给图像带来失真，使所形成的数字图像和原来的模拟图像有所差别。从这里可以清楚地看到，图像的数字化必然会带来失真，失真主要是由量化引起的。这是因为，量化是一个不可逆操作：落在同一量化区间的所有取样值都被量化为同一个量化值，而在重建图像时，面对这个量化值，你不可能知道它原来的样值是多少。我们唯一能够努力的是尽量减少量化误差。如在上例中，输入另一样值的幅度为 107.4，也量化为 107，还是用二进制长码 01101011 来表示。在重建图像时，只知道是 01101011，对应的重建值为 107，不可能知道它们原来的量值。

既然量化失真是不可避免的，那么我们很有必要考察这种失真的大小。假设对大小在 0 到 1 之间的取样值进行均匀量化，然后采用 n bit 的线性 PCM 编码，每个量化分层间隔（量化步长）的相对值为 $\frac{1}{2^n}$，并假定取样值在它的动态范围内出现的概率是均匀分布的，则可以证明，量化误差的均方值 N_q（相当于噪声的平均功率）为

$$N_q = \frac{2^{-2n}}{12} \tag{2.29}$$

于是，峰值信号功率 S_{PP}（其相对值为 1）与量化噪声功率 N_q 之比为

$$\left(\frac{S_{PP}}{N_q}\right)_{\text{dB}} = 10\lg\frac{12 \cdot 2^{2n}}{1} \approx 10.8 + 6n \tag{2.30}$$

上式为表征线性 PCM 编码性能的基本公式，通常将其简称为量化信噪比。由上式可知，取样的编码比特数 n 直接关系到数字化的图像质量，每增减 1bit，就使量化信噪比增减约 6 dB。选择 n 可以用主观评价方法，比较原图像与量化图像的差别，当量化引起的差别已察觉不出或可以忽略时，所对应的最小量化层比特数即为 n。目前，对于一般的应用，如数字化图像、数码照相、电视广播、视频通信等，经常采用 8 bit 量化，已基本能满足要求。但对某些应用，如高质量的静止图像、遥感图像、医学图像处理等，需要 10 bit、12 bit 或更高精度的编码比特。

除了以上介绍的均匀量化外，还可以根据实际图像信号的概率分布进行非均匀量化，由此可获得更好的量化效果，这在后面有关章节的最佳量化部分予以介绍。通常的做法是把足够细分的均匀量化 PCM 编码后的图像作为基本的数字图像，而把在此之上进行的再取样和再量化作为数字图像处理的一部分，如标量量化中的非均匀量化和矢量量化。

在一般情况下，如果量化误差小到可以和图像的自然噪声相比较的程度，那么可以认为这样的数字化图像是可以接受的，是和原来的连续图像没有差别的。

至此我们对图像的数字化有了初步的了解，下面通过一个具体的示例回顾一下连续图像数字化的过程。图 2.7 的左边是一幅待数字化的模拟图像，从理论上说，它具有无穷多个点，任意一点在图像亮度的范围内可以有无穷多种取值。首先按照需要的密度对模拟图像进行二维采样，采样后形成如图右边所示的有限个（12×14）像素组成的离散图像；然后对此离散图像的每一个灰度值进行均匀量化，把 0 到 255 连续灰度范围分为 32 个等间隔量化区间，每个量化区间为 8；最后，对每个被量化的像素值进行编码，如进行 PCM 编码，因为共有 $\frac{256}{8}=32$ 个量化值，因此可以用 5 bit 二进制码 00000～11111 表示。

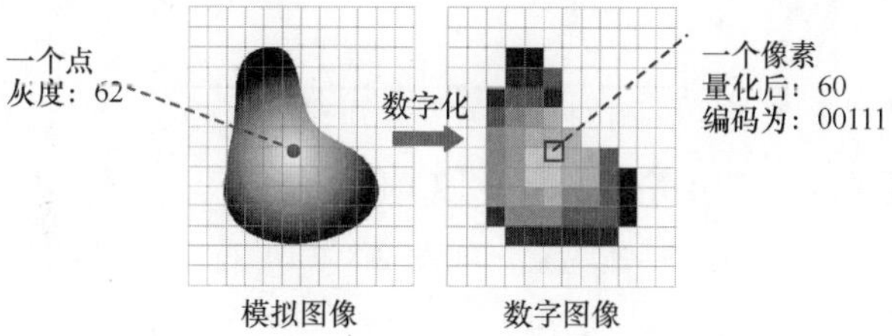

图 2.7　图像数字化示例

假设连续图像中某一点周围的灰度值为 62，取样后其样点的灰度值仍为 62，正好落在量化器的 57～64 区间中，这一区间的量化值是 60，此像素量化以后的量值变为 60；属于是第 8 个量化值，那么它的编码结果为二进制数 00111。经过反量化后，该点的灰度值为 60，和原来的真实值 62 之间的差为 2，这就是量化带来的误差或量化引起的噪声。

每个像素都编码完毕后，获得 12×14 个 5 bit 的码字，这就是数字图像的数据。如果有必要，根据这些数据就可以很容易地恢复出原图像。恢复出的图像和原图像在没有噪声和其他干扰的情况下只有量化误差。如果量化误差小到可以忽视的程度，我们就认为数字图像和原来的模拟图像是等价的。

2.3 混叠和亚取样

2.3.1 混叠效应

二维取样定理告诉我们，在理想的情况下，只要连续图像是限带信号，只要取样脉冲阵列的间隔满足奈奎斯特定理要求，则取样后的离散化图像的频谱是连续图像频谱的周期“复制”，相互有一定的距离，互不重叠，用低通滤波器就可以完整地恢复原图像。

在实际中，当取样定理的条件不满足时，如取样频率小于奈奎斯特取样频率，或图像为非限带信号，取样图像频谱的各次谐波就会发生重叠，邻近的高次谐波有一部分“混入”基波中，和基波分量相叠加，即发生了频谱的混叠（Aliasing）。对于已发生混叠的频谱，无论用什么滤波器也不可能将原图像的频谱分量滤取出来，由此在图像的恢复中将会引入一定的失真，通常称之为混叠失真。

在实际图像处理中，取样后图像信号的频谱混叠是不可避免的，这主要是因为图像信号并非真正的频域限带信号。任何空域（或时域）范围有限的信号，其频域范围必定是无限的，因此不存在理想的频域限带信号，只是我们可以忽略那些功率足够小的频率分量，将图像的频谱看成近似的限带信号。因此，取样频谱混叠效应是必然存在的，只要进行取样，必然会发生混叠，只是大小不同而已。在工程实际中，我们需要做的就是尽可能地将混叠失真控制在一个允许的范围内。

图 2.8 是说明频谱混叠对图像影响的一个实例。用摄像机拍摄一件带有细条纹的衬衫，由于衬衫的条纹很细，即高频分量较丰富，而摄像机 CCD 点阵的密度有限，即取样阵列的密度较低，空间取样频率不够高，发生了频谱混叠现象，如图 2.8（a）右边所示。

原来表示衬衫细条纹的高频分量（假设只有一个高频分量 f_1），因为摄像机的取样频率不够高而折回到低频 f_2，则在空域呈现为较粗的花纹，在图 2.8（a）左边可以明显地看到。如果将摄像机适当散焦，衬衫的细条纹变得模糊，CCD 不能获得较高的高频分量，相当于对输入图像做了一次低通滤波限带处理，起到了反混叠滤波的作用，其基本频谱和谐波频谱在同样的取样密度下不再发生混叠，如图 2.8（b）右边所示。但是拍摄的图像高频分量受到了抑制，如图 2.8（b）左边所示，图像中衬衫的细条纹虽然看不见了，但是由混叠引起的显眼的粗花纹也没有了。需要说明的是，为了清楚表示，图中频域部分采用一维的频谱来示意，在物理意义上没有差别。

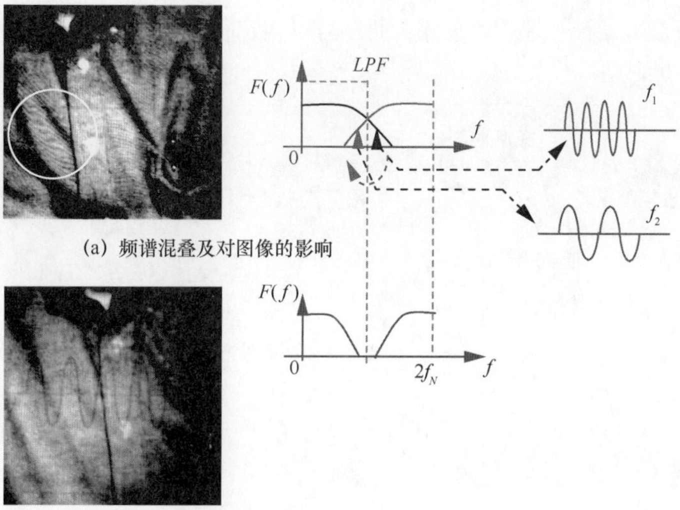

(a) 频谱混叠及对图像的影响

(b) 减少混叠后的图像

图 2.8　频谱混叠的影响

2.3.2　反混叠滤波

减少混叠失真最根本的方法是提高取样频率，但是在实际应用中，取样频率的确定受到多种实际因素的限制，并不容易随意提高。在这种情况下，一般可采用反混叠滤波的方法来减少混叠效应。

取样频谱的混叠往往发生在频谱的高端，因此比较方便的方法是用一低通滤波器将引起混叠的高频分量予以滤除，形成符合取样定理的限带信号，再进行取样，这样就避免了频谱混叠的产生。如图 2.8 衬衫图像中将摄像机适当散焦以减少图像的高频分量，相当于进行了低通反混叠滤波。当然，这样做的代价是损失了信号的一部分高频分量。两种失真，一种是混叠失真，一种是高频失真，权衡两者利弊的结果，我们宁肯容忍损失一点高频分量，使图像的细微处有所模糊，也不能够容忍由邻近频谱的叠加而形成新频率分量的混叠失真，在图像上出现原本不存在的“花纹”，大大地影响视觉效果。

反混叠滤波可以有两种实现方法：一种是在模拟域进行的方法，如图 2.9（a）所示，先对模拟图像信号进行低通滤波，然后对滤波后的图像进行取样；另一种是在离散域进行的方法，如图 2.9（b）所示，先用足够高的取样频率对图像进行数字化，再对数字化后的图像进行数字低通滤波，最后对滤波后的数字图像按照要求用较低的频率进行再取样。这里隐含着一个限制，即数字图像 $g(x,y)$的采样率是有限制的，否则直接用高采样率采样就行了。

模拟滤波的方法比较简单，效果还可以，但是在目前硬件数字化程度越来越高的情况下，模拟滤波的实现反而变得费事、不灵活。在数字化反混叠滤波中，因为首先采用了足够高的取样频率，所产生的数字信号可认为是没有混叠失真的数字信号。在数字域实现各种滤波非常方便，使采用数字方式的反混叠滤波普遍得到使用，而且可以将它和另外的预处理操作结合起来，获得更好的处理效果。

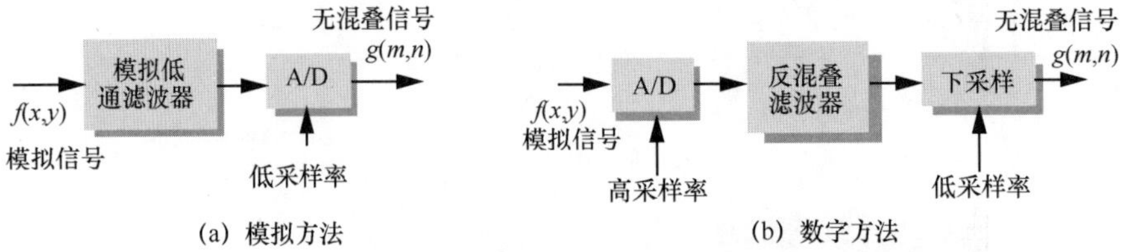

图 2.9　反混叠滤波的两种方法

2.3.3　亚取样

由上面的分析可知，表示同一幅数字化后的图像数据量直接和取样频率成正比，采用低于取样频率的脉冲来取样是减少图像数据量最直接、简单的手段之一。这种方法又被称为亚取样（Sub-sampling），在实际中常用这种方法来降低数据量。但取样频率的高低是受到取样定理约束的，在不满足取样定理下限频率时，就不能够保证重建图像不失真。如上所述，通常的情况下，我们可先进行反混叠滤波，再进行亚取样，以少量的高频失真换取数字图像数据量的下降。

下面介绍一种特殊的菱形亚取样（Diamond Subsampling）方法，可以在亚取样的场合大大减少混叠失真。这种方法对于很多自然图像可以在几乎不引起失真的情况下减小取样率，降低数据量。

经过大量的统计分析，常见自然图像的频谱主要分布在二维频谱中以原点为中心、4 个顶点在 u、v 轴上的一个菱形范围内，如图 2.10（b）所示。这是由于在自然场景图像中，垂直和水平的物体、线条、运动等比其他方向上多，反映在频谱中就是水平和垂直方向的高频分量比其他方向更加丰富，频谱的有效区域常常呈现为“菱形”。

在前面介绍的二维取样中，取样点的分布是呈方格状的，即最基本的正交取样方式。而在菱形亚取样中，如图 2.10（a）所示，取样点的分布在水平方向和垂直方向是相互交错的，和间隔为 Δx、Δy 的正交取样相比，它在水平方向的密度要减少了 $\frac{1}{2}$，是一种亚取样。但它的取样频谱在周期性延拓的过程中，由于原图像的菱形频谱结构而很少发生频谱混叠，我们可以用适当的滤波器，如图 2.10（c）所示的菱形低通滤波器，在取样前进行反混叠滤波，在取样后用它将基本频谱部分滤出，可以无失真（或失真较小）地恢复原图像。这种菱形亚取样的方法，可对模拟图像直接进行，也可对正交取样后的图像进行再取样。由于亚取样可以使数据量降低 $\frac{1}{2}$，因此它经常被采用。

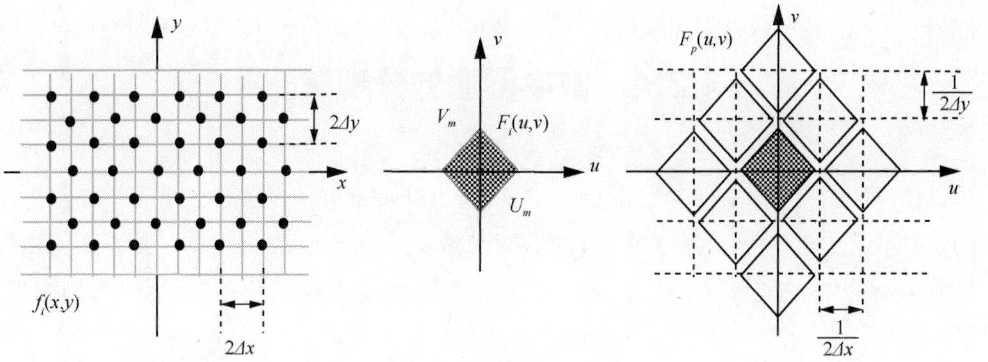

（a）菱形取样结构　　（b）图像频谱的菱形分布　　（c）取样频谱结构和菱形滤波器

图 2.10　菱形亚取样及其频谱分布

2.3.4　实际取样脉冲影响

在图像实际的取样过程中，除了上面所考虑的混叠失真外，还需要考虑取样脉冲的影响。现实中的取样脉冲不可能是理想的单位抽样信号 $\delta(n)$，取样点阵列也不可能是无限的。因此在图像重建时会产生边界误差和模糊现象，影响重建图像质量。

这里主要介绍单位抽样信号 $\delta(n)$ 取样脉冲 $p(x,y)$ 对取样过程的影响。这种影响相当于在每个采样点邻域上被这个窄脉冲平均。因此，整个取样过程可以等价地分为两步实现：第一步将输入图像与采样脉冲进行卷积，即 $f_i(x,y)*p(x,y)$，得到平均后较为平滑的信号 $f_p(x,y)$；第二步用理想 $\delta(n)$ 信号阵列对 $f_p(x,y)$ 采样。显然，由于第一步的采样脉冲影响，最终得到的取样结果和理想的取样有所不同。

第一步取样脉冲的影响可用图 2.11 说明，受影响的图像 $f_p(x,y)$ 可表示为

$$f_p(x,y)=f_i(x,y)*p(x,y) \tag{2.31}$$

根据卷积定理可得受影响图像的频谱为

$$F_p(u,v)=F_i(u,v)\cdot P(u,v) \tag{2.32}$$

由于第二步是理想采样，重建时不会出现失真，仍然可以恢复出 $f_p(x,y)$。

如果实际取样脉冲足够窄，它对重建图像的影响是不大的，可以予以忽视。如果要消除实际取样脉冲对取样的影响，在很多情况下可以用和 $p(x,y)$ 特性相反的滤波加以校正。滤波可以在连续域或离散域进行，一般情况下在离散域更方便。

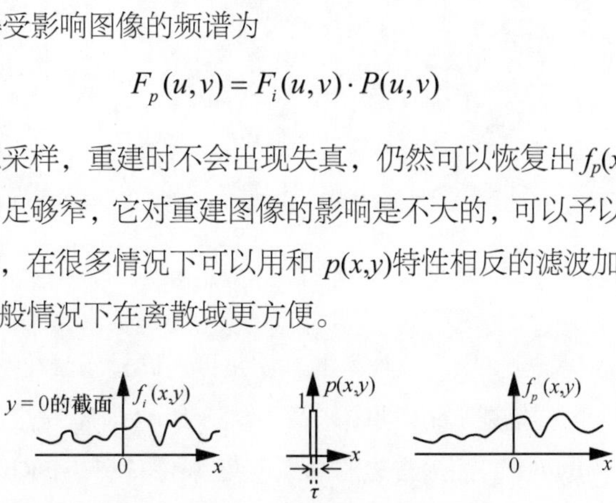

图 2.11　实际取样脉冲的影响

2.4 数字图像的分辨率

表征图像质量的一个主要参数是图像的分辨率（Resolution）。图像的分辨率是指图像所表示的场景中可以区分的最小差别。常见的分辨率包括3类：一是空间分辨率，用于表示图像对空间位置的区分能力；二是灰度（彩色）分辨率，用于表示图像对灰度深浅或彩色种类的区别能力；三是时间分辨率，这是针对活动图像而言的，用于表示对不同时间图像变化的区别能力。

2.4.1 空间分辨率

数字图像的空间分辨率可用单位面积的像素数来表示，而单位面积的像素数直接取决于采样频率或采样间隔。对于同一场景的同样尺寸的图像，空间分辨率越高意味着图像越清晰，我们在图像中所能够分辨的细节越多。因此在一般情况下，我们总是希望图像的空间分辨率越高越好。空间分辨率可以用一幅图像的行数乘列数来表征，如一幅 M 行 N 列的图像，我们说这幅图像的空间分辨率（简称分辨率）为 $M \times N$。图2.12是同一人物Lena不同空间分辨率的图像，从左到右分别为256×256、128×128、64×64、32×32。为了计算方便，图像的尺寸常用2的整数幂来定义。从图中可以看出，随着分辨率逐渐减小，图像中细节的模糊、边缘的锯齿状现象逐渐严重，以至于在32×32的图中看不出人鼻子和嘴的具体形状。

高空间分辨率的获得是有代价的。一是要提高取样密度，增加了图像采集和数字化的复杂度；二是生成的高清晰度图像的数据量直接随着 $M \times N$ 的加大而迅速增加，需要更大的存储空间或占用更高的传输带宽。因此，我们在选择图像的空间分辨率时需仔细地在图像质量和花费代价这两方面做出折中的选择。

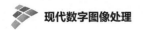

256×256　　128×128　　64×64　　32×32

图2.12　不同空间分辨率的图像

在不考虑图像压缩的情况下，空间分辨率的本质是描述同一场景花费了多少信息量（多少比特）。仍以图2.12为例，同样描述Lena图像，每个像素1 byte，最左边的图像花费了256×256=64 Kbyte（1 Kbyte =1024 byte），而最右边的图像仅花费了32×32=1 Kbyte。尽管看起来两幅图像一样大，但是真正有用的信息（数据）却不一样。

这就引起了显示分辨率问题。在显示中，往往无论什么分辨率的图像都是以同样的显示屏(或打印纸)几何尺寸来显示的。要知道，显示屏也是有分辨率限制的，如 LED 显示器是由它的液晶单元数所决定的。如果待显示图像的分辨率高于显示器，则显示器可以做一番处理，降低图像的分辨率，以适应它的显示要求，也可以仅显示图像的一部分；如果图像和显示器的分辨率一致，那么显示器可以忠实地反映图像的分辨率；如果图像的分辨率低于显示分辨率，显示器有两种选择，一种是按照显示器的分辨率来显示图像，这时所显示图像的尺寸会变小，另一种是将图像做“放大”处理，尽管有很多显示单元参与显示，但是真正独立有效的信息量仍然是图像的像素数。如图 2.12 的 32×32 图像中，其实每个小块内的 8×8 个像素都是一样的，反映的是一个像素的值，将原图的 32×32 个像素“放大”成 32×32 个“像块”。

如果将空间分辨率和人眼的观看距离（视距）联系起来，问题将更复杂。同样分辨率的图像，随着视距的增加其感觉分辨率会逐渐下降。因此，我们在讨论图像空间分辨率时不考虑人眼视距的影响，或者默认是在同一视距下进行比较的。

2.4.2 灰度分辨率

图像空间分辨率对应的是数字化过程中的空间离散化环节，和取样密度直接相关。灰度分辨率则是和取样值的量化环节直接相关。虽然讨论的是灰度分辨率，但是它对彩色图像同样适用。因为彩色图像可以分解为多幅单色图像，每一幅单色图像都可当作一幅灰度图像来处理。

图像的灰度分辨率是指将像素的总体灰度范围划分为多个等级，等级数越多，灰度分辨率越高，意味着图像的深浅层次越丰富，在图像中所能够分辨的细节越多。因此在一般情况下，我们希望图像的灰度分辨率越高越好。一幅数字图像灰度分辨率可以简单地用像素的比特数来表示。图 2.13 是同一人物不同灰度分辨率的图像，从左到右、从上到下分别为 64、32、16、8、4、2 个灰度等级的图像，对应的像素比特数为 6、5、4、3、2、1。图像的灰度等级也常用 2 的整数幂来定义，这些都是为了便于计算机运算。从图中可以看出，随着灰度分辨率逐渐减小，图像中发生灰度“合并”区域不断增加，细节的模糊、边缘生硬的现象逐渐严重，以至于图中右下角的 2 值图像非白即黑，没有任何灰度过渡，仅保留图像的基本轮廓。

在图 2.13 中也可以看出，64 灰度级的图像在人眼看来已经难以察觉到灰度变化和通常所见的 128 或 256 灰度等级的图像有什么差别，甚至 32 灰度级的图像看起来也不错。这是因为人眼对灰度的区分能力有限，没有受过专门训练的人常常只能够分清楚图像中几十个不同的灰度等级，远不如机器可以分清数百上千个灰度等级。

灰度分辨率也和显示器件有关，在显示器件的灰度分辨率和图像的灰度分辨率发生矛盾时，也需要对图像的灰度做适当修正：兼并高分辨率图像灰度等级适应显示器要求，或者兼并显示器的灰度等级适应低灰度分辨率图像的要求。在一般情况下，我们希望显示器的显示特性是线性的，它可以忠实地反映图像的灰度等级差别。但实际上，显示器（包括 CRT、LCD 或 LED）的显示特性往往是非线性的，如指数特性或对数特性。为了获得准确的灰度显示，必须对输出到显示器的图像数据预先加以校正，以获得尽可能的线性灰度显示。

图 2.13　不同灰度级的图像

在理想的情况下，图像的灰度并不受视距的影响，但是在人眼视距变化时，因为对图像空间分辨率的变化而引起对图像灰度分辨率的变化，产生灰度分辨率的下降，也是一个复杂的问题，因此在讨论图像灰度分辨率时一般不考虑人眼视距的影响。

2.4.3　时间分辨率

图像的时间分辨率是针对活动图像（如视频、电影、动画等）而言的，用于表示对不同时间图像变化的区别能力。

利用人眼的视觉暂留特性，将同一活动场景不同时间采样的图像快速地显示在眼前，我们就会看到一幅活动的场景，这就是电影、电视显示的基本原理。那么，每秒播放多少幅场景图像，才能够使我们获得非常接近真实的运动感？实践告诉我们，每秒达到 10 幅以上，人眼就可以产生明显的连续感。当然，图像随时间更改的速度，即每秒显示图像的幅数（帧数）也是越多越好，即时间分辨率越高，我们看到的运动越平滑、越连续。因此，我们往往用帧频（即每秒显示的图像幅数）来表示时间分辨率。帧频越高，时间分辨率越高，人的动态视觉感受也越好。

例如，电影的时间分辨率为 24 帧/秒，一般的广播电视的时间分辨率为 25 或 30 帧/秒，已经能够使我们获得比较满意的连续动感图像，但仍然有一点跳动感。而计算机的显示器，其帧频可高达 70 帧/秒以上，其动感的连续性和稳定性明显增加。因此，现在的高清电视中，不仅空间分辨率大为增加，时间分辨率也大为增加，可达 50/60/100/120 帧/秒。

但是，随着时间分辨率逐渐增加，同一场景活动图像的数据量也急剧增加，对拍摄器件和显示器件的要求也越加苛刻，这些都有力地束缚着时间分辨率的增加。因此，我们必须在活动图像的连续运动感和图像数据量之间做合适的选择。

时间分辨率还和摄像器件、显示器件的运动画面响应时间（MPRT，Motion Picture Response Time）有关。例如，显示器的响应时间表示像素从全黑到全白或从全白到全黑所需要的转换时间，在 1 到 10 毫秒之间。如果摄像器件（如 CCD、CMOS 等）的响应时间较长，赶不上投射在它上面光场的变化，或者显示器件（如 LCD、LED 等）的响应时间较长，不能够随着电信号的快速变化而变化，都不能得到很高的时间分辨率。

最后，为了更有效地控制活动图像的数据量，还必须从人眼的视觉特性出发，考虑时间分辨率和空间分辨率之间的关系。生活经验告诉我们，人们很难看清行驶中汽车的牌照号码，但当汽车停止或缓行时，可以准确地辨认车牌，甚至可看清车内的驾驶员。这说明人眼对快速运动场景要求有较高的时间分辨率，而此时人眼的空间分辨率有所下降；相反，对相对静止的场景，人眼对图像的空间分辨率要求较高，对时间分辨率要求则可以有所下降。因此，在实际应用中，可以对于不同的场景采用不同的时间分辨率，以期降低数字图像的数据量。

2.4.4　综合考虑

以上分别考虑了有关数字图像分辨率的 3 个重要指标：图像的空间分辨率、灰度分辨率和时间分辨率。现在，我们简单综合地考虑这几个分辨率的影响。

（1）考虑图像质量：作为高质量的图像，一般我们希望既具有高的空间分辨率，又具有高的灰度分辨率和高的时间分辨率（如果是活动图像）。

（2）考虑图像的数据量：对于一幅 $M \times N$ 的空间分辨率和 L bit 灰度分辨率的数字图像，其总的数据量为 $D=M \times N \times L$（比特/图像）。例如，一幅 512×512 和 8 bit 图像，其数据量为 512×512×8 bit=256 Kbyte。因此，在考虑存储和传输情况时，必须适当选择图像尺寸和灰度等级。如果是视频图像，还需考虑单位时间内的数据量，即考虑视频每秒的帧数。

（3）考虑人眼的视觉特性：人眼对空间分辨率和灰度分辨率要求有所不同，在图像中具有大量细节和跳变的区域，图像的灰度等级可以适当减少，但是空间分辨率却要求较高，否则细节处会出现模糊；在图像的平缓区域可以放宽对空间分辨率的要求，但要求很细的灰度等级，否则易出现灰度跃变的“伪轮廓”现象。适当地考虑活动图像中时间分辨率和空间分辨率的“交换”，即在高活动图像时可采用低空间分辨率，以减少活动图像的数据开销。

（4）考虑不同的分辨率组合：如果在给定一幅图像总数据容量的情况下，可选择不同的空间分辨率和灰度分辨率组合，如对图像中感兴趣区间分配高分辨率，对其他区域则可降低分辨率，以取得最好的主观图像质量。

第3章

图像变换和分析

本章主要介绍将数字图像从空间域变换到变换域的基本方法以及对数字图像降维处理的分析方法。首先给出了有关空间域二维线性系统和图像卷积处理的基本知识；然后分别介绍了应用广泛的离散傅里叶变换、离散余弦变换和离散沃尔什/阿达马变换，以及在此基础上抽象出图像变换的通用矩阵表达式；最后简要介绍了主分量分析（PCA）和奇异值分解（SVD）两种常用的图像分析工具。

在数字信号处理中，通常有两种方法：一是时间域（或空间域）分析法，二是频率域（或变换域）分析法。数字图像作为特殊的数字信号，同样也存在以上两种处理方法。空间域图像处理是一种直接处理方式，在空间域对图像的像素进行各种运算，卷积是其中最主要的一种处理方法；频率域图像处理是一种间接的处理方式，就是将图像信号从空间域变换到频率域，在频率域对变换系数进行各种运算，采用反变换的方法将频域处理结果变换到空间域，使我们可以从另外一个角度分析图像信号的特性。如何将信号转换到频域是本章重点介绍的内容。

图像变换的方法众多，最为常见的是线性正交变换，如傅里叶变换、余弦变换、沃尔什变换、阿达马变换等。每一种变换都存在自己的正交基函数集，并因正交基函数集的不同而形成不同的变换，正如空间的一个矢量可以用不同的坐标系表示一样。变换的方式虽然不同，但它们都是空间域图像数据在相应变换域的一种表示。图像数据的主分量分析（PCA）和奇异值分解（SVD）本质上也是一种变换，只不过它们的基函数集不是固定的，而是和数据本身有关。

3.1 二维线性系统

实际的图像处理系统十分复杂，包含众多的因素，受到多方面的影响，对如此复杂的系统进行分析和计算往往是非常困难的，有时也是没有必要的。因此，人们在研究和分析图像处理系统时往往抓住它最主要的性能和特点，简化成一定的系统模型。由于一般的图像信号是二维信号，因此处理图像信号的系统也常常是二维的系统。在各种不同的二维图像处理系统模型中，线性移位不变系统模型最为简单，但基本能够反映该系统的主要性能，因此应用最为广泛。

3.1.1 二维线性移不变系统

与一维线性时不变系统类似，二维线性移不变系统的频率响应也是该系统冲激响应的傅里叶变换。这里的冲激响应是指系统对二维冲激信号的输出响应。

设 $L[\cdot]$ 为二维系统对输入信号 · 的响应，如果满足以下线性运算关系

$$\begin{cases} L[f_1(x,y)+f_2(x,y)]=L[f_1(x,y)]+L[f_2(x,y)] \\ L[af(x,y)]=aL[f(x,y)] \end{cases} \tag{3.1}$$

式中，a 为任意常数，则称该二维系统为二维线性系统。

如果系统对输入信号 $f(x,y)$ 的响应为 $L[f(x,y)]=g(x,y)$，当输入信号 $f(x,y)$ 位移 α、β 单位后，即 $f(x-\alpha,y-\beta)$，若系统的响应同样也位移 α、β 单位，为 $L[f(x-\alpha,y-\beta)]=g(x-\alpha,y-\beta)$，则称此系统为二维位移不变系统（Shift Invariant System）。同时满足上述线性和位移不变关系的系统称为二维线性移位不变系统。

和一维线性系统类似，当二维线性系统的输入为单位冲激函数 $\delta(x,y)$ 时，系统的输出称为冲激响应，用 $h(x,y)$ 表示，故有 $L[\delta(x,y)]=h(x,y)$。

由于 $h(x,y)$ 是当系统的输入为 δ 函数或理想点光源时的系统输出，是对点光源的响应，因此也称之为点扩展函数（PSF，Point Spread Function）。δ 函数经过理想的图像系统后的点扩展函数 $h(x,y)$，仍然能保持它的单位冲激特性。而质量差的图像系统 $h(x,y)$ 会把图像中的 δ 函数在其中心点处弥散开来。

3.1.2　二维离散卷积

1. **一维离散卷积**

输入信号 $f(x)$ 通过一维线性时不变系统后，输出 $g(x)$ 为输入信号 $f(x)$ 和系统冲激响应 $h(x)$ 的离散卷积，定义为

$$g(x)=f(x)*h(x)=\sum_{i=0}^{M-1}f(i)h(x-i) \tag{3.2}$$

由于卷积运算结果所产生的序列长度几乎等于参与卷积的两个信号长度的和，因此必须对参与卷积的信号做一定的处理。处理的方法有多种，如周期法、截断法等。最常见的为周期法，参与卷积的 $f(x)$ 和 $h(x)$ 两个序列实际上可能分别是两个连续函数的取样值，其序列的长度是样本的点数。而且，$f(x)$、$h(x)$ 并非真的是周期序列，只不过为了在做离散卷积时计算方便而假设它们是无限长周期序列，我们真正关注的是其中一个周期。为了不使相邻周期卷积运算产生交叉，一般将周期 M 选择得足够大，如等于 $f(x)$、$h(x)$ 的长度之和减 1，为此可将参与卷积的信号后面补零，即

$$\text{设 } f(x) \text{ 有 } m \text{ 点，则补零后成 } f_e=\begin{cases}f(x),0\leqslant x\leqslant m-1\\0,m\leqslant x\leqslant M-1\end{cases} \tag{3.3}$$

$$\text{设 } h(x) \text{ 有 } n \text{ 点，则补零后成 } h_e=\begin{cases}h(x),0\leqslant x\leqslant n-1\\0,n\leqslant x\leqslant M-1\end{cases} \tag{3.4}$$

其中，$M=m+n-1$，形成以 M 为周期的函数，然后进行补零后的离散卷积运算。

$$g_e(x)=f_e(x)*h_e(x)=\sum_{i=0}^{M-1}f_e(i)h_e(x-i) \tag{3.5}$$

在大多数应用场合，默认该卷积运算为 $g(x)=f(x)*h(x)=\sum_{i=0}^{M-1}f(i)h(x-i)$，不再特别区别原信号和补零后的信号。和离散傅里叶变换类似，离散卷积和连续卷积之间的误差仍然主要取决于时域和频域的取样间隔，只要取样间隔充分小，则离散卷积完全有可能充分逼近相应的连续卷积，离散卷积带来的误差就可以忽略。

和连续域卷积类似，在离散域也有卷积定理：两信号卷积后的频谱等于这两个信号频谱的乘积，即

$$f(x)*h(x)\ \Leftarrow DFT\Rightarrow\ F(u)\cdot H(u) \tag{3.6}$$

和离散卷积运算类似，可以定义离散相关（relationship）运算为

$$f(x)\circ h(x)=\sum_{n=0}^{N-1}f(n)h(x+n) \tag{3.7}$$

这里符号“∘”表示相关运算。表示时域和频域关系的离散相关定理为：两信号相关后的频谱等于一个信号的频谱和另一个信号频谱共轭的乘积，即

$$f(x)\circ h(x) \quad \Leftarrow DFT \Rightarrow \quad F(u)\cdot H^*(u) \tag{3.8}$$

2. **一维卷积的矩阵表示**

一维卷积运算可用矩阵的方式进行。将输入、输出信号分别表示成 M 维列向量，

$$\boldsymbol{f}=[f(0)\ \ f(1)\ \ \cdots\ \ f(M-1)]^{\mathrm{T}} \tag{3.9}$$

$$\boldsymbol{g}=[g(0)\ \ g(1)\ \ \cdots\ \ g(M-1)]^{\mathrm{T}} \tag{3.10}$$

用系统响应 $h(x)$函数构造出矩阵 $\boldsymbol{H}$（系统矩阵），使卷积运算能用矩阵方式表示。构造的方法就是将 $h(x)$的数据作为 $\boldsymbol{H}$ 矩阵的第一行，然后每次循环右移一项形成下一行，最终形成 $M\times M$ 矩阵 $\boldsymbol{H}$。这时，系统响应的矩阵表达式为

$$\boldsymbol{g}=\boldsymbol{H}\cdot\boldsymbol{f} \tag{3.11}$$

具体为

$$\begin{bmatrix} g(0) \\ g(1) \\ \vdots \\ g(M-1) \end{bmatrix}=\begin{bmatrix} h(0) & h(-1) & h(-2) & \cdots & h(-M+1) \\ h(1) & h(0) & h(-1) & \cdots & h(-M+2) \\ \vdots & \vdots & \vdots & \ddots & \vdots \\ h(M-1) & h(M-2) & h(M-3) & \cdots & h(0) \end{bmatrix}\cdot\begin{bmatrix} f(0) \\ f(1) \\ \vdots \\ f(M-1) \end{bmatrix} \tag{3.12}$$

由于 $h(x)$为周期函数，$h(M+x)=h(x)$，M 是其周期，因此可以消除 $\boldsymbol{H}$ 矩阵中的负标号项，形成等效的 $\boldsymbol{H}$ 矩阵如下。

$$\boldsymbol{H}=\begin{bmatrix} h(0) & h(M-1) & h(M-2) & \cdots & h(1) \\ h(1) & h(0) & h(M-1) & \cdots & h(2) \\ \vdots & \vdots & \vdots & \ddots & \vdots \\ h(M-1) & h(M-2) & h(M-3) & \cdots & h(0) \end{bmatrix} \tag{3.13}$$

每一行数据循环右移得到下一行，是一个循环方阵，其中含有很多填补的 0。可以验证，利用上式的 $\boldsymbol{H}$ 矩阵可将原来的一维卷积运算变为矩阵的相乘运算。式（3.11）这种矩阵乘积运算的关系在形式上可和频域中信号和系统传输函数 $G(u)=H(u)F(u)$之间的关系类比。其中，$G(u)$、$H(u)$和 $F(u)$分别为 $g(x)$、$h(x)$和 $f(x)$的离散傅里叶变换。

3. **二维离散卷积**

将一维卷积的方法直接推广到二维，如图 3.1 所示。$f(x,y)$为 $m\times n$ 点，补零后成为

$$f_e(x,y)=\begin{cases} f(x,y),\ 0\leqslant x\leqslant m-1\text{且}0\leqslant y\leqslant n-1 \\ 0,\ m\leqslant x\leqslant M-1\text{或}n\leqslant y\leqslant N-1 \end{cases} \tag{3.14}$$

$h(x,y)$为 $p\times q$ 点，补 0 后为

$$h_e(x,y)=\begin{cases}h(x,y),0\leqslant x\leqslant p-1\text{且}0\leqslant y\leqslant q-1\\0,p\leqslant x\leqslant M-1\text{或}q\leqslant y\leqslant N-1\end{cases}\tag{3.15}$$

这里 $M=m+p-1$，$N=n+q-1$，形成水平方向以 M、垂直方向以 N 为周期的函数 $f_e(x,y)$和 $h_e(x,y)$。补零以后的二维卷积运算如下。

$$g_e(x,y)=f_e(x,y)*h_e(x,y)=\sum_{i=0}^{M-1}\sum_{j=0}^{N-1}f_e(i,j)\cdot h_e(x-i,y-j)\tag{3.16}$$

其卷积的结果 $g_e(x,y)$也是以 M、N 为周期的二维函数。同样可以忽略下标 e，默认卷积运算为 $g(x,y)=f(x,y)*h(x,y)$。

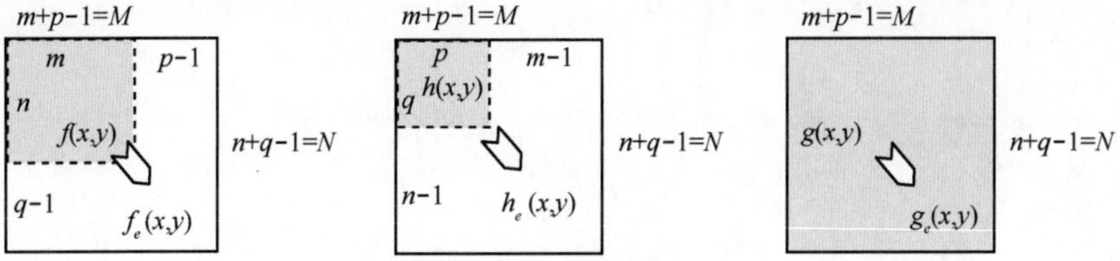

图 3.1　二维卷积函数的扩充补零

4. 二维卷积的矩阵表示

为简单起见，在二维情况下只讨论方阵，$M=N$，二维卷积的矩阵表示和一维时一样。

$$\boldsymbol{g}=\boldsymbol{H}\cdot\boldsymbol{f}\tag{3.17}$$

但上式中 $\boldsymbol{g}$ 并不表示输出矩阵，而是将输出矩阵“堆叠”成的列矢量。同样，$\boldsymbol{f}$ 并不表示输入图像矩阵，而是将输入矩阵“堆叠”成的列矢量。将输入矩阵（图像）变为列矢量的具体方法是将 $\boldsymbol{f}$ 矩阵每一行的 N 个像素拉成一列，共 N 列，顺序堆叠，形成一个 N^2 维的列向量。具体情况如下。

$$\boldsymbol{f}=[f\underbrace{(0,0)\cdots f(0,N-1)}_{\text{第0行数据}}\quad f\underbrace{(1,1)\cdots f(1,N-1)}_{\text{第1行数据}}\quad\cdots\quad f\underbrace{(N-1,0)\cdots f(N-1,N-1)}_{\text{第}N-1\text{行数据}}]^{\mathrm{T}}$$

矩阵 $\boldsymbol{g}$ 也如此处理，形成一个 N^2 维的列向量。

$$\boldsymbol{g}=[g(0,0)\cdots g(0,N-1)g(1,1)\cdots g(1,N-1)\cdots g(N-1,0)\cdots g(N-1,N-1)]^{\mathrm{T}}$$

和一维情况类似，下面用 $h(x,y)$表示系统矩阵 $\boldsymbol{H}$，它是一个 N 块×N 块的分块矩阵。

$$\boldsymbol{H}=\begin{bmatrix}\boldsymbol{H}_0&\boldsymbol{H}_{N-1}&\boldsymbol{H}_{N-2}&\cdots&\boldsymbol{H}_1\\\boldsymbol{H}_1&\boldsymbol{H}_0&\boldsymbol{H}_{N-1}&\cdots&\boldsymbol{H}_2\\\vdots&\vdots&\vdots&\ddots&\vdots\\\vdots&\vdots&\boldsymbol{H}_j&\cdots&\vdots\\\vdots&\vdots&\vdots&\ddots&\vdots\\\boldsymbol{H}_{N-1}&\boldsymbol{H}_{N-2}&\boldsymbol{H}_{N-3}&\cdots&\boldsymbol{H}_0\end{bmatrix}\quad(N^2\times N^2\text{矩阵})\tag{3.18}$$

其中，每个“块”矩阵，如 $\boldsymbol{H}_j$ 是由 $h(x,y)$ 中的第 j 行数据进行逐行循环右移而形成的。

$$\boldsymbol{H}_j=\begin{bmatrix} h(j,0) & h(j,N-1) & h(j,N-2) & \cdots & h(j,1) \\ h(j,1) & h(j,0) & h(j,N-1) & \cdots & h(j,2) \\ \vdots & \vdots & \vdots & \ddots & \vdots \\ h(j,N-1) & h(j,N-2) & h(j,N-3) & \cdots & h(j,0) \end{bmatrix} \tag{3.19}$$

例如，计算二维图像 $\boldsymbol{f}$ 矩阵和二维系统 $\boldsymbol{h}$ 矩阵的卷积，即 $\boldsymbol{g}=\boldsymbol{h}*\boldsymbol{f}$。

$\boldsymbol{f}=\begin{bmatrix} 1 & 2 \\ 3 & 4 \end{bmatrix}$ 补零后为 $\boldsymbol{f}_e=\begin{bmatrix} 1 & 2 & 0 \\ 3 & 4 & 0 \\ 0 & 0 & 0 \end{bmatrix}$，形成列向量 $\boldsymbol{f}_e=[1\ 2\ 0\ 3\ 4\ 0\ 0\ 0\ 0]^{\mathrm{T}}$。

$\boldsymbol{h}=\begin{bmatrix} -1 & 1 \\ -2 & 2 \end{bmatrix}$ 补零后为 $\boldsymbol{h}_e=\begin{bmatrix} -1 & 1 & 0 \\ -2 & 2 & 0 \\ 0 & 0 & 0 \end{bmatrix}$。

图像 $\boldsymbol{f}_e$ 和二维系统 $\boldsymbol{h}_e$ 的卷积运算可写成矩阵相乘的形式，如下。

$$\boldsymbol{g}_e=\boldsymbol{H}\cdot\boldsymbol{f}_e=\begin{bmatrix} \boldsymbol{H}_0 & \boldsymbol{H}_2 & \boldsymbol{H}_1 \\ \boldsymbol{H}_1 & \boldsymbol{H}_0 & \boldsymbol{H}_2 \\ \boldsymbol{H}_2 & \boldsymbol{H}_1 & \boldsymbol{H}_0 \end{bmatrix}\cdot\boldsymbol{f}_e=$$

$$\left[\begin{array}{ccc:ccc:ccc} -1 & 0 & 1 & 0 & 0 & 0 & -2 & 0 & 2 \\ 1 & -1 & 0 & 0 & 0 & 0 & 2 & -2 & 0 \\ 0 & 1 & -1 & 0 & 0 & 0 & 0 & 2 & -2 \\ \hdashline -2 & 0 & 2 & -1 & 0 & 1 & 0 & 0 & 0 \\ 2 & -2 & 0 & 1 & -1 & 0 & 0 & 0 & 0 \\ 0 & 2 & -2 & 0 & 1 & -1 & 0 & 0 & 0 \\ \hdashline 0 & 0 & 0 & -2 & 0 & 2 & -1 & 0 & 1 \\ 0 & 0 & 0 & 2 & -2 & 0 & 1 & -1 & 0 \\ 0 & 0 & 0 & 0 & 2 & -2 & 0 & 1 & -1 \end{array}\right]\cdot\begin{bmatrix} 1 \\ 2 \\ 0 \\ 3 \\ 4 \\ 0 \\ 0 \\ 0 \\ 0 \end{bmatrix}=\begin{bmatrix} -1 \\ -1 \\ 2 \\ -5 \\ -3 \\ 8 \\ -6 \\ -2 \\ 8 \end{bmatrix}$$

将 $\boldsymbol{g}_e$ 恢复成矩阵的形式为 $\begin{bmatrix} -1 & -1 & 2 \\ -5 & -3 & 8 \\ -6 & -2 & 8 \end{bmatrix}$。

以上二维卷积的矩阵表示本质上是套用一维信号的方法，只是将二维信号堆叠成一维信号。那么，二维卷积运算最自然的想法应当是表述成二维矩阵的乘积形式。遗憾的是，并不存在对一般 $h(x,y)$ 的二维矩阵乘积表达式，只有当 $h(x,y)$ 是变量可分离的函数时才有可能。

3.2 离散傅里叶变换

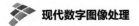

在连续信号的处理中，傅里叶变换为人们深入理解和分析信号的特性提供了一种强有力

的手段。为了进行定量数值计算，可以通过抽样使原来连续分布的信号变成离散信号。并且由抽样定理可以知道，当抽样满足一定条件时，就可以从有限的抽样精确地恢复出原连续信号，由此大大地降低了分析处理的复杂程度。现在的问题是，对于离散信号，是否也有对应的离散数值变换，它既能反映信号的特性又只需有限的样本，以利于使用计算机或信号处理器（DSP）等进行数值分析？答案是肯定的。其中最基本的一种即为离散傅里叶变换（DFT，Discrete Fourier Transform）。

离散傅里叶变换建立了离散时域（或空域）与离散频域之间的联系。由信号的卷积定理可知，如果图像信号直接在时域或空域上处理，计算量会随着离散取样点数的增加而急剧增加。因此，一般可采用 DFT 方法，将输入的数字信号首先进行 DFT，把时域（空域）中的卷积或相关运算简化为在频域上的相乘处理，然后进行 DFT 反变换，恢复为时域（空域）信号。这样，计算量大大减少，提高了处理速度。另外，DFT 还有一个明显的优点是具有快速算法，即快速傅里叶变换（FFT，Fast Fourier Transform），使计算量减少到直接进行 DFT 计算的一小部分。

3.2.1　一维离散傅里叶变换

我们从回顾一维离散傅里叶变换定义开始。

定义：设 $\{f(x) \mid x=0,\cdots,N-1\}$ 为一维信号，其离散傅里叶变换及逆变换分别为

$$F(u)=\sum_{x=0}^{N-1} f(x)\mathrm{e}^{-\frac{\mathrm{j}2\pi ux}{N}} \tag{3.20}$$

$$f(x)=\frac{1}{N}\sum_{u=0}^{N-1} F(u)\mathrm{e}^{\frac{\mathrm{j}2\pi ux}{N}} \tag{3.21}$$

式中 $u, x\in\{0,1,\cdots,N-1\}$。

3.2.2　二维离散傅里叶变换

1. 二维 DFT 的定义

将一维离散傅里叶变换推广到二维。

定义：设 $\{f(x,y) \mid x=0,1,\cdots,M-1; y=0,1,\cdots,N-1\}$ 为二维离散信号，其离散傅里叶变换及其逆变换分别为

$$F(u,v)=\frac{1}{\sqrt{MN}}\sum_{x=0}^{M-1}\sum_{y=0}^{N-1} f(x,y)\mathrm{e}^{-\mathrm{j}2\pi(\frac{ux}{M}+\frac{vy}{N})} \tag{3.22}$$

$$f(x,y)=\frac{1}{\sqrt{MN}}\sum_{u=0}^{M-1}\sum_{v=0}^{N-1} F(u,v)\mathrm{e}^{\mathrm{j}2\pi(\frac{ux}{M}+\frac{vy}{N})} \tag{3.23}$$

式中，$u,x\in\{0,1,\cdots,M-1\}$，　$v,y\in\{0,1,\cdots,N-1\}$。

在 DFT 变换对中，$F(u,v)$为离散信号 $f(x,y)$的频谱，一般情况下是复函数，设$|F(u,v)|$ 为其幅度谱，$\varphi(u,v)$为其相位谱，$F(u,v)$还可以用下式表达。

$$F(u,v)=|F(u,v)|\exp\left[j\varphi(u,v)\right]=R(u,v)+jI(u,v) \tag{3.24}$$

式中 $R(u,v)$和 $I(u,v)$分别为二维复频谱 $F(u,v)$函数的实部和虚部，由此可得：

$F(u,v)$的幅度谱函数为 $$|F(u,v)|=\sqrt{R^2(u,v)+I^2(u,v)} \tag{3.25}$$

$F(u,v)$的相位谱函数为 $$\varphi(u,v)=tg^{-1}\left[\frac{I(u,v)}{R(u,v)}\right] \tag{3.26}$$

需要强调的是，离散变换虽然是连续变换的一种近似，但其本身在数学上是严格的变换对。在今后进行的信号分析中，可以简单地直接把数字域上得到的结果作为对连续场合的解释，使两者之间得到统一。

图 3.2 为 Lena 图像的二维 DFT 示意。由于图像的 DFT 是复数运算，得到的频谱一般也是复数，难以直观表示。图 3.2（b）表示的是其幅度谱，中心是低频部分，越亮的地方代表的幅度越大，可见图像的大部分能量集中在低频区域。幅度谱中“十字”形亮线表示原图像中水平和垂直方向的分量较其他方向多，因为在我们周围的自然场景中水平和垂直线条出现的可能性较大。图 3.2（c）的相位谱看起来似乎是一片噪声，说明相位信息是以一种比较隐蔽的方式出现的，但非常重要，因为相位信息中携带着图像的位置信息，没有它将无法从频谱经 DFT 反变换（IDFT，Inverse DFT）还原出原图像。这一点可以从图 3.2（d）和图 3.2（e）的对比看出。图 3.2（d）是仅从原图像的幅度谱（将相位谱置零）通过 IDFT 重建的图像，其反映了原图像的灰度，但没有位置信息，看不出原图的形状；而图 3.2（e）是仅由相位谱（将幅度谱置零）重建的图像，尽管缺少反映原图的灰度信息，但是基本保持原图的位置信息（如边缘、轮廓等）。

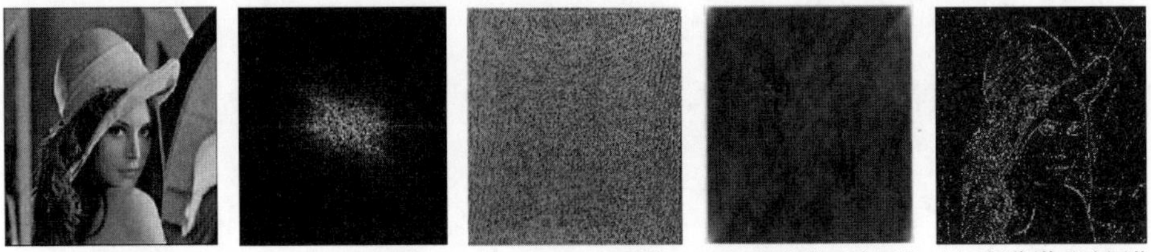

(a) 原始图像　(b) DFT 的幅度谱　(c) DFT 的相位谱　(d) 幅度谱重建图像　(e) 相位谱重建图像

图 3.2　图像的 DFT 及其重建

2. 二维 DFT 的性质

在二维 DFT 情况下，存在和一维变换相同的性质，如线性、位移、尺度、卷积、相关等。下面介绍的几点是二维 DFT 情况下特有的性质。

（1）可分离性

由于 DFT 正反变换的指数项（变换核）可以分解为只含 u、x 和 v、y 的两个指数项的积，因此，$N\times N$ 的二维 DFT 正反变换运算可以分解为两层一维 DFT 运算。

$$F(u,v)=\frac{1}{N}\sum_{x=0}^{N-1}\left\{\sum_{y=0}^{N-1}f(x,y)\mathrm{e}^{-\frac{\mathrm{j}2\pi vy}{N}}\right\}\mathrm{e}^{-\frac{\mathrm{j}2\pi ux}{N}} \tag{3.27}$$

$$f(x,y)=\frac{1}{N}\sum_{u=0}^{N-1}\left\{\sum_{v=0}^{N-1}F(u,v)\mathrm{e}^{\frac{\mathrm{j}2\pi vy}{N}}\right\}\mathrm{e}^{\frac{\mathrm{j}2\pi ux}{N}} \tag{3.28}$$

式中 $u,v,x,y\in\{0,1,\cdots,N-1\}$。如式（3.27）的大括号中是一维 DFT 运算，将大括号看成一个 x 的函数，大括号外也是一维 DFT 运算。这一性质就是二维变换可分离性的含义。

（2）旋转不变性

若分别在空间域和频率域引入极坐标，使

$$\begin{cases}x=r\cos\theta\\ y=r\sin\theta\end{cases}\qquad\qquad\begin{cases}u=w\cos\varphi\\ v=w\sin\varphi\end{cases}$$

$f(x,y)$ 和 $F(u,v)$ 在相应的极坐标中可分别表示为 $f(r,\theta)$ 和 $F(w,\varphi)$，则存在以下傅里叶变换对

$$f(r,\theta+\theta_0)\quad\Leftrightarrow\quad F(w,\varphi+\theta_0) \tag{3.29}$$

上述性质表明，若将 $f(x,y)$ 在空间域旋转角度 θ_0，则 $F(u,v)$ 在频域中也将相应地旋转同一角度 θ_0，图 3.3 是显示这种旋转不变性的一例。

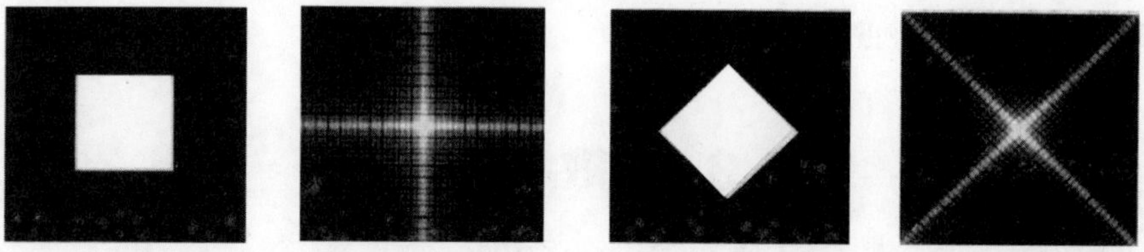

(a) 原图像　(b) 原图像的频谱　(c) 图像旋转 θ_0 度　(d) 频谱旋转 θ_0 度

图 3.3　图像 DFT 的旋转不变性

（3）共轭对称性

对任意函数 $f(x,y)$，其二维 DFT 为 $F(u,v)$，则很容易证明 $f(x,y)$ 的共轭 $f^*(x,y)$ 的二维 DFT 为 $F^*(-u,-v)$。如果 $f(x,y)$ 为实函数，有 $f^*(x,y)=f(x,y)$，则两者的 DFT 也相等，即

$$F^*(-u,-v)=F(u,v) \tag{3.30}$$

上式表明，任意二维实函数 $f(x,y)$ 的频谱 $F(u,v)$ 具有共轭对称性，或者说实函数的傅里叶变换结果为 Hermite 函数，具有偶实部和奇虚部。由此可知，作为实函数的图像，其 DFT 数据中有一半的冗余度，或者说只要一半的数据就可以推知另一半数据，据此特性可以减少 DFT 的计算量。

（4）能量不变性

能量不变性又称 Parseval 定理，信号变换前后的能量保持不变，连续情况和离散情况皆如此。

$$\sum_x\sum_y f^2(x,y)=\sum_u\sum_v|F(u,v)|^2 \tag{3.31}$$

3. 二维 DFT 的实现

由于二维 DFT 存在可分离性，因此用两层一维 DFT 就可以实现二维变换。

$$F(u,v)=\Im_x\{\Im_y[f(x,y)]\} \text{ 或 } F(u,v)=\Im_y\{\Im_x[f(x,y)]\} \tag{3.32}$$

式中 $\Im_x$（或 $\Im_y$）表示对变量 x（或 y）进行傅里叶变换。在具体实现中，x、y 分别与行、列坐标相对应，即

$$F(u,v)=\Im_{\text{row}}\{\Im_{\text{column}}[f(x,y)]\} \tag{3.33}$$

上式表示先对图像矩阵的各列做行的一维 DFT，然后对变换结果的各行做列的一维 DFT。这种流程的缺点是在计算变换时要改变下标，不能用同一个（一维）变换程序，解决这一问题的方法是采用下面的计算流程。

$$f(x,y)\rightarrow\Im_{\text{column}}[f(x,y)]=F(u,y)\rightarrow F(u,y)^{\mathrm{T}}\rightarrow\Im_{\text{row}}[F(u,y)^{\mathrm{T}}]=$$
$$F(u,v)^{\mathrm{T}}\rightarrow F(u,v)$$

二维 DFT 的反变换流程与之类似，利用 DFT 的共轭性质，只需将输入改为 $F^*(u,v)$，就可以按正变换的流程进行反变换。

在 DFT 的计算中，如果根据定义直接计算，共需要 $N^2\times N^2$ 次复数的乘法。当 N 增大时，这个计算量是非常大的。根据可分离性质，可以用两次一维快速 DFT 来降低计算的复杂度，使所需的复数乘法次数降为 $N^2 \operatorname{lb} N$。

3.3 离散余弦变换

前面介绍的 DFT 变换为频谱分析提供了有力的工具。然而，DFT 是复数域的运算，尽管借助于 FFT 可以提高运算速度，但在实际应用（特别是实时处理）中多有不便。由于实偶函数的傅里叶变换只含实的余弦项，因此在此基础上构造了一种实数域的正交变换——离散余弦变换（DCT，Discrete Cosine Transform）。下面首先从实函数的对称延拓、DFT 变换入手引入一维 DCT，然后推广至二维 DCT。

3.3.1 一维离散余弦变换

DCT 变换的基本思想是将一个实函数对称延拓成一个实偶函数，实偶函数的傅里叶变换也必然是实偶函数。这里以一维 DCT 为例加以说明。

参考图 3.4，给定实信号序列 $\{f(x)|x=0,1,\cdots,N-1\}$，可以按下式将其延拓为偶对称序列 $g(x)$。

$$g(x)=\begin{cases} f(x-\frac{1}{2}), & x=\frac{1}{2},\frac{1}{2}+1,\cdots,\frac{1}{2}+(N-1) \\ f(-x+\frac{1}{2}), & x=-\frac{1}{2},-\frac{1}{2}-1,\cdots,-\frac{1}{2}-(N-1) \end{cases} \tag{3.34}$$

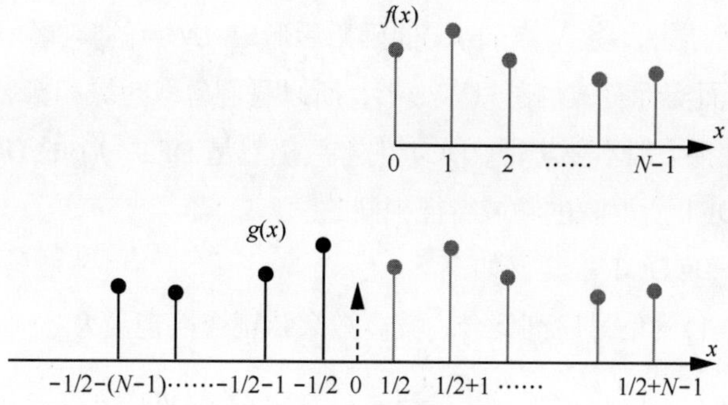

图 3.4　偶函数延拓

对 $g(x)$ 求 $2N$ 点的一维 DFT，有

$$\begin{aligned} G(u) &= \frac{1}{\sqrt{2N}} \sum_{x=-\frac{1}{2}-(N-1)}^{\frac{1}{2}+(N-1)} g(x)\cdot \mathrm{e}^{\frac{-\mathrm{j}2\pi xu}{2N}} \\ &= \frac{1}{\sqrt{2N}} \sum_{x=-\frac{1}{2}-(N-1)}^{-\frac{1}{2}} g(x)\cdot \mathrm{e}^{\frac{-\mathrm{j}\pi xu}{N}} + \frac{1}{\sqrt{2N}} \sum_{x=\frac{1}{2}}^{\frac{1}{2}+(N-1)} g(x)\cdot \mathrm{e}^{\frac{-\mathrm{j}\pi xu}{N}} \end{aligned} \tag{3.35}$$

令 $y=-x$，代入上式第一项，并仍以 x 表示，得

$$G(u) = \frac{1}{\sqrt{2N}} \sum_{x=\frac{1}{2}}^{\frac{1}{2}+(N-1)} g(-x)\cdot \mathrm{e}^{\frac{\mathrm{j}\pi xu}{N}} + \frac{1}{\sqrt{2N}} \sum_{x=\frac{1}{2}}^{\frac{1}{2}+(N-1)} g(x)\cdot \mathrm{e}^{\frac{-\mathrm{j}\pi xu}{N}} \tag{3.36}$$

考虑到在 $x=\frac{1}{2}$ 到 $\frac{1}{2}+(N-1)$ 段，$g(x)=g(-x)=f\left(x-\frac{1}{2}\right)$，利用欧拉定理可得

$$\begin{aligned} G(u) &= \frac{1}{\sqrt{2N}} \sum_{x=\frac{1}{2}}^{\frac{1}{2}+(N-1)} f\left(x-\frac{1}{2}\right)\cdot\left(\mathrm{e}^{\frac{\mathrm{j}\pi xu}{N}} + \mathrm{e}^{\frac{-\mathrm{j}\pi xu}{N}}\right) \\ &= \frac{2}{\sqrt{2N}} \sum_{x=\frac{1}{2}}^{\frac{1}{2}+(N-1)} f\left(x-\frac{1}{2}\right)\cdot \cos\frac{\pi xu}{N} = \sqrt{\frac{2}{N}} \sum_{x=\frac{1}{2}}^{\frac{1}{2}+(N-1)} f\left(x-\frac{1}{2}\right)\cdot \cos\frac{\pi xu}{N} \end{aligned} \tag{3.37}$$

上式中令 $x-\frac{1}{2}=x'$，并再以 x 表示，可得

$$\begin{aligned} &G(u) = \sqrt{\frac{2}{N}} \sum_{x'=0}^{N-1} f(x')\cdot \cos\frac{\pi\left(x'+\frac{1}{2}\right)u}{N} = \\ &\sqrt{\frac{2}{N}} \sum_{x=0}^{N-1} f(x)\cdot \cos\frac{\pi(2x+1)u}{2N} \end{aligned} \tag{3.38}$$

这是我们所预料的结果，将 N 点的 $f(x)$偶延拓后形成 $2N$ 点的实偶函数，其 DFT 也是一个 $2N$ 点的实偶函数，然而实际有效信息只有一半，所以我们各取时域和频域的一半定义为一种新的变换——离散余弦变换。但不要忘记，DCT 的本质仍然是 DFT，$f(t)$的 DCT 结果所表现出来的频域特征本质上是和 DFT 所反映的频域特征相同的。

按照这一思路，一维 DCT 的定义如下。

设$\{f(x)|x=0,1,\cdots,N-1\}$为信号序列集合，其离散余弦正变换定义为

$$F(u)=C(u)\sqrt{\frac{2}{N}}\sum_{x=0}^{N-1}f(x)\cos\frac{(2x+1)u\pi}{2N} \tag{3.39}$$

其离散余弦逆变换定义为

$$f(x)=\sqrt{\frac{2}{N}}\sum_{u=0}^{N-1}C(u)F(u)\cos\frac{(2x+1)u\pi}{2N} \tag{3.40}$$

其中，

$$C(u)=\begin{cases}1/\sqrt{2},\ u=0\\1,\ 其他\end{cases},\quad x=0,1,\cdots,N-1,\quad u=0,1,\cdots,N-1 \tag{3.41}$$

可见一维 DCT 正反变换的变换核都是相同的。

$$g(u,x)=C(u)\sqrt{\frac{2}{N}}\cos\frac{(2x+1)u\pi}{2N} \tag{3.42}$$

3.3.2 二维离散余弦变换

将一维 DCT 的定义推广到二维 DCT，设$\{f(x,y)\mid x,y=0,1,\cdots,N-1\}$为二维图像信号，其二维 DCT 正变换为

$$F(u,v)=\frac{2}{N}C(u)C(v)\sum_{x=0}^{N-1}\sum_{y=0}^{N-1}f(x,y)\cos\frac{(2x+1)u\pi}{2N}\cos\frac{(2y+1)v\pi}{2N} \tag{3.43}$$

二维 DCT 逆变换为

$$f(x,y)=\frac{2}{N}\sum_{u=0}^{N-1}\sum_{v=0}^{N-1}C(u)C(v)F(u,v)\cos\frac{(2x+1)u\pi}{2N}\cos\frac{(2y+1)v\pi}{2N} \tag{3.44}$$

其中 $C(u)$，$C(v)$的定义同上，x、y、u、$v=0,1,\cdots,N-1$。

二维 DCT 正反变换的变换核都相同，且是可分离的。

$$\begin{aligned}g(x,y,u,v)&=g_1(x,u)g_2(y,v)=\\&\sqrt{\frac{2}{N}}C(u)\cos\frac{(2x+1)u\pi}{2N}\cdot\sqrt{\frac{2}{N}}C(v)\cos\frac{(2y+1)v\pi}{2N}\end{aligned} \tag{3.45}$$

根据 DCT 可分离的性质，可采用两次一维 DCT 实现图像信号的二维 DCT，其流程与 DFT 类似。

$$f(x,y) \to \aleph_{\text{column}}[f(x,y)] = F(u,y) \to F(u,y)^{\mathrm{T}} \to \aleph_{\text{row}}[F(u,y)^{\mathrm{T}}] = F(u,v)^{\mathrm{T}} \to F(u,v)$$

其中 $\aleph$ 为一维 DCT 变换。为了解决实时处理所面临的复杂运算，目前已有多种快速 DCT（FDCT），其中一些是由 FFT 的思路发展起来的。

还有一点要注意的是二维 DCT 频谱分布的特点。由于 DCT 相当于对带有中心偏移的偶函数进行二维 DFT，因此其谱域与 DFT 相差一倍，如图 3.5 所示。从图中可见，对于 DCT，位置(0, 0)处对应信号直流系数，$(N-1, N-1)$对应信号的最高频系数，而同阶的 DFT 中，位置$\left(\frac{N-1}{2},\frac{N-1}{2}\right)$处对应信号的最高频系数。

通过统计和研究发现，DCT 除了具有一般的正交变换和实数计算的优点外，其变换性能也非常优越。对于自然图像、语音类相关性很强的信号，如归一化自相关系数大于 0.9 以上，由信号产生的 DCT 变换矩阵十分接近它的离散 K-L 变换矩阵（见第 3.6 节），因此可以用 DCT 变换近似替代 K-L 变换，而 K-L 矩阵是在均方意义下最佳的正交变换矩阵。这样，在具有确定变换矩阵（K-L 变换矩阵与信号内容有关）的正交变换中，DCT 变换被认为是一种最佳变换。在已颁布的一系列图像和视频压缩编码的国际标准建议中，都把 DCT 作为其中的一个基本处理模块，足以表明其优良的性能和重要地位。

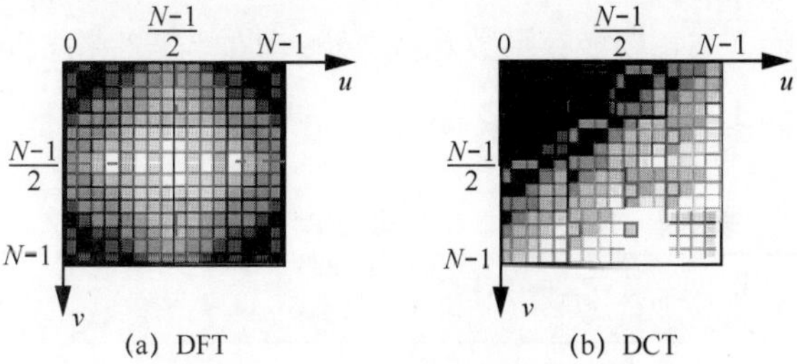

图 3.5　DCT 与 DFT 频谱的区别

3.4　沃尔什和阿达马变换

上面介绍的 DFT 变换、DCT 变换都是由正弦或余弦等三角函数为基本的正交基函数，在快速算法中要用到复数乘法、三角函数乘法，计算复杂度较高。在某些应用领域，需要有更有效和便利的变换方法。沃尔什（Walsh）变换、阿达马（Hadamard）变换、哈尔（Haar）变换等就是其中一类，它们包括只有+1 和−1 两个数值所构成的完备正交基。由于沃尔什函数基是二值正交基，与数字逻辑的两个状态相对应，因此更加适用于计算机处理。另外，沃尔什、阿达马变换与傅里叶变换相比，减少了存储空间且提高了运算速度，这一点对图像处理来说是至关重要的。特别是有大量数据需要进行实时处理时，沃尔什、阿达马变换更加显示出其优越性，下面分别对这两种变换予以简要介绍。

3.4.1 离散沃尔什变换

1. 一维离散沃尔什变换

在一维沃尔什变换中，正变换核和反变换核相同，为

$$g(x,u)=\prod_{i=0}^{n-1}(-1)^{b_i(x)b_{n-1-i}(u)} \tag{3.46}$$

式中 $b_k(z)$是 z 的二进制表示的第 k 位值，为 0 或 1。如 z=6，其二进制表示是 110，因此 $b_0(z)=0$，$b_1(z)=1$，$b_2(z)=1$。N 是沃尔什变换的阶数，$N=2^n$。$u=0,1,2,\cdots,N-1$，$x=0,1,2,\cdots,N-1$。

由此，一维离散沃尔什正反变换分别为

$$W(u)=\frac{1}{N}\sum_{x=0}^{N-1}f(x)\prod_{i=0}^{n-1}(-1)^{b_i(x)b_{n-1-i}(u)} \tag{3.47}$$

$$f(x)=\sum_{u=0}^{N-1}W(u)\prod_{i=0}^{n-1}(-1)^{b_i(x)b_{n-1-i}(u)} \tag{3.48}$$

其中 $u=0,1,2,\cdots,N-1$，$x=0,1,2,\cdots,N-1$。

一维沃尔什反变换除了与正变换有系数差别之外，其他与正变换相同。为了计算方便，对常用的 $b_k(z)$ 值列表，如表 3.1 所示。

表 3.1　N =2、4、8 时的沃尔什变换的 $b_k(z)$值

z , $b_k(z)$ \ N	N=2(n=1)		N=4(n=2)				N=8(n=3)							
z 的十进制值	0	1	0	1	2	3	0	1	2	3	4	5	6	7
z 的二进制值	0	1	00	01	10	11	000	001	010	011	100	101	110	111
$b_0(z)$	0	1	0	1	0	1	0	1	0	1	0	1	0	1
$b_1(z)$			0	0	1	1	0	0	1	1	0	0	1	1
$b_2(z)$							0	0	0	0	1	1	1	1

根据表 3.1 中 $b_k(z)$，很容易求得沃尔什变换核，其变换核阵列的数值如表 3.2 所示，忽略了系数 $\frac{1}{N}$。可见，沃尔什变换核是一个对称阵列，其行和列是正交的。同时，正、反变换核除了系数相差 $\frac{1}{N}$ 这个常数项外，其他完全相同。因此，计算沃尔什正变换的任何算法都可直接用来求其反变换。

表 3.2　N=2、4、8 时的沃尔什变换核

u	N=2(n=1)		N=4 (n=2)				N=8 (n=3)							
	0	1	0	1	2	3	0	1	2	3	4	5	6	7
0	+1	+1	+1	+1	+1	+1	+1	+1	+1	+1	+1	+1	+1	+1
1	+1	−1	+1	+1	−1	−1	+1	+1	+1	+1	−1	−1	−1	−1
2			+1	−1	+1	−1	+1	+1	−1	−1	+1	+1	−1	−1
3			+1	−1	−1	+1	+1	+1	−1	−1	−1	−1	+1	+1
4							+1	−1	+1	−1	+1	−1	+1	−1
5							+1	−1	+1	−1	−1	+1	−1	+1
6							+1	−1	−1	+1	+1	−1	−1	+1
7							+1	−1	−1	+1	−1	+1	+1	−1

这里给出一个求函数 $f(x)$ 的沃尔什变换的实例，求 x=0、1、2、3 时的沃尔什变换结果。根据沃尔什变换定义式（3.47），可知 N=4，n=2，变换核的值可以由表 3.2 查出，$f(x)$ 的沃尔什变换为 $W(0)=\frac{1}{4}\sum_{x=0}^{4-1}f(x)\prod_{i=0}^{2-1}(-1)^{b_i(x)b_{2-1-i}(0)}=\frac{[f(0)+f(1)+f(2)+f(3)]}{4}$，由类似计算可得

$$W(1)=\frac{[f(0)+f(1)-f(2)-f(3)]}{4}$$

$$W(2)=\frac{[f(0)-f(1)+f(2)-f(3)]}{4}$$

$$W(3)=\frac{[f(0)-f(1)-f(2)+f(3)]}{4}$$

将此结果与表 3.2 中 N=4 变换核相对照，$W(0)$、$W(1)$、$W(2)$和 $W(3)$括号中的各项符号即为表中变换核的符号。如果将表 3.2 中的变换核以简洁的形式提取出来，当 N=2、4、8 时沃尔什变换核分别为

$$\boldsymbol{G}_2=\frac{1}{2}\begin{bmatrix}1 & 1\\ 1 & -1\end{bmatrix}\quad \boldsymbol{G}_4=\frac{1}{4}\begin{bmatrix}1 & 1 & 1 & 1\\ 1 & 1 & -1 & -1\\ 1 & -1 & 1 & -1\\ 1 & -1 & -1 & 1\end{bmatrix}\quad \boldsymbol{G}_8=\frac{1}{8}\begin{bmatrix}1 & 1 & 1 & 1 & 1 & 1 & 1 & 1\\ 1 & 1 & 1 & 1 & -1 & -1 & -1 & -1\\ 1 & 1 & -1 & -1 & 1 & 1 & -1 & -1\\ 1 & 1 & -1 & -1 & -1 & -1 & 1 & 1\\ 1 & -1 & 1 & -1 & 1 & -1 & 1 & -1\\ 1 & -1 & 1 & -1 & -1 & 1 & -1 & 1\\ 1 & -1 & -1 & 1 & 1 & -1 & -1 & 1\\ 1 & -1 & -1 & 1 & -1 & 1 & 1 & -1\end{bmatrix}$$

根据上述的变换核，可以方便地计算上例的沃尔什变换，而不需要用公式计算。

$$\boldsymbol{W}=\boldsymbol{G}_4\boldsymbol{F}=\frac{1}{4}\begin{bmatrix}1 & 1 & 1 & 1\\ 1 & 1 & -1 & -1\\ 1 & -1 & 1 & -1\\ 1 & -1 & -1 & 1\end{bmatrix}\cdot\begin{bmatrix}f(0)\\ f(1)\\ f(2)\\ f(3)\end{bmatrix}=\begin{bmatrix}W(0)\\ W(1)\\ W(2)\\ W(3)\end{bmatrix}$$

2. 二维离散沃尔什变换

将一维的情况推广到二维，可以得到二维沃尔什变换的正变换和反变换核同为

$$g(x,u,y,v)=\prod_{i=0}^{n-1}(-1)^{[b_i(x)b_{n-1-i}(u)+b_i(y)b_{n-1-i}(v)]} \tag{3.49}$$

它们也是可分离和对称的，二维沃尔什变换可以分成两步一维沃尔什变换来进行。二维沃尔什正变换和反变换分别为

$$W(u,v)=\frac{1}{N^2}\sum_{x=0}^{N-1}\sum_{y=0}^{N-1}f(x,y)\prod_{i=0}^{n-1}(-1)^{[b_i(x)b_{n-1-i}(u)+b_i(y)b_{n-1-i}(v)]} \tag{3.50}$$

$$f(x,y)=\sum_{u=0}^{N-1}\sum_{v=0}^{N-1}W(u,v)\prod_{i=0}^{n-1}(-1)^{[b_i(x)b_{n-1-i}(u)+b_i(y)b_{n-1-i}(v)]} \tag{3.51}$$

其中 $u,v=0,1,2,\cdots,N-1$；$x,y=0,1,2,\cdots,N-1$。N 是沃尔什变换的阶数，$N=2^n$。$b_k(z)$的含义和一维情况时一样。

如果 $\boldsymbol{f}$ 表示图像矩阵，$\boldsymbol{W}$ 表示二维沃尔什变换系数矩阵，$\boldsymbol{G}$ 为 N 阶沃尔什变换核矩阵，$\boldsymbol{H}$ 为 N 阶沃尔什反变换核矩阵，则二维沃尔什变换的矩阵表达式为

$$\boldsymbol{W}=\boldsymbol{G}\cdot\boldsymbol{f}\cdot\boldsymbol{G} \tag{3.52}$$

二维沃尔什反变换的矩阵表达式为

$$\boldsymbol{f}=\boldsymbol{H}\cdot\boldsymbol{W}\cdot\boldsymbol{H} \tag{3.53}$$

其中 $\boldsymbol{H}$ 与 $\boldsymbol{G}$ 本质上相同，只有系数之间的区别。

例如，某数字图像为 $\boldsymbol{f}=\begin{bmatrix}1&3&3&1\\1&3&3&1\\1&3&3&1\\1&3&3&1\end{bmatrix}$，可根据式（3.50）或矩阵表达式（3.52）求其二维沃尔什变换，其中变换矩阵可由表 3.2 得到。矩阵形式的二维沃尔什变换为

$$\boldsymbol{W}=\frac{1}{4^2}\begin{bmatrix}1&1&1&1\\1&1&-1&-1\\1&-1&-1&1\\1&-1&1&-1\end{bmatrix}\cdot\begin{bmatrix}1&3&3&1\\1&3&3&1\\1&3&3&1\\1&3&3&1\end{bmatrix}\cdot\begin{bmatrix}1&1&1&1\\1&1&-1&-1\\1&-1&-1&1\\1&-1&1&-1\end{bmatrix}=\begin{bmatrix}2&0&-1&0\\0&0&0&0\\0&0&0&0\\0&0&0&0\end{bmatrix}$$

由上式可见二维沃尔什变换具有能量集中的性质，原始图像数据越是均匀分布，沃尔什变换后的数据越集中于矩阵的左上角，因此，和其他正交变换类似，二维沃尔什变换可以使图像信息在变换域分布更为集中。

3.4.2 离散阿达马变换

离散阿达马变换本质上是一种特殊排序的沃尔什变换，其变换矩阵也是一个方阵，只包括+1 和 −1 两种矩阵元素，各行或各列之间彼此是正交的，即任意两行对应元素相乘或两列对应元素相乘后

的各数之和必定为零。阿达马变换核矩阵与沃尔什变换不同之处仅仅是行的次序不同。阿达马变换的最大优点在于它的变换核矩阵具有简单的递推关系，即高阶矩阵可以由低阶矩阵求得。这个特点使人们更愿意采用阿达马变换，不少文献中常采用沃尔什-阿达马变换这一术语。

1. 一维离散阿达马变换

和沃尔什变换一样，一维阿达马正变换核和反变换变换核相同，即

$$g(x,u)=\frac{1}{N}(-1)^{\sum_{i=0}^{n-1} b_i(x)b_i(u)} \tag{3.54}$$

其中 $N=2^n$，$u=0,1,2,\cdots,N-1$，$x=0,1,2,\cdots,N-1$。$b_k(z)$是 z 的二进制表示的第 k 位，(-1)指数上的求和是模 2 意义上的加法。对应的一维阿达马正变换和反变换分别为

$$H(u)=\frac{1}{N}\sum_{x=0}^{N-1} f(x)(-1)^{\sum_{i=0}^{n-1} b_i(x)b_i(u)} \tag{3.55}$$

$$f(x)\frac{1}{N}\sum_{u=0}^{N-1} H(u)(-1)^{\sum_{i=0}^{n-1} b_i(x)b_i(u)} \tag{3.56}$$

其中，$N=2^n$，$u=0,1,2,\cdots,N-1$，$x=0,1,2,\cdots,N-1$。

例如 $N=2^n$，高、低阶阿达马变换之间具有简单的递推关系。最低阶（$N=2$）阿达马矩阵为

$$\boldsymbol{H}_2=\begin{bmatrix}1 & 1\\ 1 & -1\end{bmatrix} \tag{3.57}$$

$2N$ 阶阿达马矩阵 $\boldsymbol{H}_{2N}$ 与 N 阶阿达马矩阵 $\boldsymbol{H}_N$ 之间的递推关系可用下式表示。

$$\boldsymbol{H}_{2N}=\begin{bmatrix}\boldsymbol{H}_N & \boldsymbol{H}_N\\ \boldsymbol{H}_N & -\boldsymbol{H}_N\end{bmatrix} \tag{3.58}$$

例如，$N=4$ 的阿达马矩阵为

$$\boldsymbol{H}_4=\left[\begin{array}{c|c}\boldsymbol{H}_2 & \boldsymbol{H}_2\\ \hline \boldsymbol{H}_2 & -\boldsymbol{H}_2\end{array}\right]=\begin{bmatrix}1 & 1 & 1 & 1\\ 1 & -1 & 1 & -1\\ 1 & 1 & -1 & -1\\ 1 & -1 & -1 & 1\end{bmatrix} \tag{3.59}$$

$N=8$ 的阿达马矩阵为

$$\boldsymbol{H}_8=\begin{bmatrix}\boldsymbol{H}_4 & \boldsymbol{H}_4\\ \boldsymbol{H}_4 & -\boldsymbol{H}_4\end{bmatrix}=\left[\begin{array}{cccc|cccc}1 & 1 & 1 & 1 & 1 & 1 & 1 & 1\\ 1 & -1 & 1 & -1 & 1 & -1 & 1 & -1\\ 1 & 1 & -1 & -1 & 1 & 1 & -1 & -1\\ 1 & -1 & -1 & 1 & 1 & -1 & -1 & 1\\ \hline 1 & 1 & 1 & 1 & -1 & -1 & -1 & -1\\ 1 & -1 & 1 & -1 & -1 & 1 & -1 & 1\\ 1 & 1 & -1 & -1 & -1 & -1 & 1 & 1\\ 1 & -1 & -1 & 1 & -1 & 1 & 1 & -1\end{array}\right] \tag{3.60}$$

在阿达马矩阵中，某一列中系数符号改变的次数称为这个列的列率。如式（3.60）表示的 8 个列的列率分别是 0、7、3、4、1、6、2、5。但在实际使用中，常对列率随 u 增加而增加的顺序感兴趣，此时称为定序阿达马变换。

定序阿达马正变换核和反变换核定义为

$$g(x,u)=\frac{1}{N}(-1)^{\sum_{i=0}^{n-1}b_i(x)p_i(u)} \tag{3.61}$$

其中 $p_i(u)$与 $b_i(u)$之间的关系如下。

$$\begin{aligned}&p_0(u)=b_{n-1}(u)\\&p_1(u)=b_{n-1}(u)+b_{n-2}(u)\\&p_2(u)=b_{n-2}(u)+b_{n-3}(u)\\&\cdots\\&p_{n-1}(u)=b_1(u)+b_0(u)\end{aligned} \tag{3.62}$$

例如，N=8 的定序阿达马变换核为
$$\begin{bmatrix}1&1&1&1&1&1&1&1\\1&1&1&1&-1&-1&-1&-1\\1&1&-1&-1&-1&-1&1&1\\1&1&-1&-1&1&1&-1&-1\\1&-1&-1&1&1&-1&-1&1\\1&-1&-1&1&-1&1&1&-1\\1&-1&1&-1&-1&1&-1&1\\1&-1&1&-1&1&-1&1&-1\end{bmatrix}$$

很显然，此时列率为 0、1、2、3、4、5、6、7，是随 u 增大的次序。对应的定序阿达马变换对为

$$H(u)=\frac{1}{N}\sum_{x=0}^{N-1}f(x)(-1)^{\sum_{i=0}^{n-1}b_i(x)p_i(u)} \tag{3.63}$$

$$f(x)=\sum_{n=0}^{N-1}H(u)(-1)^{\sum_{i=0}^{n-1}b_i(x)p_i(u)} \tag{3.64}$$

2. **二维离散阿达马变换**

二维离散阿达马变换对为

$$H(u,v)=\frac{1}{N^2}\sum_{x=0}^{N-1}\sum_{y=0}^{N-1}f(x,y)(-1)^{\sum_{i=0}^{n-1}[b_i(x)b_i(u)+b_i(y)b_i(v)]} \tag{3.65}$$

$$f(x,y)=\sum_{u=0}^{N-1}\sum_{v=0}^{N-1}H(u,v)(-1)^{\sum_{i=0}^{n-1}[b_i(x)b_i(u)+b_i(y)b_i(v)]} \tag{3.66}$$

其中 $N=2^n$，$u,v=0,1,2,\cdots,N-1$，$x,y=0,1,2,\cdots,N-1$。上述两式的二维离散阿达马变换是未定序的，如果

将以上两个变换式中的 $b_i(u)$ 换为 $p_i(u)$，其定义和一维定序的情况一致，则形成了二维定序的离散阿达马变换。同样，二维阿达马变换核也是可分离和对称的，其变换也可分成两步一维变换来完成。

3.5 图像变换的矩阵表示

本节从离散傅里叶变换入手，借助矩阵工具分析由一般正交变换连接起来的空间域和频率域之间的关系、空间域图像的变化对频率域频谱的影响，以及频率域频谱的变化对空间域图像的影响。

3.5.1 通用变换核

一般可以把图像信号 $f(x,y)$ 的正反变换写成下面的通用形式。

$$F(u,v)=\sum_{x}\sum_{y}f(x,y)g(x,y,u,v) \tag{3.67}$$

$$f(x,y)=\sum_{u}\sum_{v}F(u,v)h(x,y,u,v) \tag{3.68}$$

其中，x, y, u, v=0, 1, ⋯, N−1，$g(x, y, u, v)$ 和 $h(x, y, u, v)$ 分别称为正变换核和反变换核。

如果 $g(x, y, u, v)= P(x, u)Q(y, v)$，$h(x, y, u, v)= P_1(x, u)Q_1(y, v)$，则称变换是可分离的。此时，变换可写为

$$F(u,v)=\sum_{x}\sum_{y} f(x,y)P(x,u)Q(y,v) \tag{3.69}$$

$$f(x,y)=\sum_{u}\sum_{v} F(u,v)P_1(x,u)Q_1(y,v) \tag{3.70}$$

对于可分离的变换，同样可用两次一维变换来实现二维变换。

对于傅里叶变换，其正反变换核具体为

$$P\cdot Q=\frac{1}{\sqrt{N}}\mathrm{e}^{\frac{-\mathrm{j}2\pi ux}{N}}\cdot\frac{1}{\sqrt{N}}\mathrm{e}^{\frac{-\mathrm{j}2\pi vy}{N}} \tag{3.71}$$

$$P_1\cdot Q_1=\frac{1}{\sqrt{N}}\mathrm{e}^{\frac{\mathrm{j}2\pi ux}{N}}\cdot\frac{1}{\sqrt{N}}\mathrm{e}^{\frac{\mathrm{j}2\pi vy}{N}}=P^*\cdot Q^* \tag{3.72}$$

可见，傅里叶变换的正反变换核是可分离的，而且它们之间是共轭关系。

3.5.2 变换的矩阵表达式

类似前述的二维离散卷积运算，对于一般的二维离散变换，是不能直接写成矩阵相乘形式的。但是，对于变量可分离的二维变换核，通常为了分析、推导的方便，可将其正反变换分别写成如

下的矩阵形式。

$$F = P \cdot f \cdot Q^{\mathrm{T}} \tag{3.73}$$

$$f = P_1 \cdot F \cdot Q_1^{\mathrm{T}} \tag{3.74}$$

其中，$\boldsymbol{F}$ 是图像的二维频谱，按第 u 行、v 列排列成的频谱方阵。$\boldsymbol{f}$ 是二维图像，按 x 行、y 列排列成的图像方阵；$\boldsymbol{P}$、$\boldsymbol{P}_1$ 分别是由 $P(x,u)$、$P_1(x,u)$按第 x 行、u 列排成的方阵，而 $\boldsymbol{Q}^{\mathrm{T}}$、$\boldsymbol{Q}_1^{\mathrm{T}}$ 分别是由 $Q(y,v)$、$Q_1(y,v)$按第 y 行、v 列排列成的方阵的转置。

例如，一幅 3×3 的图像 $\boldsymbol{f}$ 的变量可分离正交变换可用下列矩阵表示

$$F = P \cdot f \cdot Q^{\mathrm{T}} = \begin{bmatrix} p_{00} & p_{01} & p_{02} \\ p_{10} & p_{11} & p_{12} \\ p_{20} & p_{21} & p_{22} \end{bmatrix} \cdot \begin{bmatrix} f_{00} & f_{01} & f_{02} \\ f_{10} & f_{11} & f_{12} \\ f_{20} & f_{21} & f_{22} \end{bmatrix} \cdot \begin{bmatrix} q_{00} & q_{10} & q_{20} \\ q_{01} & q_{11} & q_{21} \\ q_{02} & q_{12} & q_{22} \end{bmatrix} \tag{3.75}$$

将式（3.73）两端分别左乘 $\boldsymbol{P}^{-1}$ 和右乘$(\boldsymbol{Q}^{\mathrm{T}})^{-1}$，则有

$$f = P^{-1} \cdot F \cdot (Q^{\mathrm{T}})^{-1} \tag{3.76}$$

上式和式（3.74）对比，则有 $\boldsymbol{P}_1=\boldsymbol{P}^{-1}$ 和 $\boldsymbol{Q}_1=\boldsymbol{Q}^{-1}$。若变换矩阵是酉矩阵（Unitary Matrix），根据“酉矩阵的逆矩阵是对于其自身的转置共轭”的性质，有 $\boldsymbol{P}^{-1}=(\boldsymbol{P}^*)^{\mathrm{T}}$ 和 $\boldsymbol{Q}^{-1}=(\boldsymbol{Q}^*)^{\mathrm{T}}$，式中*号表示共轭号，于是

$$P_1 = P^{-1} = (P^*)^{\mathrm{T}} \tag{3.77}$$

$$Q_1 = Q^{-1} = (Q^*)^{\mathrm{T}} \tag{3.78}$$

将上两式代入式（3.74）可得

$$f = (P^*)^{\mathrm{T}} \cdot F \cdot Q^* \tag{3.79}$$

由此说明，对于酉矩阵 $\boldsymbol{P}$ 和 $\boldsymbol{Q}$，式（3.73）的二维正交变换，其逆变换式（3.74）总是存在的，且逆变换核等于正变换核的共扼转置。

再进一步，如果矩阵 $\boldsymbol{P}$、$\boldsymbol{Q}$ 都是对称矩阵（如 DFT 的变换矩阵），则有 $\boldsymbol{P}=\boldsymbol{P}^{\mathrm{T}}$，$\boldsymbol{Q}=\boldsymbol{Q}^{\mathrm{T}}$。因此，由式（3.77）、式（3.78）可知，$\boldsymbol{P}_1=(\boldsymbol{P}^*)^{\mathrm{T}}=\boldsymbol{P}^*$，$\boldsymbol{Q}_1=(\boldsymbol{Q}^*)^{\mathrm{T}}=\boldsymbol{Q}^*$。

这样，二维 DFT 矩阵表达式均可以简化为

$$F = P \cdot f \cdot Q \tag{3.80}$$

$$f = P^* \cdot F \cdot Q^* \tag{3.81}$$

除了 DFT 外，还存在其他多种正交变换，其变换核也是可分离的酉矩阵，如前述的沃尔什变换、阿达马变换、离散余弦变换等，均可如此表示。

3.5.3 基本图像和基本频谱

对于用矩阵形式表示的二维正交变换，还可以写成外积形式。为此将 $\boldsymbol{P}$、$\boldsymbol{Q}$ 写成向量形式：

$\boldsymbol{P}=[\boldsymbol{p}_0\boldsymbol{p}_1\cdots\boldsymbol{p}_i\ \cdots\boldsymbol{p}_{N-1}]$，$\boldsymbol{Q}=[\boldsymbol{q}_0\boldsymbol{q}_1\cdots\boldsymbol{q}_j\ \cdots\boldsymbol{q}_{N-1}]$，其中，$\boldsymbol{p}_i$和 $\boldsymbol{q}_j$为列向量，并将图像矩阵$\boldsymbol{f}$分解成下面 N^2个矩阵求和形式。

$$\boldsymbol{f}=\begin{bmatrix} f_{00} & 0 & \cdots & 0 \\ 0 & 0 & \cdots & 0 \\ \vdots & \vdots & & \vdots \\ 0 & 0 & \cdots & 0 \end{bmatrix}+\begin{bmatrix} 0 & f_{01} & \cdots & 0 \\ 0 & 0 & \cdots & 0 \\ \vdots & \vdots & & \vdots \\ 0 & 0 & \cdots & 0 \end{bmatrix}+\cdots+\begin{bmatrix} 0 & 0 & \cdots & 0 \\ 0 & 0 & \cdots & 0 \\ \vdots & \vdots & & \vdots \\ 0 & 0 & \cdots & f_{N-1,N-1} \end{bmatrix} \tag{3.82}$$

于是，将上式代入式（3.80），图像的频谱 $\boldsymbol{F}$ 可写成向量外积的形式。

$$\boldsymbol{F}=\boldsymbol{P}\cdot\boldsymbol{f}\cdot\boldsymbol{Q}=\sum_i\sum_j \boldsymbol{p}_i f_{ij}\boldsymbol{q}_j^{\mathrm{T}}=\sum_i\sum_j f_{ij}(\boldsymbol{p}_i\boldsymbol{q}_j^{\mathrm{T}}) \tag{3.83}$$

$\boldsymbol{F}$ 也可像式（3.82）那样展开为 F_{ij} 单元素矩阵求和的形式，代入式（3.81），可将图像写成向量外积的形式。

$$\boldsymbol{f}=\boldsymbol{P}^*\cdot\boldsymbol{F}\cdot\boldsymbol{Q}^*=\sum_i\sum_j \boldsymbol{p}_i^* F_{ij}\boldsymbol{q}_j^{*\mathrm{T}}=\sum_i\sum_j F_{ij}(\boldsymbol{p}_i^*\boldsymbol{q}_j^{*\mathrm{T}}) \tag{3.84}$$

上面两式中外积的定义是指 $N\times1$ 维列向量与另一个 $1\times N$ 维行向量的乘积，结果为一 $N\times N$ 阶矩阵。在式（3.84）中，由于 $\boldsymbol{p}_i^*\boldsymbol{q}_j^{*\mathrm{T}}$ 是固定的矩阵（只与该正交变换的阶数有关），可以将它们称之为“基本图像”，这样的基本图像共有 $N\times N$ 个。因此，其物理意义十分明显：在以变换域系数 F_{ij} 作为加权的情况下，由外积的组合（或者说由某种变换的所有“基本图像”的组合），可以得到原始图像 $\boldsymbol{f}$。同样可以类似地理解式（3.83）中的 $\boldsymbol{p}_i\boldsymbol{q}_j^{\mathrm{T}}$ 为“基本频谱”，共有 $N\times N$ 个，图像的频谱等于以图像域灰度 f_{ij} 作为加权的所有基本频谱之和。图 3.6 表示的是 8×8 DCT 变换的 64 个基本图像。

左上角小块表示的直流分量，第一行的 8 个小块从左到右表示水平方向的空间频率逐渐升高，第一列的 8 个小块从上到下表示垂直方向的空间频率逐渐升高，其他小块以此类推。任意一幅 8×8 图像都可以由此 64 个小块（基本图像）按照不同的权重相加而成，权重数就是图像频谱对应位置的 DCT 系数。从这里也可以推知，如果待变换的图像内容越接近于基本图像，那么需要越少的基本图像加权，变换后的频谱系数的个数越少，变换效率越高。

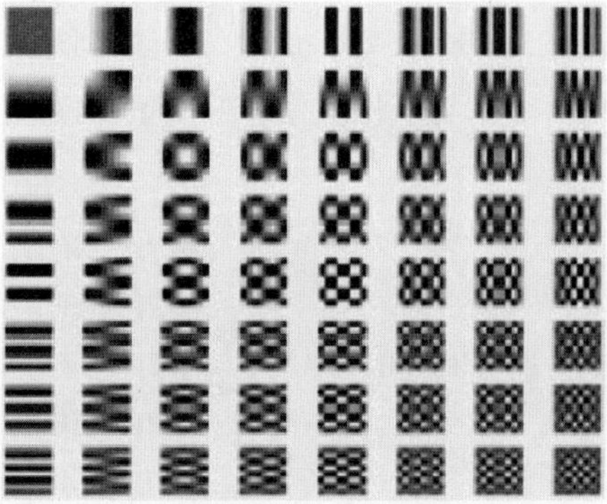

图 3.6　8×8DCT 的基本图像

以 5×5 的 DFT 为例，简要说明基本图像和基本频谱的概念。根据前面的讨论，在图像 DFT 中有 $\boldsymbol{P}=\boldsymbol{Q}$。因此，对 5×5 二维 DFT 而言，由式（3.83）、式（3.84）可得到

$$\boldsymbol{f}=\boldsymbol{P}^{*}\cdot\boldsymbol{F}\cdot\boldsymbol{P}^{*\mathrm{T}}=\sum_{i=0}^{4}\sum_{j=0}^{4}F_{ij}(\boldsymbol{p}_i^{*}\boldsymbol{p}_j^{*\mathrm{T}}) \tag{3.85}$$

$$\boldsymbol{F}=\boldsymbol{P}\cdot\boldsymbol{f}\cdot\boldsymbol{P}^{\mathrm{T}}=\sum_{i=0}^{4}\sum_{j=0}^{4}f_{ij}(\boldsymbol{p}_i\boldsymbol{p}_j^{\mathrm{T}}) \tag{3.86}$$

称 $\{\boldsymbol{p}_i^{*}\boldsymbol{p}_j^{*\mathrm{T}}\}$ 为基本图像（5×5），$\{\boldsymbol{p}_i\boldsymbol{p}_j^{\mathrm{T}}\}$ 为基本频谱（5×5），由 i、j 的不同取值，它们均各自包括 25 个 5×5 阶矩阵。现在首先考察矩阵 $\boldsymbol{P}$ 和 $\boldsymbol{P}^{*}$。

$$\boldsymbol{P}=[\boldsymbol{p}_0\cdots\boldsymbol{p}_4]=\frac{1}{\sqrt{5}}\begin{bmatrix}W_{00}&W_{01}&W_{02}&W_{03}&W_{04}\\W_{10}&W_{11}&W_{12}&W_{13}&W_{14}\\W_{20}&W_{21}&W_{22}&W_{23}&W_{24}\\W_{30}&W_{31}&W_{32}&W_{33}&W_{34}\\W_{40}&W_{41}&W_{42}&W_{43}&W_{44}\end{bmatrix}=\frac{1}{\sqrt{5}}\begin{bmatrix}W_0&W_0&W_0&W_0&W_0\\W_0&W_1&W_2&W_3&W_4\\W_0&W_2&W_4&W_1&W_3\\W_0&W_3&W_1&W_4&W_2\\W_0&W_4&W_3&W_2&W_1\end{bmatrix} \tag{3.87}$$

上式左边矩阵中 $W_{ij}=\mathrm{e}^{\frac{-\mathrm{j}2\pi ij}{5}}$，将指数项中的两个幂常数（$i$ 和 j）相乘后按模 5 运算，得到的结果为 k，形成上式右边的 $W_k=\mathrm{e}^{\frac{-\mathrm{j}2\pi k}{5}}$。

有了 $\boldsymbol{P}$ 后，将其各元素取共轭，得到 $\boldsymbol{P}^{*}$的各元素。为便于比较，利用周期性

$$\mathrm{e}^{\frac{-\mathrm{j}2\pi k}{N}}=\mathrm{e}^{\frac{-\mathrm{j}2\pi(N-k)}{N}} \tag{3.88}$$

可得

$$\boldsymbol{P}^{*}=\frac{1}{\sqrt{5}}\begin{bmatrix}W_0&W_0&W_0&W_0&W_0\\W_0&W_4&W_3&W_2&W_1\\W_0&W_3&W_1&W_4&W_2\\W_0&W_2&W_4&W_1&W_3\\W_0&W_1&W_2&W_3&W_4\end{bmatrix} \tag{3.89}$$

用式（3.89）中的任意一列和任意一列的转置相乘后（外积）可得一个 5×5 矩阵，即一个基本图像，这样的基本图像共有 25 个。以后，任意一个 5×5 图像都可以表示为这 25 个基本图像的加权和，权的大小或加权系数则等于相应位置的傅里叶频谱系数。例如，F_{24} 对应的基本图像为

$$\boldsymbol{p}_2^{*}\boldsymbol{p}_4^{*\mathrm{T}}=\frac{1}{\sqrt{5}}\begin{bmatrix}W_0\\W_3\\W_1\\W_4\\W_2\end{bmatrix}\cdot\frac{1}{\sqrt{5}}\begin{bmatrix}W_0&W_1&W_2&W_3&W_4\end{bmatrix}=\frac{1}{5}\begin{bmatrix}W_0W_0&W_0W_1&W_0W_2&W_0W_3&W_0W_4\\W_3W_0&W_3W_1&W_3W_2&W_3W_3&W_3W_4\\W_1W_0&W_1W_1&W_1W_2&W_1W_3&W_1W_4\\W_4W_0&W_4W_1&W_4W_2&W_4W_3&W_4W_4\\W_2W_0&W_2W_1&W_2W_2&W_2W_3&W_2W_4\end{bmatrix}$$

利用基本图像和基本频谱，就可以知道频域的分量在空间域的影响，或者空间域的某种图案在频域中大致的对应分布。

由上述 5×5 基本图像和基本频谱的概念可知，任意一幅 5×5 图像的频谱是由 25 幅基本频谱的加权而得，加权系数即为相应图像的像素值。可见，图像的每一个频谱系数都和整幅图像有关，即整幅图像对某一频谱分量都有贡献。同样，图像中任意一个像素值是由全体基本图像加权而得，加权系数即为相应的频谱系数。因此，图像中任一像素也可看成是所有频谱分量的贡献。

3.6 主分量分析

主分量分析（PCA，Principal Component Analysis）是一种基于统计的数据分析方法，它把多个变量通过某种线性组合的方式变换成少数几个（或等量）新变量。这些新的变量之间互不相关，即消除了原数据之间的相关性，但保持了原数据的主要（或全部）信息，即可以通过变换后的新数据还原出原数据，因而在信号处理领域，特别是图像处理中得到了广泛的应用，如利用 PCA 进行图像数据压缩、特征提取和目标识别等处理。

在图像处理中，也常将 PCA 分析方法称为 K-L（Karhunen-Loeve）变换，这是一类重要的正交变换方法。下面我们分别介绍 PCA 分析和重建，相当于 K-L 正变换和逆变换。

3.6.1 PCA 分析

设 n 维随机向量为 $\boldsymbol{X}=(X_1, X_2,\cdots, X_n)^{\mathrm{T}}$，由 n 个一维随机变量 X_i（$i=1,2,\cdots,n$）组成。$\boldsymbol{X}$ 的 m 个样本值形成一个样本数据 $n\times m$ 矩阵 $\boldsymbol{S}$，其中每一列就是 $\boldsymbol{X}$ 的一个样本数据。

$$\boldsymbol{S}=\begin{bmatrix} x_{1,1} & x_{1,2} & \cdots & x_{1,m} \\ x_{2,1} & x_{2,2} & \cdots & x_{2,m} \\ \vdots & \vdots & \ddots & \vdots \\ x_{n,1} & x_{n,2} & \cdots & x_{n,m} \end{bmatrix} \tag{3.90}$$

对 $\boldsymbol{X}$ 的各维随机变量求数学期望，用 $\mathrm{E}(\cdot)$表示，即可得到它们均值的估计。

$$\bar{X}_i=\mathrm{E}(X_i)=\frac{1}{m}\sum_{j=1}^{m}x_{i,j}, \quad i=1,2,\cdots,n \tag{3.91}$$

$\boldsymbol{X}$ 的各维随机变量方差的估计为

$$\mathrm{Var}(X_i)=\mathrm{E}(X_i-\bar{X}_i)^2=\frac{1}{m-1}\sum_{j=1}^{m}(x_{i,j}-\bar{X}_i)^2=\sigma_i^2, \quad i=1,2,\cdots,n \tag{3.92}$$

随机向量 $\boldsymbol{X}$ 的均值为

$$\bar{\boldsymbol{X}}=\mathrm{E}(\boldsymbol{X})=(\bar{X}_1,\bar{X}_2,\cdots,\bar{X}_n) \tag{3.93}$$

在随机向量 $\boldsymbol{X}$ 中，每个分量 X_i 数据都是随机变量，度量两个随机变量之间的相关程度可用协方差表示。协方差的值为 0，表示它们之间的相关为 0，或者说不相关；如果协方差的值不为 0，表示两者之间存在一定程度的相关性。$\boldsymbol{X}$ 中任意两个随机变量 X_i 和 X_j 之间的协方差为

$$Cov(X_i,X_j)=\mathrm{E}[(X_i-\bar{X}_i)(X_j-\bar{X}_j)]=\frac{1}{m-1}\sum_{k=1}^{m}(x_{i,k}-\bar{X}_i)(x_{j,k}-\bar{X}_k)=c_{i,j} \tag{3.94}$$

其中 $i,j=1,2,\cdots,n$。$\boldsymbol{X}$ 中所有随机变量之间的协方差组成的协方差矩阵为

$$Cov(\boldsymbol{X})=\mathrm{E}[(\boldsymbol{X}-\bar{\boldsymbol{X}})(\boldsymbol{X}-\bar{\boldsymbol{X}})^{\mathrm{T}}]=\mathrm{E}\left\{\begin{bmatrix}X_1-\bar{X}_1\\X_2-\bar{X}_2\\\vdots\\X_n-\bar{X}_n\end{bmatrix}\begin{bmatrix}X_1-\bar{X}_1 & X_2-\bar{X}_2 & \cdots & X_n-\bar{X}_n\end{bmatrix}\right\}=$$

$$\begin{bmatrix}Cov(X_1,X_1) & Cov(X_1,X_2) & \cdots & Cov(X_1,X_n)\\Cov(X_2,X_1) & Cov(X_2,X_2) & \cdots & Cov(X_2,X_n)\\\vdots & \vdots & \ddots & \vdots\\Cov(X_n,X_1) & Cov(X_n,X_2) & \cdots & Cov(X_n,X_n)\end{bmatrix}=\begin{bmatrix}c_{1,1} & c_{1,2} & \cdots & c_{1,n}\\c_{2,1} & c_{2,2} & \cdots & c_{2,n}\\\vdots & \vdots & \ddots & \vdots\\c_{n,1} & c_{n,2} & \cdots & c_{n,n}\end{bmatrix}=\boldsymbol{C_X} \tag{3.95}$$

$\boldsymbol{X}$ 是 n 维向量，所以 $\boldsymbol{C_X}$ 是 $n\times n$ 实对称方阵，其中的元素 $c_{i,i}$（在矩阵对角线上）表示 $\boldsymbol{X}$ 中第 i 个分量的方差，元素 $c_{i,j}$（不在矩阵对角线上）表示 $\boldsymbol{X}$ 中第 i 个分量和第 j 个分量之间的协方差的值。如果随机变量表示的是图像的像素，由于像素之间存在强弱不等的相关性，则将 $\boldsymbol{X}$ 的协方差矩阵 $\boldsymbol{C_X}$ 归一化处理，其中的大部分元素都不为 0，在 0 到 1 之间。

用矩阵 $\boldsymbol{A}$ 对随机向量 $\boldsymbol{X}-\bar{\boldsymbol{X}}$ 进行线性变换，形成新的随机向量 $\boldsymbol{Y}$，变换式如下。

$$\boldsymbol{Y}=\boldsymbol{A}(\boldsymbol{X}-\bar{\boldsymbol{X}})=(Y_1,Y_2,\cdots,Y_n)^{\mathrm{T}} \tag{3.96}$$

其中，变换矩阵 $\boldsymbol{A}$ 为 $n\times n$ 方阵，变换的结果 $\boldsymbol{Y}$ 为 n 维随机向量，其均值如下。

$$\bar{\boldsymbol{Y}}=\mathrm{E}(\boldsymbol{Y})=\mathrm{E}[\boldsymbol{A}(\boldsymbol{X}-\bar{\boldsymbol{X}})]=\boldsymbol{A}\mathrm{E}[(\boldsymbol{X}-\bar{\boldsymbol{X}})]=0 \tag{3.97}$$

上式说明 $\boldsymbol{Y}$ 的均值为 0。式中之所以对 $\boldsymbol{X}-\bar{\boldsymbol{X}}$ 进行变换，是为了消除 $\boldsymbol{X}$ 中直流分量的影响，将 $\boldsymbol{X}$ 减去它的均值形成一个零均值的随机向量。

通过对 $\boldsymbol{X}$（实际上是 $\boldsymbol{X}-\bar{\boldsymbol{X}}$）的线性变换，得到新的变量 $\boldsymbol{Y}$，希望 $\boldsymbol{Y}$ 的各个分量 Y_i 之间不再相关。$\boldsymbol{Y}$ 的协方差矩阵如下。

$$\begin{aligned}Cov(\boldsymbol{Y})&=\mathrm{E}[(\boldsymbol{Y}-\bar{\boldsymbol{Y}})(\boldsymbol{Y}-\bar{\boldsymbol{Y}})^{\mathrm{T}}]=\mathrm{E}(\boldsymbol{Y}\cdot\boldsymbol{Y}^{\mathrm{T}})=\mathrm{E}\{[\boldsymbol{A}(\boldsymbol{X}-\bar{\boldsymbol{X}})][\boldsymbol{A}(\boldsymbol{X}-\bar{\boldsymbol{X}})]^{\mathrm{T}}\}\\&=\mathrm{E}[\boldsymbol{A}(\boldsymbol{X}-\bar{\boldsymbol{X}})(\boldsymbol{X}-\bar{\boldsymbol{X}})^{\mathrm{T}}\boldsymbol{A}^{\mathrm{T}}]=\boldsymbol{A}\mathrm{E}[(\boldsymbol{X}-\bar{\boldsymbol{X}})(\boldsymbol{X}-\bar{\boldsymbol{X}})^{\mathrm{T}}]\boldsymbol{A}^{\mathrm{T}}=\boldsymbol{AC_X A}^{\mathrm{T}}=\boldsymbol{C_Y}\end{aligned} \tag{3.98}$$

即

$$\boldsymbol{C_Y}=\boldsymbol{AC_X A}^{\mathrm{T}} \tag{3.99}$$

现在的问题在于，我们希望通过这一正交变换所形成的随机向量 $\boldsymbol{Y}$ 中的各维数据（变换系

数）之间是完全不相关的。这一要求等价于 $\boldsymbol{Y}$ 的 $n\times n$ 维协方差矩阵 $\boldsymbol{C_Y}$ 中除了对角元素（表示方差）不等于零以外，其他所有元素都等于零。也就是说，$\boldsymbol{C_Y}$ 必须为对角阵。

$\boldsymbol{C_X}$ 是实对称正定矩阵，可以选取适当的矩阵 $\boldsymbol{A}$ 使 $\boldsymbol{C_Y}$ 成为对角阵 $\boldsymbol{\Lambda}$，即

$$\boldsymbol{C_Y} = \boldsymbol{A}\boldsymbol{C_X}\boldsymbol{A}^{\mathrm{T}} = \boldsymbol{\Lambda} \tag{3.100}$$

根据矩阵对角化条件，上式中如果 $\boldsymbol{A}$ 矩阵是由 $\boldsymbol{C_X}\boldsymbol{C_X}^{\mathrm{T}}$ 的特征向量组成的正交矩阵，由于 $\boldsymbol{C_X}$ 是对称矩阵，$\boldsymbol{C_X}\boldsymbol{C_X}^{\mathrm{T}}=\boldsymbol{C_X}^{\mathrm{T}}\boldsymbol{C_X}$，$\boldsymbol{A}$ 也是由 $\boldsymbol{C_X}^{\mathrm{T}}\boldsymbol{C_X}$ 的特征向量组成的正交矩阵。因此，上式实际上就是一个矩阵 $\boldsymbol{C_X}$ 的对角化运算，通过对 $\boldsymbol{C_X}$ 左乘 $\boldsymbol{A}$、右乘 $\boldsymbol{A}^{\mathrm{T}}$ 达到将 $\boldsymbol{C_X}$ 转换为对角矩阵 $\boldsymbol{C_Y}$ 的目的。

因为任一对称矩阵 $\boldsymbol{U}$ 和 $\boldsymbol{UU}$ 的特征向量相同，所以 $\boldsymbol{C_X}\boldsymbol{C_X}^{\mathrm{T}}$ 或 $\boldsymbol{C_X}^{\mathrm{T}}\boldsymbol{C_X}$ 的特征向量和 $\boldsymbol{C_X}$ 的特征向量也相同，因此 $\boldsymbol{A}$ 矩阵也是由 $\boldsymbol{C_X}$ 的特征向量所组成的。同时，对角阵 $\boldsymbol{\Lambda}$（即 $\boldsymbol{C_Y}$）的对角元素就是和 $\boldsymbol{C_X}$ 的特征向量所对应的特征值。

由于 $\boldsymbol{C_X}$ 是 $n\times n$ 维实对称矩阵，所以总可以找到 n 个正交特征向量。设 $\boldsymbol{e}_i$ 和 λ_i 是 $\boldsymbol{C_X}$ 的特征向量和对应的特征值，其中，i=1,2,⋯,n，并设特征值按递减排序，即 $\lambda_1\geqslant\lambda_2\geqslant\cdots\geqslant\lambda_n$。那么，矩阵 $\boldsymbol{A}$ 的行就是 $\boldsymbol{C_X}$ 的特征向量，即

$$\boldsymbol{A}=\begin{bmatrix} e_{1,1} & e_{1,2} & \cdots & e_{1,n} \\ e_{2,1} & e_{2,2} & \cdots & e_{2,n} \\ \vdots & \vdots & \ddots & \vdots \\ e_{n,1} & e_{n,2} & \cdots & e_{n,n} \end{bmatrix} \tag{3.101}$$

其中，e_{ij} 表示 $\boldsymbol{C_X}$ 的第 i 个特征向量 $\boldsymbol{e}_i$ 的第 j 个分量。由式（3.100）可知，用这样的矩阵 $\boldsymbol{A}$ 进行变换能够保证 $\boldsymbol{Y}$ 的协方差矩阵为对角阵，从而保证 $\boldsymbol{Y}$ 矩阵的数据相互独立，没有相关性。因而 **A** 矩阵就是我们所求的 PCA 正变换矩阵，也称 K-L 变换矩阵，和式（3.96）一样。

$$\boldsymbol{Y}=\boldsymbol{A}(\boldsymbol{X}-\bar{\boldsymbol{X}})=\begin{bmatrix} Y_1 & Y_2 & \cdots & Y_n \end{bmatrix}^{\mathrm{T}}$$

其中 Y_i 是新变量 $\boldsymbol{Y}$ 的第 i 个分量。由于 $\boldsymbol{C_X}$ 是对称实矩阵，当 $\boldsymbol{A}$ 是由 $\boldsymbol{C_X}$ 的特征向量组成的矩阵时，可以证明 $\boldsymbol{A}$ 是正交矩阵，$\boldsymbol{C_Y}$ 是一个对角阵，它的主对角线上的元素是 $\boldsymbol{C_X}$ 的特征值，即

$$\boldsymbol{C_Y}=\begin{bmatrix} \lambda_1 & & & 0 \\ & \lambda_2 & & \\ & & \ddots & \\ 0 & & & \lambda_n \end{bmatrix} \tag{3.102}$$

它的主对角线以外的元素为 0，即 $\boldsymbol{Y}$ 的各个元素是互不相关的。由于 $\boldsymbol{C_Y}$ 是由对角元素 $\{\lambda_i\}$ 组成的对角阵，自然 λ_i 也是 $\boldsymbol{C_Y}$ 的特征值，所以 $\boldsymbol{C_Y}$ 和 $\boldsymbol{C_X}$ 有相同的特征值和特征向量。

这样，经过 $\boldsymbol{A}$ 矩阵的变换，由于 $\boldsymbol{C_Y}$ 的特征值按递减排序，变换形成的 $\boldsymbol{Y}$ 列矢量中的第一个分量 $\boldsymbol{Y}_1$ 称为 $\boldsymbol{X}$ 的第 1 主分量，$\boldsymbol{Y}_2$、$\boldsymbol{Y}_3$……依次称其为第 2、3……主分量，并且它们之间互不相关。这样主分量分析的少数排列靠前的主分量包含原数据的大部分甚至绝大部分信息。因此在实际应用中，由所有的主分量就可以精确复原原信号；如果不是取全部的 n 个主分量，而是只取前

K 个主分量（$K<n$），也可以获得相当接近原数据的结果。

3.6.2 PCA 重建

PCA 和其他变换类似，也可以由 $\boldsymbol{Y}$ 重建 $\boldsymbol{X}$。由于实矩阵 $\boldsymbol{A}$ 的各行都是正交归一化矢量，所以 $\boldsymbol{A}^{-1}=\boldsymbol{A}^{\mathrm{T}}$，由式（3.96）可得

$$\boldsymbol{X}=\boldsymbol{A}^{\mathrm{T}}\boldsymbol{Y}+\bar{\boldsymbol{X}} \tag{3.103}$$

上式建立的 PCA 反变换是 $\boldsymbol{X}$ 精确的重建，但在很多场合下，如前所述，我们可以从 $\boldsymbol{C}_X$ 中取一部分大的特征向量（即主分量，如 K 个），来构造 $\boldsymbol{A}$ 的近似矩阵 $\boldsymbol{A}_K$，由 $\boldsymbol{A}_K$ 可以重建 $\boldsymbol{X}$ 的近似值 $\boldsymbol{X}_K$。

$$\boldsymbol{X}_K=\boldsymbol{A}_K^{\mathrm{T}}\boldsymbol{Y}+\bar{\boldsymbol{X}} \tag{3.104}$$

可以证明 $\boldsymbol{X}_K$ 和 $\boldsymbol{X}$ 之间的均方误差为

$$E(\|\boldsymbol{X}-\boldsymbol{X}_K\|^2)=\sum_{j=1}^{n}\lambda_j-\sum_{j=1}^{K}\lambda_j=\sum_{j=K+1}^{n}\lambda_j \tag{3.105}$$

上式表明，用 PCA 近似重建数据时，可达到在均方意义下的最优解。如果 $K=n$，则两者之间的均方误差为 0。由于 λ_i 是单调递减的，可以根据误差的要求来控制所取特征值的个数 K，或者说，我们可以通过取不同的 K 值达到 $\boldsymbol{X}_K$ 和 $\boldsymbol{X}$ 之间的均方误差为任意小。这就是我们常说的 PCA 可以做到在均方误差最小意义下的最优重建。

3.6.3 图像的 PCA 压缩

在实际应用中，我们可以将尺寸为 $N\times N$ 的图像 $f(x,y)$ 视作二维随机变量场（随机向量），为了便于矩阵计算，我们将二维图像矩阵中的数据按行（也可按列）的顺序首位相接排列成一列，用 $N^2\times1$ 维列向量 $\boldsymbol{X}$ 来表示。

$$\boldsymbol{X}=[f(0,0),\cdots,f(0,N-1),f(1,0),\cdots,f(1,N-1),\cdots,f(N-1,0),\cdots,f(N-1,N-1)]^{\mathrm{T}} \tag{3.106}$$

显然，此列向量中，$f(0,0),\cdots,f(0,N-1)$是图像的第一行数据，$f(1,0),\cdots,f(1, N-1)$是图像的第二行数据……$f(N-1,0),\cdots,f(N-1, N-1)$是图像的最后一行数据。

正是由于 PCA 的最大优点是去相关性能很好，所以可将它用于图像数据的有效表示或处理。例如，将 PCA 变换用于图像数据的压缩，可将一幅图像的 N^2 维列矢量压缩为 K 维列矢量，K 可能远远小于 N^2，在数据量压缩的同时还保留了图像中绝大部分信息。PCA 作为一种变换（K-L 变换）是一种和图像数据有关的变换，变换矩阵 $\boldsymbol{A}$ 随着不同的图像而不同。如果图像是遍历的随机场，则可以用一幅图像的自相关来代替协方差矩阵，否则要统计多幅图像。

在 PCA 变换中，必须计算图像数据的 $N^2\times N^2$ 协方差矩阵的特征值和特征向量，计算量比一

般的正交变换（如傅里叶变换、DCT 变换、小波变换等）大得多。为了减少计算复杂度，在图像 PCA 变换时，常常将一幅图像分为若干个大小相等的小方块图像进行处理。例如，将一幅图像分为扫描排列的 m 个 8×8 的小方块图像，如图 3.7 所示，每个小块图像数据都按照上述的堆叠方式“拉”成一列 64 维的列向量，即 $\boldsymbol{X}=(X_1, X_2,\cdots, X_{64})^{\mathrm{T}}$，它的 m 个样本值就是各个小块的像素值。

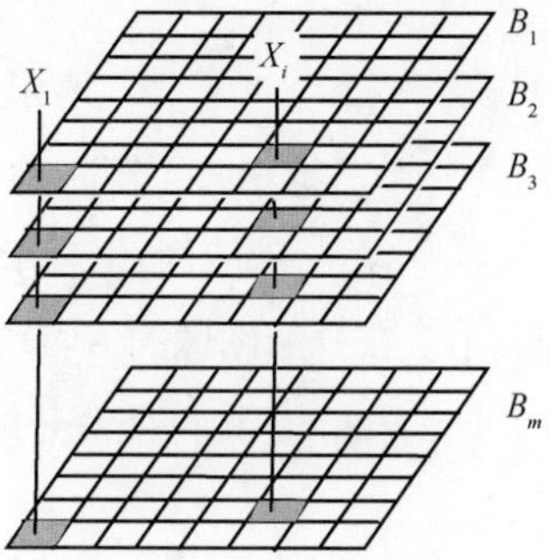

图 3.7　m 个 8×8 图像块数据

根据上述分析可知，基于 PCA 的图像数据压缩方法的主要步骤如下。

（1）将图像分为 m 个大小为 $a\times a=n$ 的小块 B，每个小块都堆叠为 n 维列矢量，成为 n 维随机矢量 $\boldsymbol{X}=(X_1, X_2,\cdots, X_n)^{\mathrm{T}}$ 的一个样本，所有小块中同一位置的像素值就是 $\boldsymbol{X}$ 的某一分量 X_i，每一分量共有 m 个样本值，即 $x_{i\,1}, x_{i\,2}, \cdots, x_{i\,m}$。

（2）求出 $\boldsymbol{X}$ 的协方差矩阵 $\boldsymbol{C_X}$，即 $n\times n$ 维实对称方阵，对 $\boldsymbol{C_X}$ 中协方差数据进行归一化处理后仍记为 $\boldsymbol{C_X}$。

（3）求解 $\boldsymbol{C_X}$ 的 n 个特征值$\{\lambda_i\}$，$i=1,2,\cdots,n$，并按降序排列。

（4）由特征值集合$\{\lambda_i\}$求解得到对应的 n 个特征向量$\{\boldsymbol{e}_i\}$，$i=1,2,\cdots,n$。

（5）由$\{\boldsymbol{e}_i\}$构成变换矩阵 $\boldsymbol{A}$。

（6）对图像数据 $\boldsymbol{X}$ 进行去直流分量和归一化处理后仍记为 $\boldsymbol{X}$，用 $\boldsymbol{A}$ 对 $\boldsymbol{X}$ 进行变换，得到 $\boldsymbol{Y}=\boldsymbol{AX}$；得到 $\boldsymbol{X}$ 的主分量分析的结果 $\boldsymbol{Y}$，它的各个分量就是 $\boldsymbol{X}$ 的主分量，并且是按从大到小顺序排列。

（7）对于图像压缩应用而言，取 $\boldsymbol{Y}$ 的少数几个主分量即可。由下列公式决定所取主成分占信号总能量的比例数 η，由这个比例决定 K 的数值，即决定取前面的多少个主成分（因为主成分是按降序排列的）。

$$\eta=\frac{\sum_{i=1}^{K}\lambda_i}{\sum_{i=1}^{n}\lambda_i} \tag{3.107}$$

（8）利用前 K 个 λ_i 所对应的特征向量 $\boldsymbol{e}_i$（i=1，2，⋯，K）组成变换矩阵 $\boldsymbol{A}_K$，由式（3.104）可得图像 $\boldsymbol{X}$ 的 K 个主分量（$Y_1, Y_2,\cdots, Y_K$）。通常 K 远远小于 n，图像数据得到了压缩。

压缩信号的重建基本上和 PCA 分析过程相反。

3.7 奇异值分解

3.7.1 矩阵的奇异值分解

一幅 $M \times N$ 的图像数据实际上就是一个二维矩阵，矩阵的奇异值分解（SVD，Singular Value Decomposition）就是将矩阵分解为一种简洁的等价对角化表示方式。对角化就是将普通矩阵用只有主对角线元素不为 0 的对角矩阵表示。在介绍图像的 SVD 前，先简略回顾一下有关矩阵的特征向量（Eigen Vector）、特征值（Eigen Value）和特征值分解的概念。

（1）特征值和特征向量

对 $M \times N$ 的矩阵 $\boldsymbol{A}$，如果有 $N \times 1$ 向量 $\boldsymbol{v}_k$ 满足式 $\boldsymbol{A}\boldsymbol{v}_k=\lambda_k\boldsymbol{v}_k$，则称 $\boldsymbol{v}_k$ 为 $\boldsymbol{A}$ 的特征向量，λ_k 为该特征向量对应的特征值，$k=1,2,\cdots,r$，r 为 $\boldsymbol{A}$ 的秩（rank）。如果 $\boldsymbol{A}$ 是实对称方阵，其特征值 λ_k 为实数，特征向量 $\boldsymbol{v}_k$ 为实向量，并且一定可以对角化。

（2）特征多项式和特征方程

由式 $\boldsymbol{A}\boldsymbol{v}_k=\lambda_k\boldsymbol{v}_k$ 求解 $\boldsymbol{v}_k$，等效于求解 N 阶齐次方线性程组 $(\boldsymbol{A}-\lambda\boldsymbol{I})\boldsymbol{x}=\boldsymbol{0}$ 的解 $\boldsymbol{x}$，它有唯一非零解的充分条件是系数行列式为零：$\det(\boldsymbol{A}-\lambda\boldsymbol{I})=\boldsymbol{0}$。我们称 $\det(\boldsymbol{A}-\lambda\boldsymbol{I})$ 为 λ 的 N 阶特征多项式，称 $\det(\boldsymbol{A}-\lambda\boldsymbol{I})=\boldsymbol{0}$ 为 λ 的 N 阶特征方程。解此 N 阶特征方程，可得到方程的 N 个根，$\lambda_k(k=1,2,\cdots,N)$，即为 $N \times N$ 矩阵 $\boldsymbol{A}$ 的 N 个特征值（标量）。

（3）矩阵的特征分解

矩阵的特征分解（Eigen Decomposition）实际上就是矩阵的对角化。N 阶矩阵 $\boldsymbol{A}$（方阵）能够对角化的充要条件是 $\boldsymbol{A}$ 具有 N 个线性无关的特征向量。如果满足此条件，则 $\boldsymbol{A}$ 矩阵可以经特征分解后对角化为对角阵 $\boldsymbol{\varLambda}$，如下式所示。

$$\boldsymbol{P}^{-1}\boldsymbol{A}\boldsymbol{P}=\boldsymbol{\varLambda}=\begin{vmatrix}\lambda_1 & & \\ & \ddots & \\ & & \lambda_N\end{vmatrix} \tag{3.108}$$

其中，$\boldsymbol{P}$ 矩阵为 $\boldsymbol{A}$ 的特征向量所组成，$\lambda_1,\lambda_2,\cdots,\lambda_N$ 为 $\boldsymbol{A}$ 的特征值。此时称 $\boldsymbol{A}$ 和对角阵 $\boldsymbol{\varLambda}$ 相似。如果 $\boldsymbol{A}$ 为 N 阶实矩阵（如图像数据），则 $\boldsymbol{A}$ 特征值分解更为便利，不需要 $\boldsymbol{P}$ 的逆矩阵计算，只需要计算 $\boldsymbol{P}$ 的转置即可。

$$\boldsymbol{P}^{\mathrm{T}}\boldsymbol{A}\boldsymbol{P}=\boldsymbol{\varLambda} \tag{3.109}$$

（4）奇异值定义和分解

如果一个矩阵为方阵，当然可以采用如上的特征值分解的方法对角化，如果这个矩阵为非方阵，则只能用奇异值分解的方法来对角化。

设 $\boldsymbol{A}$ 为 $M \times N$ 阶矩阵，定义矩阵 $\boldsymbol{A}\boldsymbol{A}^{\mathrm{T}}$ 的特征值的非负平方根为矩阵 $\boldsymbol{A}$ 的奇异值。如果把 $\boldsymbol{A}\boldsymbol{A}^{\mathrm{T}}$

的特征值（也是 $\boldsymbol{A}^{\mathrm{T}}\boldsymbol{A}$ 的特征值）记为 λ_i，i=1,2,⋯,r，r 为 $\boldsymbol{A}$ 的秩，可以证明 λ_i 非负，则 $\boldsymbol{A}$ 对应的奇异值为 $\sigma_i=\sqrt{\lambda_i}$ 。

$M\times N$ 阶矩阵 $\boldsymbol{A}$ 存在 M 阶酉矩阵 $\boldsymbol{U}$ 和 N 阶酉矩阵 $\boldsymbol{V}$，使

$$\boldsymbol{A}=\boldsymbol{U}\boldsymbol{\varLambda}\boldsymbol{V}^{\mathrm{T}} \tag{3.110}$$

其中，

$$\boldsymbol{\varLambda}=\begin{bmatrix}\boldsymbol{\Sigma} & 0\\ 0 & 0\end{bmatrix},\quad \boldsymbol{\Sigma}=\begin{bmatrix}\sigma_1 & 0 & \cdots & 0\\ 0 & \sigma_2 & \cdots & 0\\ \vdots & \vdots & & \vdots\\ 0 & 0 & \cdots & \sigma_r\end{bmatrix}=\begin{bmatrix}\sqrt{\lambda_1} & 0 & \cdots & 0\\ 0 & \sqrt{\lambda_2} & \cdots & 0\\ \vdots & \vdots & & \vdots\\ 0 & 0 & \cdots & \sqrt{\lambda_r}\end{bmatrix} \tag{3.111}$$

上式中，σ_i>0 (i =1,⋯, r)，r 表示矩阵 $\boldsymbol{A}$ 的秩，即 r=rank($\boldsymbol{A}$)，为 $\boldsymbol{A}$ 中非 0 特征值的个数。$\boldsymbol{U}$ 是 $M\times M$ 酉矩阵，其各列是 $\boldsymbol{A}\boldsymbol{A}^{\mathrm{T}}$ 的归一化特征向量，$\boldsymbol{V}$ 是 $N\times N$ 酉矩阵，其各列是 $\boldsymbol{A}^{\mathrm{T}}\boldsymbol{A}$ 的归一化特征向量。$\boldsymbol{U}$ 和 $\boldsymbol{V}$ 都是正交矩阵，即矩阵的各列之间相互正交。$\boldsymbol{\varLambda}$ 是 $M\times N$ 的准对角阵（不一定是方阵），其对角线元素为 $\boldsymbol{A}$ 的奇异值。

3.7.2　SVD 的简单说明

为了帮助理解，这里给出一种简洁但不十分严格的矩阵 SVD 的“证明”，或称为说明。

对于实矩阵 $\boldsymbol{A}$，由于$(\boldsymbol{A}^{\mathrm{T}}\boldsymbol{A})^{\mathrm{T}}=\boldsymbol{A}^{\mathrm{T}}\boldsymbol{A}$，所以 $\boldsymbol{A}^{\mathrm{T}}\boldsymbol{A}$ 为实对称方阵，参考式（3.109），可以对它进行特征值分解，即

$$\boldsymbol{A}^{\mathrm{T}}\boldsymbol{A}=\boldsymbol{V}\boldsymbol{D}\boldsymbol{V}^{\mathrm{T}} \tag{3.112}$$

其中 $\boldsymbol{V}$ 为 $\boldsymbol{A}^{\mathrm{T}}\boldsymbol{A}$ 的特征矢量组成的矩阵，$\boldsymbol{D}$ 为 $\boldsymbol{A}^{\mathrm{T}}\boldsymbol{A}$ 的特征值组成的对角矩阵。可以证明，$\boldsymbol{A}^{\mathrm{T}}\boldsymbol{A}$ 和 $\boldsymbol{A}\boldsymbol{A}^{\mathrm{T}}$ 的特征值相等、非负，但特征矢量不一定相等，因此 $\boldsymbol{A}\boldsymbol{A}^{\mathrm{T}}$ 的特征值对角阵也是 $\boldsymbol{D}$。由前述可知，矩阵 $\boldsymbol{A}\boldsymbol{A}^{\mathrm{T}}$ 的特征值 λ_i 的非负平方根为矩阵 $\boldsymbol{A}$ 的奇异值 $\sigma_i=\sqrt{\lambda_i}$（$i$=1,2,⋯,$r$）。若由奇异值组成的对角矩阵为 $\boldsymbol{\Sigma}$，则 $\boldsymbol{D}=\boldsymbol{\Sigma}\boldsymbol{\Sigma}$，根据式（3.112）有

$$\boldsymbol{A}^{\mathrm{T}}\boldsymbol{A}=\boldsymbol{V}\boldsymbol{\Sigma}\boldsymbol{\Sigma}\boldsymbol{V}^{\mathrm{T}} \tag{3.113}$$

同理，$\boldsymbol{U}$ 为 $\boldsymbol{A}\boldsymbol{A}^{\mathrm{T}}$ 的特征矢量组成的矩阵，即有

$$\boldsymbol{A}\boldsymbol{A}^{\mathrm{T}}=\boldsymbol{U}\boldsymbol{\Sigma}\boldsymbol{\Sigma}\boldsymbol{U}^{\mathrm{T}} \tag{3.114}$$

由于 $\boldsymbol{U}$、$\boldsymbol{V}$ 都是正交酉矩阵，有单位阵 $\boldsymbol{I}=\boldsymbol{V}^{\mathrm{T}}\boldsymbol{V}=\boldsymbol{U}^{\mathrm{T}}\boldsymbol{U}$，将此代入上两式，有

$$\boldsymbol{A}^{\mathrm{T}}\boldsymbol{A}=\boldsymbol{V}\boldsymbol{\Sigma}\boldsymbol{\Sigma}\boldsymbol{V}^{\mathrm{T}}=\boldsymbol{V}\boldsymbol{\Sigma}\boldsymbol{I}\boldsymbol{\Sigma}\boldsymbol{V}^{\mathrm{T}}=\boldsymbol{V}\boldsymbol{\Sigma}\boldsymbol{U}^{\mathrm{T}}\boldsymbol{U}\boldsymbol{\Sigma}\boldsymbol{V}^{\mathrm{T}}=(\boldsymbol{U}\boldsymbol{\Sigma}\boldsymbol{V}^{\mathrm{T}})^{\mathrm{T}}\boldsymbol{U}\boldsymbol{\Sigma}\boldsymbol{V}^{\mathrm{T}} \tag{3.115}$$

$$\boldsymbol{A}\boldsymbol{A}^{\mathrm{T}}=\boldsymbol{U}\boldsymbol{\Sigma}\boldsymbol{\Sigma}\boldsymbol{U}^{\mathrm{T}}=\boldsymbol{U}\boldsymbol{\Sigma}\boldsymbol{I}\boldsymbol{\Sigma}\boldsymbol{U}^{\mathrm{T}}=\boldsymbol{U}\boldsymbol{\Sigma}\boldsymbol{V}^{\mathrm{T}}\boldsymbol{V}\boldsymbol{\Sigma}\boldsymbol{U}^{\mathrm{T}}=\boldsymbol{U}\boldsymbol{\Sigma}\boldsymbol{V}^{\mathrm{T}}(\boldsymbol{U}\boldsymbol{\Sigma}\boldsymbol{V}^{\mathrm{T}})^{\mathrm{T}} \tag{3.116}$$

显然有

$$\boldsymbol{A}=\boldsymbol{U}\boldsymbol{\Sigma}\boldsymbol{V}^{\mathrm{T}} \tag{3.117}$$

这里的 $\boldsymbol{\Sigma}$ 为对角阵 $\boldsymbol{\varLambda}$，就是矩阵 $\boldsymbol{A}$ 的 SVD。

3.7.3 图像的 SVD

根据上述矩阵 SVD 原理，设图像数据 $\boldsymbol{A}$ 为 $N\times N$ 满秩矩阵，可以分解为 $\boldsymbol{A}=\boldsymbol{U\Lambda V}^{\mathrm{T}}$。其中，$\boldsymbol{U}$ 是 $\boldsymbol{AA}^{\mathrm{T}}$ 的特征向量构成的正交矩阵，$\boldsymbol{V}$ 是 $\boldsymbol{A}^{\mathrm{T}}\boldsymbol{A}$ 的特征向量构成的正交矩阵，$\boldsymbol{\Lambda}$ 是 $N\times N$ 对角阵，其对角线元素包含 $\boldsymbol{A}$ 的奇异值 σ_i，即 $\boldsymbol{A}^{\mathrm{T}}\boldsymbol{A}$（或 $\boldsymbol{AA}^{\mathrm{T}}$）特征值 λ_i 的平方根 $\sqrt{\lambda_i}$。用奇异值分解（SVD）可以将图像 A 进行外积展开。

$$\boldsymbol{A}=\boldsymbol{U\Lambda V}^{\mathrm{T}}=[\boldsymbol{u}_1 \quad \boldsymbol{u}_2 \quad \cdots \quad \boldsymbol{u}_N]\begin{bmatrix}\sigma_1 & & & \\ & \sigma_2 & & \\ & & \ddots & \\ & & & \sigma_N\end{bmatrix}\begin{bmatrix}\boldsymbol{v}_1^{\mathrm{T}} \\ \boldsymbol{v}_2^{\mathrm{T}} \\ \vdots \\ \boldsymbol{v}_N^{\mathrm{T}}\end{bmatrix}=\sum_{i=1}^{N}\sigma_i\boldsymbol{u}_i\boldsymbol{v}_i^{\mathrm{T}}=\sum_{i=1}^{N}\sqrt{\lambda_i}\,\boldsymbol{u}_i\boldsymbol{v}_i^{\mathrm{T}} \tag{3.118}$$

其中，$\boldsymbol{u}_i$ 是 $\boldsymbol{U}$ 的列矢量，$\boldsymbol{v}_i$ 是 $\boldsymbol{V}$ 的列矢量，$\boldsymbol{u}_i\,\boldsymbol{v}_i^{\mathrm{T}}$ 是 $\boldsymbol{u}_i$ 和 $\boldsymbol{v}_i$ 外积形成的矩阵，N 个外积矩阵的加权之和就是原图像 $\boldsymbol{A}$，每个外积矩阵的加权系数就是 σ_i 或 $\sqrt{\lambda_i}$。

3.7.4 SVD 近似重建

由上式可以清楚看到，有了图像 $\boldsymbol{A}$ 所有的奇异值和相应的 $\boldsymbol{u}$、$\boldsymbol{v}$ 分量就可以完整地重建原图像。如果图像 $\boldsymbol{A}$ 是按照奇异值从大到小降序排列，可以取部分前面的奇异值近似重建原图像。我们关心这样重建的近似图像和原图像的差别有多大。

1. 用 F 范数分析重建误差

我们从图像“能量”的角度进行分析。设图像像素的灰度值的平方表示该像素的能量，那么，图像 $\boldsymbol{A}$ 的总能量等于所有像素能量之和$\|\boldsymbol{A}\|^2$，可用矩阵的 F（Frobenius）范数的平方来表示，F 范数的定义如下。

$$\|\boldsymbol{A}\|_F=\left(\sum_{i=1}^{N}\sum_{j=1}^{N}a_{i,j}^2\right)^{\frac{1}{2}}=\sqrt{\mathrm{tr}(\boldsymbol{A}^{\mathrm{T}}\boldsymbol{A})}=\sqrt{\sum_{i=1}^{r}\sigma_i^2} \tag{3.119}$$

其中，σ_i 为 $\boldsymbol{A}$ 矩阵的奇异值，r 为 $\boldsymbol{A}$ 矩阵的秩，$\mathrm{tr}(\boldsymbol{A})$表示方阵 $\boldsymbol{A}$ 的“迹”（Trace），即 $\boldsymbol{A}$ 的主对角线元素的总和。

$$\mathrm{tr}[\boldsymbol{A}]=\sum_{i=1}^{N}a_{i,i} \tag{3.120}$$

这样，图像 $\boldsymbol{A}$ 的“能量”就等于 $\boldsymbol{A}$ 的特征值的总和。

$$\begin{aligned}&\|\boldsymbol{A}\|_F^2=\mathrm{tr}[\boldsymbol{AA}^{\mathrm{T}}]=\mathrm{tr}[(\boldsymbol{U\Lambda V}^{\mathrm{T}})(\boldsymbol{U\Lambda V}^{\mathrm{T}})^{\mathrm{T}}]=\mathrm{tr}[\boldsymbol{U\Lambda V}^{\mathrm{T}}\boldsymbol{V\Lambda}^{\mathrm{T}}\boldsymbol{U}^{\mathrm{T}}]=\\&\mathrm{tr}[\boldsymbol{U\Lambda}^2\boldsymbol{U}^{\mathrm{T}}]=\mathrm{tr}[\boldsymbol{UU}^{\mathrm{T}}\boldsymbol{\Lambda}^2]=\mathrm{tr}[\boldsymbol{\Lambda}^2]=\sum_{i=1}^{N}\sigma_i^2\end{aligned} \tag{3.121}$$

由此可见，矩阵 $\boldsymbol{A}$ 的奇异值的平方和表示图像的能量。如果用前 k 项 σ_i 重构 $\boldsymbol{A}$，形成近似图像 $\boldsymbol{A}_k$，按照上述分析其误差能量为

$$\|\boldsymbol{A}-\boldsymbol{A}_k\|_F^2=\sum_{i=k+1}^{N}\sigma_i^2 \tag{3.122}$$

2. **用外积分析重建误差**

还可以从外积形式的误差图像能量来分析，如果用前 k 项 λ_i 重构 $\boldsymbol{A}$，形成近似图像 $\boldsymbol{A}_k$，则误差图像 $\boldsymbol{D}$ 为

$$\boldsymbol{D}=\boldsymbol{A}-\boldsymbol{A}_k=\sum_{i=1}^{N}\sqrt{\lambda_i}\cdot\boldsymbol{u}_i\boldsymbol{v}_i^{\mathrm{T}}-\sum_{i=1}^{k}\sqrt{\lambda_i}\cdot\boldsymbol{u}_i\boldsymbol{v}_i^{\mathrm{T}}=\sum_{i=k+1}^{N}\sqrt{\lambda_i}\cdot\boldsymbol{u}_i\boldsymbol{v}_i^{\mathrm{T}} \tag{3.123}$$

其中某一项，即矩阵 $\boldsymbol{D}$ 的第 p 行的 q 列元素 d_{pq} 为

$$d_{pq}=\sum_{i=k+1}^{N}\sqrt{\lambda_i}\cdot\boldsymbol{u}_{ip}\boldsymbol{v}_{iq}^{\mathrm{T}} \tag{3.124}$$

$$d_{pq}^2=\left(\sum_{i=k+1}^{N}\sqrt{\lambda_i}\cdot\boldsymbol{u}_{ip}\boldsymbol{v}_{iq}^{\mathrm{T}}\right)^2=\sum_{i=k+1}^{N}\lambda_i\cdot\boldsymbol{u}_{ip}^2(\boldsymbol{v}_{iq}^{\mathrm{T}})^2 \tag{3.125}$$

上式之所以成立，是由于 $\boldsymbol{U}$、$\boldsymbol{V}$ 是正交矩阵，每个矩阵中的不同列之间是相互正交的，因此上式在求平方和的过程中，所有的交叉项都为 0。这样，误差图像的能量可按如下公式计算。

$$\begin{aligned}\|\boldsymbol{D}\|_F^2&=\sum_p\sum_q d_{pq}^2=\sum_p\sum_q[\sum_{i=k+1}^{N}\lambda_i\cdot\boldsymbol{u}_{ip}^2(\boldsymbol{v}_{iq}^{\mathrm{T}})^2]=\\ &\sum_{i=k+1}^{N}\sum_p\sum_q[\lambda_i\cdot\boldsymbol{u}_{ip}^2(\boldsymbol{v}_{iq}^{\mathrm{T}})^2]=\sum_{i=k+1}^{N}\lambda_i\cdot\sum_p\boldsymbol{u}_{ip}^2\cdot[\sum_q(\boldsymbol{v}_{iq}^{\mathrm{T}})^2]=\sum_{i=k+1}^{N}\lambda_i=\sum_{i=k+1}^{N}\sigma_i^2\end{aligned} \tag{3.126}$$

其中 $\boldsymbol{u}_i$、$\boldsymbol{v}_i$ 为单位矢量，其模为 1。

可见，图像近似表示所损失的能量等于“被抛弃的奇异值的平方和”，和前面用 F 范数分析的方法结果一致，因此奇异值分解是在最小平方误差意义下的最优解。适当地控制 k 的值，就可以控制重建图像的质量。

根据图像 SVD 的外积表达式（3.118），用 SVD 方法近似表示一幅 $m\times n$ 的灰度图像，需 k 个奇异值，k 个 $\boldsymbol{u}_i$ 单位列矢量（m 个分量），k 个 $\boldsymbol{v}_i$ 单位列矢量（n 个分量），如果这些分量和图像像素值的精度一样，那么可以得到经 SVD 后的图像数据压缩的比例为

$$r=\frac{mn}{k(m+n+1)} \tag{3.127}$$

式中分子表示原图像的数据量，分母表示经 SVD 后的数据量。例如，图 3.8 为一幅 1000×620 图像，经 SVD，取不同的 k 值时重建的图像。当 k=5 时，m=1000，n=620，图像大致压缩了 77 倍，重建图像和原图像存在很大的差别；当 k=20 时，图像大致压缩了 19 倍，仍然可以观察到细

微的压缩失真；当 k=50 时，图像大致压缩了 8 倍，和原图已经看不出什么差别。

(a) 原图像　(b) k=5，压缩比 r=77

(c) k=20，压缩比 r=19　(d) k=50，压缩比 r=8

图 3.8　SVD 图像压缩（见彩插图 3.8）

3.7.5　SVD 计算一例

假设有 $m \times n$ 矩阵 $\boldsymbol{A}$，那么 SVD 就是要找到如下的分解，将 $\boldsymbol{A}$ 分解为 3 个矩阵的乘积。

$$\boldsymbol{A}_{m\times n} = \boldsymbol{U}_{m\times m}\boldsymbol{\Sigma}_{m\times n}\boldsymbol{V}_{n\times n}^{\mathrm{T}} \tag{3.128}$$

其中，$\boldsymbol{U}$ 和 $\boldsymbol{V}$ 分别由 $\boldsymbol{A}\boldsymbol{A}^{\mathrm{T}}$ 和 $\boldsymbol{A}^{\mathrm{T}}\boldsymbol{A}$ 归一化的特征向量构成，都是正交矩阵，如在复数域内的是酉矩阵，即有 $\boldsymbol{U}^{\mathrm{T}}\boldsymbol{U}=\boldsymbol{I}_{m\times m}$ 和 $\boldsymbol{V}^{\mathrm{T}}\boldsymbol{V}=I_{n\times n}$；$\boldsymbol{\Sigma}$ 是一个非负实对角矩阵，是 $\boldsymbol{A}$ 的奇异值，其对角元素为 $\boldsymbol{A}\boldsymbol{A}^{\mathrm{T}}$（或 $\boldsymbol{A}^{\mathrm{T}}\boldsymbol{A}$）的特征值的平方根，并且按从大到小的顺序排列。

其实整个求解 SVD 的过程就是求解这 3 个矩阵的过程，而求解这 3 个矩阵的过程就是求解特征值和特征向量的过程。

SVD 的计算步骤如下。

（1）求 $\boldsymbol{A}\boldsymbol{A}^{\mathrm{T}}$ 的特征值和特征向量，用归一化的特征向量构成 $\boldsymbol{U}$。

（2）求 $\boldsymbol{A}^{\mathrm{T}}\boldsymbol{A}$ 的特征值和特征向量，用归一化的特征向量构成 $\boldsymbol{V}$。

（3）对 $\boldsymbol{A}\boldsymbol{A}^{\mathrm{T}}$ 或者 $\boldsymbol{A}^{\mathrm{T}}\boldsymbol{A}$ 的特征值求平方根，然后构成 $\boldsymbol{\Sigma}$。

（4）有了 $\boldsymbol{U}$、$\boldsymbol{V}$ 和 $\boldsymbol{\Sigma}$，就得到 $\boldsymbol{A}$ 的 SVD 式 $\boldsymbol{A}=\boldsymbol{U}\boldsymbol{\Sigma}\boldsymbol{V}^{\mathrm{T}}$。

例如，已知矩阵 $\boldsymbol{A}=\begin{bmatrix}2 & 4\\1 & 3\\0 & 0\\0 & 0\end{bmatrix}$，可以计算得到矩阵 $\boldsymbol{A}\boldsymbol{A}^{\mathrm{T}}=\begin{bmatrix}20 & 14 & 0 & 0\\14 & 10 & 0 & 0\\0 & 0 & 0 & 0\\0 & 0 & 0 & 0\end{bmatrix}$。接下来求 $\boldsymbol{A}\boldsymbol{A}^{\mathrm{T}}$ 矩阵的特征值和特征向量，由 $\boldsymbol{A}\boldsymbol{A}^{\mathrm{T}}$ 矩阵的特征值和特征向量得关系 $\boldsymbol{A}\boldsymbol{A}^{\mathrm{T}}\boldsymbol{x}=\lambda\boldsymbol{x}$，可得到相应的特征方

程$(\boldsymbol{AA}^{\mathrm{T}}-\lambda \boldsymbol{I})\boldsymbol{x}=\boldsymbol{0}$。

要想该方程组有非零解（即非零特征值），则系数矩阵 $\boldsymbol{AA}^{\mathrm{T}}-\lambda\boldsymbol{I}$ 的行列式必须为 0，即

$$\begin{vmatrix} 20-\lambda & 14 & 0 & 0 \\ 14 & 10-\lambda & 0 & 0 \\ 0 & 0 & -\lambda & 0 \\ 0 & 0 & 0 & -\lambda \end{vmatrix}=0$$

使用行列式展开定理求解这个行列式，可以得到 $\lambda_1\approx29.87$，$\lambda_2\approx0.13$，$\lambda_3=\lambda_4=0$，有 4 个特征值，这是因为特征多项式$|\boldsymbol{AA}^{\mathrm{T}}-\lambda\boldsymbol{I}|$是一个 4 次多项式。对应的归一化特征向量矩阵为

$$\boldsymbol{U}=\begin{bmatrix} 0.82 & -0.58 & 0 & 0 \\ 0.58 & 0.82 & 0 & 0 \\ 0 & 0 & 1 & 0 \\ 0 & 0 & 0 & 1 \end{bmatrix}$$

以同样的过程求解 $\boldsymbol{A}^{\mathrm{T}}\boldsymbol{A}$ 的特征值和特征向量，求得 $\lambda_1\approx0.13$，$\lambda_2\approx29.87$，将特征值降序排列后对应的归一化特征向量为

$$\boldsymbol{V}=\begin{bmatrix} 0.40 & -0.91 \\ 0.91 & 0.40 \end{bmatrix}$$

而矩阵 $\boldsymbol{\Sigma}$ 为特征值的平方根构成的对角矩阵

$$\boldsymbol{\Sigma}=\begin{bmatrix} \sqrt{29.87} & 0 \\ 0 & \sqrt{0.13} \\ 0 & 0 \\ 0 & 0 \end{bmatrix}=\begin{bmatrix} 5.46 & 0 \\ 0 & 0.37 \\ 0 & 0 \\ 0 & 0 \end{bmatrix}$$

到此，SVD 就结束了，原来的矩阵 $\boldsymbol{A}$ 就被分解成了 3 个矩阵的乘积。

$$\boldsymbol{A}_{4\times2}=\begin{bmatrix} 2 & 4 \\ 1 & 3 \\ 0 & 0 \\ 0 & 0 \end{bmatrix}=\boldsymbol{U}_{4\times4}\boldsymbol{\Sigma}_{4\times2}\boldsymbol{V}_{2\times2}^{\mathrm{T}}=\begin{bmatrix} 0.82 & -0.58 & 0 & 0 \\ 0.58 & 0.82 & 0 & 0 \\ 0 & 0 & 1 & 0 \\ 0 & 0 & 0 & 1 \end{bmatrix}\cdot\begin{bmatrix} 5.46 & 0 \\ 0 & 0.37 \\ 0 & 0 \\ 0 & 0 \end{bmatrix}\cdot\begin{bmatrix} 0.40 & -0.91 \\ 0.91 & 0.40 \end{bmatrix}^{\mathrm{T}}$$

第 4 章

图像增强

以改善图像主观质量为目标的图像增强处理是现代图像处理中最基本的方法之一。本章首先介绍传统的空间域和频率域两大类图像增强处理的方法：空间域方法如线性/非线性灰度变换，直方图修正、均衡和匹配等方法；频率域方法如第高通滤波、同态滤波等。然后重点介绍现今流行的 Retinex 图像增强、暗光图像/雾天图像增晰、BM3D 图像去噪等效果良好的图像增强方法。

降质或退化的图像通常模糊不清，使人观看起来不满意，或者使机器从中提取的信息减少甚至错误，因此，必须对降质的图像进行改善。改善的方法有两类。一类是从主观出发，可以不考虑（或者无从考虑）图像降质的原因，只将图像中感兴趣的部分加以处理或突出有用的图像特征，故改善后的图像并不一定要逼近原始图像，如增加图像的对比度、提取图像中目标物轮廓、衰减各类噪声、均衡图像灰度等，这一类图像改善方法称为图像增强（Image Enhancement），是本章着重讨论的内容。从图像质量评价观点来看，图像增强的主要目的是提高图像的可懂度。另一类改善方法是从客观出发，针对图像降质的具体原因，设法补偿降质因素，从而使改善后的图像尽可能地逼近原始图像。这类改善方法称为图像恢复或图像复原技术。显然，图像复原主要目的是提高图像的逼真度，这部分内容将在第 5 章讨论。

图像增强处理的方法基本上可分为空间域方法和频率域方法两大类。空间域方法是在原图像上（空间域）直接进行数据运算，对像素的灰度值进行处理。如果是对图像做逐点运算，称为点运算（Point Operation），如果是在像点邻域内进行运算，称为局部运算或邻域运算（Neighborhood Operation）。频率域方法是在图像的变换域内进行处理，增强感兴趣的频率分量，然后进行反变换，得到增强后的图像。

4.1 灰度变换

灰度变换（Gray Scale Transformation）或灰度级修正是在空间域对图像进行增强的一种简单而有效的方法，可以根据对图像不同的要求而采用不同的修正方法。灰度级修正属于（像素）点运算，它不改变原图像中像素点的位置，只改变像素点的灰度值，并且逐点进行，和周围的其他像素无关。设输入图像为 $f(x,y)$，经灰度变换后的输出图像 $g(x,y)$为

$$g(x,y)=T[f(x,y)] \tag{4.1}$$

上式中修正函数或变换函数为 $T[\bullet]$，可以通过选择不同的映射变换，达到不同的灰度修正效果。

一般成像系统具有一定的亮度响应范围，亮度的最大值与最小值之比称为亮度对比度（Contrast）。由于成像系统的限制，常会出现对比度不足（或过大）的弊病，使人眼观看图像时视觉效果很差。采用下面介绍的两类常用灰度变换法可以有效改变图像的亮度分布，改善视觉效果：线性及非线性变换。当然，灰度变换远不止这两类方法，在实际中经常需要根据应用的需求，灵活地设计变换函数。

4.1.1 线性灰度变换

1. *灰度扩展*

这是一种最简单的灰度变换，假定原图像 $f(x,y)$的灰度范围为$[a,b]$，希望变换后图像 $g(x,y)$

的灰度范围扩展至[c,d]，则线性变换可表示为

$$g(x,y)=\frac{d-c}{b-a}[f(x,y)-a]+c \qquad f(x,y)\in[a,b] \tag{4.2}$$

此式可用图 4.1（a）表示。

2. **分段线性变换**

为了突出感兴趣的目标或灰度区间，相对抑制那些不感兴趣的灰度区域，可采用分段线性变换。常用的 3 段线性变换曲线如图 4.1（b）所示，若输入图像 $f(x,y)$灰度在[0, F]范围内，变换后图像 $g(x,y)$灰度在[0,G]范围内，其数学表达式如下。

$$g(x,y)=\begin{cases}\dfrac{c}{a}f(x,y), & 0\leqslant f(x,y)<a\\ \dfrac{d-c}{b-a}[f(x,y)-a]+c, & a\leqslant f(x,y)<b\\ \dfrac{G-d}{F-b}[f(x,y)-b]+d, & b\leqslant f(x,y)\leqslant F\end{cases} \tag{4.3}$$

式（4.3）对输入图像的灰度区间[0, a]和[b, F]进行压缩，对灰度区间[a,b]进行扩展。通过调整折线拐点的位置及控制分段直线的斜率，可对任一灰度区间进行扩展或压缩。这种变换适用于在黑色或白色附近有噪声干扰的情况。在实际的处理过程中，式中 a、b、c、d 这些分割点可根据应用的不同需要来确定。例如照片中的污迹，其灰度在[0, a]或[b, F]范围内，由于变换后在[0, a]以及[b, F]之间的灰度受到压缩，因而使污斑的影响得到减弱。

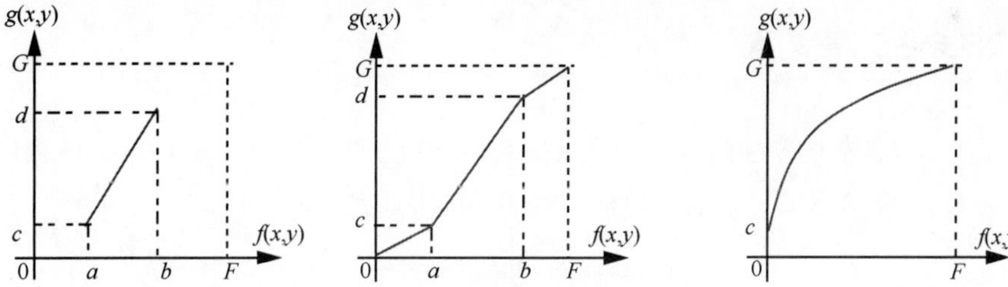

(a) 简单线性变换　(b) 分段线性变换　(c) 非线性对数变换

图 4.1　灰度变换曲线

3. **线性变换实例**

（1）简单线性变换

对照图 4.1（a），式（4.2）中当 b=0，a=F=255，c=0，d=G=255 时，变换式为

$$g(x,y)=\frac{255}{-255}[f(x,y)-255]+0=-f(x,y)+255$$

实际上是连接图 4.1（a）中 F 点和 G 点的一条线段，变换的结果是将原图像的黑白颠倒，形成原图像的“底片”，如图 4.2（b）所示。

（2）分段线性变换

对照图 4.1（b），当 a=50，b=150，c=30，d=200，F=G=255 时，采用式（4.3）变换后

$$g(x,y)=\begin{cases}(30/50)f(x,y), & 0\leqslant f(x,y)<50\\ (170/100)[f(x,y)-50]+30, & 50\leqslant f(x,y)<150\\ (55/105)[f(x,y)-150]+200, & 150\leqslant f(x,y)\leqslant 255\end{cases}$$

用此式对图 4.2（a）所示的图像进行变换后得到的图像如图 4.2（c）所示，压缩了黑白两端的亮度范围，扩展了中间亮度的范围，图像的细节大部分在中间灰度部分，因而灰度变换以后的图像较之原图像，细节更加丰富，层次更多，而特别亮和特别暗的地方则细节和层次明显减少。

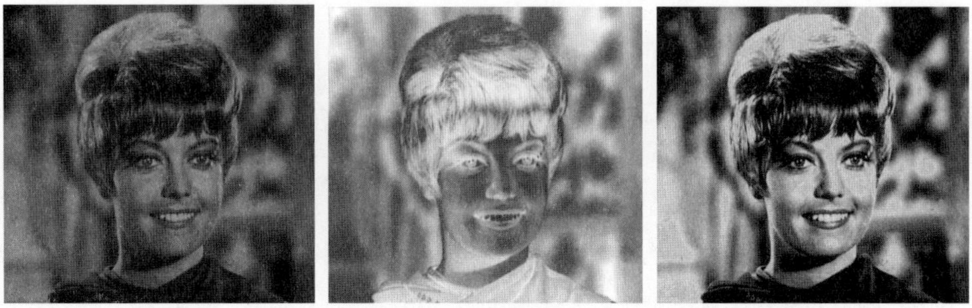

(a) 原图像　(b) 黑白颠倒变换　(c) 分段灰度变换

图 4.2　线性灰度变换

4.1.2　非线性灰度变换

当用某些非线性灰度变换函数，如对数函数、指数函数等作为式（4.1）的变换函数时，可实现图像灰度的非线性变换。例如，对数变换的一般表达式为

$$g(x,y)=c+k\ln[f(x,y)+1] \tag{4.4}$$

这里 k、c 是用于调整曲线的位置和形状的参数，其图形如图 4.1（c）所示。它使 $f(x,y)$的低灰度范围得到扩展，高灰度范围得到压缩，以使图像的灰度分布与人的视觉特性相匹配。

另外一种非线性变换为指数变换，一般表达式为

$$g(x,y)=b^{c[f(x,y)-a]}-1 \tag{4.5}$$

其中，a、b、c 这 3 个参数也是用来调整曲线的位置和形状的，它的效果与对数变换相反，对图像的高灰度区给予较大的扩展。

还有其他的一些非线性函数，如多项式、正弦函数、正切函数等可用作灰度变换函数，实现特定的图像灰度变换。

4.2 直方图修正

4.2.1 图像直方图

直方图（Histogram）是图像中像素灰度分布统计特性的一种图形表示方式。对于数字图像，如用横坐标表示数字图像的灰度级，纵坐标表示每一灰度级的像素数或出现的比例（归一化），所形成的统计曲线或图形称为“直方图”，可定义为

$$H(k)=n_k \text{ 或归一化为 } P(k)=\frac{n_k}{N} \tag{4.6}$$

式中，k 表示灰度级，n_k 是第 k 级灰度的像素数，N 为一幅图像的总像素数，$H(k)$和 $P(k)$分别表示该图像的像素直方图和归一化直方图（频数）。图 4.3 是 Lena 图像及其直方图。

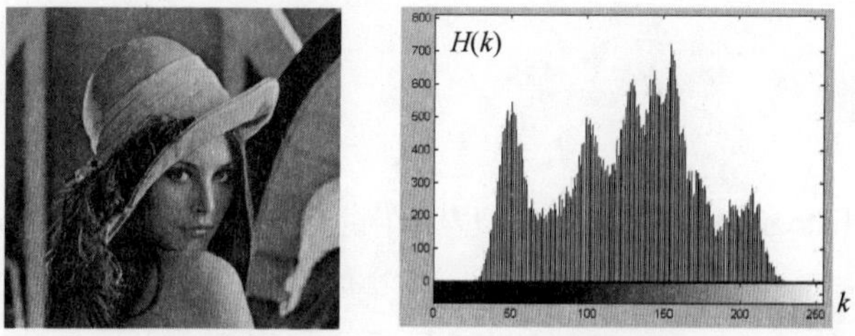

(a) Lena图像　　(b) 直方图

图 4.3　Lena 图像及其直方图

在图像的数字化过程中，我们可以利用数字化以后图像的直方图来快速判断数字化结果是否合适。合适就是充分利用数字化灰度值的跨度空间，尽可能表现图像灰度的差异和细节，既不超出这个范围，也不只占用少部分灰度空间，造成浪费。图 4.4 分别代表了这 3 种情况。

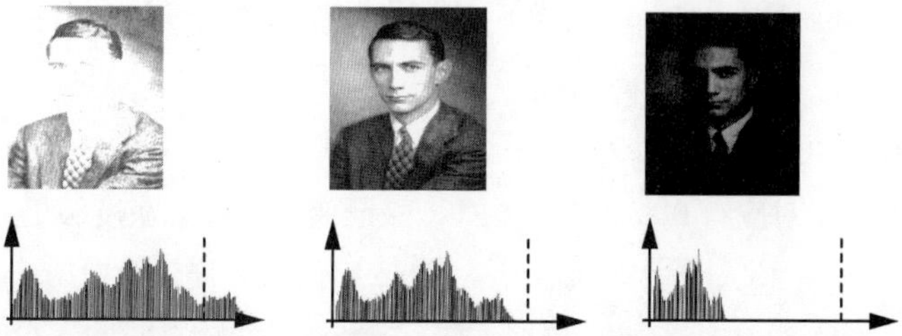

(a) 分布太宽　　(b) 分布合适　　(c) 分布太窄

图 4.4　用直方图检查数字化图像的亮度分布

由于数字图像的灰度范围是有限的，如从 0 到 255，图 4.4（a）的直方图灰度分布太宽，使一段高亮度的图像部分不可能得到显示；图 4.4（c）刚好和图 4.4（a）的情况相反，分布太窄，

使原来相隔较远的灰度现在“挤”在一起，不少的亮度等级未得到应用，使图像看起来整体发黑，灰度细节得不到展示。图 4.4（b）的直方图分布情况比较正常，占据了数字图像的整个灰度空间，灰度分辨率得到充分利用，因此图像的主观效果较好。

直方图能给出该图像的大致描述，如图像的灰度范围、灰度级的分布、图像的平均亮度、图像的能量等重要特征。但仅从直方图并不能完整地描述一幅图像，因为直方图不包含某一灰度像素的几何位置信息。一般说来，一幅图像唯一对应一个直方图，但是一个直方图可对应不同的图像。图 4.5 是不同图像内容具有相同直方图的实例，其中，a、b 两幅显然不同的图像却具有相同的直方图，如图 4.5 左边所示。

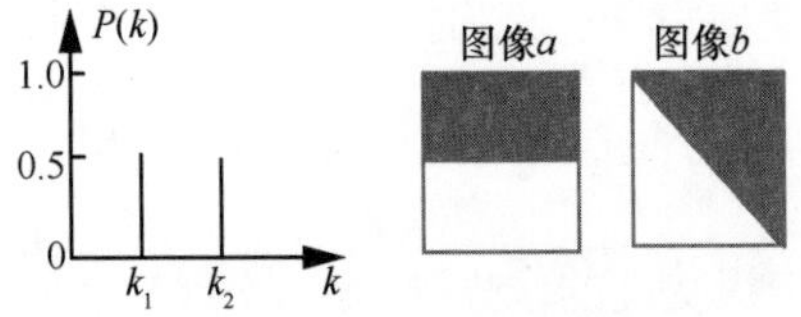

图 4.5　不同的图像具有相同的直方图

4.2.2　直方图均衡

直方图均衡化（Histogram Equalization）也叫作直方图均匀化，是一种常用的灰度增强算法。例如，一幅对比度较窄的图像，其直方图分布一定集中在某个比较小的灰度范围之内，经过均匀化处理之后，其所有灰度级出现的相对频数（概率）大致相同，拉大了图像的对比度，可以更多地展现图像的灰度细节，改善图像的视觉效果。

1．连续图像的均衡化

为了推导方便起见，这里采用连续图像的灰度直方图概念，将图像中灰度值 x 的概率密度 $P(x)$定义为连续图像的灰度直方图表达式。图 4.6 所示为在连续情况下图像的非均匀直方图分布函数 $P_r(r)$经转换函数 $s=T(r)$转换为均匀直方图分布 $P_s(s)$的情况，图中 r 为变换前的归一化灰度级，$0 \leqslant r \leqslant 1$。$T(r)$为转换函数，$s=T(r)$为变换后的图像灰度值。为使这种转换具有实际意义，$T(r)$应满足如下条件。

1）在 $0 \leqslant r \leqslant 1$ 区间内，$T(r)$为单值单调递增函数。

2）对于 $0 \leqslant r \leqslant 1$，对应有 $0 \leqslant s=T(r) \leqslant 1$，保证变换后像素灰度级仍在允许范围内。

现在的问题是，在给定输入直方图的情况下，具体用什么转换函数对输入图像进行灰度转换，才能使输出图像的直方图为均衡直方图，即等于一个常数。我们参照图 4.6 来说明转换函数 $T(r)$的获得方法。某一输入图像的灰度直方图为 $P_r(r)$，经过转换函数 $T(r)$对输入图像的灰度进行转换，转换后得到输出图像的直方图为 $P_s(s)$，要求 $P_s(s)$具有平衡直方图特性。在连续图像的直方图中，其横坐标表示图像的灰度，纵坐标表示不同灰度面积占整个图像面积的比例（该灰度的概率），在归一化的情况下，直方图函数沿着灰度积分的结果就是整个图像的面积。

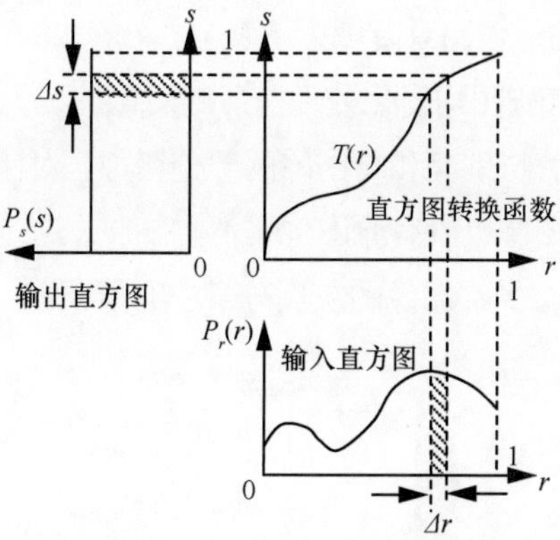

图 4.6 直方图均衡化处理

$$\int_0^1 P_r(r)\,\mathrm{d}r = \text{图像面积} = 1 \tag{4.7}$$

现在考虑输入直方图中一个极小宽度为 Δr 的条带，乘积 $P_r(r)\Delta r$ 则表示输入灰度为 r 的一小条面积。此窄条经过 $T(r)$转换后，对应到输出直方图中一宽度为 Δs 的一小条，乘积 $P_s(s)\Delta s$ 表示输出这一小条的面积。由于直方图转换前后整个图像的面积不变，输入小条上的所有像素的灰度发生改变，但小条转换前后的面积不变，因此有 $P_s(s)\,\Delta s=P_r(r)\,\Delta r$，取极限后得

$$P_s(s)\mathrm{d}s = P_r(r)\mathrm{d}r \tag{4.8}$$

要求输出直方图均衡化（并归一化），有 $P_s(s)=1$，即

$$ds = P_r(r)\mathrm{d}r \tag{4.9}$$

两边取积分，并用 ω 替代积分变量，得

$$s = T(r) = \int_0^r P_r(\omega)\,\mathrm{d}\omega \tag{4.10}$$

式（4.10）就是所求的转换函数，它是原图像的灰度直方图函数 $P_r(r)$的积分，是一个非负的递增函数。

2. **数字图像的均衡化**

上述直方图均衡化的转换函数的结论虽然是从连续图像直方图的概念推导出来的，但这一结论的原理对数字图像也是适用的，只需要将式（4.10）的积分改为求和运算。设原数字图像的总像素数为 N，共有 L 个灰度级，其中第 k 个灰度级 r_k 出现的像素数为 n_k，则第 k 个灰度级出现的频率（即该图像的归一化直方图）为

$$P_r(r_k) = \frac{n_k}{N},\ 0 \leqslant r_k \leqslant 1,\ k = 0,1,\cdots,L-1 \tag{4.11}$$

对其进行均匀化处理，和连续图像的情况类似，转换函数为直方图函数的累积求和。

$$s_k = T(r_k) = \sum_{j=0}^{k} P_r(r_j) = \sum_{j=0}^{k} \frac{n_j}{N} \tag{4.12}$$

式中，转换函数为 $s_k=T(r_k)$，输出直方图为 $P_s(s_k)$。

图 4.7 是 Lena 图像经过直方图均衡化处理前后的对比情况。从图中可以明显看出，均衡化以后图像的灰度范围有所扩张，特别亮和特别暗的部分增加，对比度加强。同时也可以看出，均衡后的直方图并非常数，而且图像也没有原图像平滑和细腻，这是因为在均衡的过程中，灰度级发生了兼并，相当于灰度等级减少，图像的灰度分辨率有所下降。

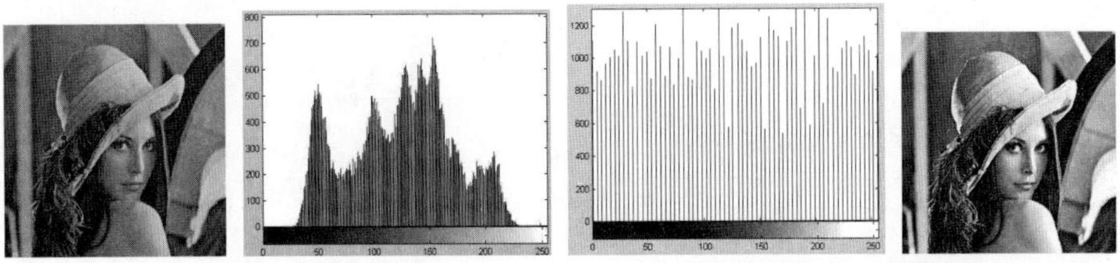

(a) Lena 图像及其直方图　　(b) 均衡后直方图及其图像

图 4.7　Lena 图像直方图均衡化

3. 均衡化一例

假设有一幅离散图像，共有 64×64 个像素，8 个灰度级，各灰度级的直方图分布见表 4.1。

表 4.1　各灰度级的分布（N=4096）

灰度级 r_k	0	1/7	2/7	3/7	4/7	5/7	6/7	1
像素数 n_k	790	1023	850	656	329	245	122	81
概率 $P_k(r_k)$	0.19	0.25	0.21	0.16	0.08	0.06	0.03	0.02

现将此图像直方图均衡化过程扼要说明如下：根据表 4.1 做出的此图像直方图如图 4.8（a）所示，应用式（4.12）可求得变换函数为

$$s_0 = T(r_0) = \sum_{j=0}^{0} P_r(r_j) = 0.19$$

$$s_1 = T(r_1) = \sum_{j=0}^{1} P_r(r_j) = P_r(r_0) + P_r(r_1) = 0.19 + 0.25 = 0.44$$

按此同样的方法计算出：s_2=0.65，s_3=0.81，s_4=0.89，s_5=0.95，s_6=0.98，s_7=1.00，即表 4.2 中的第二列。

图 4.8（b）给出了 s_k 与 r_k 之间的关系曲线，根据变换函数 $T(r_k)$可以逐个将 r_k 变成 s_k。从表 4.1 中可以看出原图像给定的 r_k 是等间隔的（每个间隔 1/7），而经过 $T(r_k)$求得的 s_k 不一定是等间隔的，从图 4.8（b）中可以清楚地看出这一点，为了不改变原图像的量化器，必须对每一个变换的 s_k 取最靠近的量化值，表 4.2 中列出了重新量化后得到的新灰度 s_0'、s_1'、s_2'、s_3'、s_4'、把计算出来的 s_k 与量化级数相比较，可以得出：

s_0=0.19→1/7，s_1=0.44→3/7，s_2=0.65→5/7，s_3=0.81→6/7，s_4=0.89→6/7，s_5=0.95→1，s_6=0.98→1，s_7=1.00→1。

由此可知，经过变换后的灰度级不是 8 个，而只有 5 个，即

$s_0'=1/7$、$s_1'=3/7$、$s_2'=5/7$、$s_3'=6/7$、$s_4'=1$。

把相应原灰度级的像素数相加得到新灰度级的像素数。均衡化以后的直方图如图 4.8（c）所示，从图中可以看出均衡化后的直方图比原直方图 4.8（a）均匀，但它并不能完全均匀，这是由于在均衡化的过程中，原直方图上有几个像素数较少的灰度级归并到一个新的灰度级上，而像素较多的灰度级间隔被拉大了。这样减少图像的灰度等级以换取对比度的扩大。实际上对灰度被压缩部分还可以进行进一步的处理，如采用局部自适应直方图均衡等方法。

表 4.2　直方图均匀化过程

原灰度级	变换函数值	原来量化级	原来像素数	新灰度级	新灰度级分布
$r_0=0$	$s_0=T(r_0)=0.19$	0/7=0.00	790		
$r_1=1/7$	$s_1=T(r_1)=0.44$	1/7=0.14	1023	$s_0'(790)$	790/4096=0.19
$r_2=2/7$	$s_2=T(r_2)=0.65$	2/7=0.29	850		
$r_3=3/7$	$s_3=T(r_3)=0.81$	3/7=0.43	656	$s_1'(1023)$	1023/4096=0.25
$r_4=4/7$	$s_4=T(r_4)=0.89$	4/7=0.57	329		
$r_5=5/7$	$s_5=T(r_5)=0.95$	5/7=0.71	245	$s_2'(850)$	850/4096=0.21
$r_6=6/7$	$s_6=T(r_6)=0.98$	6/7=0.86	122	$s_3'(985)$	985/4096=0.24
$r_7=1$	$s_7=T(r_7)=1.00$	7/7=1.00	81	$s_4'(448)$	448/4096=0.11

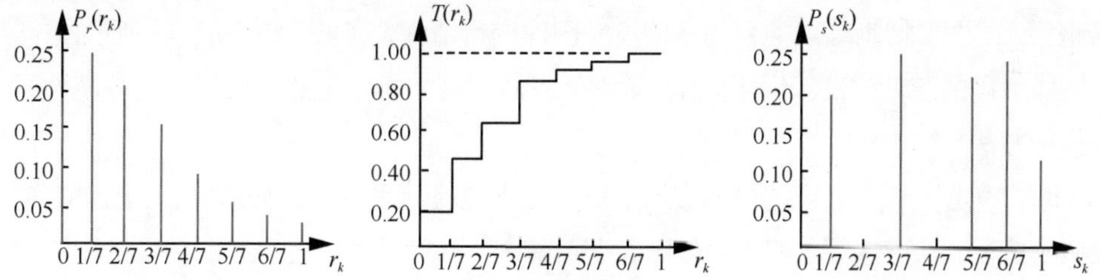

(a) 原直方图　　(b) 变换函数　　(c) 均衡后的直方图

图 4.8　图像直方图均衡化

4.2.3　直方图匹配

直方图均衡化处理后的图像虽然增强了图像的对比度，但它并不一定适合有些应用场合，因此可以采用更加普遍适用的直方图匹配（Histogram Matching）处理方法。

直方图匹配处理就是将图像原来的直方图通过直方图变换形成某个特定的直方图，其变换过程仍然是按照式 $s=T(r)$ 进行计算。常用的处理后的特定直方图分布可以是均匀分布函数、指数分布函数、双曲分布函数、瑞利分布函数等，也可以是人为定义的函数。

下面具体讨论如何实现直方图匹配处理。先讨论连续的情况：设 $P_r(r)$ 和 $P_z(z)$ 分别代表原始

图像和匹配处理后图像的灰度直方图函数，分别对原始直方图和匹配处理后的直方图进行均衡化处理，即分别采用下列两个转换函数进行转换。

$$s = T(r) = \int_0^r P_r(\omega)\mathrm{d}\omega \tag{4.13}$$

$$v = G(z) = \int_0^z P_z(\omega)\mathrm{d}\omega \tag{4.14}$$

因为是对同一幅图像，均衡化处理后的二者所获得的图像灰度概率密度函数 $P_s(s)$ 和 $P_v(v)$ 应该是相等的（均为 1），为此可用 s 代替 v，再使用 $z=G^{-1}(v)=G^{-1}(s)=G^{-1}[T(r)]$ 变换获得希望的图像。这里 $G^{-1}(\ )$ 表示 $G(\ )$ 的反函数。因此从 $P_r(r)$ 到 $P_z(z)$ 的直方图转换，可以直接使用如下的转换函数。

$$z = G^{-1}[T(r)] \tag{4.15}$$

实际上，前面的直方图均匀化处理是式（4.15）的一个特殊情况，即 $G(z)=1$ 或 $v=z$。

上述式（4.13）和式（4.14）针对直方图函数连续分布的情况，对于离散图像实现式（4.13）和式（4.14）的转换通常采用类似于第 4.2.2 节实例中的近似方法，因此，实际得到的图像直方图仍然与我们希望的直方图有所偏差。

4.3 图像增晰

一般说来，图像增晰处理的目的是使模糊图像变得清晰，这里介绍一般以加强图像高频分量为主的图像锐化的增晰方法。不同于第 5 章图像复原问题中所讨论的针对引起图像模糊原因而形成的去模糊方法。

从空域的角度分析，图像的模糊实质上就是像素值受到平均或积分运算，因此对其进行逆运算（如微分运算、梯度运算）就可以使图像变得清晰。从频域的角度分析，图像模糊的实质是其高频分量被衰减，因而可以用高频增强滤波使图像变得清晰。要注意的是，能够进行锐化处理的图像必须要求有较高的信噪比，否则，图像锐化后，信噪比更低。因为噪声往往是局部、陡变、高频成分丰富的部分，锐化将可能使噪声受到比信号还强的增强，故必须小心处理。一般是先去除或减轻干扰噪声后，才能进行锐化处理。

4.3.1 图像锐化方法

1. 高通滤波法

图像中的边缘或线条等细节部分与图像频谱的高频分量相对应，因此采用高通滤波让高频分量顺利通过，适当抑制中低频分量，使图像的细节变得清楚，实现图像的锐化。

在频率域进行处理的高通滤波常见的有 3 种类型。为了简单起见，仅将它们的传递函数公式开列如下。

（1）理想高通滤波器

$$H(u,v)=\begin{cases}1, & D(u,v)>D_0\\ 0, & D(u,v)\leqslant D_0\end{cases} \tag{4.16}$$

这是一个以频域原点为中心的圆形高通滤波器，D_0 为其半径，圆以外的高频分量得以通过，圆以内的低频分量遭到抑制。

（2）巴特沃思（Butterworth）高通滤波器

$$H(u,v)=\frac{1}{1+0.414[D_0/D(u,v)]^{2n}} \tag{4.17}$$

D_0 为转折频率，从抑制到通行平滑地过渡，较好地克服了理想高通滤波器频率特性跳变激烈容易引起空域幅度震荡的缺陷。

（3）指数高通滤波器

$$H(u,v)=\exp\{-0.347[D_0/D(u,v)]^n\} \tag{4.18}$$

这种指数型高通滤波器和巴特沃思高通滤波器特性类似。

总之，上面 3 个滤波器传输函数都是在 u-v 平面上的圆对称函数，$D(u,v)$表示从频率（u,v）处到原点的距离，D_0 表示高通滤波器的起始频率。

2. **梯度算子法**

由于图像模糊可能是受到平均或积分运算，故可用微分、梯度等运算来实现图像的锐化。微分运算是在空域求信号的变化率，有加强高频分量的作用，从而使图像轮廓更加清晰。为了把图像中任何方向伸展的边缘和轮廓的模糊变清晰，我们希望对图像的某种导数运算是各向同性的，可以证明，梯度的幅度和拉普斯运算是符合上述条件的。

对于连续图像函数 $f(x, y)$，它在点 (x, y) 处的梯度(Gradient)是一个矢量，定义为

$$\nabla f(x,y)=\left[\frac{\partial f(x,y)}{\partial x} \quad \frac{\partial f(x,y)}{\partial y}\right]^{\mathrm{T}} \tag{4.19}$$

其方向表示函数 $f(x, y)$ 最大变化率的方向，其大小为梯度的幅度，用 $|\nabla f(x,y)|$ 表示，并由下式算出。

$$|\nabla f(x,y)|=\sqrt{\left(\frac{\partial f}{\partial x}\right)^2+\left(\frac{\partial f}{\partial y}\right)^2} \tag{4.20}$$

由上式可知，梯度的幅度值就是 $f(x, y)$ 在其最大变化率方向上的单位距离所增加的量。对于离散的数字图像而言，式（4.20）可以近似为如下的差分算法。

$$|\nabla f(i,j)|=\sqrt{[f(i,j)-f(i+1,j)]^2+[f(i,j)-f(i,j+1)]^2} \tag{4.21}$$

式中各像素的位置如图 4.9（a）所示，式（4.21）亦可以更简单地近似为另一种差分算法。

$$|\nabla f(i,j)| = |f(i,j) - f(i+1,j)| + |f(i,j) - f(i,j+1)| \tag{4.22}$$

以上梯度法又称为水平垂直差分法。另一种梯度法叫作罗伯特（Robert）梯度法，它是一种交叉差分计算法，具体的像素位置如图 4.9（b）所示。其两种近似数学表达式为

$$|\nabla f(i,j)| = \sqrt{[f(i,j) - f(i+1,j+1)]^2 + [f(i+1,j) - f(i,j+1)]^2} \tag{4.23}$$

$$|\nabla f(i,j)| = |f(i,j) - f(i+1,j+1)| + |f(i+1,j) - f(i,j+1)| \tag{4.24}$$

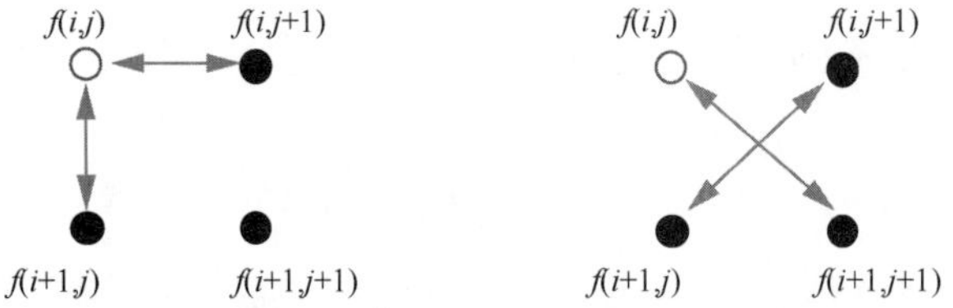

(a) 水平垂直梯度　　(b) 交叉梯度

图 4.9　求梯度的两种差分算法

由梯度的计算可知，在图像中灰度变化较大的边沿区域其梯度值大，在灰度变化平缓的区域其梯度值较小，而在灰度均匀区域其梯度值为零。图 4.10（a）是一幅稻米的图像，图 4.10（b）是采用差分梯度法计算的结果。由此可见，图像经过梯度运算后，留下灰度值急剧变化的边沿处的点。

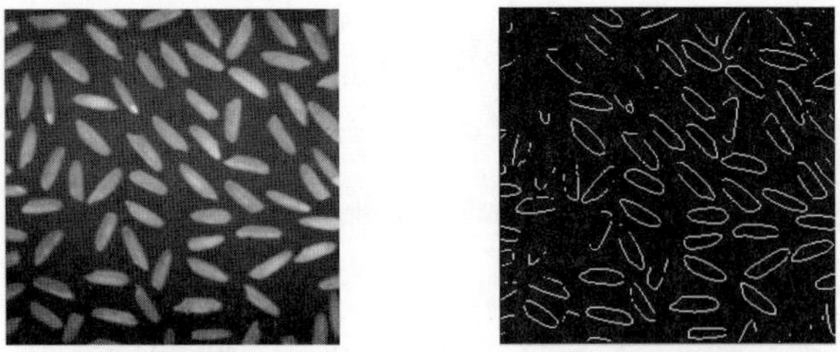

(a) 稻米图像　　(b) 梯度运算结果

图 4.10　图像梯度锐化结果

当梯度计算完之后，可以由梯度图像根据需要生成不同的锐化图像。例如，使各点的灰度 $g(x,y)$ 等于该点的梯度幅度，即

$$g(x,y) = |\nabla f(x,y)| \tag{4.25}$$

此图像仅显示原图像中灰度变化的边缘轮廓，那些原图中平缓区域其值很小，甚至等于 0，和原图像相差甚远。为了不影响原图像的平缓部分，还可以使锐化图像为

$$g(x,y) = \begin{cases} |\nabla f(x,y)|, & |\nabla f(x,y)| \geqslant T \\ f(x,y), & \text{其他} \end{cases} \tag{4.26}$$

式中 T 是一个非负的阈值，适当选取 T，在梯度大于 T 的部分，可使明显的边缘轮廓得到突出，

在梯度小于 T 的地方，保留原图像的内容，不会破坏原灰度变化比较平缓的背景。

如果将明显边缘用一固定的灰度级 L_G 来显示，这种锐化图像为

$$g(x,y)=\begin{cases}L_G, & |\nabla f(x,y)|\geqslant T\\ f(x,y), & 其他\end{cases} \tag{4.27}$$

3. Sobel 算子法

采用梯度微分锐化图像时，不可避免地会使噪声、条纹等干扰信息得到增强，这里介绍的 Sobel 算子可在一定程度上解决这个问题。Sobel 算子法的基本方法如图 4.11 所示，分别经过两个 3×3 算子的模板滤波，模板中间像素的位置为(i,j)，左边的模板得到像素(i,j)处的水平方向梯度 S_x 为

$$\begin{aligned}S_x=&[f(i+1,j-1)+2f(i+1,j)+f(i+1,j+1)]-\\&[f(i-1,j-1)+2f(i-1,j)+f(i-1,j+1)]\end{aligned} \tag{4.28}$$

右边的模板得到像素(i,j)处的垂直方向梯度 S_y 为

$$\begin{aligned}S_y=&[f(i-1,j+1)+2f(i,j+1)+f(i+1,j+1)]-\\&[f(i-1,j-1)+2f(i,j-1)+f(i+1,j-1)]\end{aligned} \tag{4.29}$$

将所得的两个结果按下式综合，获得 Sobel 算子的梯度值（锐化图像）。

$$g=\sqrt{S_x^2+S_y^2} \tag{4.30}$$

式（4.28）和式（4.29）分别对应图 4.11 所示的两个滤波模板。为了简化计算，也可以用 $g=|S_x|+|S_y|$来代替式（4.30）的计算，从而得到锐化后的图像。

-1	-2	-1
0	0	0
1	2	1

对水平边缘响应大

-1	0	1
-2	0	2
-1	0	1

对垂直边缘响应大

图 4.11　Sobel 算子模板

从上面的讨论可知，Sobel 算子不像普通梯度算子那样用两个像素的差值，而是用两列或两行加权和的差值，这就导致了以下两个优点。

（1）由于引入了平均因素，因而对图像中的随机噪声有一定的平滑作用。

（2）由于它是相隔两行或两列的差分，故边缘两侧的元素得到了增强，边缘显得粗而亮。

4. 拉普拉斯算子法

拉普拉斯（Laplace）算子是各向同性的二阶导数，也是常用的边缘增强处理算子。连续图像函数 $f(x,y)$的拉普拉斯算子为

$$\nabla^2 f(x,y)=\frac{\partial^2 f(x,y)}{\partial^2 x}+\frac{\partial^2 f(x,y)}{\partial^2 y} \tag{4.31}$$

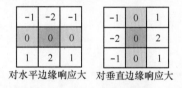

如果图像 $f(x,y)$的模糊是由扩散现象引起的（如胶片颗粒化学扩散、光点散射），则锐化后的图像 $g(x,y)$为

$$g(x,y)=f(x,y)-k\nabla^2 f(x,y) \tag{4.32}$$

式中 $f(x,y)$、$g(x,y)$分别为锐化前后的图像，k 为与扩散效应有关的系数。式（4.32）表示模糊图像 $f(x,y)$经拉普拉斯算子锐化以后得到的不模糊图像 $g(x,y)$。这里对 k 的选择要合理，k 太大会使图像中的轮廓边缘产生过冲，k 太小则锐化作用不明显。

对数字图像，$f(x,y)$的二阶偏导数可近似用二阶差分近似表示为

$$\begin{aligned}\frac{\partial^2 f(x,y)}{\partial x^2} &\approx \nabla_x f(i+1,j)-\nabla_x f(i,j)=[f(i+1,j)-f(i,j)]-[f(i,j)-f(i-1,j)]= \\ &\quad f(i+1,j)+f(i-1,j)-2f(i,j) \\ \frac{\partial^2 f(x,y)}{\partial y^2} &\approx f(i,j+1)+f(i,j-1)-2f(i,j)\end{aligned} \tag{4.33}$$

式中，∇_x 表示 x 方向的一阶差分。为此拉斯算子$\nabla^2 f$在离散的情况下为

$$\nabla^2 f(x,y)=\frac{\partial^2 f}{\partial x^2}+\frac{\partial^2 f}{\partial y^2}\approx f(i+1,j)+f(i-1,j)+f(i,j+1)+f(i,j-1)-4f(i,j) \tag{4.34}$$

该算子的 3×3 等效模板如图 4.12（a）所示。可见数字图像在(i, j)点的拉普拉斯算子，可以由(i, j)点灰度值减去该点邻域平均灰度值求得。当 k=1 时，由式（4.35）确定的拉普拉斯锐化后的图像为

$$g(i,j)=f(i,j)-\nabla^2 f(i,j)=5f(i,j)-f(i+1,j)-f(i-1,j)-f(i,j+1)-f(i,j-1) \tag{4.35}$$

0	-1	0
-1	4	-1
0	-1	0

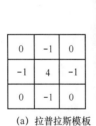

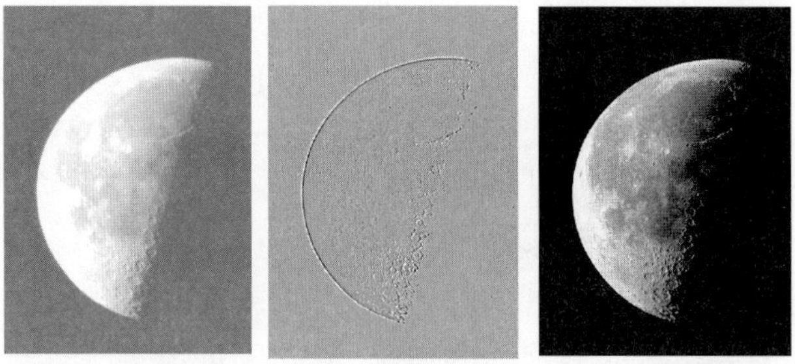

(a) 拉普拉斯模板　(b) 原图像　(c) 拉普拉斯运算结果　(d) 锐化后图像

图 4.12　拉普拉斯图像增强

图 4.12 是一个二维拉普拉斯算子图像增强实例，图 4.12（b）是原图像，采用图 4.12（a）的 3×3 拉普拉斯算子处理后的边缘图像如图 4.12（c）所示，按照式（4.35）拉普拉斯图像锐化的结果如图 4.12（d）所示。由此可以看出，拉普拉斯算子可以对因扩散模糊的图像起到边界轮廓增强的效果。要注意，如果不是扩散过程引起的模糊图像，效果并不一定很好。另外，同梯度

算子进行锐化一样，拉普拉斯算子也增强了图像的噪声。但与梯度法相比，拉普拉斯算子对噪声所起的作用较梯度法弱。即使如此，用拉普拉斯算子进行边缘检测时，仍然有必要先对图像进行平滑或去噪处理。

4.3.2　同态滤波增晰

同态滤波（Homomorphic Filtering）在数字信号处理中用于处理两相乘或相卷积等关系的信号。它首先通过一种映射（变换），将信号加以变换，使变换后的信号之间变为相加的关系。然后对相加的信号进行处理，因为对于叠加信号的处理我们已经积累了较多的经验。这里关键的问题是要将原信号“同态”地变换为新信号。因此，同态实际上就是尽量保持和原信号有相同的特性（尽管不是线性关系），如频谱的高低对应关系、幅度大小的对应关系等。

图像的同态滤波属于图像的对数频率域处理范畴，其作用是对图像的灰度范围和对比度同时进行调整。实际中往往会遇到这样的图像，它的灰度动态范围很大，而我们感兴趣部分的灰度级范围又很小，图像的细节没办法辨认，采用一般的灰度级线性变换法很难满足要求。例如，摄影中的背光图像，目标后面的背景很亮，目标本身光照不足，显得很暗。图像的对比度已经足够大，用一般的直方图修正、直方图变换都难以取得较好的效果。为此可采用同态滤波法，在压缩图像整体灰度范围的同时扩张我们感兴趣灰度的范围，其基本原理框图如图 4.13 所示。

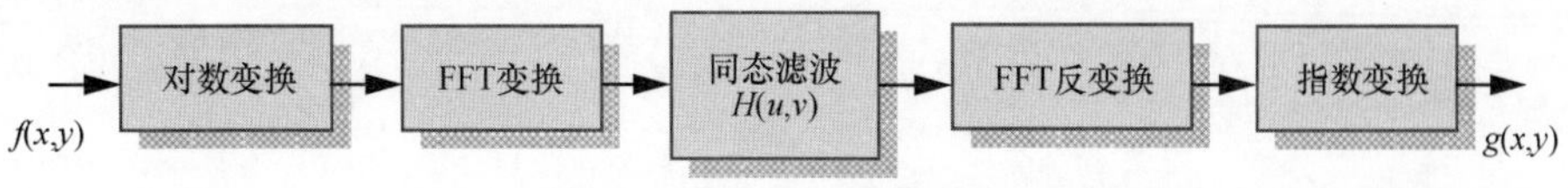

图 4.13　同态滤波框图

一般自然景物的图像 $f(x,y)$可以由照明函数 $i(x,y)$和反射函数 $r(x,y)$的乘积来表示。可以近似认为，照明函数 $i(x,y)$描述景物的照明，与景物无关；反射函数 $r(x,y)$包含景物的细节，与照明无关。一般照明函数 $i(x,y)$是有限的，而反射函数 $r(x,y)$是大于 0 小于 1 的正值，它们的关系如下式所示。

$$f(x,y)=i(x,y)\cdot r(x,y) \tag{4.36}$$

其中，$0< i(x,y)<\infty$，$0< r(x,y)<1$。针对这样的图像，同态滤波的主要过程如下。

（1）首先对图像函数 $f(x,y)$取对数，即进行对数变换，将两个信号相乘的关系变成两个信号对数相加的关系，便于后续步骤的处理。

$$\ln[f(x,y)]=\ln[i(x,y)\cdot r(x,y)]=\ln[i(x,y)]+\ln[r(x,y)] \tag{4.37}$$

（2）对式（4.37）取傅里叶变换，得

$$F_l(u,v)=\mathbf{F}\{\ln[f(x,y)]\}=\mathbf{F}\{\ln[i(x,y)+\ln[r(x,y)]\}=I_l(u,v)+R_l(u,v) \tag{4.38}$$

上式中 **F** 表示二维傅里叶变换，下标“l”表示是目标函数对数的傅里叶变换，以区别于普通的傅里叶变换。

由于场景的照明亮度一般是缓慢变化的，所以照明函数的频谱特性相对集中在低频段，而景物本身具有较多的细节和边缘，为此反射函数的频谱相对集中在高频段。另外，照明函数描述的图像分量变化幅度大而包含的信息少，而反射函数描述的景物图像的灰度级较少而信息较多，为此必须将其扩展。

（3）将对数图像频谱式（4.38）乘上同态滤波函数 $H(u,v)$。

$$H(u,v)=(H_h-H_l)\{1-\exp[-\frac{d^2(u,v)}{d_0^2}]\}+H_l \tag{4.39}$$

其特性如图 4.14 所示，这是二维圆对称滤波函数的一个剖面，呈高斯状曲线。图中 $d(u,v)$表示二维频域平面原点到点(u,v)的距离。d_0 表示转折频率，H_h、H_l 分别表示同态滤波器幅度的上下限，如 H_h=2.0，H_l=0.5。很明显，$H(u,v)$的作用是压缩频谱的低频段，扩展频谱的高频段。如前所述，照明函数以低频为主，反射函数以高频为主，同态滤波同时加到这两个函数上，其作用是压低了照明函数，提升了反射函数，从而达到抑制图像的灰度范围、扩大图像细节的灰度范围的作用。经同态滤波后的图像 $g(x,y)$的对数频谱为

$$G_l(u,v)=I_l(u,v)H(u,v)+R_l(u,v)H(u,v)=G_i(u,v)+G_r(u,v) \tag{4.40}$$

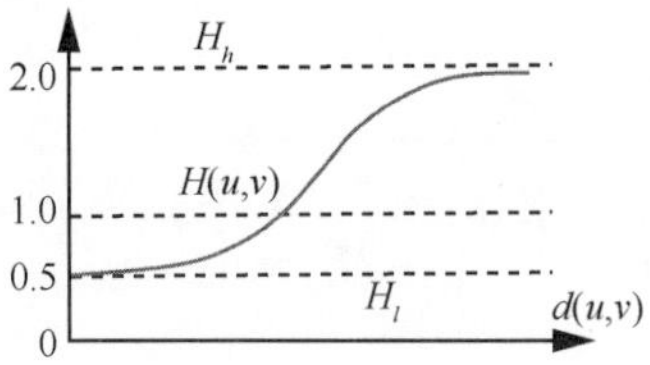

图 4.14　同态滤波函数

（4）对上式求傅里叶反变换，得

$$\mathbf{F}^{-1}[G_l(u,v)]=\mathbf{F}^{-1}[G_i(u,v)]+\mathbf{F}^{-1}[G_r(u,v)]=\ln[g_i(x,y)g_r(x,y)]=\ln[g(x,y)] \tag{4.41}$$

（5）求指数变换，得到经同态滤波处理的图像。

$$g(x,y)=\exp[\ln[g_i(x,y)g_r(x,y)]=g_i(x,y)g_r(x,y) \tag{4.42}$$

式中 $g_i(x,y)$和 $g_r(x,y)$分别是同态滤波后图像新的照射分量和反射分量。此外，可以根据不同图像特性和需要，选用不同的 $H(u,v)$，以获得满意的结果。

图 4.15 是同态滤波的一个例子。图 4.15（a）是一幅从隧道内向外拍摄的背光图像，由于外面的光线太强，图像中隧道内显得非常暗，看不清楚细节，但这幅图像的明暗对比度是足够大的。为了看清隧道内的细节，通过直方图修正，降低图像的对比度，如图 4.15（b）所示，虽然原来处于暗部的隧道细节有所展现，但原来处于亮部的人物和景物却更加模糊，难以兼顾。图 4.15（c）是采用同态滤波后的图像，其兼顾性能强于图 4.15（b），因为同态滤

波处理着重提高了原图像暗部的细节。

(a) 原背光图像　　(b) 降低对比度后图像　　(c) 同态滤波后图像

图 4.15　同态滤波图像处理一例

4.3.3　Retinex 图像增强

不同于普通的空域或频域图像增强方法，近年来出现的基于 Retinex 理论的图像增强方法得到了广泛应用，尤其是对低照度之类的图像增强处理取得了很好的效果。

1. 彩色恒常现象

一般的彩色理论仅局限于描述彩色刺激值与彩色知觉之间的关系，然而人眼观察到的彩色与波长、亮度之间的关系并不是完全对应的。人的彩色认知既来源于外界的物理刺激，又不完全由外界的物理刺激决定。彩色恒常性（Color Constancy）现象就是指不因外界环境变化而保持对客体彩色知觉不变的心理倾向，即指在照明发生变化的情况下，人们对物体表色的知觉趋于稳定的心理倾向。简单地说，就是同一个物体的表面在不同的光照条件下会产生不同的反射谱，人类视觉系统的彩色机制确实能够分辨出由于光照变化导致的物体表面反射谱的变化，但是人对该物体表面彩色的认知在一定范围内却保持恒定，即认为物体表面的彩色未发生变化。针对这个问题，很多学者都从不同的角度出发提出了各种彩色恒常理论，其中 Retinex 理论是目前具有代表性的一种彩色恒常理论。

2. Retinex 基础

Retinex 是由埃德温·兰德（Edwin. H. Land）1963 年首先提出的一种人类视觉系统对物体彩色感知的理论。Retinex 是由 retina（视网膜）和 cortex（皮层）两个单词合成的词语。Retinex 理论指出：

（1）真实世界是无彩色的，我们视觉所感知的彩色是光与物质相互作用的结果；

（2）每种彩色均是由给定波长的红、绿、蓝三原色构成的；

（3）三原色决定了每个物体表面的颜色。

因此，物体对红、绿、蓝 3 种光波的反射能力决定物体的颜色，和照射光源的强弱、均匀关系不大，这也反映了我们感知物体彩色的恒常特性。人们观察到的物体图像 S 是由物体表面对入射光 L 反射得到的，反射光 R 由物体本身决定，不受入射光 L 变化的影响。

根据 Retinex 理论，人眼之所以能够看到物体，即原始观察图像 $I(x,y)$，是因为场景中存在光源亮度（Source Illumination）和物体反射（Object Reflectance），在图像中它们分别对应于亮度图像 $L(x,y)$和反射图像 $R(x,y)$，如图 4.16 所示。原始图像可表示为亮度图像和反射图像的乘积。

$$I(x,y)=R(x,y)\cdot L(x,y) \tag{4.43}$$

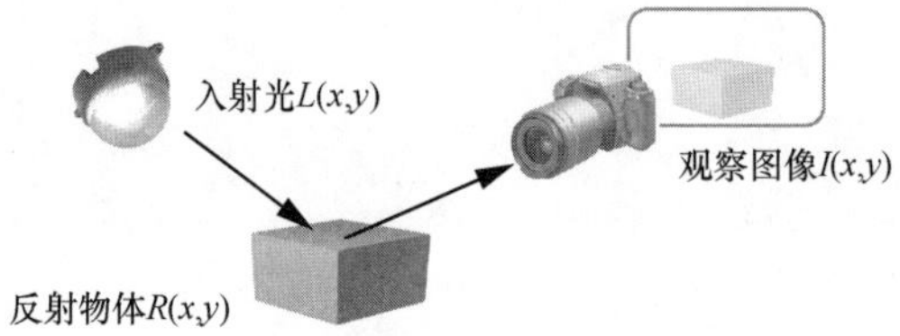

图 4.16　Retinex 模型

从观察图像数据 $I(x,y)$中估计出光照分量 $L(x,y)$，从而分解出图像的反射分量 $R(x,y)$，这就是 Retinex 理论图像增强的主要过程。在此过程中，增强的目的是消除光照不均所造成的影响从而提高人们对图像的感知效果。在处理中，为了方便计算，使图像更符合人类视觉感知特性，通常将图像转至对数域处理，即对式（4.43）两边取对数，如式（4.44）所示。处理完毕后再通过指数运算将增强后的对数域图像恢复到原图像域。

$$\log(I(x,y))=\log(R(x,y))+\log(L(x,y)) \tag{4.44}$$

在各种 Retinex 相关算法中，最具代表性的算法分别是单尺度 Retinex（SSR，Single Scale Retinex）算法以及多尺度 Retinex（MSR，Multi-Scale Retinex）算法。

3. **单尺度 Retinex 算法**

（1）单尺度 Retinex 流程

根据 Retinex 理论，图像像素值的大小范围取决于 $L(x,y)$。$R(x,y)$表示物体对不同波长光的反射能力，一般不受外界的影响而改变。因此我们需要找到一种算法，既尽可能减少 $L(x,y)$的值，又能如实保留 $R(x,y)$的值。这样，入射光的作用就会得到降低，而反射光的作用却相对得到提高。这就是 SSR 算法的基本思路，可用图 4.17 的处理流程图来表示这种方法的大致过程。

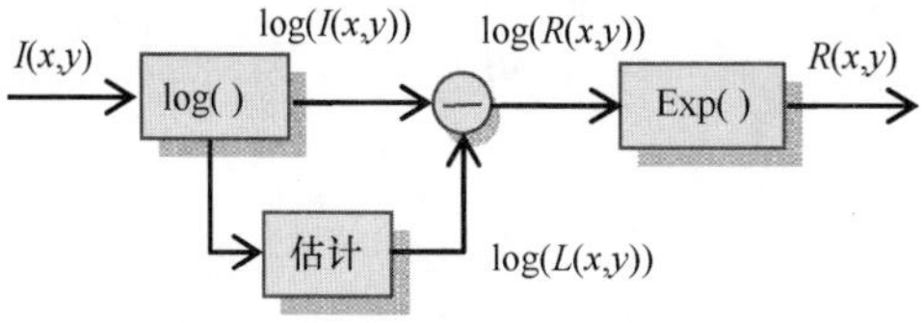

图 4.17　单尺度 Retinex 算法流程

从图 4.17 可以看出，如何根据观察图像包含的信息来估计 $L(x,y)$成为 Retinex 增强算法要解决的主要问题。但是，只有原图像数据 $I(x,y)$，单从式（4.44）求解亮度图像，显然是一个病态求解问题，不能够保证估计的亮度图像的正确性。因此，在实际中只能利用某些假设条件近似求取 $L(x,y)$ 数据。目前，Retinex 算法中出现多种亮度图像数据估计的模型，如平方反比的环绕模型、指数模型以及高斯指数模型等。

在式（4.44）Retinex 基本公式的基础上，假设亮度图像是平滑的，则在对数域中，单尺度 Retinex 对反射图像的估计可以表示为

$$\log(R(x,y)) = \log(I(x,y)) - \log(L(x,y)) = \log(I(x,y)) - \log(I(x,y) * G(x,y)) \tag{4.45}$$

其中，$G(x,y)$为低通卷积函数，在空间域和观察图像进行卷积，其结果可作为亮度图像 $L(x,y)$的估计。在 $I(x,y)$中除去照度分量，最后只保留图像中物体的反射分量，从而达到增强的目的。

由于式（4.45）中的卷积函数 $G(x,y)$是低通函数，因此估算出的亮度图像 $L(x,y)$对应于观察图像的低频部分。因此单尺度 Retinex 从原图像中去除 $L(x,y)$的低频部分，得到的是原图像高频部分的描述，即对应于图像的边缘等区域。因此，单尺度 Retinex 不仅可以实现彩色的恒常特性，而且可以实现图像边缘的增强。

（2）高斯卷积函数 $G(x,y)$

在用低通函数对观察图像进行卷积来获得亮度图像 $L(x,y)$的估计中，先后出现了多种卷积函数，如 e 指数函数 $F(x,y) = \lambda e^{-|r|/c}$ 等，但估计较为准确的还是高斯函数，如式（4.46）所示。

$$G(x,y) = \lambda e^{\frac{-(x^2+y^2)}{c^2}} \tag{4.46}$$

其中，c 表示高斯环绕尺度，λ 为归一化常数，使

$$\iint G(x,y)\,\mathrm{d}x\mathrm{d}y = 1 \tag{4.47}$$

高斯函数 $G(x,y)$卷积运算的物理意义在于：通过计算图像中像素点(x,y)与周围区域的加权平均来估计图像中该点的亮度。高斯函数 $G(x,y)$尺度参数的选择对 SSR 的性能有关键性的影响。c 越小，SSR 的动态范围压缩能力越强，亮度较小区域（如阴影）的细节能得到较好的增强，但由于平均对比范围较小，SSR 输出会产生一些彩色失真；反之，c 越大，SSR 的颜色保真度越高，但动态范围压缩能力减弱。解决这一矛盾的简单方法是选择一个适中的尺度 c 值，可以兼顾两方面的性能。实验表明，尺度常量 c 值在 80 至 100 之间时，灰度动态范围压缩和对比度增强可以达到较好的平衡。但一种更合理的方法是综合不同尺度 SSR 的输出结果，称为多尺度 Retinex（MSR），它能够更好地平衡动态范围压缩能力和颜色保真性能。

4. 多尺度 Retinex 算法

多尺度 Retinex（MSR）算法是 SSR 的扩展，不仅提高了图像对比度，而且能改变图像像素值的范围。MSR 是多个单尺度 Retinex 的加权平均，如用 $R(x,y)$表示最后得到的反射图像，它在对数域中可表示为

$$\log(R(x,y)) = \sum_{i=1}^{N} w_i[\log(I(x,y)) - \log(I(x,y) * G_i(x,y))] \tag{4.48}$$

上式中 N 表示尺度高斯函数的个数，w_i 为加权系数。当 N=1 时，MSR 和 SSR 的功能一样。为了发挥 SSR 不同尺度下的优点，同时不使计算过于复杂，一般情况下取 N=3，可以兼顾到大中小 3 个尺度。而权值 w_i 可以根据实际需求侧重点的不同而选取，一般情况下，可选择相同的

加权值 $w_i=\dfrac{1}{3}$。尺度高斯函数为

$$G_i(x,y)=\lambda_i \mathrm{e}^{\frac{-(x^2+y^2)}{c_i^2}} \tag{4.49}$$

其中，c_i 表示尺度。一般可选择 3 个尺度：小尺度（c<50）、中尺度（50<c<100）和大尺度（c>100），如分别取 20、80、200。实验证明，这样可以得到较好的结果。

通常，在估计 $L(x,y)$数据时，Retinex 相关算法都有一个假设前提，即光照图像的变化是平缓进行的。但是，实际应用中很少满足该假设。在图像的某些区域，像素值的变化相差较大，甚至呈现出突变的效果。所以，在这样的情况下，Retinex 算法增强效果并不是很理想，如会出现光晕现象。此外，Retinex 相关算法还存在一些缺点，如边缘锐化不足、阴影边界突兀、部分区域颜色扭曲和部分边界纹理不清。

5. 低照度图像的 Retinex 增强

低照度图像很常见，种类也很多，主要有暗光图像和背光图像两大类。这两类低照度图像产生的缺陷都可以使用 Retinex 方法在一定程度上加以克服。

暗光图像，如夜晚拍摄的图像，由于拍摄时光源不足，导致图像对比度偏低，颜色失真，一些区域出现彩色部分灰度化现象。同时由于在低光源情况下曝光不足，容易出现细节丢失、噪声增大的问题。用 Retinex 理论进一步分析，低光源下的图像，入射光值很小，大部分区域接近于 0。因而当代表物体颜色与细节信息的反射光图像与入射光相乘时，图像灰度值偏低，颜色与细节信息丢失严重。

背光图像，其前景通常很暗，颜色与细节被隐藏，而背景很亮，出现曝光过度现象，也存在细节丢失、颜色失真的问题。这类图像具有较宽的动态范围，细节与颜色信息丢失明显，同时其前景与背景降质的原因也不同，大大降低了图像的质量。

一种基于 Retinex 方法的夜晚图像增强处理的具体流程如图 4.18 所示。

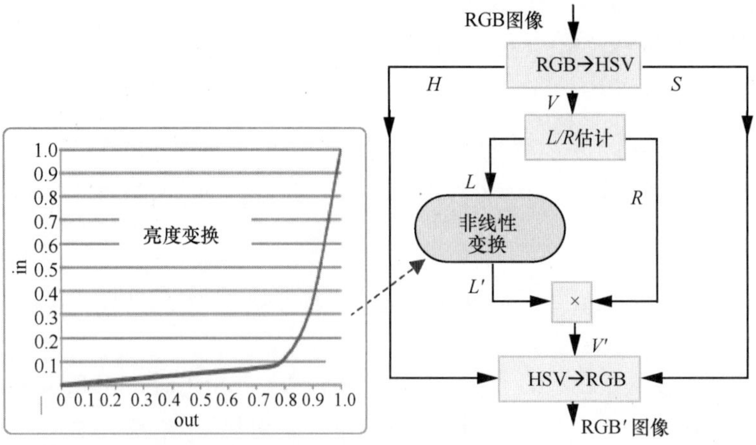

图 4.18 Retinex 图像增强流程

由于 HSV 彩色空间（这部分内容可参见第 10 章）更加符合人类的视觉特性，首先将待增强的图像从 RGB 空间转换到 HSV 空间，形成亮度分量 V、色度分量 H 和饱和度分量 S，这里只对 V 分量进行 Retinex 处理。根据 Retinex 理论，利用高斯函数可以从 V 分量估计出光照分量 L 和反射分量 R。接着，对 $L(x,y)$做非线性增强处理，使光照分量 $L(x,y)$的亮部变化范围缩减，而使暗部的变化范围扩大，增强后的光照分量为 $L'(x,y)$。由求得反射分量 R 和增强后的光照分量 L'相乘后得到新的亮度分量 V'。最后，由新的亮度分量 V'、先前的 H 和 S 分量转换为 RGB 分量，形成最终增强后的图像。图 4.19 为一幅低照度图像经 Retinex 增强的结果。

(a) 暗光图像

(b) 增强后的图像

图 4.19　暗光图像的 Retinex 增强（见彩插图 4.19）

6. Retinex 与同态滤波

在考虑 Retinex 图像增强技术时，必然会联想到前面所述的同态滤波图像增强技术，因为它们都建立在同一个事实的基础上，即我们所观察到的图像可以看成由光源形成的照度图像和由物体反射形成的反射图像两者的乘积。在计算时，都是利用对数将乘法转化为较简单的加法进行。但是两者的处理方法有显著的不同之处。

经典的同态滤波图像增强算法是在频率域上进行的，先利用傅里叶变换将对数图像变换到频率域，然后用适当的滤波函数对低频部分进行压制和对高频部分进行提升处理，最后对处理结果做傅里叶反变换、指数变换得到增强图像。

可见，同态滤波是在频域中将图像分解为照射分量和反射分量，而 Retinex 算法则是在空间域中将图像分解为照射分量和反射分量。同态滤波通过一个同态滤波函数，在加强高频的同时减弱低频。而 Retinex 算法的实质就是从图像中抛开照射光来获得物体的反射性质，因此 Retinex 算法的本质就是在增强反射分量的同时减弱照射分量。在傅里叶变换中的低频部分主要对应照射分量，而高频部分主要对应反射分量。所以 Retinex 算法也是在增强高频的同时减弱低频。实验表明，Retinex 算法比同态滤波对图像细节的恢复更好，且有更大的适用范围。

4.3.4 雾天图像增晰

在雾天等气象条件情况下，室外拍摄图像降质的主要原因是物体反射进入相机的光线在到达传感器之前受到空气中大量细小颗粒物的散射、折射和反射，同时散射环境光也会混合到观察者接收的光线中，使成像传感器采集到的图像对比度、颜色和清晰度等特征发生改变，图像丢失了大量细节而显得模糊不清，尤其是深景中的物体，给基于此类图像的应用产生严重的不良影响。

为了减轻雾天对图像清晰度的影响，需要对雾天图像进行增晰处理，即通过特定的图像处理算法，抵消或减轻雾气对图像质量的影响，尽量恢复出原场景无雾时的图像细节信息。目前对有雾图像的处理方法很多，这里简要介绍基于图像增强的去雾和基于物理成像模型“暗通道”去雾这两类主流方法。

1. 基于图像增强的方法

基于图像增强的去雾方法基本上不考虑图像退化的原因，不需要求解图像降质的物理模型，而是从人类视觉感受出发，直接调整图像的亮度和色度的动态范围、对比度、分布特性等来改善图像质量。这类方法是一个主观过程，属于图像增强的范畴，并不强求忠于原图像。

（1）Retinex 方法

基于 Retinex 方法是一种典型的图像去雾方法。如前所述，我们可以基于 Retinex 理论估计照射分量，在雾天图像中减去照射分量，把决定雾天彩色细节的反射分量从光照总量中分离出来，然后降低入射分量对图像的影响，从而达到增强图像的目的。对去雾处理而言，在多种 Retinex 方法中，多尺度 Retinex 方法能够兼顾图像中大、中、小 3 个尺度的特征，实现动态范围的均衡和彩色的恒常，可获得较为理想的去雾效果。

（2）直方图均衡方法

雾天图像的直方图分布一般都是不均衡的，往往集中于某一部分。直方图均衡化处理就是利用累积分布函数使增强后图像的灰度直方图呈现均匀分布，从而改善整幅图像灰度分布的动态范围。

局部直方图均衡化方法是对图像的所有局部区域分别进行直方图均衡化运算，得到所需要的增强效果。这种方法适用于景深多变、对比度低的雾天图像增强处理。但不足之处是容易出现局部块效应现象，而且计算量较大。相对于局部直方图均衡化方法，全局直方图均衡化方法比较适合雾天图像中整体偏暗或偏亮的一类图像，而且处理的运算量小、易于实现。它的不足之处是有时不能适应输入图像的局部亮度特性，且处理后图像的灰度层次感降低。

（3）同态滤波的方法

同态滤波和 Retinex 算法所基于的原理是相同的，所不同的是同态滤波的高通滤波是在对数傅里叶变换的频域中进行。

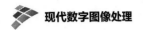

总之，上述的几种基于增强的雾天图像增晰处理方法从人眼主观视觉效果出发，在空间域对

图像本身的像素或邻域进行处理，或者在对数频率域进行滤波处理，计算相对简单，处理雾气分布均匀的退化图像时可以取得不错的效果，但对缺乏景深信息以及雾气浓度不均匀的图像处理效果并不理想。

2. **基于暗通道原理的方法**

基于暗通道（Dark Channel）原理的图像去雾算法对大多数室外场景去雾效果比较自然，信息损失较少。这种处理方法的关键在于建立雾天成像的物理模型和准确估计模型参数，因此这是一个基于客观模型的处理过程，要求忠于原图像，并不完全属于图像增强的范畴。

（1）雾天成像的物理模型

在雾天条件下，由于大气中悬浮的大量粒子对光线具有较强的散射作用。一方面，物体表面的反射光因散射而发生衰减与前向散射，衰减造成入射到成像系统的光线减弱，从而成像亮度降低、彩色偏移、细节模糊；另一方面，场景中的大气光（环境光）由于大气粒子的散射作用进入成像系统对物体表面反射光造成干扰，以使大气表现出光源的特性，且环境光的强度随着传播距离的增大而逐渐增加。根据这一现象，可以建立一个简单的雾天成像模型。

$$I(\boldsymbol{x})=t(\boldsymbol{x})J(\boldsymbol{x})+(1-t(\boldsymbol{x}))A \tag{4.50}$$

其中，就光的传播而言，$I(\boldsymbol{x})$是观察到光强度，即采集到的有雾降质图像。$J(\boldsymbol{x})$是场景辐射光强度，即清晰的无雾图像的彩色值。A 是全局大气光的彩色值。t 为介质传输参数，表示光线通过大气未被散射掉而到达摄像机部分的比例，或称透射率。上式右边的 $t(\boldsymbol{x})J(\boldsymbol{x})$项表示大气对场景光的直接衰减，$(1-t(\boldsymbol{x}))A$ 项为“大气光”（Air-Light），它由散射光形成，造成对场景色彩的干扰。图像除雾要做的工作是根据 $I(\boldsymbol{x})$估计 $J(\boldsymbol{x})$数据。由于模型中存在多个未知参数，显然这是一个病态反问题。病态反问题的求解通常需要借助一些先验知识或者制定一些合理的假设条件来进行。图像的“暗通道”原理可以给上述问题的解决提供一个合理的先验和假设。

（2）暗通道原理

研究人员在对 5 000 多张正常图像的测试之后发现：在图像的 RGB 3 个彩色通道中，除了和大气光相似的区域（如天空和白色等物体）外，大部分区域中的像素至少在一个通道上有最小值（接近于 0 的正数）。因此，他们称由每个像素三通道的最小值组成的通道为“暗通道”，可用下式表示。

$$J^{\text{dark}}(\boldsymbol{x})=\min_{c\in(r,g,b)}\left(\min_{\boldsymbol{y}\in\Omega(\boldsymbol{x})}J^{c}(\boldsymbol{y})\right) \tag{4.51}$$

其中，c 表示 RGB 彩色值域，J^{c} 表示彩色图像的各个通道，$\Omega(\boldsymbol{x})$表示以像素 $\boldsymbol{x}$ 为中心的局部窗口，$\boldsymbol{y}$ 为该窗口中各个彩色通道的像素。

根据式（4.51），对图像中某一像素 $\boldsymbol{x}$，先对图像中以 $\boldsymbol{x}$ 为中心的窗口内某一通道的所有像素求最小值，然后求该窗口三通道的 3 个最小值中的最小值。如此遍历图像中所有的像素，所形成的相应最小值称为暗通道值，实际上是一幅与原图像大小相等的暗通道图像 J^{dark}。暗通道图像形成过程中窗口大小的选取影响图像的最后效果，一般为奇数，如 7×7、9×9 等。暗通道图像趋于 0 的经验公式可表示如下。

$$J^{\text{dark}} \rightarrow 0 \tag{4.52}$$

图 4.20 为暗通道图像示例，左边是两幅正常图像，右边是它们对应的暗通道图像。可以明显看出场景图像的暗通道值趋近于 0，即趋于黑色。在暗通道处理中采用了 15×15 大小的窗口，窗口越大，暗通道图像越接近于 0，但也意味着计算量越大。

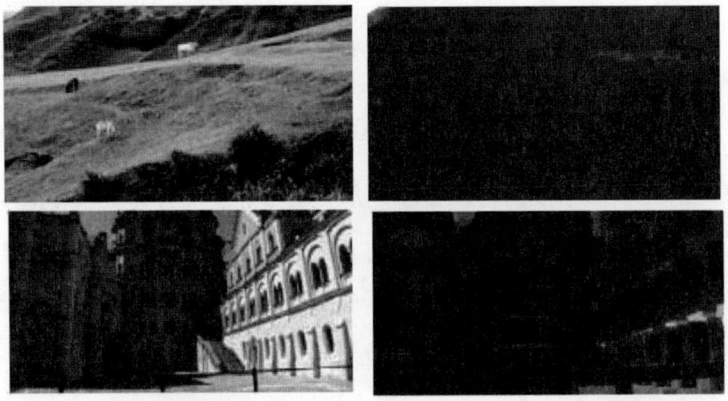

(a) 普通图像　　(b) 对应的暗通道图像

图 4.20　暗通道图像示意（见彩插图 4.20）

（3）先验和假设

仅仅依靠式（4.50）的条件是无法确定 $J(\boldsymbol{x})$的。为此，我们先暂时设在每个通道内 A 为常数 A^c，透射率 $t(\boldsymbol{x})$也为常数 $\tilde{t}(\boldsymbol{x})$。此时式（4.50）对各个彩色通道（用上标 c 表示）的处理形式为

$$\frac{I^c(\boldsymbol{y})}{A^c} = \tilde{t}(\boldsymbol{x})\frac{J^c(\boldsymbol{y})}{A^c} + 1 - \tilde{t}(\boldsymbol{x}) \tag{4.53}$$

然后对式（4.53）进行极小化处理。

$$\min_c\left(\min_{\boldsymbol{y}\in\Omega(\boldsymbol{x})}\frac{I^c(\boldsymbol{y})}{A^c}\right) = \tilde{t}(\boldsymbol{x})\min_c\left(\min_{\boldsymbol{y}\in\Omega(\boldsymbol{x})}\frac{J^c(\boldsymbol{y})}{A^c}\right) + 1 - \tilde{t}(\boldsymbol{x}) \tag{4.54}$$

其中，$J^c(\boldsymbol{y})$是待求的无雾图像，根据前述的暗通道先验知识，有

$$J^{\text{dark}}(\boldsymbol{x}) = \min_c(\min_{\boldsymbol{y}\in\Omega(\boldsymbol{x})} J^c(\boldsymbol{y}))=0 \tag{4.55}$$

因此有

$$\min_c\left(\min_{\boldsymbol{y}\in\Omega(\boldsymbol{x})}\frac{J^c(\boldsymbol{y})}{A^c}\right)=0 \tag{4.56}$$

将式（4.56）代入式（4.54）可得

$$\tilde{t}(\boldsymbol{x}) = 1 - \min_c\left(\min_{\boldsymbol{y}\in\Omega(\boldsymbol{x})}\frac{I^c(\boldsymbol{y})}{A^c}\right) \tag{4.57}$$

上面的公式是在理想情况下得到的。然而，在实际应用中，情况并非如此。不论是什么天气，

都会存在少量的雾气，正是这少量的雾气导致我们在看远处的景物时有一点“雾蒙蒙”的距离感。所以，当进行去雾处理时，我们需要增加透射率，可以在式（4.57）中引入一个介于 0 和 1 之间的修正参数 ω 表示去雾的比例（如 ω=0.95），则式（4.57）可以用下面的公式表示为

$$\tilde{t}(\boldsymbol{x}) = 1 - \omega \cdot \min_{c}\left(\min_{\boldsymbol{y}\in\Omega(\boldsymbol{x})} \frac{I^c(\boldsymbol{y})}{A^c}\right) \tag{4.58}$$

在上述公式推导过程中，为简化公式的推导，假设全局大气光 A 值已知。但在实际中，结合已有数据，可以从有雾图像中获取该值。

通常，和大气光相似的一些物体（如天空、白色物体等）在暗通道中具有很大的值。因此，从暗通道数据中，我们可以先找出像素值比较大的一部分数据。这部分数据量一般取图像数据总数的前 0.1 %～0.5 %。当找到这些数据时，根据这些数据在暗通道中的位置可以找到在原始图像中对应的位置。根据原图的这些位置，可以找到对应原图的像素值。从这些像素值中，选择最大的作为大气光 A 的值。

（4）去雾处理

在去雾公式所需的参数都获得以后，就可以对雾天图像进行去雾处理，处理方法可由式（4.59）得到。

$$J(\boldsymbol{x}) = \frac{I(\boldsymbol{x}) - A}{\max(t_0, \tilde{t}(\boldsymbol{x}))} + A \tag{4.59}$$

上式中分母增加了一个小的常数 t_0，是防止在 $\tilde{t}(\boldsymbol{x})$ 接近于 0 时分母为 0。一幅室外雾天图像的去雾效果实例如图 4.21 所示，左边为一幅浓雾图像，右边为基于暗通道原理去雾后的图像，可见雾气对图像的影响已经基本消除。

（a）雾天图像　　（b）去雾后的图像

图 4.21　去雾处理前后的图像（见彩插图 4.21）

基于暗通道原理去雾的方法对于一般包含风景类图像具有很好的效果，但在某些情况下并不能获得较好的效果。因为暗通道原理是通过对大量无雾图像的统计分析得到的，因此很难保证在所有的情况下都正确。例如，当目标场景内存在大量和大气光相似的景物（天空或者白色的物体），

暗通道先验是无效的，因此很难获得令人满意的去雾效果。

4.4 图像去噪

实际上噪声（Noise）是图像中最为常见的一类干扰。在实际应用中，图像噪声来自多方面，有来自图像采集（或处理）系统外部的干扰，如电磁波或经电源串进系统内部而引起的外部噪声；也有来自系统内部的干扰，如摄像器件的热噪声、光电噪声，电器机械运动而产生的抖动噪声以及处理过程中引入的噪声等。减少图像噪声的措施可以在空间域采取“平均”或“平滑”的方法，将突变的噪声分量分散到周围像素中，使图像变得较为平滑，降低噪声的影响；也可以在频率域采取低通滤波的方法，将噪声所处的高频分量滤除，以减少噪声的影响；还可以根据图像的局部和非局部统计特性采用特殊的变换和滤波的方法去噪。

4.4.1 图像噪声

实际上“噪声”一词来自声学，人们在聆听目标声音时受到其他声音的干扰，这种起干扰作用的声音被称为“噪声”。后来将“噪声”一词引入电路和系统中，把那些干扰正常信号的电平也称为“噪声”。将其引入图像系统中，可以从两个方面理解“图像噪声”。一方面，从电信号的角度来理解，因为图像的形成往往与感光器件的电子特性密切相关，因此，多种电子噪声会反映到图像信号中。这些噪声既可以在电信号中观察得到，也可以在电信号转变为图像信号后在图像上表现出来。另一方面，图像的形成和显示都和光以及承载图像的媒质密不可分，因此由光照、光电现象、承载媒质造成的噪声也是产生图像噪声的重要原因。

1. 常见的图像噪声

根据上述对图像噪声来源的分析，可将经常影响图像质量的噪声源分为 3 类：电子噪声、光电子噪声、光学噪声和颗粒噪声。

（1）电子噪声

电子、电气噪声来自电子元器件，如电阻引起的热噪声、真空器件引起的散粒噪声和闪烁噪声、面结型晶体管产生的颗粒噪声和 $\frac{1}{f}$ 噪声、场效应管的沟道热噪声等。电子噪声一般是在阻性器件中由于电子随机热运动而造成的，可以认为它们是加性噪声，具有统计平稳性，常用零均值高斯白噪声作为其模型。它具有一个高斯函数形状的幅度直方图分布以及平坦的功率谱，可用其均值和方差来完全表征。$\frac{1}{f}$ 噪声是一种强度与频率成反比的随机噪声。

（2）光电子噪声

从光学图像到电子图像的光电转换微观上是一个统计过程，因为每个像素接收到的光子数目是在统计意义上和光强度成正比的，因而不可避免地会产生光电子噪声。因此光电子噪声是由光的统计本质和图像传感器中光电转换过程引起的，如光电管的光量子噪声和电子起伏噪声、CCD 或 CMOS 摄像器件引起的各种噪声（如暗电流噪声）等。光电子噪声在弱光照的情况下影响更为严重，此时常用服从泊松密度分布的随机变量作为光电子噪声的模型。这种分布的方差等于均值的平方根。在光照较强时，噪声从泊松分布趋向更易描述的高斯分布，而方差仍等于均值的平方根，这意味着噪声的幅度是与信号有关的。

（3）光学噪声

对于图像系统而言，光学噪声占相当大的比重。光学噪声是指由光学现象产生的噪声，如胶片的粒状结构产生的颗粒噪声，印刷图像的纸张表面粗糙、凹凸不平所产生的亮度浓淡不匀的噪声，投影屏和荧光屏的粒状结构引起的颗粒噪声等。光学噪声多半是乘性噪声，往往会随信号大小而变化。感光胶片的感光乳剂由悬浮在胶体中的卤化银颗粒组成，曝光是一个二值过程，每个颗粒要么完全曝光，要么完全不曝光。在显影时，曝光颗粒还原成的不透明纯银颗粒被保留，而未曝光的颗粒则被冲洗掉。颗粒本身大小的不同以及每一颗粒曝光所需光子数目的不同，都会引入随机性，这些因素的外观表现称为颗粒性。对于多数应用，颗粒噪声可用高斯白噪声作为有效模型。与光电噪声类似，其内在分布为泊松分布。

2. 图像噪声的分类

可从不同的角度对图像噪声进行分类。

按图像噪声产生的原因可以分为外部噪声和内部噪声两大类。外部噪声指系统外部干扰，如电磁波、电源串进系统内部而引起的噪声，天体放电现象等引起的噪声。内部噪声指系统内部设备、器件、电路所引起的噪声，如散粒噪声、热噪声、光量子噪声等。

按统计特性可以分为平稳噪声和非平稳噪声两种。在实际应用中，其统计特性不随时间变化的噪声称为平稳噪声，其统计特性随时间变化的称为非平稳噪声。

按噪声幅度分布形状来区分：如服从高斯分布的噪声就称其为高斯噪声，服从瑞利分布的噪声就称其为瑞利噪声等。

按噪声频谱形状来区分：如频谱幅度均匀分布的噪声称为白噪声，频谱幅度与频率成反比的称为 $\frac{1}{f}$ 噪声，而与频率平方成正比的称为三角噪声等。

按噪声和信号之间的关系可分为加性噪声和乘性噪声两类。假定信号为 $s(t)$，噪声为 $n(t)$，噪声不管输入信号大小，总是加到信号上，成为 $s(t)+n(t)$ 形式，则称此类噪声为加性噪声，如放大器噪声、光量子噪声、胶片颗粒噪声等。如果噪声受图像信号本身调制，成为 $s(t)[1+n(t)]$ 形式，则称其为乘性噪声。这种情况下，如信号很小，噪声也不大，为了分析处理方便，常常将乘性噪声近似认为是加性噪声，而且不论是乘性还是加性噪声，为了便于处理，常常假定信号和噪声是互相统计独立的。

3. 图像噪声的统计特性

噪声是随机的，只能用概率统计方法来分析和处理，因此可以借用随机过程的概率密度函数来描述图像噪声。但在很多情况下，这样的描述方法是很复杂的，甚至是不可能的，而且实际应用往往也是不必要的。通常用其统计数字特征，即均值、方差、相关函数等来近似描述，因为这些数字特征容易获得，而且基本可以反映出噪声的主要统计特性。

（1）高斯白噪声

高斯白噪声是随机加性噪声，可认为是由大量相互无关的微小因素造成的，根据中心极限定理，对于这样的随机量可以用高斯分布来描述：其幅度服从高斯分布，形状如图 4.22（a）所示，可用式（4.60）表示。

$$P(z)=\frac{1}{\sqrt{2\pi}\sigma}\exp\left(-\frac{(z-\mu)^2}{2\sigma^2}\right) \tag{4.60}$$

其中，z 表示噪声的幅度，μ 表示噪声幅度的均值，σ 表示噪声幅度的均方差。高斯白噪声的功率谱为常数，即所有的频率分量都相等，犹如“白光”的频谱是常数一样，故称之为“白”噪声。既然有“白”噪声，那么也有“有色”噪声，显然，有色噪声的功率谱不再是平坦的。由于高斯白噪声的频谱为常数，可推知其自相关函数必然是 Drac 型冲激函数，说明噪声之间是互不相关的，或相互独立的。

（2）椒盐脉冲噪声

这种随机椒盐脉冲噪声（Salt-Pepper Impulsive Noise）的概率密度分布呈二值状态，形状如图 4.22（b）所示，可用式（4.61）表示。它的灰度只有两个值，a 和 b。一般情况下 a 值很小，接近黑色，在图像上呈现为随机散布的小黑点，出现的概率为 P_a；b 值很大，接近白色，在图像上出现为随机散布的小白点，出现的概率为 P_b。因此，形象地称这种犹如图像上撒上胡椒（黑色）和食盐（白色）状的脉冲噪声为“椒盐”噪声。

$$P(z)=\begin{cases}P_a, & z=a\\ P_b, & z=b\\ 0, & \text{其他}\end{cases} \tag{4.61}$$

值得注意的是，椒盐噪声并非是加性噪声，是一种“覆盖”或“取代”噪声，如果噪声落在某一点，则不管原来此像素是何值，都变为“椒”或者“盐”。

（3）均匀噪声

这种噪声的概率密度分布为常数，形状如图 4.22（c）所示，可用式（4.62）表示。它的灰度在[a, b]区间呈均匀分布。

$$P(z)=\begin{cases}\dfrac{1}{b-a}, & a\leqslant z\leqslant b\\ 0, & \text{其他}\end{cases} \tag{4.62}$$

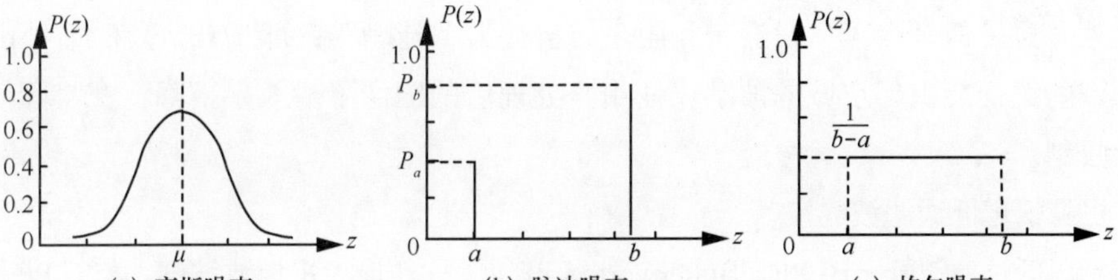

(a) 高斯噪声　(b) 脉冲噪声　(c) 均匀噪声

图 4.22　常见噪声的概率密度分布

加性噪声对图像的影响表现为受噪声干扰的像素，其像素值在原来的基础上加上了噪声值。但在实际中，图像的灰度是有一定范围的，如在 0 到 255 之间，因此如果噪声影响超过 255 则限幅为 255，同样，如果噪声影响低于 0，也限幅在 0。加上这样的实际限制以后，等效于噪声的分布已经变形，不再是原来的分布了。

和图像有关的噪声还有不少，如广义高斯噪声、α-稳定噪声、重尾噪声等，这里不再一一介绍。

4.4.2　滤波去噪

1. 低通滤波法

低通滤波是一种最常用的频域噪声去除处理方法。对于一幅图像，它的边缘、细节、跳跃部分以及噪声都代表图像的高频分量，而大面积的背景区和缓慢变化部分则代表图像的低频分量，用频域低通滤波法除去其高频分量就能去掉噪声，从而使图像得到平滑。其工作原理可用下式表示。

$$G(u,v)=H(u,v)F(u,v) \tag{4.63}$$

式中，$F(u,v)$是含噪声图像的傅里叶变换，$G(u,v)$是平滑后图像的傅里叶变换，$H(u,v)$是低通滤波器传递函数。利用 $H(u,v)$使 $F(u,v)$的高频分量衰减得到 $G(u,v)$后，再经过反变换就得到滤波去噪后的图像 $g(x,y)$。常用于图像去噪的低通滤波器有以下几种。

（1）理想低通滤波器

一种圆对称的理想低通滤波器（ILPF，Ideal Low Pass Filter）的传递函数如下。

$$H(u,v)=\begin{cases}1, & D(u,v)\leqslant D_0\\ 0, & D(u,v)>D_0\end{cases} \tag{4.64}$$

式中 D_0 是理想低通滤波器的截止频率。$D(u,v)$表示在频域平面上(u,v)点到原点的距离，即

$$D(u,v)=\sqrt{u^2+v^2} \tag{4.65}$$

其频率特性曲线的截面如图 4.23（a）所示，在频域 u-v 平面上，在半径小于 D_0 的低频区域为通带，其他地方为阻带。理想低通滤波器平滑处理的机理比较简单，它可以彻底滤除 D_0

以外的高频分量。但是由于它在通带和阻带转折处太“陡峭”，即 $H(u,v)$ 在 D_0 处由 1 突变到 0，频域的突变会引起空域的波动，使由它处理后的图像平滑效果下降，在实际使用中受到很大的限制。

（2）巴特沃思低通滤波器

巴特沃思低通滤波器（BLPF，Butterworth LPF）又称作最大平坦滤波器。与 ILPF 不同，它的通带与阻带之间没有明显的不连续性，因此它的空域响应没有“振铃”现象发生，模糊程度减少，一个 n 阶巴特沃思滤波器的传递函数为

$$H(u,v)=\frac{1}{1+0.414[D(u,v)/D_0]^{2n}} \tag{4.66}$$

从图 4.23（b）中 BLPF 传递函数截面的特性曲线 $H(u,v)$ 可以看出，在它的尾部保留有较多的高频，所以对噪声的平滑效果不如 ILPE。一般情况下，常采用滤波器增益下降到 $H(u,v)$ 最大值 0.707 的那一点为低通滤波器的截止频率点。对式（4.66），当 $D(u,v)=D_0$、$n=1$ 时，$H(u,v)=0.707$，因此 D_0 是一阶巴特沃思低通滤波器的截止频率。

（3）指数低通滤波器

指数低通滤波器（ELPF，Exponential LPF）的传递函数 $H(u,v)$ 可表示为

$$H(u,v)=\exp\left(-0.347\left(\frac{D(u,v)}{D_0}\right)^n\right) \tag{4.67}$$

当 $D(u,v)=D_0$、$n=1$ 时，$H(u,v)=0.707$。从图 4.23（c）中可以看出，由于 ELPF 具有比较平滑的过滤带，经此平滑后的图像没有振铃现象，而 ELPF 与 BLPF 相比，它具有更快的衰减特性，ELPF 滤波的图像比 BLPF 处理的图像稍微模糊一些。

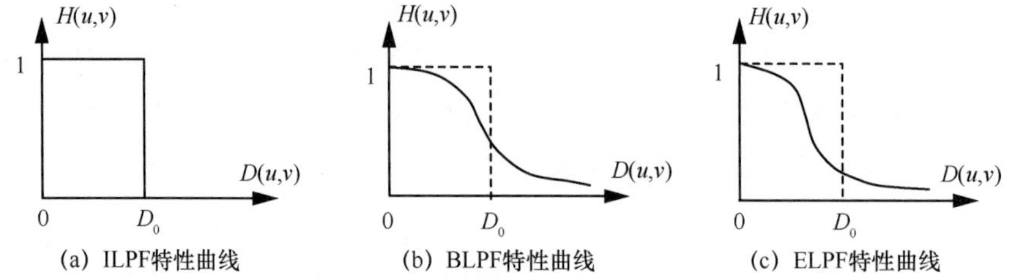

图 4.23　3 种低通滤波器的频率特性曲线

（4）高斯低通滤波器

由于高斯函数的傅里叶变换仍然是高斯函数，因此采用高斯函数可以构成在时域和频域都具有平滑性能的高斯低通滤波器（GLPF，Gaussian LPF），其时域、频域的形状如图 4.24 所示。图 4.24（a）为 GLPF 的时域冲激响应，r 表示在空域 x-y 平面原点到 (x,y) 点的距离。图 4.24（b）为频率域传输函数的截面曲线，$D(u,v)$ 表示在频域 u-v 平面原点到 (u,v) 点的距离。

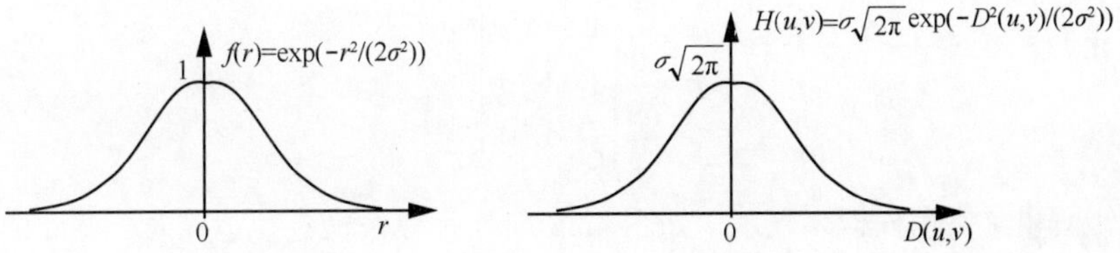

(a) 空域　　(b) 频域

图 4.24　高斯低通滤波器

2. 邻域平均法

（1）邻域平均

邻域平均法是一种局部空间域像素平滑处理的算法。设一幅图像 $f(x,y)$ 为 $N\times N$ 的阵列，平滑后的图像为 $g(x,y)$，它的每个像素的灰度级由包含原图像 (x,y) 邻域内像素的灰度级的平均值决定，即用下式得到平滑的图像。

$$g(x,y)=\frac{1}{M}\sum_{(i,j)\in S}f(i,j) \tag{4.68}$$

式中的 $x,y=0,1,2,\cdots,N-1$，S 是以 (x,y) 点为中心的邻域，其中有 M 个像素，(i,j) 是该邻域内像素的坐标。图 4.25 为常用的 3×3 邻域、5×5 邻域、“圆”形邻域和“十”字形邻域的形状，各邻域中深色部分为邻域的中心像素点。

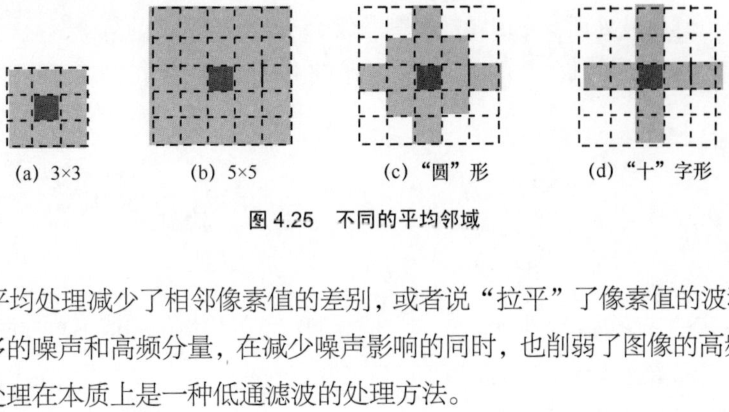

(a) 3×3　　(b) 5×5　　(c) “圆”形　　(d) “十”字形

图 4.25　不同的平均邻域

因为邻域平均处理减少了相邻像素值的差别，或者说“拉平”了像素值的波动，而像素值的波动蕴含着较多的噪声和高频分量，在减少噪声影响的同时，也削弱了图像的高频分量，因此图像的邻域平均处理在本质上是一种低通滤波的处理方法。

图像邻域平均法的平滑效果与所用邻域的面积有关。面积越大，噪声去除的效果越好，但图像的模糊程度也越厉害。因此在邻域平均处理中，选择邻域的大小是非常关键的，往往要在除噪效果和图像模糊之间做出折中选择。

（2）模板卷积

邻域平均算法（实际上不限于此）可以用二维卷积的方法实现。将被处理图像作为二维离散输入阵列，3×3 或 5×5 邻域直接对应 3×3 或 5×5 的二维线性离散系统的冲激响应阵列，两者卷积的结果是已处理的图像阵列，如图 4.26 所示。式（4.69）为 3×3 阵列。

$$h=\frac{1}{9}\begin{bmatrix}1&1&1\\1&1&1\\1&1&1\end{bmatrix} \tag{4.69}$$

这样的矩阵也常常用模板来表示，如图 4.26（b）所示。做卷积运算时，将此模板覆盖在图像上，模板中心的元素对准当前正在处理的像素，然后将模板所有元素和对应像素的值相乘，乘得的 9 项结果相加后的和即为处于模板中心位置像素的更新值。对图像的每个像素都如此处理，就完成了图像的邻域平均运算。

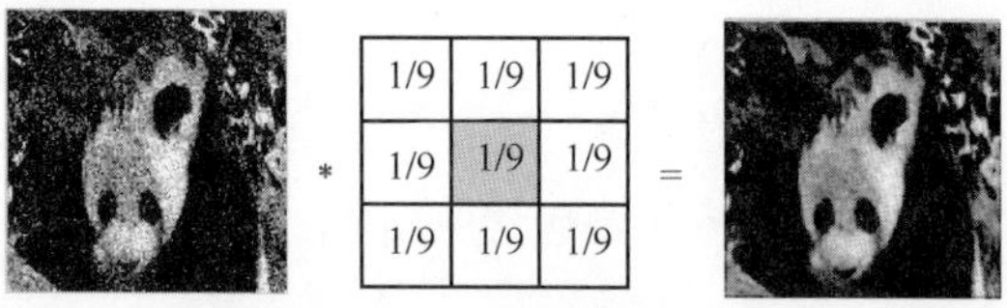

（a）加噪图像　（b）3×3卷积模板　（c）平滑后的图像

图 4.26　模板卷积去噪

（3）改进的邻域平均

采用上述的邻域平均法对图 4.26（a）中被高斯噪声污染后的图像进行滤波，处理后的图像如图 4.26（c）所示。可以看出，图像经过平均处理后，图像的噪声有了明显降低，但图像的细节，尤其是边缘部分变得相对模糊，邻域越大模糊越厉害。这是邻域平均法的缺陷，因为这种平均本质上是一种低通滤波处理，是以图像模糊为代价换取噪声影响的减少。

为了减少这种效应，可以在上述平均算法的基础上采用阈值更新限制，即根据下列准则形成平滑图像。

$$g(x,y)=\begin{cases}\dfrac{1}{M}\sum\limits_{(m,n)\in S} f(m,n), & \left|f(x,y)-\dfrac{1}{M}\sum\limits_{(m,n)\in S} f(m,n)\right|>T\\ f(x,y), & \text{其他}\end{cases} \tag{4.70}$$

式中 T 是一个规定的非负阈值，当一些点和它们邻域灰度的均值的差值不超过规定的阈值 T 时，很可能是像素，仍保留这些点的像素灰度值。当某些点的灰度值与它们邻域灰度的均值差别较大时，它很可能是噪声，则取其邻域平均值作为该点的灰度值。这样平滑后的图像比直接采用式（4.69）的模糊度减少。

为了克服简单局部平均的弊病，除了上述更新限制外，目前已提出多种保留边沿细节的局部平滑算法，它们讨论的重点在如何选择邻域的大小、形状和方向，如何选择参加平均的点数以及邻域各点的权重系数等。

3．**中值滤波法**

中值滤波（Median Filtering）是一种非线性滤波，由于它在实际运算过程中并不需要利用图像的统计特性，所以比较方便。中值滤波原先是应用在一维信号处理中的，后来被二维图像信号处理所引用。在一定的条件下，可以克服线性滤波器（如邻域平均运算）所带来的图像细节模糊的弊端，而且对滤除脉冲干扰及图像扫描噪声最为有效。但是对一些细节多（特别是点、线、尖顶部分较多）的图像不宜采用中值滤波的方法。

中值滤波器也是一种工作在空域的邻域滤波器，但和邻域平均滤波器不同，它的输出不是这个邻域中所有像素的平均值，而是“中值”。“中值”是指将一个邻域中的灰度值按照从大到小（或者相反）的顺序排列，排在中间位置的那个数就是此序列的中值（如序列长度是偶数，则为处于中间两个数的平均数）。因此，中值滤波最简单的办法就是用一个含有奇数点的条形或方形滑动窗口在被处理的图像上逐点滑动，将窗口正中那点的值用窗口内各点灰度的中值代替。

在一般情况下，我们可以这样定义二维中值滤波：设有一个 $m\times m$ 的二维中值滤波窗口（m 为奇数），被滤波的图像为 $f(x,y)$，在点 (x,y) 处的中值滤波就是从输入图像中抽出以 (x,y) 为中心的滤波窗口中的 $m\times m$ 个点，$f(x-v,y-v),\cdots,f(x+v,y-v),\cdots,f(x,y),\cdots,f(x-v,y+v),\cdots,f(x+v,y+v)$，其中 $v=\dfrac{m-1}{2}$，再将这 $m\times m$ 个点按其灰度数值大小排列，取其序号为正中间的那个数作为滤波输出 $g(x,y)$。用数学公式表示为

$$g(x,y)=\mathrm{Med}\{f(x-v,y-v),\cdots,f(x,y),\cdots,f(x+v,y+v)\},\quad v=\frac{m-1}{2} \tag{4.71}$$

其中，$\mathrm{Med}\{\cdots\}$ 表示取括号中按数值大小排列在中间的那个数。

例如，有一幅图像数据如图 4.27 所示，用 3×3 窗口进行中值滤波，当窗口处于图中位置时，获得 9 个数据为{3,4,2,2,9,1,2,3,2}，将此数据从小到大排列为{1,2,2,2,2,3,3,4,9}，处于中间的数为“2”，即为中值滤波器的输出，$g(x,y)=2$，则用此滤波器输出“2”取代原来的“$f(x,y)=9$”。此例若用平均滤波，窗口也是取 3×3，那么平均滤波输出为 $\dfrac{3+4+2+2+9+1+2+3+2}{9}\approx 3.1$。

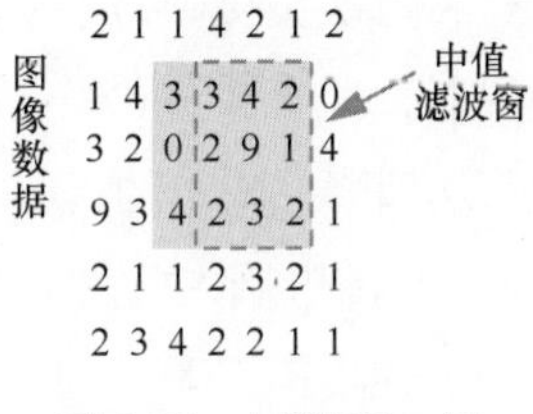

图 4.27　中值滤波一例

从上例可见，如果原序列中“9”是孤立噪声，则通过中值滤波将其改变为“2”。而如果采用邻域平均滤波，则将取值为“3.1”，实际上是将孤立噪声点的值“9”分摊到窗口的各个点中。当然，如果“9”这个点不是孤立噪声，而是图像的细节，则会因为中值滤波而丧失，这就是中值滤波的主要不足之处。

中值滤波窗口的形状也不一定拘泥于正方形，可以有多种不同的形状，如线状、方形、圆形、十字形等。在实用中，对于有缓变的较长轮廓线物体的图像，采用方形或圆形窗口为宜；对于包含尖顶角物体的图像，适宜用十字形窗口。

由于中值滤波是非线性滤波，在输入与输出之间不存在固定的对应关系，要想用一般线性滤波器频率特性的研究方法得到一般的定量结论是比较困难的。为了能够直观、定性地看出中值滤波输入和输出频谱变化情况，可采用总体实验观察的方法。

设 $X(u, v)$为输入图像频谱，$Y(u, v)$为输出图像频谱，参照线性系统的方法，定义中值滤波器的频率响应特性如下。

$$H(u,v)=\frac{|Y(u,v)|}{|X(u,v)|} \tag{4.72}$$

实验表明，$H(u, v)$是与 $X(u, v)$有关的，呈不规则波动不大的曲线，其均值比较平坦。可以认为经中值滤波后，传输函数近似为“1”，即中值滤波对信号的频域影响不大，频谱基本不变。

图 4.28 是对 Lena 图像进行中值滤波的结果。图 4.28（a）是加了脉冲噪声的图像，图 4.28（b）是对其进行 3×3 窗口中值滤波之后的图像。由图 4.28（b）可知，经中值滤波后，图像的噪声得到了很大程度的抑制，但图中眉毛、眼睛等细节处被模糊了。

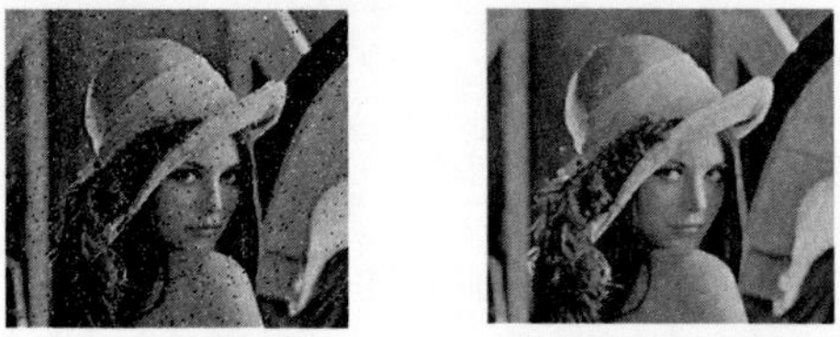

(a) Lena加噪图像　　(b) 3×3中值滤波后图像

图 4.28　中值滤波的效果

4. *多幅图像平均法*

对同一场景拍摄多幅图像，然后将多幅图像的对应像素各自求平均，得到一幅新图像。在拍摄的多幅图像中，表示场景图像的部分在每次拍摄中是不变的，经过平均运算后仍然是不变的；但其中的噪声分量是随机的，每次拍摄时，其值是随机变化的（设为 0 均值），有正有负，在平均运算以后很有可能被抵消，这样就可达到降低噪声的目的。这就是多幅图像平均去噪方法，它利用对同一景物的多幅图像取平均来有效抑制图像中随机噪声的成分。

设场景图像为 $f(x, y)$，图像噪声为加性噪声，第 i 次拍摄时的噪声为 $n_i(x, y)$，则第 i 幅有噪声的图像 $g_i(x, y)$ 可表示为

$$g_i(x,y)=f(x,y)+n_i(x,y) \tag{4.73}$$

求这多幅图像的数学期望。

$$E[g(x,y)]=E[f(x,y)+n(x,y)]=E[f(x,y)]+E[n(x,y)] \tag{4.74}$$

由于场景图像的像素值在多次拍摄中是不变的，所以 $E[f(x,y)]=f(x,y)$。若噪声是和图像互不相关的加性噪声，且均值为 0，则 $E[n(x,y)]=0$，因此有

$$f(x,y)=E[g(x,y)] \tag{4.75}$$

其中，E[$g(x,y)$]是 $g(x,y)$的期望值，对 M 幅有噪声的图像经平均后有

$$f(x,y)=\mathrm{E}[g(x,y)]\approx\overline{g}(x,y)=\frac{1}{M}\sum_{i=1}^{M}g_i(x,y) \tag{4.76}$$

根据方差的定义，可以推出平均处理后图像的方差为

$$\begin{aligned}\sigma_{\overline{g}(x,y)}^2=&D\left[\frac{1}{M}\sum_{i=1}^{M}g_i(x,y)\right]=\frac{1}{M^2}D\left\{\sum_{i=1}^{M}[f_i(x,y)+n_i(x,y)]\right\}=\\&\frac{1}{M^2}\sum_{i=1}^{M}D[n_i(x,y)]=\frac{1}{M^2}M\sigma_{n(x,y)}^2=\frac{1}{M}\sigma_{n(x,y)}^2\end{aligned} \tag{4.77}$$

式中 $D[\cdot]$ 表示求方差，$\sigma_{\overline{g}(x,y)}^2$ 是均值图像的方差，由于场景图像为固定值，其方差为零，所以 $\sigma_{\overline{g}(x,y)}^2$ 实际上表示的是均值图像中噪声的方差。$\sigma_{n(x,y)}^2$ 表示原单幅图像的噪声方差。式（4.77）表明对 M 幅图像平均可把噪声方差减少为 $\frac{1}{M}$，当 M 增大时，$\overline{g}(x,y)$ 将更加接近于 $f(x,y)$。

多幅图像取平均处理常用于照相机或摄像机的图像中，用以减少照相机 CCD 器件或 CMOS 器件所引起的噪声。此外，这种方法的原理还可用于其他的图像去噪措施中，如下述的基于非局部平均（NL-Means，Non Local-Means）的图像去噪算法。

4.4.3　BM3D 图像去噪

在介绍 BM3D 图像去噪方法之前，先简单介绍一下非局部平均去噪算法。

1. NL-Means 去噪算法

图像中最常见的噪声为高斯噪声，噪声的幅度服从高斯分布 $N(\mu,\sigma^2)$，其中噪声的均值 $\mu=0$，噪声的方差为 σ^2，相当于噪声的能量，σ^2 越大则噪声越大。如前所述，一种有效去除高斯噪声的方法是多幅图像平均，对 M 幅相同的带有噪声的图像求平均的结果将使高斯噪声的方差降低到原来的 $\frac{1}{M}$，现在不少效果比较好的去噪算法大多是在此基础上发展而来的。

非局部平均去噪算法就是基于这一原理的。该算法利用自然图像中普遍存在的相似性来去除噪声，同时很大程度上保持图像的细节特征。非局部相似性是针对局部相似性而言的。局部相似性大家都很熟悉，是指某像素常常和它周围（局部）的像素很相似，甚至相同。其实，某像素不仅可能和它周围的像素相似，而且很有可能和图像中其他地方（非局部）的像素相似，这就是非局部相似性。必须指出，两个像素值相等或相近并不能保证两者之间相似，因为它们有可能不是同一类型的像素，还要看它们周围对应像素之间是否相近，即两像素所在邻域的结构相近。由此可知，NL-Means 方法的关键是：当前像素的估计值由图像中与它具有相似邻域结构的像素加权平均得到。

设 $\boldsymbol{x}$ 表示二维图像 u 中的某个像素坐标，$\boldsymbol{x}=(x_1,x_2)$，NL-Means 算法需要在整个含噪图像 $u(\boldsymbol{x})$ 范围内判断像素间的相似度，也就是说，每处理一个像素点时，都要计算它与图像中所有像素点

间的相似度。但考虑到计算复杂度问题，实现时往往设定两个固定大小的窗口，一个是大的以 $\boldsymbol{x}$ 为中心的搜索窗 Ω_x，另一个是小的邻域窗 N。以 $\boldsymbol{x}$ 为中心的邻域窗位于搜索窗中心，以 $\boldsymbol{y}=(y_1,y_2)$ 为中心的邻域窗在搜索窗中遍历搜索，计算 $\boldsymbol{x}$、$\boldsymbol{y}$ 邻域间的相似程度 $w(\boldsymbol{x},\boldsymbol{y})$，并以此作为后续加权平均的 $\boldsymbol{y}$ 像素的权值。再对这些 $\boldsymbol{y}$ 像素进行加权平均，就能够较好地去掉像素 $\boldsymbol{x}$ 的高斯噪声。对所有的像素如此处理就可完成整幅图像的去噪。

设去噪后的图像为 $u(\boldsymbol{x})$ ，其中像素点 $\boldsymbol{x}$ 处的灰度值通过如下方式得到。

$$\tilde{u}(\boldsymbol{x})=\sum_{\boldsymbol{y}\in\Omega_x} w(\boldsymbol{x},\boldsymbol{y})u(\boldsymbol{y}),\quad \boldsymbol{x}=(x_1,x_2)\quad \boldsymbol{y}=(y_1,y_2) \tag{4.78}$$

其中，$w(\boldsymbol{x},\boldsymbol{y})$是加权系数，取决于在搜索块中 $\boldsymbol{x}$ 邻域块和 $\boldsymbol{y}$ 邻域块之间的相似度。所有的权重系数为正数，其和为 1。剩下的问题就是如何度量像素之间的相似度。

衡量像素相似度的方法有很多，最常用的是根据两个像素的欧氏距离来估计。但因为噪声的存在，单独的一个像素并不可靠，需要考虑它们的邻域，只有邻域相似度高才能认定这两个像素的相似度高。衡量两个图像块的相似度最常用的方法是计算它们之间的高斯加权欧氏距离。

$$\| N(\boldsymbol{x})-N(\boldsymbol{y})\|_{2,a}^2=\sum_{\boldsymbol{r}} G_a(\boldsymbol{r})[u(\boldsymbol{x}-\boldsymbol{r})-u(\boldsymbol{y}-\boldsymbol{r})]^2,\qquad \boldsymbol{r}=(r_1,r_2) \tag{4.79}$$

其中，$N(\boldsymbol{x})$和 $N(\boldsymbol{y})$分别表示以像素 $\boldsymbol{x}$ 和像素 $\boldsymbol{y}$ 为中心的邻域块（Patch）。$G_a(\boldsymbol{r})$是高斯核函数，$\boldsymbol{r}$ 表示各个邻域内像素到中心的距离，r_1、r_2 分别表示 $\boldsymbol{r}$ 的水平和垂直分量，$a>0$ 是其标准差。上式表明，在求欧几里得距离时，不同位置像素的权重是不一样的，距离邻域块中心越近，权重越大；距离中心越远，权重越小，权重服从高斯分布。$G_a(\boldsymbol{r})$的具体形式为

$$G_a(\boldsymbol{r})=\frac{1}{2\pi a^2}\exp\left(-\frac{r_1^2+r_2^2}{2a^2}\right) \tag{4.80}$$

由式（4.79）的距离可以定义式（4.78）中的权重系数如下。

$$w(\boldsymbol{x},\boldsymbol{y})=\frac{1}{z(\boldsymbol{x})}\exp\left(\frac{\| N(\boldsymbol{x})-N(\boldsymbol{y})\|_{2,a}^2}{h^2}\right) \tag{4.81}$$

其中，$z(\boldsymbol{x})$是一个归一化的因子，等于所有权重的和，目的是对权重系数进行归一化处理。$h>0$ 是平滑参数，控制高斯函数的衰减程度。h 越大高斯函数变化越平缓，去噪水平越高，但同时也会导致图像越模糊。h 越小，边缘细节成分保持得越多，但会残留过多的噪声点。h 的具体取值应当以图像中的噪声水平为依据，常用的如 $h=10a$。

如图 4.29 所示，p 为正在去噪处理的点，因为 $q1$ 和 $q2$ 的邻域与 p 相似，所以权重 $w(p,q1)$和 $w(p,q2)$比较大，而邻域相差比较大的点 $q3$ 的权重值 $w(p,q3)$很小。

图 4.29　非局部相似性块的权重

2. BM3D 去噪算法

块匹配三维滤波（BM3D，Block-Matching and 3D filtering）是一种基于块匹配的三维变换域滤波的图像去噪算法。它是在 NL-Means 基础上发展起来的一种去噪性能更好的方法。和 NL-Means 算法相似，BM3D 也是先在整幅图像或规定的区域中搜索其相似块。根据块的相似程度，将若干相似块组合形成一个三维矩阵。该矩阵的数据具有很高的相关性，通过三维变换可以有效地降低其相关性。然后通过对变换域系数的滤波，大幅度降低噪声。接着经三维反变换得到每个块的预估值。最后对这些降噪重建的块进行加权融合成一个去噪的图像块。这种去噪方法在像素点估算过程中引入的人工噪声很小，而且保留了图像大部分细节信息。

如图 4.30 所示，BM3D 去噪算法主要分为两大步：第一步是初步估计，第二步是最终去噪。第一步的初步估计是为第二步最终去噪提供滤波参数。在这两大步中，每一步分别又分三小步：相似块分组（Grouping）、协同滤波（Collaborative Filtering）和聚合（Aggregation）。

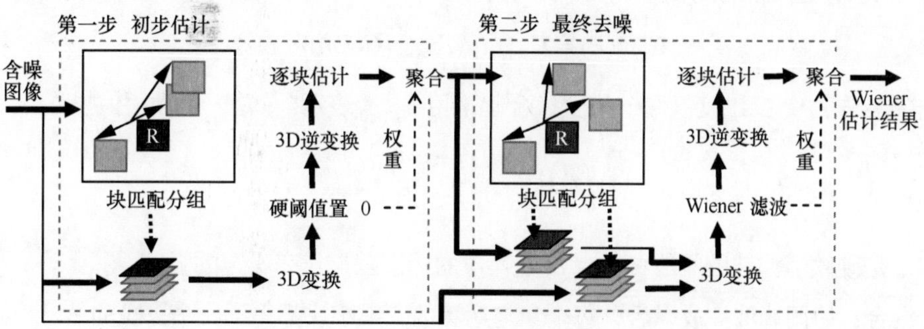

图 4.30　BM3D 算法流程

（1）初步估计

这一步的关键在于对相似块匹配后得到的二维矩阵进行变换、阈值处理得到块的初步估值。

① 相似块分组：有了 NL-Means 的基础，寻找相似块的过程就容易理解。如图 4.31 所示，首先在噪声图像中选择 $k \times k$ 大小的参照块 P，在参照块的周围适当大小 $n \times n$ 的区域内进行搜索，寻找和参照块 P 欧几里得距离最小（最相似）的 N 个小块的集合 $G(P)$，并把这些小块连同参照块自身整合成一个 $k \times k \times N$ 的三维矩阵，整合的顺序对结果影响不大。寻找相似块这一过程可用下式来表示。

$$G(P) = \{Q : d(P,Q) \leqslant \tau^{\text{step1}}\} \tag{4.82}$$

式中 $G(P)$表示原始带噪声图像中和 P 块相似的 N 个块的集合，$d(P,Q)$代表两个块之间的欧几里得距离。P 为参照块，Q 为一系列和 P 的距离小于 τ^{step1} 的相似块。整合相似块（包括参照块）获得的三维矩阵就是图 4.30 流程“第一步”中左下角深色 $\boldsymbol{R}$ 矩阵。

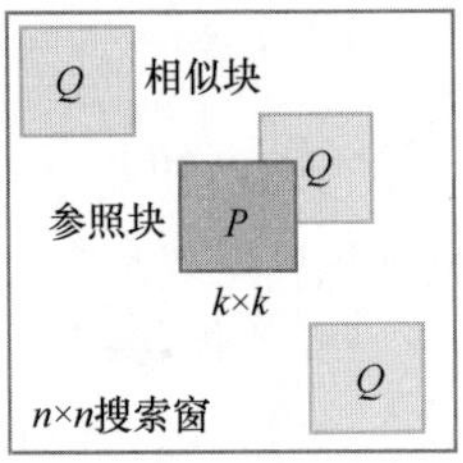

图 4.31　搜索窗内相似块的搜索

② 协同滤波：经组合形成若干个三维的矩阵之后，先将每个三维矩阵中二维的块（即噪声图中的块）进行二维小波变换或 DCT 变换。二维变换结束后，再对系数矩阵的第三个维度进行一维变换，通常为阿达马（Hadamard）变换，形成若干三维系数矩阵。接着对三维系数矩阵进行硬阈值去噪处理，即将小于阈值的系数置 0。然后通过对第三维的一维反变换和前二维的反变换得到初步处理后的图像块。协同滤波使以 P 块为参照的原始图像块的三维矩阵变为初步去噪的三维矩阵 $\boldsymbol{G}^{\text{hard}}(P)$，这一过程可用下面公式来表示。

$$\boldsymbol{G}^{\text{hard}}(P) = T_{3\text{Dhard}}^{-1}(\gamma(T_{3\text{Dhard}}(G(P)))) \tag{4.83}$$

在这个公式中，二维变换和一维变换合起来用 $T_{3\text{Dhard}}$ 表示。γ 是一个硬阈值操作。

$$\gamma(x) = \begin{cases} 0, & |x| \leqslant \lambda_{3D}\sigma \\ x, & \text{其他} \end{cases} \tag{4.84}$$

其中，λ_{3D} 是硬阈值滤波的阈值参数，σ 是噪声的标准差，代表噪声的强度。

③ 聚合：协同滤波完成以后，每个参与运算的二维小块都得到一个去噪的估计值。在处理完一幅图像后，其中每一个像素点都可能有多个估计值，为此需通过加权求均值的步骤，获得像素 i 的去噪图像的初步估计值 $y^{\text{basic}}(i)$，权重取决于该像素所在块的阈值滤波中置 0 系数的个数和噪声强度。

（2）最终估计

在进行第二步之前，已经得到了原始噪声图像 y 的一个初步估计 y^{basic}。这一步的关键在于对原始图像 y 进行维纳滤波。我们认为初步估计图像的频谱是原始无噪图像的频谱，由此设计出维纳滤波器的系数，对加噪图像执行维纳滤波去噪。

① 相似块分组：与第一步的分组过程类似，在第一步得到的初步无噪图像 y^{basic} 中采用块匹配搜索，得到与参考块最近似的 N 个块，形成三维矩阵 $\boldsymbol{G}^{\text{basic}}(P)$。

$$\boldsymbol{G}^{\text{basic}}(P) = \{Q : d(P,Q) \leqslant \tau^{\text{step2}}\}$$

现在共有两个三维矩阵：一个是由初步估计图像 y^{basic} 中的相似小块堆叠得到的三维矩阵 $\boldsymbol{G}^{\text{basic}}(P)$，另一个是由原始噪声图像 y 中相同位置的相似小块堆叠得到的三维矩阵 $G(P)$。

② 协同滤波：对两个三维矩阵分别进行三维小波或 DCT 变换，分别得到两个三维变换系数矩阵（频域）。在小波域用经验维纳滤波（Empirical Wiener filtering）对原始噪声图像形成的三维矩阵

$\boldsymbol{G}(P)$进行维纳协同滤波，维纳滤波的系数 w_p 定义如下。

$$w_p(\omega)=\frac{\|t_{3D}^{\text{wien}}(\boldsymbol{G}^{\text{basic}}(P))(\omega)\|^2}{|t_{3D}^{\text{wien}}(\boldsymbol{G}^{\text{basic}}(P))(\omega)\|^2+\sigma^2} \tag{4.85}$$

上式中的维纳滤波系数 w_p 由初步无噪图像三维矩阵的功率谱和噪声强度(噪声的标准差 σ)决定。

对 $\boldsymbol{G}(P)$进行维纳协同滤波就是把噪声图像得到的三维小块变换系数 $t_{3D}^{\text{wien}}(\boldsymbol{G}(P))$ 与维纳系数 w_p 逐点相乘，从而得到三维小块的估计如下。

$$\boldsymbol{G}^{\text{wien}}(P)=T_{3D\text{wien}}^{-1}(w_p\cdot T_{3D\text{wien}}(\boldsymbol{G}(P))) \tag{4.86}$$

式中，$T_{3D\text{wien}}$ 表示三维变换。

③ 聚合：与第一步中一样，也是将这些块融合到原来的位置，形成最终的去噪图像 $y^{\text{final}}(i)$，只是此时加权的权重取决于维纳滤波的系数和噪声强度。

BM3D 算法用经验维纳滤波对原始输入噪声图像去噪。这种方法同时利用了局部变换域去噪方法与非局部平均方法的优点，在去噪的同时引入较少的假信号，较好地保留了图像细节，获得了比较理想的去噪效果。BM3D 滤波一例如图 4.32 所示，图 4.32（a）为原图像，图 4.32（b）为加噪图像，图 4.32（c）为 BM3D 去噪处理后的图像，可以看出已经非常接近原图像。

(a) 原图像　　(b) 加噪图像（σ=70）　　(c) BM3D 去噪后（27.1 dB）

图 4.32　BM3D 去噪效果一例（见彩插图 4.32）

第5章 图像复原

以改善图像客观质量（保真度）为目标的图像复原处理是现代图像处理中的最基本的方法之一。本章首先分析图像的降质模型，在此模型的基础上依次介绍传统的无约束图像复原和有约束图像复原方法；然后介绍两类非线性图像复原方法，即最大后验概率和最大熵图像复原；最后将图像的几何校正也纳入图像复原处理一并予以介绍。

图像复原（Image Restoration）又称为图像恢复，是图像处理的重要内容之一，也是图像处理中的经典问题之一，同时也是图像处理中至今尚未很好解决的难题之一。

如前所述，图像复原的目的就是尽可能地减少或去除在图像获取、处理、存储、传输等过程中发生的质量下降（退化），恢复降质图像的本来面目。要达到这一目的，必须弄清楚降质的原因，分析引起降质的主要因素，建立相应的数学模型，并沿着使图像降质的逆过程来恢复图像。

在具体应用中，成像过程的每一个环节都有可能引起降质。最为典型的图像降质表现为光学系统的像差、光学成像的衍射、成像系统的非线性畸变、摄像感光元件的非线性、成像过程的相对运动、大气的湍流效应、环境随机噪声等。由于引起降质的因素众多而且性质不同，因此图像复原的方法、技术也各不相同。

图像复原处理可以在空域进行，如矩阵对角化方法、最小二乘方法等；图像复原处理也可以在频率域进行，如逆滤波方法、维纳滤波方法等。在给定降质模型条件下，可以在复原过程中不设置约束条件，形成无约束条件的图像复原方法，如逆滤波、维纳滤波等；也可以在复原过程中增设约束条件，形成有约束条件的图像复原，如有约束维纳滤波、有约束最小二乘等；除了上述的线性复原方法外，还可以采用非线性图像复原的方法，如最大熵复原、最大后验概率复原等。

与图像增强相似，图像复原的目的也是改善图像质量。但是图像复原试图利用降质过程的先验信息使已降质的图像恢复本来面目，达到“保真”的目的。复原的好坏具有明确的客观标准，即和原图像的差异越小越好。从图像质量评价的角度来看，图像增强是提高图像的可懂度，有较好的观赏效果，具有一定的主观成分；而图像复原则是提高图像的保真度，恢复原图像，具有更多的客观成分。

尽管在图像降质中，由图像几何畸变引起的失真实际上是和上述其他失真密不可分的，但为了方便起见，本章将单独讨论几何失真的复原问题。即在处理灰度降质时不涉及几何失真，在处理几何失真时，不涉及灰度问题（除了插值）。

5.1 图像降质分析

图像的降质过程或降质模型可简单描述为一幅输入图像经过降质系统和噪声干扰后成为一幅退化的图像。有了降质模型，复原就是降质模型的逆过程。在此概念上建立的图像退化和复原的简化模型如图 5.1 所示。整个系统包括退化模型和复原模型两部分，为了讨论方便，退化模型中把噪声引起的降质（即噪声对图像的影响）作为单独的一个因素，并且认为是加性噪声来考虑。这样处理是与许多实际应用情况相一致的。

在图 5.1 所示的退化和复原模型中，原图像 $f(x,y)$经过降质系统 $H[\cdot]$之后的输出，叠加上噪声 $n(x,y)$，形成了退化的图像 $g(x,y)$。退化的图像经复原系统 $T[\cdot]$处理后得到复原后的图像 $\hat{f}(x,y)$ 。图中的降质模块用二维算子 $H[\cdot]$表示，相应的复原模块也用二维算子 $T[\cdot]$表示。

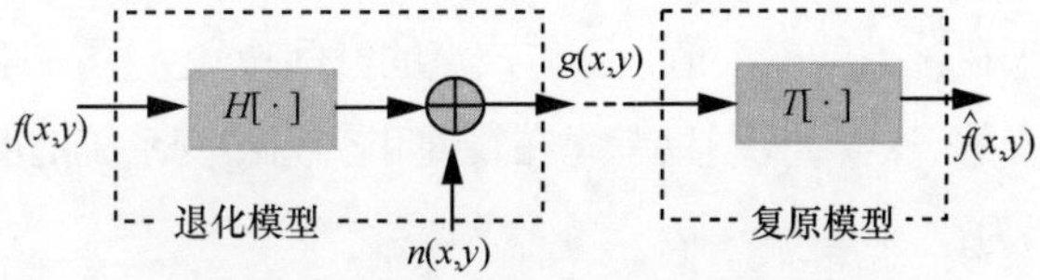

图 5.1　图像的退化及复原模型

对图像退化模型和复原模型的描述中，尽管非线性、时变和空间变化的系统模型更具有普遍性和准确性，与复杂的降质环境和降质过程更加接近，但它却给实际处理工作带来巨大的困难，常常找不到解或者很难用计算机来处理，使图像复原处理变得没有实际意义。因此，往往退而求其次，用线性系统和空间不变系统模型对它们加以近似。这种近似的优点使线性系统中的许多理论和算法可直接用于解决图像复原问题，同时不失其正确性。

5.1.1　图像的降质模型

1. 连续图像的降质模型

首先讨论连续图像的降质模型。参考图 5.1，在不考虑噪声的情况下，输出图像为

$$g(x,y)=H\left[f(x,y)\right] \tag{5.1}$$

根据冲激函数的性质，一幅连续图像 $f(x,y)$ 和冲激函数 $\delta(x,y)$ 的卷积等于 $f(x,y)$ 本身，即

$$f(x,y)=\iint_{-\infty}^{+\infty}f(\alpha,\beta)\delta(x-\alpha,y-\beta)\mathrm{d}\alpha\mathrm{d}\beta \tag{5.2}$$

式中 $\delta(x-\alpha,y-\beta)$ 表示在 (α,β) 处的二维冲激函数，代入式（5.1）后输出图像为

$$g(x,y)=H[f(x,y)]=H[\iint_{-\infty}^{\infty}f(\alpha,\beta)\delta(x-\alpha,y-\beta)\mathrm{d}\alpha\mathrm{d}\beta] \tag{5.3}$$

对于一般的空间变化系统，要从上式求出 $f(x,y)$ 是非常困难的。为了使求解具有实际意义，现假设 $H[\cdot]$ 是一个线性算子，具有相加性和齐次性，则上式可进一步表示为

$$g(x,y)=H[\iint_{-\infty}^{+\infty}f(\alpha,\beta)\delta(x-\alpha,y-\beta)\,\mathrm{d}\alpha\mathrm{d}\beta]=\iint_{-\infty}^{+\infty}H[f(\alpha,\beta)\delta(x-\alpha,y-\beta)]\mathrm{d}\alpha\mathrm{d}\beta=$$
$$\iint_{-\infty}^{+\infty}f(\alpha,\beta)H[\delta(x-\alpha,y-\beta)]\mathrm{d}\alpha\mathrm{d}\beta \tag{5.4}$$

其中 $H[\delta(x-\alpha,y-\beta)]=h(x,\alpha,y,\beta)$ 为系统的冲激响应。但求解式（5.4）仍然并非易事，因此进一步假设 $H[\cdot]$ 是一个移不变（空间不变）算子，即

$$H[\delta(x-\alpha,y-\beta)]=h(x-\alpha,y-\beta) \tag{5.5}$$

它表示系统对位于坐标 (α,β) 处的冲激函数 $\delta(x-\alpha,y-\beta)$ 的响应。此式说明，对于经过空间不变

系统之后的响应只取决于在该点的输入值，而与该点的空间位置无关。实际上，许多图像系统的成像过程确实是空间不变的。这样，我们只考虑在线性和空间不变系统的图像退化，连续图像 $f(x,y)$ 经过降质后的输出 $g(x,y)$ 为

$$g(x,y)=\iint_{-\infty}^{+\infty} f(\alpha,\beta)h(x-\alpha,y-\beta)\mathrm{d}\alpha\mathrm{d}\beta = f(x,y)*h(x,y) \tag{5.6}$$

上式表明，对于线性空间不变系统，降质系统的输出就是输入图像信号与该系统冲激响应的卷积。只要系统对冲激函数的响应已知，就可以清楚地知道降质图像是如何形成的。当冲激响应函数已知时，从 $f(x,y)$ 得到 $g(x,y)$ 非常容易，但从 $g(x,y)$ 恢复得到 $f(x,y)$ 却是件不容易的事，这也正是图像复原困难的原因之一。

图像降质除了成像系统本身的因素之外，还受到噪声的干扰，并假定噪声 $n(x,y)$ 是加性噪声，这时降质输出 $g(x,y)$ 叠加了噪声，可以写成

$$g(x,y)=\iint_{-\infty}^{+\infty} f(\alpha,\beta)h(x-\alpha,y-\beta)\mathrm{d}\alpha\mathrm{d}\beta + n(x,y) = f(x,y)*h(x,y)+n(x,y) \tag{5.7}$$

与式（5.7）对应的频率域表达式可写成

$$G(u,v)=F(u,v)H(u,v)+N(u,v) \tag{5.8}$$

上式中 $G(u,v)$、$F(u,v)$ 分别是退化图像 $g(x,y)$、原图像 $f(x,y)$ 的傅里叶变换。随机噪声 $n(x,y)$ 理论上是没傅里叶频谱的，这里 $N(u,v)$ 权且表示频域的噪声分量。$H(u,v)$ 是系统的冲激响应函数 $h(x,y)$ 的傅里叶变换，称为系统在频率域的传递函数。

式（5.7）或式（5.8）是最常见的连续图像的降质模型。由此可见，图像复原实际上是已知 $g(x,y)$ 从上式求 $f(x,y)$ 的问题，或者已知 $G(u,v)$ 求 $F(u,v)$ 的问题，这两者表述是等价的。当然，仅仅已知 $g(x,y)$ 或 $G(u,v)$ 是不够的，进行图像复原的关键（也是困难所在）还必须寻求降质系统在空间域上冲激响应函数 $h(x,y)$，或者降质系统在频率域上的传递函数 $H(u,v)$。一般来说，传递函数较冲激响应函数容易求得。因此，在进行图像复原之前，应设法求得完全的或近似的降质系统传递函数，如想要得到 $h(x,y)$，只需对 $H(u,v)$ 求傅里叶反变换即可。

2. 离散图像的降质模型

在理解了连续图像的降质模型后，不难将此方法直接推广到离散图像降质模型的表述。对于离散线性空间不变系统，如其降质系统的冲激响应（点扩展函数）为 $h(i,j,m,n)$，输入图像为 $f(i,j)$，加性噪声为 $n(i,j)$，则输出的降质图像 $g(i,j)$ 为

$$g(i,j)=\sum_{m=1}^{N}\sum_{n=1}^{N} f(m,n)\cdot h(i-m,j-n)+n(i,j) \tag{5.9}$$

上式可以写成对应的矩阵形式为

$$\boldsymbol{g}=\boldsymbol{H}\cdot\boldsymbol{f}+\boldsymbol{n} \tag{5.10}$$

式中 $\boldsymbol{g}$、$\boldsymbol{f}$ 和 $\boldsymbol{n}$ 分别为二维函数 $g(i,j)$、$f(i,j)$ 和 $n(i,j)$ 一维堆叠形式的列矢量。与之对应的离散傅里叶频域表达式为

$$G(k,l)=H(k,l)\cdot F(k,l)+N(k,l) \tag{5.11}$$

5.1.2　常见降质的传递函数

由上述图像降质模型的分析可知，图像降质大体上由两部分原因引起，一部分是由非理想的传递函数所引起，另一部分则是由叠加的噪声所引起。有关噪声部分的特性我们在第 4 章中已经有了介绍，在降质分析中主要考虑的是加性高斯白噪声，这里不再重复。以下主要介绍几种常见的引起图像降质的传递函数。

1. 孔径衍射影响

为了说明场景的成像原理，我们将实际的成像系统简化为只由一个简单的透镜组成，如图 5.2 所示，位于物平面原点上的点光源（可看成二维冲激函数）在像平面上的原点处生成一个光斑图像，这个光斑图像（成像系统的冲激响应）恰好就是成像系统的点扩展函数（PSF）。此时从点光源 S 发出的球面波的一部分进入透镜，透镜的高折射率使光波速度减慢。由于靠近光轴部分的透镜比边缘厚，所以轴上的光线比周围的光线减慢。在理想情形下，这种厚度上的差别恰好可以将这一发散的球面波变成另一个会聚在像点 O 处的球面波，形成一个单点图像，如图 5.2 所示。在物平面上场景可以看成是众多点光源的集合，所有的光通过透镜后在像平面上形成对应的光斑集合，即场景图像。

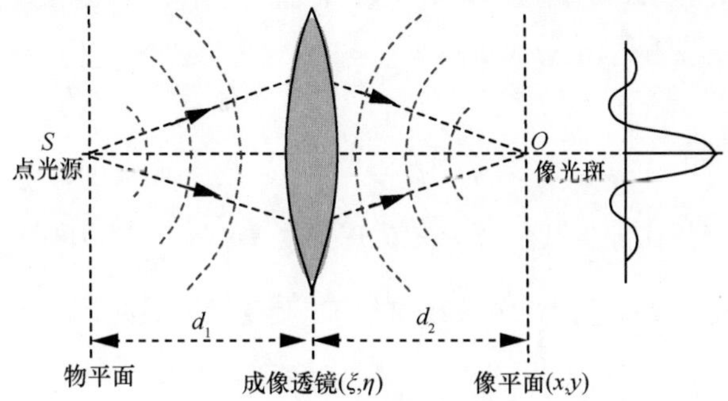

图 5.2　简单的透镜成像系统

然而，在许多实用的光学成像系统中，上述的透镜成像系统可以等效一个孔径（Aperture）成像系统，孔径衍射效应是造成图像模糊的主要原因。孔径实际上是取代透镜的一张不透光的平面，在光轴中心开有透光的（圆）小孔，孔中的透光率服从某种分布。衍射效应影响了光学成像系统的成像，对一个点光源发出的球形发散入射光波的响应不再是一个球形会聚的出射光波的单点图像，如图 5.3（a）所示，且是一个扩展的模糊环状图像，如图 5.3（b）所示，这样形成的模糊像光斑也是系统的点扩展函数。一般情况下，如果点光源有一个合理的位移，则其像也同样有

一个成比例的位移，且形状不变，称此光学系统是线性空间不变的。

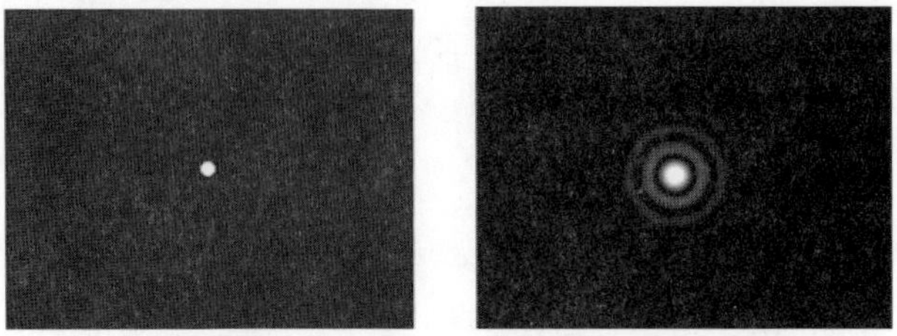

(a) 理想的 PSF　　(b) 衍射引起的 PSF

图 5.3　孔径衍射造成的模糊

由此可见，透镜的有限大小以及厚度的非均匀性导致图像质量的下降。透镜的作用等效于一个孔径，孔径所在平面上透光率的空间分布被称为光瞳函数。仍然参照图 5.2，光瞳平面的坐标表示采用(ξ, η)。因此，对于一个圆心位于(ξ_0, η_0)处且直径为 a 的圆形孔径，其光瞳函数为

$$p(\xi,\eta)=\begin{cases}1, & \sqrt{(\xi-\xi_0)^2+(\eta-\eta_0)^2}\leqslant a\\ 0, & \sqrt{(\xi-\xi_0)^2+(\eta-\eta_0)^2}>a\end{cases} \tag{5.12}$$

根据光学成像的惠更斯–菲涅尔原理，对于相干光成像系统，点扩展函数的幅值就是光瞳函数的二维傅里叶变换（推导过程省略）。即

$$h(x,y)=c\int_{-\infty}^{\infty}\int_{-\infty}^{\infty}p(\xi,\eta)\exp\left[-\frac{\mathrm{j}2\pi}{\lambda d_2}(x\xi+y\eta)\right]\mathrm{d}\xi\mathrm{d}\eta \tag{5.13}$$

c 是一个与 d_2 有关的只影响相位的常数，x、y 是成像平面的坐标，d_2 是透镜或孔径离开成像平面的距离，λ 是光波波长。进行变量替换，令 $\xi'=\dfrac{\xi}{\lambda d_2}$，$\eta'=\dfrac{\eta}{\lambda d_2}$，则式（5.13）可以写成更加明了的傅里叶表示式。

$$h(x,y)=c'\int_{-\infty}^{\infty}\int_{-\infty}^{\infty}p\left(\lambda d_2\xi',\lambda d_2\eta'\right)\exp[-\mathrm{j}2\pi(x\xi'+y\eta')]\mathrm{d}\xi'\mathrm{d}\eta' \tag{5.14}$$

该降质系统的传递函数就是上式中 $h(x,y)$的傅里叶变换。然而，式（5.14）说明点扩展函数 $h(x,y)$本身又是光瞳函数 $p(\xi, \eta)$的傅里叶变换。因此，系统的传递函数是光瞳函数的两次傅里叶变换。对一个函数做两次光学傅里叶变换相当于将此函数绕原点做反转，所以相干光的光学成像系统的传递函数由下式给出。

$$H(u,\upsilon)=p(-\lambda d_2 u,-\lambda d_2 \upsilon) \tag{5.15}$$

对于非相干光成像，由于各点光源相位是随机相互独立的，不再具有统一的幅度关系，只具有统计意义上的强度关系，因此系统的点扩展函数是相干光的点扩展函数模的平方，即光瞳函数的傅里叶变换的平方。也就是说，非相干光系统的点扩展函数是光瞳函数的功率谱。

在中心波长为 λ 的窄带非相干光照射下，具有直径为 a 的圆形孔径的无像差透镜的点扩展函

数为

$$h(r)=\left(\frac{2\mathrm{J}_1\dfrac{\pi r}{r_0}}{\pi r/r_0}\right)^2 \tag{5.16}$$

式中 $\mathrm{J}_1(r)$是第一类的一阶贝塞尔（Bessel）函数，$r_0=\dfrac{\lambda d_2}{a}$，$r=\sqrt{x^2+y^2}$。非相干光系统光学传递函数 $H(u,v)$为点扩展函数 $h(r)$的傅里叶变换，而 $h(r)$又是光瞳函数 $p(\xi,\eta)$的功率谱函数，因此 $H(u,\upsilon)$等于光瞳函数的自相关函数，即

$$H(u,\upsilon)=\int_{-\infty}^{\infty}\int_{-\infty}^{\infty}p(\xi,\eta)p(\xi-\lambda d_2 u,\eta-\lambda d_2\upsilon)\mathrm{d}\xi\mathrm{d}\eta \tag{5.17}$$

2. 相对运动影响

在获取图像时，由于景物和摄像机（或照相机）之间的相对运动，往往会造成图像的模糊，如图 5.4 所示。由变速的、非直线运动所造成的模糊图像的恢复问题比较复杂。为了简单起见，下面只研究由匀速直线运动所造成的模糊图像的恢复，而非匀速直线运动在某些条件下可以看成是多段匀速直线运动的合成结果。

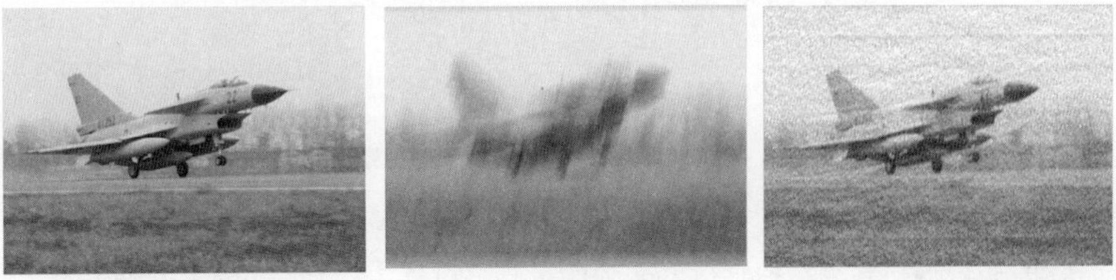

(a) 无运动的模糊图像　(b) 运动造成的模糊图像　(c) 复原后的图像

图 5.4　相对运动造成的图像模糊及其复原（见彩插图 5.4）

假设相机曝光时的感光单元所产生的图像退化除受相对运动影响之外，不考虑其他因素的变化。设物体 $f(x,y)$在一平面内运动，令 $x_0(t)$和 $y_0(t)$分别是物体在 x 和 y 方向上位移的分量，t 表示运动的时间。记录感光单元的总曝光量是在快门打开到关闭这段时间（曝光时间 T）内的积分，而快门开启和关闭瞬间可以认为非常短，则曝光成像后的降质图像为

$$g(x,y)=\int_0^T f\left[x-x_0(t),y-y_0(t)\right]\mathrm{d}t \tag{5.18}$$

其傅里叶变换为

$$\begin{aligned}G(u,v)&=\int_{-\infty}^{+\infty}\int_{-\infty}^{+\infty}g(x,y)\exp[-\mathrm{j}2\pi(ux+vy)]\mathrm{d}x\mathrm{d}y=\\&\int_0^T\left[\int_{-\infty}^{+\infty}\int_{-\infty}^{+\infty}f[x-x_0(t),y-y_0(t)]\cdot\exp[-\mathrm{j}2\pi(ux+vy)]\mathrm{d}x\mathrm{d}y\right]\mathrm{d}t=\\&F(u,v)\int_0^T\exp\{-\mathrm{j}2\pi[ux_0(t)+vy_0(t)]\}\mathrm{d}t=\\&F(u,v)\cdot H(u,v)\end{aligned} \tag{5.19}$$

其中

$$H(u,v)=\int_0^T \exp\{-\mathrm{j}2\pi[ux_0(t)+vy_0(t)]\}\mathrm{d}t\text{。}\tag{5.20}$$

$H(u,v)$就是由匀速直线运动所造成图像模糊系统的传递函数，如$x_0(t)$和$y_0(t)$的性质已知，就可以从上式得到退化系统的传递函数。

为了简便起见，设景物只在x方向上做匀速直线运动，$y_0(t)=0$，则图像模糊后任意一点的值式（5.18）可简化为

$$g(x,y)=\int_0^T f\left[x-x_0(t),y\right]\mathrm{d}t\tag{5.21}$$

设水平方向移动的距离为$x_0(t)=\dfrac{s}{T}t$，其中$\dfrac{s}{T}$表示速度，即T时间内移动的距离为s，此时降质系统的传递函数为

$$H(u,v)=\int_0^T \exp\left[-\mathrm{j}2\pi\left(u\frac{s}{T}t\right)\right]\mathrm{d}t=T\frac{\sin(\pi us)}{\pi us}\cdot\exp(-\mathrm{j}\pi us)\tag{5.22}$$

对应的系统点扩展函数可以表示为

$$h(x,y)=\frac{T}{s}\mathrm{rect}\left(\frac{x}{s}-\frac{1}{2}\right)\delta(y)\tag{5.23}$$

式中 rect[·]表示宽度为·的门函数。

3. **大气湍流影响**

在航空图片、卫星图片、天文图中，由于受大气湍流的影响，图像产生降质。要全面地考虑每时每刻对降质的影响，是一个相当复杂的问题。这里只给出在长时间作用的情况下，大气湍流降质图像的系统传递函数为

$$H(u,v)=\exp\left[-C(u^2+v^2)^{\frac{5}{6}}\right]\tag{5.24}$$

式中C为与湍流性质有关的常数。

5.1.3 降质模型的矩阵表示

为了方便对降质图像进行恢复，在对式（5.7）中的降质图像$g(x,y)$、降质系统的点扩展函数$h(x,y)$、要恢复的输入图像$f(x,y)$进行数字化以后，可对这些离散量采用线性代数中矩阵运算的表示方法，以达到简洁和高效的目的。这里先考虑一维情况，然后推广到二维。

1. **一维模型的矩阵表示**

为使讨论简化，暂不考虑噪声存在。设信号为一维函数$f(x)$，$h(x)$为降质系统的冲激响应，则经降质系统后的离散输出函数$g(x)$为输入$f(x)$和冲激响应$h(x)$的卷积。即

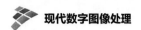

$$g(x)=f(x)*h(x)=\sum_{m=0}^{M-1}f(m)h(x-m) \tag{5.25}$$

默认上式中 $f(x)$、$g(x)$和 $h(x)$为添零延伸扩展成周期为 M 的周期函数。上式可写成更简洁的矩阵形式。

$$\boldsymbol{g}=\boldsymbol{Hf} \tag{5.26}$$

式中 $\boldsymbol{g}$、$\boldsymbol{f}$ 都是 M 维列向量，$\boldsymbol{H}$ 是 $M\times M$ 阶矩阵，参考第 3 章的 3.1.2 节，矩阵中的每一行元素均相同，只是每行以循环方式右移一位，因此矩阵 $\boldsymbol{H}$ 是循环矩阵。可以证明，两个循环矩阵相加的结果是循环矩阵，两个循环矩阵相乘的结果还是循环矩阵。

2. **二维模型的矩阵表示**

上述讨论的一维降质模型不难推广到二维情况。设输入的数字图像为 $f(x,y)$，降质系统的点扩展函数为 $h(x,y)$，输出的降质数字图像 $g(x,y)$为

$$g(x,y)=f(x,y)*h(x,y)=\sum_{m=0}^{M-1}\sum_{n=0}^{N-1}f(m,n)h(x-m,y-n) \tag{5.27}$$

式中，$x=0,1,2,\cdots,M-1$，$y=0,1,2,\cdots,N-1$。这一降质过程还可以用矩阵表示，即

$$\boldsymbol{g}=\boldsymbol{Hf} \tag{5.28}$$

式中 $\boldsymbol{g}$、$\boldsymbol{f}$ 是 $M\times N$ 维列向量，由 $g(x,y)$和 $f(x,y)$的数据按行或按列堆叠而成。参考 3.1.2 节，降质矩阵 $\boldsymbol{H}$ 可以表示为 $M\times M$ 的分块循环矩阵，其中任意一子矩阵，如 $\boldsymbol{H}_j$ 是由降质函数 $h(x,y)$ 的第 j 行构成的，也是循环矩阵。

如果考虑到加性噪声的影响，一个更加完整的离散图像降质模型可以写成如下形式。

$$g(x,y)=\left[\sum_{m=0}^{M-1}\sum_{n=0}^{N-1}f(m,n)h(x-m,y-n)\right]+n(x,y) \tag{5.29}$$

相应的矩阵形式为

$$\boldsymbol{g}=\boldsymbol{Hf}+\boldsymbol{n} \tag{5.30}$$

其中，$\boldsymbol{n}$ 是堆叠方式表示的噪声列向量。

上述离散降质模型都是在线性空间不变的前提下得出的，这种降质模型已为许多图像复原方法所采用。在这样的前提下，图像复原是在给定 $g(x,y)$并且知道降质系统的点扩展函数 $h(x,y)$和噪声 $n(x,y)$分布的情况下，估计出降质前的原始图像 $f(x,y)$。但对于实际应用，即使不考虑噪声，要想从式（5.30）得出 $f(x,y)$，其计算工作也是十分艰巨的。例如，对于一般大小的图像来说，如 $M=N=512$，此时矩阵 $\boldsymbol{H}$ 的大小为 $MN\times MN=(512\times512)\times(512\times512)=262144\times262144$，要直接得出 $f(x,y)$则需要求解 262 144 个联立方程组（相当于求解 $\boldsymbol{H}$ 矩阵的逆矩阵），其计算量是十分惊人的。因此，为了解决计算量庞大的问题，可以利用循环矩阵、块循环矩阵的性质对矩阵计算进行大幅度的削减，如将循环矩阵对角化来简化矩阵求逆运算。

除了运算量的问题外，在实际图像复原操作中，式（5.30）往往是一种病态方程，对噪声（包括实际的噪声和计算误差）是非常敏感的，微小的数据误差可以引起方程解的巨大波动，使解不

可靠、不实用。为了解决这一问题，可以对方程解施加一定的限制或约束，将解方程问题转化为求函数优化或函数极值问题。

5.1.4 循环矩阵的对角化

在矩阵运算中，对角矩阵的运算是比较简单的。通过循环矩阵的相似性定理，可将原来降质模型中的大矩阵进行对角化。而且进行对角化处理时采用具有正交性质的复指数形式的特征向量，比较容易将矩阵方程转化成离散傅里叶变换的形式。从而使庞大的方程组（空间域）运算简化成运算量较少的傅里叶变换运算（频率域），通过 FFT 算法就能方便地进行数值计算。

1. 循环矩阵的对角化

根据线性代数可知，若 $\boldsymbol{H}$、$\boldsymbol{B}$ 都是 M 阶矩阵（$M\times M$），有可逆矩阵 $\boldsymbol{U}$，使

$$\boldsymbol{H}=\boldsymbol{U}\boldsymbol{B}\boldsymbol{U}^{-1} \tag{5.31}$$

则称 $\boldsymbol{B}$ 是 $\boldsymbol{H}$ 的相似矩阵（或称 $\boldsymbol{H}$ 是 $\boldsymbol{B}$ 的相似矩阵）。相似矩阵的特征多项式相同，对应的特征值也相同。

进一步，如果 M 阶矩阵 $\boldsymbol{H}$ 与对角阵 $\boldsymbol{D}$ 相似（即 $\boldsymbol{H}$ 能够对角化），其充要条件是 $\boldsymbol{H}$ 有 M 个线性无关的特征向量。也就是说，如果矩阵 $\boldsymbol{H}$ 的 M 个特征值互不相同，则 $\boldsymbol{H}$ 与对角阵 $\boldsymbol{D}$ 相似，否则不一定能够对角化。由于相似矩阵的特征值相同，所以对角阵 $\boldsymbol{D}$ 的特征值就是 $\boldsymbol{H}$ 的特征值，而对角阵 $\boldsymbol{D}$ 的对角元素就是自己的特征值。可以证明，当 $\boldsymbol{H}$ 是 M 阶循环矩阵时，存在 M 个线性无关的特征向量，可以和一个对角矩阵相似，即可以对角化。

还可以证明，M 阶循环矩阵 $\boldsymbol{H}$ 的特征值为一标量集合 $\{\lambda(k), k=0,1,\cdots,M-1\}$，其中

$$\lambda(k)=h(0)+h(M-1)\exp\left(\mathrm{j}\frac{2\pi}{M}k\right)+h(M-2)\exp\left(\mathrm{j}\frac{2\pi}{M}2k\right)+\cdots+h(1)\exp\left(\mathrm{j}\frac{2\pi}{M}(M-1)k\right) \tag{5.32}$$

对应的特征向量为一列矢量集合 $\{\boldsymbol{w}(k), k=0,1,\cdots,M-1\}$，其中

$$\boldsymbol{w}(k)=\left[1 \quad \exp\left(\mathrm{j}\frac{2\pi}{M}k\right) \quad \exp\left(\mathrm{j}\frac{2\pi}{M}2k\right) \quad \cdots \quad \exp\left(\mathrm{j}\frac{2\pi}{M}(M-1)k\right)\right]^{\mathrm{T}} \tag{5.33}$$

可将上述特征值和特征向量直接代入下面的式（5.34）验证，等式成立，说明 $\lambda(k)$ 和 $\boldsymbol{w}(k)$ 的确是 $\boldsymbol{H}$ 矩阵的特征值和特征向量。

$$\boldsymbol{H}\boldsymbol{w}(k)=\lambda(k)\boldsymbol{w}(k) \qquad k=0,1,\cdots,M-1 \tag{5.34}$$

将 $\boldsymbol{H}$ 的 M 个特征向量 $\boldsymbol{w}(k)$ 组成一个 $M\times M$ 的矩阵 $\boldsymbol{W}$。

$$\boldsymbol{W}=[\boldsymbol{w}(0) \quad \boldsymbol{w}(1) \quad \cdots \quad \boldsymbol{w}(M-1)] \tag{5.35}$$

从式（5.33）可看出，循环矩阵的特征向量和 $\boldsymbol{H}$ 矩阵的元素值没有关系，只要是 $M\times M$ 的循环矩阵，它的特征向量组成的矩阵 $\boldsymbol{W}$ 都是相同的。

由于循环矩阵 $\boldsymbol{H}$ 具有 M 个不同的特征向量，各列之间相互线性无关，可以保证由这些线性无关的列向量 $\boldsymbol{w}(k)$组成的矩阵 $\boldsymbol{W}$ 的逆矩阵存在，即 $\boldsymbol{W}\boldsymbol{W}^{-1}=\boldsymbol{I}$，$\boldsymbol{I}$ 为单位矩阵。这样，参照式（5.31）可把 $\boldsymbol{H}$ 写成（对角化）如下形式。

$$\boldsymbol{H}=\boldsymbol{W}\boldsymbol{D}\boldsymbol{W}^{-1} \tag{5.36}$$

这里 $\boldsymbol{D}$ 是一个对角矩阵，其对角元素 $d(k,k)$正是 $\boldsymbol{H}$ 的特征值 $\lambda(k)$，即

$$\boldsymbol{D}=\begin{bmatrix}\lambda(0) & 0 & \cdots & 0 \\ 0 & \lambda(1) & \cdots & 0 \\ 0 & 0 & \cdots & 0 \\ \vdots & \vdots & \ddots & \vdots \\ 0 & 0 & \cdots & \lambda(M-1)\end{bmatrix} \tag{5.37}$$

根据求若干矩阵连乘的逆矩阵等于先对各个矩阵求逆，再对它们相乘的顺序倒置。这时，$\boldsymbol{H}$ 矩阵的逆矩阵为

$$\boldsymbol{H}^{-1}=(\boldsymbol{W}\boldsymbol{D}\boldsymbol{W}^{-1})^{-1}=(\boldsymbol{W}^{-1}\boldsymbol{D}^{-1}\boldsymbol{W})^{\mathrm{T}}=\boldsymbol{W}\boldsymbol{D}^{-1}\boldsymbol{W}^{-1} \tag{5.38}$$

由于 $\boldsymbol{D}$ 是对角阵，$\boldsymbol{D}^{-1}$ 也是对角阵，它的每个元素为 $\boldsymbol{D}$ 中对应元素的倒数。$\boldsymbol{W}$ 矩阵的值和 $\boldsymbol{H}$ 矩阵的元素无关，因此使 $\boldsymbol{H}$ 的逆矩阵 $\boldsymbol{H}^{-1}$ 比较容易获得。

另外，由于式（5.32）中的任意项可以写成 $h(i)\exp\left(\mathrm{j}\dfrac{2\pi}{M}(M-i)k\right)=h(i)\exp\left(-\mathrm{j}\dfrac{2\pi ik}{M}\right)$，所以 $\lambda(k)=\sum\limits_{i=0}^{M-1}h(i)\exp\left(-\mathrm{j}\dfrac{2\pi}{M}ik\right)$可看成是 $h(i)$的 DFT。因此，某一向量 $h(i)$形成的循环矩阵 $\boldsymbol{H}$ 的特征值 $\lambda(k)$正是该向量 $h(i)$离散傅里叶变换的第 k 个值 $H(k)$。这样，与 $\boldsymbol{H}$ 矩阵相似的对角矩阵 $\boldsymbol{D}$ 的对角元素恰为此序列的傅里叶变换。

2. 分块循环矩阵的对角化

将上述结论推广到二维离散降质模型，可以证明，分块循环矩阵 $\boldsymbol{H}$ 也可以对角化，它的 MN 个特征向量组成的矩阵 $\boldsymbol{W}$ 是一个 $M\times M$ 块的循环分块矩阵，任何一个子块大小为 $N\times N$，总体大小为 $MN\times MN$。

$\boldsymbol{W}$ 的第 i 行第 m 列个子块可表示式为

$$\boldsymbol{W}(i,m)=\exp\left(\mathrm{j}\frac{2\pi}{M}im\right)\boldsymbol{w}_N \quad i,m=0,1,2,\cdots,M-1 \tag{5.39}$$

其中子块 $\boldsymbol{w}_N$ 为一个 $N\times N$ 子矩阵，其第 k 行第 n 列位置的元素为

$$w_N(k,n)=\exp\left(\mathrm{j}\frac{2\pi}{N}kn\right) \quad k,n=0,1,2,\cdots,N-1 \tag{5.40}$$

逆矩阵 $\boldsymbol{W}^{-1}$ 的形式与 $\boldsymbol{W}$ 相似，也是一个分块循环矩阵。即第 i 行第 m 列个子块表示式为

$$\boldsymbol{W}^{-1}(i,m)=\frac{1}{M}\exp\left(-\mathrm{j}\frac{2\pi}{M}im\right)\boldsymbol{w}_N^{-1} \quad i,m=0,1,2,\cdots,M-1 \tag{5.41}$$

而子块 $\boldsymbol{w}_N^{-1}$ 仍为一个 $N\times N$ 矩阵，其第 k 行 n 列位置的元素为

$$w_N^{-1}(k,n)=\frac{1}{N}\exp\left(-\mathrm{j}\frac{2\pi}{N}kn\right),\ k,\ n=0,1,2,\cdots,N-1 \tag{5.42}$$

将上述式（5.39）至式（5.42）直接代入下式，可以验证 $\boldsymbol{W}$ 和 $\boldsymbol{W}^{-1}$ 确实互为逆矩阵。

$$\boldsymbol{W}\boldsymbol{W}^{-1}=\boldsymbol{I}$$

实际上，由矩阵知识可知，$\boldsymbol{W}$ 是由分块循环矩阵 $\boldsymbol{H}$ 的特征向量所构成的 $MN\times MN$ 矩阵，其 MN 个特征向量是线性无关的，必定存在逆矩阵 $\boldsymbol{W}^{-1}$。于是分块循环矩阵 $\boldsymbol{H}$ 可以写成

$$\boldsymbol{H}=\boldsymbol{W}\boldsymbol{D}\boldsymbol{W}^{-1} \tag{5.43}$$

或

$$\boldsymbol{D}=\boldsymbol{W}^{-1}\boldsymbol{H}\boldsymbol{W} \tag{5.44}$$

式中矩阵 $\boldsymbol{D}$ 是一个 $MN\times MN$ 维的大对角阵，它是由 $M\times M$ 个子矩阵组成的分块循环矩阵，每个子矩阵尺寸为 $N\times N$。分块矩阵 $\boldsymbol{D}$ 的对角线上的 M 个子矩阵为对角阵，由对角元素 $d(k,k)$ 组成，$k=0,1,\cdots,N-1$，其他子矩阵为全零矩阵。这样分块矩阵 $\boldsymbol{D}$ 形成一个大对角阵，共有 $M\times N$ 个对角元素，且这些对角元素为 $\boldsymbol{H}$ 矩阵的特征值。

此外，由于 $\boldsymbol{W}$ 是酉矩阵，还可以证明，$\boldsymbol{H}$ 的转置矩阵 $\boldsymbol{H}^{\mathrm{T}}$ 可用 $\boldsymbol{D}$ 的复共轭 $\boldsymbol{D}^*$ 表示，即

$$\boldsymbol{H}^{\mathrm{T}}=\boldsymbol{W}\boldsymbol{D}^*\boldsymbol{W}^{-1} \tag{5.45}$$

3. 对角化在降质模型中的应用

（1）一维情况

先考虑一维情况，把式（5.43）的 $\boldsymbol{H}=\boldsymbol{W}\boldsymbol{D}\boldsymbol{W}^{-1}$ 代入式（5.26）可以得到

$$\boldsymbol{g}=\boldsymbol{H}\boldsymbol{f}=\boldsymbol{W}\boldsymbol{D}\boldsymbol{W}^{-1}\boldsymbol{f} \tag{5.46}$$

用 $\boldsymbol{W}^{-1}$ 左乘上式两边，得

$$\boldsymbol{W}^{-1}\boldsymbol{g}=\boldsymbol{W}^{-1}\boldsymbol{W}\boldsymbol{D}\boldsymbol{W}^{-1}\boldsymbol{f}=\boldsymbol{D}\boldsymbol{W}^{-1}\boldsymbol{f} \tag{5.47}$$

等式左边的乘积中，$\boldsymbol{W}^{-1}$ 是一个 $M\times M$ 维的矩阵，即

$$\boldsymbol{W}^{-1}=\frac{1}{M}\begin{bmatrix}1 & 1 & 1 & \cdots & 1\\ 1 & \exp\left[-\mathrm{j}\frac{2\pi}{M}\right] & \exp\left[-\mathrm{j}\frac{2\pi}{M}2\right] & \cdots & \exp\left[-\mathrm{j}\frac{2\pi}{M}(M-1)\right]\\ 1 & \exp\left[-\mathrm{j}\frac{2\pi}{M}2\right] & \exp\left[-\mathrm{j}\frac{2\pi}{M}4\right] & \cdots & \exp\left[-\mathrm{j}\frac{2\pi}{M}(M-1)2\right]\\ \vdots & \vdots & \vdots & \ddots & \vdots\\ 1 & \exp\left[-\mathrm{j}\frac{2\pi}{M}(M-1)\right] & \exp\left[-\mathrm{j}\frac{2\pi}{M}(M-1)2\right] & \cdots & \exp\left[-\mathrm{j}\frac{2\pi}{M}(M-1)(M-1)\right]\end{bmatrix} \tag{5.48}$$

$\boldsymbol{g}$ 是一个 M 维的列向量，其乘积 $\boldsymbol{W}^{-1}\boldsymbol{g}$ 也是一个 M 维的列向量，其第 k 项记为 $G(k)$，有

$$G(k)=\frac{1}{M}\sum_{i=0}^{M-1}g(i)\exp\left[-\mathrm{j}\frac{2\pi}{M}ik\right]\quad k=0,1,2,\cdots,M-1 \tag{5.49}$$

同理，$\boldsymbol{W}^{-1}\boldsymbol{f}$的第 k 项记为 $F(k)$，有

$$F(k)=\frac{1}{M}\sum_{i=0}^{M-1}f(i)\exp\left[-\mathrm{j}\frac{2\pi}{M}ik\right]\quad k=0,1,2,\cdots,M-1 \tag{5.50}$$

它们分别是序列 $g(x)$和 $f(x)$的离散傅里叶变换。可见，如用 $\boldsymbol{W}^{-1}$乘 $\boldsymbol{g}$，产生一个新向量 $\boldsymbol{W}^{-1}\boldsymbol{g}$，它的元素是 $\boldsymbol{g}$ 中各元素的傅里叶变换。另外，式（5.46）中 $\boldsymbol{D}$ 矩阵的主对角线元素是 $\boldsymbol{H}$ 矩阵的特征值 $\lambda(k)$。根据式（5.32）有

$$D(k)=\lambda(k)=\sum_{i=0}^{M-1}h(i)\exp\left(-\mathrm{j}\frac{2\pi}{M}ik\right)=M\cdot H(k)\quad k=0,1,2,\cdots,M-1 \tag{5.51}$$

得到 $\lambda(k)=M\times H(k)$，其中 $H(k)$是序列 $h(i)$的傅里叶变换。综合上述分析，可将式（5.47）简化成一维傅里叶变换序列的对应项之积。

$$\boldsymbol{W}^{-1}\boldsymbol{g}=\begin{bmatrix}G(0)\\G(1)\\\vdots\\G(M-1)\end{bmatrix}=\boldsymbol{D}\boldsymbol{W}^{-1}\boldsymbol{f}=\begin{bmatrix}D(0)&&&\\&D(1)&&\\&&\ddots&\\&&&D(M-1)\end{bmatrix}\cdot\begin{bmatrix}F(0)\\F(1)\\\vdots\\F(M-1)\end{bmatrix}=\begin{bmatrix}D(0)F(0)\\D(1)F(1)\\\vdots\\D(M-1)F(M-1)\end{bmatrix} \tag{5.52}$$

即

$$G(k)=M\cdot H(k)\cdot F(k)\quad k=0,1,\cdots,M-1 \tag{5.53}$$

式（5.53）是式（5.46）在频率域上进行处理的结果（差一个常数 M）。这样就将求解 M 个方程的方程组问题转换为计算 3 个序列的傅里叶变换问题。

（2）二维情况

将上述讨论过程推广到二维降质情况。考虑噪声项，有 $\boldsymbol{g}=\boldsymbol{H}\boldsymbol{f}+\boldsymbol{n}$，用 $\boldsymbol{W}^{-1}$左乘此式。

$$\boldsymbol{W}^{-1}\boldsymbol{g}=\boldsymbol{W}^{-1}(\boldsymbol{H}\boldsymbol{f}+\boldsymbol{n})=\boldsymbol{W}^{-1}\boldsymbol{H}\boldsymbol{f}+\boldsymbol{W}^{-1}\boldsymbol{n}=\boldsymbol{W}^{-1}\boldsymbol{W}\boldsymbol{D}\boldsymbol{W}^{-1}\boldsymbol{f}+\boldsymbol{W}^{-1}\boldsymbol{n} \tag{5.54}$$

利用 $\boldsymbol{W}^{-1}\boldsymbol{W}=\boldsymbol{I}$，上式可写成

$$\boldsymbol{W}^{-1}\boldsymbol{g}=\boldsymbol{D}\boldsymbol{W}^{-1}\boldsymbol{f}+\boldsymbol{W}^{-1}\boldsymbol{n} \tag{5.55}$$

$\boldsymbol{W}^{-1}$是一个 $MN\times MN$ 维分块循环矩阵，它的各子块的元素可由式（5.48）给出，$\boldsymbol{D}$ 为 $MN\times MN$ 维对角矩阵。$\boldsymbol{f}$、$\boldsymbol{g}$、$\boldsymbol{n}$ 为 $MN\times 1$ 维的列向量，这些向量由图像 $f(x,y)$、$g(x,y)$和噪声 $n(x,y)$的各行堆叠而成。

与一维情况分析类似，式（5.55）的左边 $MN\times 1$ 维列矢量 $\boldsymbol{W}^{-1}\boldsymbol{g}$ 可用下式表示。

$$\begin{aligned}\boldsymbol{W}^{-1}\boldsymbol{g}=[&G(0,0)\ \ G(0,1)\cdots G(0,N-1)\ \ G(1,0)\cdots\\&G(1,N-1)\cdots G(M-1,0)\cdots G(M-1,N-1)]^{\mathrm{T}}\end{aligned} \tag{5.56}$$

其中任一元素 $G(u,v)$可表示成

$$G(u,v)=\frac{1}{MN}\sum_{x=0}^{M-1}\sum_{y=0}^{N-1}g(x,y)\exp\left[-\mathrm{j}2\pi\left(\frac{ux}{M}+\frac{vy}{N}\right)\right] \tag{5.57}$$

式中，$u=0,1,2,\cdots,M-1$，$v=0,1,2,\cdots,N-1$ 。

同理，$\boldsymbol{W}^{-1}\boldsymbol{f}$ 和 $\boldsymbol{W}^{-1}\boldsymbol{n}$ 中任一元素可分别表示为

$$F(u,v)=\frac{1}{MN}\sum_{x=0}^{M-1}\sum_{y=0}^{N-1}f(x,y)\exp\left[-\mathrm{j}2\pi\left(\frac{ux}{M}+\frac{vy}{N}\right)\right] \tag{5.58}$$

$$N(u,v)=\frac{1}{MN}\sum_{x=0}^{M-1}\sum_{y=0}^{N-1}n(x,y)\exp\left[-\mathrm{j}2\pi\left(\frac{ux}{M}+\frac{vy}{N}\right)\right] \tag{5.59}$$

式中，$u=0,1,2,\cdots,M-1$，$v=0,1,2,\cdots,N-1$。

和一维的情况类似，对角矩阵 $\boldsymbol{D}$ 中的任一元素 λ_{uv} 为 $\boldsymbol{H}$ 矩阵的特征值，实际上就是降质函数 $h(x,y)$的傅里叶变换，见式（5.60）。注意式中 λ_{uv} 的下标 uv 并不表示 $\boldsymbol{D}$ 矩阵的第 u 行第 v 列，而是表示在 $\boldsymbol{D}$ 矩阵对角线上、和右乘列矢量相对应的第(u,v)个元素。

$$\lambda_{uv}=H(u,v)=\frac{1}{MN}\sum_{x=0}^{M-1}\sum_{y=0}^{N-1}h(x,y)\exp\left[-\mathrm{j}2\pi\left(\frac{ux}{M}+\frac{vy}{N}\right)\right] \tag{5.60}$$

简而言之，将对角阵 $\boldsymbol{D}$ 的对角线元素“拉直”排列后成为

$$[H(0,0)\quad H(0,1)\cdots H(0,N-1)\quad H(1,0)\cdots H(1,N-1)\cdots H(M-1,0)\cdots H(M-1,M-1)]^{\mathrm{T}}$$

由上述关系不难得到

$$G(u,v)=H(u,v)\cdot F(u,v)+N(u,v)\text{，}u=0,1,2,\cdots,M-1\text{，}v=0,1,2\cdots,N-1 \tag{5.61}$$

此式中 $G(u,v)$即为 $g(x,y)$的二维傅里叶变换。同样，$F(u,v)$、$N(u,v)$、$H(u,v)$分别对应 $f(x,y)$、$n(x,y)$和 $h(x,y)$的二维傅里叶变换。

很显然，式（5.61）的意义在于：包含在式（5.30）中给定降质模型的庞大方程组可简化为计算大小为 $M\times N$ 的离散傅里叶变换，如用 FFT 算法可方便地实现。

5.2 无约束图像复原

前面我们用循环矩阵对角化的方法有效地解决了图像复原中对矩阵 $\boldsymbol{H}$ 求逆的问题，虽然涉及噪声，但是对噪声的影响，尤其是对解的稳定性的影响未予考虑。在这种情况下，我们没有用或者没法用一些先验知识对问题的解施加一定的约束，称这类方法为无约束图像复原（Unconstrained Image Restoration）技术，以下是几种常见的方法，如最简单的逆滤波、运动模糊的消除和最小二乘方法等。

5.2.1 逆滤波图像复原

在不考虑图像噪声的情况下，由图像降质模型式（5.9）可知，降质图像 $g(x,y)$、降质系统点

扩展函数 $h(x,y)$、原始图像 $f(x,y)$ 与其傅里叶变换 $G(u,v)$、$H(u,v)$、$F(u,v)$ 的关系式为

$$G(u,v)=H(u,v)F(u,v) \tag{5.62}$$

当 $H(u,v)$ 不为 0 时，可得

$$F(u,v)=\frac{G(u,v)}{H(u,v)} \tag{5.63}$$

这意味着，如果知道退化图像的傅里叶变换和降质系统的传递函数，就可以得到原始图像的傅里叶变换，经傅里叶反变换就可得到原始图像。由此可见，复原后的图像为

$$f(x,y)=\mathfrak{I}^{-1}\left[F(u,v)\right]=\mathfrak{I}^{-1}[G(u,v)/H(u,v)] \tag{5.64}$$

由于图像复原函数 $\frac{1}{H(u,v)}$ 可起到和降质函数 $H(u,v)$ 相反的滤波作用，故称为反向滤波或称逆滤波（Inverse Filtering），相应的复原方法称为逆滤波复原。这种逆滤波是最早应用于数字图像复原的一种方法，曾用此方法处理由“漫游者”“探索者”等外星探测器发射得到的图像。

在考虑噪声的情况下，$G(u,v)=H(u,v)F(u,v)+N(u,v)$，复原后图像可写成

$$f(x,y)=\mathfrak{I}^{-1}\left[\frac{G(u,v)-N(u,v)}{H(u,v)}\right]=\mathfrak{I}^{-1}\left[\frac{G(u,v)}{H(u,v)}\right]-\mathfrak{I}^{-1}\left[\frac{N(u,v)}{H(u,v)}\right] \tag{5.65}$$

上式表明，和不考虑噪声相比，考虑噪声以后，增加了一项 $\mathfrak{I}^{-1}[N(u,v)/H(u,v)]$。

使用逆滤波式（5.64）或式（5.65）进行图像复原时，由于 $H(u,v)$ 出现在分母，当在 u-v 平面某些点上或区域上 $H(u,v)$ 很小或等于零时，即出现了零点，就会导致不定解或不稳定解。因此，即使没有噪声，一般也不可能精确地复原 $f(x,y)$。如果考虑噪声项 $N(u,v)$，则出现零点时，噪声项将被放大，零点的影响将会更大，使噪声成分在图像复原的结果中起主导作用，这就是逆滤波图像复原存在的病态性质。它意味着退化图像中小的噪声干扰在 $H(u,v)$ 取很小值的那些频谱上将对恢复图像产生很大的影响。从图 5.5 可以明显地看到逆滤波零点的影响，图 5.5（e）是对模糊加噪图像进行逆滤波复原时因 $H(u,v)$ 的零点（或近似零点）对噪声所产生的放大影响，效果可能比复原前还差。

为了克服这种不稳定性，除了可利用有约束图像复原方法外（第 5.3 节介绍），还可利用噪声一般在高频范围且衰减速度较慢，而信号频谱随频率升高时下降较快的性质，在复原时，只限制在频谱坐标离原点不太远的有限区域内运行，而且关心的也是信噪比高的那些频率位置。

实际上，为了避免 $H(u,v)$ 的值太小，一种改进方法是在 $H(u,v)=0$ 的那些频谱点及其附近，人为地设置 $H^{-1}(u,v)$ 的值，使在这些频谱点附近不会对 $F(u,v)$ 产生太大的影响，如取图像复原函数 $M(u,v)$ 为

$$M(u,v)=\begin{cases}\dfrac{1}{H(u,v)}, u^2+v^2 \leqslant d^2\\ 1, u^2+v^2>d^2\end{cases} \tag{5.66}$$

(a) 原图像　　(b) 模糊图像　　(c) 模糊加噪图像

(d) 模糊图像逆滤波　　(e) 模糊加噪图像逆滤波

图 5.5　逆滤波图像复原

其中 d 为常数，在以 d 为半径的频域内，$H(u,v)$无零点，按照$\dfrac{1}{H(u,v)}$进行逆滤波，在此区域以外，则不加改变。

5.2.2 运动模糊的消除

下面简单介绍两种去除由匀速直线运动引起的图像模糊的方法。这类复原问题在实际中经常遇到，如拍摄快速运动的物体，照相机镜头在曝光瞬间的偏移引起的模糊等都属于这类问题。

1. 逆滤波复原

重写由前面得到的运动模糊的降质函数式（5.22）为

$$H(u,v)=\int_0^T \exp\left[-\mathrm{j}2\pi\left(u\frac{s}{T}t\right)\right]\mathrm{d}t = T\frac{\sin(\pi us)}{\pi us}\cdot\exp(-\mathrm{j}\pi us) \tag{5.67}$$

显然，当$u=\dfrac{n}{s}$（n 为整数）时，$H(u,v)=0$，出现零点。最简单的处理方法是在进行图像复原（逆滤波）时避免零点，在$u<\dfrac{1}{s}$范围内进行复原运算，对复原结果一般影响不大。

2. 递推法复原

在暂不考虑 y 方向水平运动的情况下，近似认为 $f(x,y)$在空间域 $0\leqslant x\leqslant L$ 以外的区域为零，可以根据在此区间内对降质模型的了解，用递推的方法直接恢复原图像 $f(x,y)$。

由式（5.21）可知，在只有 x 方向上运动的情况下，降质图像为

$$g(x)=\int_0^T f\left(x-\frac{st}{T}\right)\mathrm{d}t,\quad 0\leqslant x\leqslant L \tag{5.68}$$

要求解原图像，需解此积分方程。令 $\tau=x-\dfrac{st}{T}$ 代入上式，并忽略积分常数。

$$g(x)=\int_{x-s}^{x} f(\tau)\mathrm{d}\tau,\quad 0\leqslant x\leqslant L \tag{5.69}$$

以上积分式对 x 求导数，得

$$g'(x)=x'f(x)-(x-s)'f(x-s)=f(x)-f(x-s) \tag{5.70}$$

$$f(x)=g'(x)+f(x-s),0\leqslant x\leqslant L \tag{5.71}$$

为了简便，现假设 L 是 s 的整数倍，即 $L=Ks$，K 为正整数，s 表示在曝光期间 T 内图像中景物移动的总距离，如图 5.6 所示。将图像划为宽度为 s 的 K 个竖条，这样 x 轴上在 0～L 范围内任意一点的 x 坐标值可表示为

$$x=ms+z \tag{5.72}$$

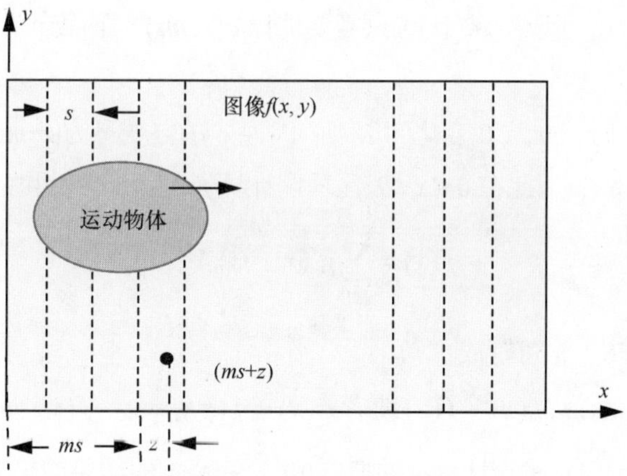

图 5.6　水平匀速运动降质图像的复原示意

式中 m 为 $\dfrac{x}{s}$ 的整数部分，其值为 $0,1,2,\cdots,K-1$，余数用 z 表示。把式（5.72）代入式（5.71）得

$$f(z+ms)=g'(z+ms)+f[z+(m-1)s] \tag{5.73}$$

此式表明，在第 m 条中的一点原图像的值 $f(z+ms)$ 可以用这一点的导数值 $g'(z+ms)$ 加邻近第 $m-1$ 条中相同位置的原图像值 $f(z+(m-1)s)$。它表示原图像的值之间是一种迭代关系。设

$$\varphi(z)=f(z-s),0\leqslant z\leqslant s \tag{5.74}$$

$\varphi(z)$ 代表在曝光期间景物移入 $0\leqslant z\leqslant s$ 的部分。此时，式（5.73）可通过 $\varphi(z)$ 用递推的方式表示为另一种形式。

$$\begin{aligned}&m=0,\quad f(z)=g'(z)+f(z-s)=g'(z)+\varphi(z)\\&m=1,\quad f(z+s)=g'(z+s)+f(z)=g'(z+s)+g'(z)+\varphi(z)\\&m=2,\quad f(z+2s)=g'(z+2s)+f(z+s)=g'(z+2s)+g'(z+s)+g'(z)+\varphi(z)\\&\cdots\cdots\end{aligned}\tag{5.75}$$

以此类推，形成以 m 为索引的递推公式，可将式（5.73）写成递推的结果。

$$f(z+ms)=\sum_{j=0}^{m}g'(z+js)+\varphi(z)\tag{5.76}$$

将式（5.72）的关系 $x=ms+z$ 代入上式。

$$f(x)=\sum_{j=0}^{m}g'(x-ms+js)+\varphi(x-ms)=\sum_{j=0}^{m}g'[x-(m-j)s]+\varphi(x-ms)\tag{5.77}$$

因为 j 的变化范围为 $0\sim m$，而 $m-j$ 的变化范围为 $m\sim 0$，故上式可以等效为

$$f(x)=\sum_{j=0}^{m}g'(x-js)+\varphi(x-ms)\tag{5.78}$$

这里 $g'(x)$ 是已知的，所以要求 $f(x)$，只需要估计 $\varphi(x-ms)$。下面介绍一种从模糊图像直接估计 $\varphi(x-ms)$的方法。

当 x 从 0 变化到 L 时，m 从 0 变化到 $K-1$。因为 φ 的自变量为 $x-ms$，该变量总是在 0 到 s 之间变化，即 $0\leqslant x-ms\leqslant s$，因此在 $0\leqslant x\leqslant L$ 区间内计算 $f(x)$。由于 φ 重复了 K 次，定义

$$\tilde{f}(x)=\sum_{j=0}^{m}g'(x-js)\tag{5.79}$$

将上式代入式（5.78），可写成

$$\varphi(x-ms)=f(x)-\tilde{f}(x)\text{ 或者 }\varphi(x)=f(x+ms)-\tilde{f}(x+ms)\tag{5.80}$$

如果对每个 $js\leqslant x<(j+1)s$ 进行计算，并把 $j=0,1,2,\cdots,K-1$ 的结果加起来求平均，得到

$$\varphi(x)=\frac{1}{K}\sum_{j=0}^{K-1}f(x+js)-\frac{1}{K}\sum_{j=0}^{K-1}\tilde{f}(x+js)\tag{5.81}$$

上式右边第一项为未知项，但当 K 很大时接近 $f(x)$的平均值，设它为常数 A，上式变为

$$\varphi(x)\approx A-\frac{1}{K}\sum_{j=0}^{K-1}\tilde{f}(x+js)\tag{5.82}$$

并将式（5.79）代入上式，得到在 $0\leqslant x\leqslant L$ 区间内

$$\varphi(x-ms)\approx A-\frac{1}{K}\sum_{j=0}^{K-1}\tilde{f}(x+js-ms)\approx A-\frac{1}{K}\sum_{j=0}^{K-1}\sum_{j=0}^{m}g'(x-ms)\approx A-mg'(x-ms)\tag{5.83}$$

这样就得出 $\varphi(x-ms)$的表达式，重新代入式（5.72），得出只有 x 方向上匀速直线运动模糊

图像复原后的表达式。

$$f(x) \approx A - mg'(x - ms) + \sum_{j=0}^{m} g'(x - js) \tag{5.84}$$

按照上述思路，将 y 代入，即可得到最终复原图像。

$$f(x, y) \approx A - mg'(x - ms, y) + \sum_{j=0}^{m} g'(x - js, y) \tag{5.85}$$

一个实际运动模糊图像的复原结果如图 5.4（c）所示，运动模糊复原最主要的是需要确定估计运动方向以及运动速度，如果估计不准，复原的效果就较差，图中复原的一些差错在灰度平坦处比较显眼。

5.2.3　无约束最小二乘方复原

图像复原的主要目标是在降质图像 $\boldsymbol{g}$ 给定的情况下，根据我们对降质系统 $\boldsymbol{H}$ 和噪声 $\boldsymbol{n}$ 的某些特性的了解或假设，估计出原始图像 $\hat{\boldsymbol{f}}$，使 $\hat{\boldsymbol{f}}$ 尽量接近原图像 $\boldsymbol{f}$，最好能够达到 $\hat{\boldsymbol{f}} = \boldsymbol{f}$，即使误差函数 $e(\hat{\boldsymbol{f}}) = \| \hat{\boldsymbol{f}} - \boldsymbol{f} \|^2$ 尽可能小，这就是一种典型的误差函数最小二乘方优化（Least Square Optimization）问题。但由于原图像 $\boldsymbol{f}$ 是不可知的，我们需要寻找其他等价或接近的误差函数，也称之为准则函数，使这种事先所确定的准则函数最小。采用不同的误差准则函数，就得到不同的复原方法。

对于降质模型 $\boldsymbol{g} = \boldsymbol{Hf} + \boldsymbol{n}$，如果我们对噪声一无所知，则默认 $\boldsymbol{n} = \boldsymbol{0}$，$\boldsymbol{g} = \boldsymbol{Hf}$。根据上述准则，即寻找一个 $\hat{\boldsymbol{f}}$，使 $\boldsymbol{g}$ 与 $\boldsymbol{H}\hat{\boldsymbol{f}}$ 的偏差在最小二乘方意义上最小，也就是使两者的误差 $\boldsymbol{g} - \boldsymbol{H}\hat{\boldsymbol{f}}$ 的范数平方最小，该误差函数或准则函数用 $J(\hat{\boldsymbol{f}})$ 表示。

$$J(\hat{\boldsymbol{f}}) = \| \boldsymbol{g} - \boldsymbol{H}\hat{\boldsymbol{f}} \|^2 \tag{5.86}$$

根据矢量范数的定义 $\| \boldsymbol{a} \|^2 = \boldsymbol{a}^{\mathrm{T}} \boldsymbol{a}$ 可知

$$\| \boldsymbol{g} - \boldsymbol{H}\hat{\boldsymbol{f}} \|^2 = (\boldsymbol{g} - \boldsymbol{H}\hat{\boldsymbol{f}})^{\mathrm{T}} (\boldsymbol{g} - \boldsymbol{H}\hat{\boldsymbol{f}}) \tag{5.87}$$

要使准则函数 $J(\hat{\boldsymbol{f}})$ 最小，实际上就是求 $J(\hat{\boldsymbol{f}})$ 的极小值。在求极小值的过程中，$\hat{\boldsymbol{f}}$ 不受任何其他条件的约束，因此也称为无约束图像复原。根据矢量微分下面的两个性质：

（1）矢量乘积 $\boldsymbol{a}^{\mathrm{T}}\boldsymbol{x}$、$\boldsymbol{x}^{\mathrm{T}}\boldsymbol{a}$ 对 $\boldsymbol{x}$ 的导数

$$\frac{\partial(\boldsymbol{a}^{\mathrm{T}} \boldsymbol{x})}{\partial \boldsymbol{x}} = \frac{\partial(\boldsymbol{x}^{\mathrm{T}} \boldsymbol{a})}{\partial \boldsymbol{x}} = \boldsymbol{a} \tag{5.88}$$

（2）二次型 $\boldsymbol{x}^{\mathrm{T}}\boldsymbol{A}\boldsymbol{x}$ 对 $\boldsymbol{x}$ 的导数

$$\frac{\partial(\boldsymbol{x}^{\mathrm{T}} \boldsymbol{A} \boldsymbol{x})}{\partial \boldsymbol{x}} = (\boldsymbol{A} + \boldsymbol{A}^{\mathrm{T}}) \boldsymbol{x} \tag{5.89}$$

其中，$\boldsymbol{x}$、$\boldsymbol{a}$ 为 $N \times 1$ 维列矢量，$\boldsymbol{A}$ 为 $N \times N$ 维方阵，可以得出

$$\frac{\partial J(\hat{\boldsymbol{f}})}{\partial \hat{\boldsymbol{f}}}=\frac{\partial}{\partial \hat{\boldsymbol{f}}}[\boldsymbol{g}^{\mathrm{T}}\boldsymbol{g}-\boldsymbol{g}^{\mathrm{T}}\boldsymbol{H}\hat{\boldsymbol{f}}-\hat{\boldsymbol{f}}^{\mathrm{T}}\boldsymbol{H}^{\mathrm{T}}\boldsymbol{g}+\hat{\boldsymbol{f}}^{\mathrm{T}}\boldsymbol{H}^{\mathrm{T}}\boldsymbol{H}\hat{\boldsymbol{f}}]=-2\boldsymbol{H}^{\mathrm{T}}(\boldsymbol{g}-\boldsymbol{H}\hat{\boldsymbol{f}})=\boldsymbol{0} \tag{5.90}$$

即可得到一般情况下无约束最小二乘方复原图像为

$$\hat{\boldsymbol{f}}=(\boldsymbol{H}^{\mathrm{T}}\boldsymbol{H})^{-1}\boldsymbol{H}^{\mathrm{T}}\boldsymbol{g}=\boldsymbol{H}^{-1}\boldsymbol{g} \tag{5.91}$$

$(\boldsymbol{H}^{\mathrm{T}}\boldsymbol{H})^{-1}\boldsymbol{H}^{\mathrm{T}}$ 是 $\boldsymbol{H}$ 矩阵的广义逆矩阵，因此这种复原方法称为逆滤波复原。如 $\boldsymbol{H}$ 为非奇异方阵，则上式中右边一个等号成立，实际上是线性方程组 $\boldsymbol{g}=\boldsymbol{Hf}$ 的直接解。

我们还可以利用前面式（5.38）$\boldsymbol{H}^{-1}=\boldsymbol{W}\boldsymbol{D}^{-1}\boldsymbol{W}^{-1}$ 的关系，将上式用系统对角化矩阵 $\boldsymbol{D}$ 来描述，复原图像可以写成

$$\hat{\boldsymbol{f}}=\boldsymbol{W}\boldsymbol{D}^{-1}\boldsymbol{W}^{-1}\boldsymbol{g}，\ \text{即}\ \boldsymbol{W}^{-1}\hat{\boldsymbol{f}}=\boldsymbol{D}^{-1}\boldsymbol{W}^{-1}\boldsymbol{g} \tag{5.92}$$

式（5.91）和式（5.92）表明在最小二乘方准则下寻找出的最优估计图像 $\hat{\boldsymbol{f}}$ 可由降质图像 $\boldsymbol{g}$ 和降质系统的冲激响应的逆矩阵 $\boldsymbol{H}^{-1}$ 或者其对角化矩阵 $\boldsymbol{D}$ 得出。根据对角阵与傅里叶变换的关系，式（5.92）等价于下面傅里叶变换的表达式。

$$F(u,v)=G(u,v)/H(u,v) \tag{5.93}$$

可见，在 $\boldsymbol{H}$ 为非奇异方阵、不考虑噪声的情况下，无约束的最小二乘复原和前面所述的逆滤波复原是等价的，只不过这里是从误差函数进行最小二乘方求解的角度获得的结果。

5.3　有约束图像复原

在无约束图像复原中，最小二乘方复原除了寻找一个最优估计图像 $\hat{\boldsymbol{f}}$，使准则函数 $J(\hat{\boldsymbol{f}})=\|\boldsymbol{g}-\boldsymbol{H}\hat{\boldsymbol{f}}\|^2$ 最小外，不受任何其他条件的约束。这种逆滤波图像复原方法比较简单，只要了解降质系统的传递函数或点扩展函数，就能利用前面分析的方法进行复原。但是由于传递函数存在零点的问题，复原只能局限在离原点不太远的有限区域内进行，使无约束图像复原具有相当大的局限性。而且在实际应用中，由于噪声和解的精度的影响，前述图像复原线性方程组解的波动性很大，是一个病态问题。为了获得良态解，即为了获得更好的图像复原效果，必须根据实际图像处理问题的具体要求，利用更多有关降质模型、噪声特性、图像统计特性等有关信息，对问题的解附加一定的限制和约束，使所估计的结果不超出这些约束条件，减少方程解的波动，增加解的可靠性和实用性，从而获得更加接近原图像的复原效果。

显然，有约束图像复原技术除了要求了解关于降质系统的传递函数之外，还需要知道某些噪声的统计特性或噪声与图像的某些相关情况。根据所了解噪声的先验知识的不同，采用不同的约束条件，从而得到不同的图像复原技术。最常见的是有约束的最小二乘方图像复原技术、功率谱均衡复原、平滑约束滤波复原等方法。

5.3.1　有约束最小二乘方复原

在有约束的最小二乘方复原问题中，令 $\boldsymbol{Q}$ 为 $\hat{\boldsymbol{f}}$ 的线性算子，要设法寻找一个最优估计 $\hat{\boldsymbol{f}}$ ，使形式为 $\|\boldsymbol{Q}\hat{\boldsymbol{f}}\|^2$ 的函数最小化，同时服从约束条件 $\|\boldsymbol{g}-\boldsymbol{H}\hat{\boldsymbol{f}}\|^2=\|\boldsymbol{n}\|^2$ 。求这类问题的最小化，可采用拉格朗日乘子（Lagrange Multiplier）算法。也就是说，寻找一个 $\hat{\boldsymbol{f}}$ ，使下列准则函数最小化。

$$J(\hat{\boldsymbol{f}})=\|\boldsymbol{Q}\hat{\boldsymbol{f}}\|^2+\alpha(\|\boldsymbol{g}-\boldsymbol{H}\hat{\boldsymbol{f}}\|^2-\|\boldsymbol{n}\|^2) \tag{5.94}$$

其中，α 为拉格朗日乘数。由此式可见，这里存在两种“约束”。第一种是 $\boldsymbol{Q}\hat{\boldsymbol{f}}$ ，用 $\boldsymbol{Q}$ 算子对解 $\hat{\boldsymbol{f}}$ 进行约束，使它的范数平方 $\|\boldsymbol{Q}\hat{\boldsymbol{f}}\|^2$ 最小，形成最小二乘方的准则函数。第二种是上式 α 后面的部分，是拉格朗日乘子优化算法的约束条件，是对 $\hat{\boldsymbol{f}}$ 的另一种约束。这种约束的物理含义就是要使估计误差 $\boldsymbol{g}-\boldsymbol{H}\hat{\boldsymbol{f}}$ 等于噪声 $\boldsymbol{n}$，确保估计结果最为准确。由于 $\boldsymbol{n}$ 是随机变量，所以这里的“等于”只能是在范数平方意义上的相等，即 $\|\boldsymbol{g}-\boldsymbol{H}\hat{\boldsymbol{f}}\|^2=\|\boldsymbol{n}\|^2$ 。

通过式（5.94），将 $\hat{\boldsymbol{f}}$ 和 α 看作变量，$J(\hat{\boldsymbol{f}})$ 对 $\hat{\boldsymbol{f}}$ 求偏导并使其为零，$\partial J(\hat{\boldsymbol{f}})/\partial\hat{\boldsymbol{f}}=0$ ，利用前述的矢量微分的两个性质，求解得到

$$\hat{\boldsymbol{f}}=(\boldsymbol{H}^{\mathrm{T}}\boldsymbol{H}+\gamma\boldsymbol{Q}^{\mathrm{T}}\boldsymbol{Q})^{-1}\boldsymbol{H}^{\mathrm{T}}\boldsymbol{g} \tag{5.95}$$

式中 $\gamma=\dfrac{1}{\alpha}$ ，$\hat{\boldsymbol{f}}$ 、$\boldsymbol{g}$ 是估计图像和降质图像按照行（列）顺序堆叠起来的 $MN\times1$ 的列向量，而 $\boldsymbol{H}$ 是一个 $MN\times MN$ 分块循环矩阵。解式（5.95）的核心就是如何选用一个合适的变换矩阵 $\boldsymbol{Q}$（线性算子）。选择 $\boldsymbol{Q}$ 的形式不同，就可得到不同类型的有约束的最小二乘方图像复原方法。当 $\boldsymbol{Q}=\boldsymbol{I}$，$\boldsymbol{I}$ 为 $MN\times MN$ 的单位矩阵，对解 $\hat{\boldsymbol{f}}$ 不产生约束，即对解 $\hat{\boldsymbol{f}}$ 不进行线性运算，准则函数 $\|\boldsymbol{Q}\hat{\boldsymbol{f}}\|^2=\|\hat{\boldsymbol{f}}\|^2$ 表示得到的解 $\hat{\boldsymbol{f}}$ 的能量最小，避免产生的解出现过大的波动，此时具体的解简化为

$$\hat{\boldsymbol{f}}=(\boldsymbol{H}^{\mathrm{T}}\boldsymbol{H}+\gamma\boldsymbol{I})^{-1}\boldsymbol{H}^{\mathrm{T}}\boldsymbol{g} \tag{5.96}$$

更简单的情况是当 $\gamma=0$ 时，式（5.96）退化为无约束情况的图像复原，如式（5.91）所示。可见无约束最小二乘方复原是有约束最小二乘方复原的特殊情况。

如前所述，式（5.95）或者式（5.96）是在空间域上进行图像复原的理论方法，由于矩阵或向量的维数巨大，实际上很难直接用上述方法求解，通常需要类似于逆滤波方法，转换到频率域中进行处理。

5.3.2　维纳滤波复原

如前所述，式（5.94）是一种基本的有约束图像复原的表达式，选择不同的线性算子 $\boldsymbol{Q}$ 就得到不同类型的最小二乘方滤波复原方法。如选用和 $\boldsymbol{R}_f$（堆叠图像 $\boldsymbol{f}$ 的相关矩阵）、$\boldsymbol{R}_n$（堆叠噪声

$\boldsymbol{n}$ 的相关矩阵）有关的 $\boldsymbol{Q}$，就可以得到维纳滤波的复原方法；如选用和拉普拉斯算子相关的 $\boldsymbol{Q}$，就可以得到最大平滑的复原滤波方法。

在维纳滤波复原中，选择 $\boldsymbol{Q}=\boldsymbol{R}_f^{-\frac{1}{2}}\boldsymbol{R}_n^{\frac{1}{2}}$ ，其中 $\boldsymbol{R}_f$ 和 $\boldsymbol{R}_n$ 可以分别表示为

$$\boldsymbol{R}_f=\mathrm{E}[\boldsymbol{f}\cdot\boldsymbol{f}^{\mathrm{T}}]\text{和}\boldsymbol{R}_n=\mathrm{E}[\boldsymbol{n}\cdot\boldsymbol{n}^{\mathrm{T}}] \tag{5.97}$$

$\boldsymbol{R}_f$ 的第 i 行第 j 列元素是 $\mathrm{E}[f_i f_j]$，表示图像 $\boldsymbol{f}$ 的第 i 个和第 j 个元素相关。$\boldsymbol{R}_n$ 的第 i 行第 j 列元素是 $\mathrm{E}[n_i n_j]$，表示噪声 $\boldsymbol{n}$ 的第 i 个和第 j 个元素相关。因为图像 $\boldsymbol{f}$ 和噪声 $\boldsymbol{n}$ 的每个元素值都是实数，所以 $\boldsymbol{R}_f$ 和 $\boldsymbol{R}_n$ 都是实对称矩阵。在大部分图像中，邻近的像素点是高度相关的，而距离较远的像素其相关性较弱。因此，典型的相关矩阵只在主对角线方向上有一条非零元素带，而在右上角和左下角的区域多为零值或接近零值。

当像素的相关性只是它们相互距离而不是位置的函数时（默认图像和噪声的平稳性），可近似将 $\boldsymbol{R}_f$ 和 $\boldsymbol{R}_n$ 用块循环矩阵表示，根据块循环矩阵的对角化方法，可以写成

$$\boldsymbol{R}_f=\boldsymbol{W}\boldsymbol{D}_f\boldsymbol{W}^{-1}\text{和}\boldsymbol{R}_n=\boldsymbol{W}\boldsymbol{D}_n\boldsymbol{W}^{-1} \tag{5.98}$$

在这种情况下，根据块循环矩阵对角化的原理，用于对角化的 $\boldsymbol{W}$ 矩阵和被对角化的矩阵数据 $\boldsymbol{R}_f$ 或 $\boldsymbol{R}_n$ 无关，只和数据矩阵的尺寸有关，对 $\hat{\boldsymbol{f}}$ 约束后为

$$\boldsymbol{Q}\hat{\boldsymbol{f}}=\sqrt{\boldsymbol{R}_f^{-1}}\cdot\sqrt{\boldsymbol{R}_n}\cdot\hat{\boldsymbol{f}}=\boldsymbol{W}\sqrt{\boldsymbol{D}_f^{-1}}\boldsymbol{W}^{-1}\boldsymbol{W}\sqrt{\boldsymbol{D}_n}\boldsymbol{W}^{-1}\hat{\boldsymbol{f}}=\boldsymbol{W}\sqrt{\boldsymbol{D}_f^{-1}}\sqrt{\boldsymbol{D}_n}\boldsymbol{W}^{-1}\hat{\boldsymbol{f}} \tag{5.99}$$

其中，$\sqrt{\boldsymbol{X}}$ 表示对矩阵 $\boldsymbol{X}$ 的每个元素进行平方根运算，$\sqrt{\boldsymbol{R}_f^{-1}}=\boldsymbol{W}\sqrt{\boldsymbol{D}_f^{-1}}\boldsymbol{W}^{-1}$，$\sqrt{\boldsymbol{R}_n^{-1}}=\boldsymbol{W}\sqrt{\boldsymbol{D}_n^{-1}}\boldsymbol{W}^{-1}$，$\boldsymbol{D}_f$ 和 $\boldsymbol{D}_n$ 分别对应于 $\boldsymbol{R}_f$ 和 $\boldsymbol{R}_n$ 相应的对角矩阵，根据循环矩阵对角化的性质可知，$\boldsymbol{D}_f$ 和 $\boldsymbol{D}_n$ 中的对角诸元素分别为 $\boldsymbol{R}_f$ 和 $\boldsymbol{R}_n$ 中诸元素的傅里叶变换，并用 $S_f(u,v)$ 和 $S_n(u,v)$ 表示，它们分别是信号和噪声的功率谱。

式（5.99）两端乘 $\boldsymbol{W}^{-1}$，并令列矢量 $\boldsymbol{Q}\hat{\boldsymbol{f}}$ 表示受约束后的 $\hat{\boldsymbol{f}}$，则有

$$\boldsymbol{W}^{-1}\boldsymbol{Q}\hat{\boldsymbol{f}}=\sqrt{\boldsymbol{D}_f^{-1}}\sqrt{\boldsymbol{D}_n}\boldsymbol{W}^{-1}\hat{\boldsymbol{f}} \tag{5.100}$$

现在，我们已经习惯将 $\boldsymbol{W}^{-1}\boldsymbol{X}$ 的元素直接看成是 $\boldsymbol{X}$ 的傅里叶变换，将 $\boldsymbol{D}_y$ 的元素直接看成是 $\boldsymbol{Y}$ 的傅里叶变换。因此，上式中 $\boldsymbol{W}^{-1}\hat{\boldsymbol{f}}$ 的元素就是 $\hat{F}(u,v)$，$\sqrt{\boldsymbol{D}_f^{-1}}\sqrt{\boldsymbol{D}_n}$ 为两个对角矩阵相乘，其中 $\sqrt{\boldsymbol{D}_f^{-1}}$ 和 $\sqrt{\boldsymbol{D}_n}$ 的对角元素分别为 $\sqrt{\boldsymbol{R}_f^{-1}}$ 和 $\sqrt{\boldsymbol{R}_n}$ 的傅里叶变换 $\sqrt{S_f^{-1}(u,v)}$ 和 $\sqrt{S_n(u,v)}$，则 $\sqrt{\boldsymbol{D}_f^{-1}}\sqrt{\boldsymbol{D}_n}$ 的对角元素就是这两者的乘积 $\sqrt{S_f^{-1}(u,v)}\sqrt{S_n(u,v)}$。因此 $\boldsymbol{Q}\hat{\boldsymbol{f}}$ 矢量中每一个元素 $J(u,v)$ 都可以写成傅里叶变换的形式。

$$J(u,v)=\sqrt{\frac{S_n(u,v)}{S_f(u,v)}}\cdot\hat{F}(u,v) \tag{5.101}$$

上式 $\sqrt{\dfrac{S_n(u,v)}{S_f(u,v)}}$ 表示噪声和信号的功率谱之比，即通常所用信噪比的倒数，此值越小，表明

该频率上的信噪比越大。用 $\boldsymbol{Q}$ 算子对估计图像 $\hat{\boldsymbol{f}}$ 进行约束，其结果使所产生的估计图像在所有的频率上信噪比最大。

套用式（5.95）的结果 $\hat{\boldsymbol{f}}=(\boldsymbol{H}^{\mathrm{T}}\boldsymbol{H}+\gamma\boldsymbol{Q}^{\mathrm{T}}\boldsymbol{Q})^{-1}\boldsymbol{H}^{\mathrm{T}}\boldsymbol{g}$，其中

$$\begin{aligned}\boldsymbol{Q}^{\mathrm{T}}\boldsymbol{Q}&=(\sqrt{\boldsymbol{R}_f^{-1}\boldsymbol{R}_n})^{\mathrm{T}}(\sqrt{\boldsymbol{R}_f^{-1}\boldsymbol{R}_n})=\sqrt{\boldsymbol{R}_n}\sqrt{\boldsymbol{R}_f^{-1}}\sqrt{\boldsymbol{R}_f^{-1}}\sqrt{\boldsymbol{R}_n}=\sqrt{\boldsymbol{R}_n}\boldsymbol{R}_f^{-1}\sqrt{\boldsymbol{R}_n}=\\&\boldsymbol{W}\sqrt{\boldsymbol{D}_n}\boldsymbol{W}^{-1}\boldsymbol{W}\boldsymbol{D}_f^{-1}\boldsymbol{W}^{-1}\boldsymbol{W}\sqrt{\boldsymbol{D}_n}\boldsymbol{W}^{-1}=\boldsymbol{W}\boldsymbol{D}_f^{-1}\boldsymbol{D}_n\boldsymbol{W}^{-1}\end{aligned}\tag{5.102}$$

由于 $\boldsymbol{D}_n$、$\boldsymbol{D}_f^{-1}$ 都是对角阵，其连乘和顺序无关，因此

$$\boldsymbol{Q}^{\mathrm{T}}\boldsymbol{Q}=\boldsymbol{W}\boldsymbol{D}_f^{-1}\boldsymbol{D}_n\boldsymbol{W}^{-1}\tag{5.103}$$

再由式（5.43）和式（5.45）可知

$$\boldsymbol{H}^{\mathrm{T}}\boldsymbol{H}=(\boldsymbol{W}\boldsymbol{D}^*\boldsymbol{W}^{-1})(\boldsymbol{W}\boldsymbol{D}\boldsymbol{W}^{-1})=\boldsymbol{W}\boldsymbol{D}^*\boldsymbol{D}\boldsymbol{W}^{-1}\tag{5.104}$$

式中“*”表示求共轭运算。把式（5.103）和式（5.104）代入式（5.95），可得

$$\hat{\boldsymbol{f}}=(\boldsymbol{W}\boldsymbol{D}^*\boldsymbol{D}\boldsymbol{W}^{-1}+\gamma\boldsymbol{W}\boldsymbol{D}_f^{-1}\boldsymbol{D}_n\boldsymbol{W}^{-1})^{-1}\boldsymbol{W}\boldsymbol{D}^*\boldsymbol{W}^{-1}\boldsymbol{g}\tag{5.105}$$

上式两边乘以 $\boldsymbol{W}^{-1}$，得到

$$\boldsymbol{W}^{-1}\hat{\boldsymbol{f}}=(\boldsymbol{D}^*\boldsymbol{D}+\gamma\boldsymbol{D}_f^{-1}\boldsymbol{D}_n)^{-1}\boldsymbol{D}^*\boldsymbol{W}^{-1}\boldsymbol{g}\tag{5.106}$$

可以看出，括号内的矩阵都是对角矩阵。式（5.106）中各元素可以写成以下频域表达式

$$\hat{F}(u,v)=\left[\frac{H^*(u,v)}{H^*(u,v)H(u,v)+\gamma(S_n(u,v)/S_f(u,v))}\right]G(u,v)\tag{5.107}$$

下面讨论式（5.107）的几种情况。

（1）式（5.107）本质上是在信噪比最大化约束条件下的最小二乘方复原滤波器。

（2）如果 $\gamma=1$，方括号内的项被称为维纳滤波器。需要指出的是，当 $\gamma=1$ 时，并不是在约束条件下得到的最佳解，此时并不一定满足约束条件 $\|\boldsymbol{g}-\boldsymbol{H}\hat{\boldsymbol{f}}\|^2=\|\boldsymbol{n}\|^2$。但它在 $\mathrm{E}[f(x,y)-\hat{f}(x,y)]^2$ 最小化的意义下是最优的，即残差图像的均方误差最小，满足维纳滤波器的均方误差最小的定义。如 γ 为变数，则称为参变维纳滤波器。

（3）无噪声时，$S_n(u,v)=0$。式（5.107）退化成逆滤波器。因此，逆滤波器可看成是维纳滤波器的一种特殊情况。可以这样来理解，维纳滤波器是在有噪声存在的情况下，在统计意义上对逆滤波器传递函数的修正，提供了在有噪声情况下的均方意义上的最佳复原。

（4）当无信号时，这时滤波器完全截止，阻止噪声通过。

（5）利用式（5.107）进行图像复原，需要了解图像和噪声的功率谱密度 $S_f(u,v)$、$S_n(u,v)$ 等。实际上，对随机噪声统计性质的了解往往是十分困难的，一般都假设为白噪声，即功率谱密度为一常数，并且与图像不相关。此时 $S_n(u,v)$ 等于在零点时的谱密度 $S_n(0,0)$，可由噪声的相关函数 $R_n(x,y)$ 获得

$$S_n(u,v)\approx S_n(0,0)=\int_{-\infty}^{\infty}\int_{-\infty}^{\infty}R_n(x,y)\mathrm{d}x\mathrm{d}y\tag{5.108}$$

（6）当 $S_f(u,v)$和 $S_n(u,v)$统计性质未知时，式（5.101）可以用下式近似

$$\hat{F}(u,v) \approx \left[\frac{H^*(u,v)}{|H(u,v)|^2 + K} \right] G(u,v) \tag{5.109}$$

式中 K 是噪声对信号的频谱密度之比。此时，可得到降质图像在一定程度上的复原，但得不到最佳复原。

图 5.7 为维纳滤波图像复原的一例，其中图 5.7（a）是原始图像，图 5.7（b）是加了白噪声以后的降质图像，图 5.7（c）是用维纳滤波器对图 5.7(b)进行滤波复原以后的图像，可以看出，复原以后的峰值信噪比（PSNR）提高了 4 dB 以上。

(a) 原始图像　(b) 加噪模糊图像（22 dB）　(c) 复原后图像（26 dB）

图 5.7　维纳滤波图像复原

5.3.3　功率谱均衡复原

上面我们从最小二乘原则出发，推导出使原图像与估计图像的均方误差最小的维纳滤波图像复原。实际上，还可以根据其他对图像特性的合理要求为准则进行复原，如使估计图像 $\hat{f}(x,y)$ 的功率谱 $\hat{S}_f(u,v)$ 与原图像 $f(x,y)$的功率谱 $S_f(u,v)$相等，即由

$$\hat{S}_f(u,v) = S_f(u,v) \tag{5.110}$$

导出功率谱均衡（Power Spectrum Equalization）复原滤波器。

从降质图像 $g(x,y)$得出复原的估计图像 $\hat{f}(x,y)$ 过程中，复原滤波器的恢复转移函数 $M(u,v)$、估计图像的功率谱 $\hat{S}_f(u,v)$ 、降质图像的功率谱 $S_g(u,v)$ 之间的关系可表示如下。

$$\hat{S}_f(u,v) = |M(u,v)|^2 S_g(u,v) \tag{5.111}$$

根据图像退化的降质模型和功率谱的定义可知，

$$\begin{aligned} S_g(u,v) = \mathrm{E}\{G(u,v)G^*(u,v)\} = \\ \mathrm{E}\{[H(u,v)F(u,v)+N(u,v)][H(u,v)F(u,v)+N(u,v)]^*\} = \\ |H(u,v)|^2 S_f(u,v) + S_n(u,v) \end{aligned} \tag{5.112}$$

把上式代入式（5.111），可得

$$|M(u,v)| = \sqrt{\frac{\hat{S}_f(u,v)}{S_g(u,v)}} = \sqrt{\frac{\hat{S}_f(u,v)}{|H(u,v)|^2 S_f(u,v) + S_n(u,v)}} \tag{5.113}$$

根据功率谱均衡复原滤波器的要求 $\hat{S}_f(u,v) = S_f(u,v)$，代入上式，可得

$$|M(u,v)| = \sqrt{\frac{1}{|H(u,v)|^2 + S_n(u,v) / S_f(u,v)}} \tag{5.114}$$

因此，功率谱均衡复原图像频谱的各元素可以写成

$$\hat{F}(u,v) = \sqrt{\frac{1}{|H(u,v)|^2 + S_n(u,v) / S_f(u,v)}} \cdot G(u,v) \tag{5.115}$$

上式与维纳滤波器相比，除分子相差一项 $H(u,v)$之外，它们之间基本相似，同样需要预先知道功率谱 $S_f(u,v)$和 $S_n(u,v)$。当无噪声时，这两种滤波器都简化为逆滤波器；当无信号时，这两种滤波器都完全截止。

它们的不同是在 $H(u,v)=0$ 处，维纳滤波器恢复转移函数强迫响应为零，而功率谱均衡复原滤波器恢复转移函数则不等于零。功率谱均衡滤波器在靠近 $H(u,v)=0$ 处有较高的增益，这就使复原出的图像比维纳滤波有更多的细微结构。当然，从均方意义上说，这样的细微结构并不是最佳的。但实验表明，人的视觉系统并不是最小均方处理器，因此，人们更愿意用功率谱均衡复原出图像。而且对于较低信噪比的图像，用功率谱均衡复原比相应的维纳滤波使图像更锐化。

5.3.4　平滑约束复原

维纳滤波和功率谱均衡滤波复原都是一种统计意义上的复原方法。维纳滤波的最佳准则是以图像和噪声的相关矩阵为基础的，所得到的结果是对一组图像在平均的意义上是最佳的，同时要求图像和噪声都属于平稳随机场，并且它的频谱密度是已知的。但是在实际情况中，人们往往缺少这一方面的先验知识，一般只能采用适当的功率谱模型来近似。

由于图像不是一个任意的数据矩阵，它反映的是自然界实际的场景，因此数据间的变化是比较平缓的，突然的变化较少，陡峭的剧变极少。根据图像数据的这一特性，我们有理由要求所估计的图像数据是平滑过渡的，是施加了平滑约束（Smoothness Constraints）的。平滑约束最小二乘方复原是一种以平滑度为基础的图像复原方法，如使估计图像数据的二阶导数最小。它只需要知道有关噪声的均值和方差等先验知识就可对每个给定的图像得到最优结果。这意味着在用该方法复原过程中，对每个给定的图像都是最佳的。

平滑约束最小二乘方复原仍然是以有约束最小二乘方滤波复原式（5.94）为基础的，关键是如何选择合适的约束算子矩阵 $\boldsymbol{Q}$。

在图像平滑约束复原中，一般选择图像的拉普拉斯算子作为其二阶导数的衡量，因为它不涉

及一般导数的方向性，相对比较简单。设估计图像 $\hat{f}(x,y)$ 在(x,y)处的拉普拉斯算子（二阶导数）可用以下差分式近似。

$$\frac{\partial^2 \hat{f}}{\partial x^2}+\frac{\partial^2 \hat{f}}{\partial y^2}\approx 4\hat{f}(x,y)-\left[\hat{f}(x+1,y)+\hat{f}(x-1,y)+\hat{f}(x,y+1)+\hat{f}(x,y-1)\right] \tag{5.116}$$

上式结果可用 $\hat{f}(x,y)$ 与下面的二维算子 $p(x,y)$卷积得到

$$p(x,y)=\begin{bmatrix}0 & -1 & 0\\ -1 & 4 & -1\\ 0 & -1 & 0\end{bmatrix} \tag{5.117}$$

按照式（5.94）的准则函数，$\|\boldsymbol{Q}\hat{\boldsymbol{f}}\|^2$ 中 $\hat{\boldsymbol{f}}$ 是 MN 维的列矢量，$\boldsymbol{Q}$ 是 $MN\times MN$ 维的分块循环矩阵，又称之为平滑矩阵。

$$\boldsymbol{Q}=\begin{bmatrix}\boldsymbol{q}_0 & \boldsymbol{q}_{M-1} & \cdots & \boldsymbol{q}_1\\ \boldsymbol{q}_1 & \boldsymbol{q}_0 & \cdots & \boldsymbol{q}_2\\ \vdots & \vdots & \ddots & \vdots\\ \boldsymbol{q}_{M-1} & \boldsymbol{q}_{M-2} & \cdots & \boldsymbol{q}_0\end{bmatrix} \tag{5.118}$$

为了满足矩阵运算的要求，将 $p(x,y)$矩阵补零后形成 $N\times N$ 维 $p_e(x,y)$矩阵，上式中每个子矩阵 $\boldsymbol{q}_j$ 是 $p_e(x,y)$矩阵的第 j 行组成的 $N\times N$ 维的循环矩阵，即

$$\boldsymbol{q}_j=\begin{bmatrix}p_e(j,0) & p_e(j,N-1) & \cdots & p_e(j,1)\\ p_e(j,1) & p_e(j,0) & \cdots & p_e(j,2)\\ \vdots & \vdots & \ddots & \vdots\\ p_e(j,N-1) & p_e(j,N-2) & \cdots & p_e(j,0)\end{bmatrix},\quad j=0,1,\cdots,M-1 \tag{5.119}$$

重写式（5.95）最优解的结果如下

$$\hat{\boldsymbol{f}}=(\boldsymbol{H}^{\mathrm{T}}\boldsymbol{H}+\gamma\boldsymbol{Q}^{\mathrm{T}}\boldsymbol{Q})^{-1}\boldsymbol{H}^{\mathrm{T}}\boldsymbol{g} \tag{5.120}$$

参照前面的对角化方法可得

$$\hat{\boldsymbol{f}}=(\boldsymbol{W}\boldsymbol{D}^*\boldsymbol{D}\boldsymbol{W}^{-1}+\gamma\boldsymbol{W}\boldsymbol{D}_Q^*\boldsymbol{D}_Q\boldsymbol{W}^{-1})^{-1}\boldsymbol{W}\boldsymbol{D}^*\boldsymbol{W}^{-1}\boldsymbol{g} \tag{5.121}$$

上式两边左乘以 $\boldsymbol{W}^{-1}$，得到

$$\boldsymbol{W}^{-1}\hat{\boldsymbol{f}}=(\boldsymbol{D}^*\boldsymbol{D}+\gamma\boldsymbol{D}_Q^*\boldsymbol{D}_Q)^{-1}\boldsymbol{D}^*\boldsymbol{W}^{-1}\boldsymbol{g} \tag{5.122}$$

对应复原图像频谱中的每一个元素，可表示成

$$\hat{F}(u,v)=\left[\frac{H^*(u,v)}{|H(u,v)|^2+\gamma|Q(u,v)|^2}\right]G(u,v) \tag{5.123}$$

上式中 $u=0,1,\cdots,N-1$，$v=0,1,\cdots,N-1$，$Q(u,v)$是用 $\boldsymbol{Q}$ 实现高通滤波器的传输函数，$Q(u,v)=-4\pi$

（u^2+v^2）。在形式上与维纳滤波器有些相似，主要区别是这里除了对噪声均值和方差的估计外不需要其他统计参数的知识。与维纳滤波器要求一样，γ 是一个调节参数，控制着对估计图像施加光滑性约束的强度。

图像复原是一个由降质图像反求原图像的病态反问题，常常出现无解、无穷多解或对计算精度异常敏感的不切实际的解。因此在上述的平滑约束图像复原中，我们对估计图像求解采用式（5.118）的 $\boldsymbol{Q}$ 算子的约束。在这种平滑约束的情况下，我们所获得的最优解 $\hat{\boldsymbol{f}}$ 是经拉普拉斯滤波后其能量之和最小的一幅图像。拉普拉斯滤波的结果表示图像的跳变分量大小，即高频分量。我们选择了跳变分量最少、可以有效避免在图像复原中出现的病态解，使得到的结果更加符合实际图像具有高度相关、以中低频能量为主的特性。

5.4　非线性图像复原

维纳滤波、功率谱均衡、平滑滤波复原等方法都要求图像降质模型是线性、位移不变系统，噪声和图像是叠加关系。但在实际中，大多数图像降质系统不是真正线性移不变的，或多或少包含了非线性因素，噪声也并非真正的加性噪声。因此，前面我们用线性系统的复原方法处理时，只是一种近似，或者在较小的空间范围、频谱范围或灰度动态范围内，其特性基本上符合线性要求。

近来，多种考虑到图像系统中的非线性因素，使图像复原更加切合实际的非线性图像复原的方法得到了广泛研究，获得了良好的效果。如最大后验概率复原、最大熵复原等就是比较典型的代表。

5.4.1　最大后验概率复原

如果将图像复原问题看成是一个基于样本（降质图像）求解原图像的估计问题，这就是统计意义下图像的最大后验（MAP，Maximum A Posterior）估计复原。将原始图像 $f(x,y)$ 和观测到的降质图像 $g(x,y)$ 都看成二维随机场，在已知 $g(x,y)$ 的前提下，对 $f(x,y)$ 进行种种估计，求出后验概率密度函数 $P(f(x,y)|g(x,y))$，当 $P(f(x,y)|g(x,y))$ 为最大值时所对应的 $\hat{f}(x,y)$ 代表在已知降质图像 $g(x,y)$ 时最有可能的原始图像 $f(x,y)$，即 $\hat{f}(x,y)$ 是 $f(x,y)$ 的最大后验估计。

把图像 $f(x,y)$、$g(x,y)$ 堆叠成列向量 $\boldsymbol{f}$、$\boldsymbol{g}$，根据贝叶斯准则可知 $P(\boldsymbol{f}\,|\,\boldsymbol{g})P(\boldsymbol{g}) = P(\boldsymbol{g}\,|\,\boldsymbol{f})P(\boldsymbol{f})$。因此，求后验概率 $P(\boldsymbol{f}\,|\,\boldsymbol{g})$ 的最大值等效于求下式的最大值，即

$$\max_{f} P(\boldsymbol{f}\,|\,\boldsymbol{g}) = \max_{f} \frac{P(\boldsymbol{g}\,|\,\boldsymbol{f})P(\boldsymbol{f})}{P(\boldsymbol{g})} = C\max_{f} P(\boldsymbol{g}\,|\,\boldsymbol{f})P(\boldsymbol{f}) \tag{5.124}$$

其中降质图像的分布 $P(\boldsymbol{g})$ 独立于最优化问题，可看成与 $\boldsymbol{f}$ 无关的常数，对最大后验估值的影响用常数 C 表示。为了求解式（5.124），忽略常数，采用对求极值等效的对数运算，对式（5.124）

取对数后再求偏导，使其为零。

$$\frac{\partial}{\partial \boldsymbol{f}}\left[\ln P(\boldsymbol{g} \mid \boldsymbol{f})\right]+\frac{\partial}{\partial \boldsymbol{f}}\left[\ln P(\boldsymbol{f})\right]=0 \tag{5.125}$$

解出其中的$\boldsymbol{f}$即满足要求。为此，考虑先前的降质模型，即

$$\boldsymbol{g}=\boldsymbol{H f}+\boldsymbol{n} \tag{5.126}$$

$\boldsymbol{H}$是线性模型的循环矩阵。为了简单起见，最大后验图像复原把图像看成是一个平稳随机场，并服从多维高斯分布，只需要均值和方差参数就可以确定。

设系统噪声$\boldsymbol{n}$满足零均值的N维高斯分布，即

$$P(\boldsymbol{n})=\frac{1}{\sqrt{(2\pi)^{N}\mid \boldsymbol{C}_{nn}\mid}}\exp[-\frac{1}{2}\boldsymbol{n}^{\mathrm{T}}\boldsymbol{C}_{nn}^{-1}\boldsymbol{n}] \tag{5.127}$$

其中$\boldsymbol{C}_{nn}=E[\boldsymbol{n}\cdot\boldsymbol{n}^{\mathrm{T}}]$是$\boldsymbol{n}$的协方差矩阵。

由于$\boldsymbol{n}$的均值为0，式（5.126）中$\boldsymbol{Hf}$的均值可以看成是$\boldsymbol{g}$的均值。这样在$\boldsymbol{f}$的分布为已知的条件下，$\boldsymbol{g}$的随机性是由$\boldsymbol{n}$决定的，即$\boldsymbol{C}_{gg}=E[\boldsymbol{g}\cdot\boldsymbol{g}^{\mathrm{T}}]=E[\boldsymbol{n}\cdot\boldsymbol{n}^{\mathrm{T}}]=\boldsymbol{C}_{nn}$，$P(\boldsymbol{g}|\boldsymbol{f})$和$P(\boldsymbol{n})$具有相同的分布类型，即

$$P(\boldsymbol{g}\mid \boldsymbol{f})=\frac{1}{\sqrt{(2\pi)^{N}\mid \boldsymbol{C}_{nn}\mid}}\exp[-\frac{1}{2}(\boldsymbol{g}-\boldsymbol{H f})^{\mathrm{T}}\boldsymbol{C}_{nn}^{-1}(\boldsymbol{g}-\boldsymbol{H f})] \tag{5.128}$$

不考虑常数，上式对$\boldsymbol{f}$求偏导可得

$$\frac{\partial}{\partial \boldsymbol{f}}\left[\ln P(\boldsymbol{g}\mid \boldsymbol{f})\right]=\frac{\partial(\boldsymbol{H f})}{\partial \boldsymbol{f}}\boldsymbol{C}_{nn}^{-1}\left(\boldsymbol{g}-\boldsymbol{H f}\right)=\boldsymbol{H}^{\mathrm{T}}\boldsymbol{C}_{nn}^{-1}(\boldsymbol{g}-\boldsymbol{H f}) \tag{5.129}$$

另外，图像中各像素的灰度也可以认为是正态分布，设均值为$\boldsymbol{m}_f=\mathrm{E}[\boldsymbol{f}]$，方差为$\boldsymbol{C}_{ff}=E[\boldsymbol{f}\cdot\boldsymbol{f}^{\mathrm{T}}]$，则$\boldsymbol{f}$的概率密度函数为

$$P(\boldsymbol{f})=\frac{1}{\sqrt{(2\pi)^{N}\mid \boldsymbol{C}_{ff}\mid}}\exp[-\frac{1}{2}(\boldsymbol{f}-\boldsymbol{m}_{f})^{\mathrm{T}}\boldsymbol{C}_{ff}^{-1}(\boldsymbol{f}-\boldsymbol{m}_{f})] \tag{5.130}$$

于是有

$$\frac{\partial}{\partial \boldsymbol{f}}\left[\ln P(\boldsymbol{f})\right]=-\boldsymbol{C}_{ff}^{-1}(\boldsymbol{f}-\boldsymbol{m}_{f}) \tag{5.131}$$

把式（5.129）和式（5.131）代入式（5.125），得到

$$\boldsymbol{H}^{\mathrm{T}}\boldsymbol{C}_{nn}^{-1}(\boldsymbol{g}-\boldsymbol{H f})-\boldsymbol{C}_{ff}^{-1}(\boldsymbol{f}-\boldsymbol{m}_{f})=0 \tag{5.132}$$

如果事前通过简单的处理使$\boldsymbol{f}$的均值$\boldsymbol{m}_f$为0，上式可解得

$$\hat{\boldsymbol{f}}=(\boldsymbol{C}_{ff}^{-1}+\boldsymbol{H}^{\mathrm{T}}\boldsymbol{C}_{nn}^{-1}\boldsymbol{H})^{-1}\boldsymbol{H}^{\mathrm{T}}\boldsymbol{C}_{nn}^{-1}\boldsymbol{g} \tag{5.133}$$

由此式求恢复图像$\hat{\boldsymbol{f}}$，可以通过迭代或其他方法求解，但计算量巨大，寻找较简单的迭代方法仍然值得研究。

我们将式（5.133）和有约束最小二乘方的结果 $\hat{\boldsymbol{f}}=(\boldsymbol{H}^{\mathrm{T}}\boldsymbol{H}+\gamma\boldsymbol{Q}^{\mathrm{T}}\boldsymbol{Q})^{-1}\boldsymbol{H}^{\mathrm{T}}\boldsymbol{g}$ 相比较，就会发现：如果噪声 $\boldsymbol{n}$ 为 N 维独立高斯分布随机场，式（5.133）中的协方差矩阵 $\boldsymbol{C}_{nn}^{-1}$ 为单位矩阵，将不起作用；考虑维纳滤波复原中的约束算子 $\boldsymbol{Q}=\boldsymbol{R}_f^{-\frac{1}{2}}\boldsymbol{R}_n^{\frac{1}{2}}$ 相当于这里的 $\boldsymbol{Q}=\boldsymbol{C}_{ff}^{-\frac{1}{2}}\boldsymbol{C}_{nn}^{\frac{1}{2}}$，$\boldsymbol{Q}$ 是对称算子，$\boldsymbol{Q}^{\mathrm{T}}\boldsymbol{Q}=\boldsymbol{C}_{ff}^{-1}\boldsymbol{C}_{nn}$，考虑 $\boldsymbol{C}_{nn}^{-1}$ 为单位矩阵，式（5.133）中图像的协方差矩阵 $\boldsymbol{C}_{ff}^{-1}$ 相当于约束项 $\gamma\boldsymbol{Q}^{\mathrm{T}}\boldsymbol{Q}$。可见，在这种情况下，MAP 方法和最小二乘方复原方法是一致的。

最后，注意到在式（5.124）中，如果我们得不到 $\boldsymbol{f}$ 的分布信息，或简单地将 $\boldsymbol{f}$ 作为均匀分布来处理，则此时的最大后验概率复原就成为最大似然估计（ML，Maximum Likelihood）的复原方法，复原计算将得到简化。

$$\max_f P(\boldsymbol{f}\mid\boldsymbol{g})=\max_f\frac{P(\boldsymbol{g}\mid\boldsymbol{f})P(\boldsymbol{f})}{P(\boldsymbol{g})}=C\max_f P(\boldsymbol{g}\mid\boldsymbol{f}) \tag{5.134}$$

5.4.2　最大熵复原

最大熵（Entropy）复原是在图像复原过程中加最大熵约束的方法，是一种典型的非线性复原方法。该方法要求恢复的图像在满足一系列成像公式的前提下其图像熵最大。即在图像恢复问题的所有可行解中，选择熵最大的那一个作为最终的复原图像解。

相对于传统线性方法，最大熵复原方法的优点在于不需要对图像先验知识做更多假设，可在抑制噪声和恢复图像细节之间取得较好的平衡，获得比线性恢复方法更好的效果。另外，大多数的最大熵复原方法还可以恢复残缺（不完全数据）图像。但最大熵算法作为一种非线性方法，求解最大熵是比较困难的，通常只能用非常耗时的迭代方法，计算量大，这也限制了它在一些领域的实际应用。因此，寻找高效、快速、稳定的算法一直是最大熵图像复原研究的主要内容之一。

根据信息论原理，熵的大小是表征随机变量集合（信源）随机程度的统计平均值。设有一个包含 M 个随机变量的集合，最小的随机情况是某一随机变量出现的概率为 1，其他随机变量出现的概率为 0，这个随机变量的结果是可以预知的，它的出现不是随机的，不会给我们带来任何信息量，因此，该随机变量集合的熵值为 0。最大的熵值情况是所有的随机变量是等可能性的，即等概率，每一个随机变量出现的概率皆为 $\frac{1}{M}$，此时随机变量集合的熵值最大，为 $\ln M$。一般情况下，随机变量集合的熵值在 $0\sim\ln M$ 之间。

对于一幅 $N\times N$ 大小的非负图像 $f(x,y)$，如果将图像看作是一个随机变量集合（包含 $N\times N$ 个随机变量），任一像素的灰度值表示这一点随机变量的概率。仿效随机变量熵的定义，定义其图像熵为

$$H_f=-\sum_{x=1}^{N}\sum_{y=1}^{N}f(x,y)\ln f(x,y) \tag{5.135}$$

这里有两点要注意：一是由于上面定义的 H_f 的结构类似于信息论中的熵表示，所以称为图像熵，但图像熵和我们经常用到的图像信源熵的定义是不同的，这里是一种借用；二是图像灰度和概率密度不同，它的取值范围超过 0～1 之间，但是计算出的熵值相对大小还是相同的。

从信源熵的概念出发，随机集合的熵值越大，此集合中各个随机变量的概率大小越是趋同，它们之间的差别越是小。与此类似，在式（5.135）定义的图像熵中，图像的熵值越大，说明图像中像素的灰度值越是趋同，之间的差别越是小，即图像越平滑。因此，从本质上看，图像最大熵的约束就是图像平滑的约束。

类似地，可以定义噪声的熵 H_n。但考虑到图像中噪声值可正可负，为保证图像的非负性，定义等效噪声为

$$n'(x,y)=n(x,y)+b \tag{5.136}$$

这里 b 为最大的噪声负值，保证等效噪声 n' 为正值。于是噪声熵 H_n 定义为

$$H_n=-\sum_{x=1}^{N}\sum_{y=1}^{N}n'(x,y)\ln n'(x,y) \tag{5.137}$$

定义了图像熵和噪声熵以后，图像最大熵复原问题就是求图像熵和噪声熵加权之和的极大值问题。此时，加权熵可写为

$$H=H_f+\rho H_n \tag{5.138}$$

加权熵 H 实际上是一个用于优化（求极大值）的准则函数，H_f 为图像熵，H_n 为噪声熵，ρ 为加权系数，用以调整对噪声熵的强调，ρ 值大，噪声熵 H_n 对总量 H 的贡献也大，对噪声的平滑要求加强，结果对噪声的平滑作用远远超过对图像的平滑。这也是符合实际情况的，在复原中不能对图像进行过分平滑，否则会损失大量的图像细节。

在用拉各朗日法对式（5.138）求极值的过程中还要增加具体的约束条件。

第一个约束条件为

$$E=\sum_{x=1}^{N}\sum_{y=1}^{N}f(x,y) \tag{5.139}$$

这一约束条件的基础是默认图像的灰度值之和是一个常数，即在优化的过程中始终保持图像的灰度和不变，这相当于随机集合所有元素概率之和为 1 的准则。

第二个约束是图像的降质函数 $h(x,y)$ 为线性位移不变系统，降质图像 $g(x,y)$ 为 $h(x,y)$ 和原图像 $f(x,y)$ 的卷积，外加噪声 $n'(x,y)-b$，即

$$g(x,y)=\sum_{m=0}^{N-1}\sum_{n=0}^{N-1}h(x-m,y-n)f(m,n)+n'(x,y)-b \tag{5.140}$$

式中，$x,y=0,1,\cdots,N-1$。

最大熵复原就是在满足式（5.139）和式（5.140）图像降质模型的约束条件下，使恢复后的图像熵和噪声熵的加权和达到最大。利用求条件极值的拉格朗日乘子法，引入函数

$$R = H_f + \rho H_n + \sum_{x=0}^{N-1}\sum_{y=0}^{N-1}\lambda_{xy}\left(\sum_{m=0}^{N-1}\sum_{n=0}^{N-1}h(x-m,y-n)f(m,n)+n'(x,y)-b-g(x,y)\right)+$$

$$\beta\left\{\sum_{m=0}^{N-1}\sum_{n=0}^{N-1}f(m,n)-E\right\} \tag{5.141}$$

式中 $\lambda_{xy}(x,y=0,1,\cdots,N-1)$和 β 是 N^2+1 个拉格朗日乘子，ρ 是加权因子，用来设置 H_f和 H_n 相互之间的比例。分别用 f 和 n'对 R 求偏导（实际中可用差分替代），并令其等于零。

$$\frac{\partial R}{\partial f(x,y)}=0 \quad 和 \quad \frac{\partial R}{\partial n'(x,y)}=0 \tag{5.142}$$

解上述方程组，得到使 R 达到极大值的复原图像 $\hat{f}(x,y)$ 和噪声 $\hat{n}(x,y)$ 。

$$\hat{f}(m,n)=\exp\left[-1+\rho+\sum_{x=0}^{N-1}\sum_{y=0}^{N-1}\lambda_{xy}h(x-m,y-n)\right] \tag{5.143}$$

$$\hat{n}(m,n)=\exp\left[-1+\frac{\lambda_{xy}}{\rho}\right] \tag{5.144}$$

上两式中，$x,y=0,1,\cdots,N-1$。将 $\hat{f}(m,n)$ 和 $\hat{n}(m,n)$ 代入两个约束条件式（5.139）和式（5.140）中，得到 N^2+1 个关于 λ_{xy} 和 β 的非线性方程组；解此方程组便可以求得 λ_{xy} 和 β 的值，将它们代入式（5.141），从而最终可得复原图像 $\hat{f}(x,y)$ 。实验证明，当权值 $\rho=20$ 左右时，可以获得较为满意的使噪声得到平滑的图像复原结果。

5.5 图像的几何校正

图像在生成过程中，成像系统本身具有非线性或者摄像时视角不同，都会使生成的图像产生几何失真。几何失真的类型繁多，常见的几种几何失真实例如图 5.8 所示。例如，对于卫星遥感图像，产生几何失真的因素更多、更复杂。以卫星图像为例，几何失真一般可分为系统失真和非系统失真两类。系统失真是指具有规律性的、能预测的失真，如多光谱扫描镜线速不匀、检测器采样延迟造成的各波段间不配准、同一波段扫描行间的错动以及卫星前进运动造成的扫描歪斜等产生的失真。非系统失真是指由于各种随机因素或者非系统原因所造成的失真，如由于卫星飞行姿态变化、飞行高度和速度的变化以及地球自转等引起的失真。

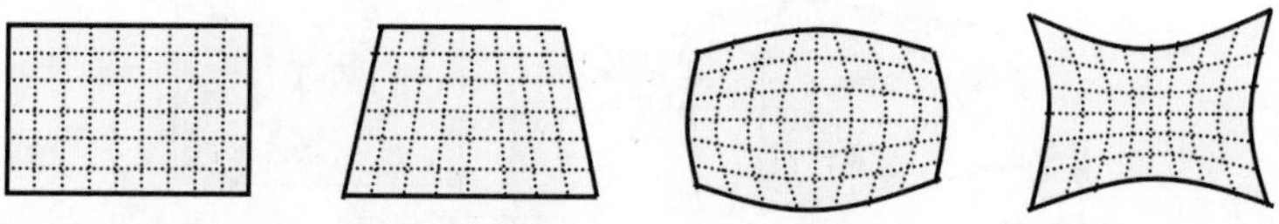

(a) 原图像　(b) 梯形失真　(c) 枕形失真　(d) 桶形失真

图 5.8 几种典型的几何失真

在对图像做定量分析时，如对于地理制图、土地利用和资源调查等，一定要对失真的图像先进行精确的几何校正（Geometric Correction）。在图像处理中，几何校正也应用广泛，如在图像配准中，要以一幅图像为基准，去校准另一幅图像的几何形状。

几何校正通常分两步进行：第一步是图像空间坐标的变换；第二步是在校正空间中处理各像素点的灰度值。

5.5.1 空间坐标的确定

图像的空间几何坐标变换是指按照一幅标准图像 $g(u,v)$ 的坐标或一组基准点校正另一幅几何失真图像 $f(x,y)$。根据两幅图像中的一些已知对应点对（又称控制点对），建立函数关系式，将失真图像的坐标系 (x,y) 变换到标准图像坐标系 (u,v)，从而实现失真图像按标准图像的几何位置校正，使 $f(x,y)$ 中的每一像素点都可在 $g(u,v)$ 中找到对应像点。实现几何坐标变换的方法很多，这里仅介绍较为常用的几种。

1．转换函数法

设原图像为 $g(u,v)$，由于种种原因，几何失真后的图像为 $f(x,y)$，则这两幅图像之间的坐标关系如图 5.9 所示，可以用下列转换函数表示。

$$\begin{cases} x = p(u,v) \\ y = q(u,v) \end{cases} \tag{5.145}$$

其中，$p(u,v)$ 和 $q(u,v)$ 分别表示将原图像中 $g(u,v)$ 点处像素的坐标映射到失真图像 $f(x,y)$ 坐标的单值映射函数。最简单的为线性映射（失真），可表示为

$$\begin{cases} x = p(u,v) = a_0 + a_1 u + a_2 v \\ y = q(u,v) = b_0 + b_1 u + b_2 v \end{cases} \tag{5.146}$$

相应的二次非线性几何失真可表示为

$$\begin{cases} x = p(u,v) = a_0 + a_1 u + a_2 v + a_3 uv + a_4 u^2 + a_5 v^2 \\ y = q(u,v) = b_0 + b_1 u + b_2 v + b_3 uv + b_4 u^2 + b_5 v^2 \end{cases} \tag{5.147}$$

还有其他类型的失真转换函数。只要已知具体的失真转换函数 $p(u,v)$ 和 $q(u,v)$，总可以由失真图像 $f(x,y)$ 通过与此相反的变换，消除几何失真，得到正确的原图像 $g(u,v)$。

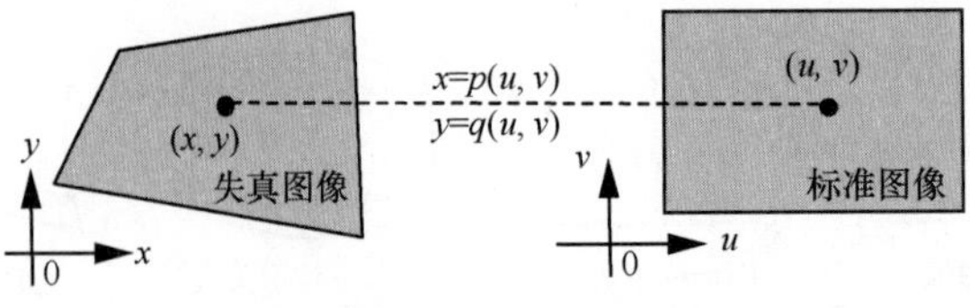

图 5.9　标准图像和失真图像之间的对应关系

2. 小三角形线性法

在实际的几何校正中，有时找不到一个适合图像的失真函数。这时，可以利用标准图像和被校正图像之间的对应点对，将图像划分成一系列小三角形区域，三角形顶点为 3 个控制点，在三角形区内满足以下线性关系。

$$\begin{cases} x = au + bv + c \\ y = du + ev + f \end{cases} \tag{5.148}$$

如图 5.10 所示，若三对控制点在两个坐标系中的位置分别为(x_1,y_1)、(x_2,y_2)、(x_3,y_3)和(u_1,v_1)、(u_2,v_2)、(u_3,v_3)，则可建立两组方程组，如下。

$$\begin{cases} x_1 = au_1 + bv_1 + c \\ x_2 = au_2 + bv_2 + c \\ x_3 = au_3 + bv_3 + c \end{cases} \quad 和 \quad \begin{cases} y_1 = du_1 + ev_1 + f \\ y_2 = du_2 + ev_2 + f \\ y_3 = du_3 + ev_3 + f \end{cases} \tag{5.149}$$

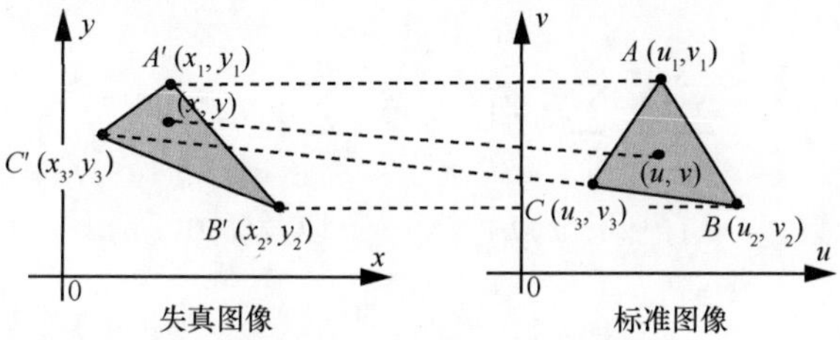

图 5.10　小三角形线性法几何校正

由这两组方程组可求出 6 个系数 a、b、c、d、e、f，再利用式（5.149）可实现三角形区内其他像点的坐标变换。对于不同的三角形，这 6 个系数的值是不相同的。这种算法计算简单，能满足一定的精度要求。由于它是以许多小范围内的线性失真处理大范围内的非线性失真，所以选择的控制点对越多，分布越均匀，三角形区域的面积越小，则变换的精度越高。当然控制点多又会导致计算量增加，两者之间要折中考虑。要求控制点尽量覆盖整个待校正区域，控制点位置要找得准确。

图像的几何失真一般是非线性的，但在一个局部小区域内可近似认为是线性的。因此，基于这一假设，这种方法也适于将非线性校正转化为若干个小区的线性校正。

3. 二元多项式法

这种方法是将标准图像的空间坐标(u,v)和被校正图像的空间坐标(x,y)之间的关系用一对二元 n 次多项式来描述，即

$$x = \sum_{i=0}^{n}\sum_{j=0}^{n-i} a_{ij}u^i v^j \quad 和 \quad y = \sum_{i=0}^{n}\sum_{j=0}^{n-i} b_{ij}u^i v^j \tag{5.150}$$

例如，当 n=2 时，即为类似式（2.147）的二次多项式。

$$\begin{cases} x = a_{00} + a_{01}v + a_{02}v^2 + a_{10}u + a_{11}uv + a_{20}u^2 \\ y = b_{00} + b_{01}v + b_{02}v^2 + b_{10}u + b_{11}uv + b_{20}u^2 \end{cases} \tag{5.151}$$

式中 a_{ij}、b_{ij} 为待定系数，它可以采用已知的控制点对，用曲面拟合的方法，按最小二乘方准则求出，即获取适当的 a_{ij} 和 b_{ij}。对于 x 坐标，使拟合误差平方和 ε 最小，有

$$\varepsilon=\min_{a}\sum_{e=1}^{L}(x_e-\sum_{i=0}^{n}\sum_{j=0}^{n-i}a_{ij}u_e^i v_e^j)^2 \tag{5.152}$$

这里 x_e 为控制点对的 x 坐标，共有 e=1,2,⋯,L 个控制点对，u_e, v_e 表示已知的控制点。对上式求偏导，有

$$\frac{\partial\varepsilon}{\partial a_{st}}=\sum_{e=1}^{L}2(\sum_{i=0}^{n}\sum_{j=0}^{n-i}a_{ij}u_e^i v_e^j-x_e)u_e^s v_e^t=0 \tag{5.153}$$

上式中 a_{st} 表示某一个待定系数，每一个待定系数确定一个这样的方程。对 b_{ij} 也做同样运算，由此得到

$$\sum_{e=1}^{L}(\sum_{i=0}^{n}\sum_{j=0}^{n-i}a_{ij}u_e^i v_e^j)u_e^s v_e^t=\sum_{e=1}^{L}x_e u_e^s v_e^t \tag{5.154}$$

$$\sum_{e=1}^{L}(\sum_{i=0}^{n}\sum_{j=0}^{n-i}b_{ij}u_e^i v_e^j)u_e^s v_e^t=\sum_{e=1}^{L}y_e u_e^s v_e^t \tag{5.155}$$

式中 L 为控制点对的个数，s=0,1,⋯,n；t=0,1,⋯,$n-s$，以及 $s+t\leqslant n$，x_e、y_e、u_e、v_e 为控制点对应的坐标值。

以上式（5.154）与式（5.155）为两组由 M 个方程式组成的线性方程组，每个方程包含 M 个未知数，$M=\frac{(n+1)(n+2)}{2}$，分别求解上述两组方程可求出 a_{ij}、b_{ij}，将它们代入式（5.144）可以求出两个坐标系之间的变换关系。

二元多项式方法简单有效，精度较高，精度与所用校正多项式次数有关。多项式次数越高，位置拟合误差越小。但 n 增加，所需控制点对的数目急剧增加，导致计算量急剧增加。在实际应用中，通常多采用式（5.151）的二元二次多项式，寻找 a_{ij}、b_{ij} 的最小二乘方解。

5.5.2 像素灰度的确定

图像经几何位置校正后，需要确定其像素的灰度值，这时可能出现两种情况，如图 5.11 所示。一种情况是校正后图像上的坐标点(u_0,v_0)来自待校正图像的 A 点，刚好落在原来图像空间的网格点(x_0,y_0)上，则点(u_0,v_0)的灰度值用(x_0,y_0)的灰度值来代替，如图 5.11 中对应线①所示，即 $g(u_0,v_0)=f(x_0,y_0)$。

另一种情况如图 5.11 中对应线②所示，校正后图像上的坐标点(u_1,v_1)来自待校正图像的 B 点，不是刚好落在图像空间的网格点上。怎样决定 $g(u_1,v_1)$的值？通常采用插值（又称为内插）的方法解决，即由 B 点周围的点的灰度值决定 B 点的值，即(u_1,v_1)的值。内插的方法有多种，如最近邻内插（Nearest Interpolation）、双线性内插（Bilinear Interpolation）、三次样条（Cubic Spline）

函数内插、Hermite 内插等，这里只简单介绍最常用的前两种方法。

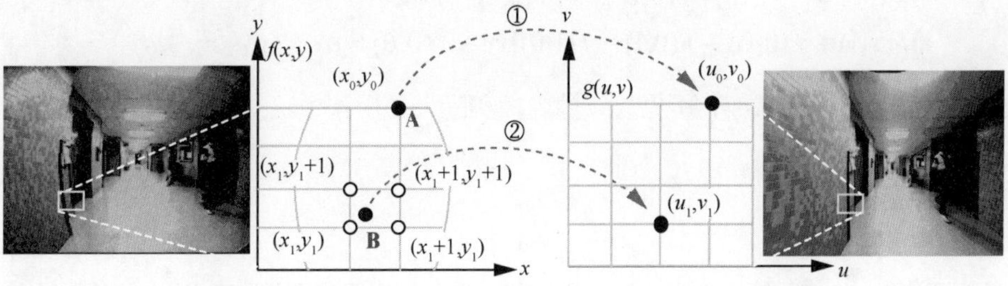

(a) 待校正的图像(原图像)　　(b) 校正后的图像

图 5.11　灰度插值示意

（1）最近邻内插

在图 5.11（a）找出 B 点周围 4 个数字化网格点中最接近的点(x_1,y_1)，则由(x_1,y_1)点的灰度值表示 B 点的值，即 $g(u_1,v_1)=f(x_1,y_1)$。

（2）双线性内插

用 B 点周围 4 个相邻的网格点灰度值加权内插作为 B 点的灰度值，即 $g(u_1,v_1)$的值。如图 5.12 所示，这 4 个点为(x_1,y_1)，(x_1+1,y_1)，(x_1,y_1+1)，(x_1+1,y_1+1)。为简单起见，设$(x_1,y_1)=(0,0)$，则$(x_1+1,y_1)=(1,0)$，$(x_1,y_1+1)=(0,1)$，$(x_1+1,y_1+1)=(1,1)$。B 点和(0,0)点在 x 方向的距离为 x，在 y 方向的距离为 y，显然 B 点的灰度值为 $f(x,y)$，则 $g(u,v)=f(x,y)$。

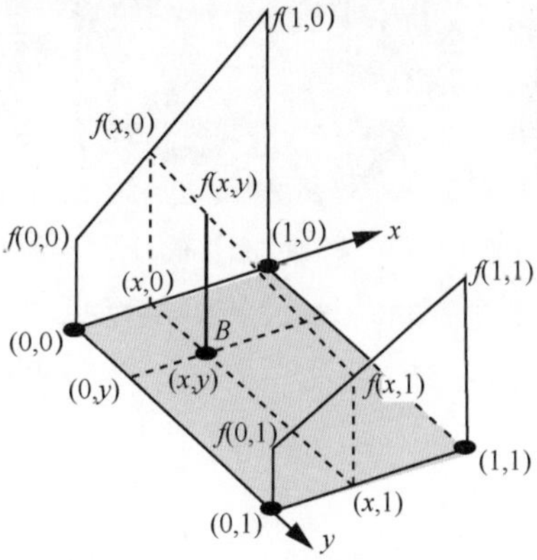

图 5.12　双线性内插的示意

在 x 方向做第一次线性内插后得

$$f(x,0)=f(0,0)+x[f(1,0)-f(0,0)] \tag{5.156}$$

$$f(x,1)=f(0,1)+x[f(1,1)-f(0,1)] \tag{5.157}$$

再在 y 方向做第二次线性内插，得到 B 点的值。

$$f(x,y)=f(x,0)+y[f(x,1)-f(x,0)] \tag{5.158}$$

合并化简后得

$$\begin{aligned} f(x,y)=&[f(1,0)-f(0,0)]x+[f(0,1)-f(0,0)]y+ \\ &[f(x,1)+f(0,0)-f(0,1)-f(1,0)]xy+f(0,0)=ax+by+cxy+d \end{aligned} \quad (5.159)$$

上式中 a、b、c、d 为常数，可见双线性内插实际上是用 4 个已知点的双曲抛物面来拟合的。

5.5.3 图像放大

如果把图像放大也看作图像的一种几何变换，那么首先确定原图像和放大图像的坐标对应关系，然后用插值的方法生成在放大图像中所增加的像素点的灰度值。以放大两倍为例，由原图像的一个像素生成放大图像中的 4 个像素点，其中一点沿用原图像的值，其他 3 点则要用插值的方法获得它们的灰度值。

图 5.13 是图像放大的两种方法的比较。图 5.13（a）是一幅小尺寸图像，图 5.13（b）是用最邻近插值法内插出来的尺寸增加一倍的放大图像（局部），图 5.13（c）是用双线性插值法内插出来的尺寸增加一倍的放大图像（局部）。显然，双线性内插的放大图像比最邻近插值得到的图像质量好，但算法比最邻近插值法复杂。还有更复杂的插值算法，如双三次（BiCubic）插值算法、6 抽头（Six-Tap）插值算法等，效果比双线性更佳。

(a) 原图像　　(b) 最邻近插值（部分）　　(c) 双线性插值（部分）

图 5.13　图像放大的两种方法

第6章 小波变换

小波变换是一种信号局部化时频域分析方法，比较符合人的视觉特性，已成为现代图像处理领域中一种有用的工具。本章首先介绍从傅里叶变换、短时傅里叶变换到小波变换的演变；接着简要分析小波变换的理论支柱，即尺度空间理论和多分辨率分析理论；然后顺序介绍连续小波变换和离散小波变换，并把小波变换推广到二维；最后给出小波变换在图像处理中几种常见的应用。

小波（Wavelet）变换是20世纪80年代发展起来的一种信号局部化时频域分析方法，具有傅里叶变换、Gabor变换等所不具备的优良特性，如多尺度分解、时频联合分析、方向选择、对象自适应等。这些以多尺度分解为核心的分析特性和人的视觉特性由粗到细的认识过程十分相似，使小波变换成为图像处理领域中一种十分有用的工具。

6.1 信号的时频分析

6.1.1 信号空间

为了有助于对小波变换原理的理解，本节简单介绍一些有关线性信号空间的基础知识。这里我们将可能的信号集合视作n维信号空间，将具体的信号视作n维矢量空间的一个特定矢量（点）。打个简单的比方，由16个像素组成的灰度图像形成了一个16维信号空间，每一维表示其中一个像素的灰度，任何一个16像素的灰度图像在此16维信号空间都对应一个信号点。

1. **距离空间**

空间两元素之间距离的定义为：设X是任一集合，如果X中任意两个元素x与y都对应一个实数$\rho(x,y)$，Z为X中任意一点且满足下面3个条件。

（1）非负性：$\rho(x,y)\geqslant 0$。

（2）对称性：$\rho(x,y)=\rho(y,x)$。

（3）三角不等式：$\rho(x,y)\leqslant\rho(x,z)+\rho(y,z)$。

则$\rho(x,y)$为x与y之间的距离，称X是以$\rho(x,y)$为距离的距离空间。显然，距离没有方向，是一种标量。常见的几种距离定义如下，它们都符合距离定义的3项要求。

（1）n 维实数空间R^n中欧几里得距离定义为

$$\rho(\boldsymbol{x},\boldsymbol{y})=\sqrt{\sum_{i=1}^{n}(x_i-y_i)^2} \tag{6.1}$$

（2）n维实数空间R^n中最大绝对距离定义为

$$\rho(\boldsymbol{x},\boldsymbol{y})=\max_i|x_i-y_i|,\quad i=1,2,\cdots,n \tag{6.2}$$

上两式中$\boldsymbol{x}$、$\boldsymbol{y}$分别为n维矢量，$\boldsymbol{x}=(x_1,x_2,\cdots,x_n)$，$\boldsymbol{y}=(y_1,y_2,\cdots,y_n)$。

（3）连续函数空间$C[a,b]$中的距离定义为

$$\rho(\boldsymbol{x},\boldsymbol{y})=\max|x(t)-y(t)|,\quad t\in[a,b]\quad \boldsymbol{x},\boldsymbol{y}\in C[a,b] \tag{6.3}$$

（4）平方可积函数空间$L^2(R)$中的距离定义为

$$\rho(\boldsymbol{x},\boldsymbol{y})=\sqrt{\int_R|x(t)-y(t)|^2\,\mathrm{d}t},\quad \boldsymbol{x},\boldsymbol{y}\in L^2(R) \tag{6.4}$$

（5）平方可和离散序列空间 l^2 中距离定义为

$$\rho(x,y)=\sqrt{\sum_{i=1}^{\infty}|x_i-y_i|^2} \tag{6.5}$$

其中 $\boldsymbol{x}=(x_1,x_2,\cdots x_n,\cdots)\in l^2$，$\boldsymbol{y}=(y_1,y_2,\cdots y_n,\cdots)\in l^2$。

2. **线性空间**

设 X 为一非空集合，若在 X 中规定了线性运算（元素的加法和元素的乘法），且满足相应的加法结合律及数乘分配律，则称 X 为一线性空间或向量空间。对于线性空间的任一向量，我们可用范数来定义其长度。

（1）线性赋范空间

在线性空间中引入可度量的“长度”或范数（Norm）这一概念，其定义如下。

设 X 为一线性空间，若对于任意 $x,y\in X$ 有一确定的非负实数 $\|x\|$ 与之对应，且满足

1）非负性：$\|x\|\geqslant 0$

2）常数相乘：$\|\alpha\cdot x\|=|\alpha|\cdot\|x\|$

3）三角不等式：$\|x+y\|\leqslant\|x\|+\|y\|$

则称 $\|x\|$ 为 x 的范数，X 为线性赋范空间。如在 R^n 空间，$\|x\|_2=\sqrt{\sum_{k=1}^{n}x_k^2}$ 称为 x 的 Euclid 范数，或 2 范数。此外还有 x 的 1 范数 $\|x\|_1=\sum_{k=1}^{n}|x_k|$，$x$ 的∞范数 $\|x\|_\infty=\max_{1\leqslant k\leqslant n}|x_k|$ 等。

由范数可以诱导距离，如令 $\rho(x,y)=\|x-y\|$，因此线性赋范空间一定是距离空间。

（2）巴拿赫空间

若空间 X 中任一柯西（Cauchy）序列 $\{x_i\}_{i\in Z}$ 都有极限，且此极限都在 X 中，则该空间是完备的（Completed），完备的线性赋范空间称为巴拿赫（Banach）空间。其中，柯西序列 $\{\mu_i\}_{i\in Z}$ 是指当 $n,m\to\infty$ 时，$\|\mu_n-\mu_m\|\to 0$。例如，有理数空间是不完备的，实数空间是完备的。

（3）内积空间

在线性赋范空间引入“角度”（内积）这一概念，可检测“正交”性。内积的定义如下。

设 X 为复数域 C 上的线性空间，若在笛卡尔（Descartes）乘积空间 $X\times X$ 中定义一个实函数 $<\circ,\circ>$，对任意 $x,y,z\in X$，都有唯一的 $<x,y>\in C$ 与之对应，且满足

1）非负性：$<x,y>\geqslant 0$

2）对称性：$<x,y>=<y,x>$

3）分配性：$<\alpha x+\beta y,z>=\alpha<x,z>+\beta<y,z>$，$\forall\alpha,\beta\in C$

则称函数 $<\circ,\circ>$ 为 X 中的内积，定义了内积的空间 X 称为内积空间。常见的连续函数的内积为 $<f(x),g(x)>=\int_a^b f(x)g(x)\mathrm{d}x$，离散序列的内积为 $<f,g>=\sum_{i=1}^{n}f_i\cdot g_i$。

在内积空间中，如果定义范数为 $\|x\|=\sqrt{<x,x>}$，则是由内积诱导的范数；如果定义距

离为 $\rho(x,y)=\|x-y\|=\sqrt{<x-y,x-y>}$，则此内积空间必为线性赋范空间。

（4）希尔伯特空间

完备的内积空间称为希尔伯特（Hilbert）空间，若内积空间 X 按范数 $\|x\|=\sqrt{<x,x>}$ 完备，则称 X 为巴拿赫空间。

3. **正交基和框架**

（1）正交基

① 函数序列张成（Span）的空间

设 $\{e_k(t)\}$ 为一函数序列，X 表示 $\{e_k(t)\}$ 所有可能的线性组合张成（构成）的集合，即

$$X=\text{span}\{e_k(t)\}=\left\{\sum_k a_k e_k(t);\quad t,a_k\in R,k\in Z\right\}\tag{6.6}$$

称 X 为由函数序列 $\{e_k(t)\}$ 张成的线性空间，对任意函数 $g(t)\in X$，都有

$$g(t)=\sum_k a_k e_k(t)\tag{6.7}$$

② 基底（Basis）

若 $\{e_k(t)\}$ 是线性无关的，使对任意 $g(t)\in X$，上式中系数 a_k 取唯一的值，则称 $\{e_k(t)\}_{k\in Z}$ 为空间 X 的一个基底。

③ 完备标准正交基

在内积空间 X 中，对任意 $x,y\in X$，若 $<x,y>=0$，则称 x，y 为相互正交的，用 $x\perp y$ 表示。依次类推，若内积空间 X 中的基底 $\{e_n\}$ 满足

$$<e_m,e_n>=\begin{cases}c & m=n\\ 0 & m\neq n\end{cases}\text{，当 } c=1 \text{ 时，} <e_m,e_n>=\begin{cases}1, m=n\\ 0, m\neq n\end{cases}\tag{6.8}$$

则称 $\{e_n\}$ 为 X 中的标准（归一化）正交基。

进一步，对于 X 中的标准正交基 $\{e_n\}$，若 $x\in X$，$x\perp e_n$，$n=1,2,\cdots,n$，则必有 $x=0$。换言之，X 中不再存在非 0 元素，使它与所有的 e_n 正交，则称 $\{e_n\}$ 为 X 中的完备标准正交基。例如，复空间 $L^2(0,2\pi)$的一组标准正交基函数为 $\left\{\dfrac{1}{\sqrt{2\pi}}\mathrm{e}^{jkx}\right\}_{k\in Z}$，则 $L^2(0,2\pi)$内的任意函数都可以按照此正交基展开，表示为傅里叶级数的形式。

④ 双正交基

在有些情况下，X 中的基底 $e_k(t)$之间并不满足正交关系，这时可引入对偶基 $\tilde{e}_k(t)$。

$$<e_l(t),\tilde{e}_k(t)>=\delta(l-k)=\begin{cases}1, & l=k\\ 0, & l\neq k\end{cases}\tag{6.9}$$

上式表明，基底和其对偶基元素之间相互正交，对任意 $g(t)\in X$，也可用它们展开。

$$g(t)=\sum_k <g(t),\tilde{e}_k(t)>e_k(t)\tag{6.10}$$

由于这里正交性存在于展开系 $\{e_k(t)\}$ 和对偶系 $\{\tilde{e}_k(t)\}$ 之间（即基和其对偶基），所以这种基称为双正交基。

图 6.1 是一个最简单的二维空间对偶基示例。其中，e_1、e_2 为一个二维基集合，借助于标准直角坐标系表示为（1,0）和（2,3），显然不是正交基。g_1、g_2 为另一个二维基集合，可表示为（$1,-\frac{2}{3}$）和（$0,\frac{1}{3}$），也不是正交基。但它们是一对满足上述定义的双正交基。我们可以验证 $<e_1, g_2>=<e_2, g_1>=0$，$<e_1, g_1>=<e_2, g_2>=1$。

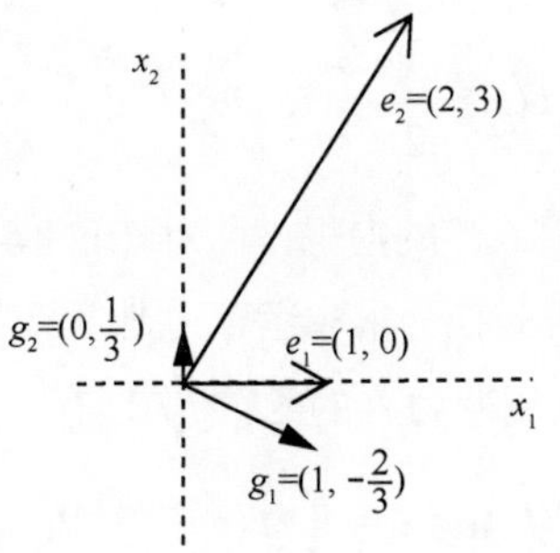

图 6.1　二维空间的双正交基示例

（2）框架（Frame）

由正交基概念可知，若函数序列 $\{e_k(t)\}$ 是空间 X 的一组正交基，则对任意函数 $g(t)\in X$，可按式（6.7）展开，其展开系数是唯一的，且基元素之间都是不相关的。

如果一个函数序列 $\{\psi_k(t)\}$ 是相关的，空间 X 中的元素仍然可按照式（6.7）展开，此时我们称这个函数序列 $\{\psi_k(t)\}$ 为框架。可见，对于一个函数序列 $\{e_k(t)\}$，如果它的各个元素满足互不相关的条件，则称之为“基底”；如果不满足此条件，则称之为“框架”，函数 $g(t)$ 用框架来展开不是唯一的。

若我们希望框架下的展开系数 $<g(t),\psi_k(t)>$ 能够很好地表述原信号 $g(t)$，则必须对框架展开系数有一个能量限制，即框架必须满足下述定义。

设 H 为一 Hilbert 空间，$\{\psi_j\}_{j\in Z}$ 为 H 中的一个函数序列，若对于任意 $f\in H$，存在实数 $0<A<B<\infty$，使下述不等式成立。

$$A\|f\|^2\leqslant\sum_{j\in Z}|<f,\psi_j>|^2\leqslant B\|f\|^2 \tag{6.11}$$

则称 $\{\psi_j\}_{j\in Z}$ 为一个框架，A、B 为框架的上下界。如果 $A=B$，则此框架为紧框架，此时上式变为 $\sum_{j\in Z}|<f,\psi_j>|^2=A\|f\|^2$，由此可以推得（推导略）

$$f=A^{-1}\sum_{j\in Z}<f,\psi_j>\psi_j \tag{6.12}$$

需要特别指出，满足上式紧框架的 $\{\psi_j\}_{j\in Z}$ 一般并非正交的。当 $A=B=1$ 时，此紧框架退化为标准正交基。

6.1.2 从傅里叶变换到时频分析

1. 傅里叶变换的局限

对于不同的时域函数，傅里叶变换有 3 种不同的变换方式，用一维的形式表示如下。

（1）傅里叶积分变换：对连续非周期函数 $f(t)$，有

$$F(\omega)=\int_{-\infty}^{\infty} f(t)\mathrm{e}^{-\mathrm{j}\omega t}\mathrm{d}t \tag{6.13}$$

$$f(t)=\frac{1}{2\pi}\int_{-\infty}^{\infty} F(\omega)\mathrm{e}^{\mathrm{j}\omega t}\mathrm{d}\omega \tag{6.14}$$

这里，$F(\omega)$为信号 $f(t)$和基函数 $\mathrm{e}^{-\mathrm{j}\omega t}$ 的内积，称为 $f(t)$的傅里叶频谱。如果将上式频域中 ω 离散化为 $k\Delta\omega$，k 为整数，将频域积分转换为求和运算，则成傅里叶级数。

（2）傅里叶级数展开：对连续周期为 L 的函数 $f(t)$，有

$$F(k\Delta\omega)=\frac{1}{L}\int_{0}^{L} f(t)\mathrm{e}^{-\mathrm{j}tk\Delta\omega}\mathrm{d}t \tag{6.15}$$

$$f(t)=\sum_{k=0}^{\infty} F(k\Delta\omega)\,\mathrm{e}^{\mathrm{j}tk\Delta\omega} \tag{6.16}$$

这里 $\Delta\omega=\frac{1}{L}$。如将上式中时域积分转换为求和运算，$\Delta\omega=1$，$k\Delta\omega=k$，$t=1$，$n\Delta t=n$，则成离散傅里叶变换。

（3）离散傅里叶变换：对周期为 N 的离散序列函数 $f(n)$，有

$$F(k)=\frac{1}{\sqrt{N}}\sum_{n=0}^{N-1} f(n)\,\mathrm{e}^{-\mathrm{j}\frac{2\pi kn}{N}} \tag{6.17}$$

$$f(n)=\frac{1}{\sqrt{N}}\sum_{k=0}^{N-1} F(k)\mathrm{e}^{\mathrm{j}\frac{2\pi kn}{N}} \tag{6.18}$$

这里 N 为序列周期。至于非周期序列的傅里叶变换，它对应的是该序列所表示的连续信号的傅里叶频谱的周期延拓。在实际使用中，不论是周期还是非周期的序列，我们总是将它们近似成有限长度的周期序列。

从总体上说，傅里叶变换是一种映射，它将时域（空域）的信号，按照一定的映射规则映射到频率域，形成傅里叶频谱。它把时域和频域联系起来，确立了信号波形 $f(t)$和信号频谱 $F(\omega)$之间的严格对应关系，可能将时域内难以显现的特征在频域中十分清楚地凸显出来。但是，傅里叶变换有明显的不足之处，主要表现为以下两点。

第一，傅里叶变换的 $f(t)$与 $F(\omega)$间彼此相对独立，没有将时、频信息组合在一个域，在频谱中不容易得到它的时间信息，在时域波形中不容易得到它的频谱信息。以一维信号为例，频谱函数 $F(\omega)$中任意一个频率分量是全体时域函数 $f(t)$的积分贡献，时域函数 $f(t)$中任意一个时间分量

是全体频谱函数 $F(\omega)$的积分贡献。这就造成傅里叶变换难以提供时间局部信息，信号 $f(t)$任何时刻的微小变化会牵动整个频段；反之，频谱 $F(\omega)$任何频率上的微小变化也会影响 $f(t)$的整个时段。

第二，在线性变换中，变换系数为信号 $f(t)$和基函数 $h(t)$的内积，即 $\langle f(t),h(t)\rangle$，该内积表示 $f(t)$和 $h(t)$的相似程度。在傅里叶变换中，正交基函数为复正弦波曲线，用这一系列基函数的线性组合表示目标函数。正弦基函数的范围从+∞到-∞，是非紧支集（Not Compact）。基函数越接近目标函数，这种表示越有效。因此，用正弦基函数表示周期电信号等很合适。但在实际应用中，局部的、短暂的时变信号是常见的，如语音信号、图像信号、地震信号、雷达信号等，而傅里叶变换不能有效地适应这一类应用。

2. **时频分析**

如何克服傅里叶时域分析和频域分析总是相对独立的缺陷，人们开始在经典傅里叶变换的基础上，加上宽度较窄的“窗函数”，如 Hanning 窗、Gabor 窗等。使被处理的时域信号在窗内有效，随着时间窗的移动，在频域出现的必然是这一窗内信号的频率分量，这样在傅里叶频域自然就带上了时间信息，形成了时间和频率的二维表示。

这类窗函数时频分析的示意如图 6.2 所示。图 6.2 中，时间窗沿着时间轴移动，在 t_1 时刻，时间窗内包含的是低频信号，此时在频率轴上对应的是低频频段 $\Delta\omega_1$；在 t_2 时刻，时间窗内包含的是高频信号，此时在频率轴上对应的是高频频段 $\Delta\omega_2$。这样，随着时间窗连续移动过整个 $f(t)$，在时间和频率联合二维平面上形成了一个同时表示信号频谱随时间变化的二维（t, ω）时频函数。我们需要的就是这样的时频联合表示，或称之为时频分析。

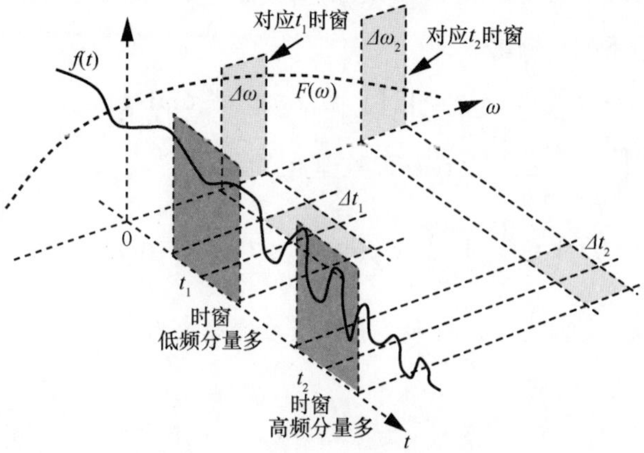

图 6.2　傅里叶时频分析

在实际生活中，早就存在信号的时频联合表示，如图 6.3 所示的音乐五线谱表示，就是一个生动的时频变化信号，横坐标表示时间，纵坐标表示音乐频率，很自然地形成了简单而实用的时频二维表示。

图 6.3　五线谱的时频表示

6.1.3 Gabor 变换

1. 加窗傅里叶变换

按照上述加窗傅里叶变换的概念，用一个可移动的窗函数 $g(t-\tau)$和信号 $f(t)$相乘，再进行傅里叶变换，得到加窗后信号的傅里叶频谱。

$$G_f(\omega)=\int_{-\infty}^{\infty} f(t)\cdot g(t-\tau)\cdot \mathrm{e}^{-\mathrm{j}\omega t}\mathrm{d}t \tag{6.19}$$

在窗口傅里叶变换中，窗口函数 $g(t)$有多种选择，如矩形窗、Hanning 窗、Gabor 窗等，统称为称短时傅里叶变换（STFT，Short Time Fourier Transform）。

如果窗口函数 $g(t)=\mathrm{e}^{-\frac{t^2}{2}}$ 为高斯函数，其傅里叶变换 $G(\omega)=\sqrt{2\pi}\mathrm{e}^{-\frac{\omega^2}{2}}$ 也为高斯型，其时域和频域波形如图 6.4 所示，这就是 1946 年 Gabor 提出的 Gabor 变换的窗函数。

信号 $f(t)$的 Gabor 变换实际上是 $f(t)g(t-\tau)$的傅里叶变换。

$$G_f(\omega,\tau)=\int_{-\infty}^{\infty} f(t)\cdot g(t-\tau)\mathrm{e}^{-\mathrm{j}\omega t}\mathrm{d}t=F(\omega)*G(\omega)\cdot \mathrm{e}^{\mathrm{j}\omega\tau} \tag{6.20}$$

这是二维函数，有两个变量 ω 和 τ，对信号 $f(t)$而言，其 Gabor 正变换核函数为 $g(t-\tau)\mathrm{e}^{-\mathrm{j}\omega t}$。为了求其反变换，计算下列积分。

$\int_{-\infty}^{\infty}\int_{-\infty}^{\infty} G_f(\omega,\tau)\cdot g(t-\tau)\mathrm{e}^{\mathrm{j}\omega t}\mathrm{d}\omega\mathrm{d}\tau=\int_{-\infty}^{\infty}[\int_{-\infty}^{\infty} G_f(\omega,\tau)\mathrm{e}^{\mathrm{j}\omega t}\mathrm{d}\omega]\cdot g(t-\tau)\mathrm{d}\tau=f(t)\int_{-\infty}^{\infty} g^2(t-\tau)\mathrm{d}\tau=$ $\sqrt{\pi}f(t)$，积分中用到 $\int_{-\infty}^{\infty}\mathrm{e}^{-a^2x^2}\mathrm{d}x=\sqrt{\pi}/a$，整理上式后得

$$f(t)=\frac{1}{\sqrt{\pi}}\int_{-\infty}^{\infty}\int_{-\infty}^{\infty} G_f(\omega,\tau)\cdot g(t-\tau)\mathrm{e}^{\mathrm{j}\omega t}\mathrm{d}\omega\mathrm{d}\tau \tag{6.21}$$

按照反变换的定义，这就是 Gabor 反变换，其反变换核为 $g(t-\tau)\mathrm{e}^{\mathrm{j}\omega t}$。

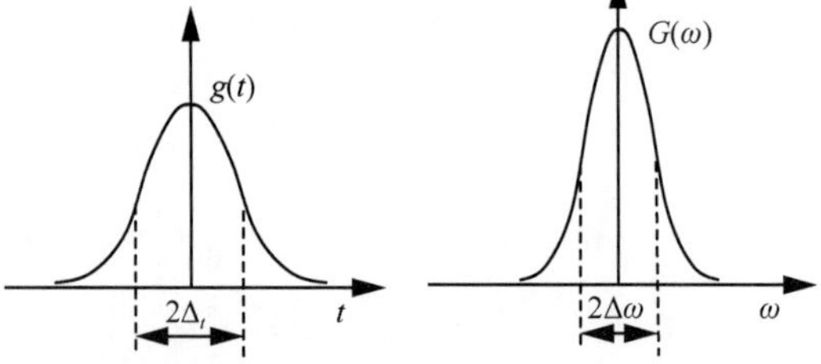

图 6.4　Gabor 窗口函数的时域和频域波形

由图 6.4 可以看出，窗口函数的有效宽度为 $2\Delta_t$，信号的 Gabor 变换 $G_f(\omega,\tau)$实际上是 $f(t)$中以 τ 为中心、宽度为 $2\Delta_t$ 的局部时间内的频谱特性。窗口宽度 $2\Delta_t$ 决定了 Gabor 变换的时间分辨率；窗口函数的频宽 $2\Delta_\omega$ 的大小又决定了 Gabor 变换的频域分辨率。

可见，Gabor 变换比普通傅里叶变换的优越之处在于通过窗函数可以反映信号在任意局部范围内的频域特性。但是 Gabor 变换反映信号局部特性的能力，即信号的时间分辨率和频率分辨率，它是由窗口函数决定的，一旦窗函数选定，其时窗宽度 Δ_t 和频窗宽度 Δ_ω 就已确定，既不随时间移动 τ 改变，也不随频率 ω 高低而改变。

2. **时宽与频宽**

由前所述，一维信号经过 Gabor 变换可以得到二维的时频函数，它实质上是加了时窗的傅里叶变换。在时频分析中，我们总是希望增强时域和频域的局部分析能力，即希望 Δ_t 和 Δ_ω 都尽量小。但在选定了固定的窗函数以后，Gabor 分析受到海森堡（Heisenberg）测不准原理限制，$\Delta_t^2 \cdot \Delta_\omega^2 \geqslant \dfrac{1}{4}$。当然，信号的时窗和频窗宽度都是有严格定义的，这里可理解为时间窗和频率窗信号的大致宽度，不再细究。

由此可见，在 Gabor 等短时傅里叶变换中，时窗和频窗宽度的乘积是受海森堡不等式限制的，时窗窄了必然引起频窗的加宽，否则反之。一旦窗函数选定，时窗宽度固定，相应的频窗也不可能任意变小，在整个时频分析的平面上，都是以固定的时窗和频窗的分辨率对信号进行分析的。因此，要克服这一限制，最好能够做到自适应改变可移动的窗函数的宽度：在分析高频信号时，时域变化剧烈，可以采用窄时窗，频域窗口较宽，提高频域分辨能力；在分析低频信号时，时域变化缓慢，可以采用宽时窗，频域窗口较窄，提高时域分辨能力。这样的思路，实际上就是引起小波变换（WT，Wavelet Transform）最基本的动因，也是小波变换在分析局部信号时优于傅里叶变换的根本之处。

6.1.4　小波的特点

小波变换采用有限宽度的基函数进行变换，用“小波”（小波基）代替傅里叶变换的“大波”（正弦基）。而且小波基函数有很多种类，不仅有频率的变化，而且有位置的变化，可以适应各种形状的瞬时信号。或者说，它在时域和频域同时具备良好的局部化特性，并且由于对频率成分采用了逐步精细的时域或频域采样步长，从而可以适应信号（图像）的任意细节，获得高效的表示。图 6.5 比较了小波基函数和傅里叶基函数的不同，小波基函数同时具有幅度的局部化、频率伸缩和时间位移的特点，这正是小波变换优于传统傅里叶变换的关键之处。

(a) 正弦基函数　　(b) 小波基函数

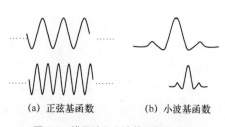

图 6.5　傅里叶和小波基函数的对比

小波就是指基函数是小的波形，具有两个特征：

“小”与“波”。“小”是指它具有快衰减性，在时间域上具有紧支集（Compact）或近似紧支集；“波”是指它的波动性，其振幅呈正负相间的震荡形式，频谱的直流分量为零。与傅里叶变换相比，小波变换是时间（空间）频率的局部化分析，它通过伸缩和平移运算对信号逐步进行多尺度（Multi-Scale）细化，最终达到高频处时间细分、低频处时间粗分、自动适应时频信号分析的要求，从而可聚焦到信号的任意细节，因此有人把小波变换称为“数学显微镜”。

虽然小波变换在许多方面优于傅里叶变换，但小波函数存在性的证明还要依赖于傅里叶分析，其思想也来源于傅里叶分析。更进一步的研究还表明：在处理渐变信号时，傅里叶分析或加窗傅里叶分析更为有效。因此小波分析不能取代傅里叶分析，它是傅里叶分析的新发展，与傅里叶分析相辅相成。

6.2 多分辨率分析

多分辨率分析（MRA，Multi-Resolution Analysis）是现代信号处理中的一个重要概念，是小波分析的理论基础。在我们日常生活中也有类似的情况，例如，不同比例的地图就形成了一套典型的多分辨率图形。在全国地图上，可以分辨国内地形地貌（大的江海、湖泊和山川等）的主要特征，但无法分辨细节；在城市地图上，可以分清局部地区的细节（街道、广场和公园等），但无法看到大特征。再如，照相机镜头的拉伸（Zoom），当镜头拉远时，我们看到的大场面，能够分辨大的特征，但看不清细节；当镜头拉近时则相反，能够看清细节，但看不清大特征。

类似的情况也表现在小波基函数 $\psi(\frac{x}{a})$ 上，当 $a>1$ 时，时域变宽，便于表现大特征，当 $a<1$ 时，时域变窄，便于分析细节，这就带来了信号多分辨率分析（MRA）的基本思路。

6.2.1 尺度函数和尺度空间

定义函数 $\phi(t)\in L^2(R)$ 为尺度函数（Scaling Function），若其整数平移（Translation）序列 $\phi_k(t)=\phi(t-k)$ 满足 $<\phi_i(t),\phi_j(t)>=\delta_{i,j}$，$i,j,k\in Z$。

定义 $\phi_k(t)$ 在 $L^2(R)$空间张成的闭子集为 V_0，称为零尺度空间（Scale Space）。

$$V_0=\underset{k}{\text{span}}\left\{\phi_k(2^{-0}t)\right\}=\underset{k}{\text{span}}\left\{\phi_k(t)\right\},\ k\in Z \tag{6.22}$$

对任意函数 $f(t)\in V_0$，可由 V_0空间的尺度函数 $\{\phi_k(2^0 t)\}_{k\in Z}$ 的线性组合表示，即

$$f(t)=\sum_k a_k\phi_k(t) \tag{6.23}$$

我们假设尺度函数 $\phi(t)$在平移的同时进行了尺度的伸缩，从而得到一个尺度和位移均可变化的函数集合：

$$\phi_{j,k}(t)=2^{-\frac{j}{2}}\phi(2^{-j}t-k)=\phi_k(2^{-j}t) \tag{6.24}$$

则称每一固定尺度 j 上的平移序列 $\phi_k(2^{-j}t)$ 所张成的空间 V_j 是尺度为 j 的尺度空间。

$$V_j=\underset{k}{\text{span}}\left\{\phi_k(2^{-j}t)\right\},\quad k\in Z \tag{6.25}$$

同样，对任意 $f(t)\in V_j$，可由 V_j 空间的尺度函数 $\{\phi_k(2^{-j}t)\}_{k\in Z}$ 的线性组合表示，即

$$f(t)=\sum_k a_k\phi_k(2^{-j}t)=2^{-\frac{j}{2}}\sum_k a_k\phi(2^{-j}t-k) \tag{6.26}$$

由此，尺度函数 $\phi(t)$ 在不同尺度下其平移序列构成了一系列的尺度空间 $\left\{V_j\right\}_{j\in Z}$。

由式（6.24）可知，随着尺度 j 的增大，如图 6.6(c)所示，j=2，函数 $\phi_{j,k}(t)$ 的定义域变大，且实际的平移间隔（由 2^j 决定）也变大，则它们的线性组合式（6.26）不适宜表示函数的细微（小于该尺度）变化，因此其张成的尺度空间只能包括大跨度的缓变信号。相反，随着尺度 j 的减小，如图 6.6(a)所示，j=0，函数 $\phi_{j,k}(t)$ 的定义域变小，且实际的平移间隔也变小，则它们的线性组合式能表示函数更细微（小尺度范围）的变化，因此其张成的尺度空间所包含的函数增多（包括小尺度信号和大尺度的缓变信号），随着尺度 j 的减小，尺度空间变大。

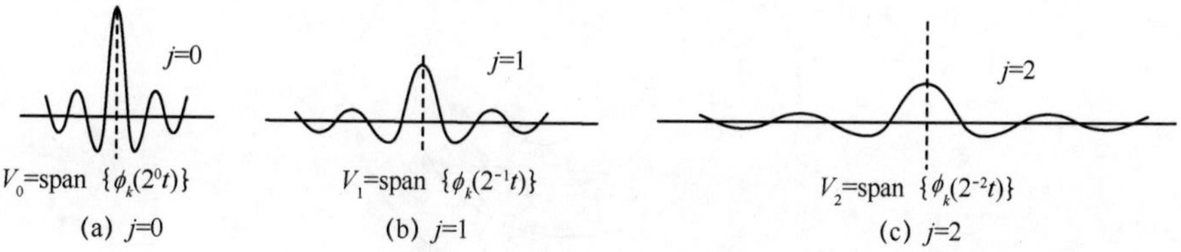

图 6.6　不同尺度空间的尺度函数

6.2.2　多分辨率分析

由不同的尺度函数和尺度空间可以组成一个多分辨率分析，其定义为满足下述性质的 $L^2(R)$ 上的一系列闭子空间 $\{V_j\}_{j\in Z}$。

（1）一致单调性

$$\Lambda\subset V_2\subset V_1\subset V_0\subset V_{-1}\subset V_{-2}\Lambda \tag{6.27}$$

反映不同尺度空间之间的包含关系，即 V_{-1} 包含 V_0，V_0 包含 V_1……

（2）渐进完全性

$$\underset{j\in Z}{I}V_j=\{0\};\quad \underset{j\in Z}{I}V_j=L^2(R) \tag{6.28}$$

（3）伸缩规则性（不同尺度间）

$$\text{若 } f(t)\in V_j\text{，则 } f(2^j t)\in V_0\ \ j\in Z \tag{6.29}$$

可从简单的类推得出此结论。

由 $f(2^0 t)\in V_j$，$f(2^1 t)\in V_{j-1}$，$f(2^2 t)\in V_{j-2}$，……，可推至 $f(2^j t)\in V_{j-j}=V_0$。

（4）平移不变性（同一尺度内）

$$\text{若 } f(t)\in V_j\text{，则 } f(t-n)\in V_j\text{，}\quad \forall n\in Z \tag{6.30}$$

（5）尺度函数存在性

存在尺度函数 $\phi(t)\in V_0$，使 $\{\phi(t-n)\}_{n\in Z}$ 成为 V_0 的一个线性无关基（Riesz 基），即

$$V_0=\overline{\text{span}\{\phi(t-n)\}_{n\in Z}} \tag{6.31}$$

Riesz 基是一种比正交基要求宽松的基函数，可以由它构造出正交基。

由上述 MRA 分析可知，所有闭子空间 $\{V_j\}_{j\in Z}$ 都是由同一尺度函数 $\phi(t)$ 伸缩、平移系列张成的尺度空间，其相互包含关系如图 6.7 所示，称 $\phi(t)$ 为多分辨率分析的尺度函数，V_j 为 j 尺度空间。j 的值越小，则 V_j 表示越细的尺度空间。相反，j 的值越大，则 V_j 表示越粗的尺度空间。

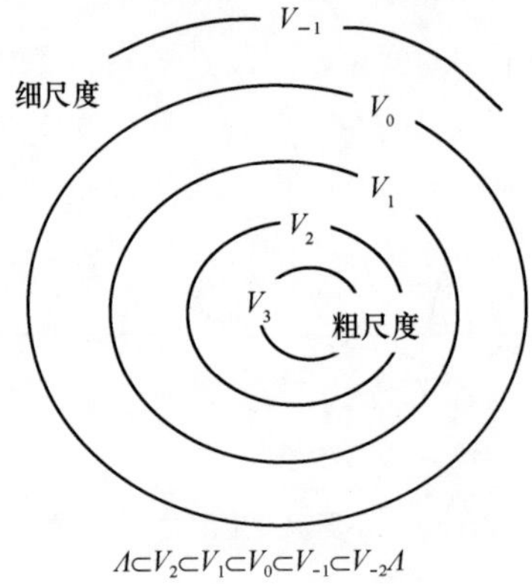

图 6.7　不同尺度空间的关系

6.2.3　小波分析

1. 小波函数和小波空间

多分辨率分析的一系列尺度空间是由一个尺度函数在不同的尺度下张成的，即一个多分辨率分析 $\{V_j\}_{j\in Z}$ 对应一个尺度函数。由式（6.27）可知，$\{V_j\}_{j\in Z}$ 空间互相包含，因此它们的基函数 $\phi_{j,k}(t)=2^{-\frac{j}{2}}\phi(2^{-j}t-k)$ 在不同尺度间不具有正交性，尽管 $\bigcup_{j\in Z}V_j=L^2(R)$，$\{\phi_{j,k}(t)\}_{j,k\in Z}$ 也不能作为 $L^2(R)$ 空间的正交基，但在同一尺度下具有正交性。

为了寻找一组 $L^2(R)$ 空间的正交基，我们定义尺度空间 $\{V_j\}_{j\in Z}$ 的补空间。如图 6.8 所示，V_{m-1} 空间为外圈的大圆，V_m 空间为包含在 V_{m-1} 中的小圆，设 W_m 为 V_m 在 V_{m-1} 中的补空间（如图 6.8 中灰色圆环所示），即

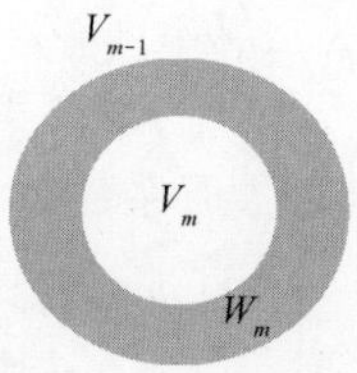

图 6.8　小波空间示意

$$V_{m-1} = V_m \oplus W_m \text{，} \quad V_m \perp W_m \tag{6.32}$$

显然，当 $m \neq n$ 和 $m,n \in Z$ 时，任意 W_m 与 W_n 也是相互正交的（空间不相交），记为 $W_m \perp W_n$。由式（6.27）、式（6.28）可知

$$L^2(R) = \underset{j \in Z}{\oplus} W_j \tag{6.33}$$

上式中符号 $\oplus$ 表示空间相加，因此，$\{W\}_{j \in Z}$ 构成了 $L^2(R)$ 的一系列正交子空间，并且，由式（6.33）可得

$$W_0 = V_{-1} - V_0 \text{，} \quad W_1 = V_0 - V_1 \text{，} \quad \cdots \text{，} \quad W_j = V_{j-1} - V_j \tag{6.34}$$

若 $f(t) \in W_0$，则 $f(t) \in (V_{-1} - V_0)$，由尺度函数伸缩规则式（6.29），有

$$f(2^{-j}t) \in (V_{j-1} - V_j) \text{，即 } f(2^{-j}t) \in W_j \text{，} \quad j \in Z \tag{6.35}$$

设 $\{\psi_{0,k}; k \in Z\}$ 为空间 W_0 的一组正交基，由式（6.35），对所有的尺度 $j \in Z$，$\{\psi_{j,k} = 2^{-j/2}\psi(2^{-j}t - k); k \in Z\}$ 必为空间 W_j 的正交基。由此再根据式（6.33），$\psi_{j,k}$ 的整个集合 $\{\psi_{j,k}; j,k \in Z\}$ 必然构成了 $L^2(R)$ 空间的一组正交基。$\psi_{j,k}(t)$ 正是由同一母函数伸缩、平移得到的正交小波基。因此可称 ψ 为小波函数，相应地称 W_j 是尺度为 j 的小波空间。

2. **正交小波分解**

由多分辨率分析的定义 $V_0 = V_1 \oplus W_1 = V_2 \oplus W_2 \oplus W_1 = V_3 \oplus W_3 \oplus W_2 \oplus W_1 = \cdots\cdots$ 对于任意函数 $f(x) \in V_0$，可以将它分解为细节部分 W_1 和大尺度逼近部分 V_1，然后将大尺度逼近部分 V_1 进一步分解为 W_2 和 V_2，……如此重复可以得到任意尺度（或分辨率）上的逼近部分和细节部分，这就是多分辨率分析的框架。下面我们讨论函数如何向尺度空间和小波空间投影的问题，“投影”即函数可由 V_j 空间的尺度函数的线性组合来表示。

一连续信号 $f(t)$ 在尺度空间的投影为 $f_s(t)$，如图 6.9 所示，这里只给出了 V_3、V_4、V_5 这 3 个相邻的尺度空间投影结果，在相应的小波空间的投影结果为信号的细节 $f_d(t)$。

设 $f_s^j(t)$ 为一连续函数 $f(t)$ 向尺度空间 V_j 投影，如图 6.9（a）所示，可得 j 尺度下的概貌信号 $f_s^j(t) = \sum_k c_{j,k}\phi_k(2^{-j}t) = \sum_k c_{j,k}\phi_{j,k}(t)$。其中，尺度展开系数为

$$c_{j,k} = \langle f(t), \phi_{j,k}(t) \rangle \tag{6.36}$$

若将函数 $f(t)$ 向不同尺度的小波空间 W_j 投影，如图 6.9（b）所示，可得到 j 尺度下的细节信

号 $f_d^j(t)=\sum_k d_{j,k}\psi_k(2^{-j}t)=\sum_k d_{j,k}\psi_{j,k}(t)$。它表达了信号 $f(t)$在相邻尺度空间之间的细小差别，因此小波空间又称为细节空间。其中，小波展开系数为

$$d_{j,k}=<f(t),\psi_{j,k}(t)> \tag{6.37}$$

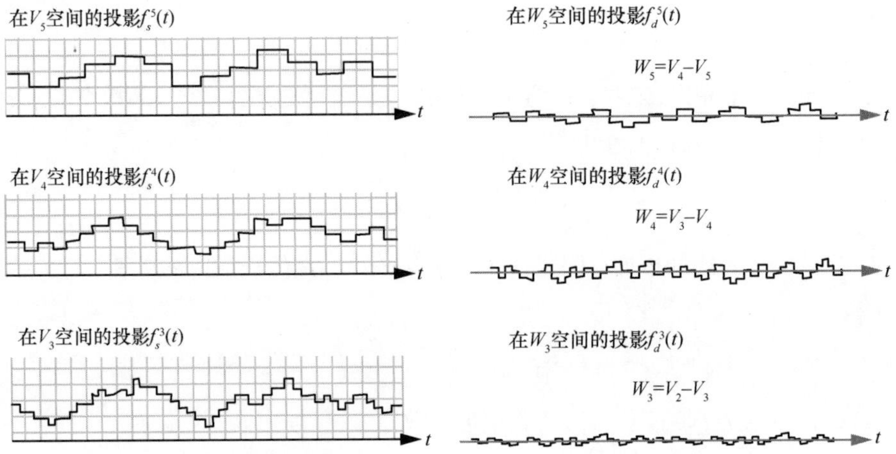

(a) 信号在不同尺度空间的投影　　(b) 信号在不同小波空间的投影

图 6.9　信号在尺度空间和小波空间的投影

若将 $f(x)\in L^2(R)$按以下空间组合展开。

$$L^2(R)=\Lambda W_{-\infty}\oplus\Lambda\oplus W_{-1}\oplus W_0\oplus W_1\oplus\Lambda\oplus W_J\oplus V_J=\left(\sum_{j=-\infty}^{J}\oplus W_j\right)\oplus V_J \tag{6.38}$$

其中，J 为任意设定的尺度，则形成小波综合公式如下。

$$f(t)=\sum_{j=-\infty}^{J}\sum_{k=-\infty}^{\infty}d_{j,k}\psi_{j,k}(t)+\sum_{k=-\infty}^{\infty}c_{J,k}\phi_{J,k}(t) \tag{6.39}$$

其中，$\sum_{k=-\infty}^{\infty}d_{j,k}\psi_{j,k}(t)$ 为细节 W_j，$\sum_{j=-\infty}^{J}\sum_{k=-\infty}^{\infty}d_{j,k}\psi_{j,k}(t)$ 为所有细节，$\sum_{k=-\infty}^{\infty}c_{J,k}\phi_{J,k}(t)$ 为概貌 V_J。当 $J\to\infty$ 时，上面的小波综合公式变为式（6.40），将信号表示为所有细节的和，自然就没有概貌部分。

$$f(t)=\sum_{j=-\infty}^{\infty}\sum_{k=-\infty}^{\infty}d_{j,k}\psi_{j,k}(t) \tag{6.40}$$

若记 $d_{j,k}$ 为 $f(t)$的离散小波变换 $DW_f(j,k)$，则此式对应离散小波变换综合公式（或逆变换）为

$$f(t)=\sum_{j,k}DW_f(j,k)\cdot\psi_{j,k}(t) \tag{6.41}$$

由此可知，离散正交小波变换同多分辨率分析的思想是一致的，多分辨率分析理论为正交小

波变换提供了数学上的理论基础。

6.2.4　小波函数的构造

在多分辨率分析中我们知道：由尺度函数张成尺度空间；满足若干条件的尺度空间形成多分辨率分析空间；相邻尺度空间之差形成小波空间。因此，要构造离散小波变换，需要确定尺度函数和小波函数。

1．尺度函数和小波函数的正交性

（1）尺度函数 $\phi_{j,k}(t)=2^{-\frac{j}{2}}\phi(2^{-j}t-k)$ 在同一尺度 j 下具有正交性，即满足

$$2^{-j}\int\phi(2^{-j}t)\cdot\overline{\phi(2^{-j}t-k)}\,\mathrm{d}t=\delta(k),\quad j,k\in Z \tag{6.42}$$

但在不同尺度之间，$\phi_{j,k}$ 和 $\phi_{j',k'}$ 不具有正交性。

（2）小波函数 $\psi_{j,k}(t)=2^{-\frac{j}{2}}\psi(2^{-j}t-k)$ 对所有的 $j,k\in Z$ 都是相互正交的（全空间），即

$$\int\psi_{j,k}(t)\cdot\overline{\psi_{m,n}(t)}\,\mathrm{d}t=\delta(j-m,k-n),\quad j,k,m,n\in Z \tag{6.43}$$

（3）同一尺度下，$W_j\perp V_j$，小波函数 $\psi_{j,k}(t)$ 同尺度函数 $\phi_{j,n}$ 正交，即

$$\int\psi_{j,k}(t)\cdot\overline{\phi_{j,n}(t)}\,\mathrm{d}t=0 \tag{6.44}$$

2．二尺度方程

尺度函数 $\phi(t)$ 是尺度空间 V_0 的一个标准的正交基函数，小波函数 $\psi(t)$ 是小波空间 W_0 的一个标准的正交基函数，由多分辨率分析可知，由于 $V_0\subset V_{-1}$，$W_0\subset V_{-1}$，所以 $\phi(t)\subset V_{-1}$，$\psi(t)\subset V_{-1}$，即 $\phi(t)$ 和 $\psi(t)$ 可用 V_{-1} 空间的正交基 $\phi_{-1,n}(t)$ 线性展开。

$$\phi(t)=\sum_n h_0(n)\cdot\phi_{-1,n}(t)=\sqrt{2}\sum_n h_0(n)\cdot\phi(2t-n) \tag{6.45}$$

$$\psi(t)=\sum_n h_1(n)\cdot\phi_{-1,n}(t)=\sqrt{2}\sum_n h_1(n)\cdot\phi(2t-n) \tag{6.46}$$

其中展开系数 $h_0(n)$、$h_1(n)$ 分别为

$$h_0(n)=<\phi,\phi_{-1,n}>\qquad h_1(n)=<\psi,\phi_{-1,n}> \tag{6.47}$$

式（6.45）和式（6.46）描述的是相邻两个尺度空间基函数之间的关系，所以称此二式为二尺度方程。

设滤波器 h_0 和 h_1、尺度函数 $\phi(t)$、小波函数 $\psi(t)$ 的傅里叶变换分别为 $H_0(\omega)$ 和 $H_1(\omega)$、$\Phi(\omega)$、$\Psi(\omega)$。将 $\phi(t)=\sqrt{2}\sum_n h_0(n)\phi(2t-n)$ 和 $\psi(t)=\sqrt{2}\sum_n h_1(n)\phi(2t-n)$ 看成是卷积式，两边取傅里叶变换，忽略常数后可得频域的二尺度方程。

$$\Phi(\omega)=H_0\left(\frac{\omega}{2}\right)\cdot\Phi\left(\frac{\omega}{2}\right) \text{ 和 } \Psi(\omega)=H_1\left(\frac{\omega}{2}\right)\cdot\Phi\left(\frac{\omega}{2}\right) \tag{6.48}$$

在此二尺度方程的基础上再将上式中的 $\Phi(\frac{\omega}{2})$ 进行 $\frac{\omega}{4}$ 的二尺度分解，依次做下去，可以得到它们的递推公式。

$$\Phi(\omega)=\prod_{j=1}^{\infty}H_0(2^{-j}\omega) \text{ 和 } \Psi(\omega)=H_1\left(\frac{\omega}{2}\right)\cdot\prod_{j=1}^{\infty}H_0(2^{-j}\omega) \tag{6.49}$$

3. 尺度向量和小波向量

可以证明，前面式（6.45）和式（6.46）描述的尺度函数和小波函数的二尺度关系实际存在于任意相邻尺度 j 和 $j-1$ 之间，即

$$\phi_{j,0}(t)=\sum_n h_0(n)\cdot\phi_{j-1,n}(t) \tag{6.50}$$

$$\psi_{j,0}(t)=\sum_n h_1(n)\cdot\phi_{j-1,n}(t) \tag{6.51}$$

且展开系数 h_0 和 h_1 不随尺度 j 的变化而变化，即 h_0 和 h_1 是由尺度函数 $\phi(t)$和小波函数 $\psi(t)$决定的，与具体的尺度无关。所以，我们又称滤波系数 h_0 为尺度向量，h_1 为小波向量，可以证明它们具有以下特性。

$$\sum_n h_0(n)=\sqrt{2}\text{，}\sum_n h_1(n)=0\text{，}h_1(n)=(-1)^n\cdot h_0(-n+1) \tag{6.52}$$

4. 构造小波函数

实现小波变换有两种方法：一种是下一节要介绍的通过 Mallat 算法实现的方法，它无须构造尺度函数和小波函数，只要确定适当的滤波器，方便有效，在此意义上可以说，小波变换就是滤波器；另一种方法是通过构造尺度函数和小波函数来实现，其中又可通过两条不同的路径求 $h_0(n)$和 $\phi(t)$。

（1）由尺度函数 $\{\phi(t-k)\}_{k\in Z}$ 决定尺度向量 $h_0(n)$。

① 选择 $\phi(t)$或 $\Phi(\omega)$，使之成为一组正交基 $\{\phi(t-k)\}_{k\in Z}$。

② 利用 $h_0(n)=<\phi(t),\phi_{-1,n}(t)>$ 或 $H_0(\omega)=\dfrac{\Phi(2\omega)}{\Phi(\omega)}$ 得到 $h_0(n)$。

（2）由尺度向量 $h_0(n)$构造尺度函数 $\phi(t)$。

① 选择 $h_0(n)$，满足 $\sum_n h_0(n)=\sqrt{2}$ 和 $<h_0(n),h_0(n+2l)\geqslant\delta(l)$ 。

② 由二尺度方程 $\phi(t)=\sum_n h_0(n)\phi(2t-n)$ 解出 $\phi(t)$（如用数值迭代方法求解）。

不管采用哪一种方法，在获得 $h_0(n)$和 $\phi(t)$以后，利用 $h_1(n)=(-1)^n h_0(-n+1)$或 $H_1(\omega)=e^{-j\omega}H_0^*(\omega+\pi)$，由 $h_0(n)$求 $h_1(n)$；然后利用 $\psi(t)=\sum_n h_1(n)\phi_{-1,n}(t)$ 或 $\Psi(\omega)=H_1\left(\frac{\omega}{2}\right)\Phi\left(\frac{\omega}{2}\right)$，由 $h_1(n)$和 $\phi(t)$构造正交小波基函数 $\psi(t)$。

6.3 连续小波变换

在小波分析提出以前，就存在多种时频信号分析的方法，其基本思想和小波变换大致相同，也可以说正是这些技术在小波变换的产生和发展中起了重要的推动作用。在连续信号处理领域，主要涉及小波变换的以下 3 个方面技术：金字塔分解（分层）、带通滤波器组和子带滤波。

6.3.1 连续函数的小波变换

1. 小波基函数

若 $\psi(x)$ 是小波函数，则要求它为平方可积函数，即其傅里叶谱 $\Psi(s)$ 必须满足 $C_\psi=\int_{-\infty}^{+\infty}\frac{|\Psi(s)|^2}{|s|}\mathrm{d}s<\infty$。由于积分式分母中含有 s，因此，当 s 趋于 0 时，必定要求 $|\Psi(s)|$ 比 $|s|$ 更快地收敛于 0，则有 $\Psi(0)=0$，因为 $\Psi(s)\big|_{s=0}=\int_{-\infty}^{+\infty}\psi(x)\mathrm{e}^{-\mathrm{j}2\pi xs}\mathrm{d}x\Big|_{s=0}=\int_{-\infty}^{+\infty}\psi(x)\mathrm{d}x=0$。

这个条件勾画出“小波”基函数的两个最为重要的特点：$\Psi(s)$ 必须迅速收敛到零，且能量有限；$\Psi(0)=0$，$\psi(x)$ 无直流分量，且 $\psi(x)$ 其幅度必须在正负间振荡，对应的频谱 $\Psi(s)$ 为带通型。可见只要满足上述条件，小波函数可以任意选择。$\psi(x)$ 经过伸缩和平移可以产生连续变化的小波基函数。

$$\psi_{a,b}(x)=\frac{1}{\sqrt{a}}\psi\left(\frac{x-b}{a}\right) \tag{6.53}$$

其中，a 为伸缩（Scaling）因子或尺度因子，显然，当 $a>1$ 时，$\psi(x)$ 波形拉宽，当 $0<a<1$ 时，$\psi(x)$ 波形缩窄。b 为平移因子或时间因子，标度 $\psi(x)$ 波形在水平方向平移的位置。可见平移因子 b 的存在，使在小波变换后的变换域中也保留了时间标注。由不同的 a、b 值所形成的函数族就是一组小波基函数族 $\{\psi_{a,b}(x)\}$。

$\psi_{a,b}(x)=\frac{1}{\sqrt{a}}\psi\left(\frac{x-b}{a}\right)$ 是小波基函数的一般表示，由此可见，小波基函数不是唯一的，这一点和其他正交变换具有确定的基函数是不同的。例如，在众多的小波函数中，Marr 小波基函数，又称墨西哥草帽函数 $\psi(x)=\frac{2}{\sqrt{3\sqrt{\pi}}}(1-x^2)e^{-\frac{x^2}{2}}$ 就是常见的小波基函数之一。它实际上是高斯函数的二阶导数，如图 6.10(a)所示。Marr 函数的傅里叶频谱如图 6.10(b)所示，呈现带通特性。小波基函数频谱的带通特性具有一定的普遍性，因为小波基函数要求有零均值、波动性和紧支性，这类信号的傅里叶频谱必然属于带通类型。

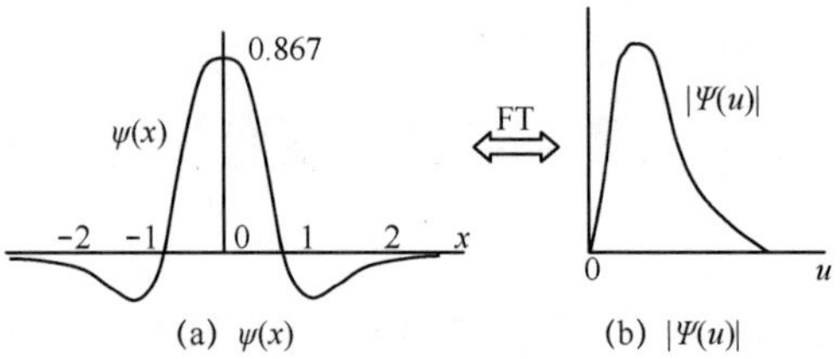

图 6.10 Marr 小波及其频谱

2. 一维连续小波变换

在确定了小波基函数以后，就可以方便地定义连续小波变换（CWT，Continuous WT）。一维连续函数 $f(x)$的小波变换为

$$W_f(a,b)=\langle f,\psi_{a,b}\rangle=\int_{-\infty}^{+\infty}f(x)\psi_{a,b}(x)\mathrm{d}x \tag{6.54}$$

式中 $\psi_{a,b}(x)$也可以写成 $\psi(x,a,b)$，x 表示时域（空域）变量，a、b 表示“时频域”变量。a 表示伸缩，$\frac{1}{a}$ 相当于频率的概念。b 表示平移，相当于时间的概念。一维的函数 $f(x)$经小波变换以后成为二维的小波系数函数 $W_f(a,b)$，是 a、b 的函数。这是超完备的（Over Complete）时频变换，变换后多了一维表示“时间”变量 b。

相应的连续小波反变换（ICWT）为

$$f(x)=\frac{1}{C_\psi}\int_{0}^{+\infty}\int_{-\infty}^{+\infty}W_f(a,b)\psi_{a,b}(x)\mathrm{d}b\frac{da}{a^2} \tag{6.55}$$

式中 $\frac{da}{a^2}=d\left(\frac{1}{a}\right)$相当于频率的增量。可见，在小波变换中，正反变换核相同，都是 $\psi_{a,b}(x)$。

3. 二维连续小波变换

将一维 CWT 推广到二维，二维连续实函数 $f(x,y)$的连续小波变换为

$$W_f(a,b_x,b_y)=\int_{-\infty}^{+\infty}\int_{-\infty}^{+\infty}f(x,y)\psi_{a,b_x,b_y}(x,y)\mathrm{d}x\mathrm{d}y \tag{6.56}$$

相应的二维小波反变换为

$$f(x,y)=\frac{1}{C_\psi}\int_{0}^{+\infty}\int_{-\infty}^{+\infty}\int_{-\infty}^{+\infty}W_f(a,b_x,b_y)\psi_{a,b_x,b_y}(x,y)\mathrm{d}b_x\mathrm{d}b_y\frac{da}{a^3}$$

其中 $\psi_{a,b_x,b_y}(x,y)=\frac{1}{|a|}\psi\left(\frac{x-b_x}{a},\frac{y-b_y}{a}\right)$是二维基本小波，$b_x$、$b_y$ 分别表示在 x 方向和 y 方向的位移。

4. 连续小波变换的性质

这里以一维小波变换为例，介绍 CWT 的 4 个主要性质。

（1）线性叠加

若 $g(x)=k_1 f_1(x)+k_2 f_2(x)$，则

$$W_g(a,b)= k_1 W_{f1}(a,b)+ k_2 W_{f2}(a,b) \tag{6.57}$$

（2）时移不变

若 $f(x)$的小波变换为 $W_f(a,b)$，则 $f(x-x_0)$的小波变换为 $W_f(a,b-x_0)$　（6.58）

（3）尺度转换

若 $f(x)$的小波变换为 $W_f(a,b)$，则 $f(\frac{x}{\lambda})$ 的小波变换为

$$\sqrt{\lambda}W_f\left(\frac{a}{\lambda},\frac{b}{\lambda}\right) \tag{6.59}$$

（4）内积定理（Moyal 定理）

若 $f(x)$和 $g(x)$的小波变换分别为 $W_f(a,b)$和 $W_g(a,b)$，则两个函数的内积和它们的小波变换的内积只差一个常数，即

$$< W_f(a,b), W_g(a,b)>=C_\psi< f(x), g(x)> \tag{6.60}$$

6.3.2　金字塔分解

以拉普拉斯金字塔图像分析为例，不妨设 M 为 2 的整数次幂，这种方法将 $M\times M$ 原图像（V_0 层）首先分解为 $\frac{M}{2}\times\frac{M}{2}$ 图像（V_1 层），再由 V_1 层图像分解为 $\frac{M}{4}\times\frac{M}{4}$ 的图像（V_2 层），……，以此类推，可以一直分解到最后一层（一个像素的图像），如图 6.11 所示。这样的多层图像堆叠起来形成一个下大上小的“金字塔”形状，因此称之为图像信号的金字塔分解（Pyramid Decomposition）。金字塔分解实际上就是图像的多分辨率分析，每一层图像都表示某一个分辨率。越小（高层）的图像分辨率越粗，细节成分越少，表征图像的大特征，或者全局性的特征；相反，越大的图像（低层）分辨率越细，细节成分越多，表征图像的小特征，或者局部性的特征。

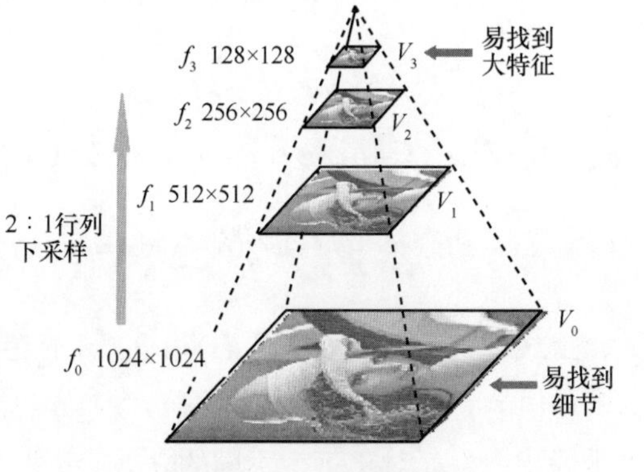

图 6.11　金字塔分解示例

金字塔方式从下到上的分解过程实际上是一种 2∶1 的行列方向的下采样过程。但在每一步中，不是简单地丢弃行和列（因为这样会引起下采样图像的混叠效应），而是在下采样之前，采用高斯脉冲响应的半带二维低通滤波器 G-LPF 对图像进行滤波，有效限制了滤波后图像的带宽，然后进行下采样。虽然丢掉了 $\frac{3}{4}$ 的点，但滤波后的信息没有丢失，这一过程如图 6.12 所示。

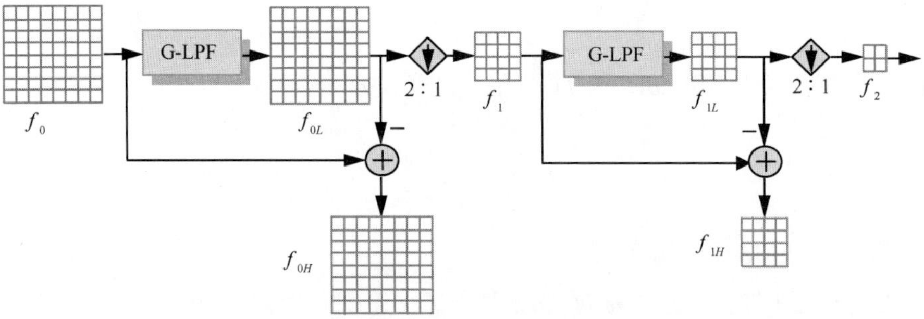

图 6.12　拉普拉斯金字塔图像分解过程

一幅图像的金字塔分解的结果为 $f_0+f_1+f_2+\cdots\cdots$，如果原图像的容量为 1，则分解后总的容量为 $1+\frac{1}{4}+\frac{1}{16}+\frac{1}{64}+\cdots\cdots=1\frac{1}{3}$。虽然这种信息表示增加了总的数据容量，但获得了图像的分层信息。根据金字塔分解后的信息还可以进行综合，得到原图像。综合方法和上述分解方法相反，需要进行一系列的增频采样和滤波。以二级综合为例，图 6.12 中低频信息 f_2 内插滤波后和高频信息 f_{1H} 相加得到 f_1，再由 f_1 内插滤波和 f_{0H} 合并形成原图像 f_0。这种分解和综合的方法，实际上和小波变换的多尺度分解和综合方法的思路是一致的，由此也带来了一种小波变换的快速算法。

6.3.3　带通滤波器组

1. 小波变换的带通等效

对于小波基函数 $\psi_{a,b}(x)=\frac{1}{\sqrt{a}}\psi\left(\frac{x-b}{a}\right)=\psi_a(x-b)$，我们可以定义它的共轭翻转函数为

$$\tilde{\psi}_a(x-b)=\psi_a^*(b-x) \tag{6.61}$$

对于实数小波基函数 $\tilde{\psi}_a(b-x)=\psi_a^*(x-b)=\psi_a(x-b)$，$f(x)$的 CWT 可改写为

$$W_f(a,b)=\int_{-\infty}^{+\infty}f(x)\psi_a(x-b)\mathrm{d}x=\int_{-\infty}^{+\infty}f(x)\tilde{\psi}_a(b-x)\mathrm{d}x=[f(x)*\tilde{\psi}_a(x)](b) \tag{6.62}$$

将 a 作为离散的参数，上式中 $W_f(a,b)$可看成 $f(x)$和 $\tilde{\psi}_a(x)$ 的卷积，是 b 的连续函数。这样求 $f(x)$的小波变换可以用卷积的方法，参与卷积的函数就是小波基函数的共轭翻转函数，使“小波变换”变成了“带通滤波”。对于每个不同的 a，则定义了不同的 $\tilde{\psi}_a(x,b)$，即一组

带通滤波器（BPF）。如图 6.13 所示，图中给出了 $a=1,2,\cdots,n$ 时滤波器组合在一起形成小波变换的情况。

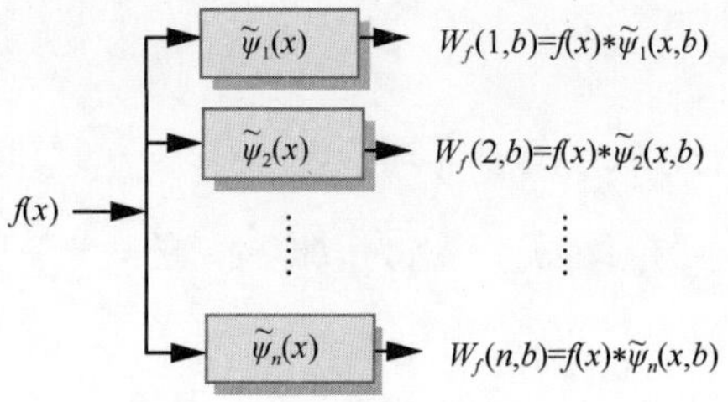

图 6.13　一维带通滤波器组

2. 二维滤波器组

将上述一维的情况推广到二维，当 a 取值为 $1,2,\cdots,n$ 时，形成中心对称的二维滤波器组（2D Filter Banks），其概念如图 6.14 所示。

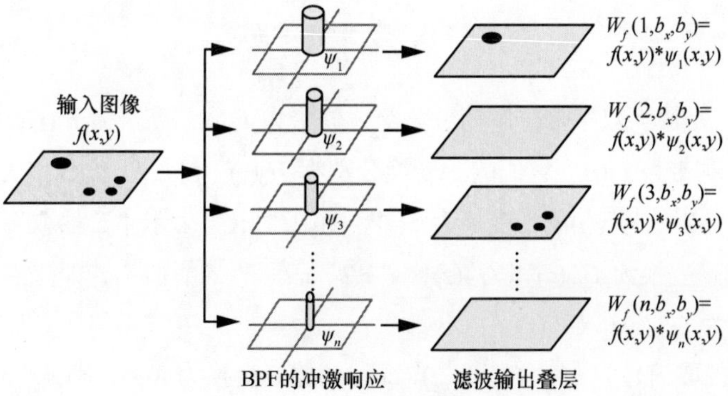

图 6.14　二维滤波器组

可见，一个二维函数的小波变换可以用一组二维带通滤波器来代替，该滤波器组的所有的输出 $W_f(1,b_x,b_y)$、$W_f(2,b_x,b_y)$……组成了 $f(x,y)$二维小波变换的结果。另外，$f(x,y)$小波变换的结果是一个三维函数，和傅里叶变换相比要复杂得多，存在很大的冗余度。可见，CWT 的主要价值在于图像的分解和分析，而不是紧凑表示。

6.3.4　子带滤波

子带滤波（Sub-band Filtering）最初应用于音频，后来扩展到图像处理领域。最简单的子带滤波方法是将信号的频谱用低通和高通滤波器分解为两个部分，即信号的高频部分和低频部分。然后，对不同的频率分量进行不同的处理。处理完毕以后，再通过两个合成滤波器将滤波相加形成处理后的信号。之所以需要将信号分为高低带分别进行处理，是因为不同频带的信号具有不同的特点，分别针对这些特点比对整体信号处理更有效。下面从简单的双子带滤波出发，分析它的分解与重建性能。更复杂的子带滤波器可以将信号分解为更多的子带，分解以后的子带还可以进一步再分解，形成另一层子带分解，如此进行下去，实际上就是小波分解的方法。

1. 子带分解和综合

在简单的双子带分解中，设 $f(x)$ 为限带信号，在 $|s| \geqslant s_{\max}$ 时其频谱 $F(s)=0$，抽样后为 $f(i\Delta t)$，$i=0,1,2,\cdots,N-1$。取样频率 $\dfrac{1}{\Delta t}=2s_N \geqslant 2s_{\max}$，$s_N$ 为取样频率的一半。下面从 z 变换的角度分析双子带滤波，将 $\Delta t=1$ 省略后简化如图 6.15 所示。

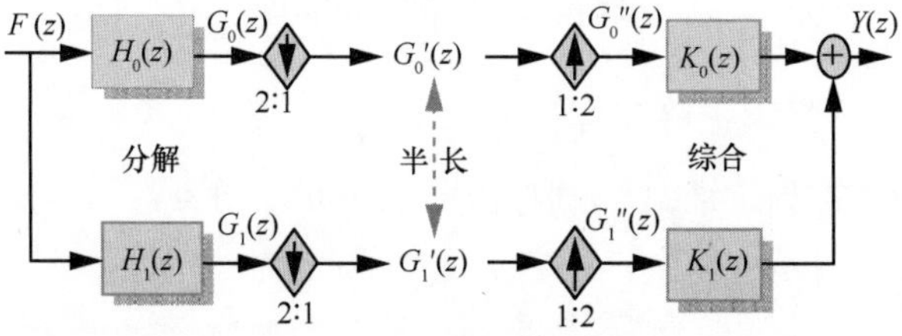

图 6.15 双子带编码和重建

在图 6.15 中，左边为双子带分解滤波器组，低带为 $h_0(i)$，高带为 $h_1(i)$；右边为综合滤波器组，低带为 $k_0(i)$，高带为 $k_1(i)$。它们的 z 变换分别为 $H_0(z)$、$H_1(z)$、$K_0(z)$ 和 $K_1(z)$，输入信号 $f(i)$ 的 z 变换为 $F(z)$，输出信号 $y(i)$ 的 z 变换为 $Y(z)$。图中“2:1”表示“二抽取”，即隔点抽取，形成半长度序列，其 z 变换为 $G'_0(z)$ 和 $G'_1(z)$；“1:2”表示“二插值”，即隔点插值，恢复为全长度序列，其 z 变换为 $G''_0(z)$ 和 $G''_1(z)$。

定义 $x(i)$ 的 2 抽取信号为 $x_{\text{down}}(i)=x(2i)$，若 $x(i)$ 的 Z 变换为 $X(z)$，则 $x_{\text{down}}(i)$ 的 z 变换为

$$X_{\text{down}}(z)=\frac{1}{2}[X(z^{\frac{1}{2}})+X(-z^{\frac{1}{2}})] \tag{6.63}$$

定义 $x(i)$ 的二插值信号为 $x_{\text{up}}(i)=\begin{cases} x(\frac{i}{2}), & i=\text{偶数} \\ 0, & i=\text{奇数} \end{cases}$，则 $x_{\text{up}}(i)$ 的 z 变换为

$$X_{\text{up}}(z)=X(z^2) \tag{6.64}$$

可得

$$G_0''(z)=G_0'(z^2)=\frac{G_0(z)+G_0(-z)}{2} \tag{6.65}$$

$$G_1''(z)=G_1'(z^2)=\frac{G_1(z)+G_1(-z)}{2} \tag{6.66}$$

由此可以得到输入和输出的关系（参照图 6.15）为

$$
\begin{aligned}
Y(z) &= \frac{1}{2}K_0(z)[H_0(z)F(z)+H_0(-z)F(-z)]+\frac{1}{2}K_1(z)[H_1(z)F(z)+H_1(-z)F(-z)] \\
&= \frac{1}{2}[H_0(z)K_0(z)+H_1(z)K_1(z)]F(z)+\frac{1}{2}[H_0(-z)K_0(z)+H_1(-z)K_1(z)]F(-z)
\end{aligned} \tag{6.67}
$$

要使子带编码能够不失真重建，即 $F(z)=Y(z)$，方法之一是式（6.67）中以下两条件同时成立。

第 2 项：$H_0(-z)K_0(z)+H_1(-z)K_1(z)=0$，保证没有频谱混叠。

第 1 项：$H_0(z)K_0(z)+H_1(z)K_1(z)=2$，保证重建信号为 $F(z)$。

可有多种方法保证此条件成立，这里介绍其中一种正交镜像滤波器（QMF，Quadrature Mirror Filter）方法，在 $0\sim s_N$ 区间满足以下 3 式（都以 H_0 来表示）。

（1）$K_0(z)=H_0(z)$。

（2）$K_1(z)=-H_0(-z)$。

（3）$H_1(z)=H_0(-z)$。

上述 3 条件可使式（6.67）中第 2 项 = 0，代入第 1 项后要求 $[H_0(z)]^2-[H_0(-z)]^2=2$，如果 $H_0(z)$满足这一关系就可以保证重建信号为 $F(z)$。条件（3）的 $H_1(z)=H_0(-z)$表明 $H_0(z)$和 $H_1(z)$之间为镜像的关系，和 $s_{\frac{N}{2}}$ 频率成对称，如图 6.16 所示。

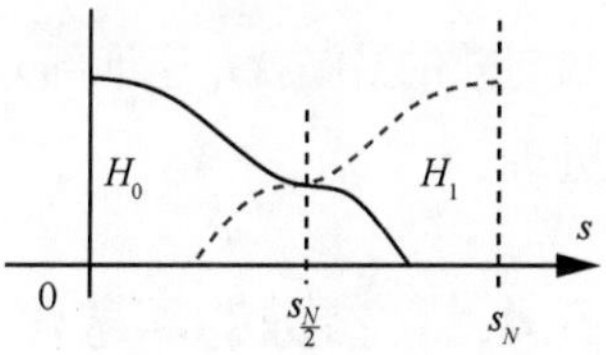

图 6.16　镜像滤波器

2. 从子带滤波到小波变换

通过上面的分析可知，从子带滤波过渡到小波变换已很自然。Mallat 定义了一种采用双子带编码的小波变换算法，如图 6.17 所示。第一步，对一个 N 点的信号进行第一次双子带分解，产生 $\frac{N}{2}$ 点的低半带信号；第二步，对 $\frac{N}{2}$ 点的低半带信号进行双子带分解，产生 $\frac{N}{4}$ 点的低半带信号……以此类推，每一步分解的结果其带宽减半，直到所需要的分解层次为止，本例中进行了 3 层分解。滤波产生的所有高带信号和最后一个低带信号形成了 $f(t)$小波分解的结果。按照相反的过程，就可以实现小波重建，如图 6.17 所示。这样，原来是用于频率滤波的子带编码方法，经过多层的应用，自底向上地完成了时间−尺度的小波分解和综合的任务。

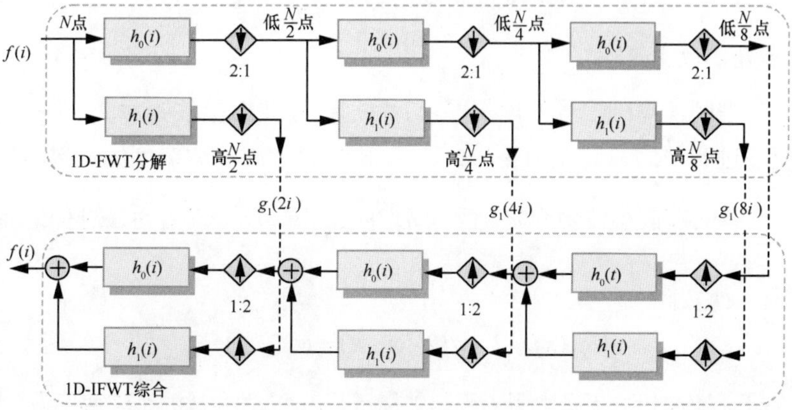

图 6.17　Mallat 快速小波变换算法

这种算法也称为快速小波变换（FWT），或者 Mallat 算法，还可形象地称它为“鱼骨算法”（Herring Bone Algorithm）。例如，我们可以为这种算法选择低半带、高半带滤波器，它们的冲激响应分别为 $h_0(i)=\frac{1}{\sqrt{2}}\sin c(\frac{\pi i}{2})$ 和 $h_1(i)=\sqrt{2}\delta(i)-h_0(i)$，对应的尺度函数和小波函数分别为 $\phi(t)=\sin c(\pi t)$ 和 $\psi(t)=\sqrt{2}\phi(2t)-\phi(t)$，分解和重建采用相同的高低带滤波器。

6.4 离散小波变换

由前面的分析可知，信号的连续小波变换系数是存在冗余信息的，这对于信号的分析固然是有利的，但对于信号的压缩和存储却是我们不希望的。为此，除了选用正交完备的小波基函数外，最有效的措施就是选取部分小波变换的参数，即对小波基函数的尺度参数和平移参数进行离散化处理。

6.4.1 参数的离散化

1. 离散小波变换

对小波连续变换的尺度参数 a 和平移参数 b 进行离散化，最常见的是使 $a=a_0^j$，$b=ka_0^j b_0$，函数的 x 变量仍然是连续变量，形成（参数）离散化小波函数。

$$\psi_{j,k}(x)=a_0^{-\frac{j}{2}}\psi(a_0^{-j}x-kb_0),\quad j,k\in Z,\quad a_0\neq 1,\quad b_0\neq 0 \tag{6.68}$$

相应的离散小波变换（DWT，Discrete Wavelet Transform）为

$$DW_f(j,k)=\int_R f(x)\cdot\psi_{j,k}(x)\mathrm{d}x=\int_R f(x)a_0^{-\frac{j}{2}}\psi(a_0^{-j}x-kb_0)\mathrm{d}x \tag{6.69}$$

小波反变换为

$$f(x)=C\sum_j\sum_k DW_f(j,k)\psi_{j,k}(x)\ \ (C\text{ 为常数}) \tag{6.70}$$

2. 二进参数小波变换

为了适应二进制计算机信号处理的要求，特别设置伸缩参数 a 为 2 的整数幂，设 $a_0=2$，则 $a=2^j$，形成二进制伸缩；设 $b_0=1$，$b=2^j k$，平移参数 b 为小波宽度的整数倍，形成二进制平移。这样，一般的离散小波函数 $\psi_{j,k}(x)=a_0^{-\frac{j}{2}}\psi(a_0^{-j}x-kb_0)$ 就变为二进伸缩和平移的小波函数。

$$\psi_{j,k}(x)=2^{-\frac{j}{2}}\psi(2^{-j}x-k)=\psi_2(j,k) \tag{6.71}$$

其中，$j,k\in Z$，j 是尺度指示，k 是索引（平移）指示。$f(x)$二进参数的小波变换为

$$DW_f^2(j,k)=\int_R f(x)\cdot\psi_2(j,k)\mathrm{d}x=2^{-\frac{j}{2}}\int_R f(x)\psi(2^{-j}x-k)\mathrm{d}x \tag{6.72}$$

相应的反变换为

$$f(x)=C\sum_j\sum_k DW_f^2(j,k)\psi_2(j,k) \tag{6.73}$$

可见，二进参数小波变换是参数离散小波变换的特殊情况。图 6.18 是一个二进参数小波基函数的示例，图中 $j=0,-1,-2$，$k=0,4,\cdots,16$。

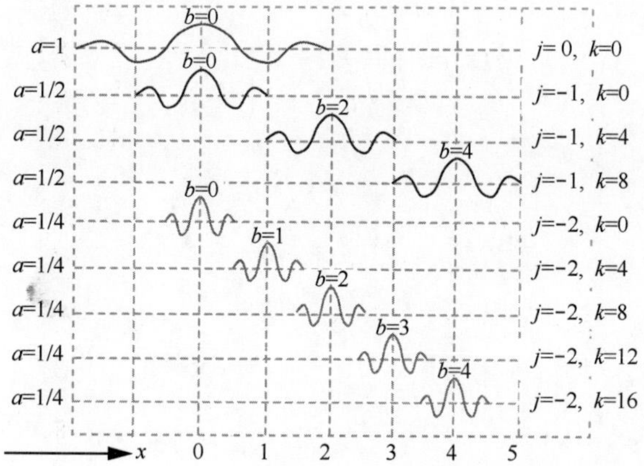

图 6.18　二进小波基函数示意

如果二进参数小波函数 $\psi_{j,k}(x)=2^{-\frac{j}{2}}\psi(2^{-j}x-k)$ 满足

$$<\psi_{j,k},\psi_{l,m}>=\delta_{j,k}\cdot\delta_{l,m}=\begin{cases}1, & j=l\text{且}k=m\\0, & \text{其他}\end{cases} \tag{6.74}$$

则称 $\{\psi_{j,k}(x)\}$ 为正交小波集。如果任一函数 $f(x)\in L^2(R)$，可由正交小波基的线性组合表示，参照傅里叶变换的命名规律，也可称作小波级数表示。

$$f(x)=\sum_{j=-\infty}^{\infty}\sum_{j=-\infty}^{\infty}c_{j,k}\psi_{j,k}(x) \tag{6.75}$$

$f(x)$的小波系数为 $c_{j,k}=<f(x)\cdot\psi_{j,k}(x)>=2^{-\frac{j}{2}}\int_{-\infty}^{+\infty}f(x)\psi(2^{-j}x-k)\mathrm{d}x$。

3. **正交小波基几例**

这里给出几种常用的正交小波基函数。

（1）Haar 正交小波基

$$\psi(x)=\begin{cases}+1, & 0\leqslant x<\dfrac{1}{2}\\[2mm]-1, & \dfrac{1}{2}\leqslant x<1\end{cases} \tag{6.76}$$

（2）Meyer 正交小波基，时域是非紧支的，一般定义在频率域，其傅里叶变换为

$$\Psi(\omega)=\begin{cases}\left(\dfrac{1}{\sqrt{2}}\right)\mathrm{e}^{\frac{\mathrm{j}\omega}{2}}\sin\left[v\left(\dfrac{3|\omega|}{4}-\dfrac{\pi}{2}\right)\right], & \dfrac{2\pi}{3}\leqslant|\omega|<\dfrac{4\pi}{3}\\ \left(\dfrac{1}{\sqrt{2}}\right)\mathrm{e}^{\frac{\mathrm{j}\omega}{2}}\cos\left[v\left(\dfrac{8|\omega|}{3}-\dfrac{\pi}{2}\right)\right], & \dfrac{4\pi}{3}\leqslant|\omega|<\dfrac{8\pi}{3}\end{cases} \tag{6.77}$$

（3）二阶 Marr（墨西哥草帽）正交小波基，其波形如图 6.11 所示，定义如下式所示。公式前面的常数是为保证 $\psi(x)$ 的归一化而设置的。

$$\psi(x)=\frac{2}{\sqrt{3\sqrt{\pi}}}(1-x^2)\mathrm{e}^{-\frac{x^2}{2}} \tag{6.78}$$

（4）Morlet 复正交小波基

$$\psi(x)=\mathrm{e}^{-\frac{x^2}{2}}\mathrm{e}^{-\mathrm{j}\omega_0 x},\quad \omega_0\geqslant 5 \tag{6.79}$$

其傅里叶频谱为

$$\Psi(\omega)=\sqrt{2\pi}\mathrm{e}^{-\frac{(\omega-\omega_0)^2}{2}} \tag{6.80}$$

6.4.2 二维多分辨率分析

在一维空间，多尺度分析为 $\cdots\subset V_2\subset V_1\subset V_0\subset V_{-1}\subset V_{-2}\cdots\subset L^2(R)$，相应的尺度函数为 $\phi(t)\in L^2(R)$。我们仅介绍采用一维张量（Tensor）乘积的方法构造二维尺度空间，用 $\otimes$ 表示空间相乘，其各维变量是相互独立的。定义二维 j 尺度空间为

$$\tilde{V}_j=V_j\otimes V_j=\{g(x)\cdot f(y)\},\ \forall g(x)\in V_j\ \forall f(y)\in V_j\ j\in Z \tag{6.81}$$

根据上述定义，如果 $\phi_{j,n}(x)=2^{-\frac{j}{2}}\phi(2^{-j}x-n)$ 是 V_j 的标准正交基，则 $\{\phi_{j,n}(x)\cdot\phi_{j,m}(x)\}_{n,m\in Z}$ 是 $\tilde{V}_j$ 的标准正交基。令 W_j 为 V_j 在 V_{j-1} 中的正交补空间，即 $W_j\perp V_j$，用 $\oplus$ 表示空间的加，$W_j\oplus V_j=V_{j-1}$，则

$$\begin{aligned}\tilde{V}_{j-1}&=V_{j-1}\otimes V_{j-1}=(V_j\oplus W_j)\otimes(V_j\oplus W_j)=\\&(V_j\otimes V_j)\oplus(W_j\otimes V_j)\oplus(W_j\otimes V_j)\oplus(W_j\otimes W_j)=\tilde{V}_j\oplus\tilde{W}_j^1\oplus\tilde{W}_j^2\oplus\tilde{W}_j^3\end{aligned} \tag{6.82}$$

显然，上式定义了一个尺度空间和 3 个小波空间：$\tilde{V}_j=V_j\otimes V_j$ 对应的正交尺度基函数为 $\{\phi_{j,n}(x)\cdot\phi_{j,m}(x)\}_{n,m\in Z}$；$\tilde{W}_j^1=W_j\otimes V_j$ 对应的正交小波基函数为 $\{\psi_{j,n}(x)\cdot\phi_{j,m}(x)\}_{n,m\in Z}$；$\tilde{W}_j^2=V_j\otimes W_j$ 对应的正交小波基函数为 $\{\phi_{j,n}(x)\cdot\psi_{j,m}(x)\}_{n,m\in Z}$；$\tilde{W}_j^3=W_j\otimes W_j$ 对应的正交小波基函数为 $\{\psi_{j,n}(x)\cdot\psi_{j,m}(x)\}_{n,m\in Z}$。这里 $\tilde{W}_j$ 的上标不是指数，表示小波空间的顺序。这是 j 尺度的情况，和一维 MRA 类似，所有不同的尺度二维空间构成一个相应的二维 MRA，如图 6.19 所示。

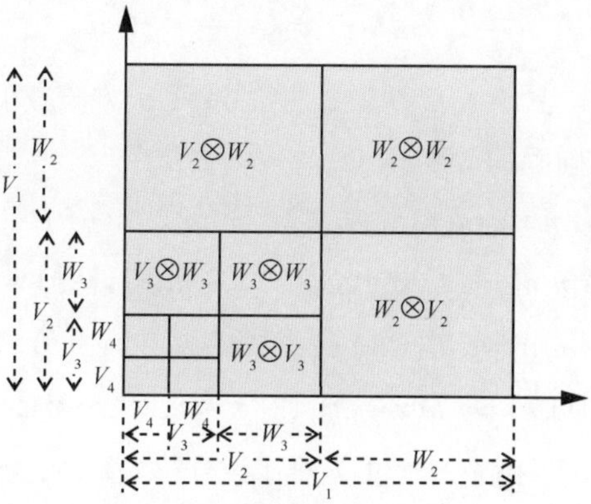

图 6.19　二维 MRA 空间示意

和一维 MRA 类似，由 $\{\tilde{V}_j\}_{j\in Z}$ 构成的张量积二维 MRA 具有以下性质。

（1）$\cdots\subset\tilde{V}_2\subset\tilde{V}_1\subset\tilde{V}_0\subset\tilde{V}_{-1}\subset\tilde{V}_{-2}\cdots\subset L^2(R^2)$　（6.83）

（2）$\bigcap_{j\in Z}\tilde{V}_j=\{0\}$　（6.84）

（3）$\bigcup_{j\in Z}\tilde{V}_j=L^2(R^2)$　（6.85）

（4）$$L^2(R^2)=\overline{\bigoplus_{j\in Z}(\tilde{W}_j^1\oplus\tilde{W}_j^2\oplus\tilde{W}_j^3)}=$$

$$\overline{\operatorname*{span}_{j,m,n\in Z}\{[\psi_{j,n}(x)\cdot\phi_{j,m}(x)]\cup[\phi_{j,n}(x)\cdot\psi_{j,m}(x)]\cup[\psi_{j,n}(x)\cdot\psi_{j,m}(x)]\}}\tag{6.86}$$

这样，$\{[\psi_{j,n}(x)\cdot\phi_{j,m}(x)]\cup[\phi_{j,n}(x)\cdot\psi_{j,m}(x)]\cup[\psi_{j,n}(x)\cdot\psi_{j,m}(x)]\}_{j,n,m\in Z}$ 构成了 $L^2(R^2)$中的正交小波基函数。

6.4.3　二维离散小波变换

由上面二维 MRA 分析可知，在二维小波空间，为了区别两维的方向，分别由 x、y 表示。由二维尺度向量 $h_0(x,y)$得到的二维小波尺度函数 $\phi(x,y)$，仅考虑它是可分离的情况，即 $\phi(x,y)=\phi(x)\phi(y)$。其中 $\phi(x)$是一维尺度函数，相应的小波函数为 $\psi(x)=\sum_k h_1(k)\phi(2x-k)$，$\phi(y)$是另一维尺度函数，相应的小波函数为 $\psi(y)=\sum_k h_1(k)\phi(2y-k)$。如前所述，由尺度函数和小波函数可得到另外 3 个二维小波基函数：$\psi^1(x,y)=\phi(x)\psi(y)$，$\psi^2(x,y)=\psi(x)\phi(y)$，$\psi^3(x,y)=\psi(x)\psi(y)$，连同 $\phi(x,y)=\phi(x)\phi(y)$ 共 4 个基本小波，由此建立二维二进参数小波函数集。

$$\left\{\psi^l_{j,m,n}(x,y)\right\}=\left\{2^{-j}\psi^l(2^{-j}x-m,2^{-j}y-n)\right\}\tag{6.87}$$

上式是 $L^2(R^2)$下的正交归一基，其中 l=1,2,3 是二维坐标的方向，而不是幂指数。m、n 为整数，表示水平和垂直方向的平移，j 为正整数，是分辨率索引。

1．二维小波正变换

给定 $N \times N$ 的图像 $f_1(x,y)$，其中 $N=2^i$，为 2 的整数幂，二维离散小波变换的第一层分解（$j=1$）结果如下（忽略小波基函数前面的常数）。

$$W_1^0(m,n) = < f_1(x,y), \phi(2^{-1}x-m, 2^{-1}y-n) > \tag{6.88}$$

$$W_1^1(m,n) = < f_1(x,y), \psi_1^1(2^{-1}x-m, 2^{-1}y-n) > \tag{6.89}$$

$$W_1^2(m,n) = < f_1(x,y), \psi_1^2(2^{-1}x-m, 2^{-1}y-n) > \tag{6.90}$$

$$W_1^3(m,n) = < f_1(x,y), \psi_1^3(2^{-1}x-m, 2^{-1}y-n) > \tag{6.91}$$

当 $j=1$ 时，$W_1^l(m,n)$ 是原图像第一层的 4 个小波分解的系数，实际上是 $f_1(x,y)$ 和小波基函数 $\psi_{j,m,n}^l(x,y)$ 进行内积运算的结果；当 $j=2$ 时，可以一直分解下去。具体运算时，在行和列两个方向上的间隔抽样后依次做下去。

一幅图像的三层小波分解实际过程如图 6.20 所示。图 6.20(a)表示第一层小波变换的具体算法以及小波系数放置的位置。图 6.20(b)表示一幅 Lena 图像三层小波分解结果的一种放置方法。图 6.20(c)是二层分解的计算机仿真结果。

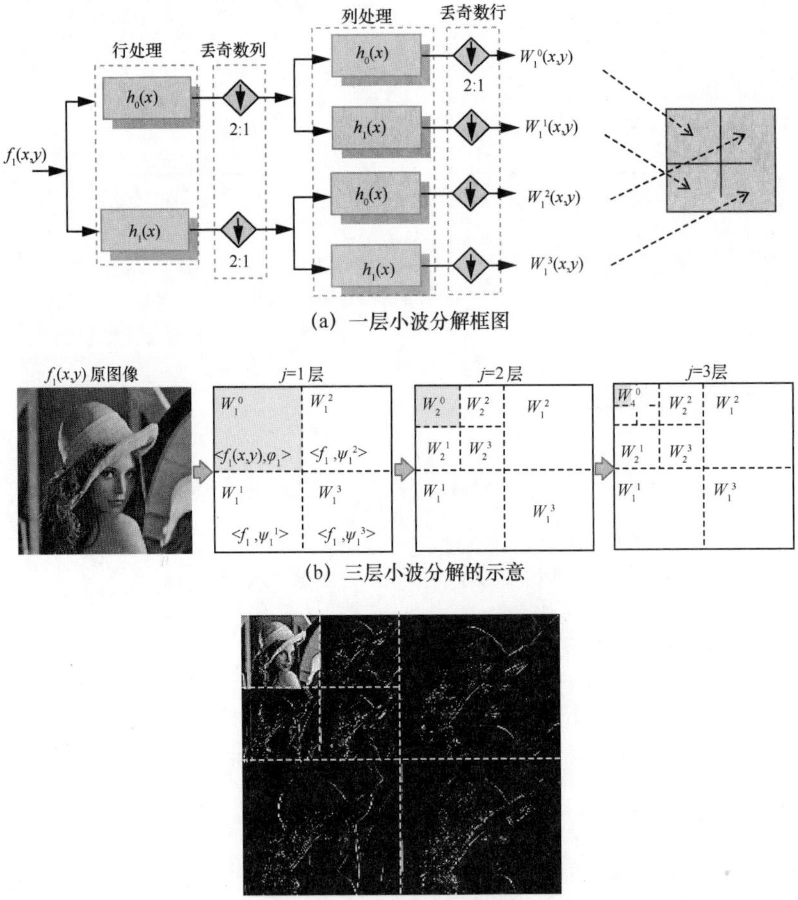

(a) 一层小波分解框图

(b) 三层小波分解的示意

(c) 二层小波分解结果

图 6.20　图像小波分解的示例

2. 二维小波逆变换

二维小波逆变换（IDWT）的过程和正变换相反，其中一层的主要计算如图 6.21 所示。

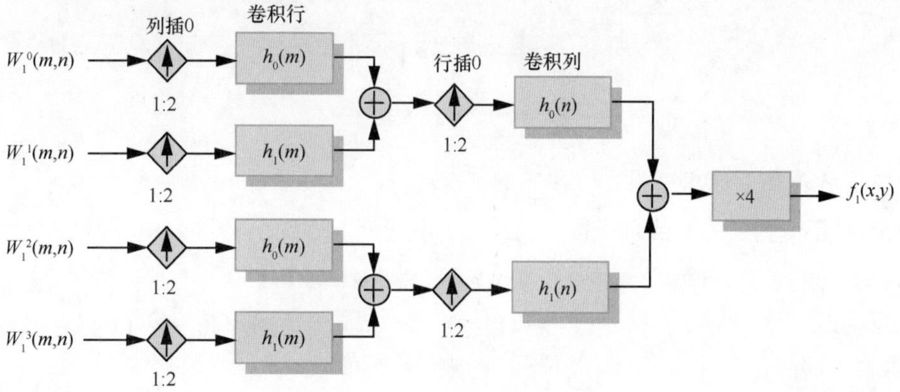

图 6.21　一层小波反变换示意

6.4.4　双正交小波变换

可以证明，除了 Haar 小波外，不存在实的、规范正交的小波函数，同时具有紧支性以及对称、反对称性。因此，在小波变换中，我们看重小波函数的紧支性和对称性，宁可适当牺牲正交性，往往采用双正交小波代替正交小波。

此时，小波正变采用小波基 $\{\psi_k(t)\}$，反变采用其对偶基 $\{\tilde{\psi}_k(t)\}$。两者之间双正交，即 $<\psi_{j,k},\tilde{\psi}_{l,m}>=\delta_{j,l}\cdot\delta_{k,m}$。

由于双正交基有两套基函数，因此小波的分解和重建存在两种选择。一种是小波分解时采用 $c_{j,k}=<f(x),\tilde{\psi}_{j,k}(x)>$，小波重建时采用 $f(x)=\sum_{j,k}c_{j,k}\psi_{j,k}(x)$；或者小波分解时采用 $c_{j,k}=<f(x),\psi_{j,k}(x)>$，小波重建采用 $f(x)=\sum_{j,k}c_{j,k}\tilde{\psi}_{j,k}(x)$。可见，两个小波任意一个都可用于分解，然后用另一个来重建。当 $\tilde{\psi}=\psi$ 时，双正交小波函数就成为规范正交小波函数。

1. 一维双正交小波变换

这里以双子带滤波为例，实现一维双正交小波变换，要有 4 个离散滤波器，两个低通滤波器 $h_0(n)$ 和 $\tilde{h}_0(n)$，或 $H_0(s)$ 和 $\tilde{H}_0(s)$，必须满足下列条件 $H_0(0)=\tilde{H}_0(0)=1$ 和 $H_0(s_N)=\tilde{H}_0(s_N)=0$，其中 s_N 为折叠频率（半周期频率）。两个高通滤波器 $h_1(n)$ 和 $\tilde{h}_1(n)$，或 $H_1(s)$ 和 $\tilde{H}_1(s)$，分别由 $h_0(n)$ 和 $\tilde{h}_0(n)$ 半周期移位得到。

$$\begin{cases}h_1(n)=(-1)^n h_0(1-n)\\ \tilde{h}_1(n)=(-1)^n\tilde{h}_0(1-n)\end{cases}\tag{6.92}$$

可以证明，如果滤波器满足上述条件，则 $\sum_n h_0(n)=\sum_n\tilde{h}_0(n)=\sqrt{2}$ 和 $\sum_n h_1(n)=\sum_n\tilde{h}_1(n)=0$ 成

立。图 6.22 表示用 4 个滤波器实现双正交变换中的一次分解与重建过程。

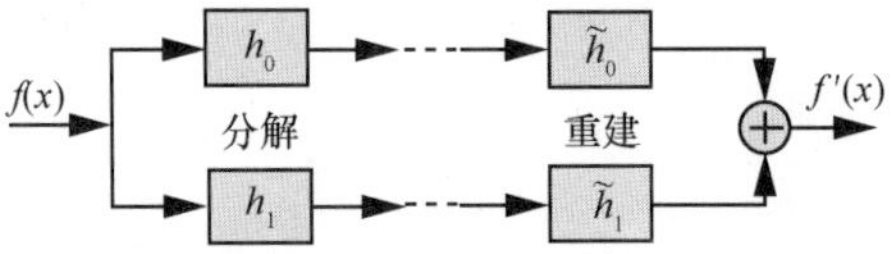

图 6.22 双正交变换示意

2. 二维双正交小波变换

将一维双正交变换的方法直接推广到二维，4 个二维小波基函数为 $\phi(x,y)=\phi(x)\phi(y)$、$\psi^1(x,y)=\phi(x)\psi(y)$、$\psi^2(x,y)=\psi(x)\phi(y)$ 和 $\psi^3(x,y)=\psi(x)\psi(y)$。

反变换采用对偶基函数为 $\tilde{\phi}(x,y)=\tilde{\phi}(x)\tilde{\phi}(y)$、$\tilde{\psi}^1(x,y)=\tilde{\phi}(x)\tilde{\psi}(y)$、$\tilde{\psi}^2(x,y)=\tilde{\psi}(x)\tilde{\phi}(y)$ 和 $\tilde{\psi}^3(x,y)=\tilde{\psi}(x)\tilde{\psi}(y)$。

6.4.5 小波变换的提升算法

二维离散小波变换最有效的实现方法之一是采用 Mallat 的分解方法，通过在图像的水平和垂直方向交替采用低通和高通滤波得到。这种传统的基于卷积的离散小波变换计算量大，对存储空间的要求高，而且 2:1 的下采样意味着卷积计算中有一半是无意义的。提升（Lifting）方式的小波计算的出现有效解决了这一问题，在进行小波变换时只需在输入图像数据的原位计算各个系数，占用和输入大小相同的空间，不需要其他的辅助空间。“提升算法”相对于 Mallat 算法而言是一种更为快速有效的小波变换实现方法，它不依赖于傅里叶变换，完全在空间域内完成了对双正交小波滤波器的构造。Daubechies 已经证明，所有能够用 Mallat 算法实现的小波变换都可以用提升算法来实现。常规的小波变换多采用浮点运算，但利用提升方式可十分方便地构造整数到整数的小波变换，以利于计算机运算。提升算法已成为静止图像压缩国际标准 JPEG-2000 中的核心小波变换算法。

小波提升的核心是更新算法和预测算法，利用信号的局部相关性，某一点的信号值可以根据其相邻的信号值通过适当的预测算法预测出来，预测出来的误差就是高频分量（d_i 系数）；预测算法得到的高频信息又通过更新算法调整信号的下抽样来得到低频分量（f_i 系数）。

提升算法的分解过程如图 6.23（a）所示，包括 3 个步骤：分裂（Split）、预测（Predict）和更新（Update）。下面我们以一维函数 $f_0(x)$为例，简要说明基于提升的小波变换过程。

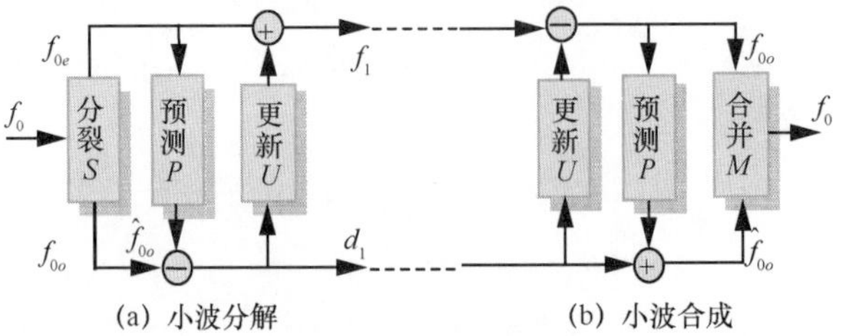

图 6.23 提升算法步骤

（1）分裂：假定图像相邻的像素之间有最大的相关性，按照像素的奇偶序号对数据列进行分裂处理：将原始图像数据 f_0 分解成为两个子集，具有偶数标号的点集 f_{0e} 和具有奇数标号的点集 f_{0o}。f_0 被分裂成的两个部分，要求它们具有尽可能大的局部相关性，相关性越大，越能为后面的预测和更新提供准确的基本数据。

（2）预测：我们用预测函数 P，由偶数值 f_{0e} 来预测奇数值，得到预测奇数值为 $\hat{f}_{0o}$。

$$\hat{f}_{0o} = P(f_{0e}) \tag{6.93}$$

这里的预测函数 P 可以是一种插值运算，由奇偶数点插出奇数点即可。然后计算实际奇数点和预测奇数点之差，形成图像的第一层小波分量 d_1。

$$d_1 = f_{0o} - P(f_{0e}) = f_{0o} - \hat{f}_{0o} \tag{6.94}$$

（3）更新：更新的目的是通过 f_{0e} 寻找第一层小波的概貌部分 f_1，使 f_1 尽量保持原图像的基本性能，即对于某一个量度标准 $Q(\cdot)$，使 $Q(f_1)=Q(f_0)$，如两者均值相等或者能量相等。我们考虑用已经计算出来的小波值 d_1 来更新 f_{0e}，从而使 f_1 保持上述性能，构造一个更新操作 U 更新。

$$f_1 = f_{0e} + U(d_1) \tag{6.95}$$

这种更新的本质是找到奇偶数据之间的共性，这种共性其实就是图像小波的低频成分。通过以上的分裂、预测、更新，一个基于提升格式的小波第一层分解就完成了，由原图像 f_0 产生小波低频分量 f_1 和小波高频分量 d_1。我们可以再次对 f_1 用以上的方法进行分裂、预测和更新（这部分图中没有绘出），得到第二层小波分解的结果 f_2 和 d_2。经过反复 n 次，完成 n 层小波分解。

这里只是简单说明提升算法的小波分解实现过程，具体证明不再介绍。对于反变换或小波合成的提升算法，如图 6.23（b）所示，它和正变换方法可以采用相同的框图表示，只要将其中的分裂改为合并、信号方向和加减号反过来即可。

6.5　小波变换的应用

随着理论日渐完善，算法不断出新，小波变换在图像处理中的应用日益广泛。下面先说明小波函数选取的一些考虑，然后简单介绍小波变换在图像处理领域中的几种典型应用。

6.5.1　小波函数的选取

由于小波分析在时频域均具有良好的局部性，因而在图像处理领域得到了广泛应用。和傅里叶等其他常见的正交变换不同，小波变换不是固定基函数的变换，也不一定是正交变换，也不强求是“单”正交基，只要符合一定的条件（满足允许条件即可）就可以用作小波变换的基函数，其选择具有很大的灵活性。因此，并非所有的小波基都适合于图像处理，不同的小波基函数对处理的效果有很大影响。

小波基函数要根据待处理信号本身的特点来选取，同时要考虑到不同的应用场合，如是用于图像压缩还是图像去噪，或者是图像恢复，选取的小波基函数是不一样的。例如，在图像压缩的应用中，如果是进行无失真压缩，目标是精确而紧凑地表示原图像，一般选择正交归一或双正交基；而在有失真压缩图像中，目标是特别紧凑的表示，并允许有一定的信息损失，可选择类似于目标分量的小波基函数。其他在图像的边缘检测、去噪、融合等处理中，也要根据不同的图像特性、噪声特性选择小波函数。

在选择小波基函数时所要考虑的几个主要因素为小波基函数的正交、紧支、对称、正则和消失矩等特性。

1. **正交性**

小波变换是将原始图像与小波基函数、尺度函数进行内积运算，以 Mallat 算法为例，小波变换中小波基的选择实际上就是正交或双正交镜像滤波器（QMF）的选择。严格的规范正交小波基对图像多尺度分解得到的各子带数据分别落在相互正交的子空间，此特性有利于小波分解系数的精确重构。但大部分正交小波基并不是紧支的，不利于滤波计算。为此，在图像处理中常选用双正交小波基。双正交小波只要求两个小波系之间正交，正交要求放宽，选择范围加大，且不增加计算负担。如在 Mallat 方法中，双正交是指低通分析滤波器和高通重建滤波器正交，低通重建滤波器和高通分析滤波器正交。

2. **紧支性**

如果小波 $\psi(t)$在有限区域外皆为 0，则称它是紧支的；当 $t\to\infty$时，它快速衰减或具有指数规律衰减，称小波 $\psi(t)$是急衰或急降的。紧支性与衰减性是小波的重要性质，紧支宽度越窄或衰减越快，小波的局部化特性越好；紧支小波不需做人为截断，运算精度较高。但一个函数不可能在时域和频域都是紧支的，最多在一个域是紧支的，另一个域是急衰的。一般希望小波基能够在时域上具有紧支性。紧支小波基的另一个好处是它在图像信号的离散小波分解过程中可以用系数有限的 FIR 滤波器实现，而非紧支小波在实际运算时必须截短。

3. **对称性**

在大多数的实际图像处理中，要求滤波器具备线性相位特性，对称（或反对称）滤波器具有线性相位特性。而非对称滤波器的相位特性往往是非线性的，它所产生的相位误差易导致图像边缘的错位，而人类的视觉系统对图像的边缘附近是比较敏感的。因此希望滤波器是紧支的而且是对称或反对称的。

对称的滤波器结构具有运算简单、便于边界处理的优点。但遗憾的是，紧支集的小波一般不具有对称性，除 Harr 小波外，一切具有紧支集的规范正交小波基函数及其尺度函数都不可能是对称或反对称的。因此，我们往往放松对正交性的要求来保持线性相位，从而采用双正交小波基。

4. **正则性**

正则性（Regularization）是函数光滑程度、可微特性的一种描述，也是函数频域能量集中程度的一种度量。正则性与支撑集大小有关，支撑越大，正则性越好，正则性越大的小波基越好，显然小波基的正则性要求是和紧支集要求冲突的。

数学上表征函数局部平滑特性的一种度量是李氏指数（Lipschitz）α。设信号 $\psi(t)$在 t_0 附近具有下述特性。

$$|\psi(t_0+h)-P_n(t_0+h)|\leqslant A|h|^{\alpha},\quad n<\alpha<n+1 \tag{6.96}$$

则称 $\psi(t)$在 t_0处的李氏指数为 α。式中 h 是一个充分小的量，$P_n(t)$是 $\psi(t)$在 t_0点 Taylor 级数展开的前 n 项多项式。如果 $\psi(t)$为 n 次可微，但 n 阶导数不连续，因此 $n+1$ 次不可微，则 $n<\alpha\leqslant n+1$。将 $\psi(t)$上一点 t_0的李氏指数扩展到一段区间，当区间内处处满足上述条件时，称 $\psi(t)$在此区间内为均匀李氏指数 α。小波基 $\psi(t)$在点 t_0的 Lipschitz 指标为 a，正则度定义为 a 的上确界，正则度越大的小波基越光滑。

5. 消失矩

对于大部分正交小波基，正则性越高意味着具有更高的消失矩（Vanishing Moments），消失矩的定义为

$$\int_{-\infty}^{+\infty} t^k\psi(t)\mathrm{d}t=0,\quad k\in Z=0,1,\cdots,n-1 \tag{6.97}$$

上式即 $\psi(t)$的 k 阶矩，如果 $\psi(t)$的前 N 阶矩都等于零，则称 $\psi(t)$的消失矩为 N。当 $N=0$，有 $\int_{-\infty}^{+\infty}\psi(t)\mathrm{d}t=0$，这表明 $\psi(t)$是一个迅速衰减且平均值为 0 的小波。消失矩的大小决定了用小波逼近光滑函数的收敛程度。图像越光滑，消失矩越高，导致小波系数越少，稀疏性越好。消失矩也表明了小波变换后能量的集中程度。如用消失矩越大的小波基进行图像分解，分解后图像的能量就越集中，压缩的空间就越大，所选的小波基必须具有足够高的消失矩。

为什么小波的消失矩越高小波变换的效率越高、稀疏性越好？这是因为图像函数的局部总是可以近似分解为一个 n 次多项式，而一个信号的小波变换实际上就是信号和小波函数的内积，信号分解成 n 次多项式后就是和多项式的各个项的内积，自然消失矩越高，越多项的内积为 0，所形成的小波系数越少。

总之，在图像处理中，并不存在对任何图像处理都适用的“最优”小波，各项要求之间往往是相互矛盾的，只能根据具体的应用要求合理选择小波基。一般来说，小波基的对称性是首先要考虑的因素。具有对称性的双正交小波一般具有较好的性能，在实际中应尽量选用。其次考虑非对称的正交小波，尤其是紧支集的双正交小波。接着考虑具有较高正则性的小波，对于光滑图像，特别是自然图像有较好的处理效果。如果图像数据跳变成分多，高频分量丰富，不妨选择计算简单的 Harr 小波。

6.5.2 图像去噪和增强

图像去噪是为了提高被噪声污染图像的清晰度和改善视觉效果。由于小波变换具有时频局部

化特性，因此能够有效消除图像中的噪声。

在传统的基于傅里叶变换的图像去噪滤波处理方法中，如果信号和噪声的频带重叠部分很小，在频域就可以通过滤波方法将信号同噪声区分开。而当它们的频谱重叠时，这种方法就无能为力了。尤其是在高频部分，噪声和信号的高频分量是交织在一起的。

基于小波变换的非线性滤波与此不同，在这种方法中，信号和噪声的频谱可以重叠，但是频谱的幅度有所不同。在小波变换域，小波系数的模极大值可分两类：一类是信号突变处产生的小波系数的模极大值随着尺度的增加而逐渐增加；一类是噪声产生的小波系数，由于噪声的广泛分布，其模极大值一般幅度较小，且随着尺度的增加而逐渐减小。据此，可以设置一阈值，对那些模极大值逐渐减小的小波系数进行消除、缩小幅度等非线性处理，以达到滤除噪声的目的。采用这种方法滤波可在一定程度上避免一般低通滤波时造成的信号突变部分变模糊。然而小波去噪同传统的低通滤波相似，也会造成一定程度上的图像信号的细节丢失。在使用这种方法时，仍然要考虑抑制噪声与保留信号细节之间的折中问题。

小波分析用于图像增强的效果也很好，先用小波变换，将图像分解为大小位置和方向不同的分量，然后对感兴趣的分量进行处理，如对其中的高频分量进行加强处理，最后进行小波反变换完成图像增强的任务。

6.5.3 图像压缩

基于小波变换的图像压缩方法很多，比较常见的有双正交小波变换、小波域纹理模型方法、嵌入零树小波（EZW，Embedded Zerotree Wavelets）压缩、小波变换提升算法等。类似于 DCT 变换，小波变换也能够将信号能量集中在少数小波系数上，通过量化，可大大压缩图像数据，在高压缩比的情况下仍然有较好的图像质量。基于小波变换的图像编码与经典的分块 DCT 方法相比，具有以下优点。

在基于 DCT 的图像变换编码中，将图像分成 8×8 像素或 16×16 像素的块来处理，故容易出现方块效应。而小波变换是对整幅图像进行变换，因此在重构图像中可以免除采用分块正交变换编码所固有的方块效应。

小波变换采用塔式分解结构，与人眼由粗到精、由全貌到细节的观察习惯相一致。小波变换比 DCT 变换更符合人的视觉特性，通过合理的量化编码产生的人为噪声，在同样比特率下 JPEG-2000 小波压缩方法产生的影响比采用 DCT 压缩的 JPEG 小得多。

小波变换是图像的时频表示，具有时间频域定位能力，因此可实现图像中平稳成分与非平稳成分的分离，从而对其进行高效编码。尺度由大到小变化，高频图像的细节逐渐增多，因此可以先给出一幅较粗糙的图像，然后根据需要提供更好的细节，实现逐渐显示功能。

总之，小波变换用于图像压缩时，除具有时频局部化分析方法处理非平稳信号的固有长处外，还体现在它与 HVS 相吻合的多分辨率特性，有利于提高压缩效率。在国际图像压缩标准

JPEG-2000、MPEG-4 中，小波变换已成为一项主要技术。

6.5.4　图像边缘检测

常规的边缘提取只是在原始图像上（空域）进行的，利用图像边缘点处的灰度阶跃变化进行边缘检测，然后提取图像的边缘。常用的边缘检测有各种梯度算子、高通滤波、Hough 变换、曲线拟合等方法。在实际图像中，对应景物图像边缘的灰度变化有时并不十分明显，图像中也常存在噪声干扰，使上述空域边缘检测的效果受到较大限制。

在小波变换中，由于其系数模的极大值点对应于信号的突变点，因此在二维情况下，小波变换适用于检测图像的局部奇异性，故可通过检测系数模极大值点确定图像的边缘。图像边缘和噪声在不同尺度上的小波系数具有不同的特性，因此在不同的尺度上检测到的边缘在定位精度与抗噪性能上是互补的。在大尺度上，边缘比较稳定，对噪声不敏感，但由于采样移位的影响，边缘的定位精度较差；在小尺度上，边缘细节信息比较丰富，边缘定位精度较高，但对噪声比较敏感。因此，在多尺度边缘提取中，应发挥大、小尺度各自的优势，对各尺度上的边缘图像进行综合，以得到精确的单像素宽的边缘。

6.5.5　图像融合

图像融合（Image Fusion）是将不同方法获取的同一场景的图像数据进行空间配准，然后采用融合算法将各个图像的优点或互补性有机地结合起来，产生新的图像，以提高对图像的信息分析和提取能力。目前，基于小波变换的图像融合技术是研究的主流。

例如，在低分辨率的多光谱图像和高分辨率的全色图像融合中，要求充分利用多光谱图像的光谱信息与全色图像的细节信息，使融合后的多光谱图像具有较高的空间细节表现能力，同时较好地保持原始多光谱图像的光谱特性。图 6.24 就是这种应用的一个示例，用图 6.24（b）所示的高空间分辨率的全色图像的细节分量代替图 6.24（a）中低空间分辨率的多光谱图像的细节小波分量，然后对多光谱图像的小波系数进行小波逆变换，得到融合的多光谱图像，如图 6.24（c）所示。

(a) 多光谱图像　　(b) 高分辨率图像　　(c) 融合后的图像

图 6.24　图像融合示例（见彩插图 6.24）

图 6.24 示例是一种简单的替代融合，对此方法还可以进一步改进。在小波变换域中，细节系数幅值较大的位置对应于灰度变化，即对应于边缘、突变点等显著特征，在融合中不做简单的代替，而是综合考虑两幅影像的显著特征，按一定的融合准则选取每一位置上的小波系数，再经过小波逆变换得到重构的融合影像。这就是基于特征的小波分析的融合方法，可以取得比代替融合更好的效果。

第7章 图像压缩

以压缩图像数据量为目标的基于图像统计特性的压缩编码是本章主要关注点。本章首先介绍图像压缩编码赖以可行的图像数据的基本统计特性；然后分析图像压缩编码的两类基本压缩方法，即预测编码和变换编码；接着分别介绍针对静止图像和活动图像压缩的基本方法，以及进一步增加压缩率的量化和熵编码技术；最后简单介绍统计压缩编码的信息论基础——信息熵定义和率失真定理。

图像信息数据量巨大的特点始终是图像处理中的难点问题。为了减少数字图像数据的存储空间或节省传输信道的带宽，需要对图像数据进行压缩处理。因此，图像压缩成为图像处理中的关键技术之一。我们对图像压缩技术有 3 个方面的要求：第一，要求压缩率尽可能高，几倍、几十倍，甚至几百倍，这样才能达到有效存储或传输的目的；第二，要求压缩后图像与压缩前图像的一致性程度尽可能高；第三，要求压缩算法简单、实现容易，即图像压缩的计算复杂度尽可能低。实际上，上述 3 个方面的要求是彼此矛盾、相互制约的，不可能同时达到最佳状态，往往只能够找到和具体应用相适应的折中解决方案。

7.1 图像的相关性

图像数据的统计特性是图像压缩处理的基础，它所包含的内容很多。从信息论的角度出发，可以通过对图像信息的概率分布、一阶熵、高阶熵的分析，确定图像信源的统计特性。但是图像熵值的计算十分困难，它要预先知道图像的概率分布等统计参数，因而在实践中用得较多的还是图像数据的数字特征，如均值、方差、相关函数等。其中，图像的相关函数，尤其是自相关函数使用最为普遍，因为它可以直接反映图像中像素之间的关联程度，即在统计平均的意义上度量它们之间的相似程度。

将数字图像 $f(i, j)$的每个像素值看作是一个随机变量，则图像就是这些随机变量的集合，实际上形成一个二维随机场，并假设为平稳随机场。现在考察图像内任意两点之间的相关性，设$(i+i_0,j+j_0)$和(i,j)为 $N\times N$ 数字图像 $f(i,j)$中水平相距为 i_0、垂直相距为 j_0 的任意两点，一般情况下，图像的灰度值为正实数，其归一化自相关函数可由下式表示。

$$R_f(i_0,j_0)=\frac{1}{\sigma_f^2}E\{[f(i+i_0,j+j_0)-m_f][f(i,j)-m_f]\} \tag{7.1}$$

式中，$E[\cdot]$表示数学期望，m_f 为图像灰度平均值，σ_f^2 为图像灰度的方差，可近似为

$$m_f=E[f(i,j)]\approx\frac{1}{N^2}\sum_{i=0}^{N-1}\sum_{j=0}^{N-1}f(i,j) \tag{7.2}$$

$${\sigma_f}^2=E[f(i,j)-m_f]^2\approx\frac{1}{N^2}\sum_{i=0}^{N-1}\sum_{j=0}^{N-1}[f(i,j)-m_f]^2 \tag{7.3}$$

例如，当两个像素在同一行时，即 $j_0=0$，两像素水平距离为 i_0，其归一化自相关函数退化为行（Row）内关于 i_0 的一维自相关函数 $R_h(i_0,0)$，可称之为行内相关函数；可用类似的方法得到垂直方向的列（Column）内相关函数 $R_v(0,j_0)$。

图 7.1 是由多幅实际图像统计结果的示意图，在像素水平间隔 i_0 为 1～20 个像素时，自相关系数平均值的曲线基本上呈指数规律衰减，可用式（7.4）的数学模型近似表达，表明像素之间的相关性随着两者之间的水平距离增加而迅速减小。

$$R_h(i_0) = \mathrm{e}^{-\alpha|i_0|} = \rho^{|i_0|} \tag{7.4}$$

式中的参数 $\rho=\mathrm{e}^{-\alpha}$ 可通过对实际图像的统计获得，垂直间隔的情况也差不多如此。对于一般图像，ρ 值都在 0.9 至 0.98 之间，说明图像像素之间存在很强的相关性。

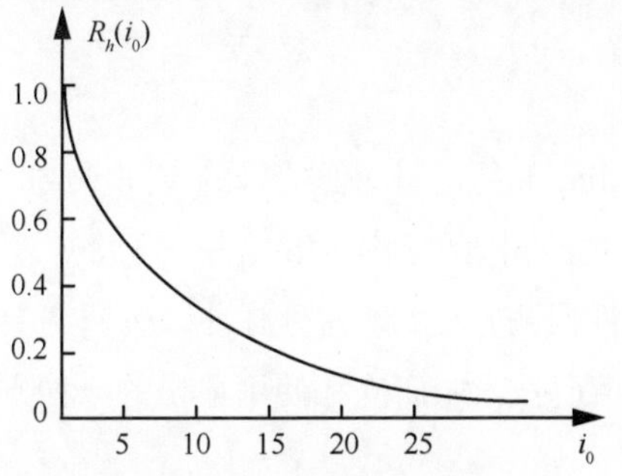

图 7.1　水平自相关系数分布示意

可以推想，由于相邻像素值之间的相关性较强，相邻像素值之差的统计分布应该有相当一部分集中在零附近。图 7.2 是对多幅实际图像的水平方向相邻像素差值信号进行统计得到的概率密度分布的示意图。大量的图像数据统计表明，对于灰度为 0～255 的常见图像，80%～90%差值信号的绝对值落在 0～20 之间。这一统计得出的结论在预测法图像压缩中是非常重要的依据。图像差值的概率密度常用拉普拉斯（Laplace）分布近似表示。

$$P(d) = \frac{1}{\sqrt{2}\sigma_d}\exp\left(-\frac{\sqrt{2}}{\sigma_d}|d|\right) \tag{7.5}$$

其中 d 为相邻像素之差值，σ_d 为这些差值均方差（标准差）。

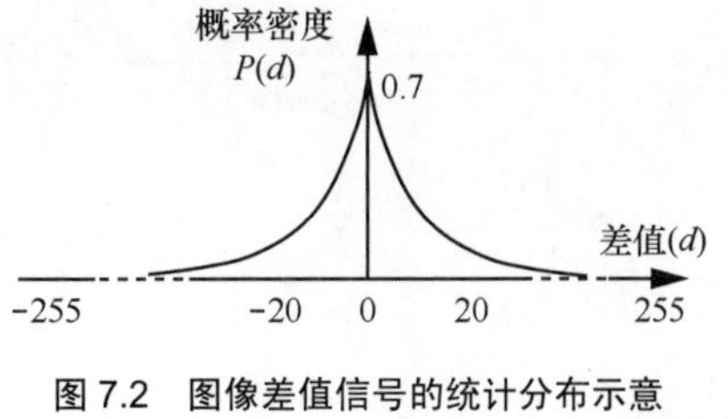

图 7.2　图像差值信号的统计分布示意

7.2　预测编码和变换编码

这里的“编码”是专指对信号的压缩处理，应当区别于以往一些编码的概念，如 PCM、Huffman 编码等。但之所以将信号（包括语音、图像等）的压缩称为“编码”是因为信号的压缩处理就是信号的另一种等价或近似等价的表示，和“编码”的本质含义是相通的。目前，尽管图像压缩编码的方法很多，但在空域对图像进行的预测编码和在频域对图像进行的变换编码是两种基本的编码方法。

7.2.1 预测编码

1. 预测编码原理

预测编码（Prediction Coding）是利用图像信号的空间（或时间）相关性，用已编码的像素对当前的像素进行预测，然后对预测值与真实值的差——预测误差进行编码处理（如量化、熵编码等）。目前用得较多的是线性预测方法，即差分脉冲编码调制（DPCM，Differential Pulse Code Modulation）。DPCM 是图像编码技术中研究和使用最早的一种方法，它的一个重要特点是算法简单，易于实现。

图 7.3 是空间域预测编码的示意，左边的编码单元主要包括线性预测器和量化器两部分。编码器的输出不是图像的像素值 $f(m,n)$，而是该像素值与预测值 $\hat{f}(m,n)$ 之间的差值（预测误差）$e(m,n)$的量化值 $e'(m,n)$。符合图像信号统计特性的预测器得到的预测值 $\hat{f}(m,n)$ 和像素值 $f(m,n)$很接近，使预测误差的分布大部分集中在“0”附近，经非均匀量化，采用较少的量化分层，图像数据得到了压缩。而量化噪声不易被人眼所觉察，图像的主观质量没有明显下降。

图 7.3 右边是 DPCM 解码器，其原理和编码器刚好相反，将反量化后的预测误差和预测器输出的预测值相加得到解码输出的像素值。图中编码器和解码器中的预测器（Predictor）需保持一致。如图 7.3 的预测编码中没有设置量化器（或将量化和反量化单元都改为直通），不难推证，这就成为无失真的编码系统，输出 $f'(m,n)=f(m,n)$。

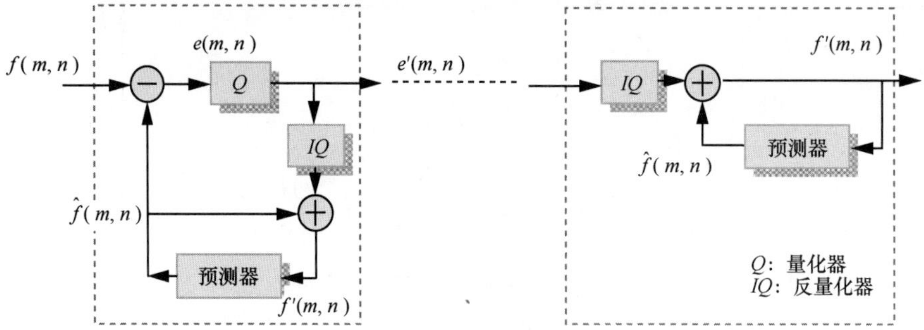

图 7.3 DPCM 原理框图

DPCM 编码性能的优劣很大程度上取决于预测器的设计。对于线性预测系统中预测器的设计主要是确定预测器的阶数 N 以及各个预测系数。预测器在图 7.3 的左下方，它的输出 $\hat{f}(m,n)=[f'(m,n)]$，[•]表示线性组合运算，说明预测器的输出是输入数据（预测像素邻近的若干像素值）的线性组合。阶数 N 是指预测器的输出是由 N 个输入数据线性组合而成。图 7.4 是一个 4 阶预测器的示意图。预测编码是逐像素进行的，当预测到像素 X_0 时如图 7.4（a）所示，预测器所用的输入是已编码像素 X_1、X_2、X_3、X_4，它们和被预测像素 X_0 之间的位置关系也表示在图 7.4（a）中。图 7.4（b）表示预测器的运算结构。

对于预测阶数，由图像的统计特性可知，一帧图像内像素之间的相关系数在较小的范围内可用指数型衰减曲线近似。当像素距离增大时，其相关性急剧减弱，因此，预测器的阶数不宜取得过大。实验表明，对于一般图像，N 取在 4 到 16 之间就足够了。当 N 太大时，预测效果的改善程度已不明显。在预测阶数确定以后，就可设计一个性能最佳的线性预测器。

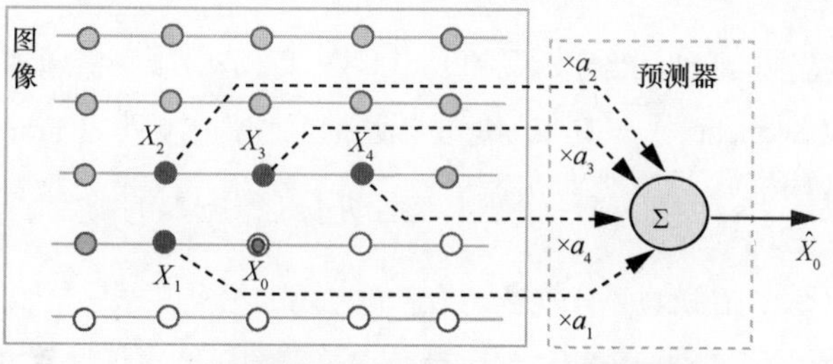

(a) 预测像素　　(b) 预测器

图 7.4　预测像素和预测器

2. **最佳线性预测**

为不失一般性，将图 7.4 的预测器推广到 N 阶。假定当前待编码的像素为 X_0，其前面 N 个已编像素分别为 $X_1, X_2, \cdots, X_N$，若用它们对 X_0 进行预测，并用 $\hat{X}_0$ 表示预测值，$\{a_i | i=1,2,\cdots,N\}$ 表示线性预测的系数，可写成

$$\hat{X}_0 = a_1 X_1 + a_2 X_2 + \cdots + a_N X_N \tag{7.6}$$

则预测误差为

$$e = X_0 - \hat{X}_0 = X_0 - \sum_{i=1}^{N} a_i X_i \tag{7.7}$$

预测误差的均方值为

$$\sigma_e^2 = E(e^2) = E[(X_0 - \hat{X}_0)^2] \tag{7.8}$$

采用均方误差极小准则，即将 $\{a_i\}$ 看成自变量，求 σ_e^2 的极小值，要求

$$\frac{\partial \sigma_e^2}{\partial a_j} = E[-2(X_0 - \hat{X}_0)\frac{\partial \hat{X}_0}{\partial a_j}] = -2E[(X_0 - \hat{X}_0)X_j] = 0, \quad j = 1,2,\cdots,N \tag{7.9}$$

整理后可得

$$E[(X_0 - \hat{X}_0)X_j] = E(X_0 X_j) - E(\hat{X}_0 X_j) = 0, \quad j = 1,2,\cdots,N \tag{7.10}$$

即

$$R_{0j} = E[(\sum_{i=1}^{N} a_i X_i)]X_j = \sum_{i=1}^{N} a_i E(X_i X_j) = \sum_{i=1}^{N} a_i R_{ij}, \quad j = 1,2,\cdots,N \tag{7.11}$$

上式是一个 N 阶线性方程组，其中 R_{ij} 表示 X_i、X_j 之间的相关函数，由具体图像数据决定。由此可以解出 N 个预测系数 $\{a_i|i=1,2,\cdots,N\}$。由于它们使预测误差的均方值极小，因此称之为最佳预测系数。

为了保证在恒定值输入时能得到恒定值的输出，预测系数应满足下列等式约束。

$$\sum_{i=1}^{N} a_i = 1 \tag{7.12}$$

3. 帧间预测

根据图像的统计特性，活动图像（如视频或电影图像）是由顺序快速播放的一系列画面组成，称之为图像“序列”（Sequence），其中的每一幅画面又称为“帧”（Frame）。由于相邻帧的时间间隔很短，如 $\frac{1}{25} \sim \frac{1}{120}$ s，因而在目标静止或运动不是很剧烈的场合，相邻帧中同一位置的像素值基本不变或变化不大，相似的部分较多，即它们之间的相关性很强。如果编码时能充分利用序列图像在时间轴方向的相关性进行预测，就可望获得更高的压缩比，这就是帧间预测编码出发点。

既然帧间图像存在较强的相关性，那么和前面帧内（一帧画面内）预测的方法一样，也可以进行帧间预测，最简单的就是用前一帧某一位置的像素值作为当前帧中同一位置的像素值的预测值，存储或传输两者之差（预测误差）。如图 7.5 所示，两帧之间的预测误差为

$$D_k(i,j) = I_k(i,j) - I_{k-1}(i,j) \tag{7.13}$$

式中 $I_{k-1}(i,j)$ 为第 k 帧图像，$I_{k-1}(i,j)$ 为第 $k-1$ 帧图像，帧间预测误差的分布也高度集中在 0 值周围。

这是一种简单、直接的帧间预测的方法。这种方法对相对静止的帧间图像效果较好，但遇到画面内容活动性较强时，这种帧间预测的准确度会受到很大影响。这是因为物体的运动造成帧间对应位置的像素不再是运动物体上同一位置的像素，预测误差增大，导致编码效率下降。为了解决这一问题，人们采取更为复杂的基于运动估计的帧间预测方法，这一内容将在“活动图像压缩”一节（第 7.4 节）中阐述。

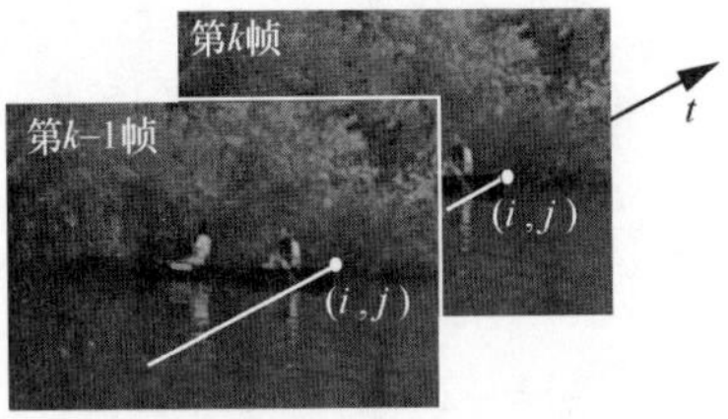

图 7.5　帧间差位置示意（见彩插图 7.5）

7.2.2 变换编码

在空间域描述的图像，经过某种变换（如离散傅里叶变换、离散余弦变换、沃尔什变换等）将图像能量在空间域的分散分布变为在变换域中能量相对集中的分布，有利于采用更加有效的表

示方式，如对变换系数的“之”（Zig-zag）字形扫描、自适应量化、变长编码等，从而获得对图像信息量的有效压缩。

1. 改变数据分布

我们先看一个简单的 DCT 变换能够有效改变数据分布的实例。一幅 8×8 的子图像，在空间域上灰度值如图 7.6（a）所示，如果对其进行二维 DCT 变换，获得的 8×8 的变换系数（四舍五入）如图 7.6（b）所示。从图 7.6（a）可以看出，相邻像素之间的相关性非常强。从图 7.6（b）可以看出，经过变换之后，直流系数位于左上角，较大值的系数位于左上部分，较小的系数位于右下部分，有效数据量比空间域大大减少。

98	92	95	80	75	82	68	50
97	91	94	79	74	81	67	49
95	89	92	77	72	79	65	47
93	87	90	75	70	77	63	45
91	85	88	73	68	75	61	43
89	83	86	71	66	73	59	41
87	81	84	69	64	71	57	39
85	79	82	67	62	69	55	37

(a) 子图像矩阵

DCT ⇒

591	106	−18	28	−34	14	18	3
35	0	0	0	0	0	0	0
−1	0	0	0	0	0	0	0
3	0	0	0	0	0	0	0
−1	0	0	0	0	0	0	0
0	0	0	0	0	0	0	0
−1	0	0	0	0	0	0	0
0	0	0	0	0	0	0	0

(b) DCT系数矩阵

图 7.6　一个子图像的二维余弦变换实例

从此例分析可以看出，变换编码把统计上彼此密切相关的像素所构成的矩阵通过线性正交变换，变成统计上彼此较为独立甚至达到完全独立的变换系数所构成的矩阵。信息论的研究表明，正交变换不改变信源的熵值，变换前后图像的信息量并无损失，完全可以通过反变换得到原来的图像值。但经过正交变换后，数据的分布发生了很大的改变，系数（变换后产生的数据）向新坐标系中的少数坐标点集中，如集中于少数的直流或低频分量的坐标点，便于用熵编码等方法达到压缩数据的目的。

如果允许引入一定量的误差，为了得到更大的压缩量，并不直接对变换系数进行熵编码，而是依据人的视觉特性，先对变换系数进行量化。量化可以产生许多不用编码的 0 或近似 0 的系数，然后对量化后的系数进行熵编码，只要它们在重建图像中造成的图像失真不明显，或者能达到所要求的观赏质量即可。

2. 分块 DCT 变换

如果将一幅图像作为一个二维矩阵，则其正交变换的计算量太大，难以实现。而且，整幅图像中很多像素相距太远，相关性很小，变换后数据集中分布的性能会大大下降。所以在实用中，往往采用分块变换的处理方法，即将一幅图像分割成一个个不重叠的小图像块后分别进行二维 DCT 变换，又称之为基于块的离散余弦变换（BDCT，Block based DCT）。

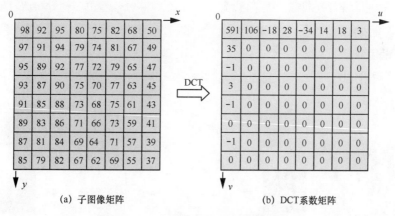

因为压缩的依据是小块内像素间的相关性，所以变换块大小的选择也十分重要。若块尺寸选得太小，不利于压缩比的提高。而块越大，计入的像素数越多，压缩比也越高。但若块过大，则不但计算复杂，而且距离较远的像素间相关性减少，压缩比提高很有限。所以一般典型变换块大小为4×4、8×8或16×16等，在高清、超高清图像中还可采用32×32，甚至64×64的小块，正交变换以这些小图像块为单位进行。

图7.7（a）是某一幅Lena图像，图中3个8×8像素块（小的白色框）放大显示为3个灰度矩阵（如图7.7（b）所示）及其二维DCT系数矩阵（如图7.7（c）所示）。3个小块从上到下分别代表边缘区域、细节区域和平坦区域。从图7.7（c）中可以明显看出，边缘区域的DCT系数高频分量较多，且具有方向性；细节区域的DCT系数高频分量更多，分布比较随机；平坦区域的DCT系数高频分量很少，主要是低频分量。图7.7（d）为量化以后的DCT系数，和图7.7（c）相比较，量化减少了大量的DCT系数，在平坦区域尤其如此。图7.7（e）为根据图7.7（d）经反DCT运算后重建的3个小块的灰度，对比图7.7（b）中原始灰度块，其失真并不大。

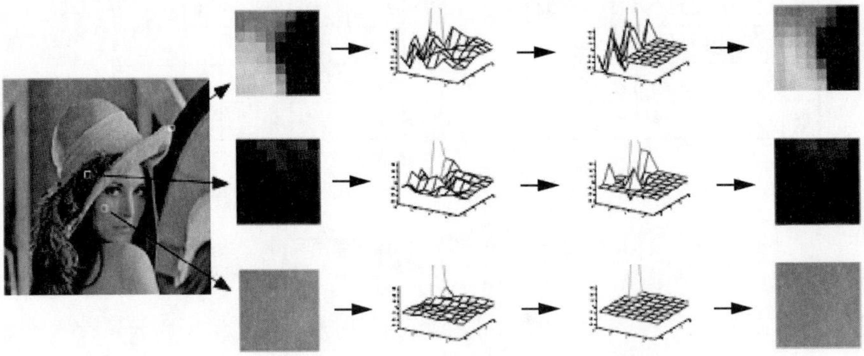

(a) Lena图像　(b) 8×8灰度块　(c) DCT系数　(d) 量化后DCT系数　(e) 重建的灰度块

图7.7　分块DCT压缩方法示意

7.3　静止图像压缩

静止图像可以是灰度图像，也可以是彩色图像，或者仅是序列图像中的一帧。一般情况下，提到图像常常是指静止图像。这里介绍目前最典型的基于DCT的JPEG和基于DWT的JPEG-2000静止图像的编码方法。

7.3.1　基于DCT的JPEG编码

JPEG是用于静止图像压缩的国际标准，由ISO/IEC和ITU-T的联合图片专家小组（JPEG，Joint Photographic Experts Group）制定，1991年正式通过成为ISO/IEC 10918号标准。JPEG标准

根据不同的应用要求提供了不同的编、解码方法，主要可分为基本系统、扩展系统和信息保持型系统。所有符合 JPEG 标准的编解码器都必须支持基本系统，而其他系统则作为不同应用目标的选择项。这里只介绍基本系统。

JPEG 基本系统提供顺序处理方式的高效有失真编码。图 7.8 为 JPEG 基本系统的编解码器结构框图。它对彩色图像采用 YUV 分量编码，每个分量的处理过程相同，各个分量的像素精度皆为 8 比特/像素。JPEG 编码过程主要包括二维 DCT、自适应量化和熵编码 3 个主要环节，解码过程则包含和编码相反的熵解码、反量化和反 DCT 这 3 个过程。

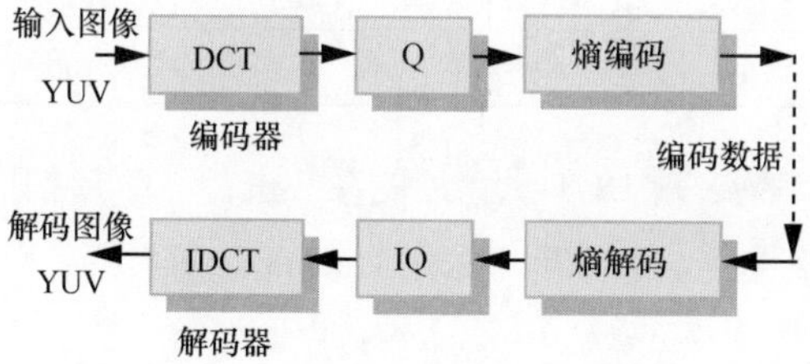

图 7.8　JPEG 基本系统的结构框图

（1）分块 DCT：首先将彩色图像分解为 Y、U、V 3 个分量图像，对于每个图像分量都分为不重叠的 8×8 像素子块，接着对各个子块进行 DCT 变换。

（2）自适应量化：根据每一小块图像的 DCT 系数相对集中分布在低频区域、越是高频区域系数值越小的特点，以及人眼的视觉特性，通过设置不同的视觉阈值或量化电平，将许多能量较小的高频分量量化为 0，可以增加变换系数中“0”的个数，同时保留少数能量较大的系数分量，从而获得对 DCT 系数的压缩。量化步长取决于一个“视觉阈值矩阵”，和 8×8 DCT 系数位置相对应，其值随系数的位置而改变，并且对 Y 和 UV 分量也不相同。表 7.1 和表 7.2 为量化步长矩阵，它们是根据视觉心理实验得到的。每个系数的量化步长设置是在通常视觉距离下的“正好可注意到的幅值”。利用这些阈值（量化步长），在编码率小于 1 比特/像素的条件下依然获得非常好的图像质量。根据需要，还可以把量化步长乘以一个公共因数来调整比特率，实现自适应编码。JPEG 编码时可以采用 JPEG 标准推荐的量化表和码表，也可以根据具体应用场合自行决定，或者在编码过程中根据需要对推荐量化表进行调整。

表 7.1　JPEG 量化步长矩阵（UV 分量）

17	18	24	47	66	99	99	99
18	21	26	66	99	99	99	99
24	26	56	99	99	99	99	99
47	66	99	99	99	99	99	99
99	99	99	99	99	99	99	99
99	99	99	99	99	99	99	99
99	99	99	99	99	99	99	99
99	99	99	99	99	99	99	99

表 7.2　JPEG 量化步长矩阵（Y 分量）

16	11	10	16	24	40	51	61
12	12	14	19	26	58	60	55
14	13	16	24	40	57	69	56
14	17	22	29	51	87	80	62
18	22	37	56	68	109	103	77
24	35	55	64	81	104	113	92
49	64	78	87	103	121	120	101
72	92	95	98	112	100	103	99

（3）Zig-zag 扫描和熵编码：对 DCT 量化后的系数进行 Z 字形扫描，使扫描后的数据中连零的概率变大，适合后面的熵编码。熵编码可采用 Huffman 编码或算术编码，进一步压缩数据。

7.3.2　基于小波的 JPEG2000 编码

JPEG2000 是 JPEG 工作组 2000 年公布的新一代基于小波变换的静止图像压缩编码国际标准，标准号为 ISO/IEC 15444。JPEG2000 采用了多项新的压缩编码技术。首先，JPEG 基本系统中基于子块的 DCT 被全帧离散小波变换（DWT）取代。DWT 自身具有多分辨率图像表示性能，而且它可以在很大程度上去除图像的相关性，将图像能量在变换域的分布得到了更好的集中，为高效率压缩提供了可能。其次，由于使用整数 DWT 滤波器，在单一码流中可以同时实现有失真和无失真压缩。第三，使用一种特别的匀量化器实现嵌入式块编码（EBC，Embedded Block Coding），对量化系数的各比特面进行基于上下文的自适应算术编码，得到了非常灵活的码流，提供了信噪比（SNR）的可分级性，增加了抗误码能力和随机存取能力。

图 7.9 是 JPEG2000 编码的基本模块组成，其中包括预处理、DWT、均匀量化、自适应算术编码以及码流组织 5 个模块，下面进行简要介绍。

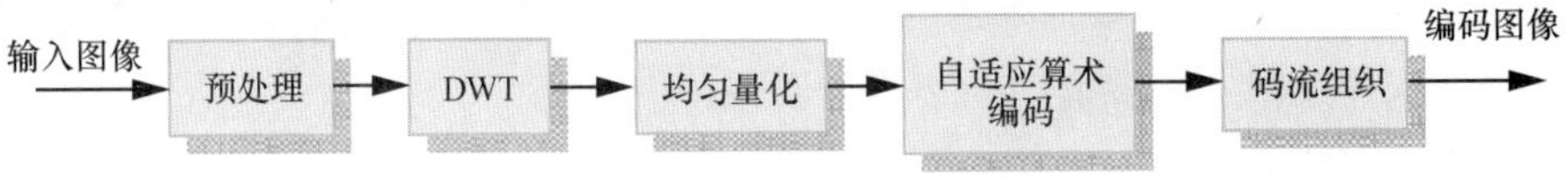

图 7.9　JPEG2000 基本编码模块

（1）输入：输入图像可以包含多个分量。通常的彩色图像包含 3 个分量（RGB 或 YUV），但为了适应多谱图像的压缩，JPEG2000 允许一个输入图像最高有 16 384（2^{14}）个分量。每个分量的采样值可以是无符号数或有符号数，比特深度为 1～38。每个分量的分辨率、采样值符号以及比特深度可以不同。

（2）预处理：首先是把图像分成大小相同、互不重叠的矩形叠块（Tile）。叠块的尺寸是任意的，它们可以大到整幅图像、小到单个像素。每个叠块使用自己的参数单独进行编码。然后对每个分量进行采样值的位移，使样值的范围关于 0 电平对称。最后进行采样点分量间的变换，以便除去彩色分量之间的相关性，要求分量的尺寸、比特深度相同。

（3）离散小波变换：可以使用全帧 DWT，也可以将图像分为小的叠块，对各叠块进行 DWT。图 7.10 为一维双子带 DWT 分析综合滤波器组框图。分析滤波器组（h_0, h_1）中的 h_0 是低通滤波器，它的输出保留了信号的低频成分而去除或降低了高频成分；h_1 是高通滤波器，它的输出保留了信号中边缘、纹理、细节等高频成分而去除或降低了低频成分。与之相对应，综合滤波器组的 g_0 和 g_1 分别为低通和高通滤波器。在 JPEG2000 第一部分中可使用两种滤波器组：第一种是 Daubechies（9,7）浮点滤波器组，它在有失真的压缩中性能优越；第二种是整数提升（Lifting）（5,3）滤波器组，亦称为整数可逆（5,3）滤波器组，它具有低的实现复杂度和满足无失真压缩的要求。

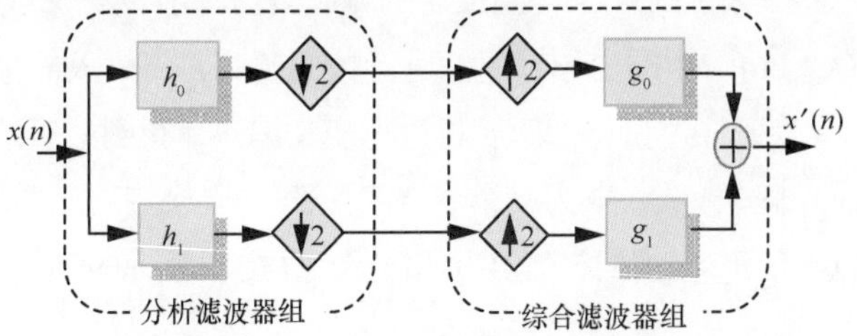

图 7.10 一维双子带小波分析和综合滤波器组

（4）量化：JPEG2000 第一部分采用中央有“死区”的量化器（Dead-Zone Quantizer），其 0 值区间宽度是量化步长的两倍。

（5）熵编码：为了达到抗干扰和任意水平的逐渐显示，JPEG2000 对每个编码小块单独进行编码，对小波变换系数的量化值可按不同的子带分别进行熵编码。

7.4 活动图像压缩

活动图像又称序列图像、视频图像，可以是灰度的，也可以是彩色的，其本质是一系列在时间轴上顺序排列的静止图像。在活动图像编码中采用最普遍、也是最经典的方法是结合预测编码和变换编码的“混合编码”，即 DCT 变换和帧内/帧间预测的混合编码模式。这种方法被国际电信联盟（ITU）和国际标准化组织（ISO）先后制定的一系列有关视频编码的国际标准（如 H.26x 和 MPEG-x 系列等）所采纳。在混合编码框架中的不少编码环节是和静止图像编码一致的，如变换、量化、熵编码等，最具特点的是处理活动图像的运动估计和运动补偿技术。

7.4.1 混合编码框架

图像中冗余信息的去除主要有预测编码和变换编码两类方法，将这两类方法合并使用即“混合编码”。对于活动图像而言，预测编码包括帧内预测和帧间预测，帧内预测中的预测像素和参考像素都在同一帧画面内，帧间预测中的预测像素和参考像素则分别在相邻帧中。对于活动图像的变换编码，主要采用二维 DCT 变换，变换的数据可以是输入的视频帧的像素，也可以是经过帧内或帧间预测后产生的预测误差数据，或称“残差”（residual）。此外，为了增加帧间预测的精度，一般还需对活动图像进行“运动估计”（ME，Motion Estimation）和“运动补偿”（MC，Motion Compensation）操作。完整的混合编码框架实际上还包括在预测、变换后的量化、熵编码等操作。最典型的活动图像混合编码方案是 ITU-T 于 1990 年颁布的 H.261 建议中给出的视频编码框架。

图 7.11 为 H.261 混合视频编码的原理框图。图中两个双向选择开关同时接到上边时，编码器工作在帧内（Intra）编码模式，直接对输入图像数据进行 DCT 变换，所得变换系数经过量化（Q）处理后再进行变长编码（VLC），得到最后的编码数据输出。当双向开关同时接到下方时，编码器利用存储在帧存（FM）中的上一帧图像进行帧间预测，将输入信号与预测信号相减后，对预测误差进行 DCT 变换，经过量化处理后再进行变长编码，得到最后的编码输出。此时，编码器工作在帧间（Inter）编码模式，成为一个混合编码器。根据应用的需要，帧间编码可以是简单的帧间预测，也可以是使用运动估计（ME）和补偿（MC）处理的帧间预测。

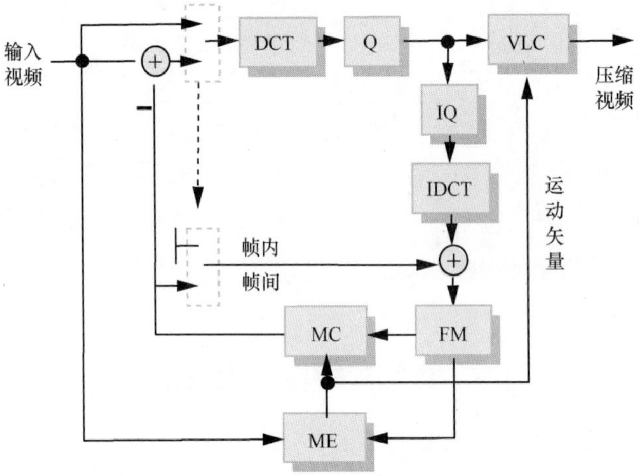

图 7.11　H.261 混合编码器结构

输入的彩色图像需分解为亮度分量 Y 和两个色差分量 Cb、Cr 三幅图像分别进行编码。图像编码不是对整幅图像进行的，而是将每一帧图像划分为相同大小的图像小块或子块（B，Block）进行的，一般图像块的大小为 4×4、8×8、16×16 或更大。预测、DCT 变换、运动估计、量化和熵编码一般都是以块为单位顺序进行的。由于色差分量的取样密度是亮度分量的一半，所以输入图像的 4 个 Y 小块在空间上对应 2 个重叠的色差子块。同一几何位置上的 4 个 Y 小块和 2 个色差小块组成一个宏块（MB，Macro Block）。当预测在帧间进行时，编码器通过运动估计和运动补偿提高帧间预测的精度。运动估计获得的运动矢量用于宏块中所有 4 个 Y 小块和 2 个色差小块。

为了提高编码效率，DCT 变换系数在量化后采用与 JPEG 标准中类似的方法，先进行 Z 字形扫描，然后对零游程长度和非零量化系数进行 VLC 编码。

7.4.2　运动估计和运动补偿

活动图像中不同区域对帧间预测的影响可以用图 7.12 的视频图像来说明。图像的内容是在一个细节不十分复杂的背景前，有一位活动量不大的打电话女士的头肩像，并假定人的位置第 k 帧与第 k−1 帧相比有一定的位移。可以将画面分为 3 个各具特点的区域。一是背景区，一般它是静止的，若外界条件不变，则这两帧背景区的绝大部分数据相同，帧间相关性很强。二是运动物体区（如打电话的人），若将物体运动近似看作简单的平移，则第 k 帧与第 k−1 帧的运动区的数据也基本相同，只是物体所在的位置有一点变化。假如能采用某种位移估计方法估计出物体的运动“位移”，对位移量进行“运动补偿”，那么两帧的运动区之间的相关性也是很强的。三是暴露区，是指运动物体移开后所暴露出的原来曾被物体遮盖住的区域。如果有存储器将这些暴露区的数据暂时存储，则再次经遮盖后暴露出来的数据与原先存储的数据相同，这也是一种加强帧间相关性的有效方法。以上 3 类区域的帧间相关性是帧间压缩编码的重要依据。当然，若是整个画面从一类景物切换为另一类景物时，帧间相关性就很少可以利用了。

如前所述，简单的帧间预测可以对静止区域进行很好的预测，但对于图像序列中的活动物体则无能为力。设想对于运动的物体，如果能估计出物体在相邻帧内的相对位移，那么用前一帧中物体的对应区域对当前帧物体进行预测，就能实现更加准确的预测，减少预测误差，降低运动物体区域的编码消耗。寻找运动物体帧间运动矢量的工作称为运动估计（ME），这种考虑了物体在对应区域的运动位移的预测方式称为带有运动估计的帧间预测。

显然，运动矢量的估计是一个关键问题，运动矢量的准确程度和算法的复杂程度会直接影响到活动图像编码的质量和效率。运动估计方法较多，这里主要介绍逐像素进行的像素递归估计算法和按子块进行的块匹配估计算法。

(a) 第 k−1 帧图像　　(b) 第 k 帧图像　　(c) 两帧之间的运动位移（局部）

图 7.12　前后帧之间的运动矢量

7.4.3　像素递归运动估计

像素递归（Pixel Recursive）是一种逐像素的位移矢量估计方法，它利用由平移运动引起的在时间和空间图像信号变化进行位移矢量的迭代估计。设从第 $k-1$ 帧图像 $I_{k-1}(x,y)$到第 k 帧图像 $I_k(x,y)$时，像素(x,y)运动位移为 $\boldsymbol{v}=(v_x,v_y)$， v_x 、v_y 分别为水平和垂直方向的位移分量。假定物体在运动的过程中亮度不变，则像素(x,y)的位移帧差为

$$DF(x,y,\hat{\boldsymbol{v}})=I_k(x,y)-I_{k-1}(x-v_x,y-v_y)=0 \tag{7.14}$$

这是理想情况，即位移估计准确时的结果。但现在的目标是要估计这个位移，可先假设一个位移的初步估计值 $\hat{\boldsymbol{v}}_i=(\hat{v}_{xi},\hat{v}_{yi})$，此时的位移帧差为

$$DF(x,y,\hat{\boldsymbol{v}}_i)=I_k(x,y)-I_{k-1}(x-\hat{v}_{xi},y-\hat{v}_{yi}) \tag{7.15}$$

运动估计越准确，则位移帧差越小，因此可以将位移帧差的平方 $DF^2(x,y,\hat{\boldsymbol{v}}_i)$ 作为目标函数，逐步改变所估计的位移矢量 $\hat{\boldsymbol{v}}_i$，使目标函数逐步趋于 0，迭代停止后得到的位移矢量就是该像素的运动矢量。这实际上变为一个最小化迭代求解的问题，如果采用最大梯度下降法来修改第 i 次位移矢量 $\hat{\boldsymbol{v}}_i$，则第 i+1 次的位移估计为

$$\hat{\boldsymbol{v}}_{i+1}=\hat{\boldsymbol{v}}_i-\frac{1}{2}\cdot\varepsilon\cdot\nabla_{\hat{\boldsymbol{v}}_i}[DF(x,y,\hat{\boldsymbol{v}}_i)]^2 \tag{7.16}$$

其中 $\nabla_{\hat{\boldsymbol{v}}_i}$ 表示位移帧差平方的梯度，ε 为一个小的正常数，控制每次迭代修正的幅度。常数 ε 在每步迭代中可以取固定的值，大的 ε 使收敛速度快，但估计精度差；小的 ε 使收敛速度慢，但可以得到比较准确的估计值。按照式（7.16）反复迭代直到目标函数值小于预定的门限值 T，即 $[DF(x,y,\hat{\boldsymbol{v}}_i)]^2<T$。满足此式的 $\hat{\boldsymbol{v}}_i$ 值就是像素(x,y)的运动矢量。

式（7.16）中 ∇ 为对 $\hat{\boldsymbol{v}}_i$ 求梯度的算子，将它展开后为

$$\hat{\boldsymbol{v}}_{i+1}=\hat{\boldsymbol{v}}_i-\varepsilon\cdot DF(x,y,\hat{\boldsymbol{v}}_i)\cdot\nabla I_{k-1}(x-\hat{v}_{xi},y-\hat{v}_{yi}) \tag{7.17}$$

其中，$I_{k-1}(x,y)$对 $\hat{\boldsymbol{v}}_i$ 求梯度，可等价于水平 x 方向和垂直 y 方向求梯度，但改变正负号。$I_{k-1}(x,y)$的梯度为

$$\nabla I_{k-1}(x-\hat{v}_{xi},y-\hat{v}_{yi})=\begin{bmatrix}\dfrac{\partial}{\partial x}\\ \dfrac{\partial}{\partial y}\end{bmatrix}I_{k-1}(x-\hat{v}_{xi},y-\hat{v}_{yi}) \tag{7.18}$$

在离散情况下可采用差分近似计算，水平梯度用 $k-1$ 帧中该点左右两个像素差值的$\frac{1}{2}$，垂直梯度用 $k-1$ 帧中该点上下两个像素差值的$\frac{1}{2}$，即

$$\frac{\partial I_{k-1}}{\partial x}\approx\frac{I_{k-1}(x-\hat{v}_{xi}+1,y-\hat{v}_{yi})-I_{k-1}(x-\hat{v}_{xi}-1,y-\hat{v}_{yi})}{2} \tag{7.19}$$

$$\frac{\partial I_{k-1}}{\partial y}\approx\frac{I_{k-1}(x-\hat{v}_{xi},y-\hat{v}_{yi}+1)-I_{k-1}(x-\hat{v}_{xi},y-\hat{v}_{yi}-1)}{2} \tag{7.20}$$

在进行递归估计时，初值可以选择相邻像素的位移矢量，也可以选择一个很小的初始值。为

了改善递归估计的收敛速度和准确性，学者已经提出了多种改进的梯度法，进一步还可以把块匹配与递归法结合起来，先用块匹配得到一个初值，再用递归法得到最终精确的估计值。

7.4.4　块匹配运动估计

运动估计的本意是寻找运动物体在前后帧中运动的方向和大小，但由于图像内容千差万别，把运动物体从图像中以整体形式划分出来是极其困难的。因此，在实际中只能退而求其次，这就是目前在活动图像编码中广泛应用的块匹配（BM，Block Matching）运动估计预测，图 7.13 是这种方法的示意图。BM 方法避开了运动物体分割，把一幅图像分为互不重叠的 $N \times N$ 个像素的子块，然后以子块为基本单元，估计它们在前后帧之间因运动而形成的位移矢量（运动矢量）$\boldsymbol{v}=(v_x,v_y)$。显然，如果子块处于运动物体部分，则所估计的运动矢量不为 0，而且处于同一运动物体的子块的运动矢量相同。

利用该运动矢量可以进行运动估计的帧间预测，用前一帧图像 I_{k-1} 在$(x-v_x,y-v_y)$处的亮度值 $I_{k-1}(x-v_x,y-v_y)$对当前子块内(x,y)处的亮度值进行预测，于是帧间预测误差为

$$e(x,y)=I_k(x,y)-\hat{I}_k(x,y)=I_k(x,y)-I_{k-1}(x-v_x,y-v_y) \tag{7.21}$$

对式（7.21）中的预测误差进行量化、熵编码、传输，相应的运动矢量也一并传输，在接收端经过解码后，结合上一帧的恢复图像就可以获得当前帧各子块的解码图像。

基于块运动补偿的帧间预测原理可用图 7.13 简单说明。在当前帧 I_k 中的某一子块，如果它处于背景区，在两帧之间没有运动（或者说它的运动矢量为 0），那么它和前一帧中相同位置处子块的像素值是几乎一样的，这一子块帧间预测只要将两帧中它们的对应像素相减即可，帧间差大多接近于 0，预测效果良好。如果某一子块处于运动物体区，如图中当前帧 I_k 中足球上的那个阴影子块，它是由前一帧 I_{k-1} 中的阴影子块运动（假设为平动）而至，这一子块在两帧之间因运动而产生了位移。如若能够将此位移矢量计算出来，帧间预测将不再是对应像素相减，而是将前帧 I_{k-1} 中和对应子块相对偏移一个运动矢量的子块位置找出，这就是运动补偿，用这个“补偿”（偏移）过的子块和当前帧的阴影子块的对应像素相减，其帧间差也必然很小，预测效果同样会很好。如没有进行运动补偿，那么这一子块的帧间预测会因为失去对应关系而预测误差较大。

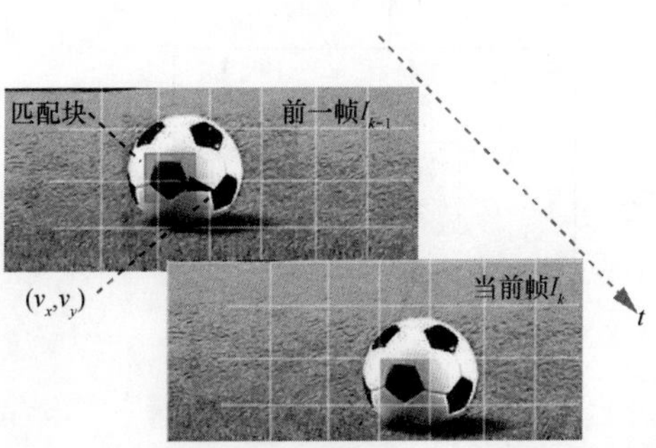

图 7.13　基于块的运动补偿预测（见彩插图 7.13）

由上分析可知，在帧间预测中，造成预测不准的主要原因是物体的运动，弥补这一缺陷的重要手段之一是进行运动估计和运动补偿，但运动补偿的前提是准确地估计出运动物体的运动矢量。下面介绍 3 种常见的运动矢量的估计算法。

1. **全搜索算法**

（1）基本原理

如图 7.14 所示，当前帧中的一个子块 A 从前一帧位置运动到当前帧位置，块匹配算法就是要估计这两个位置之间的位移，即子块 A 的运动矢量（MV，Motion Vector）。为此，在前一帧图像中以当前帧 A 子块为中心的一个范围内（搜索区 B），寻找一个与当前子块最“匹配”（相关性最大）的子块 C，这两个子块中心像素的位移为估计块的运动矢量。由于这种搜索需要遍历整个搜索区，在每个可能的位置上都要进行匹配运算，然后经过比较找出最匹配的子块位置，因此称为全搜索（FS，Full Search）算法，也可称为穷尽法或遍历法。 当前帧中待处理的子块 A 的尺寸为 $N \times N$，前一帧以 A 为中心的搜索区 B 的大小为$(N+2d) \times (N+2d)$，搜索时 A 的水平和垂直方向的最大位移均为 d。

（2）搜索过程

全搜索过程是这样的，将当前帧子块 A 放在前帧搜索窗的左上角，计算 A 的每个像素和覆盖的搜索窗对应位置像素的“差值”，从而得到 $N \times N$ 个“差值和”（或平均值）。然后 A 子块水平向右移一个像素，重新计算这一次的“差值和”，如此从左到右、从上到下重复，共需做$(2d+1) \times (2d+1)$次计算，得到$(2d+1) \times (2d+1)$个“差值和”。比较它们的大小，找出最小的“差值和”，它所对应的前帧中的那个子块就是“匹配”子块 C，A 子块和 C 子块之间的偏移矢量就是运动矢量。搜索中的“差值和”的大小反映了 A 子块和搜索块之间的差异，“差值和”越小两者越是相似。

既然差值表示两者的相似性，那么如何计算差值就成了一个关键的问题。显然要求差值不能是负值，不然会抵消；还要求差值和相似度成反比，差值越小，相关性越强；再就是要求计算越简单越好。这样，从数学的角度看，上述求子块匹配的过程就是一个搜索最小“误差和”的过程。

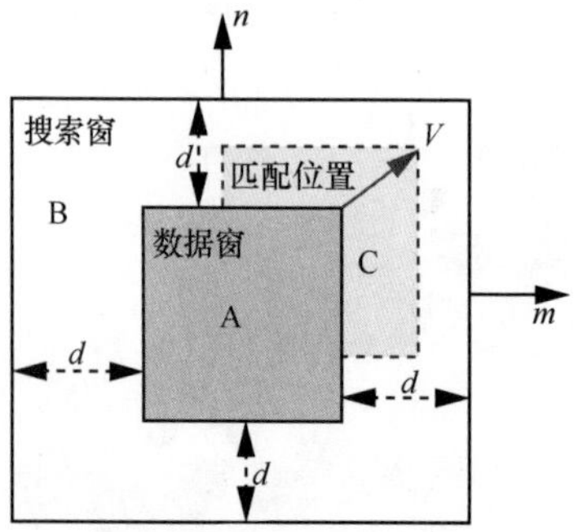

图 7.14　块匹配法运动估计示意

（3）MSE 和 SAD 误差准则

"误差和"实际上是判断匹配的准则，常见的误差和有两种方式。

一种是均方误差（MSE，Mean Square Error）准则。设 v_x、v_y 为被搜索子块相对于 A 的位移，$I_k(x,y)$为当前帧子块 A 的像素坐标，$I_{k-1}(x+v_x,n+v_y)$为前一帧中和 A 的偏移为(x,y)的搜索块的坐标，则 MSE 定义为

$$MSE(v_x,v_y)=\frac{1}{N^2}\sum_{x,y=1}^{N}[I_k(x,y)-I_{k-1}(x+v_x,y+v_y)]^2 \tag{7.22}$$

另一种是绝对误差和（SAD，Sum of Absolute Differences）准则，定义为

$$SAD(v_x,v_y)=\sum_{x,y=1}^{N}|I_k(x,y)-I_{k-1}(x+v_x,y+v_y)| \tag{7.23}$$

在搜索区 B 内进行全搜索匹配时，v_x、v_y 的变化范围为 $\pm d$，共需要$(2d+1)^2$次误差计算，也称$(2d+1)^2$步搜索。这两种方法中，因 SAD 准则计算较简单，效果和 MSE 相当，所以其应用比较广泛。

（4）实际应用考虑

首先，基于块的运动估计方法有 3 个基本的假设，即①运动物体为刚体，②运动为平动，③物体像素的亮度不因运动而改变。因此子块的运动矢量就是子块内所有像素的运动矢量。对于其他类型的运动，如缩放、旋转，以及背景区的暴露或遮盖等情况，这种运动估计并不完全适用。

其次，在实际的运动估计中，搜索完成后还需要判断所搜索的匹配块是否合理。以 SAD 为例，设在某一个位置偏移(v_x,v_y)下有最小的误差 $\min SAD(v_x,v_y)$，将其与阈值 T 进行比较：如果 $\min SAD(v_x,v_y)\leqslant T$，说明运动量不会很大，在搜索范围内找到了最佳匹配，运动矢量水平分量为 v_x，垂直分量为 v_y；如果 $\min SAD(v_x,v_y)>T$，说明运动剧烈，在搜索范围内无匹配块，可以对该子块直接进行帧内编码。

最后，采用块匹配技术进行运动估值时要求选择合适的子块尺寸 $N\times N$。子块尺寸小时，块内像素运动一致性好，运动估计准确度较高，但编码计算量也增大，需对较多的运动矢量编码，码率也会增高。子块尺寸大时，计算量减小，编码运动矢量的码字变少，但运动估计准确度不高，不利于进行有效的运动补偿预测。其原因主要是块内像素的运动一致性变差，如块内一部分属于运动区域，而另一部分属于静止的背景区域等。在目前的视频编码中，常见的 N 取值有 16、8、4 等，还可以是长方形的子块，如 4×8、8×4 等。

2. 三步快速搜索算法

在全搜索条件下，块匹配算法达到了全局最优，但缺点是运算量大，对每个子块共需要$(2d+1)^2$ 次匹配运算。在一些实际应用场合，如实时编码传输，由于编码系统的运算能力限制，往往需要采用性能略低于全搜索但运算量大为减少的算法，即快速运动估计算法。近十多年来，各种快速运动估计算法层出不穷，其中三步搜索（TSS，Three Step Search）算法较为经典，应用也较为广泛。

运动块匹配搜索中，约定运动物体为刚体，运动方式为平动，块的位移可以理解为中心点的位移，或者其中任何一点的位移。参考图 7.15，在三步法中搜索范围为±7 像素，即在上一帧以当前子块中心为原点，将当前子块在其上下左右距离为 7 个像素的范围内按一定规则移动，每移动到一个位置，取出同样大小的子块与当前子块进行匹配计算。具体分为以下三步。

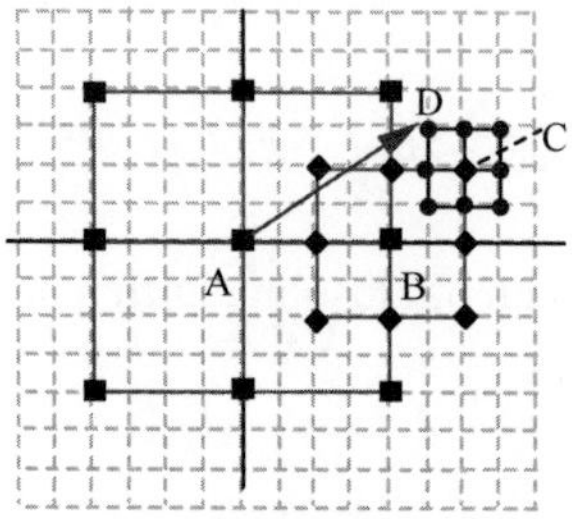

图 7.15　三步搜索算法

第 1 步，以当前子块为中心，以 4 为步幅，将图 7.15 中的 9 个位置（黑色小方块标记）为中心的子块与当前子块进行匹配，求出最佳匹配的子块中心位置，如 B 点。

第 2 步，以第 1 步中求出的最佳子块 B 为中心，以 2 为步幅，将图 7.15 中的 9 个位置（小菱形标记）为中心的子块与当前子块进行匹配，求出最佳匹配的子块中心位置，如右上角 C 点。

第 3 步，以第 2 步中求出的最佳子块 C 为中心，以 1 为步幅，将图 7.15 中的 9 个位置（小圆形标记）为中心的子块与当前子块进行匹配，求出最佳匹配的子块中心位置，如左上角 D 点，它与当前子块中心 A 点的位置偏移量即为估计的位移量，即图中 AD 箭头所示。

可以看到，在 d=7 时，全匹配需要$(2\times7+1)^2=225$ 次匹配，而三步法仅需要 $3\times9-2=25$ 次匹配，它比全搜索算法的匹配次数少得多。

3. ***分层运动估计算法***

在分块运动估计中，尤其是各种快速算法中，由于没有进行全搜索，所以 SAD 可能落入了局部最小点，从而使处于同一运动物体的相邻块的运动矢量出现偏差。为了克服这一缺陷，同时也为了降低运动估计的计算量，可采用分层的运动估计方法。

以一个 3 层运动估计方法为例具体说明分层运动矢量估计的过程。采用类似金字塔编码中的分层方法，原始图像第 k 帧为底层，在每层处理时必须先进行低通滤波，然后在水平和垂直方向进行 2:1 的下抽样，依次形成中间层和最高层。在低层的一个 16×16 的宏块，经处理后对应中间层为 8×8 中块，高层为 4×4 小块。待搜索的第 $k-1$ 帧也做同样方式处理，运动估计在当前第 k 帧和待搜索的第 $k-1$ 帧的相同层次上进行。

运动估计从最高层开始，找到某一 4×4 小块的运动矢量。然后将它的水平和垂直分量各自扩展一倍映射为中层的运动矢量。在中层，上层的 4×4 小块对应一个 8×8 中块，以这个运动矢量所指位置为起点，8×8 中块的 4 个 4×4 块分别在四周的一个小范围（如周围 4 个像素）内进行新的搜索，使刚才从上层映射来的运动矢量得到更新，形成 4 个更加准确的运动矢量。接下来，将新的中层运动矢量放大一倍后映射到低层，以同样的方式获得修正，得到最终的 16 个 4×4 块的运动矢量。在每一层的搜索中，都是采用 4×4 的块匹配方法，但每一层 4×4 的含义不同，高层的 4×4 对应中层的 8×8、底层的 16×16 像素。这样的运动估计经历了由粗到细的搜索过程，在高层的粗搜索中，主要保持相邻块运动矢量的一致性；在低层的细搜索中，主要发现相邻运动矢量的真实差异性。

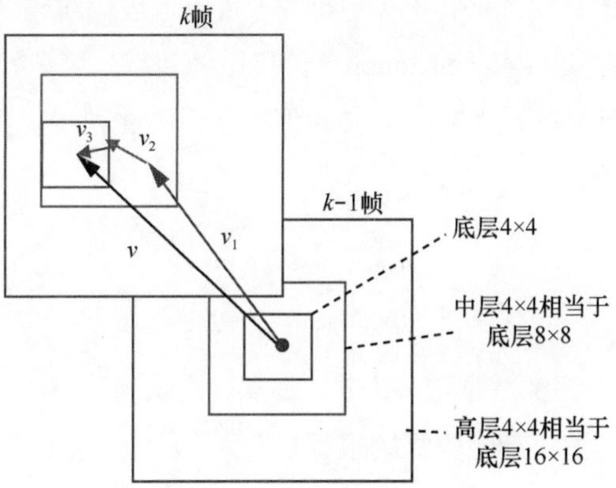

图 7.16　3 层运动估计示意

图 7.16 是上述 3 层分层搜索算法示意图。图中从上俯视第 k 帧的金字塔和第 k–1 帧的金字塔，只绘制了一个 16×16 像素子块的运动估计情况。第 k–1 帧高中低 3 块的中心是重叠的，到第 k 帧后高层的运动估计为 v_1，表示 16×16 块的整体运动矢量；到中层，4 个 8×8 块中的某一个运动估计的修正量为 v_2，其余 3 个没有绘出；到低层，4 个 4×4 块中的某一个运动估计的修正量为 v_3，其余 3 个没有绘出。那么，底层这个 4×4 像素块准确的运动矢量应为这 3 个矢量的和 v，其余 15 个 4×4 块的运动矢量修正的方法和这个块类似。

7.5　量化和熵编码

在数字图像压缩中，除了预测和变换以外，还有两项压缩数据量的关键技术，一项是量化（Quantization），另一项是熵编码（Entropy Coding）。量化和熵编码都是对被处理数据的另一种表示方式：量化把原数据分为不同的区间，每个区间的多个数值只用一个标号来代表，数值和标号之间没有一一对应的关系，而且标号总数据量远小于原数据总量；熵编码按照数据符号的不同结构，用新的更紧凑的方式来标记，标记和原数据之间是一种对应关系（不一定是一一对应关系），即从熵编码的标记可以完全解码得到原数据。

量化过程丢弃（忽略）了相当一部分对人眼视觉贡献不大的数据而达到压缩要求，它是不可逆操作，不可能通过反量化来获得量化前的数据，因而是一种有损信息压缩方式。如前所述，实现图像数据量化的方法大致可以分为两类，一类是标量量化，另一类是矢量量化。标量量化是将图像的像素值或者变换系数值的取值范围划分成若干区间，每个区间仅用一个数值代表其中所有可能的取值，每个样点的取值是一个标量，并且独立于其他样点的取值。矢量量化（VQ，Vector Quantization）是将图像的每 n 个像素看成一个 n 维矢量，将每个 n 维取值空间划分为若干个子空间，每个子空间用一个代表矢量来表示该子空间所有的矢量取值。

熵编码（统计编码）是利用数据的统计特征（如概率分布、相关性等）的一种更有效的数据表示方法，达到数据压缩的目标。它属于可逆操作，可以通过熵解码获得编码前的数据，因而是一种无损压缩编码方式。根据香农（Shannon）信息论的观点，信源冗余度来自于信源本身的相关性和信源内事件概率分布的不均匀性。只要找到去除相关性和改变概率分布不均匀的方法，也就找到了信源的统计编码方法。

7.5.1 标量量化

预测和变换本身并未给图像数据带来失真，失真是由量化造成的。量化过程是数据压缩的有效方法之一，也是图像压缩编码产生失真的根源之一。因此量化器的设计总是朝着最好的方向努力，既要获得尽可能高的压缩比，又要尽量减少量化失真，保持尽可能好的图像质量，以此来寻找最佳标量量化器的设计方法。

1. **最小均方误差量化器**

最简单的量化形式是均匀（线性）量化。然而，在有些情况下均匀量化并不能取得最好的效果，即不能获得最小量化误差。例如，对于预测误差这样非均匀分布的信号而言，其分布大部分集中在“0”附近，这时采用非均匀量化，对概率密度大的区域细量化，对概率密度小的区域粗量化。显然，它与均匀量化相比，在相同的量化分层条件下，其量化误差的均方值要小得多；或者，在同样的均方误差条件下，它只需要比均匀量化器更少的量化分层。下面以预测误差数据的量化为例介绍最小均方误差量化器的设计方法。

如图 7.17 所示，设预测误差 e 的值域为$[e_L,e_H]$，量化器的判决电平为$\{d_i|i=0,\cdots,K\}$，输出的量化电平为$\{e_i|i=0,1,\cdots,K-1\}$，当量化器连续值输入为 e 时，量化过程 $Q[\cdot]$可以用下列关系式表示。

$$Q[e]=e_i,\quad d_i \leqslant e \leqslant d_{i+1},\ i=0,1,2,\cdots,K-1 \tag{7.24}$$

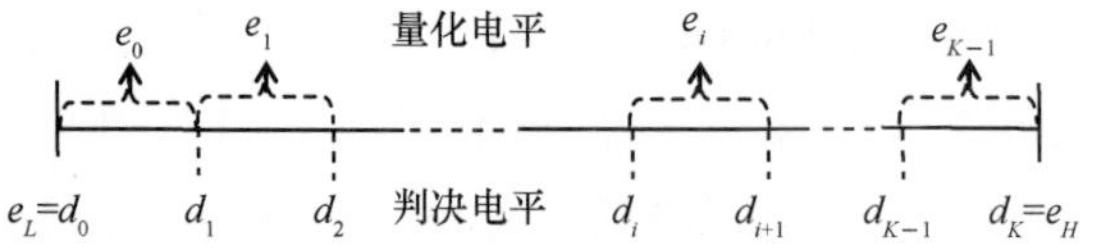

图 7.17　量化器的主要参数

此时，量化误差为 $q_i=e-e_i$，则量化器输出的总量化误差的均方值ε为各个量化区间量化误差的和。

$$\varepsilon=E[e-Q(e)]^2=\sum_{i=0}^{K-1}\int_{d_i}^{d_{i+1}}(e-e_i)^2\cdot p(e)\cdot \mathrm{d}e \tag{7.25}$$

式中，$p(e)$是预测误差信号 e 的概率密度函数。

在一般的应用场合，量化分层数 K 较大，每一层的间隔很小，因此可以把 $p(e)$在各量化分层中视为常数，通过直接对 d_i 和 e_i 求偏导，并使它们等于零得到ε的极小值。

$$\frac{\partial \varepsilon}{\partial d_i}=0,\quad \frac{\partial \varepsilon}{\partial e_i}=0 \tag{7.26}$$

经推导可得

$$d_i=\frac{e_{i-1}+e_i}{2} \qquad i=1,2,\cdots,K-1 \tag{7.27}$$

$$e_i=\frac{\int_{d_i}^{d_{i+1}} e\cdot p(e)\cdot \mathrm{d}e}{\int_{d_i}^{d_{i+1}} p(e)\cdot \mathrm{d}e} \qquad i=0,1,\cdots,K-1 \tag{7.28}$$

由上面两式可知，最佳量化器的判决电平 d_i 应在相邻两个量化电平的中点，而量化电平 e_i 则为判决区间的形心（重心）上。这种量化方法由 Max 提出，所以又称之为 Max 量化器。

2．量化信噪比

对量化器性能的衡量，除了量化误差的均方值ε以外，还可以从量化误差相当于引入噪声出发，分析因量化噪声引起的降质图像的信噪比，即量化信噪比。当采用最佳预测时，预测误差信号的概率分布 $p(e)$可以用前述的 Laplace 分布近似。

$$p(e)=\frac{1}{\sqrt{2}\sigma_e}\exp\left(-\frac{\sqrt{2}\,|\,e\,|}{\sigma_e}\right) \tag{7.29}$$

当误差信号的动态范围$[e_{\mathrm{L}},e_{\mathrm{H}}]$比预测误差信号的均方根$\sigma_e$大得多时，可以得到量化误差的均方值$\sigma_q$的近似表示。

$$\sigma_q^{\ 2}\approx\left(\frac{9}{2K^2}\right)\sigma_e^{\ 2} \tag{7.30}$$

K 是量化分层总数，常取 $K=2^n$。于是，最佳预测的量化信噪比为

$$\left(\frac{S}{N}\right)_q=10\lg\left(\frac{\sigma^2}{\sigma_q^{\ 2}}\right)=10\lg\left(\frac{2K^2}{9}\right)+10\lg\left(\frac{\sigma^2}{\sigma_e^{\ 2}}\right)\approx-6.5+6n+10\lg\left(\frac{\sigma^2}{\sigma_e^{\ 2}}\right) \tag{7.31}$$

上式中，σ为图像信号的均方根。从该式中可以看出，数字图像信号的量化精度体现在“$6n$”项上，n 直接决定了量化信噪比的大小，每增加 1 bit 精度，信噪比大约增加 6 dB。

7.5.2　矢量量化

1．基本原理

在标量量化中，每个样值的量化只和它本身的大小及分层的粗细有关，而和其他样值无关。实际上，图像的样值之间是存在或强或弱的相关性的，将若干个相邻像素当作一个整体来对待就可

以更加充分地利用这些相关性，获得更好的量化效果。这就是矢量量化的基本思路。如果将一个像素当作一组，则此时的矢量量化就是标量量化。所以也可以说，标量量化是矢量量化的特殊情况。

矢量量化把图像的样值每 n 个作为一组，这 n 个样值可以构成一个 n 维空间。任何一组的 n 个样值都可以看成这个 n 维空间的一个点，或者说是这个 n 维空间的一个矢量。矢量量化要做的工作就是将此 n 维连续空间划分为有限个子区间（这一过程相当于标量量化中的“分层”），在每个子区间找一个代表矢量（相当于标量量化中的“量化值”），凡是落在本子区间的所有矢量都用该代表矢量来表示，这就是矢量量化的基本方法。

矢量量化的过程如图 7.18 所示，可以分为量化和反量化两部分。在标量量化中，可以根据均方误差最小原则分别求出决定分层范围的判决电平和量化电平。与此类似，在矢量量化中，也可以根据某种失真最小原则，分别决定如何对 n 维矢量空间进行划分，以得到合适的 C 个分块（子空间），以及如何从每个分块选出它们各自合适的代表 X_i'。这种对应关系称之为码书（Code Book）。

量化过程：将一幅 $M\times N$ 的图像依次分为若干组，每组 n 个像素构成一个 n 维矢量 $\boldsymbol{X}$。将得到的每个矢量 $\boldsymbol{X}$ 和码书中预先按一定顺序存储的(代表)码矢量集合 $\{\boldsymbol{X}_i'|i=1,2,\cdots,C\}$ 相比较，得到最为接近的码矢量 $\boldsymbol{X}_j'$，其序号 j 就是编码结果，可用于存储或传送。

反量化过程：解码器按照收到的序号 j 在接收端的码书（与编码端相同）中找到对应的码矢量 $\boldsymbol{X}_j'$，并用该矢量代替原始的编码矢量 $\boldsymbol{X}$。

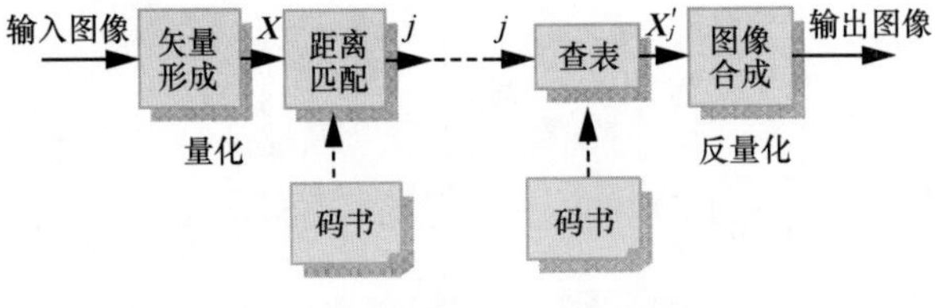

图 7.18　矢量量化、反量化过程

从上述编解码过程可知，矢量 $\boldsymbol{X}$ 经编解码后成为 $\boldsymbol{X}'$，产生了量化失真，量化失真的大小可以用两者的接近程度来衡量。当然，矢量 $\boldsymbol{X}$ 和 $\boldsymbol{X}'$ 的“接近”程度可以有多种衡量方法，最常用的误差测度是均方误差，相当于计算两者之间的欧几里得距离。

$$d(\boldsymbol{X},\boldsymbol{X}')=\frac{1}{n}\sum_{i=1}^{n}(x_i-x_i')^2 \tag{7.32}$$

该误差虽不能总是和视觉结果相一致，但由于计算简单而得到广泛应用。

2. **码书的设计**

由上可知，矢量量化中的一个关键问题是码书的设计。码书的设计越适合待编码的数据特性，矢量量化器的性能就越好。因为实际中不可能为每一幅待编码的图像单独设计一个码书，所以通常是以一些代表性的图像构成的训练集为基础，为一类图像设计出一个码书。

以二维矢量量化为例说明码书的生成方法。此时的输入矢量为 $\boldsymbol{X}=(x_1,x_2)$，是一个二维矢量。图 7.19 所示为该二维矢量空间示意图，通过适当的方法将此二维平面空间划分为多个小区域，每个小区域找出一个代表矢量 $\boldsymbol{X}_i'$，即图中黑点表示的码矢量。所有这些代表码矢量的集合$\{X_i' \mid i=1,2,\cdots,C\}$就是码书。因此，设计码书就是在给定训练矢量集的基础上对矢量空间进行划分，并确定所有的码矢量，以使量化误差最小。

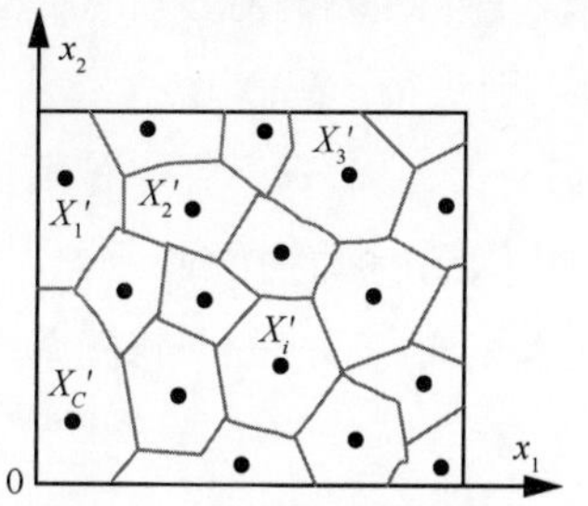

图 7.19　二维矢量空间的划分

码书设计常用 LBG（Linde-Buzo-Gay）算法。它实际上是标量量化 Max 算法的多维推广，即把标量量化中的最佳量化区域划分和最佳量化值选取推广到 n 维矢量量化中。在给定码书条件下，寻找矢量空间的最佳划分，使其平均失真最小；在给定划分的条件下，寻找最佳码书。因为矢量量化有效利用了矢量中各个分量之间的相关性，其编码性能总是优于标量量化，可以任意接近率失真函数的下界。

7.5.3　熵编码

对于每个符号，如经过量化后的图像数据，如果对它们的每个值都是以相同长度的二进制码表示的，我们称之为等长编码或均匀编码。采用等长编码的优点是编码过程和解码过程简单，但由于这种编码方法没有考虑各个符号出现的概率，实际上是将他们当作等概率事件来处理的，因而它的编码效率较低。

和等长编码不同的一种方法是变字长编码（VLC，Variable Length Coding），这种方法中表示符号的码字长度不是固定不变的，而是随符号出现的概率而变化的，其编码效率高于等字长编码。在图像压缩中常用的变长编码方法有哈夫曼（Huffman）编码、香农编码、算术编码、Golomb 编码等。因为变长编码的符号和码字之间是相互对应的，编解码过程并不引起信息量的损失，所以变长编码是一种信息保持型编码（熵编码）或无失真编码。

1. **哈夫曼编码**

哈夫曼编码是目前最常用的一种无失真熵编码方法。设被编码的信源有 m 种符号，如 m 种灰度等级，即信源的符号集合为$\{a_i|i=1,2,\cdots,m\}$，且它们出现的概率对应为$\{P(a_i)|i=1,2,\cdots,m\}$，那么不考虑信源符号的相关性，对每个符号单独编码时，平均码长 L 为

$$L=\sum_{i=1}^{m}P(a_i)\cdot l_i \tag{7.33}$$

式中，l_i 表示符号 a_i 的码字长度。可以证明，若编码时对概率大的符号用短码，对概率小的符号用长码，则 L 比等长编码时所需的码字少。或者说在哈夫曼编码中，如果码字的长度严格按照所对应符号出现概率大小逆序排列，则平均码字长度一定小于其他任何顺序的排列方法。

不等长编、译码过程比较复杂。首先，编码前要知道各符号的概率 $P(a_i)$，为具有实用性，还要求码字具有唯一可译性，并能实时进行译码。

实现哈夫曼编码的基本步骤如下。

（1）将信源符号出现的概率按由大到小顺序排列。

（2）将两处最小的概率进行组合相加，形成一个新概率。并按第（1）步方法重排，如此重复进行直到只有两个概率为止。

（3）分配码字，码字分配从最后一步开始反向进行，对最后两个概率一个赋予“0”，一个赋予“1”。如此反向进行到开始的概率排列，在此过程中，若概率不变则采用原码字。

下面是哈夫曼编码的一例：设输入图像的灰度级为 y_1、y_2、y_3、y_4、y_5、y_6，出现的概率分别为 0.32、0.22、0.18、0.16、0.08、0.04，它们的哈夫曼编码过程和编码结果如图 7.20 所示。根据本章后面第 7.6 节介绍的式（7.35）可求得图像信源熵为

$$H=-\sum_{i=1}^{m}P_i\log_2 P_i=-0.32\text{lb}0.32-0.22\text{lb}0.22-0.18\text{lb}0.18-0.16\text{lb}0.16-0.08\text{lb}0.08-0.04\text{lb}0.04=2.352\ \text{bit}$$

根据哈夫曼编码的结果，可以求出它的平均码字长度为

$$L=\sum_{i=1}^{m}P_i l_i=0.32\times2+0.22\times2+0.18\times2+0.16\times3+0.08\times4+0.04\times4=2.40\ \text{bit}$$

6 个符号集的信源熵为 2.352 bit，哈夫曼编码的平均码字长度为 2.40 bit，编码效率为 $\eta=\dfrac{H}{L}=\dfrac{2.352}{2.400}=98\%$，可见，哈夫曼编码的结果已经很接近信源熵。

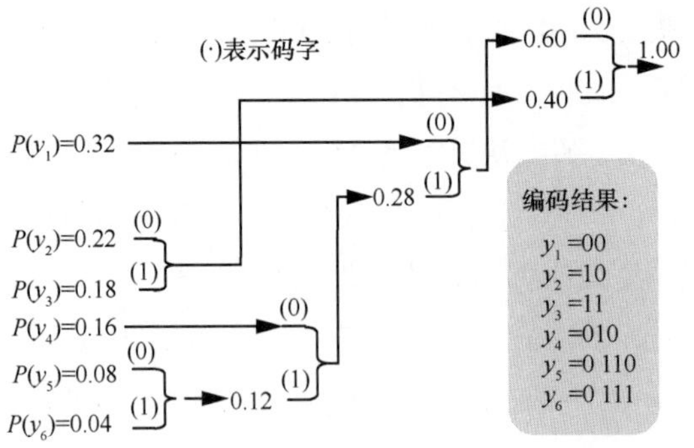

图 7.20　哈夫曼编码示例

2. 准变长编码

哈夫曼编码虽然效果较好，但在实践中，往往会遇到一些具体问题，如码字集合过于庞大，

或者硬件实现比较复杂等。因此在实际编码中经常采用一种性能稍差但实现方便的方法，即准变长编码。在最简单的准变长编码方法中只有两种长度的码字，对概率大的符号用短码，反之用长码。同时，在短码字集中留出一个作为长码字的字头（下例中为 111），保证整个码字集的非续长性。表 7.3 是一个 3/6 比特双字长编码的例子。

表 7.3　3/6 比特双字长编码

大概率符号（总和为 0.9）	编码（3 bit）	小概率符号（总和为 0.1）	编码（6 bit）
0	000	7	111111
1	001	8	111000
2	010	9	111001
3	011	10	111010
4	100	11	111011
5	101	12	111100
6	110	13	111101
		14	111110

从表 7.3 中可以看出，它可表达 15 种符号，接近 4 比特/符号的等字长码的表达能力，而其平均字长实际上是 3.3 bit。由此可知，这种编码方法对于符号集中、各符号出现概率可以明显分为高、低两类时，可得到较好的结果。

这种方法在现行的图像系统中应用很广泛，如在国际视频编码标准 H.26x、MPEG-x 所建议的变长编码的码表中，就是将常见的（较大概率）码型按哈夫曼编码的方式处理，而对于其他极少出现的码型，则给它分配一个前缀，后面就是此码字本身。这种方法又称之为“逸出编码”（Escape），它虽然和上面介绍的准哈夫曼编码略有不同，但实质上仍然是一种准哈夫曼编码。

7.5.4　算术编码

衡量独立信源符号熵编码的性能好坏是看它和信源熵的差距，越是接近信源熵其性能越是好。从理论上讲，采用哈夫曼方法对信源数据进行编码可以获得最佳编码效果，但实际上，由于在计算机中存储和处理的最小数据单位是 1 “比特”，无法表示小数比特。因此在很多情况下，实际的编码效果往往达不到理想的信源熵。

例如，信源符号集$\{x, y, z\}$，其对应的概率分别为$\{0.9, 0.06, 0.04\}$，根据哈夫曼编码方法，对应的二进制编码为$\{1,00,01\}$。此时码子的平均码长为 $1\times0.9+2\times0.06+2\times0.04=1.1$ 比特/码字，而对应的信源熵为$-0.9\text{lb}(0.9)-0.06\text{lb}(0.06)-0.04\text{lb}(0.04)=0.566$ 比特/符号。按照信源熵的指标，符号“x”的最佳码长$=-\text{lb}(0.9)\text{bit}=0.15$ bit，“y”的最佳码长$=-\text{lb}(0.06)$ bit=4.06 bit，“z”的最佳码长$=-\text{lb}(0.04)$ bit=4.64 bit。这表明，要获得最佳效果，符号$\{x, y, z\}$的码字长度应分别是 0.15、4.06、4.64 bit。而计算机不可能有非整数位出现，只能按整数位进行，即哈夫曼编码方法得到$\{x,y, z\}$的码字分别为 1、00 和 01，也就是平均码长为 1.1 bit。可见，对于出现概率大的符号 x 并未能赋予较短的码字，仍然需要用 1 比特表示。这就是实际的编码效果往往不能达到理论值的原因之一。

为了解决计算机中必须以整数位进行编码的问题，人们提出了算术编码（AC，Arithmetic Coding）方法。

算术编码也是一种信息保持型编码，它不像哈夫曼编码，无须为一个符号设定一个码字。算术编码有固定方式的编码，也有自适应方式的编码。采用自适应算术编码的方式，无须先定义概率模型，对无法进行概率统计的信源比较合适，在这点上优于哈夫曼编码。同时，在信源符号概率比较接近时，算术编码比哈夫曼编码效率高，在图像压缩中常用它来取代哈夫曼编码。但是算术编码的算法实现比哈夫曼编码复杂。

1. **编码过程**

算术编码的方法是将被编码的信源符号表示成实数轴上 0～1 之间的一个间隔（也称为子区间），符号越长，编码表示它的间隔就越小，表示这一间隔所需的二进制位数就越多，码字越长。反之，编码所需的二进制位数就少，码字就短。信源中连续符号根据某一模式生成概率的大小来缩小间隔：大概率符号的出现，在 0～1 区间上缩小的范围短，只增加较少的比特；小概率符号的出现，在 0～1 区间上缩小的范围长，需增加较多的比特。下面我们通过一个算术编码的实例说明算术编码的原理。

设图像信源可用 a、b、c、d 这 4 个符号来表示，如果符号 a、b、c、d 出现的概率分别是 $\frac{1}{2}$、$\frac{1}{4}$、$\frac{1}{8}$ 和 $\frac{1}{8}$，则信源编码符号集的所有符号的概率之和组成一个完整的概率空间，我们可用单位长度的矩形来表示它，如图 7.21 最上面一排所示。在此长度为 1 的单位矩形中，各个符号依次排列，所占宽度和它的概率大小成正比。各个符号左边的分界线称之为“码点”，每个码点有其相应的码点值。每个码点值是它前面所出现符号的概率累积之和。第一个码点值为 0，因为在它之前没有码字；由于 d 出现的概率是 $\frac{1}{8}$，故第二码点值为 0.001（二进制小数，以下同）；由于 b 出现的概率为 $\frac{1}{4}$，再加上 d 出现的概率为 $\frac{1}{8}$，所以第三个码点值为两者之和 $\frac{3}{8}$，故为 0.011，依此类推，形成了最初的符号空间分割。

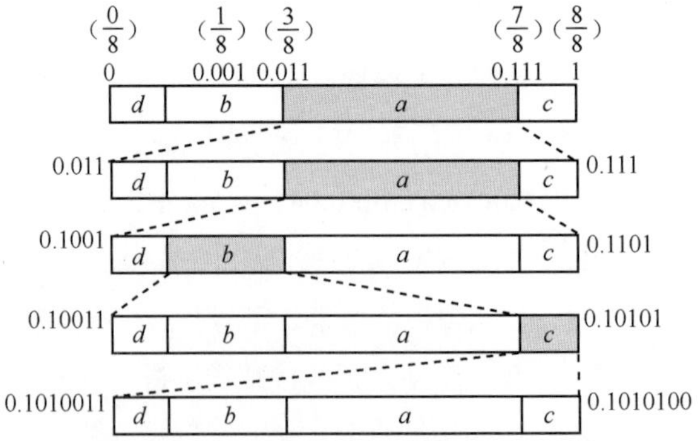

图 7.21 算术编码的子分过程

算术编码的过程实质上是对此单位区间“子分”（Subdivision）的过程，如图 7.21 所示。我们可以设想有一个编码“指针”，随着所编码字的进行，指针不停地在单位区间进行划分。例如，对“*a a b c* ……”进行算术编码，其过程如下。

（1）编码前，指针指向码点“0”，指针活动宽度为“1”，即从 0 到 1。

（2）编码第一个“*a*”，指针指向新码点 0+1×0.011=0.011（前面的码点+前面的宽度×“*a*”的码点）；指针有效活动宽度为 1×0.1=0.1（前面的单位长度×“*a*”的概率）。

（3）编码第二个“*a*”，指针指向新码点 0.011+0.1×0.011=0.1001（前面的码点+前面的宽度×“*a*”的码点）；指针有效活动宽度为 0.1×0.1=0.01（前面的单位长度×“*a*”的概率）。

（4）编码“*b*”，指针指向新码点 0.1001+0.01×0.001=0.10011（前面的码点+前面的宽度×“*b*”的码点）；指针有效活动宽度为 0.01×0.01=0.0001（前面的单位长度×“*b*”的概率）。

（5）编码“*c*”，指针指向新码点 0.10011+0.0001×0.111=0.1010011（前面的码点+前面的宽度×“*c*”的码点）；指针有效活动宽度为 0.0001×0.001=0.0000001（前面的单位长度×“*c*”的概率）。

最后所得到的码点值“1010011”（忽视小数点）就是对“*a a b c*”进行算术编码的结果。如果所给的码字数目更多，还可以依此类推地继续做下去。随着所编码字的增加，指针的活动范围越来越小，越来越精确，所编出的二进制码字位数越来越多。在上述的运算中，尽管含有乘法运算，但它可以用右移来实现，因此在算法中只有加法和移位运算。这正是将这种算法叫作算术编码的原因。

2. **解码过程**

算术解码过程和编码过程相反，它是将算术编码的码字序列的值通过逐次比较而在单位概率空间逐渐“定位”的过程。下面以刚才的“0.1010011”的解码过程为例来说明。

（1）在 0～1 空间中定位，由于 0.011<0.1010011<0.111，解得第一个码字为“*a*”。

（2）由码字序列值（0.1010011）减去前码点值（0.011）得 0.1010011−0.011= 0.0100011，这是因为在编码过程中第二次子分区间的新码点的值是和 0.011 相加的，所以在解码时要减去它。再将得到的 0.0100011 乘 2：0.0100011×2=0.100011。这是因为在编码过程中，我们曾将子分区间宽度乘以“*a*”的概率（$0.1=\dfrac{1}{2}$）。而 0.011 < 0.100011 < 0.111，所以解得第二个码字为“*a*”。

（3）由码字序列值（0.100011）减去前码点值（0.011）得 0.100011−0.011= 0.001011。这是因为在编码过程中第 3 次子分区间的新码点的值是和 0.011 相加的，所以在解码时要减去它。再将得到的 0.001011 乘 2：0.001011×2=0.01011。这是因为在编码过程中，我们曾将子分区间宽度乘以“*a*”的概率（0.1=1/2）。而 0.001 < 0.01011 < 0.011，所以解得第 3 个码字为“*b*”。

（4）由码字序列值（0.01011）减去前码点值（0.001）得 0.01011−0.001=0.00111。这是因为在编码过程中第 4 次子分区间的新码点得值是和 0.001 相加的，所以在解码时要减去它。再将得到的 0.00111 乘 4：0.00111×4=0.111。这是因为在编码过程中，我们曾将子分区间宽度乘以“*b*”

的概率（0.01=1/4）。而 0.111 恰好是“*c*”的码点，所以解得第 4 个码字为“*c*”。

从上述的实例中可以看到算术编码的大致过程。对“*a a b c*”算术编码的结果为“10 10011”，共 7bit。如果采用哈夫曼编码，“*a*”为“0”，“*b*”为“10”，“*c*”为“110”，“*d*”为“111”，则“*a a b c*”编码的结果为“0010110”，共 7bit。这里两者编码长度相同，是因为算术编码的序列较短，如果序列较长，则可显示更高的效率，算术编码的效率一般说来比哈夫曼编码高。还需说明的是，虽然上面给出的是一个二进制的算术编码实例，它可以看作是多进制符号的算术编码特例，其原理大致上是一样的。

在 H.263、H.264/AVC、H.265/HEVC 等国际视频编码标准和 AVS 国家视音频编码标准中，都将算术编码或内容自适应算术编码（CABAC，Context-based Adaptive Binary AC）作为选项来代替哈夫曼编码，以期提高变长编码的效率。

7.5.5 指数 Golomb 编码

针对哈夫曼编码的编译码比较复杂的缺点，可采用一种结构明确的不等长码，使编译码实现容易一些，只要将不同统计特性的信源符号根据出现的概率大小顺序映射到这种不等长码上。指数哥伦布（Golomb）编码就是这样一种结构明确的不等长码，可以写成如表 7.4 所示的形式，将欲编码的一系列事件按概率从高到低排序，对应表中左边一列顺序编号 code_num，Golomb 编码后的码字如表的右栏“码字”所示。

表 7.4 指数 Golomb 编码的码字

code_num	码字	code_num	码字
0	1	6	00111
1	010	7	0001000
2	011	8	0001001
3	00100	9	0001010
4	00101	……	……
5	00110		

每个哥伦布码字由 3 个部分组成：codeword=[*M* 个 0][1][*INFO*]。例如，表中 code_num 等于“9”的码字为“0001010”，中间为“1”，左边是 3 个 0，即 M=3，右边 3 位“010”就是 *INFO* 的内容。

其中 *INFO* 是一个携带信息的 *M* 位数据，每个指数 Golomb 码字的长度为 $2M+1$ 位，每个码字都可由 code_num 产生，具体的编码和解码过程如下。

编码：对每个待编的 code_num，根据下面的公式计算 *INFO* 和 *M*。

M=floor($\log_2$(code_num+1))，其中 floor(·)表示舍去小数的运算

$INFO$=code_num+1−2M

code_num=[M个 0] + [1] + [$INFO$]

解码：读出以“1”结尾的前M个“0”，得到M的值；

根据得到的M，读出紧接着“1”后面的M比特的$INFO$数据；

根据 code_num=2M+$INFO$-1 还原出 code_num。

注意，对于码字 0，$INFO$和M都没有。

我们来观察一个 Golomb 编码的实例。信源符号集为 11 个正负整数数值（0，±1，±2，±3，±4，±5）。它们出现的概率为对称且单调下降，分别为 0.38，0.32，0.16，0.08，0.04，0.02。按照表 7.5 把信源符号映射到 Golomb 方法的“编号”code_num。按照上述规则编出的码字如表 7.5 第 3 行所示。

表 7.5 符号和 code_num 的对应

code_num	0	1	2	3	4	5	6	7	8	9	10
符号值	0	1	−1	2	−2	3	−3	4	−4	5	−5
码字长	1	3	3	5	5	5	5	7	7	7	7

可以计算出这组码字的平均码长为$L=\sum_{i=1}^{11}P_i l_i=2.96$ bit，信源熵$H=-\sum_{i=1}^{11}P_i\mathrm{lb}\ P_i=2.69$ bit。如果按哈夫曼编码方法，可得出的平均码长为 2.84bit。比较而言，哈夫曼编码的平均码长比 Golomb 编码的平均码长更接近于信源熵。但 Golomb 码字结构明确，能够用计算方式算出 code_num。Golomb 码表比哈夫曼码表简单，且“查找”比较容易。

7.6 有限失真编码定理

7.6.1 图像的信息熵

由于图像信息的压缩处理必须在保持信息源的信息量不变或者损失不大的前提下才有意义，这就必然涉及信息的度量问题。为此我们可将信息论的有关方法运用到图像信息的度量中。

1. **无记忆信源熵**

设信息源X可发出的消息符号集合为$\{a_1,a_2,\cdots,a_i,\cdots,a_m\}$，各个符号出现的概率对应为$\{P(a_1),P(a_2),\cdots,P(a_i),\cdots,P(a_m)\}$，且$\sum_{i=1}^{m}P(a_i)=1$。信源$X$发出某一符号$a_i$的信息量可以用该符号出现的不确定性来定义。不确定性越大，即出现的概率越小，我们越不能预测它的出现，它一旦出现自然带给我们的信息量也越大；不确定性越小，情况则相反。可见符号a_i出现的不确定性实际上和该符号出现的概率$P(a_i)$大小相反，在此基础上定义符号a_i出现的自信息量为

$$I(a_i) = -\text{lb}P(a_i) \tag{7.34}$$

通常，上式中的对数取 2 为底，这时定义的信息量单位为比特/符号。

如果信源 X 各符号 a_i 的出现是相互独立的，称这类信源为无记忆信源。那么 X 发出一符号序列的概率等于各符号的概率之积，因而该序列出现的信息量等于相继出现的各符号的自信息量之和。

对信息源 X 的各符号的自信息量取统计平均，可得信源的平均信息量为

$$H(X) = -\sum_{i=1}^{m} P(a_i)\text{lb}P(a_i) \tag{7.35}$$

称 $H(X)$为信源 X 的熵（Entropy)，单位为比特/符号，通常也称为 X 的一阶熵，它可以理解为信息源 X 发出任意一个符号的平均信息量。

对于实际用作观察的图像而言，要考虑的不是大量图像（把某一幅具体的图像作为一个“符号”)构成的集合，因为这样的集合元素量巨大，如一幅 256×256 的 8 bit 的灰度图像，共有$(2^8)^{256\times256}$种可能性。如果仍以图像作为基本符号单位，就难于处理而不再具有实际意义。比较直观、简便的方法是把图像分割为小尺寸图像，甚至将每个像素作为一个信源符号，这时，公式中的 $P(a_i)$ 为各像素值出现的概率，$H(X)$的单位为比特/像素。

2. **有记忆信源熵**

无论是经验还是实验测试都足以表明，具有实际意义的图像，其相邻像素之间总有一定的联系，或者说，图像信息源是一种“有记忆”的信源。

（1）联合熵

为了简单起见，在一个有记忆的信源中我们仅考虑相继的 N 个符号之间存在关联的情况，或者说 N−1 阶马尔可夫（Markov）过程，某一符号的出现只和它前面 N−1 个符号有关，而和它更前面第 N 个、第（N+1）个、第（N+2）个……符号无关。可以把这些有关联的 N 个符号序列当作一个新符号 $B_i^{(N)}$，新符号是一个 N 维随机矢量。设一个原符号(如 a_i)有 L 个取值(如 L=256)，则一个新符号有 $L^N=n$ 种不同的取值，新符号集 $\{B_i^{(N)}\}$ 共有 n 个新符号，即 $i=1,2,\cdots,n$。信息源发出这个新符号 $B_i^{(N)}$ 的概率用 $P(B_i^{(N)})$ 表示，显然它不是原符号序列中各符号的概率乘积。对于这种信息源，每个新符号的平均信息量为

$$H(B^{(N)}) = -\sum_{i=1}^{n} P(B_i^{(N)}) \cdot \text{lb}P(B_i^{(N)}) \tag{7.36}$$

其中，n 是新符号的总数。$H(B^{(N)})$ 的单位为比特/新符号。习惯上用 N 除以上面的熵值，作为每个原符号的平均熵值，也称之为联合熵。

$$H_N(X) = \frac{1}{N} H(B^{(N)}) \tag{7.37}$$

在上式中，如果考虑以像素为符号，则 H_N 的单位为比特/符号或比特/像素。对于同一有记忆信源，$H(X) \geqslant H_N(X)$，说明用联合熵计算充分利用了符号之间的相关性，得到的信源熵小于将

信源符号当作独立符号时的信源熵。

（2）条件熵

如果有记忆信源的符号之间的联系符合 $N-1$ 阶 Markov 过程，可以考虑单个符号出现的平均信息量，即条件熵。对于这种情况，信源$\{a_1,a_2,\cdots,a_i,\cdots,a_m\}$发出一个符号 a_j，和它前面 $N-1$ 个符号之间存在一个转移概率。

$$P(a_j \mid B_i^{(N-1)}) = P(a_j \mid a_1, a_2, \cdots, a_{N-1}) \tag{7.38}$$

在特定的 $B_i^{(N-1)}$ 条件下，a_j 出现的平均信息量为

$$H(X \mid B_i^{(N-1)}) = -\sum_{j=1}^{m} P(a_j \mid B_i^{(N-1)}) \mathrm{lb}[P(a_j \mid B_i^{(N-1)})] \tag{7.39}$$

根据定义，上式对各种 $B_i^{(N-1)}$ 出现的平均信息量为

$$\begin{aligned} H(X \mid B^{(N-1)}) = \sum_{i=1}^{n} P(B_i^{(N-1)}) H(X \mid B_i^{(N-1)}) = \\ -\sum_{i=1}^{n} P(B_i^{(N-1)}) \left(\sum_{j=1}^{m} P(a_j \mid B_i^{(N-1)}) \mathrm{lb}[P(a_j \mid B_i^{(N-1)})] \right) = \\ -\sum_{i=1}^{n} \sum_{j=1}^{m} P(a_j, B_i^{(N-1)}) \mathrm{lb}[P(a_j \mid B_i^{(N-1)})] = H_N(X \mid B^{(N-1)}) \end{aligned} \tag{7.40}$$

称上式为 N 阶条件熵，其中 $B_i^{(N-1)}$ 表示当前符号 a_j 的前面 $N-1$ 个符号的序列。式（7.37）在计算一个符号的熵值时，是把 N 个符号的符号序列作为一个新符号，由其出现的概率计算出总的新符号熵，然后用 N 除得到每个符号的平均信息量，即熵值。而式（7.40）则是从转移概率计算得到的条件熵。在信息论中已证明，对平稳的符号序列，当 N 很大时，式（7.40）的条件熵与上面式（7.37）计算的结果是一致的。同时还可证明，对 N-1 阶 Markov 过程，下式成立。

$$H_1 > H_2 > \cdots > H_N > H_{N+1} = H_{N+2} = \cdots = H_\infty \tag{7.41}$$

高阶熵随着阶数增加而逐渐减小的现象表明，如果在符号序列中前面的符号知道得越多，那么下一个符号的平均信息量越少。

7.6.2　率失真定理

对数字图像的压缩处理，主要是对图像数据重新进行适当编排和表示，以达到数据压缩的目的。如果允许编码给重建图像带来一定的失真，图像的压缩比还可以得到进一步提高。正如前面在介绍对图像压缩处理的要求时曾提及“压缩比”和“失真量”是一对矛盾，是相互制约的。那么，这两者之间到底是怎样一种关系？这一问题可以从正反两个方面分析。一方面，在给定失真的条件下，图像能够压缩到什么程度，或码率能够降低到什么程度？另一方面，将此问题反过来，在给定码率的条件下，如何将压缩给图像带来的失真降至最低？下面介绍的率失真定理（Rate Distortion Theorem）和失真率定理将给出上述两个问题的简要回答。

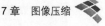

1. 编码模型

为了便于理解，可将图像信源的编码和解码过程类比为通信的发送接收过程，所形成的简化模型如图 7.22 所示。发送端 X 为离散独立信源符号集，由 $\{a_i\}$ 表示，接收端 Y 为输出符号集，由 $\{b_j\}$ 表示。从通信系统的信息传播过程来看，信息的接收者对信源 X 发出的信息内容是从输出集 Y 来了解的。如果是理想信道，没有噪声干扰，发送符号 a_i 和接收符号 b_j 是一一对应的，没有差错；如果是有噪声信道，发送符号 a_i 时，接收符号不一定是 b_j，有可能会出现差错。

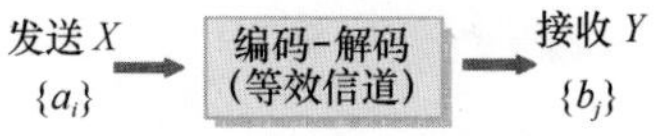

图 7.22　信源编解码模型

如果把通信模型套用到编码-解码过程中，信息经编码后发送，经解码后接收信息，将编解码环节理解为通信信道。从图 7.22 可以看出，和通信系统类似，接收者收到的不是信源的符号集（码字）X 本身，而是经解码输出符号集 Y，由它提供有关 X 的信息。这里不考虑噪声干扰，只考虑编解码的影响：在无外界干扰时，如果编解过程中采取合并、量化等措施，接收的信息和发送的信息不完全相同，相当于引入一种等效（信道）噪声；如果不进行编码或采用信息保持型编码，则编解码过程相当于理想信道，没有噪声，也没有信息损失。

如果在信息发、收过程中，没有任何信息丢失，发送集与接收集的符号是一一对应的，这时编码所采用的最佳方法就是熵编码（Entropy Coding），码率的下界由信源的一阶熵确定。

$$H(X) = -\sum_i P(a_i)\mathrm{lb}P(a_i) \tag{7.42}$$

在实际应用中发现，尽管信息提供的图像内容很丰富，但对接收者来说不需要或并不能完全感觉到，比如，人眼的识别能力、显示装置的分辨能力有限，或者某些其他原因。在编码时可以采用量化等编码方法去掉或合并一些信息符号。这样做的好处是，减少了信息符号集的大小，可以节省相应的编码码字。那么，最多能够去掉多少信息符号？或者从传输或存储的角度看，对于有一定误差（失真）的编码，最低的码率或数据量应该是多少？下面从条件信息量和互信息量的概念出发对这一问题进行简要解答。

2. 平均互信息量

设信源发出符号 a_i，出现的先验概率为 $P(a_i)$；编码输出为 b_j，出现概率为 $Q(b_j)$。用 $P(a_i,b_j)$ 表示信源发出 a_i；同时解码输出为 b_j 的联合概率；用 $P(a_i|b_j)$ 表示已知编码输出为 b_j，估计信源发出 a_i 的条件概率；用 $Q(b_j|a_i)$ 表示信源发出 a_i 而解码输出为 b_j 的转移概率。

定义条件信息量为

$$I(a_i \mid b_j) = -\mathrm{lb}P(a_i \mid b_j) \tag{7.43}$$

表示收到 b_j 后，信源发送 a_i 的不确定性所形成的信息量。

$$I(b_j \mid a_i) = -\mathrm{lb}Q(b_j \mid a_i) \tag{7.44}$$

表示信源发送 a_i 后，收到 b_j 的不确定性所形成的信息量。

在图 7.22 模型中，我们考察在接收端收到符号 b_j 后，编码系统所传送的关于信源发送符号 a_i 的信息量。在接收端未接收到 b_j 以前，我们判断发送端发送符号 a_i 的概率为 $P(a_i)$，所代表的信息量为 $I(a_i)$；而收到符号 b_j 后，我们判断发送符号 a_i 的概率为 $P(a_i|b_j)$，所代表的信息量为 $I(a_i|b_j)$。可见，接收到符号 b_j 后，预计发送符号 a_i 的概率从 $P(a_i)$ 变为 $P(a_i|b_j)$，不确定性（信息量）减少，不确定性减少量所引起的信息量为

$$I(a_i;b_j) = I(a_i) - I(a_i \mid b_j) = \mathrm{lb}\frac{P(a_i \mid b_j)}{P(a_i)} = \mathrm{lb}\frac{Q(b_j \mid a_i)}{Q(b_j)} \tag{7.45}$$

这种不确定性的减少（概率增大）是由接收到 b_j 所传递的信息量实现的。$I(a_i;b_j)$ 是传送的关于 a_i 的信息量，称为传送信息量，也称为互信息量。

从上述定义式可以看出，$I(a_i)$ 是 a_i 所含的信息量，$I(a_i|b_j)$ 表示知道 b_j 后，a_i 还保留的信息量，或者说是 b_j 尚未消除的 a_i 的不确定性，即 $I(a_i;b_j)$ 表示编码后 b_j 实际为 a_i 提供的信息量。

对于信息保持型编码，由于编码前的符号 $\{a_i\}$ 与编码后的符号 $\{b_j\}$ 之间存在一一对应的关系，因此 $P(a_i|b_j)=1$，$Q(b_j|a_i)=1$，因此 $I(a_i|b_j)=0$，$I(b_j|a_i)=0$，$I(a_i;b_j)=I(a_i)$，它表明 b_j 为接收者提供了与 a_i 相同的信息量。当编码中引入组合或量化后，两个符号集失去了一一对应的关系，这时 $P(a_i|b_j) \neq 1$，$I(a_i|b_j) \neq 0$，$I(a_i;b_j)<I(a_i)$。因此可以说，互信息量 $I(a_i;b_j)$ 是扣除了信道中量化或组合的等效噪声损失的信息量（不考虑真正的噪声干扰）。

符号集中符号的平均信息量称为熵，我们也可定义条件信息量的平均为条件熵。

$$H(X \mid Y) = -\sum_{i,j} P(a_i, b_j) \cdot \mathrm{lb}P(a_i \mid b_j) \tag{7.46}$$

上式为 $I(a_i|b_j)$ 的统计平均，表示收到符号集 Y 的每一个符号后，符号集 X 还保留的平均信息量，或平均不确定性。类似地，还可以定义条件熵 $H(Y|X)$。

$$H(Y \mid X) = -\sum_{i,j} P(a_i, b_j) \cdot \mathrm{lb}Q(b_j \mid a_i) \tag{7.47}$$

在此基础上引入平均互信息量，它定义为

$$\begin{aligned} I(X;Y) &= \sum_{i,j} P(a_i, b_j) I(a_i;b_j) = \sum_{i,j} P(a_i, b_j)\mathrm{lb}\frac{P(a_i \mid b_j)}{P(a_i)} = \\ &-\sum_i P(a_i)\mathrm{lb}P(a_i) + \sum_{i,j} P(a_i, b_j)\mathrm{lb}P(a_i \mid b_j) = H(X) - H(X \mid Y) \end{aligned} \tag{7.48}$$

它表示平均每个编码符号为信源 X 提供的信息量，如在通信系统中则表示信道中传输的信息量。式中 $H(X)$ 为信源的一阶熵，$H(X|Y)$ 代表编码引入的对信源的不确定性，它是编码造成的信息丢失。

3. 率失真函数

（1）失真的表示

如前所述，在编解码系统中，如果是无失真编码，则信源符号集 $\{a_i\}$ 和输出符号集 $\{b_j\}$ 具

有一一对应的关系，编解码结果没有信息损失。如果是有失真编码，信源符号集$\{a_i\}$和输出符号集$\{b_j\}$不可能有一一对应关系。例如，输出符号集的符号个数小于信源符号集的符号个数，这时编解码后信息发生损失，即产生的失真。

我们用 $d(a_i,b_j)$表示信源发出 a_i 而被编码成 b_j 时引入的失真量。对于数值型的符号，失真度量有多种，常用的为下面几种。

① 均方误差：

$$d(a_i,b_j)=(a_i-b_j)^2 \tag{7.49}$$

② 绝对误差：

$$d(a_i,b_j)=|a_i-b_j| \tag{7.50}$$

③ 超阈值均方误差：

$$d(a_i,b_j)=\begin{cases}(a_i-b_j)^2, & |a_i-b_j|\geqslant T\\ 0\quad, & |a_i-b_j|<T\end{cases} \tag{7.51}$$

这里利用了人的视觉阈值 T，图像信号的误差在小于 T 的范围内，人的视觉难以觉察。

由于编码符号和解码符号都是随机变量，由它们表示的失真 $d(a_i,b_j)$也是随机变量，因此我们需要计算失真的统计平均，即 $d(a_i,b_j)$的数学期望 D_m 作为总体失真的衡量。

$$D_m(Q)=E[d(i,j)]=\sum_i\sum_j P(a_i)Q(b_j\mid a_i)\cdot d(a_i,b_j) \tag{7.52}$$

上式中的 $D_m(Q)$又称为平均失真，是表征编解码系统性能好坏的一个重要指标。由于 $P(a_i)$由信源特性决定，因此 $D_m(Q)$是 Q 的函数，其大小则完全由条件概率 $Q(b_j|a_i)$来确定，或者说有失真编码的性能由 $Q(b_j|a_i)$决定。而 $Q(b_j|a_i)$是由某种编码方法（或编解码符号之间的对应关系）所确定的，有一种编码方法就有一套 $Q(b_j|a_i)$。

$$\{Q(b_j|a_i);\ \ i=1,2,\cdots,I,\ j=1,2,\cdots,J;\ \ \sum_j Q(b_j|a_i)=1\ \} \tag{7.53}$$

给定一个允许失真 D，在平均编码失真 $D_m \leqslant D$ 的条件下有多种编码方法，对应多套$\{Q(b_j|a_i)\}$，所有满足此条件的 $Q(b_j|a_i)$形成一个集合，记作 Q_D。

$$Q_D=\{\ Q(b_j|a_i);\ \ D_m(Q)\leqslant D\ \} \tag{7.54}$$

在给定 $P(a_i)$的情况下，Q_D 中任意一套$\{Q(b_j|a_i)\}$所对应的平均失真 $D_m(Q)$不会超过 D。我们就是要寻找在此约束条件下的一套$\{Q(b_j|a_i)\}$，使它所形成的平均互信息量最小。

（2）率失真函数

平均互信息量 $I(X;Y)$实际上是编解码系统的编码输出的信息量，对于一个好的编码器，自然要求它在满足一定的失真条件下其平均互信息量越小越好。因为编码器的平均互信息量越小，就意味着编出的码字越少。如果传输这些码字，所需的信道带宽就越窄；如果存储这些码字，所需的存储空间就越小。现在问题变成一个优化问题：在允许失真量的限制下，在 Q_D集合中，求使

平均互信息量最小的一套 $Q(b_j|a_i)$，即编码方案。这就是率失真函数定理。

$$R(D)=\min_{Q\in Q_D} I(X;Y)=\min_{Q\in Q_D}\sum_{i,j} P(a_i)Q(b_j\mid a_i)\log\frac{Q(b_j\mid a_i)}{Q(b_j)} \tag{7.55}$$

定理表达了最小平均互信息 $I_{\min}$ 和允许的平均失真 D 之间的函数关系 $R(D)$。由上式可见，平均互信息量是由信源符号的概率、编码输出符号的概率，以及已知符号出现的条件概率所确定。在信源一定的情况下，$P(a_i)$是确定的。编码方法的选择实际上是改变条件概率 $Q(b_j|a_i)$，它同时决定了引入失真的大小。

上式表示从信源必须送给接收者的最小平均信息量，接收者才能以小于或等于 D 的失真来恢复原信息。换句话说，率失真函数 $R(D)$是在允许失真 D 时，信源编码给出的平均互信息量 R 的下界，即给定失真下信源编码能达到的极限压缩码率，R 和 D 之间的关系如图 7.23 所示。

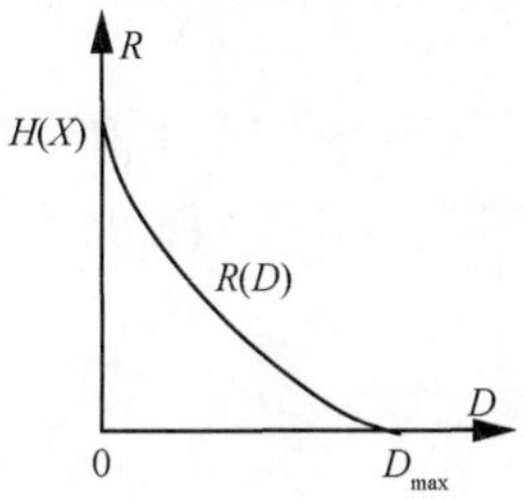

图 7.23　离散信源的 $R(D)$的曲线

可以证明，率失真函数具有以下性质。

（1）由于平均失真最小时为 0，所以 $D<0$ 时，$R(D)$无定义。

（2）存在一个 $D_{\max}$ ，使 $D>D_{\max}$ 时，$R(D)=0$。

（3）在 $0<D<D_{\max}$ 范围内，$R(D)$是正的连续下凸函数。

（4）对独立信源，$R(0)– H(X)$，即熵编码的结论。

4. **失真率函数**

以失真 D 为自变量，码率 R 为函数的率失真函数 $R(D)$对信源编码是具有指导意义的。然而，对实际信源来说，计算其 $R(D)$极其困难。一方面，信源符号的概率分布很难确知，另一方面，即便知道了概率分布，求解 $R(D)$也不容易，它是一个条件极小值的求解问题，其解一般只能以参数形式给出。

实际解决以上问题的方法通常是采用相反的思路，即给定信息率 R，通过改变编码方法寻找尽可能小的平均失真 $D(R)$，它就是失真率函数（Distoration Rate Function）。$D(R)$和 $R(D)$是同一个问题两种不同角度的描述。在一些场合，也可用 $D(R)$进行编码性能的比较，或者作为编码方法的选择标准。

举例子说明 $D(R)$的应用情况。在最佳量化器的设计中，其中量化的分层数 N 已给定，相当于信息率已定，根据一定的误差准则，如均方误差极小（失真最小），可以设计出相应的最佳量化器。

5. 有记忆信源的处理

图像信源实际上是有记忆信源，如前所述，对于有记忆信源，信源发出的 N 个符号序列成组计算的熵值 $H_N(X)$低于把信源作为无记忆时按符号计算的熵值 $H(X)$。因此，有记忆信源按单个符号来编码效率是不高的。为此可以按符号序列成组进行编码，或者进行某种变换，对变换域中形成弱相关性新符号进行编码，达到逼近信源的熵值目标。

在率失真理论中也有相似的关系，有记忆信源的率失真函数低于把信源作为无记忆信源时计算所得的率失真函数。同样，对有记忆信源也可经去相关的处理后，再按独立信源对待，或者根据相关性先对像素值进行预测，然后对预测误差编码。这就是图像编码中的两类基本方法：变换编码和预测编码。

7.6.3 图像的压缩性能

按照压缩前后图像信息量是否有损失，可以把压缩方法分为两类：一类是信息保持型编码，或称为无失真编码、熵编码；另一类则是非信息保持型编码，即允许一定量失真的编码，常称为有失真编码或有限失真编码。

对于种种图像压缩编码方法，都可以用压缩比、平均码长、编码效率和冗余度等参数来衡量它们的压缩编码性能。

1. 压缩比

压缩比或称压缩倍数 c 的定义为

$$c=\frac{b_0}{b_1} \tag{7.56}$$

其中，b_0 表示压缩前图像的数据量，b_1 表示压缩后图像的数据量。“数据量”可以是图像中每像素的平均比特数，也可以是图像数据的总比特数。一般情况下压缩比 c 总是大于 1 的，c 越大则压缩程度越高。

2. 平均码字长度

设 l_i 为数字图像压缩编码后形成的符号集的 m 个符号中第 i 个码字的长度（二进制码的位数），它出现的概率为 P_i，则该编码图像的平均码字长度 L 为

$$L=\sum_{i=1}^{m}P_i l_i \tag{7.57}$$

信源编码理论可以证明，在 $L \geqslant H(X)$的条件下，总可以设计出某种无失真的编码方法。

3. 编码效率

在无失真情况下，编码效率 η 可用下列公式简单表示。

$$\eta=\frac{H(X)}{L} \tag{7.58}$$

其中，$H(X)$是原始图像的信源熵，L 是实际编码的平均码字长度。信源熵 $H(X)$是平均码长 L 的下限，η 总是小于等于 1，越接近于 1 意味着编码效率越高。如果编码结果的平均码字长度 L 远大于信源的信息熵 $H(X)$，则说明其编码效率很低，占用比特数太多。

4. 冗余度

如果编码效率 $\eta\neq100\%$，说明编码数据中还有冗余信息，其冗余度 r 可由下式表示。

$$r = 1 - \eta \tag{7.59}$$

r 越小，说明可压缩的余地越小，显然，r 是 η 的另一种表示，本质上是同一个量。

一般来说，一个图像压缩系统要研究的问题是在保证一定重建图像质量的条件下，提高压缩比 c，降低平均码字长度 L，使编码效率 η 尽可能接近于 1，冗余度 r 尽量趋于 0。

第8章 图像分割

图像分割是从低层次图像处理到较高层次图像分析、更高层次图像理解之间的一个关键步骤。本章主要介绍图像分割的基本原理和主要技术。首先对图像分割的定义和分类作简要的说明。接下来依次介绍常见的基于边缘的分割（如最大类间方差法）、基于阈值的分割（如 Canny 算子法）以及基于区域的分割（如分水岭法）等方法；最后介绍一种基于遗传算法的图像分割方法。

图像分割（Image Segmentation）是用图像处理的方法将一幅图像按照人的某种意愿划分为各具特点的不同部分的过程。例如，将一幅航拍照片分割成公路、湖泊、森林、住宅、农田等区域。再如，将监控视频图像中行驶的车辆、人的脸部从背景中分割出来，以便下一步的车辆车牌识别、人脸识别所使用。

图像分割是从低层次图像处理到较高层次图像分析、更高层次图像理解之间的关键步骤。图像在分割后的处理，如图像描述、特征提取、目标识别、行为识别、语义识别等都依赖于图像分割的结果，所以分割被视为图像处理中的瓶颈技术，具有十分重要的研究价值和广泛的应用前景。一方面，图像分割高于一般意义上的图像处理，研究对象通常是目标所在的区域或者是目标的特征，并非单个像素灰度值；另一方面，图像分割、目标分离、特征提取和参数测量都是将原始图像转化为更抽象、更紧凑的形式，把以像素为单元的描述转换为以区域为单元的描述，使更高层的分析和理解成为可能。

8.1 图像分割的定义和方法

8.1.1 图像分割的定义

图像分割一般是指通过对图像不同特征（如边缘、纹理、颜色、亮度等）的分析，达到将图像分割成各具特性的区域并提取出感兴趣目标的技术和过程，可以用数学语言进行较为严格的描述。

假设一幅图像中所有像素的集合为 F，有关一致性的假设为 $P(\cdot)$。把 F 划分为 n 个满足下述 4 项条件的子集 $\{S_1,S_2,\cdots,S_n\}$（S_i是连通区域）的过程定义为图像分割。

（1）$\bigcup_{j=1}^{n} S_j = F$，分割是完全的，图像中的每一像素必须归属于一个区域。

（2）$S_i \cap S_j = \varnothing$，$i \neq j$，分割出的不同区域是不相交的。

（3）$P(S_j) = \text{true}$，$\forall j$，分割出的每个区域的像素具有一致的特性。

（4）$P(S_i \cap S_j) = \text{false}$，$i \neq j$，分割出的不同区域的像素不具有一致的特性。

上述关于图像分割的定义也是一种比较通用的参考描述，至今尚未有一个图像分割的严格、公认的定义。这是因为有关图像分割的理论、技术和应用处在不断发展的进程中，还有很多问题未得到很好的认识和解决。

8.1.2 图像分割的方法

和所有复杂事物的分类一样，图像分割的方法可以从不同的角度和特征进行分类，存在多种分类方法，现列举如下。

（1）根据分割过程中运算策略的不同，可把图像分割分为并行分割算法和串行分割算法。

（2）根据实现技术的不同，可把图像分割分为基于阈值的图像分割技术（如直方图阈值等）、基于边界的图像分割技术（如边缘检测等）、基于区域的图像分割技术（如区域生长等）。

（3）根据应用要求的不同，图像分割可分为粗分割和细分割两大类。

（4）根据分割对象的属性不同，图像分割可分为灰度图像分割和彩色图像分割。

（5）根据是否借助一定区域内像素灰度变换模式，图像分割可分为纹理图像分割和非纹理图像分割。

（6）根据分割对象的状态不同，图像分割可分为静态图像分割和动态图像分割。

本章遵循的是第二种分类方法，即根据采用技术的不同大致分为 3 类最基本的方法。

（1）基于阈值的图像分割

这是一种较为简单、使用广泛的基于图像直方图的分割方法，经常用于背景和目标的灰度差别较大、较好区分的场合。图像直方图是一种像素灰度加噪声的概率密度分布，分割问题实际上就是像素分类的参数估计问题，易受噪声干扰和像素灰度分布的波动影响。

（2）基于边界的图像分割

这种方法先检测图像边界，再连接目标边界的轮廓线。但在边界检测前，往往采用滤波器（如高斯低通滤波器）来减少噪声影响，然后进行边缘检测。常用的边缘检测有 Robert 算子、Prewitt 算子、梯度算子、拉普拉斯算子等，还有检测效果较好的 Canny 算子、高斯-拉普拉斯算子等。

（3）基于区域的图像分割

这种方法是通过预设不同的条件来划分不同的区域。使用较多的是区域增长法、区域分裂合并法、分水岭算法等。在不少基于区域的分割算法中，首先分割出来的是很多差别不大的小区域，需要进一步按照一定的一致性要求实现小区域的合并，形成最终的分割。

上述 3 种基本的图像分割既可单独使用，也可综合使用。除了这些基本方法外，近年来陆续出现了一些图像分割新技术，如基于遗传算法的图像分割，基于支持向量机（SVM）、人工神经网络、信号稀疏分解等图像分割算法。

8.2 基于阈值的分割

基于直方图阈值的图像分割方法对物体与背景有较强对比的景物分割特别有用，这种方法计算简单，总能用封闭且连通的边界定义不交叠的区域。使用阈值规则进行图像分割时，所有灰度值大于或等于（或相反）某阈值的像素都被判属于目标物体。所有灰度值小于（或相反）该阈值的像素被排除在物体之外，属于背景。于是，边界成为在物体中和背景有邻域关系的这样一些（物体）内部点的集合。

如果感兴趣的物体在其内部具有均匀一致的灰度值，并分布在具有另一灰度值的均匀背景上，使用全局阈值方法效果会很好。如果物体与背景的灰度差别在图像中存在区域变化，那么可以采用自适应阈值的方法，使用于划分的阈值随着物体和背景差别的变化而改变，尽量保持清楚的划分。还可以用概率统计、类间方差等优化方法对更为复杂的情况进行分割。

8.2.1 全局阈值法

基于阈值的图像分割中经常采用这样一种假设：目标内或背景内的相邻像素间的灰度值是相似的，但不同目标或背景的像素在灰度上存有差异。全局阈值图像分割方法就是在一幅图像中选取一个或多个处于图像灰度取值范围中的灰度阈值，然后将图像中各个像素的灰度值与阈值进行比较，并根据比较的结果将图像中的对应像素分成两类或多类，从而把图像划分成互不重叠区域的集合，达到图像分割的目的。

设原始图像为$f(x,y)$，按照一定准则在$f(x,y)$中找到某一个灰度值，该灰度值便是进行分割时的阈值T，将图像分割为两个部分，分割后的图像为

$$g(x,y)=\begin{cases}b_0,\ f(x,y)<T\\ b_1,\ f(x,y)\geqslant T\end{cases} \tag{8.1}$$

如取b_0=0（黑），b_1=255（白），即我们通常所说的图像二值化分割。二值化指纹图像分割的一个具体实例如图 8.1 所示，图 8.1（a）是指纹芯片采集的原始灰度指纹图像。图 8.1（b）是指纹图像的直方图。从图中可以看出，比较合适的分割阈值T=130。以此阈值对采集的指纹图像分割后形成的二值化图像如图 8.1（c）所示，其中亮的部分为背景b_1，暗的部分为目标，即指纹的纹路b_0。这里需要说明的是，即使是二值划分，也并不是说将图像划分为两个部分，而是将图像划分为灰度性质不同的两类区域。每一类都有可能包含若干区域，同样是黑色纹路类（b_0）包含了几十个独立的表示指纹的小区域。

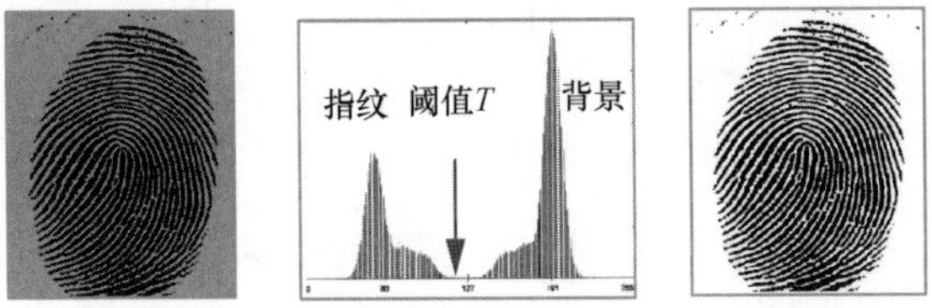

(a) 灰度指纹图像　(b) 指纹图像的直方图　(c) 阈值分割结果

图 8.1　指纹图像的全局阈值分割

对于比较简单的图像，物体和背景本身的灰度较均匀，而且两者之间的灰度差别较大，比较容易分割清楚。对于一般的图像，情况比较复杂，阈值化图像分割通常存在两方面的困难：一是在图像分割之前，难以确定图像分割区域的数目，或者把图像分割成几个部分；二是阈值的确定，因为阈值选择的准确性直接影响分割的精度及图像描述分析的正确性。如对于只有暗背景和亮目标两类对象的灰度图像来说，阈值选取过高，容易把大量的目标误判为背景；阈值过低，又容易

把大量的背景误判为目标。为此，下面介绍两种简单的全局阈值的选择方法。

1. 峰–谷法阈值选取

如果图像所含的目标区域和背景区域大小可比，而且目标区域和背景区域在灰度上有明显的区别，那么该图像的数字直方图的包络会呈现“双峰”和“一谷”的形状：其中一个峰值对应于目标的中心灰度，另一个峰值对应于背景的中心灰度。也就是说，理想图像的直方图，目标和背景对应不同的峰值，选取位于两个峰值之间的谷值作为阈值，就很容易将目标和背景分开，从而得到分割后的图像。

如图 8.2 所示，对于含有细胞的医学图像，细胞的灰度通常比背景的灰度低得多，如图 8.2（a）所示。根据经验可以明显地看出直方图具有两个峰值，谷值被认为是分割的阈值，如图 8.2（b）所示。由此阈值划分后得到的结果图像如图 8.2（c）所示，可以将原图像中的目标（细胞）基本分割出来。

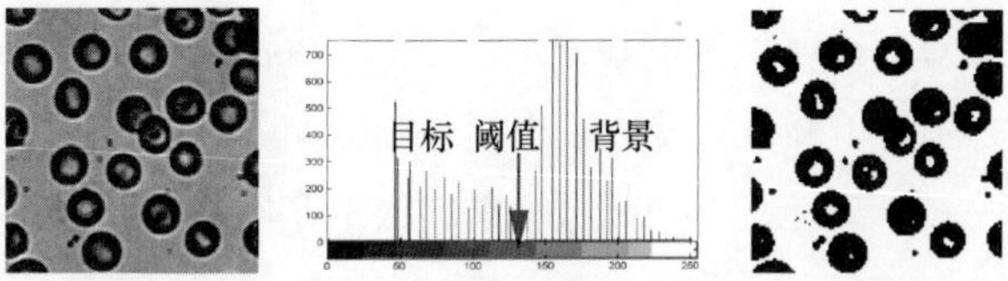

(a) 原始图像　(b) 原始图像直方图　(c) 阈值分割后图像

图 8.2　直方图阈值分割方法

峰–谷阈值分割的优点是实现简单，在不同类别的物体灰度值相差较大时，它能有效地对图像进行分割。但对于图像中不存在明显灰度峰谷，或目标和背景的灰度值范围有较大重叠的图像，这种分割方法难以获得较好的结果，而且谷值的选取对噪声影响和灰度不均匀很敏感。所以，在实际中常常假以其他方法协助进行谷值的选取，如下述的微分方法。

2. 微分法阈值选取

在较简单的情况下，如果将直方图的包络看成一条曲线，则选取直方图阈值（谷值）可采用求极小值的方法。设 $h(x)$表示图像直方图包络线，x 为图像灰度变量，那么极小值应满足

$$\frac{\partial h(x)}{\partial x}=0 \quad 以及 \quad \frac{\partial^2 h(x)}{\partial x^2}>0 \tag{8.2}$$

与这些极小值点对应的灰度值可以用作图像分割阈值。由于实际图像受噪声影响，其直方图经常出现很多起伏，使由式（8.2）计算出来的极小值点可能并非是正确的图像分割阈值，而是对应虚假的谷值。一种有效的解决方法是先对直方图包络进行平滑处理，如用高斯函数 $g(x,\sigma)$和直方图包络函数进行卷积运算得到相对平滑直方图包络线，如式（8.3）所示，再用式（8.2）求得阈值。

$$h(x,\sigma)=h(x)*g(x,\sigma)=\frac{1}{\sqrt{2\pi}\sigma}\int_{-\infty}^{\infty}h(x-u)\exp\left(-\frac{u^2}{2\sigma^2}\right)\mathrm{d}u \tag{8.3}$$

其中，σ 为高斯函数的标准差，“*”表示卷积运算。

在全局阈值分割法中，阈值的选取是关键，但至今尚未找到一种对所有图像都能有效分割的阈值选取方法，某种阈值方法只能适用于某一类图像，而对其他图像分割的效果并不理想。

8.2.2 自适应阈值法

在许多情况下，图像背景的灰度值并不是常数，物体和背景的对比度在图像中也有变化。例如，在光亮背景中的暗物体，由于光照不均匀，虽然物体与背景始终有反差，但在图像某一区域中物体和背景两者都比另一区域亮（或暗），此时，单一阈值分割就会存在问题。在图像中的一部分能把物体和背景准确区分出的阈值，对另一部分来说，可能把太多的背景作为物体分割下来。在这种情况下，可以采用自适应阈值分割方法，把灰度阈值取成一个随图像中位置缓慢变化的函数，保持一种局部的、相对的背景和物体之间的差异。

实现自适应阈值分割的方法有多种，其中常用的一种是子图像分割法。这种方法首先将图像细分为若干个子图像，计算每个子图像的直方图、方差。然后对不同的子图像使用单独的阈值进行分割处理，对那些直方图为单峰或方差值较小的子图像（说明这个子图像只属于背景或物体），只需判断它到底属于哪一类，对于那些双峰或方差较大的子图像，需要选择一个适当的阈值进行划分，简单的选择方法为两个峰值之间的谷值。最后，将各个分割后的子图像拼合成一个完整分割图像。显然各个子图像的阈值是不相同的，随着图像的部位而自适应变化，需要解决的关键问题是如何将图像进行细分和如何确定子图像的阈值。

8.2.3 统计最优阈值法

这是一种利用统计判决来确定阈值的方法，可使目标和背景被误分割的概率达到最小。因为在实际图像分割中，总有可能把背景误分割为目标区域或者把目标误分割为背景区域。如何使上述误分割出现的概率最小，便是统计最优的阈值分割方法。

设一幅混有加性高斯噪声的图像，含有目标和背景两个不同区域，目标区域像素点出现的概率为 θ，灰度值的概率密度为 $p_a(z)$，则背景像素点出现的概率为 $1-\theta$，背景区域灰度值的概率密度为 $p_b(z)$，如图 8.3 所示。按照概率论理论，这幅图像的灰度混合概率密度函数为

$$p(z)=\theta p_a(z)+(1-\theta)p_b(z) \tag{8.4}$$

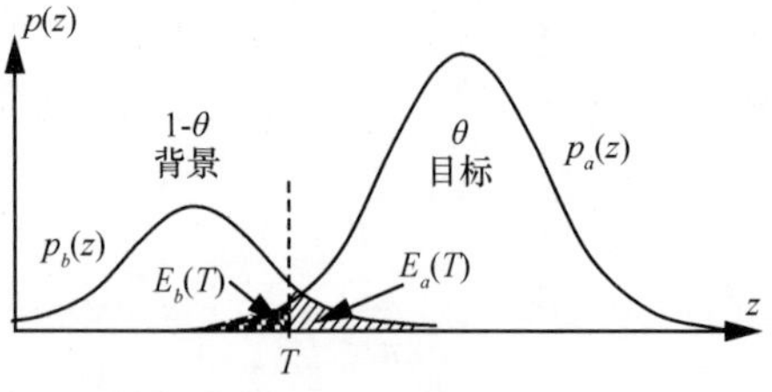

图 8.3 统计最优阈值选取

假设我们根据灰度阈值 T 对图像进行分割，并将灰度小于 T 的像点作为背景点，灰度大于 T 的像点作为目标点。于是将目标点误判为背景点的概率为

$$E_b(T)=\int_{-\infty}^{T} p_a(z)\mathrm{d}z \tag{8.5}$$

把背景点误判为目标点的概率为

$$E_a(T)=\int_{T}^{\infty} p_b(z)\mathrm{d}z \tag{8.6}$$

而总的误差概率为

$$E(T)=\theta E_b(T)+(1-\theta)E_a(t)=\theta\int_{-\infty}^{T} p_a(z)\mathrm{d}z+(1-\theta)\int_{T}^{\infty} p_b(z)\mathrm{d}z \tag{8.7}$$

为了使总的误差概率最小，根据函数求极值方法，上式对 T 求导，并令结果为零，有

$$\theta p_a(T)=(1-\theta)p_b(T) \tag{8.8}$$

设目标和背景的灰度值服从高斯分布，其均值和方差分别为 μ_a 和 σ_a、μ_b 和 σ_b。将具体的高斯密度函数 $p_a(z)$ 和 $p_b(z)$ 代入上式，两边取对数后成为一个 T 的二次方程，解出其中的 T（一般有两个），便是最优阈值。当两个区域的方差相同，即整幅图像噪声来自同一个信号源时，$\sigma_a=\sigma_b=\sigma$，存在一个统计最优阈值 T。

$$T=\frac{\mu_a+\mu_b}{2}+\frac{\sigma^2}{\mu_b-\mu_a}\ln\left(\frac{\theta}{1-\theta}\right) \tag{8.9}$$

其中，μ_a 和 μ_b 分别是目标和背景的平均灰度值。进一步，如果目标和背景灰度值的先验概率相等（两区域大小相当）或者噪声方差为零（没有噪声，图像中只有两种灰度），则最优阈值就是两个区域的平均灰度值的中值。

$$T=\frac{\mu_a+\mu_b}{2} \tag{8.10}$$

对于其他分布（如瑞利分布、对数正态分布等），可以采用类似的方法求得最佳阈值 T。

8.2.4　最大类间方差法

最大类间方差法是由 Otsu 于 1978 年首先提的一种比较典型的图像分割方法，也称为 Otsu 分割法或大津阈值分割法。从模式识别的角度看，最佳阈值应产生最佳的目标类与背景类的分离性能，此性能可以用类间方差表征。类间方差表示目标和背景之间的差异，类间方差越大，表示两类之间的差别越大，意味着分割得越清楚。反之，两类之间分割得不清楚，背景中有目标部分混入，目标中有背景部分混入，类间方差就会减小。最大类间方差法可以描述如下。

设图像的灰度级为 0 到 $K-1$，每个灰度级的概率为 P_i，若某一阈值 t 将图像各像素按灰度分成两类 C_0 和 C_1。

C_0 类包含灰度级为$[0,1,\cdots,t]$的像素，其概率和、灰度均值分别为

$$\omega_0=\sum_{i=0}^{t}P_i\text{，}\quad \mu_0=\frac{1}{\omega_0}\sum_{i=0}^{t}i\cdot P_i \tag{8.11}$$

C_1类包含灰度级$[t+1,t+2,\cdots,K-1]$的像素，其概率和、灰度均值分别为

$$\omega_1=\sum_{i=t+1}^{K-1}P_i\text{，}\quad \mu_1=\frac{1}{\omega_1}\sum_{i=t+1}^{K-1}i\cdot P_i \tag{8.12}$$

图像的总平均灰度为

$$\mu=\omega_0\mu_0+\omega_1\mu_1 \tag{8.13}$$

则定义类间方差为

$$\sigma^2=\omega_0\cdot(\mu_0-\mu)^2+\omega_1\cdot(\mu_1-\mu)^2 \tag{8.14}$$

将式（8.13）代入式（8.14）可得类间方差为

$$\sigma^2=[\omega_0\omega_1(\mu_0-\mu_1)^2] \tag{8.15}$$

上式所表示的类间方差σ^2是t的函数，t为从最小灰度值0到最大灰度值$K-1$，遍历所有灰度值，使式（8.15）中σ^2最大时的灰度t即为分割的最佳阈值T，即求下式的极大值，

$$\max_t[\omega_0\omega_1(\mu_0-\mu_1)^2]$$

因为方差是灰度分布均匀性的一种度量，方差越大，说明构成图像的两部分差别越大，部分目标错分为背景或部分背景错分为目标都会导致两部分差别变小。因此，使类间方差最大的分割意味着错分概率最小。

上述一维Otsu分割法在进行阈值分割时只考虑了像素的灰度信息，没有考虑像素的空间信息。随后，还可以将该方法扩展到二维空间，二维Otsu分割法充分利用了像素与其邻域的空间相关信息，因而具有较强的抗噪能力，这里不再细述。

8.3 基于边界的分割

基于边界的图像分割思路是很直观的：既然图像中有背景、有目标，那么目标和背景之间、目标和目标之间必然有交界处，只要搜寻到这些边界，确定由边界围起来的目标就比较容易了。搜寻边界主要的根据是图像中不同区域（目标）边界的像素灰度值变化比较剧烈。根据这一特点，首先检测出图像中可能的边缘点，再按一定策略连接成轮廓，从而实现不同区域的分割。这样，就可将图像分割问题转化为边缘检测问题来解决。

边缘检测技术按照像素点处理的顺序分为并行边缘检测以及串行边缘检测两种。在并行边缘检测技术中，一个像素点是否属于欲检测的边缘，取决于当前正在检测的像素点以及该像素点的一些相邻像素点，这种模型可以同时用于检测图像中的所有像素点，因而称为并行边缘检测技术；而在串行边缘检测技术中，当前像素点是否属于欲检测的边缘，取决于先前像素的验证结果。在

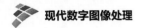

实际中，串行的边缘检测应用较少，本节未予涉及，着重介绍应用广泛的并行边缘检测方法，以及边缘像素的判断、补充和最终形成目标封闭边界的方法。

众所周知，图像中目标的边缘是灰度值不连续的结果，这种不连续可利用导数很方便地检测到。因此，并行微分算子法就是对图像中灰度的变化进行检测，一阶导数的极值点或二阶导数的过零点即为检测到的边缘点。常用的一阶导数算子有梯度算子、Sobel 算子和 Prewitt 算子等，二阶导数算子有 Laplacian 算子、Kirsch 算子等。

和边缘灰度值不连续类似，噪声相对周围像素也是一种灰度跳变，因此微分算子不仅对边缘信息敏感，而且对图像中噪声也很敏感。为减少噪声对微分算子的影响，可以在求导之前对图像进行平滑滤波，减少噪声的影响。常用的滤波器主要是高斯（Gaussian）低通滤波器。对滤波后的图像进行一阶或二阶求导进行边缘检测。如果把高斯滤波和微分运算结合起来，形成高斯函数的一阶或二阶导数算子，用此算子直接对图像进行卷积运算，就完成了滤波和微分两个步骤。例如，采用 Laplacian 算子求高斯函数的二阶导数得到高斯-拉普拉斯（LOG，Laplacian of Gaussian）滤波算子，对高斯函数求一阶导数就得到 Canny 边界检测器算子。

对于常用的梯度算子、Laplacian 算子、Sobel 算子等在第 4 章已有介绍，在此仅以 LOG 算子以及 Canny 算子为例说明微分算子在图像的边缘检测中的应用。

8.3.1　LOG 算子法

为了减少噪声影响，高斯-拉普拉斯（LOG）边缘检测算子先对待检测图像采用高斯滤波器进行平滑，降低了拉普拉斯边缘检测算子对图像噪声的敏感程度，可以取得较好的边缘检测效果。二维高斯滤波器的冲激响应函数为

$$g(x,y)=\frac{1}{2\pi\sigma^2}\exp\left(-\frac{x^2+y^2}{2\sigma^2}\right) \tag{8.16}$$

其中 σ 为高斯函数的均方差。对图像进行 $f(x,y)$平滑滤波，相当于 $f(x,y)$和 $g(x,y)$进行卷积。对平滑后的图像再运用拉普拉斯算子 ∇^2 进行二阶微分，根据线性系统中卷积和微分的可交换性，有

$$\nabla^2[g(x,y)*f(x,y)]=\nabla^2[g(x,y)]*f(x,y) \tag{8.17}$$

式（8.17）为 LOG 算法的数学表达式，LOG 检测就是用 $\nabla^2 g$ 对图像 $f(x,y)$进行滤波。利用该算法，通过判断滤波输出的符号变化确定过零点的位置，即边缘点的位置。其中

$$\nabla^2 g(x,y)=\frac{1}{2\pi\sigma^2}\nabla^2\left[\exp\left(-\frac{x^2+y^2}{2\sigma^2}\right)\right]=\frac{1}{\pi\sigma^4}\left(\frac{x^2+y^2}{2\sigma^2}-1\right)\exp\left(-\frac{x^2+y^2}{2\sigma^2}\right) \tag{8.18}$$

$\nabla^2 g$ 是 LOG 检测数字的冲激响应，为一个轴对称图形，具有各向同性，$-\nabla^2 g$ 函数图形如图 8.4 所示，形状酷似草帽，有时也称之为“墨西哥草帽”函数。我们在第 6 章介绍过，这类墨

西哥草帽函数是高斯函数的二次微分。

可以证明，LOG 算子的平均值为零，因此当它与图像 $f(x,y)$卷积时并不会改变图像的整体动态范围，但会使原始图像平滑，其平滑程度正比于 σ。由于$\nabla^2 g$ 的平滑作用能有效减少噪声对图像的影响，所以当边缘模糊或噪声较大时，利用 LOG 算子检测过零点能提供较可靠的边缘位置。在参数设计时，σ 较大，表明在较大的区域中起平滑作用，更趋于图像平滑，有益于抑制噪声，但不利于提高边界定位精度。σ 较小时则效果相反。

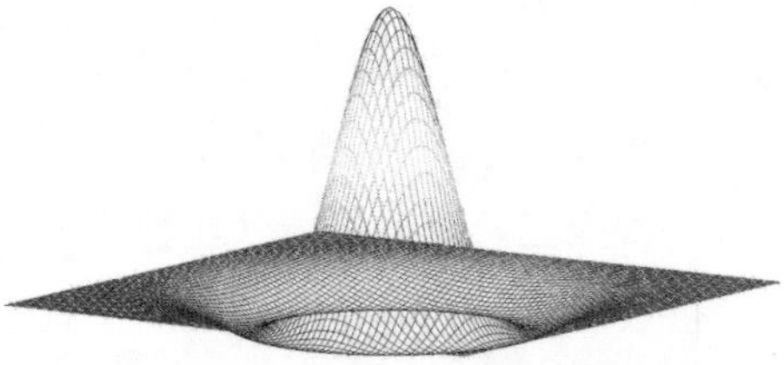

图 8.4　LOG 边缘检测算子（见彩插图 8.4）

图 8.5 为某医学图像的 LOG 边缘检测实例。在实际的数字图像分割中，常用差分替代微分运算，可将 LOG 运算近似为一个矩阵算子（模板），用此模板对模板图像进行卷积运算就完成了 LOG 边缘检测，一种常用的 5×5LOG 卷积模板如图 8.5（a）所示。图 8.5（b）是含有噪声的原始图像，图 8.5（c）是 LOG 边缘检测结果，可以检测出灰度跳变不是很明显的目标边缘。

−2	−4	−4	−4	−2
−4	0	8	0	−4
−4	8	24	8	−4
−4	0	8	0	−4
−2	−4	−4	−4	−2

(a) 5×5 LOG 模板

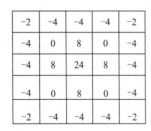

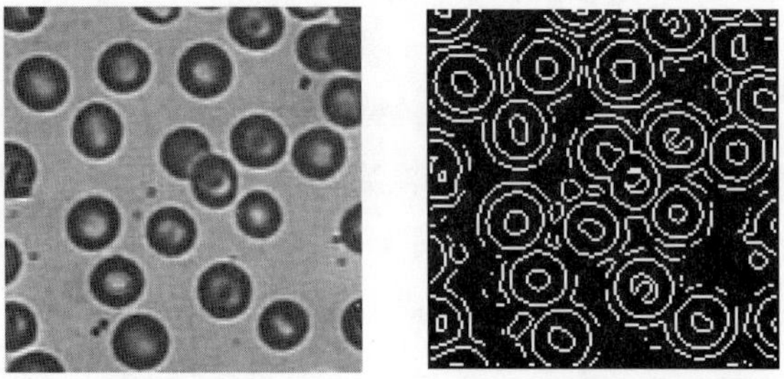

(b) 原图像　　(c) LOG 边缘检测结果

图 8.5　LOG 边缘检测结果

8.3.2　Canny 算子法

一般来说，图像边缘检测必须满足两个条件：一是能有效地抑制噪声，具有较高的信噪比，信噪比越大，边缘检测的质量越高；二是能准确地确定边缘的位置，使检测出的边缘在真正的边界上。Canny 边缘检测是一种具有较好边缘检测性能的算子，它利用高斯函数的一阶微分性质，把边缘检测问题转换为求检测准则函数的极大值问题，能在噪声抑制和边缘检测之间取得较好的折中。

Canny 边缘检测和 LOG 边缘检测类似，也属于先平滑再求导数的方法，其过程如下。

（1）用式（8.16）均方差为 σ 的高斯滤波器对图像进行滤波，去除图像中的噪声，平滑后图像为

$$g(x,y)*f(x,y) \tag{8.19}$$

（2）用梯度算子对平滑后的图像进行一阶微分（差分）获得梯度值。

$$\nabla[g(x,y)*f(x,y)]=[\nabla g(x,y)]*f(x,y)=\left(\frac{\partial g}{\partial x},\frac{\partial g}{\partial y}\right)^{\mathrm{T}}*f(x,y)=(J_x,J_y)^{\mathrm{T}} \tag{8.20}$$

$(J_x,J_y)^{\mathrm{T}}$是一个矢量，表示高斯滤波后图像在(x,y)处的梯度值，J_x和 J_y 分别是 x 和 y 方向的分量。于是，得到每个像素位置梯度的模值。

$$A(x,y)=\sqrt{J_x^2(x,y)+J_y^2(x,y)} \tag{8.21}$$

梯度的方向值（角度）为

$$\theta(x,y)=\tan^{-1}\frac{J_y(x,y)}{J_x(x,y)}\ （弧度） \tag{8.22}$$

这一步获得了每一点梯度的幅值和方向，是下面“真正”边缘点的候选点。

（3）对梯度幅值进行“非极大抑制”

简单起见，根据$\theta(x,y)$的值简化定义每个像素梯度的 4 个方向，如图 8.6（a）所示，共有水平、垂直、右 45°斜线、左 45°斜线 4 个方向，分别用 1、2、3、4 表示。各个区用不同的邻近像素进行比较，以决定局部最大值。例如，图 8.6（b）的中心像素 a 的梯度方向属于“4”，则把 a 的梯度值与它的左上和右下相邻像素的梯度值比较，看 a 的梯度模值是否是局部极大值。如果不是，就把像素 a 的灰度设为 0，这个过程称为“非极大抑制”，其主要作用是准确定位并控制边界宽度为一个像素。

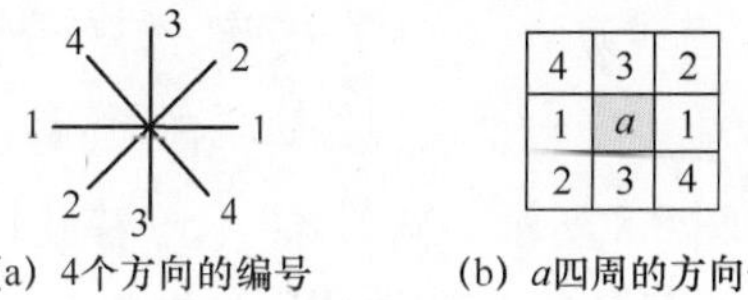

(a) 4个方向的编号　　(b) a四周的方向号

图 8.6　梯度方向分区表示

（4）用双阈值算法检测和连接边缘

对非极大值抑制获得的边缘图像（梯度模值）采用两个阈值 T_1 和 T_2 进行处理，通常 $T_2\approx 2T_1$，从而可以得到两个阈值的边缘图像 $A_1(x,y)$和 $A_2(x,y)$。由于 $A_2(x,y)$使用高阈值 T_2 得到，因而含有很少的假边缘，但有间断（不闭合）。$A_1(x,y)$使用低阈值 T_1 得到，从而得到更多的边缘像素，可能包括虚假的边缘点。双阈值法在 $A_2(x,y)$中把边缘连接成轮廓，当到达轮廓的断点时，该算法在 $A_1(x,y)$的 8 邻域位置寻找可以连接到轮廓上的像素，这样，算法不断地在 $A_1(x,y)$中收集补充像素，直到将 $A_2(x,y)$连接起来为止。

一个具体的 Canny 边缘检测的例子如图 8.7 所示，图 8.7（a）为 dome 原图像，图 8.7（b）

为二值化的检测出的边缘图像，这里 $\sigma=0.75$，低门限 $T_1=0.044$，高门限 $T_2=0.11$。可以看出，Canny 边缘检测获得的边缘图像比较准确，轮廓细，优于常用的 Robert、Prewitt 等检测方法。

(a) 原图像　　(b) Canny边缘检测结果

图 8.7　Canny 边缘检测实例

8.3.3　边界跟踪法

边界跟踪（Edge Tracing）是在获得边缘像素后从中提取图像连续边界或轮廓的一种常用方法，其性能主要取决于以下两个因素。一是进行跟踪的起始点选取，起始点的选取直接影响到跟踪的走向和跟踪的精确度，同时也与跟踪的算法复杂度有着密切的关系。二是跟踪准则的选取，满足怎样的条件可以认为跟踪的方向是正确的。跟踪准则要便于分析、计算和理解，要符合“常理”。边界跟踪的基本方法是：先根据某些严格的跟踪准则找出目标物体轮廓或边界上的像素点，然后根据这些像素点用同样的跟踪准则找到下一个像素点，以此类推，直到闭合或者最后一个像素点不满足跟踪准则为止。

1. **边界的链码表示**

链码是一种常用的边界跟踪描述方法，分为直接链码和差分链码两种。在确定图像边界的起始点坐标之后，链码编码器需要确定下一个边界像素点的位置，直接链码编码器根据 4-连通或 8-连通直接表示轮廓的走向，如图 8.8 所示。从图 8.8（b）中可以看出，中心像素可以跟踪的方向有 8 个，为每个方向制定方向编号，如水平向右用“0”表示，水平向左用“4”表示，指向右上方用“7”表示等。对于图 8.8（a）的 4-连通有上、下、左、右 4 个跟踪方向，其处理方法和 8-连通类似。

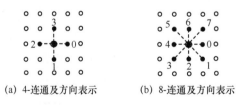

(a) 4-连通及方向表示　　(b) 8-连通及方向表示

图 8.8　连通的定义及方向表示

采用链码表示边界时，可以采用 4 个方向或 8 个方向链码，采用 4-连通方式和采用 8-连通方式的结果并不完全相同。图 8.9（a）是一幅经分割的二值图像及其轮廓，其某一部分封闭轮廓经放大后的链码如图 8.9（b）所示，从起始点 A 开始的 4-连通链码表示的边界：00003032232321212011；图 8.9（c）是从起始点 A 开始的 8-连通链码表示的边界：0007055542431 2。一般说来，8-连通表示的角度更细，所以由这种方法标注的轮廓和实际边缘更加贴切。

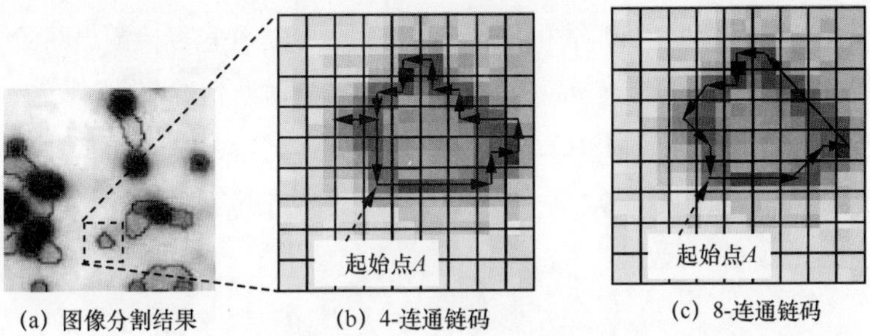

图 8.9　图像边界的链码表示（见彩插图 8.9）

2. 逻辑运算获取边界

对于分割出来的目标和背景所组成的二值图像，可以采用逻辑运算的方法确定其目标图像的边界。设 S_b 为背景像素的集合，S_o 为目标像素的集合。S_o' 是 S_o 的边界，定义为在 S_b（背景）中有邻点的 S_o（目标）中点的集合。S_o 中去掉 S_o' 的其余部分点的集合称为 S_o 的内部，即为差集 $S_o - S_o'$。边界定义同样有 4-连通和 8-连通两种定义方法。获取边界的逻辑运算法有多种，算法的正确性也可严格论证。下面用具体的实例说明一种获取目标边界的逻辑运算方法。

一幅二值图像如图 8.10（a）所示，其中"1"的集合代表目标 S_o，求边界的过程如下。

（1）对图 8.10（a）图像进行逻辑"非"运算获得图 8.10（b）。

（2）将图 8.10（b）在上下左右 4 个方向上移动一个点的位置，空出来的位置填 0，获得图 8.10（c）中 4 个图像（对 8-邻点定义，还要在 4 个角方向上移动 4 次，得出 8 个图像）。

（3）将图 8.10（c）中 4 个图像进行逻辑"或"运算得到图 8.10（d）。

（4）将图 8.10（d）和图 8.10（a）进行逻辑"与"运算即可获得目标的边界 S_o'，如图 8.10（e）所示。

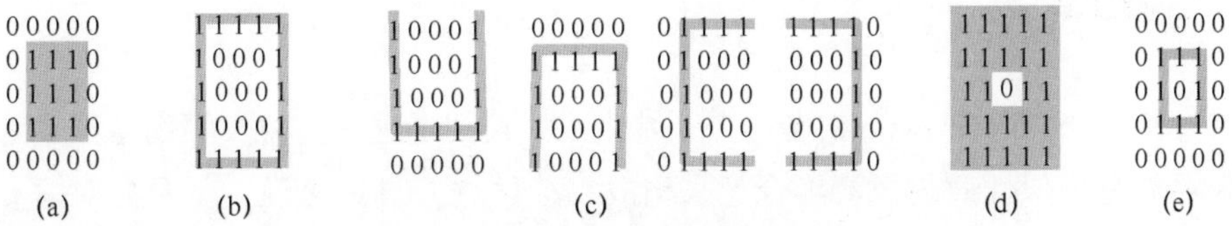

图 8.10　逻辑运算获取边界示例

8.3.4 边界拟合法

与边界跟踪方法的效果一样，通过拟合方法把物体边缘连接成曲线边界或折线边界，从而达到图像不同区域分割的目的。边界拟合（Edge Fitting）有多种算法，如最小均方误差曲线拟合法、参数模型曲线拟合法等。边界拟合通常的前提是：通过其他方法已经检测出图像中不同区域的某些边界点，这些边界点有些地方比较稀疏或断续，可以通过拟合方法获取较完整的边界。

这里仅介绍最小均方误差（MSE）拟合算法，为简单起见，以一维曲线为例，设一组已经检测点的稀疏边界点$\{(x_i, y_i),\ i=0,1,2,\cdots,N-1\}$，最小均方误差曲线拟合方法是寻找一个函数$y=f(x)$，使下式（均方误差）最小。

$$MSE = \frac{1}{N}\sum_{i=0}^{N-1}\left[y_i - f(x_i)\right]^2 \tag{8.23}$$

拟合曲线$f(x)$可根据实际情况进行选择，如选择一条二次曲线，则$f(x)$可以表示成

$$f(x) = c_0 + c_1 x + c_2 x^2 \tag{8.24}$$

已知边界点的数据为$\{(x_i, y_i),\ i=0,1,2,\cdots,N-1\}$，$y_i=f(x_i)$，写成矩阵形式。

$$\boldsymbol{Y} = \boldsymbol{XC} \tag{8.25}$$

其中$\boldsymbol{X} = \begin{bmatrix} 1 & x_0 & x_0^2 \\ 1 & x_1 & x_1^2 \\ \vdots & \vdots & \vdots \\ 1 & x_{N-1} & x_{N-1}^2 \end{bmatrix}$，$\boldsymbol{Y} = \begin{bmatrix} y_0 \\ y_1 \\ \vdots \\ y_{N-1} \end{bmatrix}$已知，求系数$\boldsymbol{C} = \begin{bmatrix} c_0 \\ c_1 \\ c_2 \end{bmatrix}$。对式（8.25）最小均方误差拟合的结果为$\boldsymbol{X}$矩阵的伪逆$(\boldsymbol{X}^{\mathrm{T}}\boldsymbol{X})^{-1}\boldsymbol{X}^{\mathrm{T}}$和$\boldsymbol{Y}$的乘积。

$$\boldsymbol{C} = (\boldsymbol{X}^{\mathrm{T}}\boldsymbol{X})^{-1}\boldsymbol{X}^{\mathrm{T}} \cdot \boldsymbol{Y} \tag{8.26}$$

| 8.4 基于区域的分割 |

8.4.1 区域生长法

区域生长（Region Growing）也称为区域生成，其基本思想是将一幅图像分成许多小的区域，并将具有相似性质的像素集合起来构成目标区域。具体来说，就是先对需要分割的区域找一个“种子像素”作为生长的起始点，然后将种子像素周围邻域中与种子像素有相同性质或相似性质的像素（根据某种事先确定的生长或相似准则来判断）合并到种子像素所在区域中。最后将这些新像素作为新的种子像素继续进行上述操作，直到再没有满足条

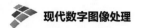

件的像素可被包括进来为止。像素合并的过程就是区域生长的过程，生长过程结束，图像分割随之完成。其实质是把具有某种相似性质的像素连通起来，从而构成最终的分割区域。它利用了图像的局部空间信息，可有效克服其他方法存在的图像分割空间不连续的问题。

1．基本方法

图 8.11 给出了一个简单的区域生长示例。图 8.11（a）中有下划杠的“4”和“8”为两个种子点。图 8.11（b）为采用生长准则 T=3 的区域生长结果。由图 8.11（a）可以看出，在种子像素 4 周围的邻近像素灰度值为 2、3、4、5，和 4 的差值小于 3。在种子像素 8 周围的邻近像素为 6、7、8、9，差值小于 3，生长结果如图 8.11（b）所示，整幅图被较好地分割成两个区域。图 8.11（c）为生长准则 T=2 的区域生长结果，其中灰度值为 6、2 的像素点无法合并到任何一个种子像素区域中。因此，区域生长方法中相似性生长准则是非常重要的。

从上例可知，应用区域生长法来分割图像时，图像中属于某个区域的像素点必须加以标注，最终应该不存在没有被标注的像素点，但一个像素只能有一个标注。在同一区域的像素点必须相连（但区域之间不能重叠），这意味着我们可以从现在所处的像素点出发，按照 4-连通或 8-连通方式到达任何一个邻近的像素点。

5	5	8	6	6
4	5	9	8	7
3	4	5	7	7
3	2	4	5	6
3	3	3	3	5

(a) 原始图像和种子像素

4	4	8	8	8
4	4	8	8	8
4	4	4	8	8
4	4	4	4	8
4	4	4	4	4

(b) T=3区域生长结果

4	4	8	6	6
4	4	8	8	8
4	4	4	8	8
4	2	4	4	6
4	4	4	4	4

(c) T=2区域生长结果

图 8.11　区域生长示例

2．改进方法

上述例子是最简单的基于区域灰度差的生长过程，但这种方法得到的分割效果对区域生长起点的选择具有较大的依赖性。为了克服这个问题，出现了多种改进方法。

第一种为比较简单的参考邻域平均灰度的区域生长法。在这种方法中，目标像素是否可以“生长”进来，不仅和种子像素进行比较，而且和包括种子像素在内的某个邻域 R 的灰度平均值进行比较，如果所考虑的像素与种子像素所在邻域的平均灰度值差的绝对值小于某个给定的阈值 T，则将所有符合下列条件的像素 $f(x,y)$ 包括进种子像素所在区域，即

$$\max_{R}\left|f(x,y)-\bar{m}\right|<T \tag{8.27}$$

式中 $\bar{m}$ 为含有 N 个像素的种子像素所在邻域 R 的灰度平均值。

$$\bar{m}=\frac{1}{N}\sum_{f\in R}f(x,y) \tag{8.28}$$

第二种方法以灰度分布相似性作为生长准则来决定合并的区域，需要比较邻接区域的累积直

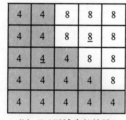

方图并检测其相似性，过程如下。

（1）把图像分成互不重叠的合适小区域。小区域的尺寸大小对分割的结果具有较大影响：太大时分割的形状不理想，一些小目标会被淹没难以分割出来；太小时检测分割的可靠性会降低，因为具有相似直方图的图形各种各样。

（2）比较各个邻接小区域的累积灰度直方图，根据灰度分布的相似性进行区域合并。直方图分布的相似性常采用柯尔莫哥洛夫—斯米诺夫（Kolmogorov-Smirnov）距离检测或平滑差分检测，如果检测结果小于给定的阈值，则将两区域合并。

Kolmogorov-Smirnov 检测准则为

$$\max_{z\in R} | h_1(z) - h_2(z) | < T \tag{8.29}$$

平滑差分检测准则为

$$\sum_{z} |h_1(z) - h_2(z)| < T \tag{8.30}$$

其中 $h_1(z)$和 $h_2(z)$分别是邻接的两个区域的累积灰度直方图，T 为给定的阈值。

（3）通过重复过程（2）中的操作将各个区域依次合并直到邻接的区域不满足式（8.29）或式（8.30）为止，或其他设定的终止条件为止。

8.4.2 分裂合并法

从上面图像分割的方法中可知，图像阈值分割法可以认为是从大到小（从整幅图像根据不同的阈值分成不同区域）对图像进行“分裂”，而区域生长法相当于从小到大（从种子像素开始，不断接纳新像素最后构成整幅图像）不断对像素进行“合并”。如果将这两种方法结合起来对图像进行划分，便是分裂合并（Slit and Merge）算法。因此，分裂合并算法实质是先把图像分成任意大小而且不重叠的区域，然后合并或分裂这些区域以满足分割的要求。分裂合并算法中常采用图像的四叉树（Quad-Tree）结构作为基本数据结构，下面对其简单介绍。

1. **图像的四叉树表示**

图像除了用各个像素表示之外，还可以根据应用目的的不同，以其他方式表示。四叉树是其中最简单的一种，图像的四叉树表示可以用于图像分割，也可以用于图像压缩等处理。

四叉树通常要求图像的大小为 2 的整数次幂，设 $N=2^n$，对于 $N\times N$ 大小的图像 $f(x,y)$，它的树状数据结构是一个从 1×1 到 $N\times N$ 逐次增加的 $n+1$ 个图像构成的“序列”，如图 8.12 所示。序列中第一层是一幅 1×1 图像（树根 R），由 $f(x,y)$所有像素灰度的平均值构成，实际上是整个图像的均值。序列中第二层是一幅 2×2 图像，是将 $f(x,y)$划分为 4 个大小相同且互不重叠的正方形区域（$R_1 \sim R_4$），各区域的像素灰度平均值分别作为 2×2 图像相应位置上的 4 个像素的灰度。同样，对已经划分的 4 个区域分别进行一分为四，然后求各区域的灰度平均值将其作为 4×4 图像的像素灰度。重复这个过程，直到最底层，图像尺寸变为 $N\times N$ 为止。

采用四叉树数据结构的主要优点是可以首先在较低分辨率的图像上进行需要的操作，然后根据操作结果决定是否在高分辨率图像上进一步处理，从而节省图像分割需要的时间。

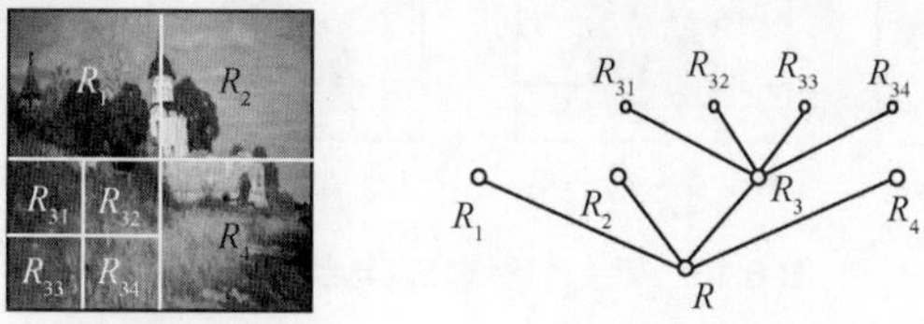

(a) 图像的划分　　(b) 数据的“树”状结构

图 8.12　图像的四叉树数据结构（见彩插图 8.12）

2. **四叉树图像分割**

在利用四叉树方式进行图像分割时，需要用到图像区域内和区域间的一致性判断，它是区域是否合并的判断条件。可供实际使用参考的一致性合并条件有以下几种。

（1）区域中灰度最大值与最小值的方差小于某选定值。

（2）两区域平均灰度之差及方差小于某选定值。

（3）两区域的纹理特征相同。

（4）两区域参数统计检验结果相同。

（5）两区域的灰度分布函数之差小于某选定值。

下面介绍一种利用图像四叉树表达方法的简单分裂合并算法。设 R 代表整个正方形图像区域，P 代表区域一致性判断函数。从最高层开始，把 R 连续地分裂成越来越小的 $\frac{1}{4}$ 的正方形子区域 R_i。对于每个区域 R_i，如果 $P(R_i)$=TRUE（符合一致性条件），则不再继续往下分裂；如果 $P(R_i)$=FALSE（不符合），那么将 R_i 分成四等分。如此类推，直到 R_i 为单个像素为止。

如果仅仅允许使用分裂，最后有可能出现相邻的两个区域具有相同的性质但并没有合成一体的情况。为解决这个问题，在每次分裂后需要进行合并操作，合并那些相邻且合并后组成的新区域满足一致性判断的区域。换句话说，如果能满足条件 $P(R_i \cup R_j) = \text{TRUE}$，则将 R_i 和 R_j 合并起来。总结上述的基本分裂合并算法，其主要步骤如下。

（1）对任一个区域 R_i，如果 $P(R_i)$=FALSE，就将其分裂成不重叠的四分。

（2）对相邻的两个区域 R_i 和 R_j（它们也可以大小不同，即不在同一层），如果条件 $P(R_i \cup R_j) = \text{TRUE}$，就将它们合并起来。

（3）如果进一步的分裂或合并都不可能了，则结束。

图 8.13 给出使用分裂合并法分割图像的一个简单例子。图中阴影区域为目标、白色区域为背景，它们都具有常数灰度值。先将整个图像分裂成如图 8.13（a）所示的 4 个正方形区域。由于左上角区域内所有像素相同（或差不多），所以不必继续分裂。其他 3 个区域继续分裂，得到图 8.13（b）。此时，除包括目标下部的两个子区域外，其他区域都可分别按目标和背景合并。对那两个子区域继续分裂可得到图 8.13（c）。因为此时所有区域都已满足合并条件，所以最后

一次合并可得到如图 8.13（d）所示的分割结果。

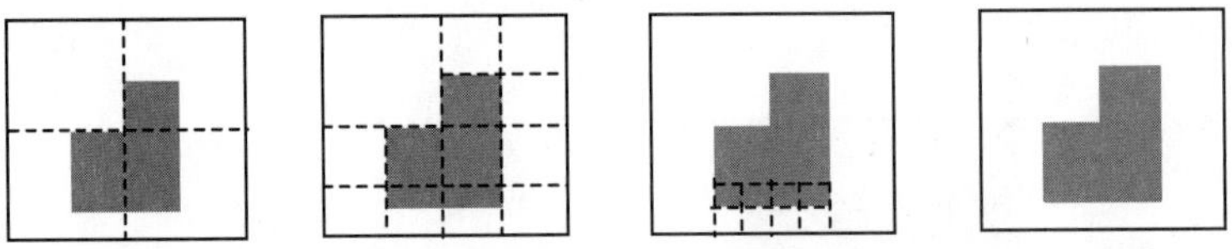

图 8.13 简单的区域分裂与合并算法过程

分裂合并法将图像分割成越来越小的区域直至每个区域中的像素点具有相似的数值。

这种方法的优点是不再需要前面所说的种子像素，但它的一个明显的缺点是可能使分割后的区域具有不连续的边界。

8.4.3 分水岭法

1. 基本概念

分水岭（Watershed）分割算法是根据数学形态学原理提出的一种基于区域的分割方法。该方法直观、速度快且适于并行处理，对图像中弱边界敏感，可以得到单像素宽的连通、封闭的区域边界。这种方法存在的问题是容易产生过度分割。

分水岭算法的直观概念来自地理学，分水岭是将雨水积蓄区域分开的“山岭”（分界线）。将此概念借用到图像，把图像看作一块地形地貌的三维模型，如图 8.14（a）所示，图像中每一点像素的灰度值表示该点的海拔高度，每一个局部极小值及其影响区域称为集水盆，而集水盆的边界则形成分水岭。

分水岭的概念和形成可以通过模拟浸入过程来说明。在每一个局部极小值处，刺穿一个小孔，然后把整个模型慢慢浸入水中，水从小孔注入集水盆。随着浸入的加深，每一个局部极小值所处的集水盆被慢慢填满，当来自相邻集水盆的水相遇时，就在这里建筑水坝，水坝的高度随着水面的增长而增长，直到水平线达到地貌的最高点，浸入过程结束。最终，该地貌被水坝分割成不同的区域或集水盆，相当于图像被分割的结果，这些水坝被称作分水岭。

这里用图 8.14（b）简单说明分水岭方法是如何保持对弱边界分割的工作机理。该图显示了被处理图像中沿一条扫描线上的灰度分布，该线穿过两个靠得很近的目标，目标灰度值较低，背景的灰度值较高。

图像最初在一个低灰度阈值（L）上二值化。该阈值把图像分割成正确数目的物体，但它们的边界偏向物体内部（弱边界）。随后阈值逐渐增加，物体的边界逐渐扩展。当边界相互接触时（水平面为 M），我们在此处建筑一道防水的大坝，即分水岭，保持这些物体直到最高水位都未遭到“淹没”（合并）。因此，这些初次接触的点变成了相邻物体间的最终边界。这个过程在阈值达到背景的灰度级（H）时终止，被恰当分割的物体的弱边界也一直被正确地保持。

值得注意的是，在实际操作中，常将分水岭分割应用于原始图像的梯度图像。这样会在灰度值不连续的像素点处得到分水岭，而这正是图像分割想要达到的目的。

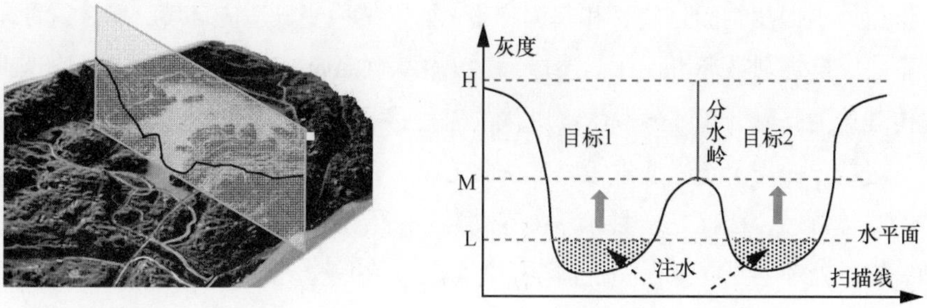

(a) 地理模型的一个横截面　　(b) 图像的一条扫描线

图 8.14　分水岭算法示意（见彩插图 8.14）

2. 克服过度分割

分水岭算法对微弱边缘具有良好的响应，所得到的封闭的集水盆地是封闭连续边缘的保证。但图像中的噪声、物体表面细微的灰度变化，都会产生过度分割的现象。

为消除分水岭算法产生的过度分割，通常采用两种处理方法：一种是利用先验知识去除无关边缘信息；另一种是根据图像的梯度函数使集水盆只响应想要探测的目标，如对灰度梯度进行阈值判断，以消除灰度的微小变化产生的过度分割。

对梯度图像进行阈值处理时，选取合适的阈值对最终分割的图像有很大影响，因此阈值的选取是图像分割效果好坏的关键。阈值选取过小不起作用，阈值选取过大可能会消除一些微弱边缘，因为实际图像中可能含有微弱的边缘，灰度变化的数值差别不是特别明显。

图 8.15 是用分水岭算法得到的一幅医学图像分割的结果。最初分割的结果呈现为一种过分割状态，如图 8.15（c）所示。采用一定的阈值判断规则对此过分割的结果进行归并，形成比较正确的分割结果，如图 8.15（d）所示。

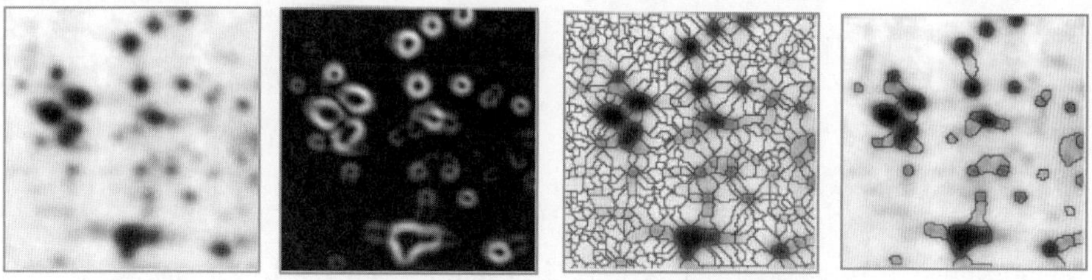

(a) 原始图像　　(b) 梯度图像　　(c) 过分割图像　　(d) 最终结果

图 8.15　一幅医学图像的分水岭分割结果（见彩插图 8.15）

8.5　基于遗传算法的分割

如同分水岭图像分割算法是从地理学中水域分割的自然现象得到启示，遗传算法则是模仿生物学中遗传与变异规律而产生的一种信号处理算法。生物进化论认为，生物不但遗传而且变异，变异是因为染色体不但复制而且交叉和基因突变，如果某种变异适应环境，那么这种变异产生的个体会繁衍下去，反之则被环境淘汰。遗传算法（GA，Genetic Algorithm）正是以这种生物的自然选择和遗传理论为基础，通过模拟生物进化的过程，采用人工进化的方式在目标空间中搜索最优解的方法。这是一种基于整体搜索策略的优化方法，它不依赖于梯度信息或其他辅助知识，不依赖于问题的具体领域，因而是一种求解复杂优化问题的通用方法，可以广泛应用于许多领域，如自动控制、信号处理、生物工程和机器学习等场合。在信号处理，特别是在图像处理领域已得到广泛应用。

8.5.1 遗传算法

遗传算法是模拟生物在自然环境中的遗传和进化过程而形成的一种自适应全局优化的概率搜索算法，它将问题的求解表示成“染色体”，将其置于问题的“环境”中，根据适者生存的原则，从中选择出适应环境的“染色体”进行复制，即再生，通过交叉、变异两种基因操作产生新一代更适合环境的“染色体”群，这样一代代不断改进，按照一定的准则，最后收敛到一个最适合环境的个体上，求得问题的最佳解。

遗传算法具体包含编解码、初始种群、适应度函数、遗传操作（选择、交叉、变异）和终止等步骤。

1. **编解码**

通俗地讲，编码是将求解的具体问题用特定的符号表示，成为遗传算法的基础，编码的好坏直接影响选择、交叉、变异等遗传运算。编码方法有很多，如二进制编码、格雷码编码、浮点数编码等。最常用的是二进制编码，是由二进制符号 0 和 1 所组成的二值符号集，它所构成的个体基因型是一个二进制编码符号串。二进制编码符号串的长度与所要求的求解精度有关。解码的作用与编码刚好相反，将算法获得的最优解的码字还原为适合问题的表述方式。

2. **初始种群**

在一个生物中，任何一个细胞（Cell）的细胞核（Nucleus）都有相同的一套染色体（Chromosome），而一个染色体中包含若干基因（Gene），如图 8.16（a）所示。将此引申到遗传算法中，这些染色体及其基因可以由 0 和 1 组成的字符串来表达，如图 8.16（b）所示。若干个染色体组成了种群（Population），图 8.16（c）就是由 4 个染色体个体组成的种群。

随机产生 N 个初始串结构数据，每个串结构数据称为一个个体，也称为染色体，N 个个体构成一个种群或群体。种群大小直接影响到遗传算法的收敛性速度或计算效率。规模过小，容易收敛到局部最优解；规模过大，会造成计算速度降低。为此，群体大小一般取为 10～200。

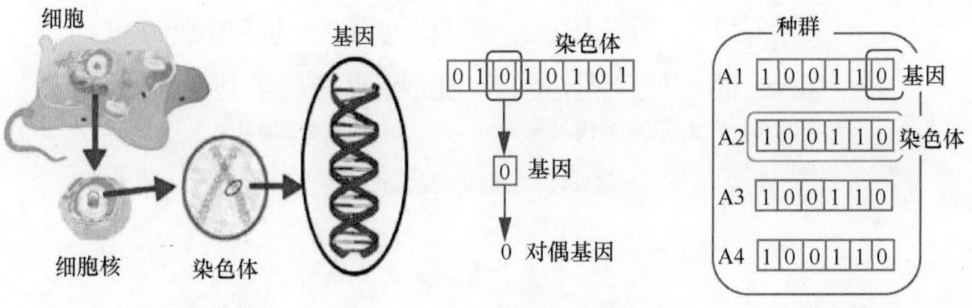

（a）生物细胞的基因　（b）二值化的染色体　（c）种群的构成

图 8.16　遗传算法的基本结构

3. 适应度函数

在遗传算法中使用适应度（Fitness）来度量群体中各个个体在优化计算中能或接近于找到最优解的优良程度。适应度较高的个体遗传到下一代的概率较大，反之较小。度量个体适应度的函数称为适应度函数。最基本的方法是将待优化的目标函数转化为适应度函数。还有其他种类的一些适应度函数，也大多是在目标函数的基础上进行变形而得。

4. 遗传操作

遗传算法包含 3 个最为关键的基本操作：选择（Selection）、交叉（Crossover）和变异（Mutation）。

（1）选择

遗传算法在每一次迭代中，首先计算群体中所有成员的适应度，然后从当前群体中依据一定的概率选择出适应度最高的个体，作为新一代群体。在被选中的个体中，再选取其中的一部分不做改变直接成为下一代群体，剩下的部分则利用交叉、变异等产生新的后代个体群。

基本的方法为比例选择法，个体被选中的概率正比于它的适应度。若个体的选择概率大，则可能被多次选中，它的遗传基因会在种群中扩大；若个体的选择概率小，则易被淘汰。此外还有轮盘赌（Roulette Wheel）选择方法，实际上也是一种变相的比例选择。

（2）交叉

对选择留用的个体，遗传算法中使用交叉操作来产生下一代新的个体。在交叉运算之前还须对群体中的个体进行配对，如进行随机配对或用其他方法配对。交叉运算是以一定的概率在对两个配对染色体之间按某种方式相互交换它们的部分基因，从而形成两个新的个体。图 8.17（a）为“单点交叉”，这是最基本的交叉方式，随机选择一个交叉点，然后将交叉点后的部分染色体进行交叉对调，就产生了新的后代。如果设置两个交叉点，那么这种方法被称为“两点交叉”，对调两个交叉点之间的部分染色体，如图 8.17（b）所示。还可以根据应用的需要，采用多点交叉、均匀交叉、算术交叉等更加复杂的交叉方式。

交叉概率控制着交叉操作的个体比例，一般取为 0.4～0.9。交叉概率不能太大，防止群体中的优良个体遭到破坏而不能保证良性遗传；交叉概率也不能太小，防止进化速度缓慢甚至停滞。

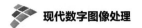

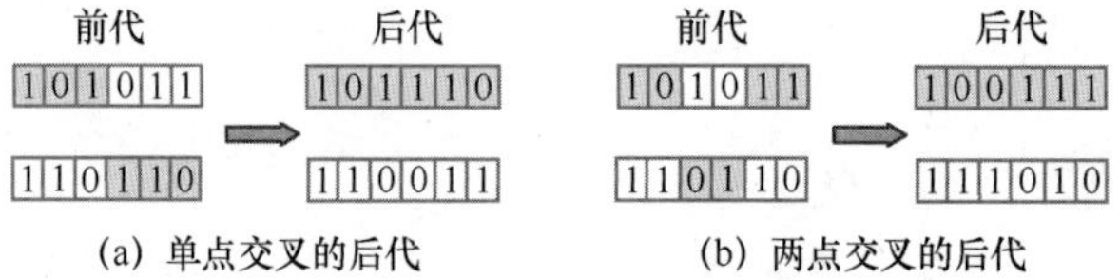

图 8.17 两种交叉方式

（3）变异

模仿生物遗传过程中因染色体中某些基因发生变异形成新染色体过程，在遗传算法中引入了“变异”操作对“选择”“交叉”后的个体进行局部更新。变异是以较小的概率对染色体编码串中的某个或某些位值进行改变，如将“0”变为“1”、“1”变为“0”，进而生成新个体。变异概率一般取值为 0.0001～0.1。交叉操作是产生新个体的主要方法，它决定了遗传算法的全局搜索能力；而变异操作只是产生新个体的辅助方法，但也是必不可少的一个步骤，因为它决定了遗传算法的局部搜索能力。交叉算子与变异算子相互配合，共同完成对搜索空间的全局搜索和局部搜索，从而使遗传算法的解群极易跳出局部极值而收敛到全局最优解。

5. 算法终止

因为遗传算法是随机搜索算法，很难确定一个明确的算法终止指标，所以经常用遗传“代数”即迭代次数作为算法终止依据。当程序运行到指定的进化代数之后就停止运行，此时群体中的最佳个体即所求问题的最优解。终止进化代数一般取为 100～500。

8.5.2 基于遗传算法的 Otsu 分割

这里简要介绍基于遗传算法的最大类间方差图像分割方法。

1. 类间方差

如前所叙，最大类间方差（Otsu）法把图像中的像素按灰度用阈值 t 分成 C_0 和 C_1 两类，按下式计算 C_0 和 C_1 之间的类间方差。

$$\sigma^2(t)=\omega_0(t)\cdot\omega_1(t)\cdot[\mu_0(t)-\mu_1(t)]^2 \tag{8.31}$$

式中 ω_0 和 ω_1 分别为 C_0 和 C_1 所包含的像素比例，μ_0 和 μ_1 分别为 C_0 和 C_1 中所有像素数的平均灰度值。用遗传算法获取使 σ 最大的 t 值为最佳阈值 T，即。

$$T=\arg\max_t \sigma^2(t) \tag{8.32}$$

2. 算法流程

基本遗传算法处理的对象主要是个体，其中包括染色体长度 l_chrom、染色体串 chrom、种群大小 popsize、当前代种群 old_pop、个体适应度 fitness、交叉概率 cross_rate、变异概率

mutation_rate、最大代数 max_gen、代数 gen。

遗传算法的主要步骤：选择初始种群、编码、构造适应度选取函数、选择、交叉、变异。一代种群通过遗传，即选择、交叉和变异产生下一代种群。新种群又可重复上述的选择、交叉和变异遗传过程。将遗传算法应用于图像分割求取最优分割阈值，其算法流程如图 8.18 所示，具体步骤如下。

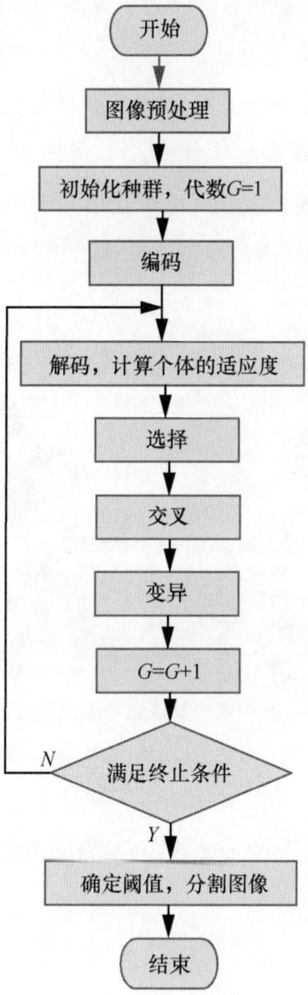

图 8.18　遗传算法求阈值

（1）图像的预处理，如彩色图像的灰度化、像素值归一化等。

（2）初始种群的产生。设置种群的大小（popsize=10），包含 10 个个体。设置“染色体”长度（l_chrom=8），通常采用随机数产生方法，如先生成 8 个随机数，然后对每个随机数进行灰度变换，灰度大于 0.5 的使其为 1，反之为 0，从而形成一个 8bit 二进制个体。这个群体中的每个个体都是图像分割的候选阈值。然后设置遗传操作所需要的交叉概率（cross_rate=0.7）、变异概率（mutation_rate=0.4）和最大停止遗传的代数（max_gen=150）。

（3）编码和解码。用二进制码表示目标阈值的灰度值。

（4）适应度函数。适应度函数要能反映个体的进化优良程度，即个体可能达到或接近问题的最优解程度，最常见、方便的方法就是将优化函数直接作为适应度函数，如将式（8.31）作为适应度函数。

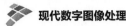

（5）选择操作。常用的是一种“精英选择”操作，它是把最好的若干个个体作为精英直接带入下一代个体中，而不经过任何改变。也有其他选择方法，如随机选择等。

（6）交叉操作。按照规定的交叉率和交叉方法，如单点交叉，将对应染色体的基因进行交换，形成新一代基因。

（7）变异算子。按变异概率，将需变异个体中的基因（二进制数）按位取反。

（8）终止判断。程序迭代达到最大进化代数则算法终止。

图 8.19 为 Camera 图像基于遗传算法的 Otsu 分割处理结果，其种群尺寸为 20，迭代次数为 30。可以看出，这一算法的分割效果良好，人物和道具分割清楚，几乎没有天空和远处建筑物的分割干扰。

(a) 原图像　　(b) 分割结果

图 8.19　基于遗传算法的 Otsu 图像分割结果

近年来，人们已经将小波变换、数学形态学、模糊理论、机器学习、分形理论等研究成果运用到图像分割中，产生了结合特定数学方法和针对特殊应用的多种新型处理方法。对这些图像分割技术感兴趣的读者请参考相关的文献。

第 9 章

图像描述和配准

为了对图像进行更深入的分析，往往需要对图像分割后的区域进行图像描述和图像配准处理。本章在图像描述方面，首先介绍基于目标边界的描述方法，然后介绍基于目标区域的描述方法；在图像配准方面，首先介绍基于灰度域的、基于变换域的和基于特征的图像配准方法，然后介绍目前应用广泛、性能良好的 SIFT 图像配准方法。

对图像进行分割后，将图像分成了若干个区域，包括不同特征的物体和背景，其中可能包含某些形状，如长方形、圆、曲线及任意形状的区域。为了下一步的图像分析处理，先要进行一系列的处理，其中比较常见的有两种处理：一是图像描述（Image Description）处理，二是图像配准（Image Registration）处理。

图像描述指用数据、符号、形式语言表示图像中具有不同特征的区域。图像中物体或目标的形状是最重要的特征之一，除了视觉感受外，常常需要描述对象的几何特征，场景中对象之间的空间关系，为后续的图像分析或确定语义打下基础。图像描述可以分为对区域本身的描述，对区域边界的描述和对区域之间关系、结构的描述等。这些描述包括对直线、曲线、区域、形状、纹理特征等各种形式的描述，是图像处理中重要基础技术之一。

图像配准处理是将不同条件下得到的同一场景（或物体）的两幅（或多幅）图像进行对准或叠加的过程。由于成像条件不同，同一场景（或物体）的多幅图像在分辨率、彩色、位移、比例等方面存在很多差异，图像配准主要就是通过不同图像的几何特征比对，最终将这些图像在几何位置上进行配准，以便能够综合利用多幅图像中的信息满足一定的应用需求。

9.1 图像的边界描述

9.1.1 边界的链码表示

连通是图像的基本几何特性之一，第 8 章给出了边界的 4-连通、8-连通链码的定义，以及边界的链码表示。这里简单介绍由连通定义的区域邻接的概念。

设 A 和 B 为图像的两个子集，若 A 中至少有一点，其邻点在 B 内，称 A 和 B 邻接。显然有 4-连通邻接和 8-连通邻接两种概念。如图 9.1 所示，两个标注“1”的子集是 8-连通邻接，对于 4-连通，这两个子集是不邻接的。

	0	0	0	0	1	1	1	1	1	
	0	0	0	0	1	1	1	1	1	子集A
	0	0	0	0	1	1	1	1	1	
	1	1	1	1	0	0	0	0	0	
子集B	1	1	1	1	0	0	0	0	0	
	1	1	1	1	0	0	0	0	0	

图 9.1　子集的连通邻接示例

由于物体边界必定是连通路径，可以仅用边界链码记录物体的边界。这是一种较节省数据存储量的表示方法，因为物体可由它的边界所定义，它的内点坐标信息并不需要记录。例如，只用一个起始点的(x,y)坐标和每个边界点 3 比特（8-连通）边界链码的存储量，程序就可以存储一个物体的信息，从边界链码还可以直接计算出物体的周长、面积和形状特征等信息。

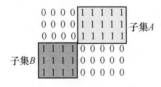

用 4-连通或 8-连通来表示边界，对有些边界会有误差，因为实际曲线的斜率并不只限于 8 个方向。要降低误差，可以采用增加离散图像采样率等方法。

9.1.2　边界的几何特性

1. **距离**

距离是描述边界长度、走向以及分割出的区域内图像像素之间关系的重要几何参数，也是相似性的重要测度。如第 6 章所述，记 $d(p_1, p_2)$为像素 p_1 和 p_2 之间的距离，它应该满足以下条件。

（1）$d(p_1, p_2) \geqslant 0$，当且仅当 $p_1=p_2$ 时，$d(p_1, p_2)=0$。

（2）$d(p_1, p_2)=d(p_2, p_1)$。

（3）$d(p_1, p_2)+d(p_2, p_3)\geqslant d(p_1, p_3)$ 。

满足这 3 个条件的距离有多种定义方法，图像描述中常见的有如下。

（1）欧几里得距离：如图 9.2（a）所示，$d_e(p_1,p_2)=\sqrt{(x_1-x_2)^2+(y_1-y_2)^2}$，对一幅 $n\times n$ 数字图像，其对角的欧几里得距离为 $d_e=\sqrt{2}n$。

（2）街区距离：如图 9.2（b）所示，$d_4(p_1,p_2)=|x_1-x_2|+|y_1-y_2|$，对一幅 $n\times n$ 数字图像，其对角的街区距离为 $d_4=2n$。因为和(i,j) 点街区距离为 1 的点，就是(i,j) 的 4-连通定义域，所以用 d_4 表示。

（3）棋盘距离：如图 9.2（c）所示，$d_8(p_1,p_2)=\max\{|x_1-x_2|,|y_1-y_2|\}$，对一幅 $n\times n$ 数字图像，其对角的棋盘距离为 $d_8=n$。因为和 (i,j) 点棋盘距离为 1 的点，就是(i,j)的 8-连通定义域，所以用 d_8 表示。

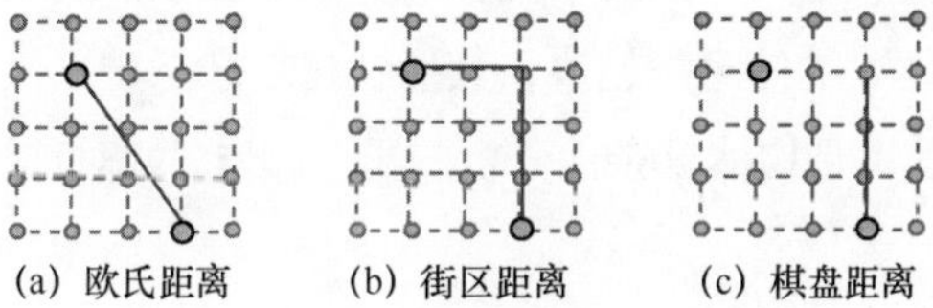

(a) 欧氏距离　　(b) 街区距离　　(c) 棋盘距离

图 9.2　3 种距离的定义

2. **曲线长度**

类似于几何学中连续曲线的长度概念，数字图像中边界曲线的长度可以结合数字曲线的特点加以定义。例如，设有一个如图 9.3 所示的数字弧长 $S=\{P_1, P_2, \cdots, P_n\}$，求曲线 S 的长度。定义 P_i 和 P_j 间的弧长为由 P_i 沿曲线 S 移动到 P_j 的步数。此处应注意垂直和水平方向每步计为 1，对角方向每步计为 $\sqrt{2}$，如图中由 P_1 到 P_3 的长度为 $\sqrt{2}+1$。

3. **边界的凹凸性**

设 P 是目标图像边界 S 中的一点，若通过 P 的每条直线只与 S 相交一次，则称 S 关于 P 点呈“星形”，即站在 P 点一眼就能看到 S 的所有点。如果从 S 中每点看，S 都是星形的，称此 S

边界为凸状的。还可以这样判断，对 S 中任意两点 P、Q，从 P 到 Q 的直线段完全在 S 中，则 S 边界也为凸状的。

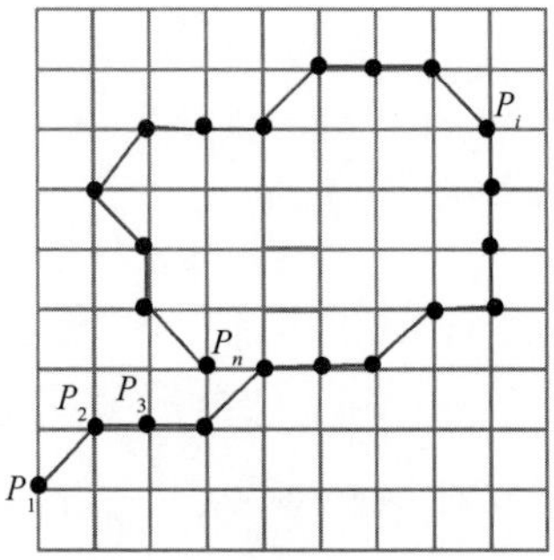

图 9.3　曲线长度的计算

一个凸状物体没有凹处，也不会有孔，而且是连通的。但要注意，在数字图像中是凸性的物体，在数字化以前的模拟图像中可能有细小的凹处，这些细小凹处在取样时可能被漏掉。

4．边界的复杂性

复杂性是物体形状分析的一个重要性质，往往是许多性质的结合，因为人对复杂性的判断依赖于物体的许多特性，而且与观察环境，观察者的知识、习惯等心理因素有关。建筑师认为并不复杂的工程图，电子工程师看上去很复杂。相反，电子工程师认为简单的线路，建筑师可能认为复杂得很。因此复杂性是一个很难定义和测度的参数。从人们的常识上看，有以下几个方面值得考虑。

（1）边界 S 上曲率极大值越多（角越多），其复杂性高。

（2）边界 S 上的曲率变化越大（角大小变化多），其复杂性越高。

（3）要确定或描述物体 S 的信息量越多，其形状越复杂。

另外，分散度和对称性也是物体复杂性分析的重要因素，如对称物体比不对称物体所需要的描述信息量少一半或更多。

9.1.3　边界的统计矩描述

1．统计矩

除了前述的链码外，用统计矩（Statistical Moment）也可以描述物体的边界，将需描述二维形状的任务减少至描述一个一维函数，边界和特征的形状可用矩量来定量地描述。如图 9.4 所示，左边图中用二维方式表示的曲线 $S(x,y)$经过适当的旋转，形成和 $S(x,y)$同样形状的曲线 $g(r)$，可以用一维变量(r)表示。

如果把边界 $g(r)$当作直方图函数（近似概率分布函数），则其 n 阶矩量的定义为

$$\mu_n(r)=\sum_{i=1}^{L}(r_i-m)^n g(r_i) \tag{9.1}$$

其中 $m=\sum_{i=1}^{L} r_i g(r_i)$ 为均值，L 是边界上点的数目，$\mu_n(r)$是边界的 n 阶矩量。

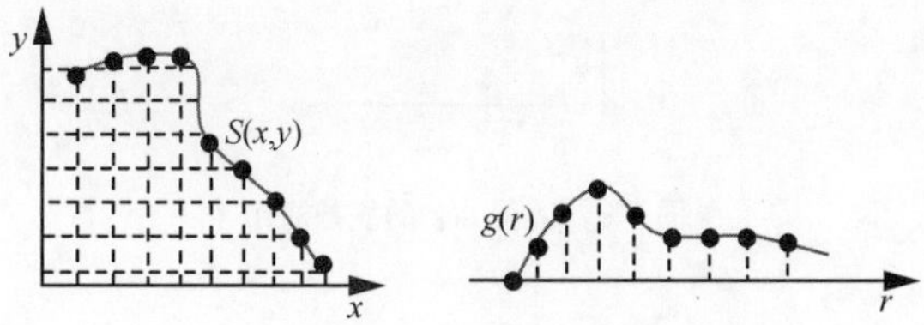

图 9.4　二维曲线形状用一维曲线描述

由于分布函数可以用矩量来描述，如一阶矩 $\mu_1(r)$表示 $g(r)$的均值，二阶矩 $\mu_2(r)$表示 $g(r)$值相对于均值的离散情况，三阶矩 $\mu_3(r)$表示 $g(r)$值相对于均值的对称情况。这样，可以用一维函数对二维曲线的特性进行描述，提供一些关于边界形状的“物理”解释。

2. **边界的曲率**

曲率表示物体边界斜率的变化率。在离散的情况下，不可能得到曲线的精确曲率，可以近似用相邻边界线段（描述为直线）的斜率差作为边界线交点处的曲率描述。如图 9.5 所示，交点 A 处的曲率为 $\Delta k = k_1 - k_2$，其中 k_1、k_2 为相邻线段的斜率。

边界的凸凹特性也可由曲率表示。如图 9.5 所示，按照顺时针方向，当边界上顶点 P_1 的曲率为负时，称其为凸线段上的点；当边界上顶点 P_2 的曲率为正时，称其为凹线段上的点。

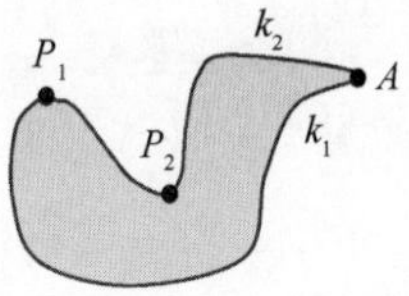

图 9.5　边界曲率的几种情况

9.1.4　边界的傅里叶描述子

将边界看作复平面上的点集，点集的坐标按顺序形成一复数序列，此序列的离散傅里叶变换称为该边界的傅里叶描述子（Fourier Descriptors）。由于傅里叶变换的唯一性，边界的傅里叶描述子也是唯一的。借助边界的描述子，我们可以明显地观察到边界的一些特性，如频率的分布、高频分量的多少，还可以删减某些不重要的成分，达到简洁记录的目的，这在空间域是不易看到或不易做到的。

如图 9.6 所示，对于 x-y 平面上边界 $s(k)$上的每个点，将其坐标用复数表示为

$$s(k) = x(k) + jy(k) \qquad k = 0,1,\cdots,N-1 \tag{9.2}$$

显然，这样表示的边界 $s(k)$为一维离散序列，可以对它进行一维离散傅里叶变换。

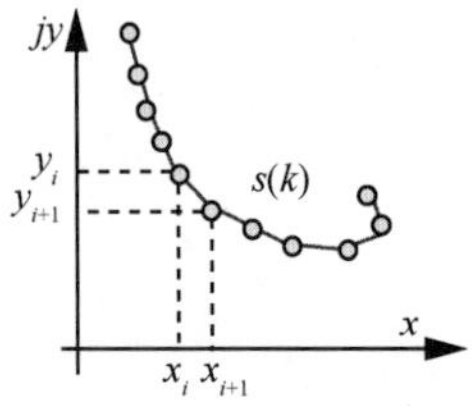

图 9.6　边界 $s(k)$的复数表示

$$a(u)=\frac{1}{N}\sum_{k=0}^{N-1}s(k)\exp\left[-\mathrm{j}\frac{2\pi uk}{N}\right]\qquad u=0,1,\cdots,N-1 \tag{9.3}$$

系数 $a(u)$被称为边界的傅里叶描述子。由 $s(k)$的 N 项傅里叶描述子 $a(u)$通过傅里叶反变换可以恢复原边界 $s(k)$。

$$s(k)=\sum_{u=0}^{N-1}a(u)\exp\left[\mathrm{j}\frac{2\pi uk}{N}\right]\qquad k=0,1,\cdots,N-1 \tag{9.4}$$

如果只取 M 项系数来恢复，即 $M\leqslant N$，进行逆傅里叶变换（重构），得到一个有误差的重建序列 $s'(k)$。

$$s'(k)=\sum_{u=0}^{M-1}a(u)\exp\left[\mathrm{j}\frac{2\pi uk}{N}\right]\qquad k=0,1,\cdots,N-1 \tag{9.5}$$

这时，对应于边界的点数没有改变，如果 M 远小于 N−1，重构每一个点所需要的计算项大大减少了。为了方便计算，M 一般选为 2 的整数幂。

在上述方法中，相当于 $u>M-1$ 的部分舍去不予计算。由于傅里叶变换中高频部分对应于图像的细节描述，因此 M 取得越小，细节部分丢失得越多。

图 9.7 是一幅由不同项数的傅里叶描述子重构原边界的对比情况。由图 9.7（a）可以看出，用 64 项系数可以完全恢复出一个原 64 点表示的正方形。描述子项数的不同可以获得明显不同的边界。用很少的傅里叶描述子（如 4 项）就可以获取边界基本的整体轮廓，如图 9.7（b）所示，但外形呈圆形，高频分量（曲率的跳变）几乎没有。随着带有边界信息的描述子增多，重构图像越来越接近原边界，如图 9.7（c）、图 9.7（d）所示。傅里叶描述子使用复数作为描述符，对于旋转、平移、放缩等操作和起始点的选取不十分敏感。

(a) 原正方形边界　(b) 4项系数重构　(c) 56项系数重构　(d) 62项系数重构

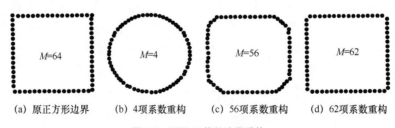

图 9.7　不同 M 值的边界重构

9.1.5　哈夫变换

1. 直线的霍夫变换

霍夫（Hough）变换是一种从图像空间到参数空间（Hough 空间）的映射，其目的是用一组参数描述想要检测的目标。下面以一个最简单的直线的 Hough 变换为例介绍图像空间和参数空间的概念。

（1）直角坐标表示的直线

如图 9.8 所示，在 x-y 平面，即图像空间的一条直线为

$$y = ax + b \tag{9.6}$$

上式中，x 和 y 分别为水平和垂直分量，a 为直线的斜率，b 为直线的截距。不同的直线具有不同的斜率和截距，即不同的 a 和 b 参数。一条具体的直线，如 $y=a_1x+b_1$ 对应一对参数 a_1 和 b_1。因此可以将参数 a 和 b 作为变量，形成一个二维参数空间，则 x 和 y 平面的一条直线可以写为

$$b=xa + y \tag{9.7}$$

x-y 空间的一条直线就映射为 a-b 平面上的一个点，如上述直线 $y=a_1x+b_1$ 映射为 a-b 参数空间的一个点(a_1,b_1)，这就是最基本的 Hough 变换的概念。根据对称性原理，x-y 空间的一个点，会对应 a-b 平面上的一条直线。

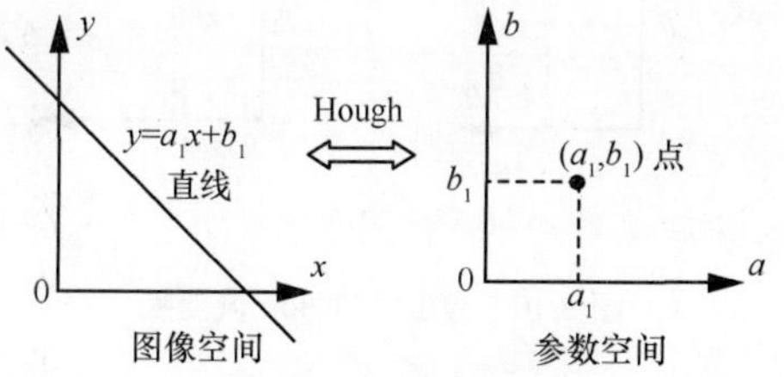

图 9.8　直线的霍夫变换

这样，我们可以利用这种简单的变换检测 x-y 空间的多点共线问题。例如，在 x-y 平面有 3 个点，我们可以将它们变换到参数空间成为 3 条直线。如果在 x-y 平面的那 3 个点共线，则对应 a-b 平面的 3 条直线必然共点，所共的这个点就代表 x-y 平面那 3 个点所共的那条直线。之所以将 3 点共线的问题转换到参数空间去处理，是因为在参数空间 3 线共点比较直观，比在图像空间判断 3 点共线容易一些。

下面简单说明这一方法在实际数字图像处理中是如何实现 3 点共线问题的。如图 9.9 所示，按照一定的精度将参数空间均匀划分为一个个小单元，每个单元相当于一个累加器 $A(a,b)$，开始处理前各个累加器清零。当处理图像空间某一点时，该点所对应参数空间是一条直线，这条直线所经过的单元累加器的值都加 1。当对图像中所有待检测的点遍历后，检查所有单元累加器的值，这个数值表示参数空间共点直线的条数。找出极大值出现的累加器，这个累加器单元所对应的数

就表示图像空间最多的点所共的那一条直线。

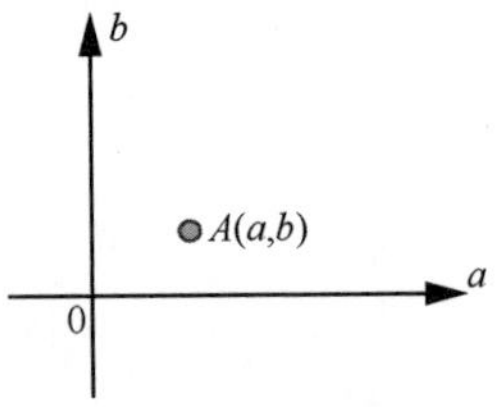

图 9.9　参数空间的划分

（2）极坐标表示的直线

在式（9.6）直角坐标表示的直线方程中，a 和 b 的值都有可能非常大，使参数空间的累加器单元数目庞大，不利于实际计算。如果将直线改为极坐标表示，则会有较大的改进。在极坐标中，任意一条直线在图像中可以用其坐标原点的距离 ρ 和其空间角度 θ 唯一地确定，如图 9.10 所示。从图 9.10（a）可以看出，图像平面中以极坐标表示的任一直线 $\rho_1= x\cos\theta_1+ y\sin\theta_1$ 在参数空间对应为一点(ρ_1,θ_1) 。从图 9.10（b）可以看出，图像平面中任一点(x_1,y_1) 在参数空间对应为一条正弦曲线 $\rho=x_1\cos\theta+y_1\sin\theta$。

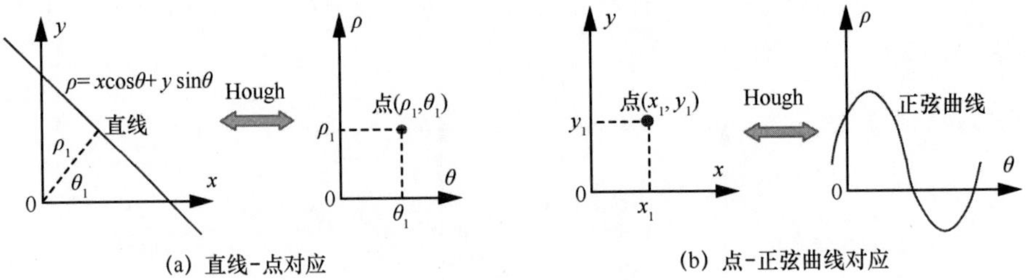

图 9.10　极坐标的 Hough 变换

例如，利用极坐标的 Hough 变换可以检测 x-y 平面的多线共点。如图 9.11 所示，x-y 平面上有标号为 1、2、3、4 的 4 条直线，将它们映射到 ρ-θ 参数平面后成为对应标号的 4 个点，如果这 4 个点在一条正弦曲线上，则可以判定 x-y 平面的 4 条直线共点，并且所共的点正是参数平面上这条正弦曲线所对应的 x-y 平面上的点 p。

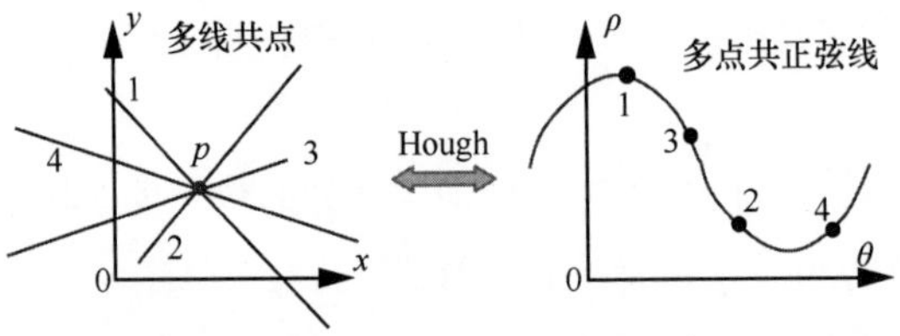

图 9.11　极坐标参数的 Hough 变换

与多线共点判定类似，还可以判定 x-y 平面上的多点共线，如果这些点在参数空间对应的所有正弦曲线有一个公共的交点，那么这个交点所对应的 x-y 平面上的那条直线就是多个点所在的直线或所共的直线。

2. Hough 变换的推广

Hough 变换不仅可以用来检测多点共线或者多线共点，还可以推广用来检测满足一般方程的各类曲线。例如，检测平面上的点(x,y)是否满足$f(x,y;c_1,c_2,\cdots,c_m)=0$ 曲线方程。在前述的直线检测中，图像平面中的直线有两个参数：a 和 b 或 ρ 和 θ，因而相应的参数空间是二维的。再如，图像平面中的圆方程为

$$(x-a)^2+(x-b)^2=r^2 \tag{9.8}$$

这里圆方程有 3 个参数，对应的参数空间是三维的，即 a、b 和 r。在做检测时，我们需要将这个三维空间划分为很多累加器单元来累计目标曲线的 Hough 变换结果。

对于更复杂的曲线检测问题，可能用到更多的参数，从而需要建立高维的参数空间。实际上，对于任何已知形式的空间变换$(x',y')=f(x,y)$，都可以用 $f(x,y)$中所包含的未知参数构成 Hough 参数空间，以图像配准问题中常见形状的仿射变换（Affine Transformation）为例，其变换形式为

$$\begin{bmatrix} x' \\ y' \end{bmatrix}=\begin{bmatrix} a_{11} & a_{12} \\ a_{21} & a_{22} \end{bmatrix}\begin{bmatrix} x \\ y \end{bmatrix}+\begin{bmatrix} b_1 \\ b_2 \end{bmatrix} \tag{9.9}$$

其中，共有 6 个变换参数，决定图像旋转和尺度信息矩阵中的 a_{11}、a_{21}、a_{12}、a_{22} 共 4 项，决定图像平移信息的加法项中的 b_1 和 b_2。这 6 个未知参数可以共同组成一个 6 维的 Hough 空间。

9.2 图像的区域描述

9.2.1 区域的几何特性

1. 面积

这里介绍如何由闭合的边界点坐标求闭合区的面积。根据格林（Green）公式，对于平面向量场$[\vec{i}P(x,y),\vec{j}Q(x,y)]$，有 $\iint_D\left(\frac{\partial Q}{\partial x}-\frac{\partial P}{\partial y}\right)\mathrm{d}x\mathrm{d}y=\oint_l P\mathrm{d}x+Q\mathrm{d}y$，令 $P=-y$，$Q=x$，平面上一闭合曲线（边缘）l 所包围区域 D 的面积 A 的二重积分可用该曲线的线积分计算。

$$A=\iint_D \mathrm{d}x\mathrm{d}y=\frac{1}{2}\oint_l (x\mathrm{d}y-y\mathrm{d}x) \tag{9.10}$$

式中 A 为曲线 l 所包含区域 D 的面积。在离散的情况下，变积分为求和。

$$A=\frac{1}{2}\sum_{i=1}^{N}[x_i(y_{i+1}-y_i)-y_i(x_{i+1}-x_i)]=\frac{1}{2}\sum_{i=1}^{N}(x_iy_{i+1}-x_{i+1}y_i) \tag{9.11}$$

其中，N为边界点的数目，(x_i, y_i)为边界 l 上的点坐标，i=1,2,···,N。

对于数字图像而言，另一种简便的方法是通过统计物体含有的像素点数来计算其面积。图像面积计算的精度直接依赖于数字化过程中取样间隔的大小，显然，取样间隔越小，计算出来的数字面积越接近于真实面积。另外，上述简单的面积算法在应用需进行标定（Calibration）后才能得到其真实物体的面积。所谓标定即图像上单位面积和它所表示实物的面积之比。

2. **重心**

如果将闭合的边界内部区域看成是均匀的“薄板”，可以用边界点坐标求闭合区面积的重心。此时重心$(\bar{x}, \bar{y})$就是图像中目标像素位置坐标$\{(x_i, y_i), i=0,1,\cdots,n-1\}$的平均值，可用下式计算。

$$\bar{x} = \frac{1}{n}\sum_{i=0}^{n-1} x_i\text{，}\quad \bar{y} = \frac{1}{n}\sum_{i=0}^{n-1} y_i \tag{9.12}$$

9.2.2 区域的形状描述

1. **矩形度**

一个表示物体形状的大体特征是它的最大长宽比：$r_{\max}=\dfrac{W}{L}$，其中 L 表示物体某一方向的长度，W 表示物体某一方向的宽度，这两个方向相互垂直，当比值 r 达到最大时，即定义为该物体的长宽比。它可以将细长的物体与方形或圆形的物体区别开。

在已知物体的边界时，用其外接矩形的尺寸来刻画物体的长宽比是一种简单而形象的方法。如果仅计算其在坐标轴方向上的外接矩形是很简单的，只需计算物体边界点的最大和最小坐标值，就可得到物体的水平和垂直跨度。但通常为了获得物体的长宽比 r，需要计算反映物体形状特征的主轴方向上的长度和与之垂直方向上的宽度，这样的外接矩形是物体的最小外接矩形（MER，Minimum Enclosing Rectangle）。

计算 MER 的一种方法是将物体在 90°范围内等间隔地旋转，每次记录其坐标轴方向上的外接矩形参数，取其面积最小的矩形参数为主轴意义下的长度和宽度，如图 9.12 所示。

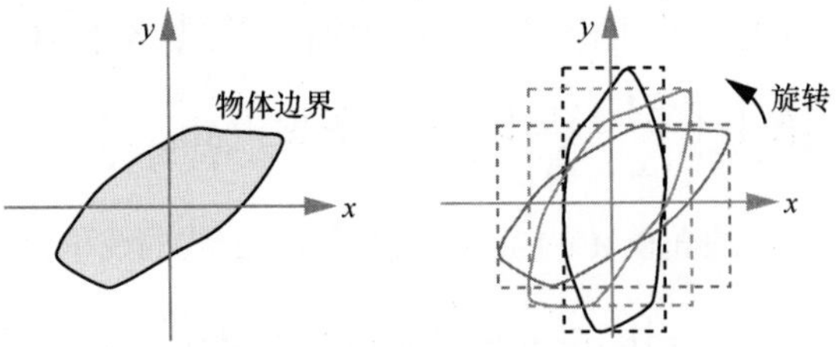

(a) 物体　　(b) 不同角度时物体的外接矩形

图 9.12　物体的最小外接矩形（见彩插图 9.12）

此外，还可用“矩形度” R 反映物体对其外接矩形的充满程度，物体矩形度等于它的面积与其最小外接矩形的面积之比。

$$R = \frac{A}{A_{\text{MER}}} \tag{9.13}$$

式中 A 为物体的面积，A_{MER} 为物体最小外接矩形的面积。显然，R 值越接近于 1，该物体的矩形度越高，表明该物体的形状越接近于矩形。

2. **圆形度**

用相同长度的曲线围成的所有封闭图形中，圆形的面积最大。与此等价，各种相同面积的图形中，圆形的周长最短。因此，可以用“圆形度”来刻画物体边界的复杂程度。例如，比较相同面积的圆形和星形，星形等图形比圆形的周长大得多。因此，可采用圆形度 e 来表示物体的形状复杂程度。

$$e = \frac{4\pi A}{P^2} \tag{9.14}$$

上式中 A 表示物体的面积，P 表示周长。显然，当物体为圆形且半径为 r 时，其周长 $P=2\pi r$，其面积 $A=\pi r^2$，代入上式可得 $e=1.0$。由此可知，形状越接近圆形，e 越趋于 1；形状越复杂，e 值越小。

9.2.3　区域的纹理描述

在自然图像中，许多图像具有类似人为图形的“图案”特性，如图 9.13 所示，这些图案可以是图像的全部，也可以只是图像的局部，这就是常见的图像中的“纹理”（Texture）现象。纹理是图像中一个重要而又难于描述的特征，至今还没有精确的纹理定义。纹理图像往往在局部区域内呈现出不规则性，而在整体上表现出某种规律性。

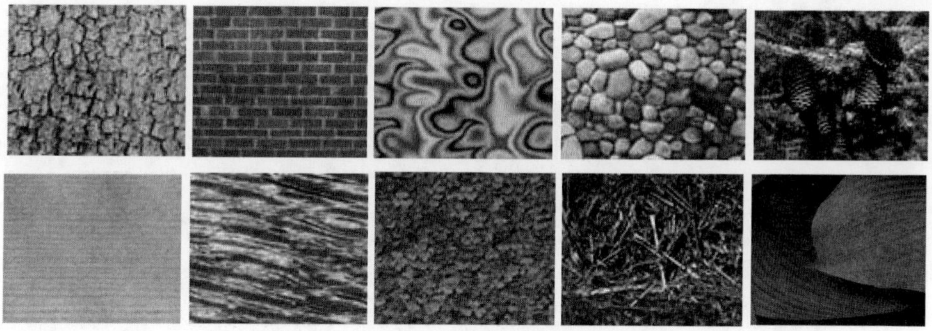

图 9.13　多种自然纹理图像（见彩插图 9.13）

图像纹理的组成基本上要满足两个要素：一个是有组成纹理图像的基本纹理单元（基元）：另一个是这些基元之间具有一定规律的空间分布关系。纹理基元的空间排列可能是随机的，也可能是互相依赖的，这种依赖性可能是有结构的，可能是按某种概率分布排列的，也可能是某种函数形式的。

图像纹理可以定性用许多词汇来描述，如粗糙、精细、光滑、方向性、规则性和粒度等。但遗憾的是，将这些语义描述转化为数学模型不是一件容易的事。

一般用统计结构尺度来量化纹理的特征，此时不仅需要测量纹理在一个像素点邻近区域的变化，而且需考虑纹理的空间结构组织。换言之，不仅需要考虑相邻像素之间的灰度变化，还要考虑它们之间的空间关系。在标注一个像素点的纹理特征时很可能是多维数据，如距离、方向、灰度变化等。实际中，图像纹理常常由纹理中相邻像素之间的灰度变化及纹理基元模板来描述。

1. 纹理的自相关函数

按照自相关函数的定义，若有一幅图像 $f(i,j)$，$i,j=0,1,\cdots,N-1$，它的自相关函数为

$$\rho(x_0,y_0)=\frac{\sum_{i=0}^{N-1}\sum_{j=0}^{N-1}f(i,j)f(i+x_0,j+y_0)}{\sum_{i=0}^{N-1}\sum_{j=0}^{N-1}f^2(i,j)} \tag{9.15}$$

上式表示图像中水平相距为 x_0、垂直相距为 y_0 的像素之间的自相关系数。如果图像中灰度变化比较平缓，则自相关函数随距离增大时下降速度比较慢；如果图像中灰度呈周期变化，则自相关函数的升降也呈周期性变化。

2. 灰度共生矩阵

直方图表现的是单个像素的灰度统计分布特性，不能很好地反映出像素之间空间相关性的规律。图像纹理的一个重要特征是局部区域中灰度的空间分布特性和像素位置之间的空间相关性，因此希望能找出两个像素的联合分布的统计形式。图像的灰度共生矩阵（Gray Level Co-occurrence Matrix）有助于表现这类具有空间关系的灰度值的统计特性。

设纹理图像的水平宽度为 M 个像素，垂直高度为 N 个像素，像素灰度值范围为 $0,1,\cdots,L-1$，则定义该图像的灰度共生矩阵为归一化二维概率（直方图）矩阵。

$$\boldsymbol{P}=\left\{p_{ij}\mid\ i,j\in 0,1,\cdots,L-1\right\} \tag{9.16}$$

共生矩阵 $\boldsymbol{P}$ 的任意一元素 $p_{i,j}$ 为在某一方向（如垂直方向、水平方向、右下角方向等）和相隔某一距离（如一个像素、两个像素等）的一对（两个）像素在整幅图像中出现的频率。这两个像素中一个像素的灰度值为 i，另一个像素的灰度值为 j。一般情况下，$\boldsymbol{P}$ 为 $L\times L$ 的方阵。下面通过一个具体的例子说明图像的共生矩阵的概念和计算方法。

设 5×5 的图像矩阵为 $\boldsymbol{I}$，它的灰度值范围为 0、1、2，共 3 个等级。

$$\boldsymbol{I}=\begin{pmatrix}0&0&0&1&2\\1&0&1&1&1\\2&2&0&1&0\\1&1&0&0&2\\0&0&1&0&1\end{pmatrix} \tag{9.17}$$

方向为右下方、距离为 1 个像素的共生矩阵为

$$\boldsymbol{P}=\frac{1}{S}\begin{pmatrix} p_{00} & p_{01} & p_{02} \\ p_{10} & p_{11} & p_{12} \\ p_{20} & p_{21} & p_{22} \end{pmatrix}=\frac{1}{16}\begin{pmatrix} 4 & 3 & 0 \\ 2 & 3 & 2 \\ 1 & 1 & 0 \end{pmatrix} \tag{9.18}$$

由于图像共有 3 个灰度级，L=3，所以共生矩阵 $\boldsymbol{P}$ 为 3×3 矩阵。其中，p_{01} 表示在图像 $\boldsymbol{I}$ 中，灰度值为 0 且它的右下角相邻的像素值为 1 的一对像素出现的次数为 3，用短斜线标注在 $\boldsymbol{I}$ 矩阵内。p_{00} 表示灰度值为 0 且它的右下角相邻的像素值为 0 的一对像素出现的次数为 4。其他的 $p_{i,j}$ 可以用同样的方法得到。$\boldsymbol{P}$ 矩阵中的 S 是对这一特定分布有贡献的像素总数，显然它对应于 $\boldsymbol{P}$ 矩阵的各个元素值之和，这里 S=16，是一种归一化处理。可见，共生矩阵反映了图像中特定空间关系（如−45°相邻像素之间）的灰度分布情况。

3. **共生矩阵的纹理特征参数**

基于图像的灰度共生矩阵，还可以计算以下几项参数，用于图像纹理特征的描述。

（1）角二阶矩（Angular Second Moment）：图像灰度分布均匀性的度量，其定义为

$$E=\sum_{i,j} p_{ij}^2 \tag{9.19}$$

角二阶矩 E 相当于“能量”的概念，是灰度共生矩阵中归一化元素值的平方和。如果纹理较粗，此时能量 E 值较大，可以理解为粗纹理含有较多的能量；反之，能量 E 值较小，即细纹理含有较少的能量。

（2）熵：图像所具有的信息量的度量，其定义为

$$H_p=-\sum_{i,j} p_{ij}\log p_{ij} \tag{9.20}$$

若图像没有任何纹理，则灰度共生矩阵几乎为零，熵值 H_p 接近为零；若图像充满细纹理，则 p_{ij} 的值近似相等，该图像的熵值 H_p 最大；若图像中分布较少的纹理，p_{ij} 的数值差别较大，则该图像的熵值 H_p 较小。

（3）差值矩：共生矩阵元素间差值的 k 阶矩，其定义为

$$\mu_k=\sum_{i,j}|i-j|^k\ p_{ij} \tag{9.21}$$

其矩值越大，表示图像中邻近像素的差值越大，可以理解为图像的清晰程度越高；反之，矩值越小，表示图像中邻近像素的差值越小，图像的清晰度越低。

（4）相关性：衡量灰度共生矩阵的元素在行方向或列方向的相似程度，其定义为

$$R=\sum_{i,j}\frac{(i-\mu_x)(j-\mu_y)p_{ij}}{\sigma_x\sigma_y} \tag{9.22}$$

其中，μ_x、σ_x、μ_y、σ_y 分别是 p_{ij} 在 x 方向和 y 方向的均值和方差。例如，某图像具有水平方向的纹理占主导地位，则图像 0°的灰度共生矩阵的相关值往往大于 90°、135°、45°的灰度共生矩阵的

相关值。

上述 4 个统计参数为应用灰度共生矩阵进行纹理分析的主要参数，可以组合起来，成为纹理分析的特征参数使用。

9.3 图像配准

图像配准技术起源于 20 世纪 70 年代的卫星图像、飞行导航、武器制导等应用需求。经过近半个世纪的研究和开发，图像配准技术逐渐成熟，在很多领域都有大量的应用，如计算机视觉、人工智能、遥感遥测、医学影像、模式识别、精密制造等。尽管不同领域的图像配准技术各具特点，但它们在配准的基本理论和主要技术层面具有较大的相似性，这里介绍图像配准中比较基本的内容。

9.3.1 图像配准基础

1. 图像配准的目的

图像配准（Image Registration）的目的在于比较或融合同一对象在不同条件下获取的图像，如针对来自不同的采集设备，取自不同时间、不同拍摄视角的图像等，有时也需要用到不同对象的图像配准问题。具体地说，对于一组图像数据集中的两幅图像，通过寻找一种空间变换把一幅图像映射到另一幅图像，使两图中对应于空间同一位置的点一一对应起来，从而达到信息融合的目的，如图 9.14 所示。

(a) 基准图像　　(b) 配准图像　　(c) 配准结果

图 9.14　图像配准示意（见彩插图 9.14）

2. 图像配准的数学描述

将图像用二维矩阵表示，两幅图像在点(x,y)处的灰度值分别表示为 $I_1(x,y)$、$I_2(x,y)$，那么 I_1、I_2 的配准关系可表示为

$$I_2(x,y) = g\{I_1[f(x,y)]\} \tag{9.23}$$

其中，I_1 为参考图像，I_2 为待配准图像，f 表示二维几何变换函数，g 则代表一维灰度变换函数。由上式可看出，图像配准包含两层意思：一是几何空间上的配准，即对函数f的求解；二是对应

像素之间灰度上的配准，即对函数 g 的求解。

通常不需要进行灰度变换，所以关键在于寻找空间几何变换关系 $f(x, y)$。于是式（9.23）可写成更简单的表达式。

$$I_2(x,y) = I_1[f(x,y)] \tag{9.24}$$

3. 图像配准的分类

按照是否需要人的参与，图像配准分为半自动配准和全自动配准。前者是由人完成特征提取过程，由计算机完成对图像的特征匹配和重采样；而后者没有人的参与，只利用计算机进行图像配准工作。图像处理中的图像配准主要是指基于计算机程序执行的自动配准。

这里介绍的图像配准方法大致可分为 3 类：基于灰度的图像配准方法、基于变换域的图像配准方法和基于特征的图像配准方法。前两种方法又可以将它们归纳为基于区域的配准方法，而基于特征的配准方法则是基于局部特征的配准方法，这类方法是目前图像配准的主流方法，也是性能相对较好的一类方法。

9.3.2 基于灰度域的配准

基于灰度信息的配准方法直接利用两幅图像之间灰度的相似性，以图像内部的灰度信息为依据，搜寻相似度最大点，确定参考图像和待配准图像之间的变换参数。这种方法是一种基于图像整体内容的配准方法，实现简单，不需要对参考图像和待配准图像进行复杂的预处理。这种方法的主要不足之处在于难以矫正图像的非线性变换。

基于灰度的图像配准处理主要解决 3 个问题：配准所用到的空间变换模型、配准相似性测度准则以及空间变换矩阵的寻优方式。

1. 空间变换模型

假设给定两幅图像 $I_1(x,y)$和 $I_2(x,y)$，其中(x,y)是两幅图像空间 Ω_1 和 Ω_2 中的某一点。图像配准算法的目标是找到一种变换 $T: \Omega_1 \to \Omega_2$，使变换某一图像后两幅图像的相似程度 $C(T; I_1, I_2)$达到最大。

在图像配准处理之前，先要确定在需要配准的两幅图像之间采用何种空间变换模型进行映射。如果只有旋转、平移这些简单操作，则是刚体变换模型；如还有缩放操作，甚至水平方向和垂直方向缩放的程度不一样，则是仿射变换；或者还有非线性变换模型。

2. 相似性测度准则

在确定了变换模型后，就需要确定模型的参数。配准相似性测度准则是常用的评判参数是否恰当的一种准则，它告诉我们在某组参数下配准的正确程度是多少，显然使配准程度最好的那组参数就是我们要找的参数。

相似性测度 C 是一个跟变换 T 有关并借助两幅图像数据计算出的用来衡量相似程度的函数。基于灰度相似性测度方法有多种，如互相关法、互信息法、图像矩法等。还有更简单的一种图像相似性的测度方法，即计算两幅图像对应像素差的平方和。

$$\sum_{x,y}[I_1(x,y)-I_2(x,y)]^2 \tag{9.25}$$

3. 空间变换矩阵的寻优

一般情况下，基于灰度域的配准问题会转化为求解相似性测度最优化的问题，即通过数学优化算法找到相似度函数的最优解（即最佳变换矩阵 $\boldsymbol{T}$）。空间变换矩阵的寻优过程就是找出使配准程度最好的那一组参数的过程。通常采用合适的迭代优化算法，除了遍历搜索方法外，还可采用梯度下降法、牛顿法、遗传算法等更加便捷的方法。

例如，如图 9.15 所示，有一幅图像 A，将 A 右移 5 个像素，再往上移 4 个像素，又顺时针旋转了 60°，形成图像 B。如果我们对 A 和 B 进行配准，其实就是确定 5、4、60° 这 3 个参数。因为这 3 个参数一旦知道，就可以确定变换矩阵，也就确定了 B 和 A 的对应“配准”关系。换句话说，对于 B 中的任何一个像素点，就知道在 A 中对应的是哪个点。

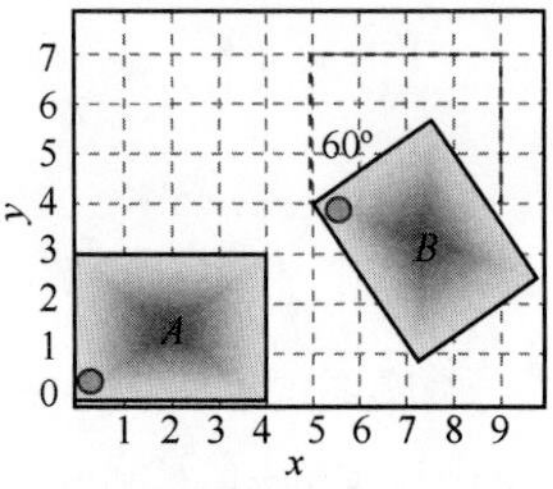

图 9.15　图像配准示例

在变换模型、测度准则、优化方式问题解决的基础上，可以进行具体的图像配准操作。参照图 9.16，灰度配准的基本步骤是：先对待配准图像 B 进行预处理和几何变换；然后根据图像灰度的整体特性设定一个目标函数 C，作为原始参考图像 A 与待配准图像 B 间的相似性度量标准，当目标函数取极值时求得配准参数，并作为判定准则。这样，配准问题就转化为目标函数的极值求取问题；在几何变换参数的求取过程中利用最优化的思想求解。

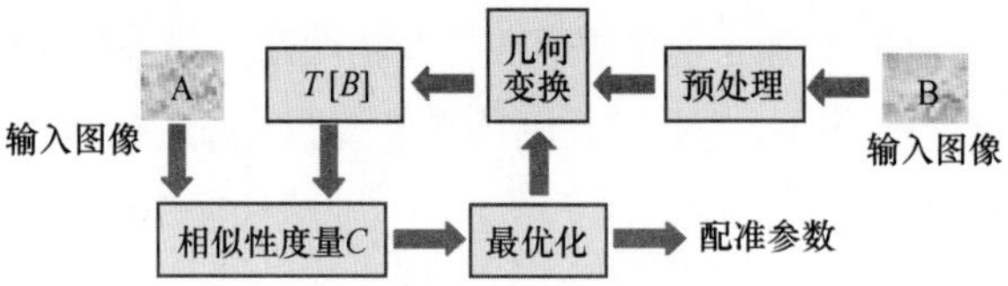

图 9.16　基于灰度的图像配准流程

9.3.3　基于变换域的配准

基于变换域的图像配准方法中，傅里叶变换是一种基本的变换工具。单独利用傅里叶变换可对平移、缩放、旋转、镜像变换后的图像进行配准操作。这种方法的主要优点是计算速度快，但同时存在一定的局限性，如只适合解决图像灰度满足线性正相关的情况，且配准的精度有限。

利用傅里叶变换的位移原理，Kuglin 等于 1975 年提出了相位相关（Phase Correlation）方法，很好地解决了图像配准领域中平移参数的确定问题，从而可以准确地对两个仅存在平移的图像进行配准。1994 年，Chen 等提出傅里叶-梅林变换（FMT，Fourier-Mellin Transform）技术，这是一种基于傅里叶变换域的图像配准方法。FMT 方法将图像函数从直角坐标系转换到对数极坐标系中，这样，直角坐标中的旋转和伸缩就变成了对数极坐标中的平移，利用相位相关方法即可解出这个平移参数，由对数极坐标中的平移参数可很方便地推出图像在直角坐标系中的旋转和伸缩参数。

1. 基本的几何变换

这里分别介绍直角坐标系中 3 种图像最基本的几何变换，即图像的平移（Translation）、旋转（Rotation）和伸缩（Scaling），有助于对后面基于变换域的图像配准方法的理解。

（1）图像的平移

设原图像像素的位置坐标为(x_0,y_0)，经过平移量$(\Delta x,\Delta y)$后坐标变为(x,y)，它们之间的关系如下。

$$\begin{cases} x = x_0 + \Delta x \\ y = y_0 + \Delta y \end{cases} \tag{9.26}$$

（2）图像的旋转

图像的旋转操作有一个旋转中心，如果以坐标原点为旋转中心，设原图像像素的坐标为(x_0,y_0)，顺时针旋转 θ 角度后得到(x,y)，它们之间的关系如下。

$$\begin{cases} x = x_0 \cos\theta + y_0 \sin\theta \\ y = -x_0 \sin\theta + y_0 \cos\theta \end{cases} \tag{9.27}$$

（3）图像的伸缩

设原图像像素的位置坐标为(x_0,y_0)，图像在 x 方向伸缩 s_x 倍、在 y 方向伸缩 s_y 倍后得到伸缩后图像像素为(x,y)，它们之间的关系如下。

$$\begin{cases} x = s_x x_0 \\ y = s_y y_0 \end{cases} \tag{9.28}$$

如在 x 方向和 y 方向的伸缩比例相同，即 $s_x=s_y$，则称为全比例伸缩。全比例伸缩不会引起图像的比例失真，否则会引起水平和垂直方向的比例失真。

2. 相位相关法求平移参数

相位相关法的原理是通过对图像进行傅里叶变换，将图像变换到频率域，再利用它们的互功率谱计算出两幅图像间的平移矢量，从而确定图像之间的位置关系。

假设 I_1 和 I_2 是同一场景的两幅图像，它们之间只存在$(\Delta x,\Delta y)$的平移量，可将二者的关系表示为

$$I_2(x,y) = I_1(x-\Delta x, y-\Delta y) \tag{9.29}$$

假设数字图像是一个 $M \times N$ 的二维矩阵，$F_1(u,v)$和 $F_2(u,v)$分别表示 I_1 和 I_2 两幅图像的傅里叶变换。根据离散傅里叶变换的性质，I_1 和 I_2 之间的平移关系在傅里叶频域呈现为 F_1 和 F_2 相位的变化关系。

$$F_2(u,v) = \mathrm{e}^{-\mathrm{j}(u\Delta x + v\Delta y)} \cdot F_1(u,v) \tag{9.30}$$

由上式可以看出，两幅图像具有相同的傅里叶变换幅值，但相位上存在差异，可以通过计算它的互功率谱求取相位，互功率谱定义为

$$\frac{F_1(u,v) \cdot F_2^*(u,v)}{|F_1(u,v) \cdot F_2^*(u,v)|} = \mathrm{e}^{\mathrm{j}(u\Delta x + u\Delta y)} \tag{9.31}$$

其中，F^*_2 是 F_2 的复共扼，由于 $e^{j(u\Delta x+v\Delta y)}$ 的傅里叶反变换为 $\delta(x-\Delta x, y-\Delta y)$，实际上可通过搜索最大值，傅里叶逆变换的峰值，即得到图像的平移变换参数$(\Delta x,\Delta y)$。

3. **傅里叶–梅林变换求旋转和缩放参数**

傅里叶–梅林变换（FMT）算法是在相位相关算法基础上发展起来的一种频率域的处理方法，具有速度快、受几何失真影响小等突出优点，得到了普遍运用。

图像几何位置的表示有多种，包括直角坐标系描述法、极坐标系描述法以及对数极坐标系描述法等。一般图像可以采用直角坐标系中的水平和垂直坐标表示，也可以用极坐标系下的极径和极角表示。

假设有两幅图像 I_1 和 I_2，I_2 是 I_1 经过旋转、缩放以及平移变换后得到的图像。

$$I_2(x,y) = I_1(s(x\cos\theta_0 + y\sin\theta_0) + \Delta x, s(-x\sin\theta_0 + y\cos\theta_0) + \Delta y) \tag{9.32}$$

其中，θ_0 代表旋转角度，$(\Delta x,\Delta y)$代表图像间水平、垂直两个方向的平移量，s 代表图像间的缩放参数，假设参考图像与待配准图像间的横向、纵向缩放参数相同。

首先，对上式的两端进行傅里叶变换，写成频率域极坐标的形式，得到下式。

$$F_2(r,\theta) = \mathrm{e}^{-2\pi\mathrm{j}(\Delta x \cdot r \cdot \cos\theta + \Delta y \cdot r \cdot \sin\theta)} s^{-2} F_1(s^{-1}r, \theta + \theta_0) \tag{9.33}$$

两边取模，令 M_1 和 M_2 为 F_1 和 F_2 的模，则有

$$M_2(r,\theta) = s^{-2} M_1(s^{-1}r, \theta + \theta_0) \tag{9.34}$$

将上式变换到对数极坐标系，即对极值 r 取对数，可得

$$M_2(\ln r, \theta) = s^{-2} M_1(\ln r - \ln s, \theta + \theta_0) \tag{9.35}$$

取模后，M_1 和 M_2 已经将平移因子消除，只存在伸缩因子和旋转因子，令 $\eta=\ln r$，$d=\ln s$，由式（9.35）可得

$$M_2(\eta,\theta) = s^{-2} M_1(\eta - d, \theta + \theta_0) \tag{9.36}$$

至此，直角坐标系中的旋转和伸缩分别在对数极坐标系中转化为极角和极径方向上的平移，

利用上述的相位相关技术可以求得旋转参数 θ_0 和 d，再由 d=lns 获得伸缩参数 $s=e^d$。

9.3.4　基于特征点的配准

基于特征点的图像配准方法是利用原图像和待配准图像的局部特征信息进行匹配操作，而不是对所有灰度信息进行计算，因而这种方法计算量大为减少。同时，基于特征点的图像配准对噪声和形变的抗干扰能力更强，因而具有更高的顽健性。

1．特征点配准的步骤

该类方法通过特征点的匹配确定空间变换关系，可以直接提取特征点进行匹配，也可以以特征点为中心构造描述子特征进行匹配，一般分为如下几个步骤。

（1）图像预处理

图像在采集过程中不可避免地会受到噪声、光照条件变化以及采集设备成像质量的影响，直接采集的图像用于图像特征提取会造成特征提取质量降低。所以需要将不适合直接进行后续特征提取的图像先进行预处理，使其尽可能达到后续处理的要求。常用的预处理方式有对比度增强、图像去噪等。

（2）关键点提取

关键点指具有一定的鉴别性，可以被重复检测的特征点，也称作兴趣点、稳定点。提取关键点是为了从图像中提取一些弱特征点，剔除大部分的无意义像素点。常用的弱特征点有角点（Cornerness）、极值点（凹凸点）以及线条。

（3）构建描述子

通过关键点提取，获得了区别于普通像素点的特殊点，但这并不能区分这些关键点本身的异同。描述子就是利用关键点邻域的特征信息使关键点本身具有可鉴别的特性。描述子需要具备这 3 项特性：一是不变性，描述子不受外部因素变化的影响，即同一关键点的描述子在不同的尺度、视角以及旋转角度下保持一致；二是可鉴别性，即描述子能够区别不同关键点的能力，图像中的关键点很多，这就要求描述子具有较强的能力自身匹配，而不发生误匹配；三是顽健性，即描述子需要对噪声以及形变具有一定的抵抗力。

（4）特征匹配

在不同图像中提取关键点及其描述子并寻找与之匹配的点对的过程即特征匹配。在判断两特征点是否匹配时，常常采用两者之间的距离为判断依据，常用的距离度量为欧几里得距离、Hamming 距离等，最短距离者为特征匹配点对。

（5）特征匹配结果的提纯

经过初步特征匹配后得到匹配向量，为了得到更加精确的匹配方式，必须对匹配向量进行提纯，即剔除误匹配对。常用的方式有移动最小二乘（MLS，Moving Least Squares）逼近算法和随机抽样一致（RANSAC，Random Sample Consensus）算法等。

（6）变换矩阵

利用提纯后的匹配向量计算图像之间的单应性矩阵（Homography Matrix），经过优化矫正得到空间变换矩阵。

2. **角点检测算法**

角点是图像的重要特征点，通常指图像边缘曲线上曲率的极值点或亮度变化剧烈的点，角点具有旋转不变性和光照不变性。基于角点检测类的配准方法在减少信息量的同时保留了图像特征，加快了运算速度，非常适合在对实时性要求较高的场合中使用。

角点检测算法也有多种，大致可分为两类：基于轮廓的方法和基于灰度的方法。在基于轮廓的检测方法中，首先提取图像轮廓，而角点为搜索到的轮廓曲率或弯曲最大的点。基于灰度的方法直接从图像的灰度信息中运用角点估计算法检测角点，由于这类方法独立于图像的其他特征并且具有较快的运算速度，因而成为广泛应用的一类方法。下面介绍的两种算法都是基于灰度的角点检测算法。

（1）Moravec 角点检测

Moravec 于 1981 年提出了 Moravec 算子角点检测算法，其原理如图 9.17 所示。假设图像 $I(x,y)$ 上有一个角点 P，Moravec 算法设计一个大小为 $n \times n$ 的窗口 w，如 3×3、5×5、7×7 等。移动这个窗口并检测其中像素的变化情况 E。变化量 E 有 3 种情况：如图 9.17（a）所示，当窗口处在图像中的平坦区域时，E 变化不大；如图 9.17（b）所示，当窗口处在边界区域时，平行于这条边滑动时，E 变化不大，而垂直于这条边滑动时，E 变化很大；如图 9.17（c）所示，当窗口处在角点区域时，任何方向的移动都能使 E 值发生剧烈变化。

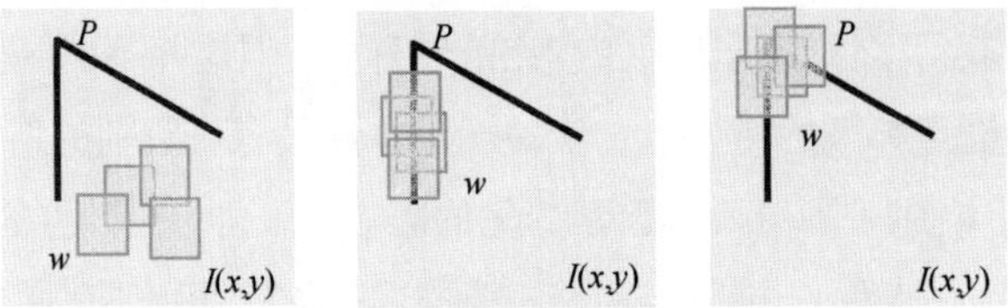

(a) 平坦区　　(b) 边界区　　(c) 角点区

图 9.17　Moravec 算子的角点检测原理

其中，Moravec 算子中变化量 $E(u,v)$ 的计算公式为

$$E(u,v)=\sum_{x,y} w(x,y)(I(x+u,y+v)-I(x,y))^2 \tag{9.37}$$

此公式计算以目标像素点 (x,y) 为中心的窗口和相对于中心像素 x 方向移动 u、y 方向移动 v 的窗口对应像素之差的平方和。相对于 (x,y)，检测窗口水平向右移动 u 为正，垂直向下移动 v 为正。如图 9.18 所示，灰色的 3×3 为 $I(x,y)$ 窗口，中心点为 (x,y)，透明的 3×3 为 $I(x+u,y+v)$ 滑动窗口，(u,v) 可取 4 个（或更多个）移动方向 (1,0)、(1,1)、(0,1)、(−1,1)。式（9.37）中 $w(x,y)$ 为窗口函数，可以简单设定在灰色窗口内其值为 1，其他地方其值为 0。Moravec 算子计算每个像素多个 E 值

中的最小值，设定合适的阈值，如果 $E_{\min}$ 大于阈值，则判断该点为角点。

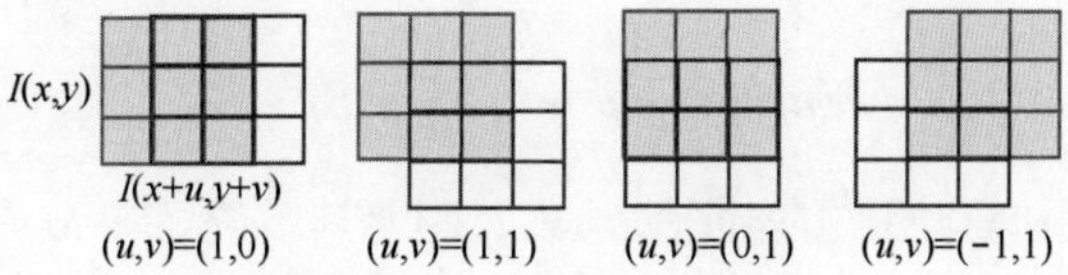

图 9.18　Moravec 算子的移动方向

（2）Harris 角点检测

由 Harris 等于 1988 年提出的 Harris 角点检测算法实质上是在 Moravec 检测算子基础上的改进：利用微分算子将窗口移动方向变为各个方向；将矩形窗口变为平滑的高斯窗口；同时利用公式变形改善了边缘响应过于灵敏的问题。

Harris 算子的计算公式可由式（9.37）变形得到，如下。

$$E(u,v)=\sum_{x,y}w(x,y)(I(x+u,y+v)-I(x,y))^2 \tag{9.38}$$

对上式中的 $I(x+u,y+v)$ 函数进行泰勒展开

$$I(x+u,y+v)=I(x,y)+uI_x+vI_y+o(u^2,v^2) \tag{9.39}$$

其中 I_x、I_y 为一阶偏导数。

$$I_x=\frac{\partial I(x,y)}{\partial x},\quad I_y=\frac{\partial I(x,y)}{\partial y} \tag{9.40}$$

对于较小的移动 u、v，略去式（9.39）中的高次项后代入式（9.38），$E(u,v)$可由下式近似表示。

$$E(u,v)\approx\sum_{x,y}w(x,y)(uI_x+vI_y)^2 \tag{9.41}$$

上式中的平方项可写成矩阵形式。

$$(uI_x+vI_y)^2=\begin{bmatrix}u & v\end{bmatrix}\begin{bmatrix}I_x^2 & I_xI_y\\ I_xI_y & I_y^2\end{bmatrix}\begin{bmatrix}u\\ v\end{bmatrix} \tag{9.42}$$

这样，式（9.42）中$\begin{bmatrix}I_x^2 & I_xI_y\\ I_xI_y & I_y^2\end{bmatrix}$可以由求图像的偏导数获得，式（9.41）可简化为

$$\begin{aligned}E(u,v)&\approx\sum_{x,y}w(x,y)\begin{bmatrix}u & v\end{bmatrix}\begin{bmatrix}I_x^2 & I_xI_y\\ I_xI_y & I_y^2\end{bmatrix}\begin{bmatrix}u\\ v\end{bmatrix}=\begin{bmatrix}u & v\end{bmatrix}\left[\sum_{x,y}w(x,y)\begin{bmatrix}I_x^2 & I_xI_y\\ I_xI_y & I_y^2\end{bmatrix}\right]\begin{bmatrix}u\\ v\end{bmatrix}\\ &=\begin{bmatrix}u & v\end{bmatrix}\begin{bmatrix}\sum_{x,y}w(x,y)I_x^2 & \sum_{x,y}w(x,y)I_xI_y\\ \sum_{x,y}w(x,y)I_xI_y & \sum_{x,y}w(x,y)I_y^2\end{bmatrix}\begin{bmatrix}u\\ v\end{bmatrix}=\begin{bmatrix}u & v\end{bmatrix}\begin{bmatrix}A & C\\ C & B\end{bmatrix}\begin{bmatrix}u\\ v\end{bmatrix}=\begin{bmatrix}u & v\end{bmatrix}M\begin{bmatrix}u\\ v\end{bmatrix}\end{aligned} \tag{9.43}$$

式中$\begin{bmatrix} A & C \\ C & B \end{bmatrix} = M$，$w(x,y)$为高斯平滑函数。滑动窗口的响应为

$$E(u,v) = Au^2 + 2Cuv + Bv^2 \tag{9.44}$$

可以看出，这是一个椭圆函数的矩阵表达式，因此其系数矩阵 $\boldsymbol{M}$ 的特征值与椭圆的半轴长短有关。假设 $\boldsymbol{M}$ 的特征值为 λ_1、λ_2，则分以下 3 种情况。

（1）λ_1 和 λ_2 都很小，两者比较接近，说明椭圆的两个半轴都较长，且比较接近，此时检测为平坦区域。

（2）λ_1 和 λ_2 一大一小，两者相差较大，说明椭圆的两个半轴一长一短，且相差较大，此时检测为边缘区域。

（3）λ_1 和 λ_2 都很大，两者比较接近，说明椭圆的两个半轴都很短，且比较接近，此时检测为角点区域。

当然，这样计算量非常大，因为几乎图像中的每个点需要进行一次特征值的计算。为了降低计算量，Harris 算法定义了角点响应函数

$$R = \det(\boldsymbol{M}) - k \cdot \mathrm{trace}(\boldsymbol{M}) \tag{9.45}$$

式中，det 和 trace 分别表示矩阵 $\boldsymbol{M}$ 的行列式和迹，利用这两个值避免了矩阵特征值的计算。系数 k 的取值范围通常为 0.04～0.2。当角点响应函数 R 超过设定的阈值，并在相应的区域内取得局部极值时，将该像素点标记为候选角点。

Harris 角点适用于光照条件复杂、角点数目较多的情况。当不存在尺度变化时，Harris 角点对图像的旋转、视角变化以及噪声有很好的顽健性，图像尺度的变化会使 Harris 角点提取的特征不具备可重复性。此外，Harris 角点提取算法对序列图像有很好的检测效果。图 9.19 为一例 Harris 角点检测实验结果。

图 9.19　Harris 角点检测结果示例

9.3.5　基于 Hough 变换的配准

基于 Hough 变换的配准算法不使用传统的相似性度量方式，而是使用 Hough 变换的“投票”机制来确定在误差范围内的一个解空间中的邻域，其配准过程概括如下。

（1）灰度转换

在配准问题中，一般处理的是灰度图像，如果是彩色图像，则需先把彩色图像转化为灰度图像，然后进行配准处理。在转换过程中（可参见第 10 章），某个像素(x,y)的灰度值 $I(x,y)$ 等于该像素处红绿蓝各个彩色值的加权之和，可用公式表示如下。

$$I(x,y)=0.30R(x,y)+0.59G(x,y)+0.11B(x,y) \tag{9.46}$$

（2）去噪滤波

配准处理的后续工作基本是针对图像像素灰度值进行的，因此多采用空间域法进行滤波，滤波的目的主要是减少噪声对配准的干扰。如第 4 章所述，均值滤波和中值滤波是目前应用较为广泛的两种方法。例如，采用 5×5 模板的均值滤波或 3×3 模板的中值滤波方法。在一定条件下，中值滤波法既能衰减图像中的随机噪声（特别是孤立的噪声点），又能避免线性滤波器导致的图像模糊，使原始图像得到了较好的保护。

（3）特征点提取

特征点的提取方法很多，如前述的 Moravec、Harries 角点提取方法等。

（4）特征点匹配

对于具有一般形式的空间变换的两幅图像，应使用基于特征点邻域灰度信息的匹配算法，如使用归一化互相关法匹配特征点或者下述的 SIFT 特征点匹配算法等。

（5）用 Hough 变换优化变换参数

如前所述，一般的线性仿射变换模型可以解决大多数的图像配准问题，仿射变换共含有 6 个未知参数（旋转和缩放 4 个，平移 2 个），相应的 Hough 空间是 6 维空间。在实际的配准搜索过程中，对于每一个匹配点对，依次遍历 Hough 空间中选定的 4 个维度的量化值，根据当前匹配点对的坐标和当前得到的 4 个参数，可解得剩余两个参数的值，然后判断所求得的 Hough 参数落在哪个小格子内，并将对应的累加器数值加一。当每对匹配点都进行了这样一次遍历之后，整个搜索过程结束，找出累加器计数值最多的小格子，其对应的参数值作为空间变换的最优解。

9.4　SIFT 配准算法

尺度不变特征变换（SIFT，Scale Invariant Feature Transform）是由加拿大哥伦比亚大学的

David Lowe 教授于 2004 提出的一种用于图像配准的局部特征提取和描述算法。它是一种基于尺度空间的特征描述，对图像缩放、旋转甚至仿射变换都保持不变。尽管 SIFT 配准方法也属于基于特征的配准算法，但这种方法具有良好的顽健性和较快的运算速度，近年来在图像配准领域得到了广泛研究和应用，所以单独对 SIFT 配准方法进行较为详细的阐述。

9.4.1 SIFT 算法框架

S1FT 属于提取局部特征的算法，在尺度空间寻找极值点，提取位置、尺度、旋转不变量。算法的主要思想是将图像之间的匹配转化成特征点向量之间的相似性度量。

1. SIFT 配准过程

利用 SIFT 实现图像配准的大致过程可用图 9.20 表示。首先，对原图像和待配准图像在尺度空间上提取稳定的特征点，形成相应的特征向量及 SIFT 描述子；然后，对生成的特征向量进行特征匹配检测和校正，得到配准结果。

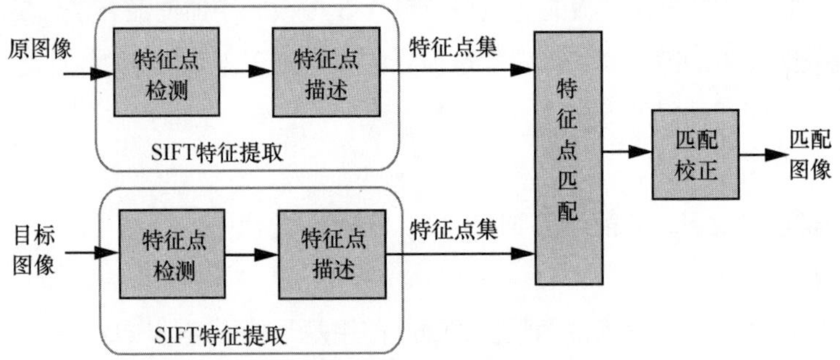

图 9.20　SIFT 算法框架

从图 9.20 可以看出，特征提取是算法的重点。SIFT 算法首先通过在尺度空间中比较图像灰度值得到特征点，由此所产生的特征向量对图像的尺度有很好顽健性。然后将坐标轴旋转为特征点的方向，通过计算关键点邻域梯度模值给出关键点的方向特征，这样就保证了旋转不变性。此外，SIFT 特征向量对图像的光照变化和遮挡等也具有很好的顽健性。最后在进行特征匹配时，对特征进行相似性度量，一般采用欧几里得距离的方法，寻找到最相近的两组特征点，把它们作为一对匹配点。

2. SIFT 算法优点

和以往的图像配准算法相比，SIFT 算法明显的优越之处如下。第一，SIFT 特征是图像的局部特征，它对图像旋转、尺度缩放、亮度变化保持不变，对视角变化、仿射变换、噪声保持稳定。第二，SIFT 算法提取的特征数量多，特征明显，匹配准确，计算速度快。第三，SIFT 算子可扩展性强，可以很方便地和其他形式的特征向量结合使用。对于绝大多数图像，大家公认它是目前效果最好的配准算法。

3．SIFT 特征提取

SIFT 算法的关键是特征提取和特征描述，这一过程又可以细分为 4 个步骤。

（1）初步定位特征点：检测尺度空间极值点，目的是找到在尺度空间和二维图像空间均为极值的特征点，初步确定特征点的位置和所在的尺度。

（2）精确定位特征点：初步检测到的极值点不稳定，因此，要经过进一步的检验来去除低对比度的点和不稳定的边缘点，增强匹配的稳定性和抗噪能力。

（3）确定特征点方向：利用特征点邻域像素的梯度方向分布，为每个特征点指定方向参数，确定每个特征点的主方向，使算子具有旋转不变性。

（4）生成关键点描述子：通过综合考虑邻域梯度信息生成稳定的 SIFT 特征向量，生成的特征向量对图像的各种变化具有最大的适应性。

9.4.2　初步定位特征点

首先，利用高斯函数构造尺度空间，接着利用高斯尺度空间构建差分高斯（DOG，Difference Of Gaussian）尺度空间。然后，在 DOG 空间检测极值点，即初步定位的特征点。特征点的检测在多尺度空间中进行，保证了尺度不变性。

1．高斯金字塔尺度空间

根据尺度空间理论，采用不同尺度的高斯核对原图像进行滤波，可以生成多尺度空间。定义二维高斯核 $G(x,y,\sigma)$与原图像 $I(x,y)$的卷积结果为二维图像尺度空间 $L(x,y,\sigma)$，即第 6 章中提及的拉普拉斯-高斯（LOG）金字塔分解，或简称高斯金字塔、高斯尺度空间，如下式所示。

$$L(x,y,\sigma)=G(x,y,\sigma)*I(x,y) \tag{9.47}$$

上式中，符号*代表卷积运算，$I(x,y)$为原始输入图像，$G(x,y,\sigma)$为二维高斯函数，其具体形式如下，其中 σ 表示尺度因子。

$$G(x,y,\sigma)=\frac{1}{2\pi\sigma^2}e^{\frac{-(x^2+y^2)}{2\sigma^2}} \tag{9.48}$$

一幅图像形成了一个高斯金字塔图像序列结构，即高斯金字塔尺度空间，如图 9.21 所示，共有 n 组，每一组都有 m 层。每一组的第一层都由其下一组的最上一层下采样得到。同组金字塔的各层图像之间的尺度因子相差 k 倍，即在金字塔的同一组中，如果第一层图像的尺度因子为 σ，则第二层的尺度因子为 $k\sigma$，第三层的尺度因子为 $k^2\sigma$，以此类推。

一般高斯金字塔的每一组包含 m=3+S 层，S 为 σ 与 2σ 之间的层数，一般取 3 或 2。每组的各层形成通过输入图像与级联滤波器进行卷积得到。如当 S=2 时，每组的高斯金字塔共有 5 层，由 4 级的级联滤波器得到。第一组高斯金字塔的 5 层图像 I_0～I_4 的形成过程如图 9.22 所示。

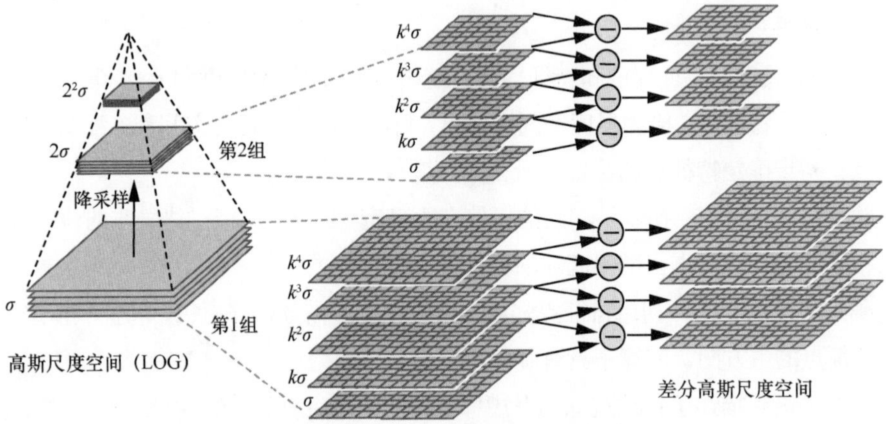

图 9.21　高斯尺度空间和差分高斯空间的构造

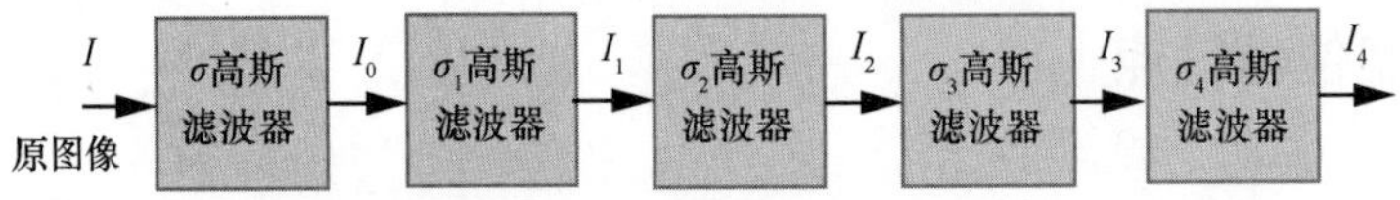

图 9.22　级联滤波器的构造

2. 差分高斯尺度空间

为了使尺度空间中极值点的检测稳定有效，SIFT 在差分高斯尺度空间 $D(x,y,\sigma)$中检测极值点而不是直接在高斯金字塔尺度空间 $L(x,y,\sigma)$中检测。差分高斯尺度空间是由两个相邻的高斯尺度空间相减得到的。

$$D(x,y,\sigma)=[G(x,y,k\sigma)-G(x,y,\sigma)]*I(x,y)=L(x,y,k\sigma)-L(x,y,\sigma) \tag{9.49}$$

式中，k 为常数，满足 $k=2^{\frac{1}{s}}$，表示两个相邻尺度之间的间隔。函数 G 为高斯函数，函数 L 为对应图像的尺度空间。

之所以选取 DOG 作为检测特征点的函数，是因为有研究证明：DOG 函数是对归一化高斯拉普拉斯尺度算子 $\sigma^2\nabla^2 G$ 很好的近似；带有因子 σ^2 的归一化拉普拉斯算子具有尺度无关性。因此，对比一般的梯度检测、Harris 角点检测等方法，尺度归一化的高斯拉普拉斯算子 $\sigma^2\nabla^2 G$ 的极大值和极小值能够检测出最稳定的图像特征点。数值计算表明，适当地选取 k 值，可以使两个高斯函数之差近似等于另一个高斯拉普拉斯函数的常数倍，如下式所示。

$$\sigma^2\nabla^2 G(x,y,\sigma)\approx\frac{2k^2}{k^2-1}\cdot D(x,y,\sigma)=\frac{2k^2}{k^2-1}[G(x,y,k\sigma)-G(x,y,\sigma)] \tag{9.50}$$

取 $k=\sqrt[3]{2}\approx 1.26$ 时上式的近似程度最佳，一般情况下 k 取 1.1～1.3。

3. 极值点检测

差分高斯函数 $D(x,y,\sigma)$直接在高斯金字塔的基础上生成差分高斯（DOG）金字塔，即相邻层图像之间两两相减，如图 9.23 所示，然后在差分金字塔上寻找局部极值点，这样就减少了运算量。

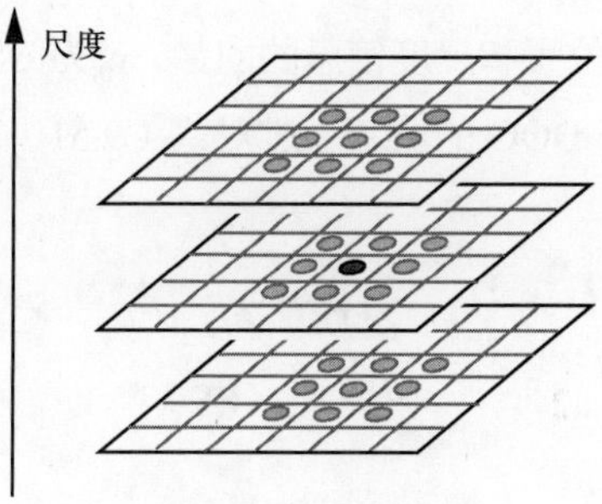

图 9.23　极值点定位

为了检测 DOG 空间的极值点，每个像素需要和它 3×3 邻域的 8 个周围像素点进行比较，同时需要和相邻两层中 3×3 邻域的点进行比较，即共需要和 26 个点进行比较。如果被检测点大于或者小于这所有的邻域点，该点被标记为候选极值点。这个检测过程将大部分的像素点剔除，所以计算代价较小。

9.4.3　精确定位特征点

由于 DOG 算子会产生较强的边缘响应，所以要生成稳定的 SIFT 特征描述符，需要对极值点做进一步的精炼处理。极值点的精炼处理包括两部分：一是低对比度点的抑制，二是边缘响应点的去除。低对比度点的抑制是指剔除响应值小于给定阈值的点，边缘响应点的去除是指将候选点中大曲率的边缘点筛选掉。因此，在进行极值点精炼之前，先要通过三维二次函数对特征点的位置进行精确定位，然后通过计算该位置的 DOG 响应值及曲率筛选得到真正的极值点。

1. **极值点的精确定位**

DOG 极值检测到的极值点的位置坐标均为整数，而实际极值点位置不一定位于整数坐标位置上，以一维函数为例，如图 9.24 所示。为了精确定位极值坐标位置，将 $D(x,y,\sigma)$用二次泰勒（Taylor）展开进行曲线拟合，得到差分高斯函数在候选极值点附近的展开式。

$$D(\boldsymbol{x}) \approx D(\boldsymbol{x}_0) + \frac{\partial D^{\mathrm{T}}}{\partial \boldsymbol{x}}(\boldsymbol{x}-\boldsymbol{x}_0) + \frac{1}{2}(\boldsymbol{x}-\boldsymbol{x}_0)^{\mathrm{T}}\frac{\partial^2 D}{\partial \boldsymbol{x}^2}(\boldsymbol{x}-\boldsymbol{x}_0) \tag{9.51}$$

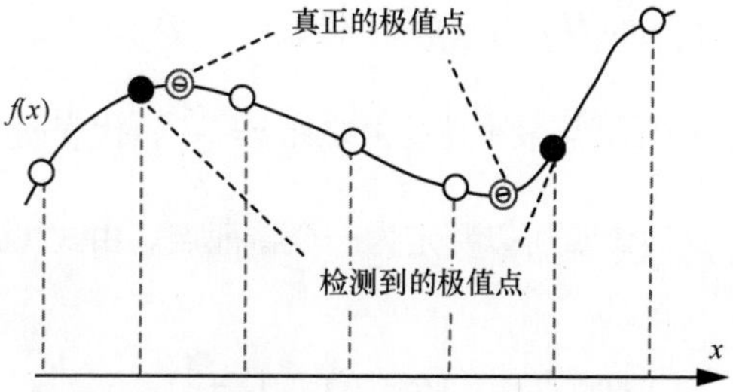

图 9.24　离散空间与连续空间极值点的差别

其中，$\boldsymbol{x}=(x,y,\sigma)^{\mathrm{T}}$ 为精确极值点的位置和尺度信息的向量，$\boldsymbol{x}_0$ 为候选极值点的位置和尺度信息的向量，$D(\boldsymbol{x}_0)$为候选点的差分金字塔 DOG 的值。通过对式（9.51）求导并令一阶导数为零，得到精确极值点为

$$\hat{\boldsymbol{x}} = -\frac{\partial^2 D}{\partial \boldsymbol{x}^2}^{-1} \cdot \frac{\partial D^{\mathrm{T}}}{\partial \boldsymbol{x}} \tag{9.52}$$

2. 低对比度极值点去除

如果 $\hat{\boldsymbol{x}}$ 在某一维度上大于 0.5，则说明真实的极值点更靠近其他点。需要对此极值点进行调整，可通过式（9.51）重新计算，产生新的极值点 $\hat{\boldsymbol{x}}$，直到 $\hat{\boldsymbol{x}}$ 中 x 或 y 方向上的偏移量小于 0.5 为止。将新坐标代入式（9.51），得到修正后的特征点的 D 值。

$$D(\hat{\boldsymbol{x}}) = D(\boldsymbol{x}_0) + \frac{1}{2}\frac{\partial D}{\partial \boldsymbol{x}}^{\mathrm{T}} \hat{\boldsymbol{x}} \tag{9.53}$$

为了剔除低对比度的点，需要设定一个阈值，如果$|D(\hat{\boldsymbol{x}})|$的值小于阈值，则判定当前极值点为对比度低的不稳定极值点，予以去除。

3. 边缘响应点去除

检测更加稳定的极值点，只是舍弃低对比度的点是不够的，由于 DOG 空间中边缘有较强的响应，如果边缘的点被定为关键点，检测算法的顽健性会降低。

差分高斯函数的极值在边缘处有较大的主曲率，在尺度空间局部的极值点处的主曲率可以通过下面 2×2 的 Hessian 矩阵 $\boldsymbol{H}$ 计算得到。

$$\boldsymbol{H} = \begin{bmatrix} D_{xx} & D_{xy} \\ D_{xy} & D_{yy} \end{bmatrix} \tag{9.54}$$

式中的偏导数可由当前采样点的邻域差分近似得到。D 的主曲率和 $\boldsymbol{H}$ 的特征值成正比，在 $\boldsymbol{H}$ 矩阵的特征值中，最大特征值对应的特征向量代表着曲率最大的方向；最小特征值对应的特征向量代表着曲率最小的方向。令 α 代表 $\boldsymbol{H}$ 的最大特征值，β 代表 $\boldsymbol{H}$ 的最小特征值，则 $\boldsymbol{H}$ 的迹和行列式分别为

$$\mathrm{trace}(\boldsymbol{H}) = D_{xx} + D_{yy} = \alpha + \beta \tag{9.55}$$

$$\det(\boldsymbol{H}) = D_{xx}D_{yy} - (D_{xy})^2 = \alpha\beta \tag{9.56}$$

定义 r 为 $\boldsymbol{H}$ 矩阵的最大特征值与最小特征值之比 $r=\dfrac{\alpha}{\beta}$，代表两个主曲率的比，当 r 接近 1 时，表明两个主曲率相近，这时该点可以判定为一个特征点。由式（9.55）和式（9.56）可推导出式（9.57）曲率定义公式如下。

$$\frac{\mathrm{trace}(H)^2}{\det(H)} = \frac{(\alpha+\beta)^2}{\alpha\beta} = \frac{(r+1)^2}{r} \tag{9.57}$$

上式的$\frac{(r+1)^2}{r}$在两个特征值相等时，即 r=1 时有最小值，并随 r 增大而增大。这样，要判定 r，只需要判断

$$\frac{\text{trace}(H)^2}{\det(H)} < \frac{(r+1)^2}{r} \tag{9.58}$$

主曲率比通常取为 r=10，小于这个门限的认为是特征点。这样就消除了主曲率比大于 10 的像素点，即消除了图像中的边缘特征点。图 9.25 给出了一幅 233×189 图像 SIFT 特征点的精选过程。图中的小箭头是后面要介绍的“主方向”，一个箭头的根部表示一个特征点。

(a) 原图像　(b) 初始特征点　(c) 低对比度剔除后　(d) 主曲率比筛选后

图 9.25　SIFT 特征点的选取（见彩插图 9.25）

其中，图 9.25（a）为原图像，图 9.25（b）中的箭头表示初步检测到的 832 特征点，图 9.25（c）是对初始特征点中低对比度特征点进行阈值去除后保留 729 个特征点，图 9.25（d）是继续进行主曲率比筛选后保留 536 个特征点，即最终的 SIFT 特征点。

9.4.4　确定特征点主方向

精确定位处理后保留的特征点称为关键点。有了关键点后，要想实现特征点描述子的旋转不变性，就要给每个特征点附加一个方向，并且这个方向的计算仅依赖于局部图像信息，利用这样的方向来表示特征点的描述子与图像的旋转无关。

仅对关键点处像素进行方向估计是不够的，为了计算关键点处的主方向，我们利用关键点邻域像素的梯度分布特性来计算关键点主方向。采用邻域像素梯度直方图，将邻域像素通过加权考虑进来，则可以更加精确地估计主方向。

选取距离关键点尺度最近的高斯图像 L，计算 L 上每一个点的梯度模值大小 $m(x,y)$和梯度方向 $\theta(x,y)$。

$$m(x,y)=\sqrt{(L(x+1,y)-L(x-1,y))^2+(L(x,y+1)-L(x,y-1))^2} \tag{9.59}$$

$$\theta(x,y)=\tan^{-1}\frac{L(x,y+1)-L(x,y-1)}{L(x+1,y)-L(x-1,y)} \tag{9.60}$$

实际计算时，在以关键点为中心的邻域窗口内采样，用直方图统计邻域像素的梯度方向。该

直方图的横轴表示梯度方向，其范围从 0°～360°，共分为 36 段（bin），每 10°为一段，纵轴表示加权梯度模值 m_1，如图 9.26 所示。

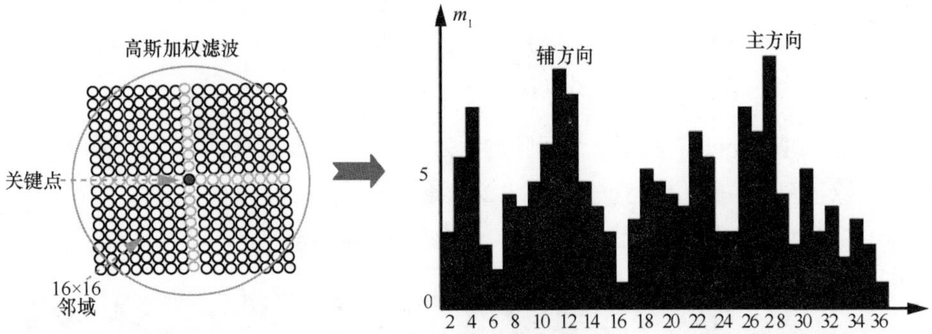

图 9.26　关键点的 16×16 邻域的梯度直方图

选取高斯函数 $G\left(x,y,\dfrac{3\sigma}{2}\right)$ 为加权函数 w_1，其中 σ 为该极值点的尺度值。

$$m_1 = w_1 m(x,y) = G(x,y,\frac{3\sigma}{2})m(x,y) \tag{9.61}$$

在以上梯度直方图中，找到最大值所对应的方向，并将其作为特征点的主方向。当存在另一个相当于主峰值 80%以上能量的峰值时，则将这个方向认为是该特征点的辅方向。所以，一个关键点可能会被指定多个方向（一个主方向，一个以上的辅方向），这样可以提高特征匹配的稳定性。也就是说，有好几个关键点虽然它们的位置和尺度相同，但是方向不一样。这样做的目的是增强匹配的顽健性。

计算主方向的目的是实现描述子的旋转不变性，采取的方法是将邻域内所有像素点的梯度方向值减去主方向值，作为它们新的梯度方向值。若新的梯度方向值为负值，则加上 2π；同理，如果大于 2π，则减去 2π。这样，可将新的梯度方向全部换算到 0 至 2π 范围内，实现了描述子的旋转不变性。

至此，图像的关键点已检测完毕，这时每个关键点有 3 个信息：位置、所处尺度和方向。

9.4.5　SIFT 特征描述子

为了使关键点不随光照、视角等各种变化而改变，还需为每个 SIFT 关键点建立一个描述子，并且描述子应该有较高的独特性，以便于提高特征点的匹配准确率。特征描述子是包含以 SIFT 特征点为中心的局部图像特性的多维向量。

为保证 SIFT 特征向量具有旋转不变性，首先将坐标轴旋转到关键点的主方向，确保旋转不变性；然后依据关键点尺度选取高斯图像，按式（9.59）和式（9.60）计算以关键点为中心的 16×16 窗口（关键点所在的行和列不取）内所有像素点的梯度模值和梯度方向。每个小格代表关键点邻域所在尺度空间的一个像素，采用高斯加权（越靠近特征点的像素，梯度方向信息贡献越大）。然后将该邻域分为 4×4 共 16 子区域，计算每个 4×4 子区域小块的梯度方向直方图，其横轴表示梯度方向，其范围从 0 至 2π，共分为 8 段，每 45° 为一段，纵轴表示加权梯度模值 m_2，如图 9.27 所示。每个子区域由此形成一个由 8 维向量表示自己的直方图，这样一个特征点（包含 16 个子区域）就由 16×8=128 维向量表示。此时，选取高斯函数 $G\left(x,y,\frac{\sigma}{2}\right)$ 为加权函数 w_2，σ 为该极值点的尺度值，加权梯度模 m_2 为

$$m_2 = w_2 m(x,y) = G\left(x,y,\frac{\sigma}{2}\right)m(x,y) \tag{9.62}$$

某一子块 $r(l,m)$第 k 方向的梯度方向直方图的统计公式如下。

$$h_{r(l,m)}(k) = \sum_{x,y\in r(l,m)} m(x,y)\left(1-\frac{|\theta(x,y)-c_k|}{\Delta_k}\right),\quad \theta(x,y)\in bin(k) \tag{9.63}$$

其中，l=1,2,3,4，m=1,2,3,4，C_k 为方向柱的中心，Δ_k 为方向柱 $bin(k)$的宽度，(x,y)为子块 $r(l,m)$像素点的坐标。

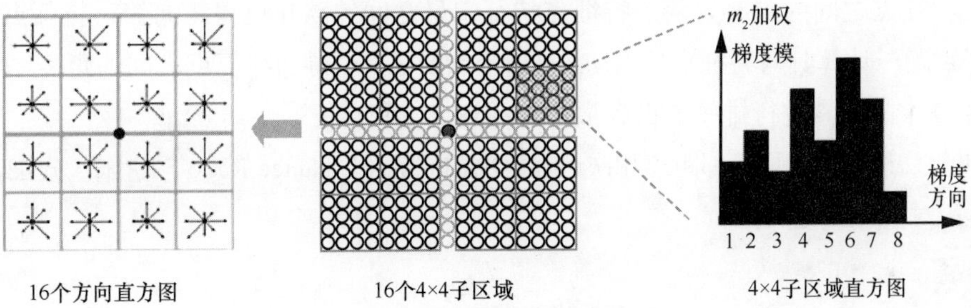

图 9.27　SIFT 描述子的构成

一个特征点由 4×4=16 个种子点组成，特征描述子由所有子块的梯度方向直方图构成。

$$u = (h_{r(1,1)},\cdots,h_{r(l,m)},\cdots,h_{r(4,4)}) \tag{9.64}$$

上式中每个直方图 $h_{r(l,m)}$包含 8 个分量，所以最终形成的 128 维向量就是 S1FT 特征描述符子。此时 S1FT 特征向量已经去除了尺度变化、旋转等几何变形因素的影响，再对其进行向量归一化操作，则可以进一步去除光照变化的影响。

9.4.6　SIFT 特征点匹配

当参考图像和待配图像的 SIFT 特征向量生成后，利用特征点特征向量的欧几里得距离作为两幅图像中特征点的相似性判定度量，这是一种非常简单和常见的判定准则。

1. **最近邻匹配**

最近邻法是一种有效为每个特征点寻找匹配点的方法。最近邻点被定义为与特征点的不变描

述子向量之间的欧几里得距离最短的点。

然而，在实际中，由于遮挡或未能正确检测到特征，图像中的一些特征点可能搜索不到与其正确匹配的点。因此，在搜索匹配点时需要先采取某种措施，将这些误匹配点从候选点集中剔除。通过设置一个全局门限的方法来剔除误匹配点，效果并不理想。因为不同特征之间的区分度可能相差很大，在剔除误匹配点的同时，有可能将正确的点同时剔除，因而不宜使用全局阈值剔除不良匹配。

2. 最近邻次近邻匹配

为了解决这个问题，可采用计算特征点对最近邻点和次近邻点距离的比值，并考察是否满足设定的阈值作为匹配点判定标准。采用这种方法能够得到更高的配准率，这是基于以下两点：一是为了实现可靠的配准，正确匹配时的最邻近点距离应小于错误匹配时的最近邻点距离；二是由于特征空间的高维性，这些点的最近邻距离很相近。

假定原图像 P 的 SIFT 特征点集合为 $F_P=\{F_P(1), F_P(2),\cdots,F_P(m)\}$，$m$ 为图像 P 特征点的个数；假定待配图像 Q 的 SIFT 特征点集合为 $F_Q=\{F_Q(1), F_Q(2),\cdots,F_Q(n)\}$，$n$ 为图像 Q 特征点的个数。

定义特征点之间的距离为两个特征点特征向量之间的欧几里得距离。对特征点集合 F_P 中的每个点逐一计算其与特征点集合 F_Q 中每个点的距离，得到特征点之间的距离集合 D。将距离集合 D 中的元素进行排序，得到最近邻距离 $d_{\min}$ 和次近邻距离 $d_{n\text{-}\min}$。

SIFT 算法通过判断最近邻距离和次近邻距离的比值（Distance Ratio）R_D 来区分正确匹配对和错误匹配对。R_D 的定义为

$$R_D=\frac{d_{\min}}{d_{n-\min}} \tag{9.65}$$

对于正确的匹配对，其最近邻距离 $d_{\min}$ 远小于次近邻距离 $d_{n\text{-}\min}$，即 $R_D<<1$；而对于错误的匹配对，由于特征空间的维数很高，其最近邻距离 $d_{\min}$ 与次近邻距离 $d_{n\text{-}\min}$ 差距不大，即 $R_D\approx 1$。所以，可取一个距离比 R_D 的阈值 $T_D\in(0,1)$来区分正确匹配对和错误匹配对。例如，选取距离比阈值 T_D=0.8 时，当距离比 R_D 大于 0.8 时拒绝匹配，否则接受匹配为候选匹配对。由于拒绝了所有距离比率大于 0.8 的匹配点，可剔除近 90%的错误匹配点，同时仅损失了小于 5%的正确匹配点。

除了上述的最近邻次近邻匹配法外，还有多种匹配方法，如分层搜索、牛顿法、最速下降法、方向加速法、遗传算法和神经网络等，这里不再一一介绍。

9.4.7 SURF 特征描述子

SIFT 描述子的匹配性能非常优越，但它的计算复杂度较高。为了实现快速的图像配准，2006 年 Herbert Bay 推出了一种类似 SIFT 但计算复杂度较低的快速顽健特征（SURF，Speeded Up

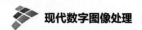

Robust Features）描述子，它借鉴了 SIFT 描述子的思路，首先用 Haar 小波代替高斯函数对关键点圆形邻域进行滤波，利用响应的大小确定关键点主方向；然后在圆形邻域中以主方向为坐标轴构造方形子区域，并利用 Haar 小波的响应构造描述子。

Haar 小波是一种计算 x 和 y 方向梯度的简单滤波器。首先计算关键点邻域的 Haar 小波响应主方向，然后以关键点为中心、主方向为坐标轴选取子区域。在子区域中利用 Haar 小波响应构造 64 维的 SURF 描述子。

1. **确定主方向**

分别计算关键点邻域内在圆形邻域的半径，公式为 r=6s，s 为图像尺度。在大尺度情况下，Haar 小波的检测算子大小为 4s 的方形区域，待检区域较大。为了节约运算时间，可以利用一些加速方法。

用 σ=2.5s 的高斯函数对 Haar 小波响应进行加权滤波。首先以关键点为中心，分别计算其邻域范围内半径为 6s（s 为当前的尺度值）的圆形区域内的像素点在 x 和 y 方向的 Haar 小波（Haar 小波边长取 4s）响应，并用高斯函数对这些响应值进行加权，使远离关键点的响应贡献小，靠近关键点的响应贡献大，按照距离远近决定相应点对关键点的贡献值。然后遍历搜索整个圆形邻域，将每 60° 范围内的响应相加形成新的向量，关键点的主方向即为幅值最大的向量方向。通过计算为每个关键点赋主向量。该过程示意如图 9.28 所示，图中圆心为关键点，右图的方向为主方向（尚未绘出的 3 个向量幅度均小于右图）。

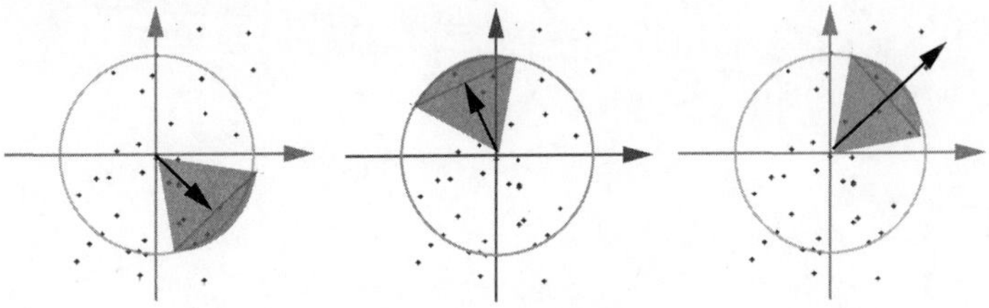

图 9.28　主方向的确定

2. **形成描述子**

重新建立坐标系时以关键点为中心，主方向为新的坐标轴，在新坐标系选取方形区域（边长为 20s，中心为关键点），并将其重新划分为 4×4 个子区域，计算每个子区域内 25 个像素的 Haar 小波响应，记 d_x 为水平方向（与主方向一致）Haar 小波响应、d_y 为垂直方向的响应。和 SIFT 方法类似，对响应值进行高斯加权来增加几何不变性。然后将每个子区域的响应之和 $\sum d_x$ 、$\sum d_y$ ，响应绝对值之和 $\sum|d_x|$、$\sum|d_y|$ 组成四维矢量 $\boldsymbol{V}_{\text{sub}}$。

$$\boldsymbol{V}_{\text{sub}}=(\sum d_x,\sum|d_x|,\sum d_y,\sum|d_y|) \tag{9.66}$$

这样，对于每个关键点就形成了 4×(4×4)=64 维的描述向量，该过程示意如图 9.29 所示。图 9.30 为两幅图像采用 SURF 算法配准的结果。

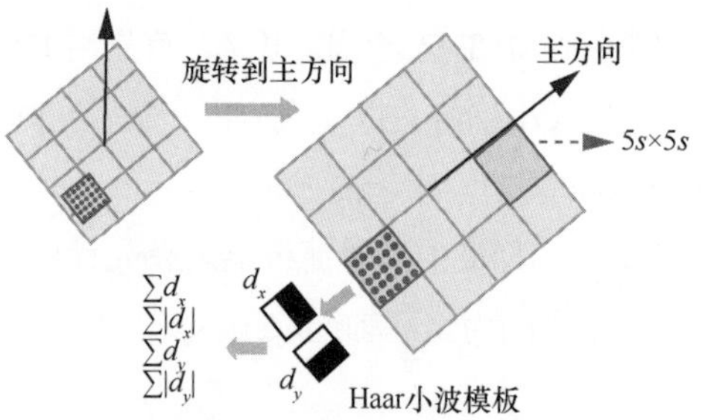

图 9.29　SURF 描述子的形成

图 9.30　SURF 特征配准结果（见彩插图 9.30）

第10章
彩色图像处理

前面章节以及后面章节所述的图像处理方法大多也适合彩色图像，但彩色图像处理有其自身的特点，本章的重点自然就落在这些独特之处。首先简要介绍常见的几类彩色空间的基本构成以及它们之间的转换关系；然后着重分析彩色图像中几种特有的处理方法，如彩色平衡，彩色图像的增强、分割和复原处理等；最后简要介绍灰度图像的伪彩色处理和彩色化处理方法。

随着图像获取技术的快速发展，彩色图像（Color Image）的应用越来越多，除了一些特殊的场合，人们接触的大都是彩色图像。因为现实世界是五彩缤纷的，反映现实世界的彩色图像更加符合观众的视觉心理需求，所以有必要在针对灰度图像处理的基础上分析彩色图像处理问题。当然，彩色图像处理和前述的灰度图像处理有很多共同之处，但也存在诸多差异，本章的重点是这些差异之处。

10.1 彩色空间表示

电磁波波长范围很宽，但只有波长大致在 390~770 nm 这样很小范围内的电磁波才能使人产生视觉，因此把这个波长范围内的电磁波叫可见光。在可见光范围内，人眼不仅感到明暗的变化，而且感到彩色的不同。人眼（包括视觉神经系统）对于不同波长光的彩色感觉和处理是一种生理和心理的综合现象，其机理至今尚不完全清楚，因而对于彩色视觉的许多结论都是建立在实验基础上的。

根据实验可知，眼睛的明暗感觉对应于光的强度，不同彩色的光可以有相同的强度或图像处理中的灰度；眼睛的彩色感觉对应于光的波长，不同波长的光使人眼产生不同的彩色感觉，因此，波长是表征彩色最根本的量。基于这种情况，二维灰度（单色）图像可以用 $I=f(x,y)$表示，彩色图像可用 $C=f(x,y,\lambda)$表示，其中，λ 为光的波长。在单色图像中，I 为每个像素的总光强，不管它是由几个或什么波长的光波所组成的；在彩色图像中，C 为每个像素点上不同波长光的强度。可见彩色图像和光的波长、强度等因素密切相关。

除了欣赏的需求外，人们对彩色图像处理十分关注还有两个主要原因：（1）彩色是图像中十分显著的特征，它有助于场景中的目标区分及目标抽取；（2）人眼可以辨别几千到几万种不同的彩色。与灰度图像相比，彩色图像由于具有数不清的色彩，因此携带更多的可视信息。

相对于人眼视觉而言，现在的机器视觉（光传感器）的光敏感范围已经扩大了许多，包括 0.75 μm 到 2.5 μm 的近红外、2.5 μm 到 25 μm 的中红外、25 μm 到 100 μm 的远红外光，以及 10 nm 到 390 nm 的紫外线等。

10.1.1 色度学基础

不同波长的光作为一种能量进入人眼，汇聚在视网膜上，刺激感光细胞，最后以电脉冲形式传入大脑皮层，产生彩色的主观感觉。光是一种电磁波，本身并没有彩色，是通过眼睛的光感机制而被感知其强度和彩色。人类神经系统获得外界环境不同波长光的信息，并对光信息进行转换才产生了彩色感。彩色感知是人类视觉系统内在的特性，依赖于视觉而存在，和其他感觉类似，是人们以一种特殊的方式理解这个世界。

1. 彩色的基本属性

彩色是人类视觉系统对光波刺激的反应，任何视觉正常的人，其眼睛的生理结构和彩色的心理活动是基本一致的，所以人们对彩色的感知具有确定性的一面，人眼的彩色视觉特性可以定量描述出来；另外，不同的人，眼睛的生理结构和对彩色的心理活动或多或少都有差别，所以对彩色的定量描述应尽量避免主观因素的影响，以大量统计实验为基础。

彩色光学的大量实验表明，人类对色光刺激的反应是三变数的，表现为人眼主要感受彩色的 3 种变化，即亮度（Lightness）、色调（Hue）、饱和度（Saturation）。换言之，彩色所具有的这 3 种基本属性共同作用，形成视觉的总体效果。灰度图像只有亮度特征，而彩色图像还具有色调和饱和度两个颜色特征，有时将这两个量合并称为色度（Chroma），这样彩色图像就具有色度和亮度两个分量。

色调是以光波长为基础的，是到达人眼的各波长分量综合形成的。色调反映彩色的类别，是区分不同彩色的特征属性。但人感觉到的某一彩色光可有不同组合，不是唯一的，这是人彩色视觉的一个特点。在可见光谱范围内，光源辐射波长不同，在视觉上呈现不同色调，大致如表 10.1 所示。

表 10.1 彩色光波长范围

彩色	紫	蓝	青	绿	黄绿	黄	橙	红
波长/nm	390~430	430~470	470~500	500~530	530~560	560~590	590~620	620~770

饱和度表示彩色接近光谱色的程度，反映彩色的纯度。任意一种彩色都可以看作是某种光谱色与白色混合的结果。光谱色所占的比例越大，彩色接近光谱色的程度越高，彩色的饱和度越高。

亮度描述彩色光的强度（彩色光的明暗程度），表明彩色光引起的人眼光刺激强度，是一种光强度的测量方法，与光的能量有关。如果两种彩色由相同的光谱组成，那么它们的不同仅在于它们亮度上的区别。

2. 三基色原理

无数实验表明，适当选取 3 种基色（Primary Color），如红（R，Red）、绿（G，Green）、蓝（B，Blue）三色，将它们按不同的比例进行合成，就可以引起不同的彩色感觉，合成彩色光的亮度由 3 个基色的亮度之和决定，色度由三基色分量的比例决定。

为了规范彩色的度量和标准，1931 年国际照明委员会（CIE，Commission Internationale De l'Eclairage）颁布三基色光的波长：红色 $R = 700$ nm，绿色 $G = 546.1$ nm，蓝色 $B = 435.8$ nm。之所以称为三基色，是因为这 3 种色彩彼此独立，其中任意一种都不能由另外两种混合得到。3 种彩色的光强越强，到达眼睛的光越多，感觉越亮；它们的比例不同，看到的彩色也就不同；没有光到达眼睛，既没有亮的感觉，也没有色的感觉，是一片漆黑。

某一种彩色和这三基色之间的关系可用下面的公式来描述。

$$C = r(R) + g(G) + b(B) \tag{10.1}$$

其中，r、g、b 是红、绿、蓝三色的混合比例，一般称为三色系数。如图 10.1 所示，当三基色等量相加时，得到白色；等量的红绿相加而蓝为 0 值时得到黄色（Yellow）；等量的红蓝相加而绿为 0 时得到品红色（Magenta）；等量的绿蓝相加而红为 0 时得到青色（Cyan）。如果每种基色的强度用 8 bit 表示，一个彩色像素包含 R、G、B 这 3 种基色成分，需用 3×8=24 bit 表示，因此，RGB 组合可产生 2^{24}（16 777 216）种彩色。

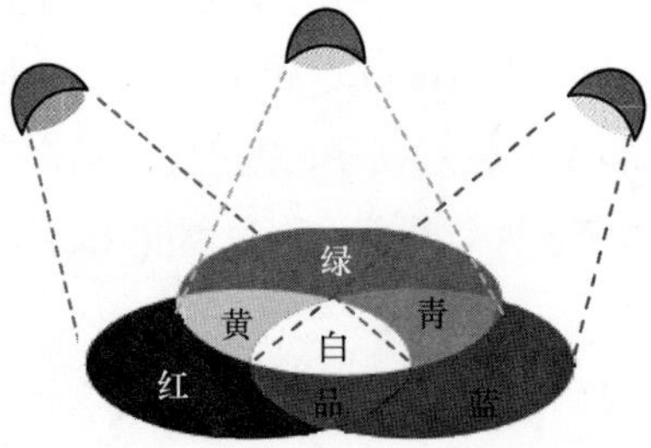

图 10.1　三基色混色图（见彩插图 10.1）

几种色光按不同比例混合满足相加混色原理（格拉斯曼定律）。例如，色光 $S_1=(r_1,g_1,b_1)$ 与色光 $S_2=(r_2,g_2,b_2)$ 混合，将产生新的彩色 $S_3=(r_1+r_2,g_1+g_2,b_1+b_2)$。混合色 S_3 的亮度由原色光的亮度之和决定，色度由原始色光的比例决定。一定比例的红、绿、蓝 3 种彩色的光线叠加在一起，就形成了白色的光线。实际中，我们所见到的都是混合光。一定成分的混合光，有一种确定的彩色与之对应；但反过来，一种彩色并不只对应一种光谱。也就是说，两种光谱成分完全不同的混合光，可能引起的彩色感觉完全一样。例如，6 W 的 540 nm（绿光）与 25 W 的 650 nm（红光）的单色光混合，产生的彩色与 10 W 的 580 nm（黄光）的单色光相同。这种现象在色度学中称为“同色异谱”（Metamerism）。

三基色的混色原理说明了视觉对彩色的反应取决于红、绿、蓝 3 个输入量的代数和，包括如下内容。

（1）所有彩色都可以用互相独立的三基色混合得到。

（2）假如三基色的混合比相等，则色调和饱和度也相等。

（3）任意两种彩色相混合产生的新彩色与采用三基色分别合成这两种彩色的各自成分混合起来得到的结果相同。

（4）混合色的光亮度是原来各分量光亮度的总和。

上述最后一条表明，三基色构成彩色的亮度由各个分量相加，但每种彩色对亮度的贡献不同。由三基色分量计算该彩色亮度的公式称为亮度方程，最常用的亮度方程为

$$Y = 0.299R + 0.587G + 0.114B \tag{10.2}$$

式中，R、G、B 分别表示红、绿、蓝单色光分量的亮度，每一分量前面的常数表示该基色对混合光亮度 Y 贡献的比例。

3. 彩色视觉机理

人对物体的彩色视觉是由光所引起的。人眼视网膜上的感光细胞分为杆状细胞和锥状细胞：杆状细胞，约有 1.3 亿个，无彩色感，有亮度感，灵敏度高，具有单色和夜视的功能；锥状细胞，约 700 万，有彩色感，对波长敏感，但分辨率低，需要较好的光照。有彩色感觉的锥状细胞还可以进一步分为 R 类锥状细胞、G 类锥状细胞和 B 类锥状细胞，3 类锥状细胞对不同波长的敏感程度或感知度（Sensitivity）各不相同，大致的感知度曲线如图 10.2 所示。图中视觉系统对彩色和亮度的响应曲线是在各个波长的光强度相等的情况下得到的。

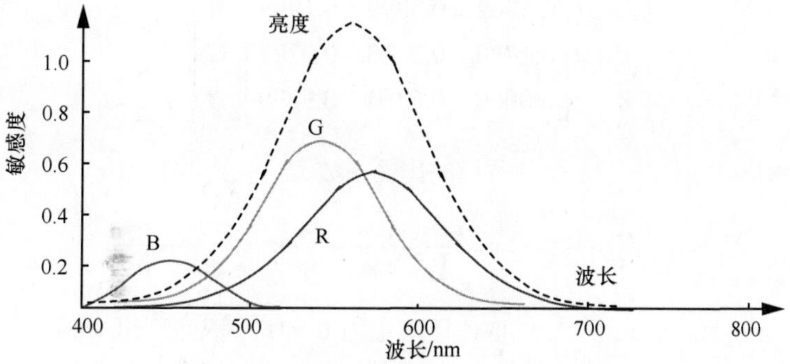

图 10.2　3 类锥状细胞的彩色敏感程度示意

人眼的感光细胞就像 CCD 感光器件中的感光单元，将所获得的光的信息通过视觉神经细胞传到人的大脑，经大脑判断产生彩色视觉感。人眼大约有 100 万条视觉神经，可以“并行”处理，传送视觉信息。但对于上亿的视觉细胞，百万数量计的神经细胞是相当少的。视觉信息由眼球经视神经送出后，在视神经交叉处分为两路传到两个外侧膝状体，再经视觉放射到达大脑视区。大脑视区左右两个半球各自与对侧视网膜呈投射关系。许多实验表明，视网膜上各点和大脑视区各点保持拓扑对应关系。当我们观察物体时，眼睛将外界物像编码成神经活动信息送入大脑，这些神经活动借助于神经密码和大脑活动模式，代表外界条件，而绝没有在大脑中形成什么内部图像。

可以估计在人脑的图像感知过程中，必然有一种十分高效的处理机制（如信号的稀疏表示等），而绝不是在人脑中简单地复制出一幅图像，当然，这一机理至今尚未完全认识，也超出本书讨论的范围。

10.1.2　常见的彩色空间表示

1. CIE XYZ 彩色空间

所有的可见光组成了一个连续的彩色空间，任何一种彩色或一个色域都只是可见光的子集。由某些彩色特征量组成的子空间形成了彩色空间的一个子集，它包含某个色域的所有色彩，甚至于彩色空间的大部分彩色，这就是彩色模型。显然，所有的彩色模型都无法包含所有的可见光。基于人的眼睛对 RGB 三基色的反应，CIE 提出一系列彩色模型，如 CIE XYZ 模型、CIE RGB 模型、CIE YUV 模型等，用于对色彩的定量表示。这些彩色模型已广泛用于规范、记录、测量不同类型的设备产生的彩色，如显示器、投影仪、扫描仪、打印机等。

CIE XYZ 模型以彩色视觉的三基色混色原理为根据，将人眼视作三基色（红、绿、蓝）接收器，所有的彩色感觉均被视作不同比例三基色“刺激”的结果。因此，在 XYZ 模型中，定义了相当于红、绿、蓝的 3 个刺激量（强度）X、Y、Z，它们的取值区间皆为 0～1。当 X=1、Y=1、Z=1 时，表示白色；当 X=0、Y=0、Z=0 时，表示黑色。

XYZ 和 CIE 的 RGB（强度也在 0～1 之间）三基色之间的关系定义如下。

$$\begin{bmatrix} X \\ Y \\ Z \end{bmatrix} = \begin{bmatrix} 0.4902 & 0.3099 & 0.1999 \\ 0.1770 & 0.8123 & 0.0107 \\ 0.0000 & 0.0101 & 0.9899 \end{bmatrix} \begin{bmatrix} R \\ G \\ B \end{bmatrix} \tag{10.3}$$

和 XYZ 相对应，可以定义 3 个刺激量的比例系数 x、y、z，如下。

$$x = \frac{X}{X+Y+Z}, \quad y = \frac{Y}{X+Y+Z}, \quad z = \frac{Z}{X+Y+Z} \tag{10.4}$$

显然有 $x+y+z=1$ 成立，x、y、z 的取值区间也为 0～1。因为有式（10.4）约束，$z=1-x-y$，以独立变量 x 和 y 为二维坐标，可建立一个标准的“舌形”色度图，如图 10.3 所示，任意一点彩色的 x、y 可以从坐标上直接得到，z 可以由 $1-x-y$ 算出。舌形的曲线周边为“光谱色”，即可见光的连续光谱上不同波长的彩色都顺序分布在此曲线上。由光谱色混合而成的各种彩色位于舌形内的各个部位，它代表人类可见的彩色范围。

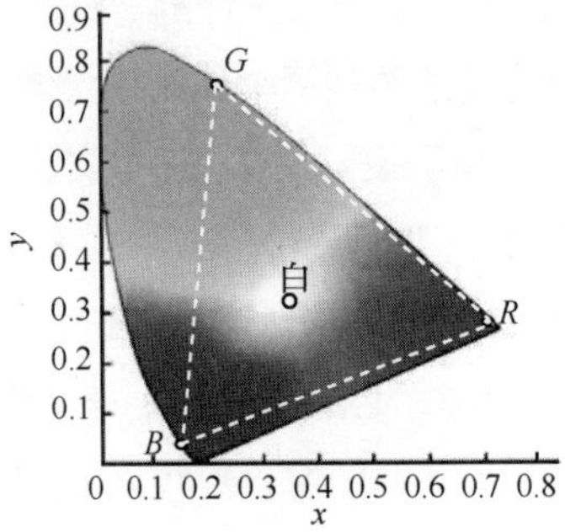

图 10.3 *x y z* 色度图（见彩插图 10.3）

在色度图上，可以按照 RGB 的波长标出 RGB 这 3 个点，从而获得 RGB 三角形，即由不同 RGB 混合而成的彩色全部位于此三角形内。三角形中间的那一点为白色，它表明在这一点，三基色的比例相同，因而呈现为白色。其他所有可见光的彩色都可以在色度图中得到表示。从此色度图和 RGB 三角形可知，由 RGB 三基色可以组合产生大多数彩色，但不是全部。从理论上讲，RGB 可以有不同的选择，实际上也确实如此（当然不是任意选择），如 PAL 制、NTSC 制电视系统所选的 RGB 都和 CIE 的 RGB 不同，而它们各自也不相同。

如前所述，所有可见光组成了一个连续的彩色空间，为应用所定义的各种彩色模型是整个彩色空间的不同子集。由于彩色模型基本包含了大部分的彩色空间，因此也将彩色模型所表示的所有色彩称之为彩色空间，以下如不加说明即默认这种说法。彩色模型（彩色空间）定义了一种彩色坐标系，规范了各种色彩在此空间中的排列。除了 CIE XYZ 模型外，常见的彩色模型还有以下几种。

2. RGB 彩色空间

如上所述，RGB 模型构成的彩色空间是 CIE 彩色空间的一个子集，通常用于各类彩色显示器。可以将 RGB 彩色模型表示为三维直角坐标彩色系统中的一个单位正方体，如图 10.4 所示。正方体的角点(0,0,0)为黑，(1,1,1)为白，其他的 6 个角点分别为红、黄、绿、青、蓝和品红。RGB 彩色模型立方体内的每个点都表示一个不同比例的 RGB 彩色，RGB 图像中每个像素都可以映射到此图彩色空间中的一点。

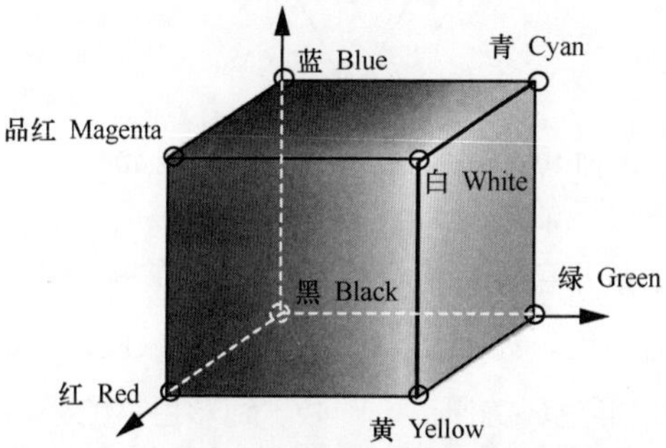

图 10.4　RGB 彩色空间（见彩插图 10.4）

在 RGB 立方体中，从原点的黑色到对角顶点白色之间的连线上，RGB 这 3 个分量的比例相同，因而表示从黑到白的不同层次的灰色，因此灰度图像的所有灰度都可以映射到这条线上。这里我们可以非常直观地看到图像的彩色空间的容量比灰度空间大得多，因而彩色图像的表现能力是灰度图像难以企及的。

在 RGB 彩色表示格式中，可以直接赋给某像素点的 R、G、B 分量为一定值，如大小限定在 0～255 之间，则该像素点的颜色就由 R、G、B 彩色空间上的矢量来决定。一般，我们称 RGB 彩色模型是面向设备的，如面向显示器，难以和人的彩色感觉相联系。例如，当你面对某一色彩时，很难知道它的 RGB 组成比例。由此可见，尽管 RGB 是概念清楚的最基本的彩色空间，但它的一个主要缺点是不直观，不可能直接从 RGB 数值得出彩色的色调、饱和度和亮度等视觉特征。为此，人们设计了若干方法把 RGB 空间映射到另一个感知彩色空间，如符合人眼视觉特性的 HSI（Hue-Saturation-Intensity）彩色空间，或类似的 HSV（Hue-Saturation-Value）空间等，这些彩色空间广泛用于彩色图像处理。

3. HSI 彩色空间

HSI 彩色模型的 3 个和人眼视觉较为一致的分量为色调、饱和度、亮度，其中色调和饱和度称为彩色图像的色度信息，亮度是彩色图像的灰度信息。如图 10.5 所示，可用两个底部重合、垂直叠置圆锥体来表示这一彩色空间。

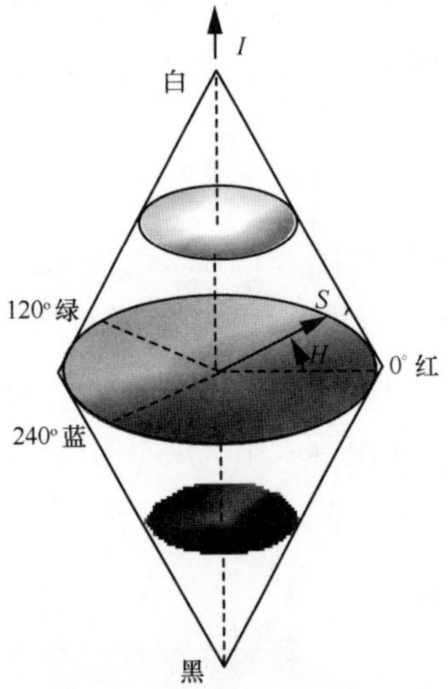

图 10.5　HSI 彩色模型（见彩插图 10.5）

彩色的色调 H，反映了该彩色最接近什么样的光谱波长，用圆锥形底面色环中的角度表示，不同的度数表示不同的颜色。如 0°为红色，120°为绿色，240°为蓝色。

彩色的饱和度 S，用圆锥形色环的原点（圆心）到彩色点的半径来表示，在环的外围是纯的饱和的颜色，其饱和度为 1。在圆锥的中心为中性（灰色），其饱和度为 0。

彩色的亮度 I，用圆锥形中色点到底面的距离表示。从下到上，I 逐渐增加，相当于逐渐增加同等比例的 RGB（白光）。如果忽视彩色的饱和度和色度两个分量，则彩色图像退化到灰度图像，从这个意义上说，灰度图像只有 I 分量，是彩色图像的特殊情况。

HSI 中色调和和光的波长相关，亮度和光的能量相关，都比较好理解。关于饱和度的概念这里补充解释一下，饱和度和彩色的纯净度有关，彩色越纯净，越接近光谱色，其饱和度越高。简单地说，任意一种彩色，都可以看成光谱色和白色混合而成，其中含白光越少则其饱和度越高。例如，有一束红色的光柱，对应的色调为 0°，饱和度为 1，表示是 100%的红色。在混入一定量的白色光后，相当于混入相同比例的 RGB 色光，红色变得不再纯净，减少了它的饱和度，变成粉红色，但它的亮度有所增加。粉红色对应于饱和度小于 1，随着更多白色光的加入，红色变得越来越淡，饱和度逐渐降低，最后接近于 0（白色），而亮度越来越亮，最后接近于 1。

不同于 RGB 彩色模型，HSI 有两个重要的特点：一是亮度分量与色度分量是分开的，I 分量与图像的彩色信息无关；二是 H 及 S 分量与人感受彩色的方式紧密相连（当然人眼对光的感知还与 I 分量有关）。因此，HSI 彩色模型符合人眼对彩色的感觉，人眼在判断一个物体的彩色时，往往也是从 HSI 这 3 个方面进行的。在改变某一彩色的属性（如改变色调）时，只需改变 H

坐标，而不像在 RGB 模型中需同时改变 3 个分量。

4. Y/B−Y/R−Y 彩色空间

Y/B-Y/R-Y 彩色空间主要应用于彩色视频图像中，它把彩色图像的 RGB 三基色信号变换为一个亮度信号 Y 和两个色差信号 B-Y、R-Y。采用 Y/B-Y/R-Y 彩色空间的主要目的是将亮度信号 Y 和色差信号 B-Y、R-Y 分离开，有利于灰度图像和彩色图像的兼容。如果只有 Y 信号分量而没有 B-Y、R-Y 分量，那么这样表示的就是黑白灰度图像。例如，在电视系统中采用 Y/B-Y/R-Y 空间可以解决彩色电视与黑白电视之间的兼容问题，使黑白电视机也能接收彩色信号，当然显示的仍然是黑白图像。RGB 与 Y/B-Y/R-Y 彩色模型之间转换关系如下。

$$\begin{bmatrix} Y \\ B-Y \\ R-Y \end{bmatrix} = \begin{bmatrix} 0.299 & 0.587 & 0.114 \\ -0.299 & -0.587 & 0.886 \\ 0.701 & -0.587 & -0.114 \end{bmatrix} \cdot \begin{bmatrix} R \\ G \\ B \end{bmatrix} \tag{10.5}$$

上述色差信号和 RGB 信号之间的关系是标准的理论概念，在实际中，不同的电视标准采用的色差信号还是和 B-Y/R-Y 有所不同的。

以我国采用的 PAL（Phase Alternation Line）制电视信号的 YUV 方式为例，两个色差信号分别为 U=0.493(B−Y)、V=0.877(R−Y)。不难得知，RGB 和 YUV 彩色模型之间转换关系可用矩阵表示如下。

$$\begin{bmatrix} Y \\ U \\ V \end{bmatrix} = \begin{bmatrix} 0.299 & 0.587 & 0.114 \\ -0.147 & -0.289 & 0.436 \\ 0.615 & -0.515 & -0.100 \end{bmatrix} \cdot \begin{bmatrix} R \\ G \\ B \end{bmatrix} \tag{10.6}$$

类似于 YUV 模型，北美的 NTSC（National Television System Committee）电视制式所采用的是 YIQ 彩色模型。其中两个色差信号分别为 $Q=\cos 33°\times U+\sin 33°\times V$ 和 $I=-\sin 33°\times U+\cos 33°\times V$。通过推算，RGB 和 YIQ 彩色模型之间转换关系可用矩阵表示如下。

$$\begin{bmatrix} Y \\ I \\ Q \end{bmatrix} = \begin{bmatrix} 0.299 & 0.587 & 0.114 \\ 0.596 & -0.275 & -0.322 \\ 0.212 & -0.523 & 0.311 \end{bmatrix} \cdot \begin{bmatrix} R \\ G \\ B \end{bmatrix} \tag{10.7}$$

YUV、YIQ 模型主要适用于模拟视频。在标准化的数字视频邻域，数字亮度信号和色差信号分别称为 Y 和 C_r、C_b，组成 YC_rC_b 彩色模型，该模型的 3 个分量大体和 YUV 相对应。YC_rC_b 系统主要用于数字视频，它和 RGB 的关系如下。

$$\begin{bmatrix} Y \\ C_b \\ C_r \end{bmatrix} = \begin{bmatrix} 0.299 & 0.587 & 0.114 \\ -0.169 & -0.331 & 0.500 \\ 0.500 & -0.419 & -0.081 \end{bmatrix} \cdot \begin{bmatrix} R \\ G \\ B \end{bmatrix} + \begin{bmatrix} 0 \\ 128 \\ 128 \end{bmatrix} \tag{10.8}$$

其中，所有的变量都是数字域的变量，取值在 0～255 之间。

要注意的是，无论是 YUV 还是 YIQ，由于材料、光源等原因，其中的 RGB 不尽相同，而且都和 CIE 的 RGB 稍有不同。

5. CIE−$L^*a^*b^*$彩色空间

CIEXYZ 颜色空间模型是通过大量的实验和数学计算得来的，它的主要问题是彩色的度量变化呈非均匀性。例如，在色度图的绿色区间中的一个较大的度量色差对于人眼来说却是几乎没有变化的，而在紫色区间中的一个较小的色差就能感觉到明显差别，不利于进行色差的标准衡量。于是，CIE 在 1976 年提出了均匀彩色空间模型 CIE-$L^*a^*b^*$来解决色差问题，当彩色度量数值均匀变化时，人的感官也是均匀变化的。将彩色作为 L^*、a^*、b^*三分量构成的三维空间中的点，这样人类彩色视觉感知差异就可以通过计算 $L^*a^*b^*$空间两点之间的欧几里得距离来衡量，从而为主观的感知差异提供了客观定量的计算方法。

CIE-$L^*a^*b^*$空间使用的坐标叫作对色坐标（Opponent Color Coordinate），其根据在于：颜色不能同时为红和绿，或者同时为黄和蓝，但可以是红和黄、红和蓝、绿和黄或绿和蓝的组合，可以用一个球形的彩色空间表示，如图 10.6 所示。彩色坐标由 3 个相互垂直并交于球心的长轴 L^*、a^*和 b^*确定。

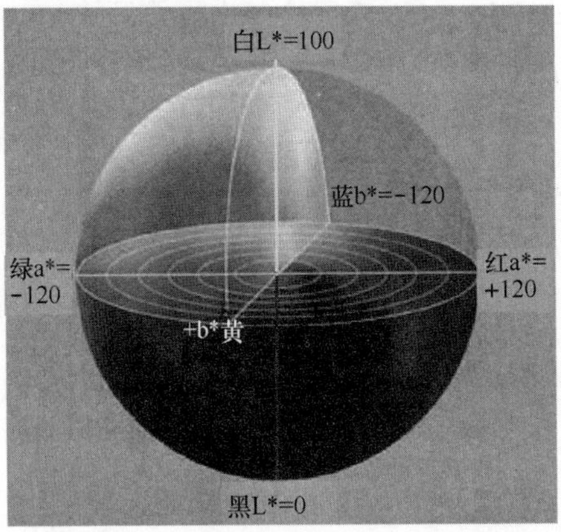

图 10.6 CIE-$L^*a^*b^*$均匀颜色空间示意（见彩插图 10.6）

L^*轴为亮度轴，表示彩色的亮度，取值范围为[0,100]，L^*=0 表示黑色，L^*=100 表示白色，L^*=50 时，相当于 50%的黑。

a^*轴为红-绿色度轴，表示彩色在红色与绿色之间的位置，值域由+120 至−120，负值指示绿色，正值指示红色，b^*从+120 到−120，红色就渐渐过渡成绿色，a^*=0 表示无彩色（灰色），a^*=+120 是纯红色，a^*= −120 是纯绿色。

b^*轴为黄-蓝色度轴，表示彩色在黄色与蓝色之间的位置，值域由+120 至−120，负值指示蓝色，正值指示黄色，从+120 到−120，黄色就渐渐过渡成蓝色，b^*=0 表示无色（灰色），b^*=+120 是纯黄色，b^*=−120 是纯蓝色。

所有 $L^*a^*b^*$空间的彩色可以用“L^*”“a^*”和“b^*”这 3 个不同的值来表示。例如，一块色彩的 $L^*a^*b^*$值是 $L^* = 100$，$a^* = 30$，$b^* = 0$，这块色彩就是粉红色。

CIE-$L^*a^*b^*$颜色空间模型从提出以来，在工业界得到了广泛应用，特别是在染料、颜料、涂料制造及纺织、油墨、塑料着色等行业的产品颜色控制中有着很重要的地位。其计算色差的公式在实际应用和理论研究中都作为基本的标准来使用。

6. CMY 彩色空间

在图 10.1 中已经表明，彩色光的三基色是红绿蓝（RGB），它们的等量混合形成了白光，两两等量混合就形成了复合色或二次色，蓝光和绿光混合形成青色光（C，Cyan）。红光和蓝光混合形成品红色光（M，Magenta），红光和绿光混合形成黄光（Y，Yellow）。以青、品红和黄色这 3 个复合色为基础就构成了 CMY 彩色空间。CMY 彩色空间主要用于颜料配色或印刷品中，青、品红和黄为其中的 3 个基本色。从这里还可以看出，CMY 和 RGB 之间是互补色的关系，以白色光为标准，黄色是蓝色的“补色”，即蓝色“补充”黄色后可形成白色，同理，品红色是绿色的补色，青色是红色的补色。例如，在青颜色覆盖的表面，当白光照射时，表面的反射光中没有红光。这就是说，青色颜料的作用是从照射的白光中阻止红光的反射，因为白光本身是由等量的红、绿、蓝色光组成的。

根据 CMY 和 RGB 之间的互补关系，构成了 CMY 彩色空间，也称作印刷彩色模式，即印刷业采用的彩色模式。大多数印刷机器都是将彩色颜料沉积到纸面上形成彩色画面，如彩色打印机和复制机，要求 CMY 数据输入，或者在机器内部进行从 RGB 到 CMY 的转换。

CMY 模式和 RGB 模式相比有一个很大的不同：RGB 模式是一种发光的色彩模式，如电视屏幕或投影仪屏幕，在没有环境光的情况下仍然可以看见屏幕上的内容，因为它是自身发出彩色光的。CMY 则是一种依靠反射光的色彩显示方式。例如，我们在阅读时，是由阳光或灯光照射到书本的页面上，再反射到眼中，才看清页面的彩色，它需要有外界光源，否则是无法可见书中内容的。

在实际应用中，往往采用的是 CMYK 彩色空间，增加了一个“K”，即黑色（Black）。青、品红、黄 3 种颜色从理论上说可以混合出黑色，但现实中由于生产技术的限制，颜料的纯度往往不尽如人意，混合出的黑色不够“黑”，只能依靠提纯的黑色加以混合。另外，也可以节省颜料的消耗，图像中的黑色部分不再需要由等量的 CMY 颜料混合而成。

由于 CMY 和 RGB 是互补的关系，假设所有的颜色全部归一化到[0,1]之间，它们之间的转换比较简单，如下所示。

$$\begin{bmatrix} C \\ M \\ Y \end{bmatrix} = \begin{bmatrix} 1-R \\ 1-G \\ 1-B \end{bmatrix} \tag{10.9}$$

10.1.3 彩色空间转换

由于物体的彩色是客观存在的，而且是唯一的，而对同一彩色物体的表示，如前所述可以采用不同的彩色空间模型，因此不同的彩色模型之间必然存在相互转换的关系。这里简要介绍基本的 RGB 系统和符合人眼视觉特性的 HSI 系统之间的转换关系。

1. RGB 到 HSI 彩色空间转换

给定一幅 RGB 彩色格式的图像，每一个 RGB 像素的 I、S、H 分量可用下面的公式得到。

$$
\begin{aligned}
I &= \frac{1}{3}(R+G+B) \\
S &= 1-\frac{3}{R+G+B}[\min(R,G,B)] \\
H &= \arccos\left\{\frac{[(R-G)+(R-B)]/2}{\sqrt{(R-G)^2+(R-B)(G-B)}}\right\}
\end{aligned}
\tag{10.10}
$$

假定 RGB 值归一化为 0～1 范围内，角度 θ 根据 HSI 空间的红轴来度量。式（10.10）直接算出的 H 值在 0°～180°之间，对应 $G \geqslant B$ 的情况；在 $G<B$ 时，H 的值应该大于 180°，此时可令 H 为 360°−H，把 H 转到 180°～360°之间。当 S=0 时对应的是无色的中心点，这时 H 没有意义，定义 H 为 0。当 I = 0 时，S 也没有意义。

2. HSI 到 RGB 彩色空间转换

若设 S、I 的值在 0～1 之间，R、G、B 的值也在 0～1 之间，则从 HSI 到 RGB 的转换公式需按照 H 分量的不同分为 3 种情况，具体如表 10.2 所示。

表 10.2　HSI 到 RGB 彩色空间转换

		HSI 模式		
		H 在 0°～120°之间	H 在 120°～240°之间	H 在 240°～360°之间
RGB 模式	R	$I\left[1+\frac{S\cos H}{\cos(60^\circ-H)}\right]$	$I(1-S)$	$3I-(G+B)$
	G	$3I-(B+R)$	$I\left[1+\frac{S\cos(H-120^\circ)}{\cos(180^\circ-H)}\right]$	$I(1-S)$
	B	$I(1-S)$	$3I-(G+R)$	$I\left[1+\frac{S\cos(H-240^\circ)}{\cos(300^\circ-H)}\right]$

3. CIE−L*a*b*到 CIE−XYZ 彩色空间转换

CIE-L*a*b*彩色空间与 CIE-XYZ 之间存在转换关系，由 XYZ 到 L*a*b*的正向转换公式为

$$
\begin{aligned}
L^* &= 116 f\left(\frac{Y}{Y_n}\right)-16 \\
a^* &= 500\left[f\left(\frac{X}{X_n}\right)-f\left(\frac{Y}{Y_n}\right)\right] \\
b^* &= 200\left[f\left(\frac{Y}{Y_n}\right)-f\left(\frac{Z}{Z_n}\right)\right]
\end{aligned}
\tag{10.11}
$$

其中，X_n，Y_n 和 Z_n 是 CIE 标准光照条件下的 X、Y 和 Z 刺激值。定义 $f_y=\dfrac{L^*+16}{116}$，$f_x=f_y+\dfrac{a^*}{500}$，$f_z=f_y-\dfrac{b^*}{200}$，由 $L^*a^*b^*$ 到 XYZ 的反向转换公式为

$$Y=\begin{cases}Y_n f_y^3, & f_y>\delta\\ \left(f_y-\dfrac{16}{116}\right)\cdot 3\delta^2 Y_n, & f_y\leqslant\delta\end{cases}$$
$$X=\begin{cases}X_n f_x^3, & f_x>\delta\\ \left(f_x-\dfrac{16}{116}\right)\cdot 3\delta^2 X_n, & f_x\leqslant\delta\end{cases}\qquad(10.12)$$
$$Z=\begin{cases}Z_n f_z^3, & f_z>\delta\\ \left(f_z-\dfrac{16}{116}\right)\cdot 3\delta^2 Z_n, & f_z\leqslant\delta\end{cases}$$

其中，定义 $\delta=\dfrac{6}{29}$，当 $t>\delta^3$ 时，$f(t)=t^{\frac{1}{3}}$，否则 $f(t)=\dfrac{t}{3\delta^2}+\dfrac{4}{29}$。

10.2　基本彩色图像处理

同样尺寸的一幅平面（二维）彩色图像和一幅平面灰度图像，从外表看具有相同的像素数。但从图像数据量和数据结构来看，却有很大的差别。灰度图像的情况比较简单，每一个像素用一个灰度值表示，是一维的标量表示方式。而对一幅彩色图像而言，情况比较复杂，每一个像素一般情况下由 3 个相关联的数值表示，是一种矢量表示方式。在 RGB 模式下，这 3 个数值是 R、G、B，在 HSI 模式下，这 3 个数值为 S、H、I。因此，在处理数字彩色图像时，可有两种选择：一种是矢量处理方式，即将彩色图像的每个像素的 3 个数值当作一个矢量来处理，要求相应的处理算法对矢量有效；另一种是标量处理方式，即将图像分为三幅分量图像，如 R 图像、G 图像和 B 图像，或 S 图像、H 图像和 I 图像，分别对每一幅图像用标量的方法进行处理，再将处理后的图像综合成一幅彩色图像。在标量处理方式中，如果处理算法是线性的，那么综合的结果和采用矢量方式处理是一样的，而非线性处理算法不能保证这种等效性。

为了能够尽量利用灰度图像处理的结果，在大多数情况下，我们采用标量的方式处理彩色图像。在这一前提下，本节对灰度图像处理中那些可以直接引用到彩色图像处理的方法不再介绍，而只介绍对彩色图像特别需要的一些处理方法。

10.2.1　彩色平衡

对于 RGB 彩色图像，其中每个像素都是由这 3 个量的不同比例所组成。假设原图像的彩色

是平衡的，即具有一定的比例。经过图像处理以后，这种比例是否保留，或者说图像的彩色是否还保持平衡，这是我们在彩色图像处理中十分关注的一个问题，也是在灰度图像处理中没有的问题。除了可以定量地检查 RGB 这 3 个分量的比例是否平衡外，我们还可以凭视觉观察判断彩色比例是否保持不变。

1. 白平衡

一种最常见的判断方法是“白平衡”（White Balance）。我们知道，相等的 R、G、B 彩色量相加形成灰色或白色，呈现的亮度由公式 $Y=0.30R+0.59G+0.11B$ 决定，其中各种颜色对亮度的贡献不同。还需说明一下，在亮度公式中，Y 的量值表示的是三基色合成光的强度，并不保证任意比例的三基色合成后一定呈现白色或灰色。如果三基色数值相同，那么合成的像素为灰色或白色，其强度和每个三基色强度一致。如果在等量三基色的基础上，某一种彩色，如红色的强度增加了 ΔR，那么根据亮度公式合成彩色的强度在原来 Y 的基础上增加了 $0.30\Delta R$ 强度的红色，出现了偏红色的现象，原先的白平衡遭到破坏。

直观地看，景物中白色或者灰色的物体，如果在处理以后三基色分量比例发生变化，偏离原有的色彩，出现灰度物体不灰、白色不白、黑色不黑等现象，这就是彩色不平衡。例如，在彩色图像直方图均衡处理后可以检查灰度景物图像部分的 R、G、B 直方图的峰值是否在一个灰度级，即具有相等的强度。如果有偏离，则说明平衡有问题，必须进行直方图均衡调整。为了保持平衡，可对 R、G、B 直方图进行线性变换方法，以灰度图像部分为准，可以选其中两个彩色的直方图向第 3 个匹配。在实际应用中，最简单的检查成像系统是否白平衡有问题的方法就是拍摄一张白纸看得到的图像是否偏离白色，如果偏离，则说明白平衡有问题。

2. 彩色补偿

和彩色白平衡有些类似，彩色补偿处理也是为了纠正彩色图像处理过程中所引起的彩色分量比例不当，只不过其目标不是为了达到某种平衡，而是经处理后的彩色更好地符合实际应用的要求。

例如，在荧光显微技术中，经常用 R、G、B 三基色对细胞图像中的不同成分进行荧光染色，形成一幅彩色图像。在理想情况下，可以正确地对此彩色图像数字化，然后进行图像的彩色分割，形成三幅（三通道）R、G、B 单色图像，如图 10.7 所示。但是在实际中，彩色图像数字化设备很难将图像中不同彩色的三类成分的物体完全分割为 3 个通道，一般只能够做到一种彩色强，其他两种彩色弱。原因是存在色扩散，即彩色数字化设备有相互覆盖的光谱敏感区和荧光粉光谱可变，结果形成彩色扩散（Color Spread），不该有某种彩色的地方有了少量的这种彩色。为解决这一问题，首先需找出 3 个色度通道之间的色扩散方程，即找到扩散矩阵；然后用此矩阵之逆对所得的并不纯净的三色图像进行修正，以得到基本纯净的彩色分量图像。

设某像素理想通道的值为 $\boldsymbol{X}=(x_1\ x_2\ x_3)^{\mathrm{T}}$，按照图 10.6 进行三色分离后，由于彩色扩散现象的存在，实际获得的各通道的值为 $\boldsymbol{Y}=(y_1\ y_2\ y_3)^{\mathrm{T}}$。假设彩色扩散为线性的（如是非线性的，则要采用其他方法来解决），某一点的彩色 $\boldsymbol{Y}$ 可采用如下矩阵表示。

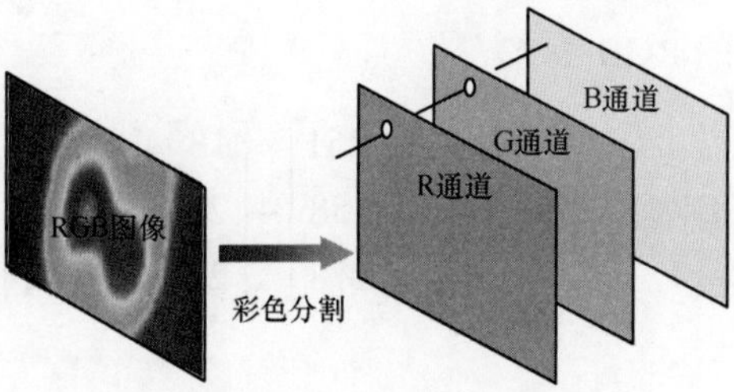

图 10.7 图像的 RGB 分离（见彩插图 10.7）

$$\boldsymbol{Y}=\boldsymbol{CX}+\boldsymbol{b} \quad \Rightarrow \quad \begin{bmatrix} y_1 \\ y_2 \\ y_3 \end{bmatrix} = \begin{bmatrix} c_{11} & c_{12} & c_{13} \\ c_{21} & c_{22} & c_{23} \\ c_{31} & c_{32} & c_{33} \end{bmatrix} \cdot \begin{bmatrix} x_1 \\ x_2 \\ x_3 \end{bmatrix} + \begin{bmatrix} b_1 \\ b_2 \\ b_3 \end{bmatrix} \tag{10.13}$$

式中，$\boldsymbol{b}$ 表示灰度偏移，当色度分量为 0 时可测得的灰度值。$\boldsymbol{C}$ 表示色度扩散矩阵，对应的物理意义如图 10.8 所示，某一实际形成像素的颜色实际包含 y_1、y_2、y_3 这 3 个分量，每个分量又和输入的 3 个分量 x_1、x_2、x_3 有关。

图 10.8 彩色扩散方程的物理意义

为了解决此问题，需要求解 $\boldsymbol{X}$，可解式（10.13）后得

$$\boldsymbol{X}=\boldsymbol{C}^{-1}(\boldsymbol{Y}-\boldsymbol{b}) \tag{10.14}$$

根据上述原理，我们处理一幅医学图像，作为彩色补偿的具体示例。R 表示荧光红，G 表示荧光绿，B 表示荧光蓝。由实验测得的色扩散矩阵 $\boldsymbol{C}$ 的数值如表 10.3 所示。

表 10.3 色扩散矩阵 $\boldsymbol{C}$

	x_1 (R)	x_2 (G)	x_3 (B)
y_1 红通道	85%	26%	24%
y_2 绿通道	5%	65%	32%
y_3 蓝通道	10%	9%	44%

从表 10.3 可见，蓝分子有 44%在 B 通道，32%出现在 G 通道，24%出现在 R 通道。其他彩色以此类推。由式（10.13）可知，为了解出 $\boldsymbol{X}$，必须计算 $\boldsymbol{C}$ 的逆矩阵。由表 10.3 可得

$\boldsymbol{C}=\begin{pmatrix} 0.85 & 0.26 & 0.24 \\ 0.05 & 0.65 & 0.32 \\ 0.1 & 0.09 & 0.44 \end{pmatrix}$，其逆矩阵为 $\boldsymbol{C}^{-1}=\begin{pmatrix} 1.24 & -0.45 & -0.35 \\ 0.05 & 1.69 & -1.26 \\ -0.29 & -0.24 & 2.61 \end{pmatrix}$，即为补偿矩阵。将具体数值代入式（10.14），如某一像素 $\boldsymbol{Y}=(251, 158, 178)^{\mathrm{T}}$，并已知 $\boldsymbol{b}=(18, 22, 20)^{\mathrm{T}}$，在已知 $\boldsymbol{b}$ 的情

况下，可以得到消除扩散后的 RGB 值 $\boldsymbol{X}$。

$$\boldsymbol{X}=\boldsymbol{C}^{-1}(\boldsymbol{Y}-\boldsymbol{b})=\boldsymbol{C}^{-1}\cdot\left(\begin{bmatrix}251\\158\\178\end{bmatrix}-\begin{bmatrix}18\\22\\20\end{bmatrix}\right)=\begin{bmatrix}191\\145\\102\end{bmatrix}$$

10.2.2 彩色图像增强

1. 彩色视觉特性考虑

以往在灰度图像中采用的增强技术原则上都适用于彩色图像的 R、G、B 单色图像。当然，对彩色图像，特别是用于观赏的图像，应考虑人的彩色视觉特性。例如，对图像的细节、边缘部分，同样的噪声对亮度的影响比色度大。这是因为人眼对图像的细节部分、灰度跳变部分的关注度特别高，因此，对这些地方噪声的影响显得很刺眼。再如，随机颗粒噪声对亮度影响比色度更大，尤其是平坦区域，对色度也是如此。这是由于人眼对色调的分辨率较低，对色饱和度的分辨率更低。

2. 彩色增强

和灰度图像增强类似，彩色图像的增强也是为改善图像的主观质量，改善彩色的表现力，因而是和人的视觉密切相关的，因此彩色图像的增强一般在 HSI 空间进行比较方便，因为 HSI 和人的彩色感觉比较一致，而 RGB 空间表示不具备这一优势。

彩色图像在 HSI 空间，I 是表征亮度的量，和色度关系不大，有关灰度图像的增强方法都适用于 I 分量。因而图像的彩色增强实际上主要是针对色调的转换与饱和度的增强而言的。

彩色的饱和度增强最简单的办法是将某彩色饱和度乘一常数，或者对彩色的饱和度施加某种线性运算。当然，也可以采用更加复杂的非线性方法增强彩色的饱和度，但此时必须小心算法有可能破坏彩色平衡。

彩色的色调变换在有些场合是很有用的。色调由 HSI 空间 S 色平面中的角度来决定，小角度变换可以进行冷暖色调的变换。“冷”“暖”色调本来是美术界依照人们对彩色的感觉不同而形成的一种区分彩色的称呼，如图 10.9 所示，将对应光谱中偏紫外线的蓝紫类色调称为冷色调，而把反方向的偏红外线的橙红类色调称为暖色调，介于两者之间的为中间色调，色调的转换相当于对图像做艺术处理。色调的变换一般比较小，基本上保留原图像的基本色调。大角度的调整则会使色调的变化较大，和原图像的彩色差异也大，必须谨慎处理。

图 10.9 冷暖色调示意（见彩插图 10.9）

3. 去噪滤波

噪声使彩色图像出现彩色的失真，清晰度下降，影响图像质量。由于产生的原因不同，噪声有多种类型，其中脉冲噪声最为常见，对彩色图像质量有较大的影响，需要采用图像滤波方法给予滤除。彩色图像滤波要求能有效地滤除噪声，同时要求滤波后保持良好的边缘细节，滤波过程中不产生新的彩色而造成彩色失真。常见的彩色图像脉冲噪声滤波的方法如下。

彩色图像脉冲噪声可采用标量滤波法进行滤除。标量滤波法是分别将彩色图像的 3 个彩色通道分量进行滤波，然后合成滤波后的彩色图像。由于这类方法基本不考虑彩色图像 3 个彩色分量间的有机联系，只将某一彩色分量当作灰度图像来处理，有可能产生原图像所没有的彩色而造成图像失真。

彩色图像脉冲噪声也可采用矢量滤波法进行滤除。矢量滤波法将彩色像素作为三维矢量来处理，通过各彩色通道分量之间的联系来处理彩色像素，不会产生原图像所没有的彩色。因此，通常认为彩色图像的矢量滤波法较标量滤波法更合理、更有效。矢量滤波法包括线性滤波和非线性滤波两类。

针对脉冲噪声，常用的方法为非线性排序滤波技术，如中值滤波，其优点是在滤除噪声的同时可以较好地保持图像细节。对于给定的彩色像素集合，其矢量中值是一个可以反映图像彩色特征的矢量。非线性滤波技术中基于矢量中值的滤波方法通常可以取得较好的效果。

10.2.3 彩色图像分割

随着彩色图像使用的增加，对彩色图像分割的需求也越来越多。彩色图像分割的定义及目标基本与灰度图像分割的定义及目标是一致的。彩色图像分割与灰度图像分割的算法相比，大部分算法在分割思想上也是一致的。但彩色图像包含更丰富的信息，并有多种彩色空间的表达方式，因此分割算法有所不同，有些原用于灰度图像分割的方法并不适合于直接分割彩色图像。因此彩色图像分割算法的关键是如何利用丰富的色彩信息达到有效分割的目的。

对于彩色图像的分割方法，因为既可以通过在彩色空间内划分像素来完成，也可以通过在图像空间上划分像素来完成，所以可将其分成基于图像彩色信息的方法和基于图像空间信息的方法。无论采取哪种分割方法都与彩色特征及彩色模型的选择有关。实验结果表明，没有一种分类方法对所有彩色特征都是有效的，同样也不可能有单一的彩色模型对所有的分割方法都是有效的。常见的彩色图像分割有以下几种方法。

1. 转化为灰度图像分割

最简单的彩色图像分割方法是直接将彩色图像转化为灰度图像，然后按灰度图像的方法进行分割。另外，彩色图像可看作多光谱图像的一个特例（3 个光谱），所以适用于多光谱图像的分割方法也可以用于彩色图像分割。这样做虽然简单方便，但该方法忽略了彩色信息和亮度信息之间的关联，因而分割效果常常并不理想。

2. 基于直方图阈值的分割

这种方法将彩色图像看成是RGB彩色空间中具有各自灰度级的红、绿、蓝3幅图像，将灰度图像直方图阈值分割的概念应用到每一幅单色图像上，在每一色彩分量上可得到不同的直方图，然后分别确定各自的阈值进行分割，将分割结果组合起来映射到空域构成分割的彩色图像。阈值分割的优点是实现简单，对于不同类的物体其彩色特征相差很大时分割效果良好。但这种方法也存在一些缺点：如果彩色图像直方图的尖峰不明显，各色彩的阈值难以确定；由于仅考虑图像的彩色信息，未考虑图像的空间信息，阈值分割对噪声和灰度不均匀较敏感；像素的色彩映射到3个不同的直方图上，色彩信息内在的联系未能够统一被利用等。

与此类似，这种方法也可以应用于HSI彩色空间，将一幅彩色图像看成是由亮度、色调和饱和度三幅图像组成的。

3. 基于边缘检测的分割

这种方法利用图像区域（像素）之间的边缘进行图像分割。为了获取边缘信息，一般首先使用Sobel、拉普拉斯等算子进行边缘检测。当图像中存在噪声时，用算子得到的边缘可能是孤立的或者分小段连续的，需要采用边缘闭合等加以连续性处理，以得到区域的正确边缘。

4. 基于区域生长的分割

这种方法利用区域（像素）之间的邻接和彩色相似性进行区域生长和区域合并。区域生长可以看作区域合并的特例。区域合并的关键问题是制定合理的合并和停止合并的规则。在确定种子区域以后，采用全局最优化的规则进行区域生长，然后使用基于阈值的区域合并完成图像分割。也可以采用分水岭分割算法完成图像的初始分割，然后使用快速的区域合并算法将彩色距离最相近的区域进行逐步合并，当图像中的区域达到设定数目时停止合并。

5. 基于彩色聚类的分割

这种方法将彩色信息视为物体的特征信息，彩色空间事实上是一个特征空间。利用图像中像素的彩色特征信息进行聚类，将图像内的像素划分到指定数目的类别之中，然后将属于同一类别并且相互联通的像素分割到同一个区域。这种方法的主要不足之处在于聚类数目需要通过指定的方法得到或者手工设定。例如，一幅西红柿彩色图像的RGB聚类分割的实验结果如图10.10所示，大体分为红色的果体部分、浅灰色的背景部分和墨绿色的果蒂部分。

(a) 原彩色图像

(b) 聚类分割结果

图10.10 彩色图像的聚类分割（见彩插图10.10）

10.3　灰度图像的伪彩色处理

伪彩色（Pseudo-color）处理是图像处理中常用的一种方法，伪彩色处理是指将一幅原来没有色彩的灰度图像通过某种对应关系，映射到彩色空间，使之变成一幅彩色图像。这样的彩色图像和我们日常一般意义下的彩色图像含义不同，它并不是表示图像中物体真正的彩色，因而我们将这种为了某一种目的经过变换形成的彩色图像称为“伪彩色”图像，称对此目标的变换为“伪彩色”变换。

按照不同的对应关系，伪彩色变换方法有多种。最常用的方法就是将单色图像的每个灰度级匹配到彩色空间上的一点，将单色图像映射为一幅彩色图像。用计算机实现时，可将按某种规则生成的映射关系存储在查找表中，从而简单地给每个灰度级赋一彩色，形成伪彩色图像。经验表明，要取得令人更满意的伪彩色效果，最好不要采用随机赋值的方法进行伪彩色映射。例如，可将灰度轴匹配到彩色空间中的一条连续曲线上。伪彩色处理可以是连续彩色，也可以由几种离散的彩色构成。除了这种直接的灰度-色彩映射关系外，我们还可以采用频率-色彩映射关系，形成另一类基于滤波的伪彩色变换方法。

10.3.1　灰度域伪彩色处理

在图像应用中，有时需要对图像的微小灰度差进行判别，一般人难以胜任，因为大多数人只能分辨出不到二十个灰度，训练有素的人可分辨到四十几个灰度级别。但人眼对彩色则很敏感，可分辨出上千种色调与饱和度。如果将每个灰度级匹配到彩色空间中的一点，将单色图像映射成为一幅彩色（伪彩色）图像，人眼难以区分的灰度差别就转换为容易区分的彩色差别。这类伪彩色在医疗、卫星遥感、安检类图像中得到了广泛应用。

1. **离散伪彩色变换**

灰度分割是伪彩色处理技术中最简单的一种。设一幅灰度图像 $f(x,y)$，在某一个灰度级如 $f(x,y)=L_1$ 上设置一个平行 x-y 平面的切割平面，如图 10.11 所示。

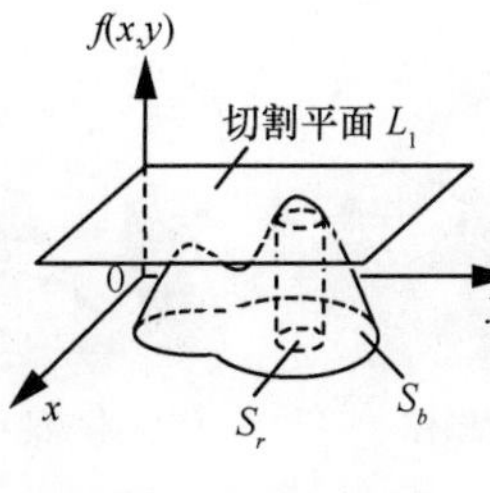

图 10.11　灰度分割示意

灰度图像被切割成只有两个灰度级，对切割平面以下（即灰度级小于 L_1）的像素分配给一种彩色（如蓝色区 S_b），相应地对切割平面以上（即灰度级大于 L_1）的像素分配给另一种彩色（如红色区 S_r）。这样切割结果就可以将灰度图像变为只有两个彩色的伪彩色图像。

若将灰度图像灰度级用 M 个切割平面切割，则会得到 M 个不同灰度级的区域 S_1，S_2，…，S_M。对这 M 个区域中的像素人为分配给 M 种不同彩色，这样就可以得到具有 M 种彩色的伪彩色图像，如图 10.12 所示。灰度分割伪彩色处理的优点是简单易行，便于用软件或硬件实现。

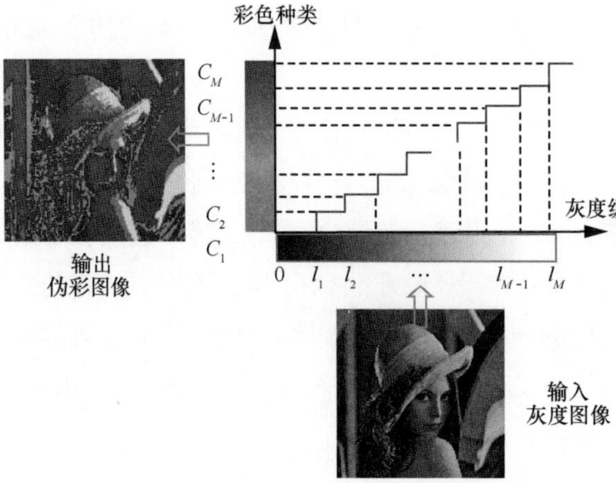

图 10.12　多灰度伪彩色分割示意（见彩插图 10.12）

图 10.13 左边是安检机得到的一件行李包的 X 光灰度图像，右边是用多灰度彩色分割方法进行伪彩色转化得到的结果。X 光图像用不同的、由白到黑的灰度级别显示出来，不同的灰度对应于被扫描物体对 X 光的实际吸收特性，本质上对应不同的材质。由于灰度的区分度不大，所以将其转换为伪彩色显示，对应于高低密度不同的物体赋予不同的颜色。其中，黑色和蓝色对应灰度图像中密度较大的物件，如钢刀等；橘黄色对应液体物件；淡红色对应密度较小的物件。由于彩色空间远大于灰度空间，将较小的灰度差别转换为较大的彩色差别，再加上人眼对色彩的差异十分敏感，就会很容易将不同的灰度在伪彩色表示中将其区分出来。这样处理后，安检人员从伪彩色图像上一眼就可看出违禁物品，也可为计算机自动识别提供较好的条件。

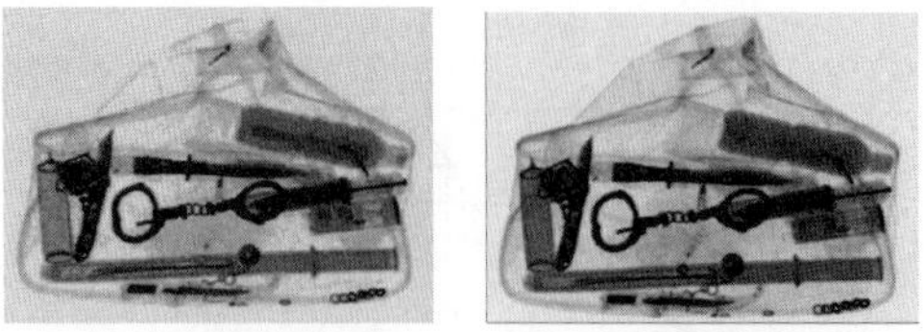

(a) 灰度图像　　(b) 对应的伪彩色图像

图 10.13　安检 X 光图像的伪彩色处理（见彩插图 10.13）

2. 连续伪彩色变换

这种伪彩色处理技术可以将连续灰度图像变为具有多种颜色渐变的连续彩色图像。图 10.14（a）所示的就是一种可以实时进行的灰度图像的连续伪彩色变换和显示的装置。

由图 10.14（a）可知，其变换方法是先将黑白灰度图像同时送入具有不同变换特性的红、绿、蓝 3 个变换器，然后将 3 个变换器的不同输出分别送到彩色显示器的红、绿、蓝 3 个信号输入端口。同一灰度由于 3 个变换器对其实施不同变换，使 3 个变换器的输出不同分量，然后在彩色显示器中合成某一种彩色。在这种伪彩色变换中，不同大小灰度级一定可以合成不同彩色，取得较好的图像视觉效果。

这种伪彩色变换的红、绿、蓝 3 个变换器的变换特性如图 10.14（b）所示。横坐标为输入图像 $f(x,y)$ 的灰度范围，纵坐标为变换器的输出值。从图中可以看出，若 $f(x,y)=0$，则 $I_B(x,y)=L$，$I_R(x,y)=I_G(x,y)=0$，显示器只有蓝通道有输出，从而显示蓝色。同样，若 $f(x,y)=\frac{L}{2}$，则 $I_G(x,y)=L$，$I_R(x,y)=I_B(x,y)=0$，从而显示绿色。若 $f(x,y)=L$，则 $I_R(x,y)=L$，$I_B(x,y)=I_G(x,y)=0$，从而显示红色。因此不难理解，若黑白图像 $f(x,y)$ 灰度级在 0～L 之间变化，I_R、I_B、I_G 会有不同输出，从而合成不同的彩色图像。

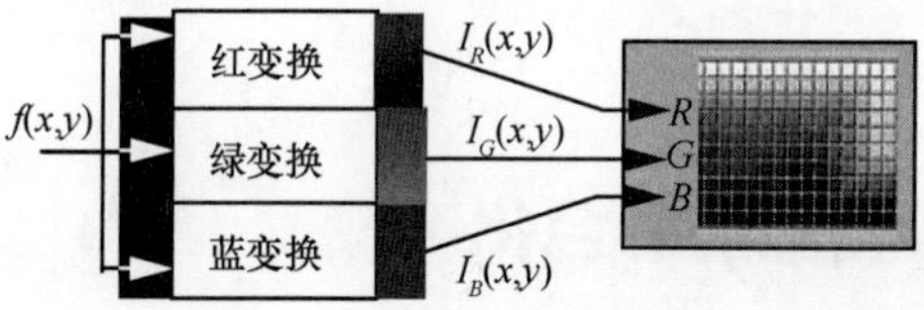

(a) 伪彩色变换装置

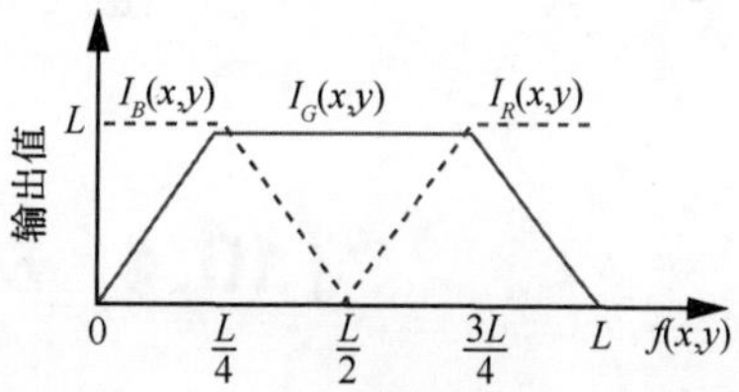

(b) 变换特性

图 10.14　连续灰度伪彩色变换

10.3.2　频率域伪彩色处理

滤波法是一种在频率域进行伪彩色处理的技术，与灰度域伪彩色处理不同的是输出图像的伪彩色与黑白图像的灰度级无关，而是取决于黑白图像中不同空间频率成分。例如，为了突出图像中高频成分（图像细节）将其变为红色，只要将红通道滤波器设计成高通特性即可，而且可以结合其他处理办法，如直方图修正等，使其彩色对比度更强。如果要抑制图像中某种频率成分，可以设计一个带阻滤波器，将阻带内所有的频率成分加以抑制。

和灰度伪彩色变换装置类似，滤波法伪彩色变换装置如图 10.15（a）所示。从图中可以看出，灰度图像 $f(x,y)$ 经离散傅里叶变换（DFT）以后形成频率域分量送往 3 个滤波器：低通、带通和高通滤波器。从 3 个不同频带滤波器输出的信号再经过傅里叶反变换，可以对其做进一步的附加处理，如直方图均衡化等。最后把它们作为三基色分别加到显示器的红、绿、蓝显示通道，从而实现频率域的伪彩色处理。图 10.15（b）为伪彩色变换的红、绿、蓝 3 个变换器的变换特性。和灰度域伪彩色处理不同的是，横坐标 f 为输入图像 $f(x,y)$ 的频谱范围，从低频到高频，而纵坐标为变换器的输出值。

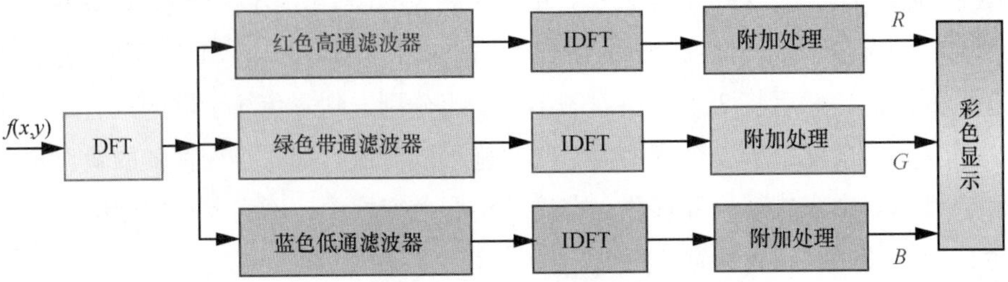

(a) 频率域彩色变换

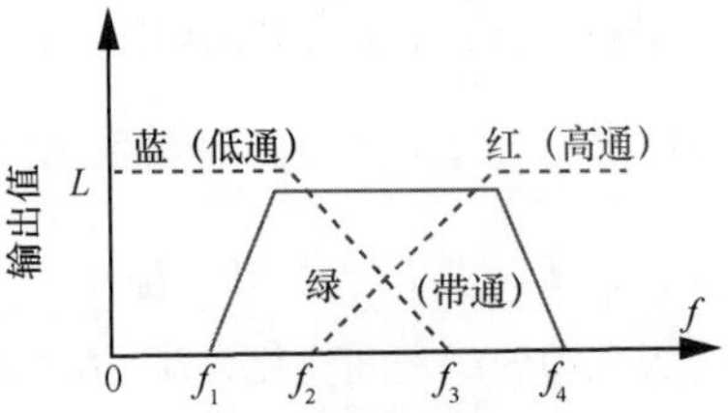

(b) 滤波器的频域特性

图 10.15　频率域伪彩色处理

10.4　灰度图像的彩色化

尽管随着科技的发展，彩色图像在日常生活中的应用已经十分普遍，但由于以往硬件条件的限制或是特殊应用环境的需求，黑白影像大量存在，而且出于节约资源和成本的考虑，人们也会主动将一些彩色图像转化成灰度图像进行存储、传输或印刷等。由于现实世界本身是彩色的，人类视觉系统对色彩的敏感度是高于灰度的，图像的色度信息可以有效提高图像的视觉效果，比灰度图像更符合人类视觉习惯与需求，因而促进了对灰度图像进行彩色化的研究。

灰度图像彩色化（Grayscale Image Colorization）一般指灰度自然图像的彩色化，其目的是人为尽可能地恢复自然场景的色彩，有别于灰度图像的伪彩色处理。

虽然彩色图像的 YUV 三分量图像中同一位置的像素本身的取值各不相同，但它们有相似的结构和邻域关系，即存在一定的相关性。基于这种 YUV 的联合相关性，可以在彩色化算法中利用已知亮度通道的信息，推算出色度通道的局部几何特征结构。在彩色化的过程中，一般使用 YUV 彩色模型，这样只需要估计两个彩色通道，亮度通道仍然保持不变。

尽管彩色模型有多种，但我们不能够直接地转换一个一维灰度值到三维彩色空间。我们只能够获得彩色化图像的亮度值，而其余的两个彩色通道仍是未知的。因此，彩色化可能以多种不同的方式完成，取得不同的结果。另外，客观地评价最终的彩色化结果也是很困难的。只有在持有灰度图像的彩色版本的情况下，我们才能够使用标准的图像质量评价方法来比较不同的彩色化版本，否则灰度图像彩色化质量只能靠主观感觉来评价。

灰度图像的彩色化处理一般可分为两类方式：半自动（Semiautomatic）方式和自动（Automatic）方式。在半自动方式中，用户必须在灰度图像中以勾画“草涂”（Scribble）的方式给出彩色提示。“草涂”就是用彩笔在灰度图像的关键部分简单地画上一笔或几笔，表示这部分合适的颜色。这种草涂可以保证彩色化算法判断哪种彩色填入灰度图像相应的哪个部分。半自动方式包括多种算法，这里主要介绍常用的基于距离变换的灰度图像彩色化方法。

在自动（Automatic）方式中，需要利用一幅和目标灰度图像类似的参考彩色图像。这种方法依赖于这两幅图像之间的灰度通道相似性、特征及纹理的匹配。这种算法不需要用户参与，当然也不可能进行人工修改或增强最后的结果。

10.4.1 基于距离的半自动彩色化

几乎所有的图像彩色化半自动算法的思路是类似的，需要用户一开始为图像的关键部分引入彩色草涂。这个起始过程可以用类似计算机“画笔”软件来完成，如图 10.17（a）所示。对于没有包含在插入草涂中的每个像素，算法为它们计算到草涂像素之间的“距离”。这种距离表示一个像素对周围草涂的隶属程度。这个距离通常由所遇到的数字路径上的像素和草涂之间的亮度差来计算。

对给定像素的最终彩色选择可使用不同的方法完成。其中，“彩色混合”方法是计算每个提示彩色的加权平均，将距离用作权值。为了减少计算时间，我们可仅计算最接近的 2 个或 3 个彩色的混合。

1. **距离变换**

距离变换（Distance Transformation）是一种度量草涂和像素之间距离的方法之一。这种变换的基本操作是“双扫描”（Double Scanning），它可以很好地估计像素之间的欧几里得距离。在此距离阵列中，我们可以将草涂点表示为 0，而其他的像素值设置为无穷。如图 10.16 所示，其中图 10.16（a）的深色部分表示图像上的草涂，图 10.16（b）表示距离变换的初始值，图 10.16（c）的左右分别为第一次、第二次扫描用的 2×3 滑动窗口。

距离变换的滑动窗口扫描方式有点类似卷积处理。在第一次扫描中，滑动窗口从左到右、从上到下移动。在第一次扫描数据的基础上进行第二次扫描，即从右下到左上，一直到顶部。图 10.16（c）和图 10.16（d）分别显示了第一次和第二次扫描的结果。在每次扫描中，距离的计算方法如下。

$$B \leftarrow \min(A_i + 1, B), \quad i = 1,2,3,4 \tag{10.15}$$

在图 10.16（e）的阵列中非草涂点上的数字表示它和最近的草涂点的距离。可以看出，距离草涂点越远其数值越大。

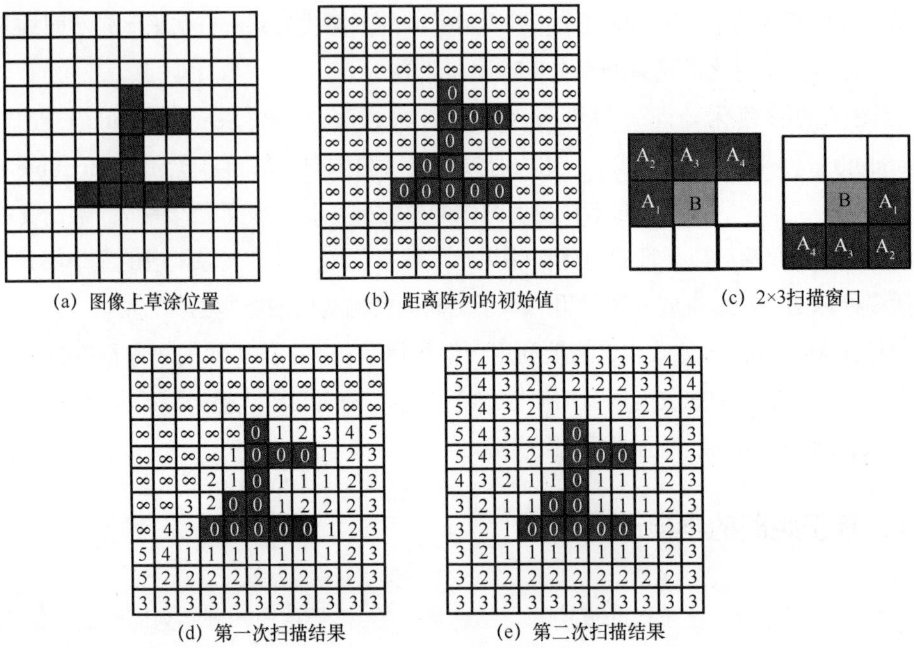

图 10.16　距离变换的示例

2. **距离加权的彩色混合**

由于某个像素的色彩并非由一个草涂色决定，可能受到附近若干草涂色的影响，因此某个像素的色彩实际上是几个色度“混合”的结果，在位置 j 的一个像素的彩色 C_j，计算如下。

$$C_j = \frac{\sum_{i=1}^{N} C_i \exp[-d(i,j)/\sigma]}{\sum_{i=1}^{N} \exp[-d(i,j)/\sigma]} \tag{10.16}$$

这里，C_i 是第 i 个草涂的彩色，N 是草涂的个数，$d(i,j)$ 是图像域中第 i 个草涂和第 j 个位置像素之间的距离，σ 是控制彩色混合程度的参数。这样的加权平均应对 U、V 两个色度通道独立地计算。

3. **基于距离的彩色化实例**

半自动彩色化已经有若干重要的应用，如老黑白照片、医学图像、夜视图像、天文图像的彩色化等。在半自动彩色化方法中，有基于距离变换的彩色化、色度混合彩色化、基于等值线的图像彩色化、使用优化的彩色化等。尽管这些方法不尽相同，但事实证明所有这些算法都可提供非常现实、高质量的彩色图像。图 10.17 是基于距离方法所形成的彩色化实验结果的样本。其中，图 10.17（a）中的灰度图像是由图 10.17（c）的真彩色图像转换而成的灰度图像，图像上手工绘制的曲线即为草涂，给出了彩色化的彩色指示。图 10.17（b）为彩色化的结果。图 10.17（c）为真实的彩色图像。

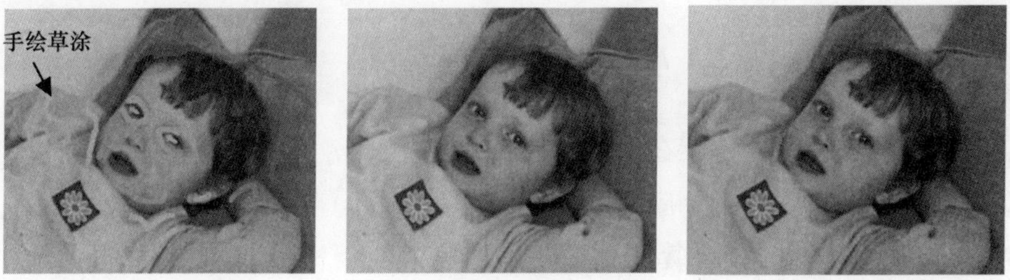

(a) 目标灰度图像　　(b) 彩色化结果　　(c) 真实的彩色图像

图 10.17　由草涂指示的彩色化结果

10.4.2　基于彩色传递的自动彩色化

和半自动彩色化方法不同，自动化方法不需要人工对图像的任何部分给出彩色提示，避免了烦琐的图像分割和人工着色。然而，它需要彩色参考图像，要求作为参考的彩色图像在一定程度上和目标灰度图像相似。

Welsh 在 2002 年提出的色彩传递彩色化（Color Transfer Colorization）是一种典型的完全自动彩色化方法。这种方法是在参考彩色图像和目标灰度图像之间进行特征匹配，将色彩信息传递到目标图像。这一方法对灰度目标图像的每个像素进行邻域统计（如 5×5 的像素块），将彩色参考图像中与该邻域匹配的像素点的色彩传给目标像素点。

这种方法的基本思路是利用 lαβ 亮度-色度去相关空间，使彩色在图像之间传递。它们在目标图像每个分离的、去相关的彩色通道中应用简单的统计变换，使源图像和目标图像具有相似的外观。再分析源图像和目标灰度图像之间的亮度相似性，并且从源图像的所选区域传递色度值 α 和 β。

从 RGB 空间到 lαβ 去相关空间的变换可以用下列矩阵操作完成。

$$\begin{bmatrix} L \\ M \\ S \end{bmatrix} = \begin{bmatrix} 0.3811 & 0.5783 & 0.0402 \\ 0.1967 & 0.7244 & 0.0782 \\ 0.0241 & 0.1288 & 0.8444 \end{bmatrix} \cdot \begin{bmatrix} R \\ G \\ B \end{bmatrix} \tag{10.17}$$

$$\begin{bmatrix} l \\ \alpha \\ \beta \end{bmatrix} = \begin{bmatrix} \frac{1}{\sqrt{3}} & 0 & 0 \\ 0 & \frac{1}{\sqrt{6}} & 0 \\ 0 & 0 & \frac{1}{\sqrt{2}} \end{bmatrix} \cdot \begin{bmatrix} 1 & 1 & 1 \\ 1 & 1 & -1 \\ 1 & -2 & 0 \end{bmatrix} \cdot \begin{bmatrix} \lg L \\ \lg M \\ \lg S \end{bmatrix} \tag{10.18}$$

lαβ 空间处理完毕后，按照上式的逆计算，就可以将图像变换回到 RGB 彩色空间。由于源图像和目标图像亮度范围可能有所差别，可以在初始化时再匹配（Remap）目标图像的亮度通道。

$$l'_T = \frac{\sigma_S}{\sigma_T}(l_T - \mu_T) + \mu_S \tag{10.19}$$

这里，l_T和 l'_T是目标图像像素在再匹配前和后的亮度，μ_T和 μ_S是目标（T）图像和源（S）图像的平均亮度，σ_T和 σ_S分别是相应图像的标准差。

在传递 α 和 β 彩色分量之前，算法需要根据相似度匹配目标图像的样块到源图像的样块。其中，使用基于亮度和标准差的差值之和的相似度度量比较方便，如下式所示。

$$D = k\left|1 - \frac{\mu_T}{\mu_S}\right| + \left|1 - \frac{\sigma_T}{\sigma_S}\right| \tag{10.20}$$

这里，D 是图像小块之间的相似度测量，k 是参数，用于平衡亮度标准差 σ 以及平均值 μ 对相似度形成测量的影响。

自动彩色化方法对包含清晰可区分特征的图像效果比较好，如图 10.18 中的生物图像，自动彩色化的效果是很好的。然而，找到合适的匹配彩色图像常常是困难的，因此这类方法的应用范围是有限的。

(a) 彩色参考图像　(b) 目标灰度图像　(c) 彩色化后的图像

图 10.18　自动彩色传递彩色化示例（见彩插图 10.18）

第 11 章

形态学图像处理

将源于生物学的数学形态学方法应用于图像处理领域，形成了一类新的图像处理方法。本章首先简要介绍数学形态学中有关集合和结构元素的基本概念；然后介绍二值图像形态学处理，包括最基本的形态学腐蚀和膨胀等运算，以及在此基础上发展起来的开运算、闭运算、细化运算等形态学处理方法；最后简单介绍将二值图像扩展到灰度图像的形态学处理方法。

形态学（Morphology）是生物学的一个分支，常用它来处理动物和植物的形状和结构，数学形态学（Mathematical Morphology）是由此衍生的一门建立在集合论基础上的数学理论。20 世纪 80 年代初，数学形态学开始被应用于图像处理和模式识别领域，形成了图像处理和分析的一种新方法。

在数学形态学中，用集合来描述图像目标，描述图像各部分之间的关系，说明目标的结构特点。在形态学图像处理中，除了被处理的目标图像外，还特别设立了一种“结构元素”（Structure Element），即一种简单的图形工具。它的基本思想是用一定形态的结构元素度量和提取图像中的对应形状以达到对图像进行分析和识别的目的。

11.1 数学形态学基础

在数学形态学图像处理中，主要的理论基础是集合论，用它来描述图像中目标的结构特征，分析图像各部分之间的关系。在具体应用中，形态学图像处理基本上采用集合论的表示方式；形态学图像处理的过程类似于数字图像的卷积滤波方式。

11.1.1 基本集合定义

为了便于理解，把一些与形态学有关的集合（Set）的基本定义简述如下。

（1）集合：把一些可区别的客体，按照某些共同特征加以汇集，有共同特性的客体的全体称为集合，又称为集。如图像中某物体上像素的全体就可构成一个集合。集合常用大写字母 A，B，C…… 表示。如果某种客体不存在，就称这种客体的全体是空集，记为 $\varnothing$。

（2）元素：组成集合的各个客体，称为该集合的元素，又称为集合的成员。如图像中物体上的像素。元素常用小写字母 a，b，c……表示。用 $a \in A$ 表示 a 是集合 A 的元素。任何客体都不是空集 $\varnothing$ 的元素。

（3）子集：集合 A 包含集合 B 的充要条件是集合 B 的每个元素都是集合 A 的元素，也可以称为集合 B 包含于集合 A。记为 $B \subseteq A$（读作 B 包含于 A）或 $A \supseteq B$（读作 A 包含 B）。此时，称 B 是 A 的子集。如集合 A 与 B 相等，必然有 $B \subseteq A$，同时 $A \subseteq B$。

（4）并集：由 A 和 B 的所有元素组成的集合称为 A 和 B 的并集，记为 $A \bigcup B$。

（5）交集：由 A 和 B 的公共元素组成的集合称为 A 和 B 的交集，记为 $A \bigcap B$。

（6）补集：A 的补集，记为 A^c，定义为 $A^c = \{x \mid x \notin A\}$。如一幅二值图像中目标的补集就是它的背景。

（7）差集：两个集合 A 和 B 的差集，记为 $A-B$，定义为

$$A - B = \{x \mid x \in A, x \notin B\} = A \bigcap B^c \tag{11.1}$$

（8）对称集：集合 A 的对称集（又称反射集）记为 $\hat{A}$，定义为

$$\hat{A} = \{x \mid x = -a, a \in A\} \tag{11.2}$$

（9）位移：集合 A 位移了 $x=(x_1,x_2)$，记为 $(A)_x$，定义为

$$(A)_x = \{y \mid y = a + x, a \in A\} \tag{11.3}$$

11.1.2　图像空间的集合表示

1．集合之间的关系

集合可以用来表示一幅图像。例如，在二值黑白图像中所有黑色像素点的集合就是对这幅图像的完整描述，黑色像素点就是这个集合的元素，代表一个二维变量，可用 (x,y) 表示。灰度数字图像可以用三维集合来表示，如 (x,y,r)。在这种情况下，集合中每个元素的前两个变量用来表示像素点的坐标，第三个变量代表离散的灰度值。更高维数的空间集合可以包括图像的其他属性，如第三维 z 坐标、颜色等。因此，二维图像或三维图像，二值图像或灰度图像都可以用集合来表示。

对于任一幅 n 维图像都可用 n 维欧氏空间 $E^{(n)}$ 中的一个集合来表示。设 $E^{(n)}$ 中集合的全体用 R 表示，我们要考察的是 R 中一个集合 X（图像）和另一个集合 B（图像）之间的关系，它们至少符合如下一种关系。

（1）集合 B 包含于集合 X 中，表示为 $B \subset X$，或集合 X 包含集合 B，表示为 $X \supset B$。

（2）集合 B 击中（Hit）集合 X，表示为 $B \Uparrow X$，即 $B \cap X \neq \varnothing$，$\varnothing$ 表示空集。

（3）集合 B 与集合 X 相分离，又称 B 未击中（Miss）X，表示为 $B \subset X^c$，即 $B \cap X = \varnothing$。

图 11.1 中 B_1、B_2、B_3 分别表示该集合包含于 X、击中 X 和分离于 X 这 3 种关系。

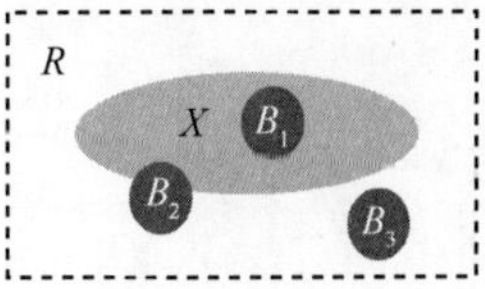

图 11.1　集合 B 和 X 之间的关系

2．结构元素

结构元素是数学形态学中最重要也最基本的概念之一。在考察图像时，要设计一种收集图像结构信息的“探针”，称为结构元素，也是一个集合。结构元素通常比待处理的图像目标简单，在尺寸上远小于图像目标，形状可以自己定义，如圆形、正方形、十字形、线段等。待处理的图像是二值图像时，结构元素也采用二值图像；当待处理的图像是灰度图像时，结构元素也采用灰度图像。

形态学处理就是在图像中不断移动结构元素，其作用类似于在信号处理时的“滤波窗口”或“卷积模板”，从而考察图像中各个部分之间的关系，提取有用的信息，进行结构分析和描述。结构元素与目标之间相互作用的模式可用形态学运算来表示，使用不同的结构元素和形态学算子

可以获得目标图像的大小、形状、连通性、方向等许多重要信息。

对于每一个结构元素，我们指定一个原点（或参考点），它是结构元素参与形态学运算的参考点，该原点可以包含在结构元素中，也可以不包含在结构元素中，但运算的结果会有所不同。图 11.2 给出了 3 种结构元素的例子，其中每个小方块代表一个像素，带有十字叉的像素为结构元素的参考点。图 11.2（a）、图 11.2（b）的参考点都在结构元素内，图 11.2（c）的参考点则在结构元素外。

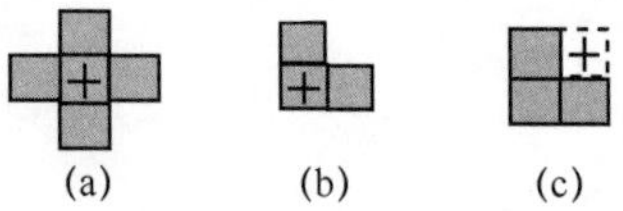

图 11.2 结构元素示例

结构元素的选取直接影响形态学运算的效果，因此，要根据具体情况来确定。在一般情况下，结构元素的选取必须考虑以下几个原则。

（1）结构元素必须在几何上比原图像目标简单，且有界。

（2）结构元素的尺寸要相对小于所考察的目标物体。

（3）结构元素的形状最好具有某种凸性，如圆形、十字形、方形等。对非凸性结构元素子集，由于连接两点的线段大部分位于集合的外面，落在其补集上，故用非凸性子集作为结构元素常常得不到更多的有用信息。

11.1.3 形态学运算过程

数学形态学运算实际上就是图像集合 X 和结构元素 B 之间的逻辑运算，其过程类似于卷积运算，如图 11.3 所示。

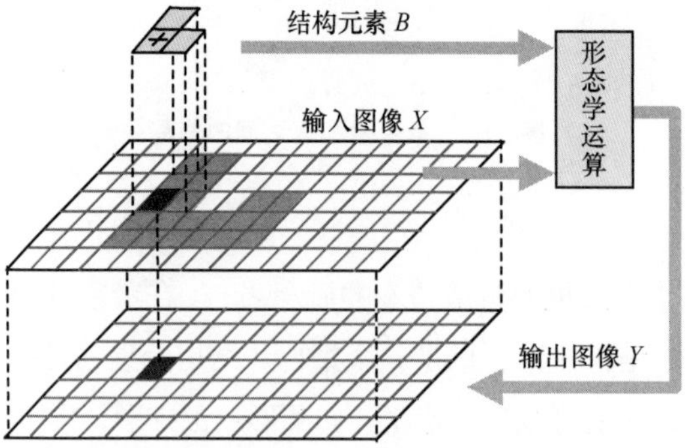

图 11.3 形态学图像处理运算过程示意

结构元素 B 的参考点必须遍历图像 X 的所有像素，每到达一个像素，结构元素的所有像素和它所对应的图像像素进行特定的形态学运算，运算的结果在输出图像 Y 上生成一个新的像素。注意，这个新像素的位置、结构元素的参考点的位置和原图像正在处理的像素的位置是一一对应的。

在形态学处理过程中，结构元素和图像之间的形态学的具体运算是最为关键的部分，下面予以介绍。

11.2　二值图像形态学处理

二值数学形态学中运算对象是两个集合：二值图像 X 集合和二值结构元素 B 集合，用 B 对 X 进行形态学操作（运算）。在形态学图像处理中，有多种形态学运算，其中腐蚀（Erosion）和膨胀（Dilation）是最基本的形态运算，其他运算多为这两种运算的不同组合，如开启（Opening）和闭合（Closing）运算、击中/击不中（Hit or Miss Translation）运算等。

11.2.1　二值腐蚀和膨胀运算

1. 二值腐蚀

（1）腐蚀运算的定义

腐蚀运算也称收缩运算，用符号“$\odot$”表示，X 用 B 来腐蚀记为 $X \odot B$，定义腐蚀后的集合为

$$E = X \odot B = \{x \mid (B)_x \subseteq X\} \tag{11.4}$$

式中$(B)_x$表示结构元素 B，下标 $x=(x_1,x_2)$表示 B 的参考点在图像中的坐标。X 被 B 腐蚀后形成的集合 E 表示结构元素 B 平移后仍包含在集合 X 中的结构元素参考点的集合。换句话说，用结构元素 B 来腐蚀图像中的目标集合 X，就是将 B 放在整个图像上类似卷积一样逐点移动。每次移动后，观察结构元素 B 是否完全包含在 X 中。如果 B 完全包含在 X 内，则此时 B 的参考点所在的那个 X 中的像素予以保留，属于腐蚀后的集合 E；否则 B 的参考点所对应的像素不属于腐蚀后的集合 E，被“腐蚀”掉。

图 11.4 是腐蚀运算的一个示例。图 11.4（a）是一幅二值图像，灰色部分代表灰度值为高（一般为 1）的区域，白色部分代表灰度值为低（一般为 0）的区域，其左上角空间坐标为（0,0）。灰色部分为目标集合 X，图 11.4（b）为结构元素 B，标有“+”处代表参考点。腐蚀的结果如图 11.4（c）所示，其中黑色为腐蚀后留下的部分。把结果 $X \odot B$ 与 X 相比发现，X 的区域范围被缩小了，可见不能容纳结构元素的部分都被“腐蚀”掉了，如图 11.4（c）中的灰色部分。

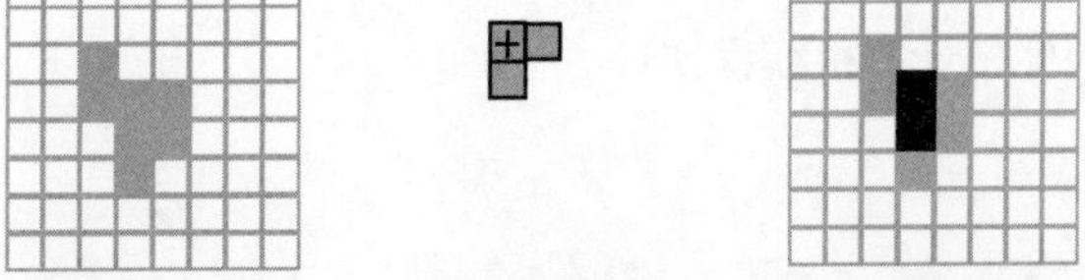

(a) 原二值图像　(b) 结构元素　(c) 腐蚀运算结果

图 11.4　二值图像的腐蚀运算示例

（2）腐蚀的向量运算

在计算机上实现腐蚀运算时，可将类似卷积的形态学逻辑运算转化为与计算机相适应的向量运算或位移运算，在实际运算时更为方便。此时和式（11.4）等效的腐蚀运算如下。

$$E = X \odot B = \{x \mid (x+b) \in X,\ \forall b \in B\} \tag{11.5}$$

其中，x 为图像中目标像素的坐标，b 为结构元素坐标，$x+b$ 为向量相加后的坐标。

图 11.4 的图像腐蚀运算可采用向量运算进行：图像的左上角像素设为（0,0），结构元素的参考点（0,0）是 B 中的“+”点，则目标集合为 X={(2,2),(2,3),(3,3),(4,3), (3,4),(4,4),(3,5)}，共 7 个像素；结构元素为 B={(0,0),(1,0),(0,1)}，共 3 个像素。用结构元素 B 腐蚀目标 X 的向量运算过程如表 11.1 所示。

表 11.1　腐蚀的向量运算

B \ X	x(2,2)	x(2,3)	x(3,3)	x(4,3)	x(3,4)	x(4,4)	x(3,5)
b(0,0)	(2,2)	(2,3)	(3,3)	(4,3)	(3,4)	(4,4)	(3,5)
b(1,0)	(3,2)	(3,3)	(4,3)	(5,3)	(4,4)	(5,4)	(4,5)
b(0,1)	(2,3)	(2,4)	(3,4)	(4,4)	(3,5)	(4,5)	(3,6)
$x+b$	$\notin X$	$\notin X$	$\in X$	$\notin X$	$\in X$	$\notin X$	$\notin X$

由表 11.1 可知，表中第 1 行为目标集合 X 的 7 个点的坐标，表中第一列为结构元素 B 的 3 个点的坐标。第 2、3、4 行的第 2 列表示结构元素 B 的参考点平移到（2,2）时的情况，B 的 3 个元素的坐标为（2,2）（3,2）（2,3），显然点（3,2）不在 X 集合中。根据腐蚀运算的定义，X 集合中的（2,2）点将被腐蚀掉。类似，当 B 的参考点平移到（3,3）时，见表中第 4 列，B 的 3 个元素的坐标（3,3）（4,3）（3,4）都包含在 X 中，根据腐蚀运算的定义，X 集合中的（3,3）点不会被腐蚀掉。同理，（3,4）予以保留。余下的可以类推，（2,3）（4,3）（4,4）（3,5）都被腐蚀。此例腐蚀后只剩下两个点（3,3）（3,4），如图 11.4（c）中黑色所示。表中最后一行表示点$(x+b)$是否属于集合 X 的情况。

再看表 11.1 中第 2、3、4 行，分别表示 X 中每个元素平移（−0, −0）、（−1, −0）、（−0, −1），将此平移后的集合$(X)_{-b}$和 B 比较（“与”运算）后即可得到腐蚀以后的集合。将这一实例推广到一般情况，我们又可以得到腐蚀运算的另一表达式。

$$E = X \odot B = \bigcap_{b \in B} (X)_{-b} \tag{11.6}$$

结构元素 B 中所有的 b 对集合 X 进行负位移后得到的若干集合与集合 X 的交集即为腐蚀结果，这样的向量运算过程便于计算机编程实现。

2. **二值膨胀**

（1）膨胀运算的定义

膨胀运算也称扩张运算，用符号“⊕”表示，X 用 B 来膨胀记为 $X \oplus B$，定义为

$$D = X \oplus B = \{x \mid (B)_x \cap X \neq \varnothing\} \tag{11.7}$$

X 被 B 膨胀所形成的集合 D 是结构元素 B 平移后与集合 X 的交集不为空集的那些结构元素参考点 $x=(x_1,x_2)$ 的集合。换句话说，D 是 B 的位移与集合 X 至少有一个非零元素相交时，结构元素 B 的参考点位置的集合。因此，膨胀运算又可以写成

$$D = X \oplus B = \{x \mid [(B)_x \cap X] \subseteq X\} \tag{11.8}$$

图 11.5 是膨胀运算的一个示例。图 11.5（a）是一幅二值图像，灰色部分代表目标集合 X（值为 1），白色部分代表背景（值为 0）。图 11.5（b）为结构元素 B，标有"+"代表结构元素的参考点。膨胀的结果如图 11.5（c）所示，其中黑色为膨胀扩大的部分。把结果 $X \oplus B$ 与 X 相比发现，X 按照 B 的形态"膨胀"了一定范围。因此，该运算被称为膨胀。

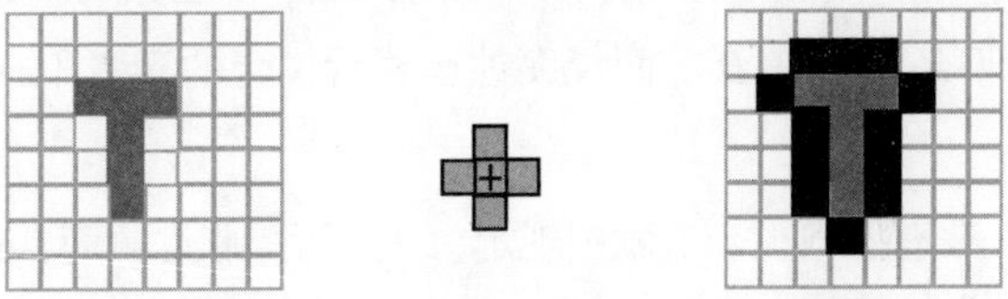

(a) 原二值图像　　(b) 结构元素　　(c) 膨胀运算结果

图 11.5　二值图像的膨胀运算示例

（2）膨胀的向量运算

和腐蚀运算一样，膨胀运算也可以通过向量运算或位移运算来实现。将集合 X 与集合 B 都看成向量，于是膨胀的向量运算为

$$X \oplus B = \{y \mid y = x + b,\ \forall x \in X \text{且} b \in B\} \tag{11.9}$$

位移运算：从向量运算的定义可以看出，向量的和是一种位移运算，$X \oplus B$ 是 X 的每一项按照 $b \in B$ 中的每一项位移的结果。位移的表示符号为 $(X)_b$，它的含义是 X 按 b 进行位移，即

$$X \oplus B = \bigcup_{b \in B} (X)_b \tag{11.10}$$

按照向量运算对图 11.5 进行膨胀运算，X 和 B 分别表示为表 11.2 中的第一行和第一列，位移的结果放在表中其他 5×6=30 个单元格中，这就是向量运算进行膨胀得到的结果。

表 11.2　膨胀的向量运算

B \ X	x(2,2)	x(2,3)	x(2,4)	x(3,3)	x(4,3)	x(5,3)
b(0,0)	(2,2)	(2,3)	(2,4)	(3,3)	(4,3)	(5,3)
b(−1,0)	(1,2)	(1,3)	(1,4)	(2,3)	(3,3)	(4,3)
b(1,0)	(3,3)	(3,4)	(3,4)	(4,3)	(5,3)	(6,3)
b(0, −1)	(2,1)	(2,2)	(2,3)	(3,2)	(4,2)	(5,2)
b(0,1)	(2,3)	(2,4)	(2,5)	(3,4)	(4,4)	(5,4)

表 11.2 内 30 个单元中有重复的量，其中不重复的量为 18 个。

$X\oplus B=\{(1,2),(1,3),(1,4),(2,1),(2,2),(2,3),(2,4),(2,5),(3,2),(3,3),(3,4),(4,2),(4,3),(4,4), (5,2),(5,3),(5,4) (6,3)\}$

这 18 个像素就是膨胀的结果，把它们“并”起来如图 11.5 中黑、灰小块所示。

由腐蚀和膨胀的向量和位移运算可知，它们都可以转化为集合的逻辑运算（与、或、非）。因此图像的形态学处理易于计算机实现并行处理，这也是形态变换分析在图像分析、模式识别、计算机视觉中占突出地位的重要原因之一。

关于结构元素、腐蚀和膨胀形态学运算，有以下两点请大家注意。

（1）以上给出的都是参考点包含在结构元素中的情况，此时对膨胀运算来说，总有 $X\subseteq X\oplus B$。对于腐蚀运算来说，总有 $X\odot B\subseteq X$。当参考点不包含在结构元素中时，即参考点不属于结构元素的元素时，相应的结果会有所不同：经膨胀运算之后，有些原来属于 X 的元素不再属于集合 $X\oplus B$，即 $X\not\subset X\oplus B$。而经腐蚀运算后集合的元素不一定属于原来的集合 X，即可能 $X\odot B\not\subset X$。

（2）对于膨胀运算，在有些教材、文献中规定，在进行膨胀运算前，首先对结构元素 B 进行一次相对于原点的反射（对称集）变换，然后用变换后的结构元素 $\hat{B}$ 对目标 X 做如前所述的膨胀运算。为了简单起见，本书省略了这一对称变换，因为这一对称变换相当于设计一个新的结构元素，而且对大部分对称性的结构元素没有影响。

3. 二值腐蚀和膨胀的性质

下面简单介绍腐蚀与膨胀运算的两个基本性质。

（1）组合性

膨胀运算具有组合（Associativity）特性，即几个膨胀过程的先后次序变化不对运算结果造成影响，即

$$(X\oplus B)\oplus A=X\oplus(B\oplus A) \tag{11.11}$$

但腐蚀运算不具有组合性，即

$$(X\odot B)\odot A\neq X\odot(B\odot A) \tag{11.12}$$

膨胀运算中的结构元素也具有组合性。如果一个膨胀运算为 $X\oplus D$，并且结构元素 D 具有可分解性，即 $D=B\oplus C$，则有

$$X\oplus D=X\oplus(B\oplus C)=(X\oplus B)\oplus C \tag{11.13}$$

上式说明，针对复杂结构元素的膨胀运算可分解为若干简单结构元素膨胀的串行复合运算，从而使膨胀运算更易于实现。

（2）对偶性

腐蚀运算和膨胀运算是关于集合补的对偶（Duality）运算，即

$$(X\odot B)^{c}=X^{c}\oplus\hat{B}^{c} \tag{11.14}$$

$$(X\oplus B)^{c}=X^{c}\odot\hat{B}^{c} \tag{11.15}$$

以上这些性质的证明从略，腐蚀和膨胀运算还具有其他多项性质，如增长性（包含性）、外延性、同前性等，这里不再一一介绍。

11.2.2　二值开启和闭合运算

一般情况下，膨胀与腐蚀不构成互为逆运算，所以它们可以级联使用。膨胀后再腐蚀，或者腐蚀后再膨胀通常不能恢复成原来图像（目标），而是产生一种新的复合形态运算，这就是形态开启（Open）和闭合（Close）运算，它们也是数学形态学中的重要运算。

1. **二值开启和闭合**

开启运算的符号用“∘”表示，即

$$X \circ B = (X \odot B) \oplus B \tag{11.16}$$

闭合运算的符号用“•”表示，即

$$X \bullet B = (X \oplus B) \odot B \tag{11.17}$$

由此可知，开启运算（简称开运算）是先用结构元素对图像进行腐蚀后，再进行膨胀。顾名思义，两个集合经过开运算，“拉开”了它们之间的距离。闭合运算（简称闭运算）是先用结构元素对图像进行膨胀后，再进行腐蚀。顾名思义，两个集合经过闭运算，“缩短”了它们之间的距离。

开启和闭合运算的示例如图 11.6 所示。用图 11.6（b）所示的一个圆形结构元素对图 11.6（a）的图像区域进行开启和闭合运算，为了能看清楚结构元素在原图中的移动位置，原图用浅色来表示。其中图 11.6（c）是用图 11.6（b）的结构元素对图 11.6（a）进行腐蚀的结果，图 11.6（d）是对图 11.6（c）进行膨胀运算的结果，也就是对图 11.6（a）开启运算的结果。类似，图 11.6（e）是用相同的图 11.6（b）结构元素对图 11.6（a）膨胀的结果，图 11.6（f）是对图 11.6（e）进行腐蚀运算的结果，当然也是对图 11.6（a）进行闭合运算的结果。

从图 11.6 可以看出，开启运算一般能平滑图像的轮廓，削弱狭窄的部分，去掉细长的突出、边缘毛刺和孤立斑点。闭合运算也可以平滑图像的轮廓，但与开启运算不同，闭合运算一般融合窄的缺口和细长的弯口，填补图像的裂缝及破洞，所起的是连通补缺作用，图像的主要结构保持不变。

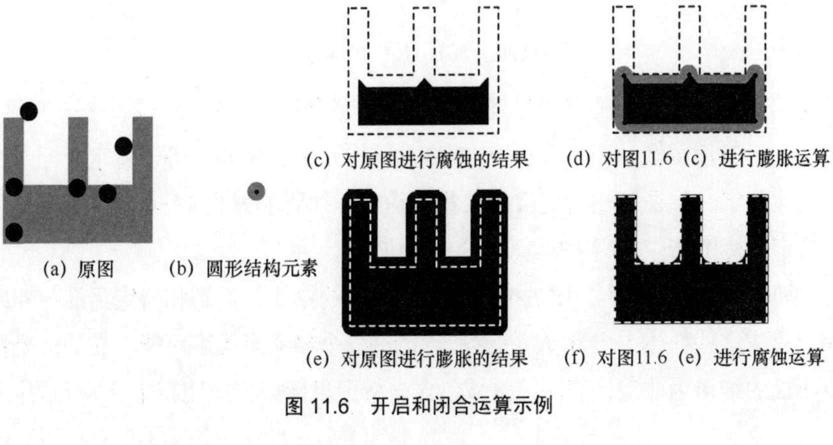

图 11.6　开启和闭合运算示例

2. 二值开启和闭合的性质

（1）增长性

开启和闭合都具有增长性（Increasing），即当 $X \subseteq Y$ 时，有

$$X \circ B \subseteq Y \circ B，\ X \bullet B \subseteq Y \bullet B \tag{11.18}$$

上式表明，两个集合与结构元素 B 做开启或闭合运算，不改变两者之间的包含关系。

（2）外延性和非外延性

闭合运算是外延（Extensive）的，原图像 X 包含在运算结果内，即

$$X \subseteq X \bullet B \tag{11.19}$$

开启运算是非外延（Anti-extensive）的，其结果包含在原图像 X 内，即

$$X \circ B \subseteq X \tag{11.20}$$

（3）同前性

开启和闭合运算都具有同前性（Idem-potency），即对同一目标用同一结构元素多次进行开运算（或闭运算）等同于进行一次开运算（或闭运算），即

$$(X \circ B) \circ B = X \circ B，\ (X \bullet B) \bullet B = X \bullet B \tag{11.21}$$

（4）对偶性

开启运算和闭合运算是关于集合补的对偶运算。

$$(X \circ B)^{c} = X^{c} \bullet \hat{B}，\ (X \bullet B)^{c} = X^{c} \circ \hat{B} \tag{11.22}$$

上述性质的详细证明予以省略。

11.2.3 击中/击不中运算

1. 击中/击不中运算步骤

击中/击不中运算也称为击中与否运算，是形态学中一种非常有用的目标探测方法。它来源于这样的问题，即在图像的多个目标中找到特定形状的目标。击中与否运算的数学形态学运算定义为

$$Y = (A \odot H) \bigcap (A^{c} \odot M) \tag{11.23}$$

该运算是两部分运算集合的交集。其中 A 是含有多个目标（X，Y，Z，……）的二值图像，A^{c} 是其补集，表示二值图像 A 的背景。H 和 M 是结构元素，H 通常等于特定目标或由特定目标的最小特征尺寸确定，M 通常由特定目标的背景确定，并要求 $H \bigcap M = \varnothing$ 。按照式（11.23）的含义，检测特定目标的击中/击不中运算可分 3 步进行。

第 1 步是腐蚀运算 $A \odot H$ ，腐蚀掉比特定目标小的物体，找到和特定目标一样或比特定目标大的物体，标注这些物体中包含 H 的参考点，每一个参考点代表可能存在的一个特定目标。如果第 1 步腐蚀的结果为非空，表明该区域包含与特定目标一样或比特定目标大的物体。

第 2 步也是腐蚀运算 $A^c \odot M$，用识别目标背景的结构元素 M 对 A 的背景 A^c 进行识别，探测背景中是否有目标的背景存在。标注这些背景中包含 M 的参考点，每一个参考点代表可能存在的一个特定目标的背景。如果第 2 步腐蚀的结果为非空，表明该区域包含特定目标的背景。

第 3 步是计算前两步结果的交集（或者两次所标注的共同参考点所指示的位置），其结果正是在探测区域中同时具有目标形状和目标背景形状的物体，即我们所要寻找的特定目标。下面用图 11.7 来说明击中/击不中运算的步骤。

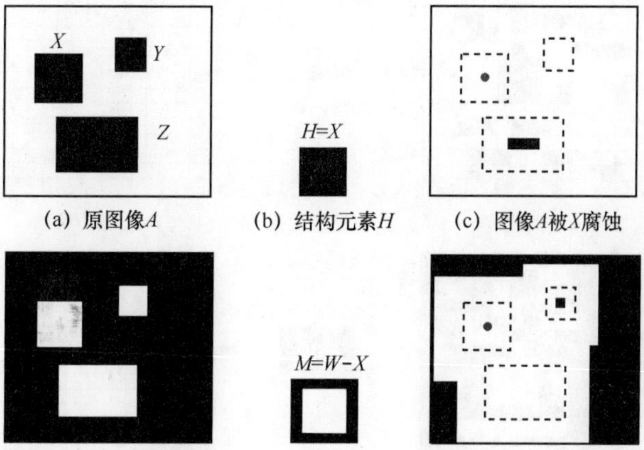

(a) 原图像 A　(b) 结构元素 H　(c) 图像 A 被 X 腐蚀

(d) 图像 A 的补集 A^c　(e) 结构元素 M　(f) 图像 A^c 被 M 腐蚀

图 11.7　击中/击不中运算步骤

在图 11.7 中，图 11.7（a）为包含 X、Y、Z 物体的原图像 A。图 11.7（b）为目标结构元素 H。图中黑色像素点用 1 表示，白色像素点用 0 表示，结构元素的参考点在对应图形的中心位置。

选取结构元素 $H=X$，对原图像 A（包括 X、Y、Z 这 3 部分）进行腐蚀运算，目的是检测图像 A 中能够包含 X 的目标，其结果如图 11.7（c）所示。图 11.7（d）是原图像 A 的补集 A^c。选用一个小窗口 W，W 能包含 X，将两者集合之差（$W-X$）看作目标 X 的背景，用作检测 A^c 中目标背景的结构元素 M，如图 11.7（e）所示。图 11.7（f）表示集合 A 的补集 A^c 被目标背景 M 腐蚀的结果。从图 11.7（c）与图 11.7（f）可以看出，图形 X 在原图像 A 中的位置是 A 被 H 腐蚀和 A^c 被 $W-X$ 腐蚀的交集，这个交集位置正是我们所要找的特定目标的位置。

至此可知，第 1 步用目标作结构元素对图像中物体进行腐蚀运算，结果是将图像中所有含有目标的参考点以及比目标大的物体的参考点被找出；第 2 步用一个略大于目标的窗口中目标的补集作为结构元素，对图像中物体的补集进行腐蚀运算，结果是将图像中目标参考点以及比目标小的物体的参考点找出；最后将前两步的结果进行交集运算，只有目标的参考点符合要求，因此依据所“击中”的参考点，可以很方便地确定图像中目标的位置。

2. 击中/击不中运算一例

图 11.8 是在图像中寻找水平并列的 3 个像素组成的特定形状目标的一个实例。图 11.8（a）为包含多个目标的二值图像 A，图 11.8（b）为结构元素 H，即待寻找的特定目标。图 11.8（c）

为第 1 步腐蚀 $A\odot H$ 的结果，用深灰色表示，浅灰色部分表示可能存在的目标。图 11.8（d）为背景图像 A^c（A 的补集），图 11.8（e）为结构元素 M，即目标的背景，图 11.8（f）为目标的背景对背景图像 A^c 腐蚀的结果，用深灰色表示，浅灰色部分表示可能存在的目标的背景。图 11.8（f）和图 11.8（c）的交集，即图中圆圈所标注之处，就是我们所要寻找的特定目标的参考点位置。

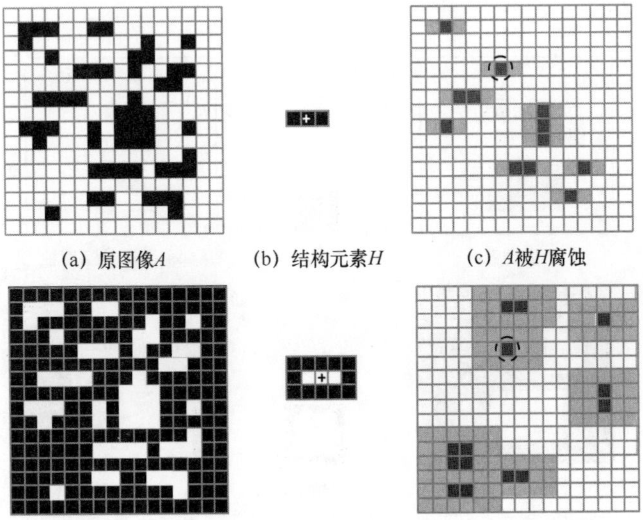

(a) 原图像A　(b) 结构元素H　(c) A被H腐蚀

(d) 图像A的补集A^c　(e) 结构元素M　(f) A^c被M腐蚀

图 11.8　击中与否运算示例

11.3　二值图像形态学处理的应用

在二值图像形态学处理中，除了上述的腐蚀、膨胀、开启和闭合等基本运算外，还有一些其他处理方法，如细化、厚化、滤波等，也同样有广泛的应用，如提取某一区域的边界线、目标的骨架结构、物体的连接成分等，还可以应用于图像的去噪、平滑等预处理场合。

11.3.1　细化与厚化处理

1. 二值细化

对目标的细化（Thinning）处理，本质上和腐蚀处理雷同，都是剪除目标中不必要的部分。细化和腐蚀的不同之处在于，细化要求在剪除的过程中，一般不将一个目标断裂为两个或几个部分，要求始终保持目标的连接状态，最后成为细至一个像素宽的线条。细化后的线图是一种非常有用的特征，是描述图像几何及拓扑性质的重要特征之一，它决定了物体路径的形态。在文字识别、地质构造识别、工业零件识别或图像理解中，先进行细化处理有助于突出形状特点和减少冗余信息。

集合 X 被结构元素 B 细化用 $X \otimes B$ 表示，根据击中与否运算定义可知

$$Y = X \otimes B = X - (X \Uparrow B) = X \cap (X \Uparrow B)^{c} \tag{11.24}$$

从上式可见，细化实际上就是从 X 中去掉被 B 击中的部分 $X \Uparrow B$，当然 B 是被认为不重要的部分。

在实际应用中，很难准确选定 B、一次性地达到细化的目的，取而代之的细化过程是用一系列的结构元素依次对目标进行上述的细化运算，这一系列的结构元素组成了结构元素序列。

$$\{B\} = \{B_1, B_2, B_3, \cdots, B_n\} \tag{11.25}$$

其中，B_i 是 B_{i-1} 的旋转。图 11.9 是一个结构元素序列，包含 8 个依次旋转 45° 的结构单元，参考点在方块中间。

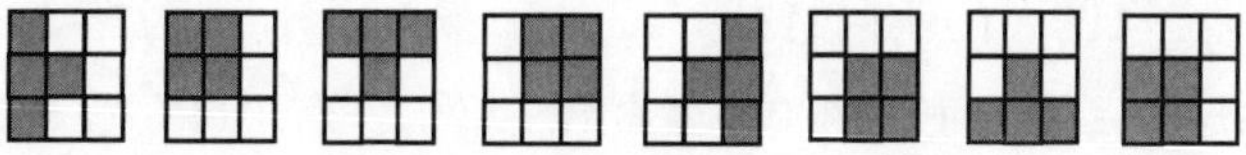

图 11.9　结构元素 B_1～B_8 序列

根据这个概念，我们定义被一个结构元素序列细化为

$$Y = (X \otimes \{B\}) = ((\cdots((X \otimes B_1) \otimes B_2)\cdots) \otimes B_n) \tag{11.26}$$

实际上，细化就是首先从 X 中去掉连续被 B_1 击中的部分，再把剩余图像中被 B_2 击中的部分去掉，如此反复，直至 B_n。图 11.10（a）是灰度原图像，二值化后的图像如图 11.10（b）所示，细化之后的结果如图 11.10（c）所示，很好地保留了图 11.10（b）中的拓扑结构。注意，图 11.10（b）的二值化图像以白色图像为目标。

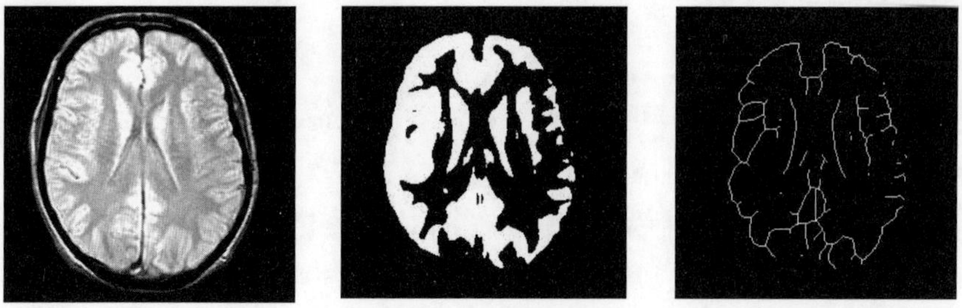

(a) 原图像　(b) 二值化后图像　(c) 细化后图像

图 11.10　形态学的细化示例

2. **二值厚化**

厚化（Thickening）是细化形态学上的对偶，记为 $X \bigcirc B$，也可以用击中与否运算表示，即

$$X \bigcirc B = X \cup (X \Uparrow B) \tag{11.27}$$

B 是适合于厚化运算的结构元素。实际上，厚化运算是在 X 的基础上增加 X 被 B 击中的结果。如果结构元素 B 可以表示成结构元素序列 $\{B\}=\{B_1,B_2,B_3,\cdots,B_n\}$ ，则厚化运算为

$$Y=(X\bigcirc\{B\})=((\cdots((X\bigcirc B_1)\bigcirc B_2)\cdots)\bigcirc B_n) \tag{11.28}$$

也就是在 X 中增加连续被 B_i 击中的结果。

11.3.2 滤波与去噪处理

1. 二值滤波

从基本形态和复合形态运算可知，它们都可以改变图像的某些特征，相当于对图像做滤波处理。同时可以看到结构元素的形状和大小直接影响形态滤波的输出效果。不仅不同形状的结构元素（如各向同性的圆形、十字形、矩形，不同朝向的有向线段等），而且不同尺寸的同形状结构元素，其滤波效果也有明显的差异。也就是说，选择不同形状、不同尺寸的结构元素可以提取图像的不同特征。

图 11.11 为一种提取特定方向矢量的形态滤波的实例，图 11.11（b）的结构元素是一条具有特定朝向的线段，用它对原图（图 11.11（a））进行腐蚀运算，其结果如图 11.11（c）所示，原图众多朝向的线段中和结构元素方向一致的线段被保留下来，其他方向的线段则被“滤除”。

(a) 原图　　(b) 结构元素　　(c) 提取特定方向矢量

图 11.11　用方向结构元素提取方向向量

2. 二值去噪

采集图像时由于各种因素，不可避免地存在噪声，多数情况下是加性噪声。可以通过形态运算进行平滑处理，滤除图像的加性噪声。

开启运算（$Y=X\circ B$）是一种先腐蚀后膨胀的串行复合滤波，可以消除细小的孤立噪声点，切断细长的搭线，消除图像边缘毛刺等，具有平滑图像边界的功能，因而常用于二值图像的处理。如图 11.12 所示，图 11.12（a）是从原灰度图像经阈值分割得到的二值图像，分割的不完美和噪声的引入，使图像不清楚。用开启运算可以较好地消除原二值图像中的噪声，使分割后图像的质量得到很大改进，如图 11.12（c）所示。

闭合运算，$Y=X\bullet B$ 是一种先膨胀后腐蚀的串行复合滤波，具有平滑边界、连接短的间断、填充小孔等作用。

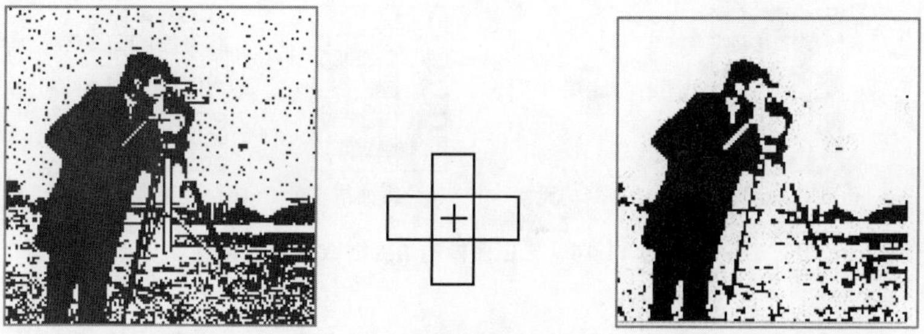

(a) 噪声图像　　(b) 结构元素（放大）　　(c) 去噪声后图像

图 11.12　用开运算除图像噪声

还可以通过开启和闭合运算的串行结合来构成形态学去噪声滤波器。

考虑如图 11.13（a）左边一个简单的二值图像 X，它是一个被噪声影响的矩形目标。图框外的黑色小块表示噪声，目标中的白色小孔也表示噪声，所有背景噪声成分的物理尺寸均小于图 11.13（a）右边所示结构元素 B。图 11.13（b）左边是原图像 X 被结构元素 B 腐蚀后的图像，实际上它将目标周围的噪声块消除了，而目标内的噪声成分却变大了。因为目标中的空白部分实际上是内部的边界，经腐蚀后变大。再用 B 对腐蚀结果进行膨胀得到图 11.13（b）右边图像。然后用 B 对开启结果进行闭合运算，即先膨胀得到图 11.13（c）左边，再腐蚀得到图 11.13（c）右边最终的结果，它将目标内部的噪声孔消除了。由此可见，$(X \circ B) \bullet B$ 可以构成滤除图像噪声的形态滤波器，能滤除目标内、外比结构元素小的噪声块。

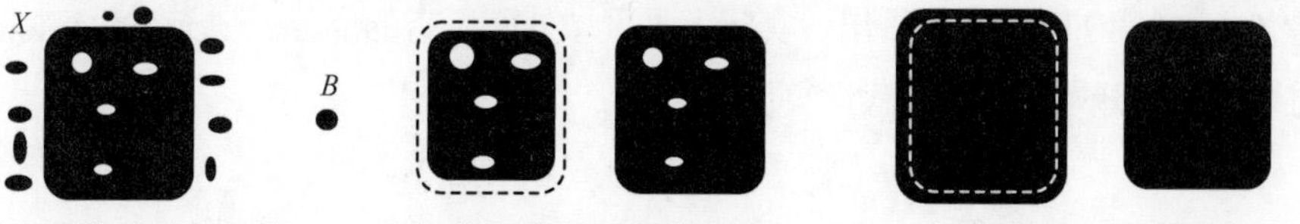

(a) 原图像 X 和结构元素 B　　(b) 腐蚀-膨胀的开启结果 $X \circ B$　　(c) 膨胀-腐蚀的闭合结果 $(X \circ B) \bullet B$

图 11.13　用开闭运算做图像去噪处理

11.3.3　边缘提取和区域填充

1．二值边缘提取

提取边界或边缘是图像分割的重要组成部分，也可以用形态学方法来完成。设目标物体为集合 X，提取物体边缘 Y 的形态学运算为

$$Y = X - (X \odot B) \tag{11.29}$$

图 11.14 是采用上述算法的一个简单示例，图 11.14（a）是原图 X，是一个粗体的英语大写字母“E”，图 11.14（b）是结构元素 B，图 11.14（c）是用结构元素 B 腐蚀 X 后得到的图像 $X \odot B$，图 11.14（d）是由 X 减去腐蚀的结果 $X \odot B$ 后所提取的边缘 Y，即字母“E”的外框。

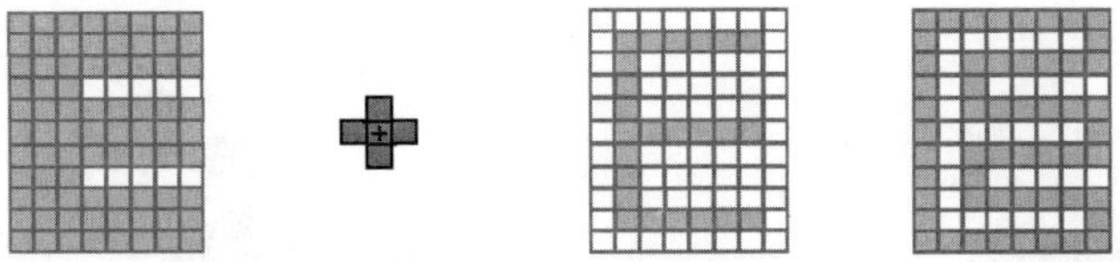

(a) 原二值图像　(b) 结构元素　(c) 腐蚀结果　(d) 边缘提取结果

图 11.14　二值图像的边缘提取示例

实际上，式（11.29）所表示的 X 的边缘是目标的内边缘，即处在边缘上的像素本身是 X 集合内的元素。按照这种获取目标边缘的原理，还可以定义另外两种边缘。一种是

$$Y=(X\oplus B)-X \tag{11.30}$$

这种方法提取的 X 的边缘是目标的外边缘，即边缘上的像素不属于 X 集合，而是在 X 集合外紧贴于 X 集合的邻域内的元素。显然，X 的外边缘即 X^c 的内边缘。

另一种是“双边缘”。

$$Y=(X\oplus B)-(X\odot B) \tag{11.31}$$

实际上是上述内外边缘的并集，此式在形态学中称为形态梯度，也可称为形态梯度边缘。

2. **二值区域填充**

区域是目标图像边界线所包围的部分，边界是目标图像的轮廓线，因此目标图像的区域和其边界可以互求。下面通过具体示例说明区域填充的形态学运算方法。

图 11.15（a）是一个目标区域图像 A，其边界点用深色表示。目标上的点赋值为 1，目标外赋值为 0。图 11.15（b）为结构元素 B，参考点居中，一般情况下选取对称的结构元素。图像 A 的补集是 A^c ，由图 11.15（c）给出，实际上是区域外面所有的部分。填充过程实际上是从目标的边界内某一点 P 开始做以下迭代运算。

$$X_k=(X_{k-1}\oplus B)\cap A^c \quad k=1,2,3\cdots \tag{11.32}$$

其中 $X_0=P$，是原图边界内的一个点（E 的左上角黑色像素），如图 11.15（d）所示，在这一点做结构元素 B 的膨胀，将膨胀的结果和 A^c 做交集运算，目的是抹去不属于 A 集合的点，留下的点集形成 X_1，再对 X_1 进行膨胀、和 A^c 交集，形成 X_2，……，一直做到 X_k ，当 k 迭代到 $X_k=X_{k-1}$ 时结束，集合 X_k 和 A^c 的交集包括图像边界线所包围的填充区域及其边界。如图 11.15（e）中黑色部分所示，即完成了“E”字边框内的填充。可见区域填充算法是一个用结构元素对其不断进行膨胀、求补和求交集的过程。

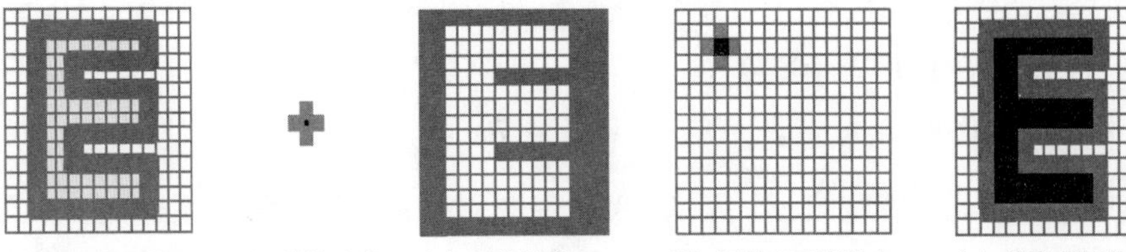

(a) 需填充图像 A　(b) 结构元素　(c) 图像补集 A^c　(d) 初始 X_0 及膨胀点　(e) 填充后图像

图 11.15　形态学区域填充示例（见彩插图 11.15）

11.4　灰度图像形态学处理

前面主要介绍的是二值形态学的基本运算及其在图像处理中的应用。这些基本运算（如膨胀、腐蚀、开启、闭合等）可以方便地推广至灰度图像空间，并由此建立基本的灰度图像形态学运算法则。我们可将灰度形态学运算应用到灰度图像中，如描述和表示图像的某些特征，进行图像边缘提取、图像平滑处理等。但与二值数学形态学不同的是，灰度形态学运算中的操作对象不再看作集合，而看作灰度数字图像函数。设 $f(x,y)$是输入图像，$b(x,y)$是结构元素，它本身也是一个子图像。在二值数学形态学中交集和并集是基本的运算方式，但在灰度图像的形态学中，极大和极小是基本的运算方式。下面首先讨论基本的灰度形态学运算。

11.4.1　灰度腐蚀和膨胀运算

1. 灰度膨胀

输入图像 $f(x,y)$被结构元素 $b(x,y)$膨胀定义为 $f \oplus b$，其表达式如下。

$$(f \oplus b)(s,t) = \max\{f(s-x,t-y)+b(x,y) \mid (s-x,t-y) \in D_f,(x,y) \in D_b\} \tag{11.33}$$

其中，D_f、D_b 分别是输入图像 $f(x,y)$和结构元素 $b(x,y)$的定义域。这里限制$(s-x,t-y)$在 $f(x,y)$的定义域内，与二值图像膨胀要求两个集合运算必须至少有一个元素相交的定义类似。另外，该表达式与函数的二维卷积运算非常类似，只是这里用“相加”代替相乘，用“求最大”代替积分运算。

灰度膨胀运算的计算是逐点进行的，求某点膨胀运算的结果，即计算该点局部范围内各点与结构元素中对应的点灰度值的和，并选取其中的最大值作为该点的膨胀结果。

图 11.16 给出了一个灰度图像膨胀运算的示例。图 11.16（a）是一个 5×5 的原始灰度图像 F，方格中的数为该点的灰度值。图 11.16（b）是一个 3×3 的结构元素 B，参考点在中心。下面给出用结构元素 B 膨胀灰度图像 F 的主要步骤。由于膨胀运算是逐个像素进行的，所以这里以 F 的中心元素“5”为例介绍像素的膨胀过程，其他 24 个点可以依此类推得到，结果如图 11.16（h）所示。

图 11.16 中灰度图像膨胀运算的具体步骤如下。

（1）将结构元素 B 平移叠加到 F，其中心对准“5”，依次用 F 中心的“5”加到 B 的对应像素上，并将加的结果放在 F 中相应的位置上，得到如图 11.16（c）所示的 9 个数，其中最大的数为“8”。

（2）将结构元素 B 平移叠加到 F，其中心对准“5”右边的“3”，做和步骤（1）类似的操作，结果如图 11.16（d）所示的 9 个数，其中最大的数为“6”。注意，F 中“5”的上下左右共有 4 个“3”，这里介绍了 1 个，其他 3 个“3”类似，只不过位置不同。

1	1	1	1	1
1	2	3	4	1
1	3	5	3	1
1	4	3	2	1
1	1	1	1	1

(a) 原灰度图像F

0	2	0
2	3	2
0	2	0

(b) 结构元素B

1	1	1	1	1
1	5	7	5	1
1	7	8	7	1
1	5	7	5	1
1	1	1	1	1

(c) F中的5和B相加结果

1	1	1	1	1
1	2	3	5	3
1	3	5	6	5
1	4	3	5	3
1	1	1	1	1

(d) F中的3和B相加结果

1	1	4	6	4
1	2	6	7	6
1	3	4	6	4
1	4	3	2	1
1	1	1	1	1

(e) F中的4和B相加结果

1	1	1	1	1
1	2	3	4	1
1	3	2	4	2
1	4	4	5	4
1	1	2	4	2

(f) F中的2和B相加结果

1	1	1	1	1
1	2	3	4	1
1	3	8	3	1
1	4	3	2	1
1	1	1	1	1

(g) F中的5膨胀结果

4	4	4	4	4
4	5	7	7	4
4	7	8	7	4
4	7	7	5	4
4	4	4	4	4

(h) F中所有点膨胀结果

图 11.16　灰度图像膨胀运算示例

（3）用上述的方法处理“5”右上角的“4”和右下角的“2”，结果分别如图 11.16（e）和图 11.16（f）所示。另一个“4”和“2”也类似处理。

（4）经过上述处理，得到 F 中以“5”为中心的 9 个位置的 9 个 3×3 的结果，每个 3×3 数据中都有一个最大的数，共计得到 9 个最大的数：8、6、6、6、6、7、7、5、5，再在这 9 个数中，取其中最大的一个数“8”作为 F 中“5”的膨胀结果，如图 11.16（g）所示。

（5）除了“5”以外，其他 24 个点的膨胀结果可以依次类推得到，结果如图 11.16（h）所示。图 11.16（h）显示的图像就是原图像 F 经过 B 膨胀后的图像。可见，经过膨胀后的图像其亮度普遍得到提高，即灰度图像膨胀后普遍变“亮”。

（6）明显区别于二值图像，灰度图像的膨胀运算（包括后面将介绍的腐蚀运算）所膨胀的不是对象的像素数，不是对象的几何形状，而是膨胀对象的像素灰度值；通过灰度值的变化，等效地膨胀（扩充）对象的范围。

从上例可知，二维膨胀计算和表达比较复杂，为了方便理解，下面用一维函数代替二维函数来解释灰度膨胀的含义和运算操作机理。一维函数也可以看作图像某一条扫描线上的灰度值。对于只有一个变量的函数，灰度膨胀表达式可写成

$$(f \oplus b)(s) = \max\{f(s-x)+b(x) \mid (s-x) \in D_f, x \in D_b\} \tag{11.34}$$

在卷积中，$f(-x)$是$f(x)$相对于 x 轴原点的映射，与卷积运算类似，对于正的 s 值，函数 $f(s-x)$移向右边，对于负的 s 值，函数 $f(s-x)$移向左边，不管是移向右边还是移向左边，都要求$(s-x)$在$f(x)$的定义域内，x 在 b 的定义域内，这意味着 f 和 b 相重叠，即 b 应包含在 f 内。从定义式可知，灰度图像膨胀是 f 平移$(s-x)$，而不是结构元素 b 平移。实际上，由于结构元素的定义域 D_b 比 D_f 小得多，因此采用结构元素 b 平移（而不是 f 平移）在计算上要简便得多，且对结果没有影响（因为膨胀运算具有互换性）。

灰度图像膨胀的一个示例如图 11.17 所示，由膨胀运算定义可知，膨胀运算实际上是求由结构元素形状定义的邻域中 $f+b$ 的最大值，所以灰度膨胀运算会产生以下两种效果。

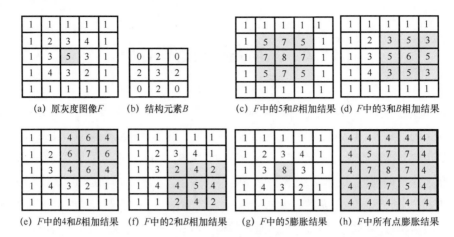

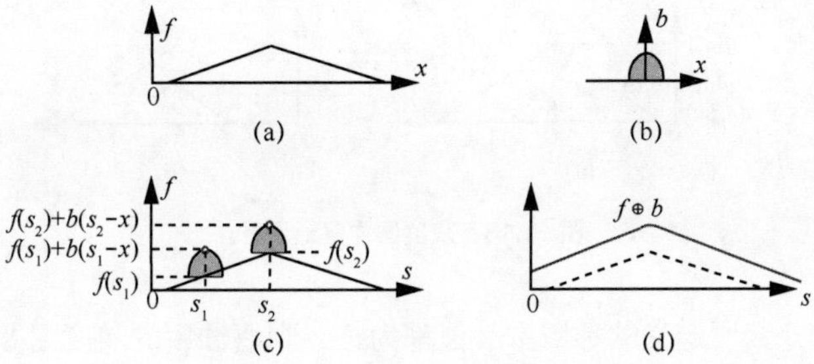

图 11.17　灰度图像膨胀示意

（1）如果在结构元素所定义的邻域中其值都为正，则膨胀后的灰度图像比输入图像亮。

（2）输入图像中暗细节的部分是否在膨胀中被削减或去除，取决于结构元素的形状以及结构元素的值。如果暗细节的面积（宽度）远小于结构元素，则很容易被膨胀而消除。

2. *灰度腐蚀*

输入图像 $f(x,y)$ 被结构元素 $b(x,y)$ 腐蚀定义为 $f \odot b$，其表达式为

$$(f \odot b)(s,t) = \min\{f(s+x,t+y) - b(x,y) \mid (s+x,t+y) \in D_f, (x,y) \in D_b\} \tag{11.35}$$

其中，D_f、D_b 分别是输入图像 $f(x,y)$ 和结构元素 $b(x,y)$ 的定义域，限制平移参数 $(s+x,t+y)$ 在 $f(x,y)$ 的定义域内，与二值图像的腐蚀运算要求结构元素必须全部包含在被腐蚀的图像中的情况类似。该表达式与函数的二维相关非常类似，只是这里用“相减”代替相乘，用“求最小”代替求和运算。

灰度腐蚀运算的计算是逐点进行的，求某点腐蚀运算的结果，即计算该点局部范围内各点与结构元素中对应的点的灰度值的差，并选取其中的最小值最为该点的腐蚀结果。经腐蚀运算后，图像边缘部分具有较大灰度值点的灰度值会降低，边缘会向灰度值高的区域内部收缩。

可以用图 11.16 的灰度图像膨胀运算示例的步骤来解释二维灰度腐蚀运算，对于相同的 F 和 B，只要将原先的加法改为减法，求最大改为求最小即可。

为了方便起见，也可用一维函数代替二维函数来解释灰度腐蚀的含义和运算操作机理。一维灰度函数 $f(x)$ 的腐蚀表达式可写成

$$f \odot b(s) = \min\{f(s+x) - b(x) \mid (s+x) \in D_f, x \in D_b\} \tag{11.36}$$

在上式情况下，对于正的 s 值，函数 $f(s+x)$ 移向右边，对于负的 s 值，函数 $f(s+x)$ 移向左边，不管是移向右边还是移向左边，都要求 $(s+x)$ 在 $f(x)$ 的定义域内，x 在 b 的定义域内，这与二值图像腐蚀中要求结构元素必须全部包含在腐蚀的集合中的运算类似。

灰度腐蚀运算过程与灰度膨胀运算过程基本相同，灰度腐蚀的一个示例如图 11.18 所示，仍然采用图 11.17 的结构元素 b。

由图 11.18 以及腐蚀运算的定义可知，需求由结构元素形状定义的邻域中 f–b 的最小值，因此灰度腐蚀运算通常会产生以下两种效果。

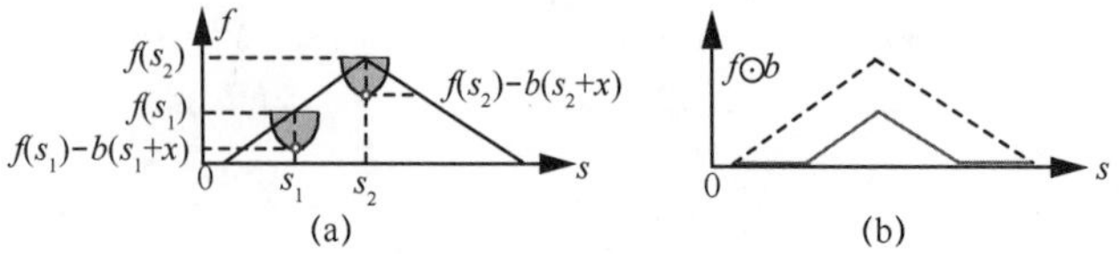

图 11.18　灰度图像腐蚀示意

（1）如果在结构元素所定义的邻域中其值都为正，则腐蚀后的灰度图像比输入图像暗。

（2）如果输入图像中亮细节的尺寸比结构元素小，则腐蚀后明亮细节将会削弱，削弱的程度与该亮细节周围的灰度值和结构元素的形状以及结构元素的值有关。

灰度图像膨胀与腐蚀运算相对于函数的补操作和映射操作具有对偶性，它们的对偶关系如下。

$$(f \oplus b)^c = (f^c \odot \hat{b}) \tag{11.37}$$

$$(f \odot b)^c = (f^c \oplus \hat{b}) \tag{11.38}$$

这里函数的补运算为 $f^c(x,y) = -f(x,y)$，结构元素的补运算为 $b^c(x,y) = -b(x,y)$。

图 11.19 是采用半径为 5 的圆形结构元素对图 11.19（a）分别进行腐蚀和膨胀运算的结果。图 11.19（b）是腐蚀的结果，整体灰度下降，画面变暗，较亮的区域被缩小；图 11.19（c）是膨胀的结果，整体灰度上升，画面变亮，较亮的区域被扩大。

(a) 原图像　(b) 腐蚀后的图像　(c) 膨胀后的图像

图 11.19　灰度图像的腐蚀和膨胀示例

11.4.2　灰度开启和闭合运算

和二值图像形态学处理类似，在膨胀运算和腐蚀运算的基础上，对它们进行组合，同样可以形成对灰度图像的开启运算和闭合运算。

1. 灰度开启和闭合

灰度图像的开启和闭合运算与二值图像开启与闭合运算形式上是一致的，开启运算记为 $f \circ b$，闭合运算记为 $f \bullet b$，具体定义如下。

$$f \circ b = (f \odot b) \oplus b \tag{11.39}$$

$$f \bullet b = (f \oplus b) \odot b \tag{11.40}$$

灰度开启运算可以做如下解释。假设一幅图像 $f(x,y)$，x 和 y 是空间坐标，f 是灰度值，$f(x,y)$ 的曲面形状类似于一个地貌地图。现设结构元素 $b(x,y)$ 的形状是一个球，用 b 开启图像 f，可以看作是将球紧贴着曲面下表面滚动，经这一滚动处理，所有比结构元素球体直径小的山峰被磨平。或者说，当 b 紧贴着 f 下表面滚动时，f 中没有与 b 接触的部位都落到与球体 b 接触。为了形象加以说明，采用一维函数 $f(x)$，如图 11.20（a）所示，图 11.20（c）是 b 在开启中的几个位置（结构元素在其曲线的下面紧贴曲线滚动），图 11.20（d）是开启运算的结果。从图 11.20（d）可知，所有小于结构元素（圆）直径的波峰其高度和尖锐度都减弱了，也就是说，在开启运算中的第一步腐蚀运算腐蚀了比结构元素小的亮细节并同时减弱了图像整体灰度值，第二步膨胀运算增加了图像整体亮度而对已腐蚀的细节不再引入。

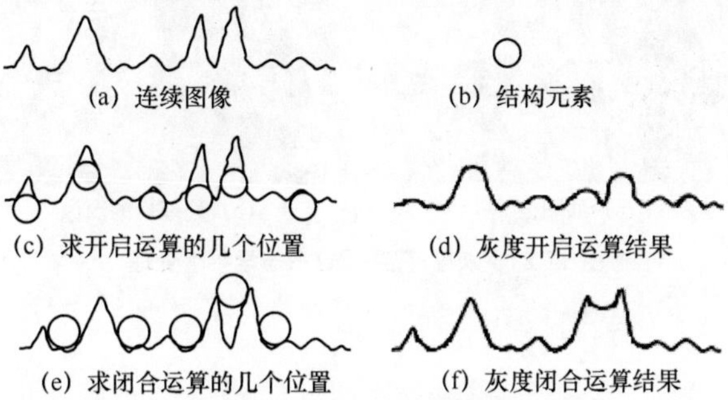

(a) 连续图像　(b) 结构元素　(c) 求开启运算的几个位置　(d) 灰度开启运算结果　(e) 求闭合运算的几个位置　(f) 灰度闭合运算结果

图 11.20　灰度开启和闭合示意

与开启运算类似，闭合运算可以看作是结构元素球紧贴在 f 的上表面上滚动，对所有比结构元素球直径小的山谷得到了填充，山峰位置基本不变，或者说，当 b 紧贴着 f 上表面滚动时，f 中没有与 b 接触的部位都填充到与球体 b 接触。图 11.20（e）是闭合运算时的几个位置（结构元素在其曲线的上面紧贴曲线滚动），图 11.20（f）是闭合运算结果。从图 11.20（f）可知，所有小于结构元素（圆）直径的波谷其深度和尖锐度都减弱了，即在开启运算中的第一步膨胀运算消除了比结构元素小的暗细节，而图像整体灰度值和较大的暗区域基本上不受影响，第二步腐蚀运算减弱了图像整体亮度而又不重复引入前面已被去除的暗细节。

2. 灰度开启和闭合的性质和应用

和二值图像形态学类似，灰度开启和闭合运算也具有多项性质和广泛的应用，这里仅介绍两个基本性质和一种基本应用，更多的内容可以参阅有关的参考资料。

（1）开启和闭合运算的对偶性

灰度开启和闭合与函数的补运算和映射运算是对偶的。对偶关系可写成为

$$(f \circ b)^c = (f^c \bullet \hat{b}) \tag{11.41}$$

$$(f \bullet b)^c = (f^c \circ \hat{b}) \tag{11.42}$$

其中函数求补运算为 $f^c(x,y) = -f(x,y)$，结构元素的反射运算为 $\hat{b}(x,y) = b(-x,-y)$。

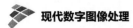

（2）开启和闭合运算的同前性

$$(f \circ b) \circ b = (f \circ b) \tag{11.43}$$

$$(f \bullet b) \bullet b = (f \bullet b) \tag{11.44}$$

通过开启再闭合的形态学组合运算可以获得对图像的平滑处理，处理结果是去掉或减弱图像中特别亮的小亮斑或特别暗的小暗斑，经灰度形态学操作之后给图像带来一定程度的模糊，如图 11.21 所示。

(a) 原图像　　(b) 处理后的图像

图 11.21　灰度开启-闭合形态学平滑处理

第12章

PDE 图像处理

利用偏微分方程（PDE）数值解的方法可以在图像处理的同时较好地保持图像原有的特征。本章首先给出了 PDE 在图像处理应用中必备的一些基础知识，如有关的泛函、变分和梯度流等；随后简单介绍 PDE 在图像处理方面的应用，包括基于 PDE 的变分法图像去噪，基于 PDE 热传导方程的图像放大，基于 PDE 活动轮廓模型的图像分割，以及基于 PDE 全变分模型的图像修复等处理方法。

在数字图像处理的方法中，有确定信号分析的方法，如傅里叶变换、小波变换、各种滤波等，还有基于统计分析的方法，如随机场建模、直方图均衡等。这里介绍另一类基于数学中偏微分方程（PDE，Partial Differential Equation）的图像处理方法。自 20 世纪 80 年代偏微分方程引入图像处理领域以来，其发展迅速，应用广泛，如图像降噪、图像增强、图像复原、图像分割、图像修复以及图像压缩等场合。

PDE 针对图像空间域内像素点灰度值建立一阶、二阶或高阶微分方程来表征图像中的区域纹理或边界等特征。由于偏微分方程具有不同于信号分析和统计分析的特性，如各向异性的扩散性能，因而通过 PDE 数值解的方法可以在图像处理的同时较好地保持图像的原有特征。

12.1 偏微分方程基础

和其他各类方程都是表示现实世界各类变量之间的制约关系一样，偏微分方程反映了有关的未知变量及其关于时间变量的导数和关于空间变量的导数之间的制约关系。例如，描述弦线振动问题的弦振动微分方程，描述物体热传导的热传导微分方程，描述电磁场微分方程等。与此类似，将 PDE 引入图像处理领域，针对不同的图像处理问题，建立电磁波动相应的偏微分方程模型，通过求解这个偏微分方程来得到期望的结果。

“偏微分方程”实际还需涉及差分、泛函、变分、梯度流等概念，但它们都是为 PDE 服务的。如差分是 PDE 数值计算的一种近似方法，泛函可以表述图像处理的极值问题，但其解往往通过变分手段归结为解欧拉偏微分方程，梯度流也是泛函极值问题的一种转换解决方法，它把这类问题转换为梯度流偏微分方程的形式。

把图像处理问题抽象为 PDE 数学问题，基本的方法有两大类：一类是直接用偏微分方程来表达，如热扩散方程等，将原始图像作为扩散方程的初值，解此方程得到图像处理的结果；另一类是将图像像素的幅值看成具有一定能量的信号，建立图像“能量”的泛函模型，求解该模型的极值，得到图像处理的结果。

12.1.1 偏微分方程

1. 偏微分方程定义

如果在一个微分方程中出现的未知函数只含有一个自变量，则称这个方程为常微分方程。如果微分方程中未知函数含有多个自变量，方程中出现多元函数对不同自变量的各阶偏导数，这样的微分方程称为偏微分方程（PDE）。例如，将一幅二维图像看作坐标的函数 u，在(x,y)处的像素灰度值为 $u(x,y)$，图像处理常用的线性偏微分方程一般可表示为

$$F(x,y,u,\frac{\partial u}{\partial x},\frac{\partial u}{\partial y},\frac{\partial^2 u}{\partial x^2},\frac{\partial^2 u}{\partial y^2},\frac{\partial^2 u}{\partial x\partial y},\cdots)=0 \tag{12.1}$$

可见，函数 $u(x,y)$ 的偏微分方程是二元函数 u 与其偏导数的一个数学关系式。式(12.1)中，$F(\cdot)$ 是函数，x、y 是自变量，u 是因变量。偏微分方程的阶次取决于方程中最高偏导数次数，如 $F(x,y,u,\frac{\partial u}{\partial x},\frac{\partial u}{\partial y})=0$ 是一阶偏微分方程，$F(x,y,u,\frac{\partial u}{\partial x},\frac{\partial u}{\partial y},\frac{\partial^2 u}{\partial x^2},\frac{\partial^2 u}{\partial y^2},\frac{\partial^2 u}{\partial x\partial y})=0$ 是二阶偏微分方程。

为了方便起见，在不易发生混淆的情况下，常用一些简记的方式，如一阶偏导记为 $\frac{\partial u}{\partial x}=u_x$，$\frac{\partial u}{\partial y}=u_y$；二阶偏导记为 $\frac{\partial^2 u}{\partial x^2}=u_{xx}$，$\frac{\partial^2 u}{\partial y^2}=u_{yy}$，$\frac{\partial^2 u}{\partial x\partial y}=u_{xy}$，……此时式（12.1）可记为

$$F(x,y,u,u_x,u_y,u_{xx},u_{yy},u_{xy},\cdots)=0 \tag{12.2}$$

2. **常见的偏微分方程**

在物理学中我们常见的偏微分方程如下。

（1）热传导方程

线性 PDE 是一类最常用的 PDE，如和图像处理关系最为密切的表示物体内热传导的多维“热传导方程”就是一个二阶线性偏微分方程。

在热传导方程中，用 $u=u(x,y,z,t)$ 表示某一均匀物体中温度的分布和随时间的变化，在物体内部没有热源的情况下，它的温度分布应该满足

$$\begin{cases}\frac{\partial u}{\partial t}=a^2\left(\frac{\partial^2 u}{\partial x^2}+\frac{\partial^2 u}{\partial y^2}+\frac{\partial^2 u}{\partial z^2}\right)=a^2\Delta u\\ u(x,y,z,0)=u_0(x,y,z)\end{cases} \tag{12.3}$$

其中，$a^2=\frac{k}{Q}$ 是常数，分子 k 是物体导热系数，分母 Q 是物体热容量。其实，一种化学物质在溶液中的浓度 $u(x,y,z,t)$ 也同样满足式（12.3），所以它有时也被称为扩散方程。

当物体处于热稳定状态时，也就是说，此时它的温度不随时间而改变，温度 u 满足方程

$$\frac{\partial^2 u}{\partial x^2}+\frac{\partial^2 u}{\partial y^2}+\frac{\partial^2 u}{\partial z^2}=\Delta u=0 \tag{12.4}$$

称为拉普拉斯（Laplace）方程。该方程除了表示稳态热传导的温度分布外，还可以用来描述无源静电场的电位、引力场、流体速度场等。

（2）波动方程

当声波在空气中传播时，如果振幅 u 不是压强的微小扰动，那么 u 满足下面无外力的自由波动方程。

$$\frac{\partial^2 u}{\partial t^2}=a^2\left(\frac{\partial^2 u}{\partial x^2}+\frac{\partial^2 u}{\partial y^2}+\frac{\partial^2 u}{\partial z^2}\right)=a^2\Delta u \tag{12.5}$$

其中，常数 a 表示声音在空气中的传播速度。方程式（12.5）不仅可以表示声波，也可以表示弦

震动的传播、电磁波或其他波动等。

还有很多常见的线性偏微分方程，如泊松方程、Helmholtz 方程、电报方程等。比线性 PDE 复杂的是非线性 PDE，如一阶非线性 PDE、二阶非线性 PDE 等。

3. 初始条件与边界条件

从数学的角度看，偏微分方程的通解含有任意函数，有一定的不确定性，因此，实用意义并不大。从 PDE 描述的物理过程看，仅建立表征该过程的物理量 u 所满足的方程是不够的，还需要附加一定的条件，这些条件应该足以说明系统的初始状态以及边界上的物理情况。此时，只有附加一些初始条件或/和边界条件才能得到特定解，这就是具有实用价值的偏微分方程的定解问题。定解条件包括初始条件和边界条件，它们一般是由特定的问题提出的。

初始条件即柯西（Cauchy）条件，表征某一物理过程“初始”时刻的状态。以一元波动方程，即弦振动方程为例，初始条件就是设定“初始”时刻（t=0）的弦的位移 $\varphi(x)$和速度 $\psi(x)$。

边界条件表征某一物理量在系统边界上所满足的物理条件。边界条件有 3 类：第一类边界条件，即狄里赫莱（Dirichlet）条件；第二类边界条件，即诺伊曼（Neuman）条件；第三类边界条件，即罗宾（Robin）条件。

如一维弦振动方程的边界条件，设定在边界 x=0 和 x=1 处的 u 值为 0，即第一类边界条件。这样，以两端固定的弦的自由振动方程为例，PDE 定解问题可表示为

$$\begin{cases}\dfrac{\partial^2 u}{\partial t^2}=a^2\dfrac{\partial^2 u}{\partial x^2}, & \text{偏微分方程}\\ u|_{t=0}=\varphi(x),\quad \left.\dfrac{\partial u}{\partial t}\right|_{t=0}=\psi(x), & \text{初始条件}\\ u|_{x=0}=0,\quad u|_{x=l}=0, & \text{边界条件}\end{cases} \tag{12.6}$$

其中设定了初始条件和第一类边界条件。如果设定第二类、第三类边界条件，还可以形成不同的弦振动定解问题。

再如热传导方程的初始值定解问题如式（12.3）所示，式中给出了当 t=0 时的温度分布初始条件 $u(x,y,z,0)=u_0(x,y,z)$。

4. 偏微分方程的解

和常微分方程一样，偏微分方程也有通解和特解的概念。例如，一个二阶线性非齐次偏微分方程 $\dfrac{\partial^2 u}{\partial x\partial y}=2y-x$ 的通解为 $u(x,y)=xy^2-x^2y/2+F(x)+G(y)$。其中，$F(x)$和 $G(y)$是两个独立的任意函数。因为方程是二阶的，所以有两个任意函数。若指定 $F(x)=2x^4-5$，$G(y)=2\sin y$，则可得到该方程的特解，即 $u(x,y)=xy^2-x^2y/2+2x^4-5+2\sin y$。

在偏微分方程的工程应用中，往往关注的是它的特解，实际上是在初始条件和初值条件限制下的特解。下面介绍两种求解析解的方法。

（1）分离变量法

以式（12.7）的一维热传导方程（线性偏微分方程）为例，它的边界条件是线性齐次的，可以用分离变量的方法求解。

$$\begin{cases}\dfrac{\partial u}{\partial t}=k\dfrac{\partial^2 u}{\partial x^2}\\ u(0,t)=u(L,t)=0\\ u(x,0)=f(x)\end{cases} \tag{12.7}$$

设 $u(x,t)$可以分离成两个函数的乘积 $u(x,t)=\varphi(x)G(t)$，其中 $\varphi(x)$只含有变量 x，$G(t)$只含有变量 t，则扩散方程的两边分别为 $\dfrac{\partial u}{\partial t}=\varphi(x)\dfrac{\mathrm{d}G}{\mathrm{d}t}$，$\dfrac{\partial^2 u}{\partial x^2}=G(t)\dfrac{\mathrm{d}^2\varphi}{\mathrm{d}x^2}$。式（12.7）的热扩散方程可以表示为 $\dfrac{1}{kG}\dfrac{\mathrm{d}G}{\mathrm{d}t}=\dfrac{1}{\varphi}\dfrac{\mathrm{d}^2\varphi}{\mathrm{d}x^2}$。此式的左边是 t 的函数，右边是 x 的函数，要使在 t 和 x 的取值范围内此等式都成立，则必须两边都等于同一个常数$-\lambda$，形成两个常微分方程。

$\dfrac{\mathrm{d}G}{\mathrm{d}t}=-\lambda kG$　和　$\dfrac{\mathrm{d}^2\varphi}{\mathrm{d}x^2}=-\lambda\varphi$

由此可以解得（详细的推导过程可参考一般的偏微分方程教科书）。

$$u(x,t)=\sum_{n=1}^{\infty}B_n\sin\left(\frac{n\pi x}{L}\right)e^{-k\left(\frac{n\pi}{L}\right)^2 t} \tag{12.8}$$

其中 $B_n=\dfrac{2}{L}\int_0^L f(x)\sin\left(\dfrac{n\pi x}{L}\right)\mathrm{d}x$，具体的初始条件函数 $f(x)$必定满足此式，于是可以解出 B_n，就此可以完全确定方程的解。同时可以验证，初始条件必然满足当 $t=0$ 时的方程解式（12.8），即 $u(x,0)=f(x)=\sum\limits_{n=1}^{\infty}B_n\sin\left(\dfrac{n\pi x}{L}\right)$。

（2）傅里叶变换法

傅里叶变换法将空域的 PDE 转换到频域来解决问题，仍以式（12.7）的一维热传导方程为例予以说明。

以 t 为参数，对热传导方程进行傅里叶变换。将 t 看作参数，设 $u(x,t)$的傅里叶变换为 $U(\omega,t)$，根据傅里叶变换的微分特性

$$\text{若}\, u(x,t)\overset{FT}{\Leftrightarrow}U(\omega,t)\text{，则}\frac{\partial^2 u(x,t)}{\partial x^2}\overset{FT}{\Leftrightarrow}(j\omega)^2U(\omega,t) \tag{12.9}$$

得到热传导方程的傅里叶频域形式。

$$\frac{\partial u(x,t)}{\partial t}=k\frac{\partial^2 u(x,t)}{\partial x^2}\quad\overset{FT}{\Leftrightarrow}\quad\frac{\partial U(\omega,t)}{\partial t}=-k\omega^2U(\omega,t) \tag{12.10}$$

上式的右边为频域一个关于 t 的常微分方程 $U'(\omega,t)=c(\omega)U(\omega,t)$。这个以 t 为变量的常微分方程的通解为 $U(\omega,t)=c(\omega)e^{-k\omega^2 t}$，将初始条件引入通解，有

$$U(\omega,0)=c(\omega)\cdot 1=F(\omega)=\frac{1}{2\pi}\int_{-\infty}^{\infty}f(x)\mathrm{e}^{-\mathrm{j}\omega x}\mathrm{d}x \tag{12.11}$$

将上式的积分常数 $c(\omega)$代入通解，结果得到 $U(\omega,t)$的特解。

$$U(\omega,t)=\left(\frac{1}{2\pi}\int_{-\infty}^{\infty}f(x)\mathrm{e}^{-\mathrm{j}\omega x}\mathrm{d}x\right)\cdot\mathrm{e}^{-k\omega^2 t}=F(\omega)\cdot G(\omega) \tag{12.12}$$

其中，$F(\omega)=\frac{1}{2\pi}\int_{-\infty}^{\infty}f(x)\mathrm{e}^{-\mathrm{j}\omega x}\mathrm{d}x$，对应的傅里叶反变换为 $f(x)=\int_{-\infty}^{\infty}F(\omega)\mathrm{e}^{\mathrm{j}\omega x}\mathrm{d}\omega$。$G(\omega,t)=\mathrm{e}^{-k\omega^2 t}$，对应的傅里叶反变换为 $g(x,t)=\int_{-\infty}^{\infty}G(\omega,t)\mathrm{e}^{\mathrm{j}\omega x}\mathrm{d}\omega=\int_{-\infty}^{\infty}\mathrm{e}^{-k\omega^2 t}\mathrm{e}^{\mathrm{j}\omega x}\mathrm{d}\omega=\sqrt{\frac{\pi}{kt}}\mathrm{e}^{\frac{-x^2}{4kt}}$，是 x 的高斯函数。

扩散方程 $u(x,t)$为 $U(\omega,t)$的傅里叶反变换，根据傅里叶变换的性质，式（12.12）表明 $U(\omega,t)$为 $F(\omega)$和 $G(\omega,t)$的乘积，则在空域 $u(x,t)$为 $f(x)$和 $g(x,t)$的卷积。

$$u(x,t)=f(x)*g(x,t)=\int_{-\infty}^{\infty}f(\hat{x})\cdot g(x-\hat{x},t)\mathrm{d}\hat{x}=\sqrt{\frac{\pi}{kt}}\int_{-\infty}^{\infty}f(\hat{x})\cdot\mathrm{e}^{\frac{(x-\hat{x})^2}{4kt}}\mathrm{d}\hat{x} \tag{12.13}$$

这就是扩散方程 $u(x,t)$的解析表达式，初始图像的扩散结果等效于和一个高斯函数的卷积，即高斯滤波。高斯滤波函数中的时间变量 t 相当于高斯函数的方差，决定了高斯滤波的强度。随着时间 t 的推进，滤波作用逐步增强。

必须指出的是，即使采用傅里叶变换方式，也并非所有的 PDE 都有解析解。

5. ***偏微分方程的差分近似***

用偏微分方程处理图像时很难得到解析解，一般都用数值解法，如有限差分（Finite Deference）方法、有限元（Finite Element）方法和边界元（Boundary Element）方法等。目前，应用普遍的是有限差分法，该方法用差分近似代替微分，化连续的偏微分方程为离散的差分方程。

（1）差分的定义

下面以一维函数 $u(x,t)$为例，简要介绍它的一阶、二阶偏微分的近似差分表示。设空间变量 x 的定义域为(0,1)，将它等分为 N 段，则 x 的每个节点可用 $x_j=jh$ 表示，$j=1,2,\cdots,N$，步长 $h=\frac{1}{N}$。时间变量 t 的定义域为$[0,T]$，将它等分为 M 段，则 t 的每个节点可用 $t_n=n\Delta t$ 表示，$n=1,2,\cdots,M$，步长 $\Delta t=\frac{T}{M}$。

将节点(x_j,t_n)简记为(j,n)，方程 $u(x,t)$在该节点处的取值简记为 u_j^n，则 u 对 t 的一阶偏微分可近似为前向差分（Forward Difference）。

$$\frac{\partial u(x,t)}{\partial t}\approx\frac{u_j^{n+1}-u_j^n}{\Delta t} \tag{12.14}$$

u 对 t 的后向差分（Backward Difference）近似为

$$\frac{\partial u}{\partial t}\approx\frac{u_j^n-u_j^{n-1}}{\Delta t} \tag{12.15}$$

u 对 t 的中心差分（Central Difference）近似为

$$\frac{\partial u}{\partial t} \approx \frac{u_j^{n+1} - u_j^{n-1}}{2\Delta t} \tag{12.16}$$

u 对 x 的一阶偏微分可近似为一阶前向差分。

$$\frac{\partial u(x,t)}{\partial x} \approx \frac{u_{j+1}^n - u_j^n}{h} \tag{12.17}$$

对于 x 的二阶偏导，只需对原函数的一阶差分再求一阶差分，即

$$\frac{\partial^2 u}{\partial x^2} \approx \frac{u_{j+1}^n - 2u_j^n - u_{j-1}^n}{h^2} \tag{12.18}$$

（2）偏微分方程数值计算

以一阶 PDE 为例简要说明如何用差分方法来近似表示，并迭代求解以下偏微分方程。

$$\frac{\partial u(x,t)}{\partial t} = u\frac{\partial u(x,t)}{\partial x} \tag{12.19}$$

利用有限差分法来近似偏微分方程中的导数，这样就将偏微分方程离散化为以 u_j^n 为未知数的代数方程。我们对式（12.19）PDE 的左边采用前向差分，而右边关于空间变量 x 的偏导数可以采用前向、后向或者中心差分，但所使用的都是时间 n 时刻的数据，即

$$\frac{u_j^{n+1} - u_j^n}{\Delta t} = u_j^n \frac{(u_{j+1}^n - u_j^n)}{h} \tag{12.20}$$

上式中 x 的导数采用前向差分近似。如 n 时刻的函数值 u_j^n 已经求出，可在此基础上计算下一时刻 $n+1$ 的函数值 u_j^{n+1}，由式（12.20）可将 $n+1$ 步的迭代式表示成

$$u_j^{n+1} = u_j^n + \frac{\Delta t}{h} u_j^n (u_{j+1}^n - u_j^n)\,, j = 1,2,\cdots,N \tag{12.21}$$

这样就可以直接计算出所有 $n+1$ 步的未知数据。

12.1.2 泛函和变分

基于 PDE 的数字图像处理中很大一部分是以变分、泛函的方式进行的，因此有必要简单介绍这方面的基本知识。

1．泛函的定义

假设 $M=\{u\ (x)\}$为具有某种性质的函数的集合，对于集合中的每一个函数 $u(x)$都有一个实数值 J 与其对应，那么变量 J 称为定义在集合 M 上的泛函（Functional），记为 $J=J[u(x)]$。

下面稍加解释说明泛函就是自变量是函数的实值函数（Function）。函数表示的是自变量的“结构”方式，而表达函数的结构方式就是泛函，简言之，泛函是“函数的函数”，是函数概念

的推广，故称“泛函”。例如，函数 $u=u(x)$表示自变量 x 的结构，如 $u=x$、$u=\sin(x)$等，那么 $J[u]=J[u(x)]$ 表示函数 u 的结构，也就是函数 u 的泛函，如 $J[u(x)]=\int_0^1 u(x)\mathrm{d}x$ 、$J[u(x)]=\int_0^1 [u(x)+u'(x)]\mathrm{d}x$ 等。

2. 泛函的变分

变分（Variation）是数学分析的一个分支，其主要研究的内容是泛函的极值，是将处理函数极值的微分方法扩展为处理泛函极值的变分方法。

对于泛函 $J[u(x)]$，其中任何一个元素 $u(x)$的变分 δu 是指集合 M 中任何两个函数 $u_1(x)$和 $u_0(x)$之差：$\delta u= u_1(x) - u_0(x)$。

如果泛函 $J[u(x)]$的改变量 $\Delta J=J[u(x)+\delta u]-J[u(x)]$，可以表示为如下形式。

$$\Delta J = L[u(x),\delta u] + \beta[u(x),\delta u]\max|\delta u| \tag{12.22}$$

其中，$L[u(x),\delta u]$对于 δu 来说是线性的，且当 $\max|\delta u|\to 0$ 时有 $\beta[u(x),\delta u]\to 0$，则称 $L[u(x),\delta u]$为泛函 $J[u(x)]$的变分，记为 δJ。

可以看出，函数的微分表达的是函数值因自变量微增 Δx 引起函数 u 的增量 $\Delta u=u(x+\Delta x)-u(x)$，类似，泛函则是由函数微增 δu 引起的泛函增量 $\delta J=J(u+\delta u)-J(u)$。

3. 泛函极值和欧拉方程

若泛函 $J[u(x)]$在 $u=u^*(x)$的值小于它在集合 M 中任何一个函数 $u(x)$的值，即 $\delta J = J[u(x)]-J[u^*(x)]\geqslant 0$ 对于集合 M 中的任何一个函数都成立，则称泛函 $J[u(x)]$在 $u^*(x)$达到了极小值，而称 $u^*(x)$为泛函 $J[u(x)]$的最小函数，且在 $J[u^*(x)]$有 $\delta J=0$。这里分析的是泛函的极小值，极大值的情况类似。

（1）一元泛函

在一维的情况下，仅包含一阶微分的泛函为如下形式。

$$J(u)=\int_{x_0}^{x_1} F(x,u,u_x)\mathrm{d}x \tag{12.23}$$

此式有时称为简单泛函，其中，函数 $u(x)$满足端点（边界）固定条件 $u(x_0)=a$，$u(x_1)=b$。和一般函数 $u(x)$的极值对应于 $u'(x)=0$ 的点类似，$J(u)$的极值对应于变分 $\delta J=0$ 所对应的函数。为了求出一阶变分 J'，对最优解 $u(x)$做微扰，得 $u(x)+v(x)$，由 Taylor 展开得

$$F(x,u+v,u'+v') = F(x,u,u') + \frac{\partial F}{\partial u}v + \frac{\partial F}{\partial u'}v' + \cdots \tag{12.24}$$

于是

$$J(u+v) = J(u) + \int_{x_0}^{x_1}\left(\frac{\partial F}{\partial u}v + \frac{\partial F}{\partial u'}v'\right)\mathrm{d}x = J(u) + \int_{x_0}^{x_1}\left(v\frac{\partial F}{\partial u} - v\frac{\mathrm{d}}{\mathrm{d}x}\left(\frac{\partial F}{\partial u'}\right)\right)\mathrm{d}x \tag{12.25}$$

上式中对积分中第 2 项运用了分步积分定理，并考虑到端点固定条件 $v(x_0)=v(x_1)=0$，则有 $\int_{x_0}^{x_1}\frac{\partial F}{\partial u'}v'\mathrm{d}x=\int_{x_0}^{x_1}\frac{\partial F}{\partial u'}\mathrm{d}v=\frac{\partial F}{\partial u'}\cdot v\Big|_{x_0}^{x_1} - \int_{x_0}^{x_1} v\frac{\mathrm{d}}{\mathrm{d}x}\left(\frac{\partial F}{\partial u'}\right)\mathrm{d}x=\int_{x_0}^{x_1} v\frac{\mathrm{d}}{\mathrm{d}x}\left(\frac{\partial F}{\partial u'}\right)\mathrm{d}x$ 。当 $J(u)$达到极值时，对 $u(x)$ 任一足够小的微扰 $v(x)$，J 不变，则必须满足上式中括号中为 0，即

$$\frac{\partial F}{\partial u}-\frac{\mathrm{d}}{\mathrm{d}x}\left(\frac{\partial F}{\partial u'}\right)=0 \tag{12.26}$$

此式称为变分极值问题的欧拉（Euler）方程。欧拉方程的意义在于，要使泛函 $J(u)$ 取得极值，必须使函数 $u(x)$ 满足欧拉方程，即解一个偏微分方程。

包含二阶微分的泛函如下。

$$J(u)=\int_{x_0}^{x_1}F(x,u,u_x,u_{xx})\mathrm{d}x \tag{12.27}$$

对应的 Euler 方程为

$$\frac{\partial F}{\partial u}-\frac{\mathrm{d}}{\mathrm{d}x}\left(\frac{\partial F}{\partial u'}\right)-\frac{\mathrm{d}}{\mathrm{d}x}\left(\frac{\partial F}{\partial u''}\right)=0 \tag{12.28}$$

（2）二元泛函

对于二元情况，仅包含一阶微分的泛函如下式所示。

$$J(u)=\iint_{\Omega}F(x,y,u,u_x,u_y)\mathrm{d}x\mathrm{d}y \tag{12.29}$$

采用完全类似一维泛函的推导过程可以得到对应的 Euler 方程为

$$\frac{\partial F}{\partial u}-\frac{\mathrm{d}}{\mathrm{d}x}\left(\frac{\partial F}{\partial u_x}\right)-\frac{\mathrm{d}}{\mathrm{d}y}\left(\frac{\partial F}{\partial u_y}\right)=0 \tag{12.30}$$

更多元、更多阶泛函的情况与此类似。由此可知，求解泛涵的极值问题可归结为求解对应的 Euler 方程。

12.1.3　全变分处理

在 PDE 图像处理中，可认为图像是一个能量系统，每个像素值的平方（或绝对值等）为其“能量”，所有像素能量之和为该图像的总能量。同时还认为，加性噪声或其他的干扰，使图像变得“毛糙”，引起像素值之间的大量起伏，总能量增加；而没有噪声的图像比较光滑，像素值之间相关性较大，相应的能量不大。因此，基于变分的图像去噪或其他处理就是寻找一个估计图像总能量的函数，在某些约束条件下，使图像系统的能量最小。当图像系统的能量逐渐减小时，图像的噪声或干扰逐渐被去除。这样，图像去噪问题以及其他一些问题就转化成一个图像能量最小化问题。

假设 $u(x,y)$ 表示待处理的图像，用 $E(u)$ 表示图像的能量，则能量最小化问题可表示为

$$\min_u E(u) \tag{12.31}$$

最初，Tikhonov 在图像去噪中采用图像梯度 ∇u 的 L_2 范数来估计图像的能量，即

$$\min_u E(u)=\int_{\Omega}|\nabla u|^2\,\mathrm{d}x\mathrm{d}y \tag{12.32}$$

其中 Ω 表示图像区域，$|\nabla u|$ 是图像梯度的模值，表示像素值之间的变化（变差），积分表示整

幅图像所有的变差之和，即 “总变差”（TV，Total Variation）或“全变分”。使图像总变差最小时的 u 是我们希望得到的去噪图像。后来，Osher 等采用图像梯度 ∇u 的 L_1 范数来估计图像能量，即

$$\min_u E(u) = \int_\Omega |\nabla u| \mathrm{d}x\mathrm{d}y \tag{12.33}$$

上述的 TV 模型实际上是函数 u 的泛函，可以利用变分法将上述泛函极小化问题转化成偏微分方程来求解。和这种基于梯度算子的变分模型相应的偏微分方程是二阶的，在去噪过程中容易产生阶梯效应。因此，2000 年，Y.L 和 M.Kaveh 推出更一般的 TV 模型。

$$\min_u E(u) = \int_\Omega \phi(|\nabla u|)\mathrm{d}x\mathrm{d}y \tag{12.34}$$

上式将变差推广为梯度模 $|\nabla u|$ 的函数 $\phi(|\nabla u|)$，可以更加灵活地定义变差，以克服简单的梯度模去噪的这类缺点。

12.1.4 梯度下降流

从以上讨论可知，求解能量极值问题归结为求解相应的 Euler 方程。一般情况下，Euler 方程是非线性 PDE，即使离散化得到非线性联立代数方程组，其数值计算也比较困难。为此可采用梯度下降流（Gradient Descent Flowing）的方法，将求解静态非线性 PDE 问题转变成动态 PDE 问题来减少计算复杂度。这种方法的主要思路是引入“时间”辅助变量 t，使函数 u 不断地随时间变化，变化的结果使 $J(u)$不断地减小，最终趋于稳定，此时的 $J(u)$就是极小值，如一维泛函情况下就是欧拉方程 $\frac{\partial F}{\partial u}-\frac{\mathrm{d}}{\mathrm{d}x}(\frac{\partial F}{\partial u_x})=0$ 的解。梯度下降流的好处在于初始的 u 可以选取一个满足条件的任意函数。

1. **梯度下降流方程**

以一维为例，假定要求的解函数随时间变化，它可表示为 $u(x,t)$，并且这种随时间的变化总是使 $E[u(x,t)]$减少，那么 $u(x,t)$应该怎样变化才能满足这一要求?在一维变分问题中，令式（12.25）中的微扰项 $v(x)$是由 $u(x,t)$从 t 到 $t+\Delta t$ 所产生的改变量，即

$$v = \frac{\partial u}{\partial t}\Delta t \tag{12.35}$$

这样式（12.25）就改写为

$$E(u+v) = E(u) + \int v\left(\frac{\partial F}{\partial u} - \frac{\partial}{\partial x}\left(\frac{\partial F}{\partial u'}\right)\right)\mathrm{d}x = E(u) + \Delta t\int \frac{\partial u}{\partial t}\left(\frac{\partial F}{\partial u} - \frac{\partial}{\partial x}\left(\frac{\partial F}{\partial u'}\right)\right)\mathrm{d}x \tag{12.36}$$

于是只要令

$$\frac{\partial u}{\partial t} = -\left(\frac{\partial F}{\partial u} - \frac{\partial}{\partial x}\left(\frac{\partial F}{\partial u'}\right)\right) = \frac{\partial}{\partial x}\left(\frac{\partial F}{\partial u'}\right) - \frac{\partial F}{\partial u} \tag{12.37}$$

就可使 $E[u(x, t)]$不断减小，因为这时将式（12.37）代入式（12.36）可得

$$\Delta E = E[u(x,t+\Delta t)] - E[u(x,t)] = -\Delta t \int \left(\frac{\partial F}{\partial u} - \frac{\partial}{\partial x}\left(\frac{\partial F}{\partial u'} \right) \right)^2 \mathrm{d}x \leqslant 0 \tag{12.38}$$

故称式（12.37）为变分问题式（12.23）所对应的梯度下降流方程。

这样一来，我们可以从某一适当选定的初始函数 u_0 开始，根据式（12.37）做迭代计算，直到 u 达到稳定解为止，这时

$$\frac{\partial u}{\partial t} = 0 \quad \Rightarrow \quad \frac{\partial}{\partial x}\left(\frac{\partial F}{\partial u'} \right) - \frac{\partial F}{\partial u} = 0 \tag{12.39}$$

可见梯度下降流式（12.37）的稳态解就是 Euler 方程的解。

对于二维变分问题，类似推导，可以得到梯度下降流方程。

$$\frac{\partial u}{\partial t} = \frac{\partial}{\partial x}\left(\frac{\partial F}{\partial u_x} \right) + \frac{\partial}{\partial y}\left(\frac{\partial F}{\partial u_y} \right) - \frac{\partial F}{\partial u} \tag{12.40}$$

值得注意的是：只有当 $E(u)$是凸性的，它才具有唯一极小值，从而梯度下降流方程可得到与初始条件无关的唯一解。而当 $E(u)$是非凸性时，梯度下降流可能由于选用的初始条件 $u_0(x)$不同而得到不同的局部极小值而不是全局最小值。

2. **梯度下降流和扩散方程**

以图像能量泛函的极值问题为例来看扩散方程、梯度下降流、Euler 方程和泛函极值问题之间的联系。

（1）设图像 $u(x,y)$的能量泛函为式（12.33），重写如下。

$$E(u) = \int_\Omega |\nabla u| \mathrm{d}x\mathrm{d}y \tag{12.41}$$

被积函数为

$$F(u_x, u_y) = |\nabla u| = \sqrt{u_x^2 + u_y^2} = (u_x^2 + u_y^2)^{\frac{1}{2}} \tag{12.42}$$

计算对应的 Euler 方程的各项为

$$\frac{\partial F}{\partial u} = 0\,,\quad \frac{\partial F}{\partial u_x} = u_x (u_x^2 + u_y^2)^{-\frac{1}{2}}\,,\quad \frac{\partial F}{\partial u_y} = u_y (u_x^2 + u_y^2)^{-\frac{1}{2}} \tag{12.43}$$

$$\frac{\partial}{\partial x}\left(\frac{\partial F}{\partial u_x} \right) = \frac{\partial}{\partial x}\left(u_x (u_x^2 + u_y^2)^{-\frac{1}{2}} \right) = -u_x (u_x^2 + u_y^2)^{-\frac{3}{2}} (u_x u_{xx} + u_y u_{xy}) + (u_x^2 + u_y^2)^{-\frac{1}{2}} u_{xx} \tag{12.44}$$

$$\frac{\partial}{\partial y}\left(\frac{\partial F}{\partial u_y} \right) = \frac{\partial}{\partial y}\left(u_y (u_x^2 + u_y^2)^{-\frac{1}{2}} \right) = -u_y (u_x^2 + u_y^2)^{-\frac{3}{2}} (u_x u_{xy} + u_y u_{yy}) + (u_x^2 + u_y^2)^{-\frac{1}{2}} u_{yy} \tag{12.45}$$

由此可以得到

$$\frac{\partial}{\partial x}\left(\frac{\partial F}{\partial u_x}\right)+\frac{\partial}{\partial y}\left(\frac{\partial F}{\partial u_y}\right)=(u_x^2+u_y^2)^{-\frac{3}{2}}[(u_x^2+u_y^2)(u_{xx}+u_{yy})-(u_x^2u_{xx}+u_y^2u_{yy}+2u_xu_yu_{xy})]= \\ (u_x^2+u_y^2)^{-\frac{3}{2}}(u_x^2u_{yy}+u_y^2u_{xx}-2u_xu_yu_{xy}) \tag{12.46}$$

可以证明，对应的梯度下降流为

$$\frac{\partial u}{\partial t}=\frac{\partial}{\partial x}\left(\frac{\partial F}{\partial u_x}\right)+\frac{\partial}{\partial y}\left(\frac{\partial F}{\partial u_y}\right)-\frac{\partial F}{\partial u}=\frac{u_x^2u_{yy}+u_y^2u_{xx}-2u_xu_yu_{xy}}{(u_x^2+u_y^2)^{\frac{3}{2}}}=\nabla\cdot\left(\frac{\nabla u}{|\nabla u|}\right) \tag{12.47}$$

对应的扩散方程为

$$\frac{\partial u(x,y,t)}{\partial t}=\nabla\cdot\left(\frac{\nabla u}{|\nabla u|}\right) \tag{12.48}$$

这就是各向异性的热传导方程。

（2）设图像 $u(x,y)$的能量泛函为式（12.32），重写如下。

$$E(u)=\int_\Omega|\nabla u|^2\,\mathrm{d}x\mathrm{d}y \tag{12.49}$$

用类似的方法可以得到梯度下降流方程。

$$\frac{\partial u}{\partial t}=u_{yy}+u_{xx}=\Delta u \tag{12.50}$$

这就是最简单的各向同性热传导方程。

（3）还可以推广到更一般的情况，如式（12.34），即能量泛函为某个函数，重写如下。

$$E(u)=\int_\Omega\phi(|\nabla u|)\mathrm{d}x\mathrm{d}y \tag{12.51}$$

此时对应的欧拉方程中

$$\frac{\partial F}{\partial u_x}=\frac{\partial\phi(|\nabla u|)}{\partial u_x}=\phi'(|\nabla u|)\frac{u_x}{\sqrt{u_x^2+u_y^2}} \tag{12.52}$$

$$\frac{\partial F}{\partial u_y}=\frac{\partial\phi(|\nabla u|)}{\partial u_y}=\phi'(|\nabla u|)\frac{u_y}{\sqrt{u_x^2+u_y^2}} \tag{12.53}$$

$$\frac{\partial}{\partial x}\left(\frac{\partial F}{\partial u_x}\right)+\frac{\partial}{\partial y}\left(\frac{\partial F}{\partial u_y}\right)=\left(\frac{\partial}{\partial x},\frac{\partial}{\partial y}\right)\cdot\left(\phi'(|\nabla u|)\frac{u_x}{|\nabla u|},\phi'(|\nabla u|)\frac{u_y}{|\nabla u|}\right)= \\ \nabla\cdot\left(\frac{\phi'(|\nabla u|)}{|\nabla u|}u_x,\frac{\phi'(|\nabla u|)}{|\nabla u|}u_y\right)=\nabla\cdot\frac{\phi'(|\nabla u|)}{|\nabla u|}(u_x,u_y)=\nabla\cdot\left(\frac{\phi'(|\nabla u|)}{|\nabla u|}\nabla u\right) \tag{12.54}$$

对应的扩散方程为

$$\frac{\partial u}{\partial t}=\nabla\cdot\left(\frac{\phi'(|\nabla u|)}{|\nabla u|}\nabla u\right) \tag{12.55}$$

特别地，当$\phi(|\nabla u|)=|\nabla u|$时，对应的扩散方程为

$$\frac{\partial u}{\partial t}=\nabla\cdot\left(\frac{(|\nabla u|)'}{|\nabla u|}\nabla u\right)=\nabla\cdot\left(\frac{\nabla u}{|\nabla u|}\right) \tag{12.56}$$

当$\phi(|\nabla u|)=|\nabla u|^2$时，对应的扩散方程为

$$\frac{\partial u}{\partial t}=\nabla\cdot\left(\frac{(|\nabla u|^2)'}{|\nabla u|}\nabla u\right)=\nabla\cdot\left(\frac{2|\nabla u|}{|\nabla u|}\nabla u\right)=2\Delta u \tag{12.57}$$

和上面的结论完全一致。

12.1.5　PDE 处理的特点

基于 PDE 方法处理图像具有许多优点，它的某些效果是传统图像处理方法所达不到的。其中比较常用的线性偏微分方程的图像处理具有如下特性。

（1）线性叠加特性

若$F_1(\cdot)$和$F_2(\cdot)$表示两个不同的线性偏微分方程算子，$u(x,y)$为被处理函数（如图像），两个算子单独处理图像的结果分别为$f_1(x,y)$和$f_2(x,y)$，即$f_1(x,y)=F_1(u(x,y))$和$f_2(x,y)=F_2(u(x,y))$。

两个偏微分方程算子分别作用于一幅图像$u(x,y)$，等效于将两个算子直接合并得到新的算子$F(\cdot)$作用于图像得到的结果$f(x,y)$，即

$$\begin{aligned}&f(x,y)=F(u(x,y))=F_1(u(x,y))+\alpha F_2(u(x,y))=\\&f_1(x,y)+\alpha f_2(x,y)\end{aligned} \tag{12.58}$$

（2）解的唯一性

通过设定偏微分方程的初始条件及扩散系数，可以保证图像域内模型解的存在性、唯一性和稳定性。

（3）局部特征保持

偏微分方程根据局部特征扩散处理图像，可保持区域边界等几何特征。偏微分方程可以直接对图像中的梯度、曲率、切线方向、法线方向等几何信息建模，因此处理后图像视觉效果较好。

和其他图像处理的方法比较，PDE 图像处理至少有两点优越之处。一是 PDE 在连续区域上建立模型，便于对实际图像处理问题的理解和数值处理。二是数学中丰富的偏微分方程理论和数值计算方法，物理学中大量的偏微分方程处理实例可为图像处理的理论分析和算法实现提供很多的借鉴和帮助。

但由于偏微分方程自身的局限性，偏微分方程模型在不少图像处理问题中的研究距离实际应用还有一定的距离，还存在不少挑战。

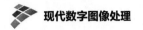

12.2 PDE 图像去噪

12.2.1 热扩散模型

基于偏微分方程的图像去噪处理是利用最常见的 PDE 为热传导方程，从初始值开始，以逐步扩散的方式来处理图像，即

$$\begin{cases}\dfrac{\partial u}{\partial t}=c^2\nabla\cdot\nabla u=c^2\Delta u\\ u(x,y,0)=u_0(x,y)\end{cases} \tag{12.59}$$

其中，c 为和热传导系数等有关的常数，$u= u(x,y,t)$表示扩散处理中的图像，$u_0(x,y)$为原图像，Δ 为拉普拉斯算子。该方程利用扩散过程去除噪声，它的解可以表示为高斯函数与 $u_0(x,y)$的卷积，即

$$u(x,y,t)=c^2G(x,y,t)*u_0(x,y) \tag{12.60}$$

上式中“*”表示卷积，高斯函数为$G(x,y,t)=\dfrac{1}{4\pi t}\mathrm{e}^{-\frac{x^2+y^2}{4t}}$，其中时间变量 t 相当于标准高斯函数的均方差，本质的含义并非真实的时间，而是代表空间尺度的参数，从 0 到∞。扩散方程中的拉普拉斯算子 Δ 具有各向同性的光滑作用，对图像的平缓区域可以很好地去除噪声，但对图像的边缘部分有削减作用。

图 12.1 出示了各向同性热扩散 PDE 去噪一例，其本质是对图像进行不同尺度的高斯滤波。图 12.1（a）为两幅无噪声的原图像，图 12.1（b）为加噪声的图像，也是 t=0 时的初始图像，图 12.1（c）为 t=20 时的扩散图像，图中的噪声大部分已经去除，但图像的边缘也遭到模糊。图 12.1（d）为 t=100 时的过度扩散图像，虽然噪声几近殆灭，但图像内容已十分模糊。如果 t 继续增加，则扩散也继续进行下去，最终整个图像将持续模糊下去，最后趋近于图像的平均值。

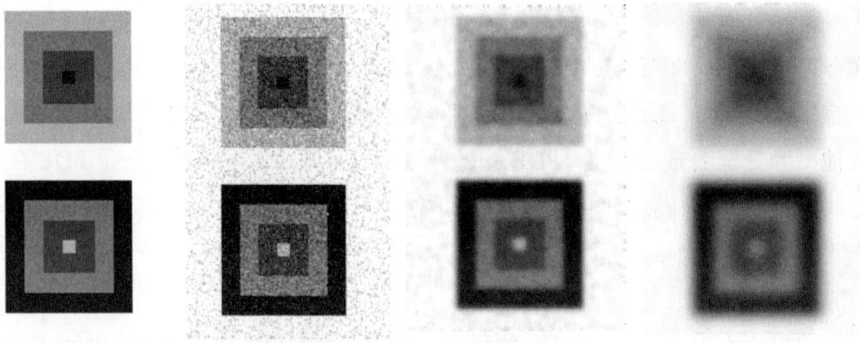

(a) 原图　(b) 加噪图像（t=0）　(c) t=20　(d) t=100

图 12.1　各向同性扩散去噪

在上例中，因为拉普拉斯算子是线性函数，在各个方向的衰减是相同的，在去噪的同时难以照顾到图像的边缘区域，容易使边缘区域变得模糊，不能保持图像的边缘特征。为了解决这个问题，1990 年 Perona 和 Malik 提出了 P-M 非线性 PDE 模型。

12.2.2　各向异性 P-M 模型

上述的式（12.59）热扩散方程是一种各向同性扩散模型，在图像内所有方向都采用了相同的扩散速度，在平滑图像时没考虑到图像的特征位置，所以会出现不能保持边界的问题。为了解决这个问题，Perona 和 Malik 提出的 P-M 非线性模型考虑到：如果能使方程在平滑图像的同时考虑到在图像边界特征位置给予尽量少的平滑，则可以保持图像的边缘。

基于此，P-M 方法在热扩散模型的基础上加入了一个根据图像的位置控制扩散速度的函数 $c(x,y,t)$，用能够保持边界的异向扩散方程代替高斯平滑，在图像的平坦区域扩散速度较快，而在边缘位置则扩散速度较慢，P-M 模型如下。

$$\begin{cases}\dfrac{\partial u}{\partial t}=\nabla\cdot(c(x,y,t)\nabla u)\\ u(x,y,0)=u_0(x,y)\end{cases}\tag{12.61}$$

这里，∇ 是梯度算子，u_0 是原始图像。由式（12.61）可知，如果 $c(\cdot)$ 是一个常数，那么上式就蜕变为如同式（12.59）的线性方程。当扩散系数为常数 c^2 时，这个过程称为各向同性扩散，在图像的各个方向上都有扩散作用，并且扩散速度和强度都相同。

如果用扩散函数 $c(\cdot)$ 取代常数 c^2，则可能在增强平坦区域内平滑程度的同时减少边缘区域的平滑程度。为此，常常定义 $c(\cdot)$ 为 u 的梯度模$|\nabla u|$的函数，使扩散方程的扩散速度和 u 的梯度有关，达到扩散“各向异性”的目标。这样，扩散系数函数 $c(\cdot)$ 必须是正的单调递减函数，与图像梯度成反比。即 $c(|\nabla u|)>0$，当$|\nabla u|\to\infty$时，$c(|\nabla u|)=0$；当$|\nabla u|\to 0$ 时，$c(|\nabla u|)=1$。

满足上述条件的 $c(\cdot)$ 有两种常见的形式，一种为分数形式，一种为指数形式，即

$$c(|\nabla u|)=\frac{1}{1+\dfrac{|\nabla u|^2}{k^2}}，\quad c(|\nabla u|)=e^{\frac{-|\nabla u|^2}{k^2}}\tag{12.62}$$

其中，k 为一固定参数。在这两种方式中，前者的扩散过程比较稳定。将其中某一扩散系数函数代入式（12.61）扩散方程，即形成了各向异性扩散模型。

$$\begin{cases}\dfrac{\partial u}{\partial t}=\nabla\cdot(c(|\nabla u|)\nabla u)=c(|\nabla u|)\Delta u+\nabla c(|\nabla u|)\cdot\nabla u\\ u(x,y,0)=u_0(x,y)\end{cases}\tag{12.63}$$

从式（12.62）扩散系数函数 $c(\cdot)$ 的衰减性质可以看出，在图像的边缘区域，一般梯度值较大，$|\nabla u|>k$，扩散系数很小，趋近于 0，平滑作用弱，边缘保持较好；而在图像的平缓区域，一般梯度值较小，$|\nabla u|<k$，扩散系数较大，趋近于 1，平滑作用强。这样就可以在滤除噪声的

同时较好地保持边界。

图 12.2 显示了 P-M 模型对图 12.1 噪声图像的除噪效果实例。和图 12.1 比较可以明显地看出，在噪声去除的同时较好地保留了图像的边界。

图 12.2　P-M 模型去噪效果

12.2.3　TV 模型去噪

1. **变分法去噪**

在图像去噪恢复问题中，假设图像的降值模型如下。

$$u_0 = Ru + n \tag{12.64}$$

其中，u_0为带噪图像，u 为待求的原图像，R 为确定性退化算子，常为卷积算子，n 为均值为零、方差为 σ^2 的加性高斯白噪声。通常情况下，我们并不知道被噪声污染前的真实图像是什么，所以在图像去噪复原前要做两点假设，一是假设总体上图像恢复前后改变不大，二是恢复后的图像仍然是局部光滑的。对这一类问题的去噪最朴素的考虑是采用最小平方估计，使噪声能量最小，甚至于为 0。即根据极大似然估计方法，求解下面最小二乘法的变分问题。

$$\inf_u \int_\Omega |u_0 - Ru|^2 \mathrm{d}x\mathrm{d}y \tag{12.65}$$

目标是寻找 u 的一个最佳估计，使上式取得极小值。为此，通过变分法将上式转化成欧拉方程来求解。这里，$F(x,y,u,u_x,u_y) = (u_0 - Ru)^2$，其中没有 u_x、u_y 项，即 u_x=0，u_y =0。和式（12.65）对应的欧拉方程为

$$F_u - \frac{\partial}{\partial x}F_{u_x} - \frac{\partial}{\partial y}F_{u_y} = \frac{\partial F}{\partial u} = 2(u_0 - Ru)(-R^*) = 0 \tag{12.66}$$

其中 R^*是 R 的共轭算子。假设 RR^*可逆，解以上方程得到

$$u = (RR^*)^{-1}R^*u_0 \tag{12.67}$$

显然，此问题是病态的，因为$(RR^*)^{-1}$ 可能不存在，即使存在，求逆的过程也可能不稳定，因 R^*R 的特征值可能很小，导致数值不稳定。

2. **Tikhonov 模型**

1997 年，Tikhonov 和 Arsenin 提出将上述问题正则化，即前面的总变差项限制条件加入式

（12.65），将病态极小化问题转化成以下极小化问题来解决。

$$\min_u E(u) = \int_\Omega |u_0 - Ru|^2 \,\mathrm{d}x\mathrm{d}y + \lambda \int_\Omega |\nabla u|^2 \,\mathrm{d}x\mathrm{d}y \tag{12.68}$$

上式也称为 Tikhonov 模型，等式右边第一项是残差项（或称忠诚项），保证去噪图像 u 尽量接近观察图像 u_0 的主要特征。第二项是正则项，保证极小化问题是良态的，恢复出的图像是光滑的，即全变差最小，从而保证噪声很小。适当地选择拉格朗日乘数 $\lambda>0$，起平衡忠诚项和正则项的作用。这样添加正则项的方法解决了病态极小化问题，同时保证解唯一、稳定。极小化问题（12.68）的解应当满足下列 Euler-Lagrange 方程。

$$R^*(u_0 - Ru) - \lambda \Delta u = 0 \tag{12.69}$$

对于一般的连续图像来说，TV 模型会随着求解偏微分方程的迭代次数的增加使噪声逐渐消除。这种方法的最大特点是在图像恢复中既具有很好的去噪效果，也具有一定的保持边缘能力。

3. **更一般的方法**

为了尽可能地保护边缘，Osher、Rudin 和 Fatemi 提出以梯度的 L_1 范数代替 L_2 范数，建立新的 TV 模型。

$$\min_u E(u) = \frac{\lambda}{2} \int_\Omega |u_0 - Ru|^2 \,\mathrm{d}x\mathrm{d}y + \int_\Omega |\nabla u| \,\mathrm{d}x\mathrm{d}y \tag{12.70}$$

相应的欧拉方程为

$$\lambda R^*(u_0 - Ru) - \mathrm{div}\left(\frac{\nabla u}{|\nabla u|}\right) = 0 \tag{12.71}$$

式中 div(·)表示散度。如果将正则项换成式（12.34）定义的总变差，则可生成更一般的极小化能量泛函的 TV 模型。

$$\min_u E(u) = \frac{\lambda}{2} \int_\Omega |u_0 - Ru|^2 \,\mathrm{d}x\mathrm{d}y + \int_\Omega \phi(|\nabla u|)\mathrm{d}x\mathrm{d}y \tag{12.72}$$

相应的欧拉方程为

$$\lambda R^*(u_0 - Ru) - \mathrm{div}\left(\phi'(|\nabla u|)\frac{\nabla u}{|\nabla u|}\right) = 0 \tag{12.73}$$

其中，函数 $\phi(x)$ 是一个严格凸、非减函数，且 $\phi(0)=0$，$\lim\limits_{x\to\infty}\phi(x)=+\infty$。

另外，满足条件的函数 $\phi(x)$ 有很多选择，选取不同的函数可得到不同的模型，取得不同的效果。当 $\phi(x)=|x|^2$ 时，就是式（12.68）Tikhonov 模型。当 $\phi(x)=|x|$ 时，就是式（12.70）的 TV 模型，这个能量函数极小化问题的解存在且唯一。

12.3　PDE 图像放大

传统的基于函数拟合的图像放大近似于低通滤波过程，因此会模糊边缘特征，并易在边缘位置造成显眼的锯齿效应和振铃效应。偏微分方程图像放大模型与传统基于函数拟合的方法不同，它根据图像边缘、水平集曲线等几何特征实现插值放大，可以较多地保留区域边界等细节特征，同时可以减弱噪声。

基于线性 PDE 的图像放大方法是利用热传导原理，将图像的灰度值视为平面物体的温度，根据图像放大的要求，将放大图像的灰度值看作由一些固定点提供热量的热传导过程，利用热传导过程的数学模型，计算出新增各点处的灰度值，实现图像放大。

12.3.1 图像放大的热传导方程

处理图像放大时，我们可以将原始采样点灰度值看作固定的热源，为周围区域提供温度。这样，图像放大过程可以看作是一个热传导过程，借助热传导方程计算出各点处的灰度值，达到图像放大效果。

设原图像为 $p(i,j)$，其行数为 w，列数为 h，即

$$p(i,j),\quad i=1,2,\cdots,w,\quad j=1,2,\cdots,h \tag{12.74}$$

根据热传导方程的物理意义，我们把图像 $p(i,j)$看作平面物体的温度分布函数。当图像横向放大 m 倍，纵向放大 n 倍时（m、n 为自然数），放大后图像平面的温度分布用 $q(x,y)$表示，其行数为 $m(w-1)+1$，其列数为 $n(h-1)+1$，即

$$q(x,y),\quad x=1,2,\cdots,m(w-1)+1,\quad y=1,2,\cdots,n(h-1)+1 \tag{12.75}$$

设放大后图像 $q(x,y)$的像素集合为

$$\Omega=\{(x,y)\mid x=1,2,\cdots,m(w-1)+1,\quad y=1,2,\cdots,n(h-1)+1\} \tag{12.76}$$

在放大图像 $q(x,y)$的像素集合 Ω 中，那些和原图像 $p(i,j)$对应位置像素的集合为

$$S=\{(x,y)\mid x=m(i-1)+1,\quad y=n(j-1)+1,\quad (i=1,2,\cdots,w,\quad j=1,2,\cdots,h)\} \tag{12.77}$$

依据图像放大要求，原始图像采样点 $p(i,j)$所对应的放大后图像采样点 $q(m(i-1)+1, n(j-1)+1)$，即 S 集合中对应点的温度应当保持一致，即

$$q(m(i-1)+1,\quad n(j-1)+1)=p(i,j)\quad i=1,2,\cdots,w,\quad j=1,2,\cdots,h \tag{12.78}$$

其他点则借助热传导方程来确定。

为此，在 $q(x,y)$中引入时间参数 t，$q(x, y, t)$表示 t 时刻(x,y)处物体的温度（像素值）。为简单起见，可以认为物体的比热、密度和热传导系数均为 1，则对于这一热传导过程，t 时刻温度 $q(x,y,t)$满足

$$\frac{\partial q(x,y,t)}{\partial t}=\Delta q(x,y,t),\quad (x,y)\in\Omega,\quad t\geqslant 0 \tag{12.79}$$

这里 Δ 表示图像空间的 Laplace 算子，即 $\Delta q(x,y,t)=\dfrac{\partial^2 q(x,y,t)}{\partial x^2}+\dfrac{\partial^2 q(x,y,t)}{\partial y^2}$。

简化边界条件，假设物体在边界处绝热，即

$$\frac{\partial q(x,y,t)}{\partial n}=0,\quad (x,y)\in\partial\Omega,\ t\geqslant 0 \tag{12.80}$$

其中，n 为图像边缘的法向矢量，$\partial\Omega$ 为图像边缘。

简化初始条件，不妨令 Ω 中 S 以外点的初始时刻温度值为 0，即

$$q(x,y,0)=0,\quad (x,y)\in(\Omega-S) \tag{12.81}$$

该模型（12.79）～（12.81）偏微分方程的定解存在且唯一，同时 $t>0$ 时具有很好的正则性。通过解偏微分方程可以得到未知采样点灰度值，完成图像放大的任务。

该模型为线性偏微分放大模型，实质上是高斯热扩散。传导过程经历很短时间就能达到稳定，时间过长会导致热量平衡，甚至造成图像模糊，影响放大效果。很明显，该模型很大程度上依赖原始图像的灰度值，所以不同于一般的偏微分数值解，必须充分利用已知点温度，反复进行多次迭代。这种线性偏微分方法能够进行任意倍数的放大，当放大倍数不太大时，放大图像的质量明显优于一般的插值方法。当图像放大倍数较大或迭代次数太多时，放大图像容易出现边缘不突出、图像模糊等问题。

为了克服线性偏微分方程的各向同性带来放大图像不容易保持图像局部特征的缺陷，可以用非线性扩散方法放大图像，如前面介绍的 P-M 方法，采用可变扩散系数，在放大图像的同时还能保持或强化图像的边缘。

12.3.2 差分计算

下面给出基于上述模型的图像放大 PDE 算法式（12.79）时的差分实现。设放大图像的偏微分方程扩散到第 t_n 时为

$$q(x_i,y_j,t_n)=q_{(i,j)}^n \tag{12.82}$$

其中，$x_i=i\ l$，$y_j=j\ l$，$i=1,2,\cdots,m(w-1)+1$，$j=1,2,\cdots,n(h-1)+1$，l 为空间步长，常取值为 1。$q_t(\cdot)$ 是对时间求导数，时间间隔为 Δt，其差分近似表示为

$$q_t(\cdot)=\frac{\partial q(x_i,y_j,t_n)}{\partial t}\approx\frac{q_{(i,j)}^{n+1}-q_{(i,j)}^n}{\Delta t} \tag{12.83}$$

$q(\cdot)$对 x、y 的二阶偏导 $(q_{xx})_{(i,j)}^n$、$(q_{yy})_{(i,j)}^n$ 采用中心差分格式，如下。

$$(q_{xx})_{(i,j)}^n=\frac{q_{(i+1,j)}^n-2q_{(i,j)}^n+q_{(i-1,j)}^n}{l^2},\quad (q_{yy})_{(i,j)}^n=\frac{q_{(i,j+1)}^n-2q_{(i,j)}^n+q_{(i,j-1)}^n}{l^2} \tag{12.84}$$

根据式（12.79），可得到 $q(\cdot)$ 的迭代结果。

$$q_{(i,j)}^{n+1} = q_{(i,j)}^{n} + \Delta t\left[\frac{q_{(i+1,j)}^{n} - 2q_{(i,j)}^{n} + q_{(i-1,j)}^{n}}{l^2} + \frac{q_{(i,j+1)}^{n} - 2q_{(i,j)}^{n} + q_{(i,j-1)}^{n}}{l^2}\right]$$
$$= q_{(i,j)}^{n} + \Delta t\left[\frac{q_{(i+1,j)}^{n} + q_{(i-1,j)}^{n} - 4q_{(i,j)}^{n} + q_{(i,j+1)}^{n} + q_{(i,j-1)}^{n}}{l^2}\right] \tag{12.85}$$

至此可以看出，基于偏微分的图像放大处理过程如下：首先根据图像放大模型建立能量泛函，得出欧拉方程；再利用梯度下降流作用于未知区域，此下降流即为图像放大的欧拉方程，随着时间参数 t 不断增长，偏微分方程的解趋向一个稳定值，此时的解就是放大后的图像。

12.4 PDE 图像分割

不同于传统图像分割方法中的边界提取算法，如梯度算子、形态学算子等，以活动轮廓模型（ACM，Active Contour Model）为代表的基于 PDE 的图像分割算法已逐渐成为新一类图像分割方法。M.Kass 等 1987 年提出了基于能量变分的活动轮廓模型，将图像分割问题转换为求解能量泛函最小值问题，成为基于偏微分方程的图像分割模型，为图像分割提供了一种高效的方法。这是一种利用变分思想求解的图像分割方法，通过构造能量泛函，在能量函数最小值驱动下，轮廓曲线逐渐向待检测物体的边缘逼近，最终分割出目标。

从物理学角度来看，活动轮廓模型将目标轮廓看成一条在施加外力和内部引力条件下自然反应的弹性曲线。首先设定具有一定形状的曲线作为分割目标的初始轮廓线，然后通过曲线自身的弹性形变和图像自身的局部特征，按照能量最小化准则，外力推动轮廓向目标运动，而内力保持轮廓的光滑。轮廓曲线在外力和内力的作用下逐步向物体边缘靠近，在真实边界处停止演化，达到收敛。这种形变移动的方式很像蛇的游动，因此也称之为“蛇模型”（Snake Model）。活动轮廓模型方法最突出的优点是在高噪声的情况下，也能得到连续、光滑的闭合分割边界。

根据轮廓曲线表示的不同，活动轮廓模型可分为参数活动轮廓模型（Parametric ACM）和几何活动轮廓模型（Geometric ACM）两大类。参数式模型是用一条参数曲线表示蛇模型的活动轮廓，通过最小化能量函数使该曲线在图像上逐步收缩到待分割的目标边界上。几何式蛇模型则是基于曲线的几何度量参数（如法向量、曲率等）的演化过程，借助水平集的方法实现，可自动处理拓扑结构的变化。本节主要介绍参数活动轮廓模型的图像分割方法。

12.4.1 参数活动轮廓模型

1. 能量方程

参数活动轮廓模型描述弹性物体在合力作用下其形状自然反应的过程。定义在图像平面的曲

线 $v(s)=[x(s), y(s)]$，$s\in[0,1]$。其中，参数 s 代表参数域到图像平面坐标 $(x,y)\in R^2$ 的映射，其形状由满足能量函数的极小化条件所决定。

$$E_{\text{snake}} = \int_0^1 \left[E_{\text{int}}(v(s)) + E_{\text{ext}}(v(s)) \right] \mathrm{d}s \tag{12.86}$$

（1）内部能量

式（12.86）中积分号中第一项 E_{int} 为模型的内部能量，即

$$E_{\text{int}}(v(s)) = \frac{1}{2}\alpha(s)\left|\frac{\partial}{\partial s}v(s)\right|^2 + \frac{1}{2}\beta(s)\left|\frac{\partial^2}{\partial s^2}v(s)\right|^2 \tag{12.87}$$

E_{int} 代表对模型形状的约束，使模型保持一定的光滑连续性。内部能量中第一项的一阶导数为拉伸变形能量，可理解为弹性能量，当轮廓曲线不封闭时，具有较大值，在没有其他因素作用时，弹性能量项将迫使不封闭的曲线变成直线，而封闭的曲线变成圆环。第二项的二阶导数为弯曲变形能量，可理解为刚性能量，当轮廓曲线的曲率变化较大时具有较大值，刚性能量可用在闭合的变形轮廓上以强制轮廓扩展或收缩，一个在均匀图像目标中初始化的轮廓将会在刚性能量作用下膨胀，直到它逼近目标边缘。参数 α 和 β 分别为弹性系数和刚性系数，控制着模型轮廓曲线的拉伸与弯曲。

（2）外部能量

式（12.86）中外部能量 E_{ext} 目前尚没有统一的数学表达式，需从问题本身的特征出发灵活处理。通常由两部分组成：图像能 E_{image} 和约束力能 E_{cons}，即

$$E_{\text{ext}} = E_{\text{image}} + E_{\text{cons}} \tag{12.88}$$

其中，E_{image} 表示由图像力产生的图像能，即将轮廓曲线向目标轮廓图像特征吸引的能量。它与图像特性有关，通常由图像的灰度、边缘等特征给出，使 Snake 朝着对象边界或其他感兴趣的特征移动。E_{cons} 表示外部约束力能，该能量是根据真实轮廓存在的区域、特征等已知信息对模型曲线加以控制和约束，进而更有效地表达目标轮廓的有效特征。

外部能量 E_{ext} 的极小值与图像特征相对应。对于给定图像 $f(x,y)$，如不考虑约束项，外部能量项通常由图像梯度定义。

$$E_{\text{ext}} = -\left|\nabla f(x,y)\right|^2 \tag{12.89}$$

或者由高斯平滑后的图像梯度定义。

$$E_{\text{ext}} = -\left|\nabla\left[G_\sigma(x,y) * f(x,y)\right]\right|^2 \tag{12.90}$$

其中 $G_\sigma(x,y)$ 是均值为 0、方差为 σ 的高斯函数，∇ 为梯度算子。

2. 能量极小化过程

将内部能量 E_{int} 表达式（12.87）代入式（12.86），得到 E_{snake} 的泛函

$$E_{\text{snake}} = \int_0^1 \left[\alpha(s)\left|v_s\right|^2 + \beta(s)\left|v_{ss}\right|^2 + E_{\text{ext}}(v) \right] \mathrm{d}s \tag{12.91}$$

其中，$v(s)$对 s 的一阶导数为 $v_s = v'(s)$，二阶导数为 $v_{ss} = v''(s)$ 。

式（12.91）的被积函数可以用泛函 $E(s,v,v',v'')$表示。分割图像求取真实目标轮廓线最终转化为求解能量函数即泛函 $E_{\text{snake}}(\cdot)$ 的极小化。根据变分法求极值的原理，式（12.91）取得极小值的必要条件是满足欧拉（Euler）方程，即

$$E_v - \frac{\partial}{\partial s}E_{v_s} + \frac{\partial^2}{\partial s^2}E_{v_{ss}} = 0 \tag{12.92}$$

其中，E_v 表示泛函 E 对 v 求导，E_{v_s} 表示泛函 E 对 v_s 求导，$E_{v_{ss}}$ 表示泛函 E 对 v_{ss} 求导。将式（12.92）具体展开后得

$$\frac{\partial}{\partial s}(\alpha(s)v_s) - \frac{\partial^2}{\partial s^2}(\beta(s)v_{ss}) - \nabla E_{\text{ext}}(v) = 0 \tag{12.93}$$

上式可以看成内外力平衡方程，即

$$F_{\text{int}} + F_{\text{ext}} = 0 \tag{12.94}$$

这里的内力 $F_{\text{int}} = \frac{\partial}{\partial s}(\alpha(s)v_s) - \frac{\partial^2}{\partial s^2}(\beta(s)v_{ss})$，外力 $F_{\text{ext}} = -\nabla E_{\text{ext}}(v)$。内力阻止曲线被拉伸和弯曲，而外力推动 Snake 朝着期望的特征移动。解开欧拉方程，得到轮廓线参数方程 $v(s)$即图形目标的轮廓。

图 12.3 给出了参数活动轮廓模型图像分割的一个示例。一开始人工对图中感兴趣目标圈定一个大致的轮廓线，如图 12.3（a）所示。按照活动轮廓模型的运行机理，轮廓线会在内力和外力的作用下向内外能量最小的状态演进，轮廓线逐步向目标边缘逼近，逼近过程中某一瞬间的轮廓如图 12.3（b）所示。直至轮廓线贴近目标边缘，内外能量和达到最小，此时图像目标的分割完成，如图 12.3（c）所示。

(a) 初始轮廓线　　(b) 向目标边缘逼近　　(c) 轮廓逼近完成

图 12.3　参数活动轮廓模型图像分割示例

参数 Snake 模型相比传统分割方法具有多项优点。一是可以直接给出目标轮廓的数学表达，这在一般的算法中难以实现。二是融入了目标轮廓的光滑性约束和形状的先验信息，使算法具有对噪声和边缘间断点的顽健性。三是经过适当初始化后，它能够自主地收敛于能量极小值状态。然而，活动轮廓模型也存在一些问题，如需要手工设置初始轮廓，对于初始轮廓的设置要求较高（通常需要设置在目标真实边界附近），难以确定光滑性约束所需的参数 α 和 β 等。

以上介绍的是基本参数 Snake 模型，它采取轮廓曲线的参数化形式来表达轮廓曲线的运动。为了克服这种方法的不足，近来发展起来的几何活动轮廓模型、测地活动轮廓模型（Geodesic ACM）等在不同方面克服了参数活动轮廓模型的缺陷，改善了分割的效果。

12.4.2　几何活动轮廓模型

针对参数 Snake 模型的初始轮廓只能在目标轮廓附近选取等问题，人们开始研究几何活动轮廓模型，其中有代表性的是 Mumford-Shah 模型、C-V 模型等。几何活动轮廓模型主要运用水平集（Level Set）方法，结合曲线进化的方式，通过在高维曲面上的曲线演化实现对目标轮廓的提取，达到图像分割的目的。几何活动轮廓使用连续曲线作为待分割目标的初始边缘，能量泛函的构建与图像信息密切相关。能量泛函通过 Euler-Lagrange 变分得到一类 Hamilton-Jacobi 方程，然后利用水平集方法将平面闭合的曲线表达为高一维的曲面函数，以便通过曲线演化动态地求解使能量函数达到最小的目标轮廓曲线。

几何活动轮廓模型的特点是对演化曲线的初始轮廓不敏感。即使初始轮廓曲线远离待分割目标的边缘，通过合理地构造能量函数和运用正确的差分格式也可获得比较满意的分割结果。由于水平集是建立在高一维空间的函数，因而可以较好地处理具有复杂拓扑结构的目标图像。由于轮廓模型构造的是连续的闭合曲线，而且没有使用梯度信息，因此对于处理边界模糊或不连续的图像具有较好的顽健性。

下面简要介绍目前两类应用比较广泛的 Mumford-Shah 和 C-V 几何活动轮廓模型。

1. Mumford–Shah 模型

1989 年，Mumford 和 Shah 提出 Mumford-Shah 模型。它是在图像分割中具有代表性的几何轮廓模型。由于该模型是基于各向同性区域的相似性来驱动活动轮廓朝着目标的准确轮廓逼近，不需要图像梯度信息的支持，因而能避免参数活动轮廓模型中边缘检测时由于阈值不确定而出现的图像“过分割”或“欠分割”现象。

Mumford-Shah 模型的能量方程如下。

$$E_{ms}(I,C)=\lambda\int_{\Omega}(I_0-I)^2\mathrm{d}x\mathrm{d}y+\alpha\int_{\Omega/C}|\nabla I|^2\mathrm{d}x\mathrm{d}y+\mu L(C) \tag{12.95}$$

这里，Ω 表示一个有界的二维子空间，I_0 表示初始图像，I 表示最终的结果图像，C 表示活动的轮廓边界。其中，等式左边第一项是逼近图像与原始图像的一个相似性度量，λ 为权函数。第二项起平滑的作用，使图像内部区域保持各向同性，参数 α 控制着平滑的程度。第三项 $L(C)$为演化曲线的长度项，参数 μ 控制着活动轮廓在演化过程中的平滑程度。从上述轮廓模型的构造可知，它可以统一描述图像的各向同性信息和局部的边缘几何特性。

Mumford-Shah 模型通过分段光滑的函数 I 和不断演化的具有连续性的轮廓，来逼近原始图像 I_0。以二维的情况为例，$\Omega\subset R^2$ 为一个封闭的开集，C 为 Ω 上的一个封闭集合，它由有限个光滑曲线组成。如果用 Ω_i 表示 Ω/C，则有 $\Omega=\bigcup_i\Omega_i\bigcup C$。因此，Mumford-Shah 模型是给定一个

待分割的图像 I，将其分成有限个 Ω_i，并找出满足能量最小化的分片光滑的图像函数 I。这样，在每个分片图像中灰度平稳变化，而在边界像素处灰度会发生突变。通过优化能量泛函可以得到两个结果：分段光滑的函数 I 和它的分界线 C。其中，I 等价于平滑后的图像，而曲线 C 则可认为是图像分割后区域的边界线。

尽管 Mumford-Shah 模型不依赖于目标的边界，但从模型的构造来看，结构比较复杂，在数值计算的实现上比较困难。后来出现了若干简化的 Mumford-Shah 模型，使几何轮廓模型在图像处理领域有了更大的发展。Chan 和 Vese 提出的简化的 C-V（Chan-Vese）模型便是其一。

2. C-V 模型

C-V 模型可以检测出具有空洞的目标内外轮廓，这是传统的 Mumford-Shah 模型很难做到的。C-V 模型是在 Mumford-Shah 模型的基础上，将模型中的分段光滑函数 I 替换为一个分段常值函数来加以构造的。其构造函数为

$$E_{ms}(I^+,I^-,C)=\lambda^+\int_{\text{in}(C)}(I_0-I^+)^2\,\mathrm{d}x\mathrm{d}y+\lambda^-\int_{\text{out}(C)}|I_0-I^-|^2\,\mathrm{d}x\mathrm{d}y+\mu\cdot L(C) \tag{12.96}$$

这里，I^+和 I^-分别为分片光滑的函数在曲线 C 内部和外部的函数值，在 C-V 模型中，它们通常为依赖于曲线 C 的参数 s 的分段常值函数，如

$$I(x,y)=\begin{cases}I^+(s) & (x,y)\ \text{inside}\ \ C\\ I^-(s) & (x,y)\ \text{outside}\ \ C\end{cases} \tag{12.97}$$

由于分段常值函数属于分段光滑函数，这样便保证了光滑性，也就没有必要像 Mumford−Shah 模型那样保留用来平滑函数的正则项。这是 C-V 模型对 Mumford-Shah 模型最突出的改进。C-V 模型对于需要分割的对象与背景的区别表现为平均灰度值明显不同，而且既没有明显的边缘也缺乏明显的纹理特征，如果能找到闭合曲线 C 将目标图像分为 Ω_c 和 Ω/C 两个部分，则曲线 C 内外两部分的平均灰度恰好能够反映目标与背景的差别。曲线 C 可以认为是待分割图像目标的轮廓。相对于 Mumford-Shah 模型，C-V 模型可以有效地提高曲线的演化速度，但同样有不足之处，如 C-V 模型仅仅利用了图像的区域信息，而对于图像中起重要作用的图像边缘信息没有利用，因此在某些应用中会产生对可能出现的目标边缘分割不准确的现象。

3. 参数模型和几何模型的比较

参数活动轮廓模型所描述的曲线函数模型大多数是显函数，这样对于先验知识就可以将形状约束函数插入活动轮廓模型中。但参数活动轮廓模型不具有拓扑结构，可以将该模型所表示的曲线形象地表示为一根皮筋，当它同时收缩到两个没有互相连接的物体时，它无法从中间断裂。这是由于该类模型在函数的表示上决定了它们只具有单目标的分割能力，缺少能够分割多目标的几何拓扑性。

几何活动轮廓模型是建立在高一维上的曲面，因此具有应对拓扑结构变化的灵活性。这类模型使对拓扑结构复杂的图像分割成为可能。但是从微分几何的角度上看，通过几何活动轮廓模型构造的高维曲面通常在模型中只能用隐式函数表示，这样对于参数活动轮廓模型引

入先验形状约束在几何活动轮廓模型中就显得比较复杂，而且对于隐函数在 PDE 的计算方面工作量很大。

12.5　PDE 图像修复

图像修复（Image Inpainting）是针对图像中遗失或者损坏的部分，利用其周围的有效信息对其修复，使修复后的图像接近或者达到原图的视觉效果。PDE 图像修复和传统修复方法类似，也是利用图像局部信息之间的相关性，采用扩散方程的方法将待修复区域周围的纹理或边缘信息向待修复区域内部不断扩散，并最终完全填充待修复区域中的信息空白或信息错误部分。由于没有足够的信息可以保证唯一正确地恢复被损坏部分，因而图像修复通常是一个病态问题。

12.5.1　图像修复的要求

图像修复处理实际上是图像复原处理的一部分，这里将对这一类有损图像的复原集中起来称为图像修复，如历史照片、受局部污染的图像、局部被覆盖的图像等，图 12.4 为几幅常见的待修复图像示例。它们的共同特点是小面积的局部图像丢失或失真。

(a) 被文字覆盖　　(b) 有划痕的照片　　(c) 破损的古画

图 12.4　几种有损图像

基于 PDE 的图像修复模型和修复处理需要考虑一些限制和要求。首先，图像修复模型是局部性的，待修复区域的信息完全由该区域周围的已知信息决定，所以建立模型时不需要知道图像的全局信息。其次，图像修复模型具有较强的边缘修复能力，因为人眼对物体或图像的边缘非常敏感，所以边缘的修复会直接影响修复的质量。再次，图像修复模型需具有噪声顽健性，能够从有噪声图像中检测出图像的特征，并将其延伸到修复区域。最后，要求修复过程是自动进行的，无须人为干预，并能够用于大部分自然图像的局部修复。

基于 PDE 的图像修复处理是将图像修复过程转化为一系列的偏微分方程或能量泛函模型，从而通过数值迭代和自适应优化的方法来处理图像。该类方法对区域比较小的破损或划痕具有很好的修复效果，而且修复区域越大，所需的迭代时间越长，效果也越差。一种图像修复模型并不能处理所有的图像修复问题，因此对同一幅图像使用不同的修复模型可能得到不同的修复结果。

目前，基于 PDE 的图像修复模型主要有两类。一类是热扩散模型，典型的有 BSCB（Bertalmio，Sapiro，Caselles，Ballester）模型和曲率驱动扩散（CDD，Curvature Driven Diffusion）模型，主要模仿手工修复破损图像的过程，利用图像的曲率、梯度等几何信息，并按照一些规则控制图像等照度线的扩散方向，使它们按照一定的要求扩散至破损区域，从而完成修复。另一类是变分模型，典型的是全变分（TV）模型，也是本节主要介绍的修复方法。TV 模型把修复问题归纳成一个求解能量泛函最小值的问题，用数值方法求解偏微分方程，完成图像修复处理。

12.5.2 TV 模型修复

全变分（TV）模型是一种异向扩散算法，可以在保持边缘的同时达到去噪目的，因此采用 TV 模型可以同时进行图像修复和去噪。

假设图像退化模型为 $g=h*u+n$。其中，g 为需修复的退化图像 $g(x,y)$，h 为退化核函数 $h(x,y)$，u 为原图像 $u(x,y)$，n 为高斯白噪声，*为卷积运算符。如图 12.5 所示，待修复处理图像中的 D 为待修复区域，用 $u_D(x,y)$表示，E 为待修复区域的邻域，用 $u_E(x,y)$表示。

图 12.5　待修复区域及其邻域

设 $D\cup E=\Omega$，若 D 内不存在任何信息或不存在有用信息，且不考虑任何噪声，则退化图像为

$$g(x,y)=\int_\Omega h(x,y,\xi,\eta)[u_D(\xi,\eta)+u_E(\xi,\eta)]\mathrm{d}\xi\mathrm{d}\eta = \int_\Omega h(x,y,\xi,\eta)u_E(\xi,\eta)\mathrm{d}\xi\mathrm{d}\eta \tag{12.98}$$

由此可见，由于待修复区域 $u_D(x,y)$中没有任何信息，退化图像 $g(x,y)$只和待修复区的邻域 $u_E(x,y)$有关，待修复区域是不可能从退化图像 $g(x,y)$中得到原图像的。尽管如此，我们还是可以借助待修复邻域 E 的信息来修复图像，并使修复后的图像尽可能逼真，使观察者不易察觉。而在图像修复的过程中，图像边缘结合的好坏直接影响到修复的质量，而利用全变分法可以达到这个目的。

记修复后 $D\cup E$ 区域内的图像值为 u，定义代价函数为

$$R(u)=\int_{D\cup E} r(|\nabla u|)\mathrm{d}x\mathrm{d}y \tag{12.99}$$

并满足如下噪声约束条件。

$$\frac{1}{S_E}\int_E |u-u_0|^2\,\mathrm{d}x\mathrm{d}y=\sigma^2 \tag{12.100}$$

其中，S_E 为区域 E 的面积，E 内的初始图像 u_0 被高斯白噪声污染，白噪声的标准偏差为 σ。r 为一个在输入为非负数时输出也为非负数的实函数。可见，最小化式（12.99）是为了使待修复区域及其边界尽可能平滑，式（12.100）使修复过程对噪声有良好的顽健性。为了对边缘也有良好的修复效果，需要选择一个合适的函数 r。在边缘处梯度 ∇u 是一个冲击函数 δ，如果要修复被破坏的边缘，则要求代价函数 R 有限，即

$$\int_{D\cup E} r(\delta)\mathrm{d}x\mathrm{d}y<\infty \tag{12.101}$$

实际上是要求对图像的阶跃边缘，代价函数（12.99）必须是有限的。经过多方面考虑，为简单起见，选取 $r(|\nabla u|)=|\nabla u|$，实际上是前面式（12.33）定义的图像恢复的 TV 模型。运用 Lagrange 乘子法将式（12.100）约束条件的极值问题转化为无约束条件的极值问题，新代价函数为

$$J_\lambda(u)=\int_{D\cup E}|\nabla u|\,\mathrm{d}x\mathrm{d}y+\frac{\lambda}{2}\int_E |u-u_0|^2\,\mathrm{d}x\mathrm{d}y \tag{12.102}$$

该模型通过左边的忠诚项实现只在修复区域中进行修复，在修复区域外，除了一定程度的去噪作用外，应忠于原图。这一模型能成功地将突变的边缘延伸到待修复区域，可取得较为满意的修复结果。

对于 TV 模型，式（12.102）实际上是一个二维变分求极值问题，具体的被积函数为

$$F\left(x,y,u,\frac{\partial u}{\partial x},\frac{\partial u}{\partial y}\right)=\sqrt{\left(\frac{\partial u}{\partial x}\right)^2+\left(\frac{\partial u}{\partial y}\right)^2}+\frac{\lambda}{2}(u-u_0)^2 \tag{12.103}$$

对式（12.102）泛函求能量的极小值对应的 u，可由欧拉方程获得

$$\frac{\partial F}{\partial u}-\frac{\partial}{\partial x}\left(\frac{\partial F}{\partial u_x}\right)-\frac{\partial}{\partial y}\left(\frac{\partial F}{\partial u_y}\right)=\lambda_e(u-u_0)-\nabla\cdot\left(\frac{\nabla u}{|\nabla u|}\right)=0 \tag{12.104}$$

其中 $\lambda_e=\begin{cases}\lambda, & (x,y)\in E\\ 0, & (x,y)\in D\end{cases}$。

然后使用时间变量，用梯度流求解式（12.104），可得

$$\frac{\partial u}{\partial t}=\nabla\cdot\left(\frac{\nabla u}{|\nabla u|}\right)-\lambda_e(u-u_0) \tag{12.105}$$

该模型相当于传导系数为 $\frac{1}{|\nabla u|}$ 的热扩散方程，扩散强度仅依赖于梯度值而不依赖于等照度线的几何信息。相比其他的偏微分方程模型，TV 模型运用了二阶偏微分方程，在实现上较为简单，而且收敛速度快，修复效果也比较理想。

采用 TV 模型对图 12.4 的 3 幅有损图像的修复结果如图 12.6 所示，经过这样的修复，图像基本得到了恢复，不仔细观察是看不出修补痕迹的。

(a) 去掉了文字覆盖　　(b) 消除了划痕　　(c) 修复了破损部分

图 12.6　TV 模型修复效果

应用于图像修复的偏微分方程模型尚存在一定的局限性，如这类 PDE 修复方法一般适用于自然场景图像，对图形、动画类图像的修复效果并不好。同时要求缺失区域较小，不能太大，否则缺失区域内部的图像信息与周围已知信息关系不大，仅通过扩散过程恢复的并非真实的图像信息。

第13章 图像超分辨率重建

图像的超分辨率重建是指通过图像处理的软件算法将已有的低分辨率图像重建为高分辨率图像的一系列理论和技术。本章首先简要介绍超分辨率图像重建的基本知识；然后在此基础上介绍3类不同的超分辨率方法，即基于插值的超分辨率重建（如核回归内插方法）、基于重建的超分辨率重建（如迭代反向投影方法）和基于学习的超分辨率重建（如基于稀疏表示的方法）。

在实际应用中，由于受到多种因素的影响，理想的高分辨率图像往往会退化为低分辨率图像。引起退化的因素包括亚采样、成像模糊、压缩编码、几何形变、物体运动、光线变化以及传感器噪声等。因此，我们有理由认为一幅低分辨率图像是由一幅高分辨率图像经亚取样、成像模糊、几何形变、噪声叠加等因素影响而形成的。实际应用往往不满意这类低分辨率图像，希望恢复到原来的高分辨图像。要从低分辨率图像重建高分辨率图像，图像的超分辨率重建（SRR，Super Resolution Reconstruction）技术是当前一种新的选择。

图像的超分辨率重建简称图像超分辨率，或超分辨率重建，是指通过图像处理的软件算法将已有的低分辨率（LR，Low Resolution）图像重建为高分辨率（HR，High Resolution）图像的一系列理论和技术。

图像超分辨率技术在理论上与图像恢复技术是密切相关的,其共同的目标都是重建高质量的原图像。不同之处在于：图像恢复技术处理后的图像其空间分辨率不变，即图像中的像素数并不增加；而超分辨率技术所重建图像的空间分辨率是增加的，即图像的像素数是成倍增加的，显然其处理难度是高于图像复原的。

13.1 超分辨率重建基础

13.1.1 图像的空间分辨率

如第 2 章所述，一般把图像目标的空间细节在图像中可分辨的最小尺寸称为图像的空间分辨率（Spatial Resolution）；把同一序列图像成像的最小时间间隔称为时间分辨率（Temporal Resolution）；把图像目标的灰度细节在图像中可分辨的最小等级称为灰度分辨率（Gray-Level Resolution）。这里图像超分辨率重建的讨论中则专指图像的空间分辨率，常简称图像分辨率（Image Resolution），它是度量成像系统对图像细节分辨能力的一项指标，表征了图像中目标景物的细微程度与图像信息的详细程度。

影响图像空间分辨率的基本因素如下：光衍射决定的分辨极限，成像系统的调制传递函数和系统噪声。数字图像的空间分辨率是能够用客观方法进行测量的，是图像信号本身以及成像系统所固有的。空间分辨率可通过离散像素之间所能分辨目标物细节的最小尺寸或对应目标物空间中两点之间的最小距离来表达。

数字图像的分辨率和图像尺寸是两个常见的既相关又不相同的概念。放弃严格的定义，图像尺寸就是图像水平采样数与垂直采样数的乘积；图像的空间分辨率则是能够准确区分场景细节的像素数。例如，对 CCD 相机获取的数字图像来说，图像中的每一像素都对应于该 CCD 相机中一相应成像单元，而 CCD 每个感光单元是相互独立的，只反映本单元的光照强度，因而该 CCD 相机的分辨率与其获取数字图像的尺寸精确相等，数码相机的分辨率越高，它所提供的输出图像的尺寸越大。另外一种情况是，将一幅小的手机图像用相邻像素重复的方法放大一倍，虽然图像的尺寸增大，但它的分辨率并未改变，小图像中不能分辨的细节在大图像仍然不能分辨。可见，对一个摄像机而言，它的像素数就能表征它的分辨率；对一个显示器而言，它的显示点数（尺寸）并不代表它所显示图像的分辨率，还要取决于被显示图像的分辨率。

在日常生活中，人们往往容易将清晰度（Definition）与分辨率混淆，其实清晰度是由设备的性能、环境因素和人眼对图像的主观感觉所决定的，所以它和人眼的主观观察有关，和客观环境（如光照强度、观察距离等）有关，但主要取决于图像设备的性能，特别是分辨率的高低。

13.1.2 主要理论基础

为了简单起见，将成像系统看作一个线性空间不变系统，用一维函数简化表达为

$$g(x) = h(x) * f(x) \tag{13.1}$$

其中 $f(x)$表示目标物体，$g(x)$表示和目标对应的图像，$h(x)$为成像系统的点扩散函数，* 表示卷积运算。对式（13.1）做傅里叶变换，有

$$G(u) = H(u)F(u) \tag{13.2}$$

这里的 $G(u)$、$F(u)$和 $H(u)$分别表示 $g(x)$、$f(x)$和 $h(x)$的傅里叶变换。式（13.2）等价于把成像系统看作一个傅里叶滤波器，对物体频谱 $F(u)$用 $H(u)$进行滤波。如果在截止频率之外 $H(u)=0$，则对 $F(u)$进行了限制，因此要想由 $G(u)$重建出 $F(u)$截止频率之外的高频信息，获得更高的分辨率，无论在理论上还是在实际中都是不可能的。

但在实践中存在一些方法对 $F(u)$的高频信息进行估计，获得图像截止频率以外的高频分量，从而可以重建超过系统给出分辨率的图像，我们将这一类方法称为图像的超分辨率（SR，Super Resolution）重建，简称超分辨率（SR）。

随着对 SR 技术研究的深入，SR 技术的理论基础也在不断更新，但在 SR 技术发展之初，学者从以下 3 方面说明超分辨率图像重建是具有一定理论基础的。

1. **信息叠加理论**

对于普通的非相干成像，实际的图像应具备一个基本约束条件：非负性和有界性。即图像在一定空间区域内的最小光强应大于 0。以一维为例，$f(x)$在一段 X 区间内有值，则可表示为图像 $f(x)$和门函数 rect (x/X) 的乘积。

$$f(x) \cdot \mathrm{rect}(x/X) \tag{13.3}$$

$f(x)$的傅里叶谱 $F(u)$可以分成两个部分，即截止频率以外高频部分 $F_h(u)$和截止频率以内的低频部分 $F_l(u)$，对（13.3）式取傅里叶变换可得

$$F(u) = \left[F_h(u) + F_l(u)\right] * X\,\mathrm{sinc}(uX) \tag{13.4}$$

从式（13.4）可以看出，由于 sinc 函数是双边无限的，则截止频率以外的信息通过卷积叠加

到截止频率以内的频率成分中。显然，如果我们能够找到一种方法将这些信息分离、获取出来，就可以实现图像的超分辨率重建。

2. 解析延拓理论

如果一个实函数$f(x)$是空域有界的，则其傅里叶谱函数$F(u)$是一个解析函数。复变函数中解析延拓（Analytical Continuation）理论指出解析函数具有一个重要的性质：若其在某一有限区间上为已知，则会处处已知。这一点可用另一种方式表达：在某给定区间上定义的曲线，不可能有一个以上的解析函数在此区间上与此曲线精确重合。

对于一幅图像，由于其空域有界，其谱函数必然解析。若不考虑噪声干扰，可以确定从零到衍射极限这一区间上的谱函数。从式（13.2）可以看出，在截止频率以内的 $F_l(u)$可通过该式计算获得。根据解析延拓理论，由给定解析函数在某个区间上的取值可对函数整体进行重建，这样截止频率以外的信息可采用截止频率以内的 $F_l(u)$数据进行重建，从而实现图像的超分辨率重建。

3. 非线性操作

考虑到噪声对成像过程的影响，式（13.1）的成像过程中增加了噪声项，可用下式表示。

$$g(x) = f(x) * h(x) + n(x) \tag{13.5}$$

其中 $n(x)$表示噪声。由于噪声的影响，解得的图像估计 $f_e(x)$一般会破坏式（13.5）的非负性，同时 $H(u)$的低通作用会破坏估计图像有界性。而在图像重建计算中，如果对估计图像施加空间截断和非负截断的约束条件，必然会带来一系列的非线性操作，而信号的非线性操作具有产生新频率分量的可能。因此，通过对约束操作引入的高频分量进行逐步调整，即可实现图像的超分辨率重建。

由上可知，图像的超分辨率重建是一个十分复杂的理论问题，同时还和许多实际因素相关联，包括光学、系统和处理等方面的种种因素。那么，有没有可能根据已获得的降质低分辨率图像重建原高分辨率图像？可以肯定地回答，精确地重建原图像是不可能的，但在相当程度上重建比降质图像的分辨率高得多的图像，或者说十分接近于原图像的分辨率是可能的。

13.1.3 分辨率下降模型

在数字图像的采集和处理过程中，有许多复杂的因素会导致图像分辨率下降。为了获得比较简单的图像降质模型，可以设定图像的数字化过程是理想的，即从场景到输出的数字图像是高分辨率（HR）图像。其后，由于以下 4 个环节，图像的分辨率遭到损失：几何形变（Geometric Deforming）、各类模糊（Blur）、下采样（Down Sampling）和叠加噪声（Noise）。

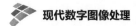

上述的降质过程可用图 13.1 表示，这里仅给出一幅图像的降质过程，至于多幅序列图像的降质模型，基本上是多个单幅降质模型的并列，不再给出。另外，压缩对图像分辨率的影响在模型中也没有涉及，因为我们可以将压缩影响作为“压缩噪声”纳入噪声的影响中，当然压缩噪声

的特性有别于自然噪声。

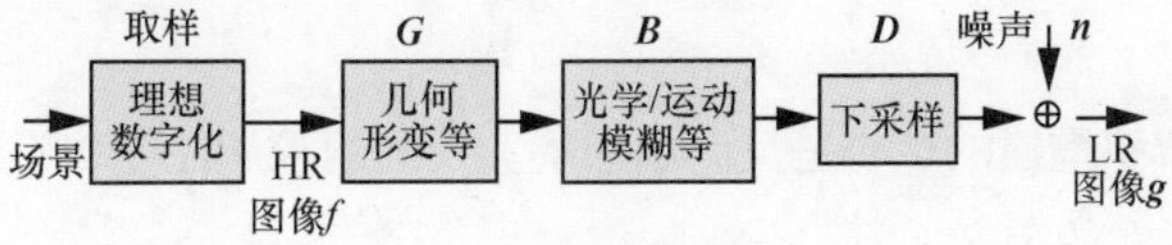

图 13.1　图像的降质过程

在图 13.1 中，一幅理想的输入 HR 图像 $\boldsymbol{f}$ 经过 4 个降质模块，成为 LR 输出图像 $\boldsymbol{g}$。一般情况下，LR 图像的大小为 $M\times N$（M 行 N 列），输入的 HR 图像的大小为 $kM\times kN$，k 为正整数，如 2、3、4 等，表示放大系数。我们能够观察到的是降质的 LR 图像 $\boldsymbol{g}$，而输入的 HR 图像 $\boldsymbol{f}$ 实际上是得不到的（否则就无须 SR 重建）。

按照图中模型的顺序，大小为 $kM\times kN$ 的 HR 图像经过几何变形、模糊处理后尺寸不变，经过下采样后，图像的尺寸变为 $M\times N$，引入了混叠失真，并被噪声叠加，成为形状扭曲的、细节模糊的、带有混叠效应并叠加了噪声的低分辨率图像 $\boldsymbol{g}$。

在实际中，LR 图像并非按此顺序渐次形成的，而是相互混杂在一起共同产生的，如噪声其实在每一步中都有，并不是最后加上。之所以将它们分开是为了将复杂的问题进行等效地拆解，便于后续的分析和解决。

如果将上面描述的几个步骤看作线性过程，则降质模型可用矩阵表达式来表示。

$$\boldsymbol{g}=\boldsymbol{G}\cdot\boldsymbol{B}\cdot\boldsymbol{f}\cdot\boldsymbol{D}+\boldsymbol{n} \tag{13.6}$$

其中，$\boldsymbol{f}$ 是 HR 图像的堆叠型高维列矢量，有 $kM\times kN=k^2MN$ 个元素。$\boldsymbol{g}$ 是 LR 图像的堆叠型高维列矢量，有 $M\times N$ 个元素；$\boldsymbol{G}$ 是 $k^2MN\times k^2MN$ 的几何形变矩阵，表示作用于 $\boldsymbol{f}$ 的几何变形。$\boldsymbol{B}$ 是 $k^2MN\times k^2MN$ 的线性模糊降质矩阵。产生模糊的原因是多方面的，如由成像系统的光学部件所引入的光学模糊，由被拍摄物体在曝光过程中运动造成的运动模糊，由成像过程中焦距的不正确造成散焦模糊等。$\boldsymbol{D}$ 是一个特殊的亚采样矩阵，输出为 $MN\times 1$ 的降采样图像数据，使理想图像 $\boldsymbol{f}$ 与观测图像 $\boldsymbol{g}$ 之间的行列方向的抽样比为 k，将 HR 网格坐标系映射到 LR 网格系统。$\boldsymbol{n}$ 为 $MN\times 1$ 维列矢量，代表观察图像中包含的加性噪声，常设其为 0 均值高斯噪声，如光电传感器的工作噪声、采样过程中带来的采样噪声、拍摄过程中空气的扰动等。

为了便于标记，将几个矩阵结合起来，写成综合矩阵的形式 $\boldsymbol{H}=\boldsymbol{BGD}$，降质过程简化为

$$\boldsymbol{g}=\boldsymbol{H}\cdot\boldsymbol{f}+\boldsymbol{n} \tag{13.7}$$

方程（13.7）是典型的图像重建问题（参考第 5 章），已知综合矩阵 $\boldsymbol{H}$、噪声 $\boldsymbol{n}$ 和观察图像 $\boldsymbol{g}$，求解 HR 图像 $\boldsymbol{f}$。显然，这是一个欠定方程组，有无穷多解，在数学上属于反问题求解，是实际中经常遇到的一类难题。另外，由这个方程组还可以看出，超分辨率重建的求解运算量庞大，通常涉及成千上万数据量的存储和运算。例如，重建一幅 200×200 的 HR 灰度图像这样极其简单的问题，意味着求解 40 000 个未知像素点值的方程组。

13.1.4 反问题的正则化求解

如前所述，超分辨率重建的核心是反问题求解。反问题求解往往和不适定（Ill-posed）问题联系在一起，不适定问题的定义如下。

设 A 表示 F 空间到 U 空间的线性或非线性映射 $A: F\rightarrow U$，对于下述问题或方程

$$Az = u, \quad z \in F, u \in U \tag{13.8}$$

如果同时满足 3 个条件：（1）解存在；（2）解唯一；（3）解稳定，则称该问题或方程是适定的（Well-posed），或良态的；反之，若上述 3 个条件中有一个不满足，则称其为不适定的，或病态的问题。

如果已知 A 和 z 求解 u，则称之为正问题；如果已知 u 和 z 求解 A，或已知 u 和 A 求解 z，则称之为反问题。值得注意的是，如果所求解的反问题是不适定的，这是问题本身所固有的一种特征，如果没有关于问题解的附加信息（如光滑性或有界性等），这一根本性的困难是无法克服的。因此，反问题求解的任务就是依据所能提供的关于解的附加信息，尽可能准确、稳定地恢复原问题的信息。这种求解不适定反问题的理论和方法称为正则化（Regularization）方法。

1. **正则化方法**

由降质模型可知，重写由高分辨率图像 $\boldsymbol{f}$ 到低分辨率观察图像 $\boldsymbol{g}$ 的降质方程如下。

$$\boldsymbol{g} = \boldsymbol{H} \cdot \boldsymbol{f} + \boldsymbol{n} \tag{13.9}$$

由此方程求解原图像 $\boldsymbol{f}$ 常常是一个不适定问题，可借助于正则化方法，将上述解方程问题转化为一个最优化问题求解。需要为优化问题建立一个目标函数 $J()$，由目标函数的最小化求解 $\boldsymbol{f}$。从不同的角度可设计出不同的目标函数。如从信号的统计特性——最小误差出发，可建立如下的目标函数。

$$J(\lambda, \boldsymbol{f}) = \| \boldsymbol{g} - \boldsymbol{Hf} \|^2 + \lambda \| \boldsymbol{Qf} \|^2 \tag{13.10}$$

上式中，L_2 范数 $\|\boldsymbol{g} - \boldsymbol{Hf}\|^2$ 为数据项，用来衡量观测数据对真实数据的逼近程度。$\| \boldsymbol{Qf} \|^2$ 为正则项，根据图像的先验信息对解进行约束，其中 $\boldsymbol{Q}$ 为正则化算子，如一阶微分或二阶微分的高通算子，保证解的一定平滑程度。正则化参数 λ 用于平衡近似解的逼近程度和平滑性。一般说来，当 λ 较小时，注重于观测数据的可信度，即逼真程度；反之，λ 取较大值时，则注重解的平滑度。

通过求如下形式的目标函数的极小点来估计 $\boldsymbol{f}$:

$$\hat{\boldsymbol{f}} = \arg\min_{\boldsymbol{f}} J(\lambda, \boldsymbol{f}) = \arg\min_{\boldsymbol{f}} \left\{ \|\boldsymbol{g} - \boldsymbol{Hf}\|^2 + \lambda \|\boldsymbol{Qf}\|^2 \right\} \tag{13.11}$$

采用 L_2 范数的目标函数为二次型，优点是其理论最优解具有简单的代数表达式，当问题规

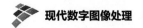

模比较小时，可以直接用矩阵向量运算求得其精确解；当问题规模比较大时，可以用具有高阶收敛速度的最优化方法求解。

2. **正则化参数的影响**

在目标函数正则化求解中需要确定 3 个条件：一是需要确定解集对真实数据逼近程度的度量方法，一般选用 L_2 范数；二是需要确定图像的解集约束，通常使用图像的平滑性；三是需要确定相应的正则化参数。

正则化参数和低分辨率图像观察模型中的噪声有关，而在实际处理过程中，噪声的参数通常是未知的。在不同的超分辨率重建中，由于观察模型中噪声的不同，所需的正则化参数呈现很大的差异。采用不同的正则化参数，重建结果也不一样，如可能出现过正则化及欠正则化的现象。在欠正则化的情形下，重建过程中的噪声会得到放大，而过正则化会使结果过于平滑。如何正确估计正则化参数 λ，使正则项和数据项之间取得相对平衡，既满足非病态条件又不使正则解偏离真实解太远，这是超分辨率重建的一个重要问题，也是一个难点。

13.1.5　超分辨率重建的 3 类方法

从 20 世纪 80 年代初 Tsai 和 Huang 提出基于序列或多帧图像的超分辨率概念，到现有的图像超分辨率技术，按照重建方法的不同，大致可分为 3 类，即基于插值（Interpolation）的方法、基于重建（Reconstruction）的方法和基于学习（Learning）的方法。这 3 类方法的重建效果是顺序递增的，所需的计算复杂度也是顺序加大的。

基于插值的超分辨率重建方法实质上是一类最早出现的简单增加图像尺寸的方法，和这里介绍的超分辨率重建并不相同，但它也能够增加图像的尺寸。尽管这类方法并不保证给图像带来分辨率的提高，但也可以算作最简单的一类超分辨率图像重建方法。如各种线性内插、核回归（Kernel Regression）内插等都是常用的图像插值方法。

基于重建的超分辨率算法的前提是已知图像降质模型，即必须清楚高分辨率图像是如何经过变形、模糊、欠采样和加噪后生成低分辨率图像的。这类算法是传统的统计图像复原方法的“进化”，使用降质模型和图像的先验知识作为图像超分辨率重建的“约束”，从而尽可能多地获得已丢失的高频分量。这类技术主要包括凸集投影的方法、最大后验概率的方法、迭代反向投影的方法等。

基于学习的图像超分辨率方法和传统的方法不同，它受到机器学习（Machine Learning）领域研究成果的影响，是近期新兴的一类算法，正吸引着大批研究者和开发者。基于学习算法的基本思想是选择训练图像，研究、“学习”已知低分辨率图像和高分辨率图像之间的统计关系，并把它运用到从未知低分辨率图像重建高分辨率图像中，如局部滤波的方法、基于样例的方法、基于稀疏表示的方法等。

13.1.6 超分辨率重建的应用

由于超分辨率重建技术可以克服成像系统内在分辨率的限制，增加图像处理中大多数图像的分辨率，其理论研究的成果正逐步向应用转化，在电视、军事、遥感、医学和监控等领域具有十分重要的应用。

（1）高清电视（HDTV）：利用超分辨率重建技术将标准电视（SDTV）信号转化为与 HDTV 质量相匹配的信号，可大大增加高清视频的片源。另外，对于一些以往保存的珍贵录像资料，其细节不能分辨或者质量发生了退化，可以用该技术进行处理，提高视频图像的质量。

（2）军事图像：在不改变卫星图像系统的前提下，可实现高于系统分辨率的图像观测，有利于识别目标、目标定位、战场监测以及打击效果评估等。

（3）遥感图像：通过对多光谱遥感图像进行超分辨处理，采用现有的遥感影像设备就能够达到所需要的目标识别精度。

（4）医学成像：在医学成像系统中，如 CT、MRI 和超声系统等，可以用超分辨率重建技术来提高图像质量，对病变目标进行检测，以提高其识别率和定位精度。

（5）视频监控：超分辨率技术可用于公安、银行、证券、交通等部门的安全监控系统中，对许多场合中录制的监控视频进行高清重建，有助于车辆牌照识别、人员辨认等。

13.2 基于插值的超分辨率方法

从数学的角度来看，图像内插的方法是一个二维函数的插值问题。这里需说明，函数插值和统计回归都可以确定非取样点的灰度值，但它们使用的方法是不同的。一般而言，内插函数必须通过每一个已知的像素取样点，适用于噪声较少的情况，而回归算法则不一定要通过每个已知的取样点。

内插是已知某个连续取样函数在一系列离散点的函数值，求解一个近似的内插函数，要求内插函数在取样节点上的函数值必须和该点的取样值一致。以一维情况为例，如 f 是取样函数，g 是对应的内插函数，要求 $g(x_k)=f(x_k)$，这里 x_k 是已知的内插节点。对于同样的数据，可有不同的内插函数，如双线性内插或双立方内插等，它们可统一写成如下形式。

$$g(x)=\sum_k f(x_k)h\left(\frac{x-x_k}{\Delta x}\right) \tag{13.12}$$

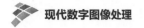

式中，Δx 表示取样间隔，实用中常取 1，x_k 和 $f(x_k)$（k=1,2,⋯）分别是已知的取样函数节点坐标和函数值，h 是内插核（Kernel）函数，一般要求当 $x=x_k$，$h(0)=1$ 以及 $x=x_j$ 且 $j\neq k$ 时，$h(x_j-x_k)=0$。显然，这样的核函数可使内插函数在每个取样点 x_k 满足 $g(x_k)=f(x_k)$，相当于由离散的取样值恢复出原来的连续函数，自然就可获得非采样点上的数据。一般情况下，要求内插核 $h()$在内插函

数的定义域上具有明显的紧支（Compact）特性，即在很小的范围有值，其他地方函数值皆为零。

对于大多数均匀取样的情况，从信号处理的角度，卷积式（13.12）表达的是从连续信号 $f(x)$ 的离散取样值 $\{f(x_k)\}$ 恢复原信号的问题，在傅里叶频域相当于 $G(u)=F(u)H(u)$，频谱 $F(u)$ 的周期重复间隔为 $\frac{1}{\Delta x}$。根据奈奎斯特取样定理，$H(u)$ 具有半带宽（$\frac{0.5}{\Delta x}$）理想低通特性，才能够最大限度减少重建连续信号时所引起的混叠误差。

13.2.1　最近邻插值

在图像内插中，最简单的方法就是“最近邻”插值（Nearest Neighbor Interpolation），它是用原始图像中最接近插值点的像素值作为该插值点的灰度值。对于灰度图像，即将原始图像进行逐点处理，把每一个像素点的灰度值按插值倍数进行复制。它的一维插值核函数是一个常量矩形函数。

$$h(x)=\begin{cases}1, & 0\leqslant |x|\leqslant 0.5\\ 0, & 其他\end{cases} \tag{13.13}$$

其函数图形如图 13.2 所示。最近邻插值的优点是简单、易实现，在很多要求不高的场合得到广泛应用；它的缺点是插值后的图像质量不高，常常出现灰度不连续和锯齿效应。

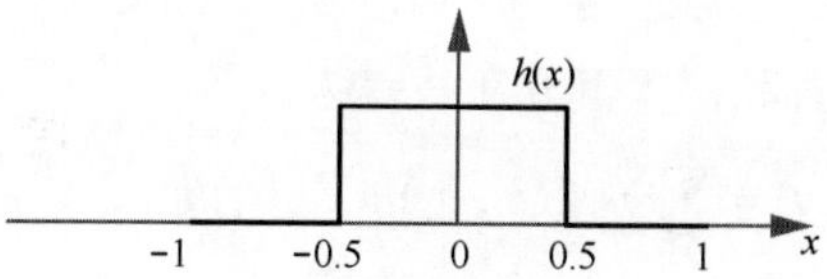

图 13.2　最近邻插值的核函数

13.2.2　双线性插值

最近邻插值法仅仅“复制”最近距离的那个像素的值，忽视了其他周围像素的影响，因而很可能没有反映新插入像素的变化。双线性插值（Bilinear Interpolation）考虑了图像插值处周围 4 个像素的影响，质量优于最近邻插值的图像，是一种比较简单且应用广泛的插值方法。

之所以称其为“双线性插值”，是因为在对图像插值时对行、列像素分别进行线性插值处理得到。在一维情况下就是“单”线性插值，目标点的值等于它左右两边已知点灰度值按线性权值相加，其权值的大小反比于目标点到已知点之间的距离。式（13.14）是线性插值的核函数，函数图形如图 13.3 所示。

$$h(x)=\begin{cases}1-|x|, & 0\leqslant |x|\leqslant 1\\ 0, & 其他\end{cases} \tag{13.14}$$

线性插值放大的图像比最近邻域插值产生的图像平滑，较少出现灰度值不连续的情况。由于线性插值具有低通滤波器的性质，使高频分量受损，放大后的图像也会出现明显的块状现象，使图像轮廓一定程度上变得模糊。

对于二维图像的一个插值像素点，其坐标为$(i+u, j+v)$，其中，i、j表示已知像素点的坐标，u、v为 $[0,1)$区间的数，表示插值点和已知点(i, j)之间的距离，则该像素点的像素值$f(i+u, j+v)$可由原始图像中坐标为(i,j)、$(i+1,j)$、$(i,j+1)$、$(i+1,j+1)$所对应的周围 4 个像素点值决定，即

$$f(i+u, j+v) = (1-u)(1-v)f(i,j) + (1-u)vf(i,j+1) + u(1-v)f(i+1,j) + uvf(i+1,j+1) \tag{13.15}$$

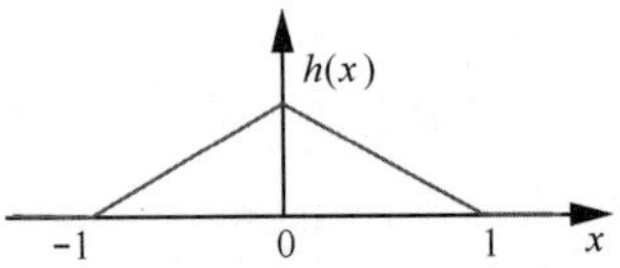

图 13.3　双线性插值的核函数

13.2.3　双立方插值

图像的双立方（Bi-cubic）插值和双线性插值相比，不仅考虑到插值点附近 4 个直接邻点灰度值的影响，还考虑到各邻点之间灰度值变化率的影响，利用了插值点周围 4×4 邻域像素的灰度值，因此具有更高的插值精度。双立方插值过程可用下式表达。

$$f(x,y) = \sum_i \sum_j f(x_i, y_j) h(x-x_i) h(y-y_j) \tag{13.16}$$

其中，$f(x, y)$为待插值点的灰度值，$f(x_i, y_i)$为已知周围像素的灰度值，$h(\,)$为三次多项式插值核函数。双立方内插过程实际上是一种卷积操作，故也称为三次卷积插值。由前面的式（13.12）可知，内插核函数通过类似卷积运算将离散数据变换为连续的函数。在一维情况下，根据奈奎斯特定理，如果取样点密度大于信号最高频率的两倍，则用 sinc 函数插值即可完全恢复原函数。因此，这里的插值核函数采用 sinc 的一种分段 3 次多项式逼近，在一维情况下如式（13.17）所示，其函数图形如图 13.4 所示。

$$h(x) = \begin{cases} 3|x|^3 - 5|x|^2 + 2, & 0 \leqslant |x| < 1 \\ -|x|^3 + 5|x|^2 - 8|x| + 4, & 1 \leqslant |x| < 2 \\ 0, & |x| \geqslant 2 \end{cases} \tag{13.17}$$

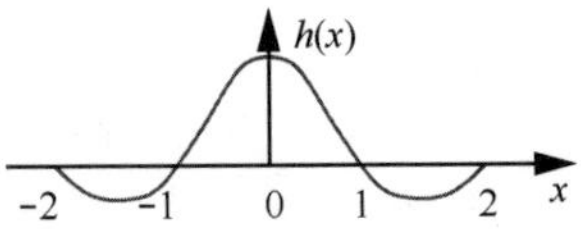

图 13.4　双立方卷积插值函数

在二维情况下，为简单起见，二维核函数为可分离的，由两个式（13.17）所示的一维核函数相乘得到。这样，某一插值点的值 $f(i+u, j+v)$ 可用矩阵表示如下。

$$f(i+u,j+v)=\begin{bmatrix}h(1+u)\\h(u)\\h(1-u)\\h(2-u)\end{bmatrix}^{\mathrm{T}}\begin{bmatrix}f(i-1,j-1) & f(i-1,j+0) & f(i-1,j+1) & f(i-1,j+2)\\f(i+0,j-1) & f(i+0,j+0) & f(i+0,j+1) & f(i+0,j+2)\\f(i+1,j-1) & f(i+1,j+0) & f(i+1,j+1) & f(i+1,j+2)\\f(i+2,j-1) & f(i+2,j+0) & f(i+2,j+1) & f(i+2,j+2)\end{bmatrix}\begin{bmatrix}h(1+v)\\h(v)\\h(1-v)\\h(2-v)\end{bmatrix} \tag{13.18}$$

以上插值的坐标定位参照图 13.5，16 个黑色点为已知像素点，待插值点位置为 $(i+u, j+v)$，其灰度值为 $f(i+u, j+v)$，u、v 表示待插值点与点 (i, j) 的相对位移，一般定义在 0 至 1 的范围内。在实际应用中，u 和 v 常取值 0 或 0.5。可见，插值像素点 $(i+u, j+v)$ 的值和其周围的 16 个点有关。在实际计算时，可利用 $h(x, y)$ 的可分离性，分别在 i 方向、j 方向进行一维计算。

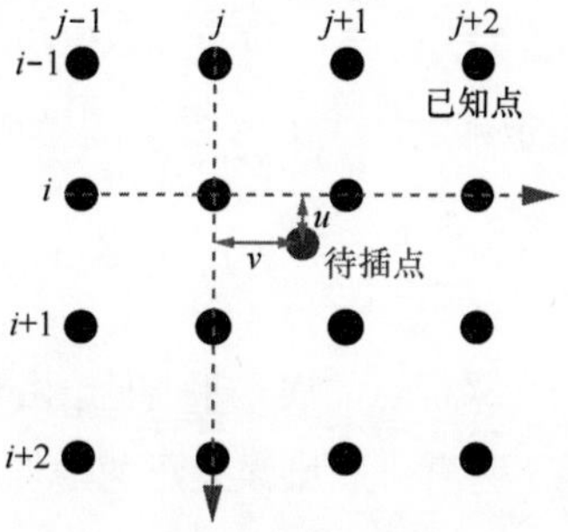

图 13.5　双立方插值坐标示意

13.2.4　核回归插值

双线性、双三次等图像插值的方法因其简单易行而得到了广泛应用。但其重建图像的质量往往不尽人意，尤其在图像的边缘和灰度变化较大的地方会出现锯齿状的失真，图像的细节变化之处也易出现模糊。其原因在于线性插值的方法对所有的像素采用相同的插值函数，而没有考虑到图像边缘灰度变化剧烈等特点。而且插值核函数其频域特性基本属于低通滤波器，会对图像的边缘和细节进行平滑，丢失了高频信息，也就难以保证有足够高的重建分辨率。

为了克服这一问题，我们可以采用核回归（Kernel Regression）插值的方法。核函数回归是一种建立在多项式回归基础上的一种插值方法，本质上是一种统计回归的计算方式。它和普通的插值对采样点的灰度值以一定比例进行加权平均不同，在图像插值时考虑图像的局部特性（处于边缘区域还是平坦区域等），根据不同的特性适当地调整插值函数，产生比较符合局部情况的插值。当然这种自适应非线性插值方法运算量相对较大。

1. 一维核回归

先看一维情况，设一维函数 $y=f(x)$的采样点坐标为 $x_1,x_2,\cdots,x_m$，对应采样点灰度的观察值为 $y_1,y_2,\cdots,y_m$。y_i可以看成所求的估计函数（回归函数）$g(x)$在 x_i的值 $g(x_i)$加上一个测量误差（或噪声）e_i，得到 m 个回归方程。

$$y_i = g(x_i)+e_i \qquad i=1,2,\cdots,m \tag{13.19}$$

核回归的目标是通过观察数据$\{y_i\}$估计未知回归函数 $g(x)$，因此要使估计函数最接近原函数，即两者在各采样点误差（噪声）的平方和达到最小。

$$\min_g \sum_{i=1}^{m}(e_i)^2 = \min_g \sum_{i=1}^{m}\| y_i - g(x_i)\|^2 \tag{13.20}$$

为了估计在任意插值点 x 处的函数值 $g(x)$，将 x 附近采样点 x_i的值 $g(x_i)$在 x 处展开为泰勒级数。

$$\begin{aligned} g(x_i) &= g(x)+g'(x)(x_i-x)+\frac{1}{2!}g''(x)(x_i-x)^2+\cdots= \\ &a_0+a_1(x_i-x)+a_2(x_i-x)^2+\cdots \end{aligned} \tag{13.21}$$

其中，$a_0=g(x)$，$a_1=g'(x)$……为待定系数。式（13.20）的最小二乘问题变为

$$\min_g \sum_{i=1}^{m}\| y_i - g(x_i)\|^2 = \min_{\{a_i\}} \sum_{i=1}^{m}\| y_i - a_0 - a_1(x_i-x) - a_2(x_i-x)^2 - \cdots\|^2 \tag{13.22}$$

上式求和号中的每一项表示一个采样点的误差平方值。由于引入了泰勒级数的近似表示，只有当 x 在 x_i附近时近似成立，如果 x 远离 x_i，则误差迅速增加，因为 N 阶泰勒公式的误差和 $(x_i - x)^N$ 成正比。因此，计算某一点 x_i的误差，必须将 x 限制在 x_i附近，选用一个具有“窗口”作用的核函数 $k_h(\,)$作为该项的一个因子就可以达到这一目的，形成带加权的最小二乘优化模型。

$$\min_g \sum_{i=1}^{m}\| y_i - g(x_i)\|^2 \cdot k_h(x_i-x) = \min_{\{a_i\}} \sum_{i=1}^{m}\| y_i - a_0 - a_1(x_i-x) - a_2(x_i-x)^2 - \cdots\|^2 \cdot \frac{1}{h}k\left(\frac{x_i-x}{h}\right) \tag{13.23}$$

其中，$k()$为核函数（权函数），它以估计点为中心来控制各个样点的权重，距离 x 点越近的点，权值越大。h 为核函数的径向宽度参数，也称为平滑参数，用以控制核函数的尺度。$k()$的形式可以选择，只需满足关于 y 轴对称、紧支并在 0 点取最大值，如高斯函数、指数函数等。显然，在最简单的 0 阶近似情况下，求估计函数 $g(x)$等价于求系数 a_0。上式对 a_0 求偏导，并令其为零，可以得到 a_0 的回归估计。估计的结果和泰勒级数展开的阶数有关，阶数越高，估计误差越小，但计算量越大，最常用的为 0 阶展开和 1 阶展开。

2. 二维核回归

将上述的一维情况推广至二维，图像的采样点为 X_1，X_2，…，X_m，$X=(x_1,x_2)$为二维坐标矢量，对应的观察灰度值为 $y_1,y_2,\cdots,y_m$，插值图像函数为 $g(X)$，于是有

$$y_i = g(X_i) + e_i \qquad i = 1, 2, \cdots, m \tag{13.24}$$

用灰度值函数 g 在 X 处的泰勒展开式来估计 $g(X_i)$ 得

$$\begin{aligned} g(X_i) &= g(X) + [\nabla g(X)]^{\mathrm{T}}(X_i - X) + \frac{1}{2}(X_i - X)^{\mathrm{T}}[\aleph g(X)](X_i - X) + \cdots \\ &= g(X) + [\nabla g(X)]^{\mathrm{T}}(X_i - X) + \frac{1}{2}\mathrm{vec}^{\mathrm{T}}[\aleph g(X)]\,\mathrm{vec}[(X_i - X)(X_i - X)^{\mathrm{T}}] + \cdots \end{aligned} \tag{13.25}$$

其中，∇ 为梯度算子，$\aleph$ 为 2×2 的 Hessian 矩阵微分算子，vec 为半量化算子，它按一定顺序将一个对称矩阵的“下三角”部分转换为一个列向量，如 $\mathrm{vec}\left(\begin{bmatrix} a & b \\ b & d \end{bmatrix}\right) = [a \quad b \quad d]^{\mathrm{T}}$ 和 $\mathrm{vec}\left(\begin{bmatrix} a & b & c \\ b & e & f \\ c & f & i \end{bmatrix}\right) = [a \quad b \quad c \quad e \quad f \quad i]^{\mathrm{T}}$，式（13.25）还可以进一步改写为

$$g(X_i) = a_0 + a_1^{\mathrm{T}}(X_i - X) + a_2^{\mathrm{T}}\,\mathrm{vec}[(X_i - X)^{\mathrm{T}}(X_i - X)] + \cdots \tag{13.26}$$

其中：$a_0 = g(X)$，$a_1 = \nabla g(X) = \left[\frac{\partial g(X)}{\partial x_1} \quad \frac{\partial g(X)}{\partial x_2}\right]^{\mathrm{T}}$，$a_2 = \frac{1}{2}\left[\frac{\partial^2 g(X)}{\partial x_1^{\,2}} \quad \frac{\partial^2 g(X)}{\partial x_1 \partial x_2} \quad \frac{\partial^2 g(X)}{\partial x_2^{\,2}}\right]^{\mathrm{T}}$。

这样，二维核回归优化模型式就变为

$$\min_{\{a_n\}} \sum_{i=1}^{m} \| y_i - a_0 - a_1^{\mathrm{T}}(X_i - X) - a_2^{\mathrm{T}}\,\mathrm{vec}[(X_i - X)(X_i - X)^{\mathrm{T}}] - \cdots \|^2 \, k_H(X_i - X) \tag{13.27}$$

其中，$k_H(X_i - X) = \frac{1}{\det(H_i)} k\left(\frac{X_i - X}{H_i}\right)$ 是二维核函数，$\boldsymbol{H}_i$ 是一个 2×2 光滑矩阵。

3. **自适应核回归**

由于二维高斯核函数具有可分离性和局部性，所以应用非常广泛，大多数的回归核函数是选择高斯函数，或在高斯函数基础上的变形。这样的核回归插值算法等价于一个局部线性滤波，回归核没有考虑图像的灰度值和图像的结构，在各点的形状是相似的，选取的光滑参数也只与采样密度有关。这种方法对于图像的平滑区域没有什么问题，但对于边缘区域，窗口邻域中沿着边缘法线方向的（边缘点两侧的点）灰度值相差很大，最终估计结果使边缘像素点周围的跳变变得模糊，从而丧失了边缘信息。

为了克服边缘或跳变处的不足，我们可采用自适应核回归插值算法，在选取权重时把样本的灰度信息与图像结构一并考虑。目前自适应核回归主要有双边（Bilateral）核回归和可控（Steering）核回归两种方法，插值效果比较好的是可控核回归方法。

可控核回归利用图像的局部协方差矩阵来估计图像灰度信息与结构信息之间的关系，定义的核函数 $k_H(X_i - X)$ 中 $H_i = h\mu_i \boldsymbol{C}_i^{-\frac{1}{2}}$，称为控制矩阵，$\mu_i$ 为反映局部样值密度的缩放参数，h 为全局平滑参数，$\boldsymbol{C}_i$ 为图像灰度的局部协方差矩阵，可用样点的值来估计。如核函数为高斯函数，则核函数的表达式为

$$k_H(X_i - X) = \frac{\sqrt{\mathrm{dec}(\boldsymbol{C}_i)}}{2\pi h^2 \mu_i^2} \exp\left[-\frac{(X_i - X)^{\mathrm{T}} \boldsymbol{C}_i (X_i - X)}{2h^2 \mu_i^2}\right] \tag{13.28}$$

这样的核函数如沿着图像边缘方向的点与边缘的相似性较大，权重也就较大，使核函数的等值线沿着边缘的方向呈扁平状，图 13.6 给出了不同区域的核函数形状，图中圆圈或椭圆圈表示核函数的有效范围，小圆圈表示核函数的中心。

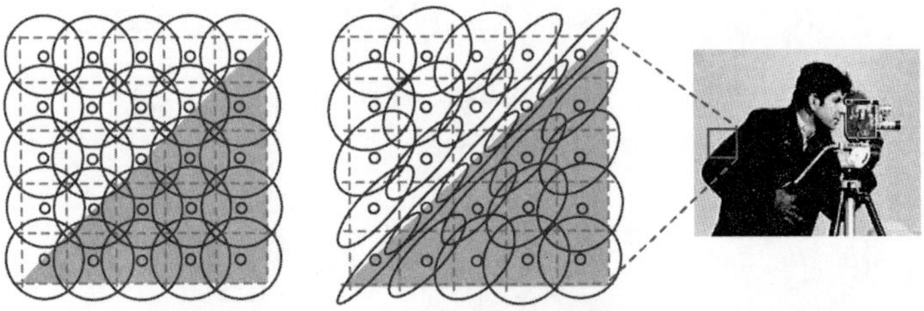

(a) 经典的核函数　(b) 边缘自适应的核函数　(c) 实际图像

图 13.6　自适应核分布示例

13.3　基于重建的超分辨率方法

基于重建的方法是研究最早、应用最广泛的一类 SR 方法。这类方法利用多帧或一帧 LR 图像作为数据一致性约束，并结合图像先验知识（如概率分布、能量有限、数据平滑性等）进行求解，主要包括凸集投影（POCS，Projection Onto Convex Sets）方法、最大后验概率（MAP，Maximum A Posteriori）方法、迭代反向投影（IBP，Iterative Back Projection）方法等。

13.3.1　凸集投影方法

1. POCS 基本原理

从集合论的观点出发，高分辨率图像的解必然存在于一系列代表高分辨率图像性质的凸约束集（如非负性、能量有界性、观测数据一致性、局部光滑性等）的交集中。因此可以利用凸集投影求解凸泛函全局最优解的方法来搜寻这个凸交集中的最优解，即高分辨率图像。

如前所述，图像的 SR 重建是一个病态问题，符合方程的解有很多，需要通过正则化来最大限度限制不符合要求的解，找到最佳或接近最佳解。我们将欲重建的高分辨率图像看成为一个矢量 $\boldsymbol{f}$，具有 N 个性质，每一个性质都有一个对应的凸集 $\boldsymbol{C}_i$（$i=1, 2, \cdots, N$），该集合中所有的元素（图像矢量）都具有特性 i。这样，符合要求的解（高分辨率图像）必然存在于这些集合的交集 $\boldsymbol{C}_0$ 中，$\boldsymbol{C}_0 = \bigcap_{i=1}^{N} \boldsymbol{C}_i$，$\boldsymbol{C}_i$ 为非空凸集。求解 $\boldsymbol{f}$ 实质上就是求解 $\boldsymbol{C}_0$，因为交集 $\boldsymbol{C}_0$ 中每个元素都满足上述所有 N 个性质。

设 $\boldsymbol{P}_i$ 代表任意矢量 $\boldsymbol{f}$ 投影到 $\boldsymbol{C}_i$ 上的投影算子，$\boldsymbol{f}$ 在 $\boldsymbol{C}_i$ 上的投影为 $\boldsymbol{P}_i[\boldsymbol{f}]$，可根据投影的定义求解下面的最小化问题获得。

$$\boldsymbol{P}_i[\boldsymbol{f}] = \arg\min_{f_i \in C_i} \| \boldsymbol{f} - \boldsymbol{f}_i \|^2 \tag{13.29}$$

采用 POCS 方法迭代求解时，可从任意矢量开始，依次向各个凸集 $\boldsymbol{C}_i$ 上进行投影，经迭代计算，得到的收敛解必然是 $\boldsymbol{C}_0$ 中的元素。基于以上原理，$\boldsymbol{C}_i$ 表示图像的先验特性，满足所有性质的 HR 图像的估计可由下式进行迭代运算得到。

$$\boldsymbol{f}^{(n+1)} = \boldsymbol{P}_N[\boldsymbol{P}_{N-1}[\cdots \boldsymbol{P}_1[\boldsymbol{f}^{(n)}]\cdots]] \tag{13.30}$$

式中，n=0,1,2,⋯，$\boldsymbol{f}^{(n)}$ 表示第 n 次迭代，$\boldsymbol{f}^{(0)} = \boldsymbol{f}_0$ 为任意一个初始矢量。以平面上的两个凸集为例，参照图 13.7，将 $\boldsymbol{f}_0$ 投影到 $\boldsymbol{C}_1$ 后成为 $\boldsymbol{P}_1[\boldsymbol{f}_0]$，再将 $\boldsymbol{P}_1[\boldsymbol{f}_0]$ 投影到 $\boldsymbol{C}_2$ 成为 $\boldsymbol{P}_2[\boldsymbol{P}_1[\boldsymbol{f}_0]] = \boldsymbol{f}^{(1)}$，这是第一步迭代。按照同样的过程，计算 $\boldsymbol{f}^{(2)}$，……，$\boldsymbol{f}^{(n)}$，$\boldsymbol{f}^{(n+1)}$，直到 $\boldsymbol{f}^{(n)} \approx \boldsymbol{f}^{(n+1)}$，收敛到两个凸集的交集上的一点，$\boldsymbol{f}^{(n+1)}$ 即为 POCS 的一个可行解（HR 图像）。在实际的图像重建过程中，POCS 算法中给出了关于图像重建的一簇解（如图 13.7 中深色的交集部分），如果这一簇解的可行域是一个足够紧的凸域，则可行域中的任一解都是可以接受的图像重建结果。

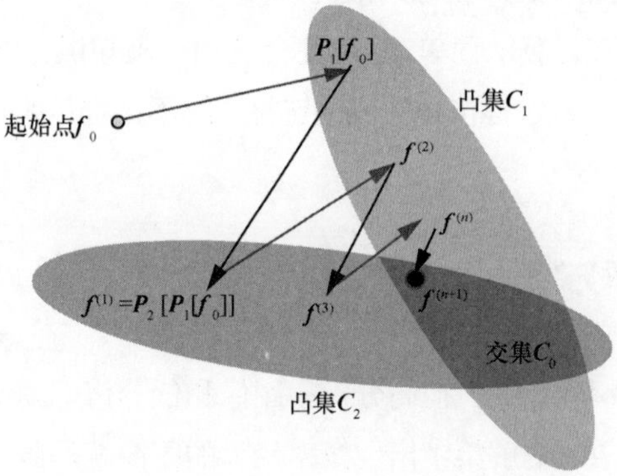

图 13.7　凸集投影定理图解

2. POCS 的约束凸集

在具体应用凸集投影方法从一幅 LR 图像进行 HR 图像的超分辨率重建时，首先需要把关于解的若干限制条件解释为包含解的凸集 $\boldsymbol{C}_i$，然后确定每个凸集的投影算子 $\boldsymbol{P}_i$，最后对每个投影算子进行迭代投影。

对重建的高分辨率图像 $\boldsymbol{f}$ 的一个最主要的约束是保证重建 HR 图像降质后与观测数据的一致性，通常称之为一致性约束集。根据 POCS 的算法原理，一致性约束可以给出图像重建的一个可行解凸域，对 LR 观察图像的每一个像素定义一个的闭合凸集。

$$C_1(m,n) = \{\hat{f}(x,y) : |r(m,n)| \leqslant \delta\} \tag{13.31}$$

如果 LR 图像尺寸为 $M \times N$，这样的凸集共有 $M \times N$ 个，其中 $\hat{f}(x,y)$ 为重建 HR 图像的一个估

计，δ 为可行域范围，表示线性降质模型噪声的影响。假如加性噪声是高斯分布的，且其方差为 σ_v，那么 δ 应该等于 $c\sigma_v$，这里的 $c>0$，由一个合适的统计置信度来决定（如取 $c=3$ 对应 99%的置信度）。$r(m,n)$为此估计值模糊降质后和观察值 $g(x,y)$之间的差值信号。

$$r(m,n)=g(m,n)-\sum_{x=0}^{kM-1}\sum_{y=0}^{kN-1}\hat{f}(x,y)h(m,n;x,y) \tag{13.32}$$

其中，$h(m, n; x, y)$为观察 LR 图像 $g(x,y)$在(m, n)处所对应的系统降质函数，HR 图像为 $kM\times kN$。

在实际问题中，往往还加入其他一系列的约束条件，如图像像素灰度值的有界性（0～255）约束集。

$$C_2(x,y)=\left\{\hat{f}(x,y):0\leqslant\hat{f}(x,y)\leqslant 255\right\} \tag{13.33}$$

图像能量的有界性约束集。

$$C_3\left(x,y\right)=\{\hat{f}(x,y):\sum_x\sum_y[\hat{f}(x,y)]^2\leqslant E\} \tag{13.34}$$

此外，还有图像内容的平滑性、图像频谱高频段为零等约束。在这些约束条件下，可以进一步缩小解的可行域，求得更加接近原图像的最优解。

总之，凸集投影法的优点是算法简单，能够充分利用先验知识，关键是多个约束凸集的构建。但其缺点主要是解不唯一；收敛过程依赖初值的选择，解不稳定；需要较多的迭代次数和可观的计算负担。

13.3.2 最大后验概率方法

最大后验概率方法从概率论出发，把高分辨率图像和低分辨率图像当作两个不同的平稳随机过程来处理，认为超分辨率重建的解集中出现概率最大的图像就是最接近真实高分辨率图像的那一个。MAP 方法的优点在于有唯一解，如果有合理的先验假设就可以获得很好的 SR 重建效果，但它的主要缺点在于受概率模型的准确性影响较大，计算量相对也较大。

1．最大后验概率估计

在 SR 图像重建中，假设已知的低分辨率图像为 g，待求解的高分辨率图像为 f。实际上，不止一个高分辨率图像通过降质过程可以得到同样的 LR 图像 g，根据 Bayes 理论，那个最有可能出现的高分辨率图像便是我们所求的高分辨率图像 f。称在已知 LR 图像 g 条件下高分辨率图像 f 出现的概率为后验概率 $P(f|g)$，使后验概率取得最大值的 $\hat{f}$ 就是高分辨率图像 f 的最优估计。

$$\hat{f}=\arg\max_f P(f|g) \tag{13.35}$$

利用 Bayes 公式，后验概率 $P(f|g)$可写成 $P(f|g)=P(g|f)P(f)/P(g)$，其中，$P(g|f)$为条件概率，反映图像的降质过程，取决于高分辨率图像和噪声的统计特性。$P(f)$为高分辨率图像的先验概率，反映待求解图像像素的先验概率分布。我们对此式两边取对数。

$$\log P(f \mid g) = \log P(g \mid f) + \log P(f) - \log P(g) \tag{13.36}$$

由于上式第三项 $\log P(g)$与 f 无关以及 log 函数的单调性，故式（13.35）等效为

$$\hat{f} = \arg\max_{f}\{\log P(g \mid f) + \log P(f)\} \tag{13.37}$$

2. 基于 MAP 的超分辨率重建

由式（13.37）可知，要获得 HR 图像 f 的最优估计，必须先确定 HR 图像 f 的先验概率 $P(f)$ 和条件概率 $P(g/f)$。

（1）先验概率 $P(f)$

在第 5 章基于 MAP 的图像复原中，为方便起见认为图像 f 服从高斯分布。但这种图像服从高斯分布的假设不利于增强边缘等高频特征。因此在超分辨率图像重建中，$P(f)$可采用一种有利于边缘重建的 Huber 马尔可夫随机场（HMRF，Huber Markov Random Field）。HMRF 模型认为图像是分块平滑的，图像由平滑区域组成，但区域间是不连续的，可以用 Gibbs 先验模型描述平滑块的数据分布。

$$P(f) = \frac{1}{Z}\exp\{-\sum_{c \in S}\varphi_c(f)\} \tag{13.38}$$

其中，Z 是归一化常量，$\varphi_c(f)$是代价函数，它只依赖位于邻域或子团（Clique）c 内的像素值，S 表示所有邻域的集合。图像中边缘出现的可能性由 Huber 边缘代价函数控制。

$$\varphi_c(x) = \begin{cases} x^2, & |x| \leqslant k \\ 2k|x| - k^2, & |x| > k \end{cases} \tag{13.39}$$

式中 k 是对函数的二次区域和线性区域的分界点参数。为了使代价函数对 f 的大差分值进行较弱的惩罚，将它设计成分段函数，对小的差分值呈平方关系，对大的差分值呈线性关系，这样有助于获得一幅边缘保持较好的高分辨率图像。

（2）条件概率 $P(g/f)$

参照图像的降质模型 $g=Hf+n$，在 f 确定的条件下，g 受到包括模糊、扭曲、下采样等确定的操作以及随机噪声的叠加影响，因此，g 的随机性主要是由噪声 n 带来的，条件概率密度 $P(g|f)$ 实际上反映了噪声的统计特性（概率密度）。

$$P(g \mid f) = P(n) \tag{13.40}$$

假设噪声 n 是满足独立同分布的加性高斯噪声，则条件概率函数有下面的形式。

$$P(g \mid f) = a\exp\left(\frac{-\|g - Hf\|^2}{2\sigma^2}\right) \tag{13.41}$$

其中，a 为常数，σ^2 为噪声的方差。

（3）最大后验概率估计

将 $P(f)$和 $P(g|f)$代入目标函数式（13.37），优化问题可等价表示为

$$\hat{f} = \arg\min_{f}\{\| g - Hf \|^2 + \alpha\sum_{c\in S}\varphi_c(f)\} \tag{13.42}$$

上式右边大括号内第一项是估计结果 Hf 和观察值 g 之间的误差达到最小，仅由噪声引起；第二项是所估计图像中跳变的成分应少到一定程度，这一程度由式中正则化参数 α 的大小来控制。式（13.42）实际上是参数化拉格朗日优化方程，用它对 f 求偏导并令其等于零，就可以解出 HR 图像 $\hat{f}$ 。

比 MAP 简单的最大似然（ML，Maximum Likelihood）估计也可用于超分辨率重建。ML 估计是 MAP 估计在没有先验项或认为先验项 $P(f)$为均匀分布情况下的一个特例。由于超分辨率反问题的病态性，MAP 估计通常优于 ML 估计。

13.3.3 迭代反向投影（IBP）方法

迭代反向投影是 Irani 和 Peleg 等于 1991 年提出的一种高效的图像超分辨率重建算法。IBP 先用低分辨率观测图像 g 经上采样得到一个 HR 图像的初始估计 $f^{(0)}$；由于降质模型是已知的，用降质模型将 $f^{(0)}$降质为低分辨率图像 $g^{(0)}$，这就是“投影”，把高维空间的 HR 图像投影成低维空间的 LR 图像。如果 $f^{(0)}$ 估计是准确的，即和原始高分辨率图像没有什么差别，那么投影得到的 LR 图像 $g^{(0)}$，必然和给定的观测图像 g 差别极小；如果 $f^{(0)}$估计不准，那么 $g^{(0)}$和 g 之间就会有误差，形成误差图像数据 $e^{(0)} = g^{(0)} - g$。将这一误差图像经上采样形成和 HR 图像一样尺寸的误差图像 $E^{(0)}$，将 $E^{(0)}$反向投影到 HR 图像 $f^{(0)}$上，即对 $f^{(0)}$进行修改，更新当前估计，生成新的估计 $f^{(1)}$。然后从 $f^{(1)}$出发，依次不断重复上述过程，迭代产生 $f^{(2)}$，$f^{(3)}$，…，$f^{(n)}$，直到产生的误差 $e^{(n)}$足够小为止。

IBP 迭代的具体过程如图 13.8 所示，每一次迭代包括两个步骤，即形成误差图像，用误差图像的数据修改前一步得到的 HR 重建图像。以上过程可以用下式表示。

$$f^{(n+1)} = f^{(n)} + \lambda_n[(g^{(n)} - g)\uparrow s * P] \tag{13.43}$$

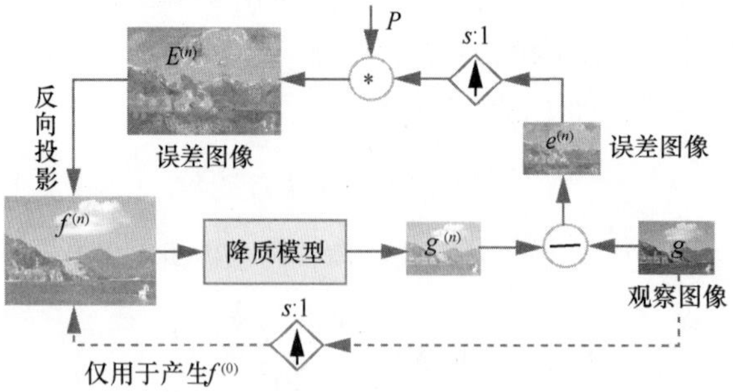

图 13.8　IBP 算法框架

式（13.43）最右边一项表示对第 n 次迭代的结果进行修正，修正量为$(g^{(n)}-g)\uparrow s$，即上述的

HR 误差图像 $\boldsymbol{E}^{(n)}$。$\uparrow s$ 操作表示图像的宽和高分别放大 s 倍。P 为对误差图像进行卷积处理的算子，又称反向投影核，目的是将低维误差 $e^{(n)}$合理地扩展为高维误差 $E^{(n)}$，决定了残差对更新的贡献，以更好地纠正前一次迭代的错误。λ_n 为迭代反向投影因子，也称为迭代步长，它的大小直接影响上式的收敛和收敛速度。

迭代反向投影法通过观测方程使超分辨率重建与观测数据匹配，它具有计算量小、收敛速度快、算法简洁和自动降噪等优点。

13.4　基于学习的超分辨率方法

随着机器学习（Machine Learning）这一新兴研究领域的兴起，基于学习的图像超分辨率重建技术已成为近年来研究和开发的热点领域，并取得了显著进展。通俗地说，基于重建的 SR 方法是一种“就事论事”的方法，只在给定的输入图像中挖掘所需要重建的图像信息；而基于学习的 SR 重建方法则是一种“触类旁通”的方法，跳出给定图像的范围，学习并获得有关高、低分辨率图像之间关系的知识，用这一知识为需要 SR 重建的图像补充高频分量，进而达到 SR 重建的目的。具体地说，基于学习的方法就是通过分析并建立测试样本图像小块（Patch）与训练集图像小块之间的邻域关系，然后利用学习得到的关系预测输入低分辨率图像的细节信息，这样就能获得逼近测试样本的高分辨率图像。基于学习的方法能够获得更多的高频信息，因而比基于重建的 SR 方法具有更大的优势。

13.4.1　邻域嵌入的方法

2004 年 H. Cheng 提出的基于邻域嵌入（NE，Neighbor Embedding）的图像超分辨率重建方法是属于机器学习中的局部线性嵌入（LLE，Locally Linear Embedding）一类的学习算法。近年来，这种方法得到了比较深入的研究，也取得了好于一般重建类 SR 算法的效果。

1. 流形学习

NE 方法把流形学习（Manifold Learning）中邻域嵌入的思想引用到图像超分辨率重建中。流形学习是由高维采样数据构造低维流形结构，即找到和高维空间所对应的低维流形，并求出相应的嵌入映射，以实现数据维数的约简。流形学习分为线性流形学习算法和非线性流形学习算法，这里仅涉及邻域嵌入的线性流行学习算法。

假设 LR 图像块和 HR 图像块的局部流形（几何结构）是相似的，低维空间的某一矢量可由该矢量的若干近邻矢量的线性组合表示。这样的关系可以一成不变地映射到高维空间，由相应高维矢量的线性组合可以得到所求的高维矢量。这种方法降低了训练集的数目，甚至只需要一个很小的训练集。另外，基于流形学习的超分辨率重建算法和一般流形学习的维数约减的目标恰好相反，它将低分辨率图像特征（低维空间）映射到一个对应的高分辨率图像特征（高维空间），即由低分辨率图像特征找到对应的高维特征表示。NE 算法主要包含两个步骤，即训练集的建立和利用训练集进行 SR 重建。

2. 建立训练集

为了建立训练集，首先收集若干幅具有代表性的高分辨率图像，通过降质模型处理，形成对应的低分辨率图像。通常是将低分辨率图像分为若干相邻接的大小相同的方形小块，同时将相应高分辨率图像按照放大的比例分为同样块数的小块，并保持两者对应小块之间内容上的一致。然后计算每个低分辨率小块的特征（如小块中每个像素的一阶或二阶差分等），同时计算每个高分辨率小块的特征（如等于其像素灰度值等）。最后将高、低分辨率小块的特征形成两个训练集，它们的排序保持一一对应的关系。

将低分辨率图像和高分辨率图像映射到相应的特征空间，需要抽取低分辨率图像和高分辨率图像特征。提取图像特征的办法有多种，其中比较简单且实用的一种方法如下。

低分辨率图像的特征采用小块中每个像素一阶和二阶差分的值。一个像素的一阶差分有两个值，一个是水平差分，另一个是垂直差分。二阶差分也是这样。因此每个像素有 4 个差分值作为它的特征，如一个 3×3 的小块就有 3×3×4=36 个特征值。不论训练集的低分辨率小块还是待 SR 重建的低分辨率小块，必须采用同样的特征表示。

训练集的高分辨率图像的特征可采用小块中每个像素的灰度值减去小块灰度平均值后的差值，为的是减少重建过程中对像素灰度值的敏感。特征值和像素值本质一样，这样高分辨率训练集很容易建立，其中减去的均值在高分辨率重建时用相应低分辨率小块的均值加上即可。

3. NE 重建

高分辨率小块和低分辨率小块的特征训练集建立以后，可以利用它们进行邻域嵌入 SR 重建。

首先，将欲重建的低分辨率图像划分小块，提取特征，形成特征小块；然后，对于每一个这样的特征小块（特征矢量），寻找其在低分辨率训练集中的 K 个（如 5 个）“距离”最近的特征矢量（最近邻小块）；接着，用这 K 个小块的线性组合来表示它，并找出最佳的加权系数；最后，对这 K 个近邻小块特征相对应的高分辨率图像特征进行同样的加权求和，就可以重建出高分辨率图像。算法的流程如图 13.9 所示。

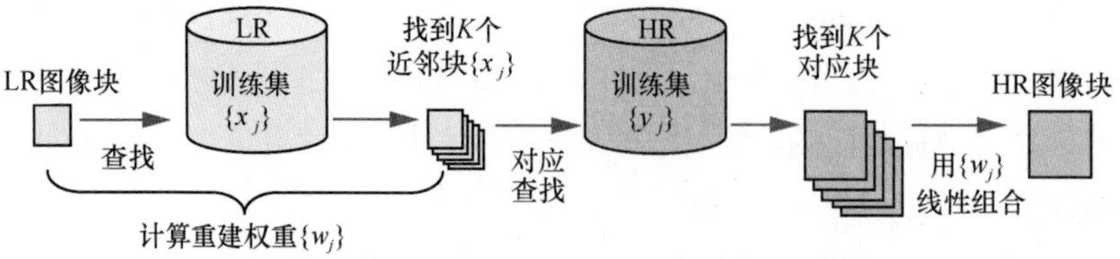

图 13.9 K 邻域嵌入 SR 重建

图 13.9 中的输入为待重建的低分辨率图像块，输出是相应的高分辨率图像块。LR 和 HR 训练样本集中分别是低分辨率图像特征块{x_j}以及对应的高分辨率图像特征块{y_j}。在 SR 重建时，

将低分辨率图像划分为若干 3×3（或其他尺寸）的小块，小块尺寸和 LR 训练集中的相同，对每一个小块生成其特征小块 $\hat{x}_i$，在 LR 训练样本集中寻找与它距离最近（最相似）的 K 个训练特征小块 x_j，j=1,2,⋯,K，用这 K 个特征小块$\{x_j\}$的线性组合来表示特征小块 $\hat{x}_i$，所产生的平方误差为

$$e_i = \| \hat{x}_i - \sum_{j=1}^{K} w_j x_j \|^2 \tag{13.44}$$

其中 w_j（j=1, ⋯ , K）为归一化线性组合权重值，可利用最小化重建平方误差 e_i 来获得，如下式所示。

$$\hat{\boldsymbol{w}} = \arg\min_{\boldsymbol{w}} \| \hat{x}_i - \sum_{j=1}^{K} w_j x_j \|^2 \tag{13.45}$$

其中，$\boldsymbol{w}=(w_1,w_2,\cdots,w_K)^{\mathrm{T}}$ 为加权系数。由$\{x_j\}$在 HR 训练集中找到对应的高分辨率特征块$\{y_j\}$，按 $\boldsymbol{w}$ 对其加权求和，重建高分辨率图像块特征 $\hat{y}_i$。

$$\hat{y}_i = \sum_{j=1}^{K} w_j y_j \tag{13.46}$$

将所有高分辨率图像特征块 $\hat{y}_i$ 转换为高分辨率图像块后，进行拼接操作，得到最终的高分辨率重建图像。

13.4.2　非局部滤波的方法

1. 非局部相似性

在一幅自然图像中，除了大家熟悉的局部相似性外，还具有一定的非局部（NL，Non Local）相似性，它反映了图像中或多或少具有重复的结构或模式。图像相似性的具体实例如图 13.10 所示，图中显示了一幅图像（局部）中 3 个像素 P、Q、R 及它们相对应的邻域（小方框）。距离较近的像素趋于具有相似的邻域，可称之为局部相似性，如在 P 点（或其他点）周围的若干像素。距离较远的像素一般不具有相似的邻域，如距 P 点较远的像素 R。但空间上并不相靠近的像素也可能具有相似的邻域（由于景物的重复结构、相同的纹理等原因）。例如，即使和 P 点相距较远的 Q 点也具有与 P 点相似的邻域，这一类的相似性通常称为非局部相似性。

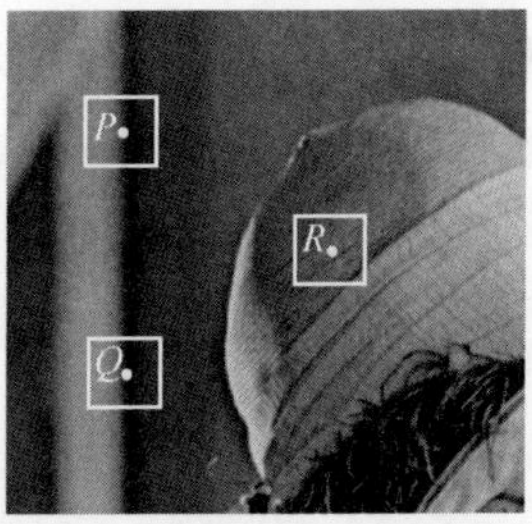

图 13.10　图像中非局部相似性

图像的这种局部和非局部的相似性，可以被用作图像超分辨率重建的一个后处理过程，对重建图像进行约束和修正，以保持重建图像中边缘的正确性。例如，在图 13.11 中，同一幅图像中若干个小方形框中的结构是非局部相似的。可以充分利用图像的这种非局部相似的特性来提高超分辨率重建图像的质量。

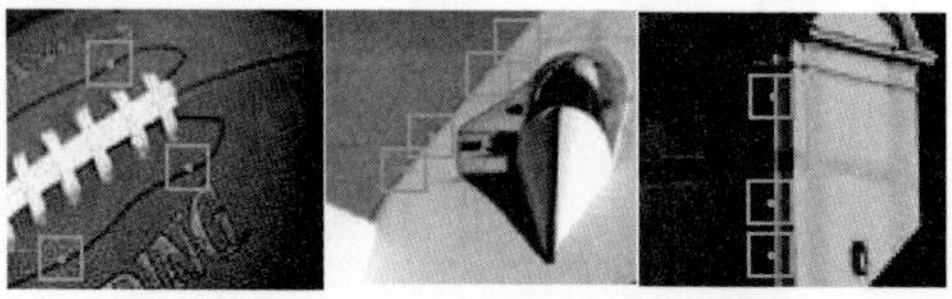

图 13.11　图像中重复结构示例

2. *非局部滤波处理*

采用非局部相似结构的 SR 图像重建算法的框架如图 13.12 所示。图中非局部处理是加在 IBP 处理后面的一种后处理方法，这种方法将插值后的初始 HR 图像看成带有噪声的高分辨率图像，插值带来的误差相当于在真正的高分辨率图像上叠加了噪声。除去这个噪声就可以获得原始高分辨率图像，从而非局部方法相当于对图像进行去噪滤波的后处理。可以看出这种方法并不限于加在 IBP 以后，其他处理方法后面也可以使用。例如，在第 4 章中介绍的非局部平均（NL-Means）和 BM3D 去噪方法就利用了图像的非局部相似性。

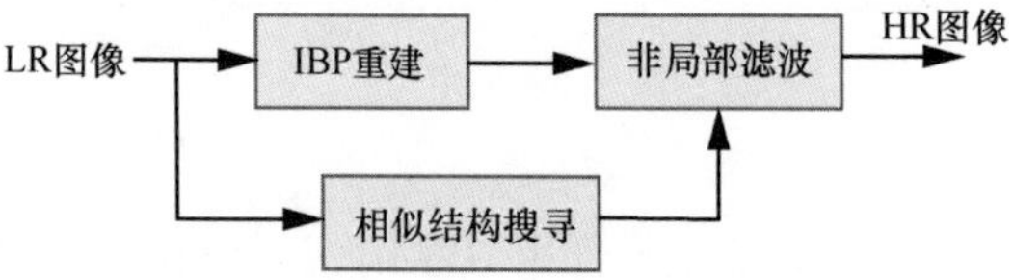

图 13.12　非局部滤波方法框图

非局部滤波方法的具体实现过程中，除了形成初始插值图像外，主要包含两个步骤。

（1）寻找具有相似结构的像素，即相似结构像素的聚类

为了减少计算复杂度，只对高分辨率重建图像中内插位置的高分辨率像素进行非局部的后处理滤波。设 $f_H(i_0, j_0)$是初始内插的高分辨率像素，在图像中的位置为(i_0, j_0)，并且 $N_H(i_0, j_0)$是以像素(i_0, j_0)为中心的一个方形窗口。$f_L(i, j)$是高分辨率重建图像中原来的低分辨率像素，$N_L(i, j)$是以(i, j)为中心的方形窗口，和 $N_H(i_0, j_0)$和 $N_L(i, j)$的大小一样，为 $n \times n$ 个像素，如 7×7。这两个块之间的相似性可简单地通过它们的平均绝对差值（MAD）来衡量，即

$$MAD_{(i,j)} = \frac{1}{n^2}\sum_{k=-3}^{3}\sum_{l=-3}^{3}|f_H(i_0+k, j_0+l) - f_L(i+k, j+l)| \tag{13.47}$$

计算出来的 *MAD* 值越小，这两块之间的相似性越强。可以在整幅图像中寻找和某一内插高分辨率像素的相似结构像素，但计算复杂度太高，实际中我们可以将搜索窗口的大小限制在一定

范围内，如 21×21 的窗口。在这个窗口中，逐个比较每个低分辨率像素为中心的方形窗口的 MAD 值，至多选择 M 个相似结构像素。将选出的相似像素归类到 $S_m(i_0,j_0)$，$m=1,2,\cdots,M$，包括内插的高分辨率像素 $f_H(i_0,j_0)$本身和寻找出的具有相似结构的 M 个低分辨率像素。

（2）利用相似结构的像素间的关系对重建的高分辨率像素进行滤波修正

因为 IBP 的固定反投影没有考虑到图像边缘各向异性的特点，重建的图像常出现边缘毛糙、锯齿等不良效应。利用低分辨率图像的相似结构关系对重建的 IBP 输出图像进行非局部滤波处理可以有效去除这类效应。利用步骤（1）中得到的具有相似结构的像素集 $S_m(i_0, j_0)$来修正 IBP 输出的高分辨率像素。

$$f'_H(i_0,j_0)=\sum_{m=1}^{M} w_m S_m(i_0,j_0) \tag{13.48}$$

这里 $f'_H(i_0,j_0)$ 是对 IBP 内插出的高分辨率像素 $f_H(i_0,j_0)$修正后的像素值。w_m 是对应于 $S_m(i_0, j_0)$的归一化加权系数，其定义如下。

$$w_m=e^{-\frac{MAD_m}{t}}\Big/\sum_{m=1}^{M}e^{-\frac{MAD_m}{t}} \tag{13.49}$$

其中，参数 t 用来控制衰落的速度，MAD_m 是和 $S_m(i_0,j_0)$对应的平均绝对差，归一化加权系数 w_m 满足 $0\leqslant w_m\leqslant 1$，且 $\sum_{m=1}^{M} w_m=1$。

13.4.3　基于样例的方法

基于样例（Example Based）的方法是一种经典的基于学习的图像超分辨率重建方法，2002 年由 MIT 人工智能实验室的 W.T. Freeman 等提出。这一方法通过学习已知样例图像的低分辨率小块和对应的高分辨率小块之间的关系，来解决由目标低分辨率小块寻找对应高分辨率细节的问题。具体说就是运用马尔可夫网络（Markov Network）建立 LR 图像小块与 HR 图像小块之间对应的关系，并使用贝叶斯置信度传播（Bayesian Belief Propagation）算法寻找后验概率的局部最大值进行求解。这种方法比基于插值和基于重建的方法可以获取更多的高频信息，和其他学习类算法相比，不需要迭代，计算量相对较少。在放大 2～4 倍重建时，能够获得较高的图像质量。

和基于流形学习的方法类似，基于样例的方法也把训练图像对（一幅低分辨率图像及其对应的高分辨率图像）分成许多小块（Patch），大小如 5×5、7×7 等。通过学习，获得表示高分辨率小块之间关系的转移概率矩阵 $\boldsymbol{\Psi}$，以及表示高、低分辨率小块之间关系的观察概率矩阵 $\boldsymbol{\Phi}$。对于一个想超分辨率重建的低分辨率图像 y，同样把它分割成小块之后，对于每一个小块寻找它在 Markov 概率网络中的位置，同时获得它与一些高分辨率小块之间的关系，再根据训练得到的转移概率把高频分量添加进去。

1. 建立训练集

首先，选择若干幅具有代表性的高分辨率图像，按照降质模型，对每一幅 HR 图像经过模糊、下采样等处理形成小尺寸的低分辨率图像。再对低分辨率图像进行简单的内插（如双线性或双立方内插），形成和高分辨率图像一样大小的插值图像（本质上仍然是 LR 图像），和其对应的高分辨率图像称之为图像对。

接着，分别对原始的 HR 图像和插值图像进行高通滤波，形成两幅同样大小的仅保留高频分量的图像，并对它们的对比度做归一化处理，如图 13.13 右边所示。

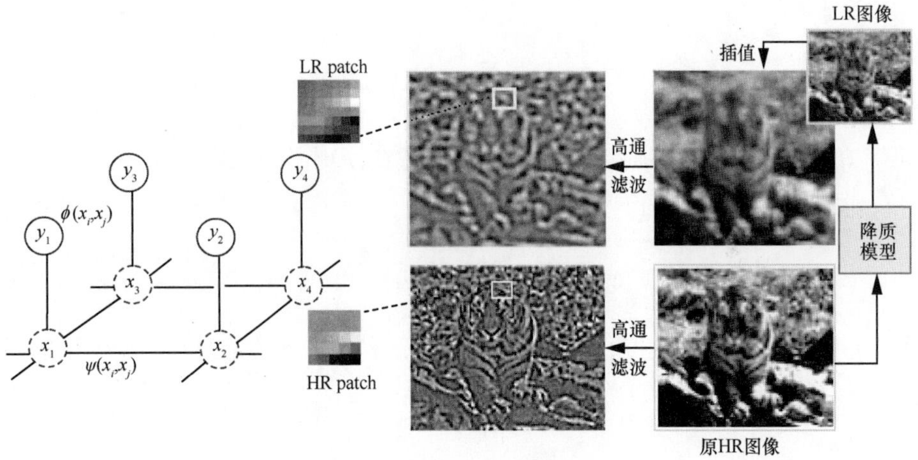

图 13.13 马尔可夫网络模型

最后，将这些高频分量的图像分为一个个小块，所有的 HR 小块存储为 HR 小块集合，所有插值图像的 LR 小块存储为 LR 小块集合，这就是训练集。存储的方式要保持高低分辨率小块之间的对应关系。

2. 插值图像小块的处理

基于样例的图像 SR 重建最主要的目标就是准确估计丢失的高频分量。对于一幅将要 SR 重建的 LR 图像，将它简单插值放大、分割成和训练集中小块一样大小的小块。一般情况下，对于每一个待重建的小块，在 LR 训练集中总能够找到若干（如 16 个）非常类似的小块，也能够在 HR 训练集中找到对应的 HR 小块。但这些 LR 小块所对应的 HR 小块的差别却很大，这使我们难以判断到底哪一个 HR 小块比较合适。也就是说，单靠一个低分辨率小块很难确定对应的高分辨率小块。为此，可以通过增加重建 LR 小块周围的信息（上下文），如将 LR 小块扩大为 7×7，比 5×5 的小块多了外围一圈像素，还可以通过建立马尔可夫概率模型来增强高低分辨率小块之间的对应关系。

3. Markov 网络模型

Markov 网络模型提供了图像的局部统计特征，描述了每个像素（或小块）和它邻近像素（或小块）的条件分布。有了这一图像的先验概率模型，就可以按照贝叶斯原理，对图像进行最大后验概率估计。

用 Markov 网络来表示小块之间的关系如图 13.13 左边所示，圆圈表示网络节点，节点之间的连线表示它们的统计关联。上面的为低分辨率图像小块的可见节点 y_i，下面的为相应的高分辨率图像小块的隐节点 x_i。

在 MAP 图像的超分辨率重建中，关键的问题是获得准确的后验概率 $P(x \mid y)$。由于 Markov 网络模型能够清晰地表达图像小块之间的概率关系，可以通过它获得后验概率的有效表示。在 Markov 网络模型中有两组概率函数（矩阵）：观察函数ϕ和转移函数 ψ。$\phi(x_i, y_i)$是对变量 x_i 的观察函数，表示候选的 HR 小块 x_i 与已知的 LR 小块 y_i 之间的匹配程度；$\psi(x_i, x_j)$是 x_i 和相邻节点 x_j 之间的相关函数，表示一个候选 HR 小块与相邻 HR 小块之间的匹配程度。Markov 网络的目标是使每一个 HR 小块最可能地匹配一个已知的 LR 小块，并同时使 HR 小块之间最相容。

对于每个输入 LR 小块，在训练集中选择 16 个最接近的 LR 样例，作为我们所寻找的隐藏节点 x 的不同状态。在 Markov 网络中，如式（13.50）所示，为某个 LR 节点 y 选择一个高分辨率小块的概率 $P(x \mid y)$ 正比于等式左边两项的乘积。一项是转移函数 ψ，它和隐节点所在邻域中每一对小块的可能状态有关；另一项是观察函数ϕ，它和每个下层隐状态的观察有关。

$$P(x \mid y) = \frac{1}{Z}\prod_{(i,j)}\psi_{ij}(x_i, x_j)\prod_{(i)}\phi_i(x_i, y_i) \tag{13.50}$$

其中，Z 是归一化常数。按照上述马尔可夫网络模型，如噪声因子为 σ，则观察函数ϕ为

$$\phi_i(x_i, y_i) = \exp\left(-\frac{d_i(x_i, y_i)}{2\sigma^2}\right) \tag{13.51}$$

按照隐节点间相容性的概念，定义节点的传递函数 ψ_{ij} 为

$$\psi_{ij}(x_i, x_j) = \exp\left(-\frac{d_{ij}(x_i, x_j)}{2\sigma^2}\right) \tag{13.52}$$

其中，d 定义为 $K \times K$ 尺寸的小块 N_i 和 N_j 之间的欧几里得距离。

$$d(N_i, N_j) = \frac{1}{K^2}\sum_{m,n=1}^{K}\left(N_i(m,n) - N_j(m,n)\right)^2 \tag{13.53}$$

图像马尔可夫网络模型的目标是为每一个隐节点寻找最优的高分辨率图像块，使后验概率 $P(x \mid y)$值最大，这样才能得到 MAP 估计的最优解。

为了获得较好的恢复效果，基于样例的方法需要构建由数十万 LR/HR 图像小块对生成的马尔可夫网络，不仅需要耗费大量的训练时间，而且在测试时也需要消耗非常多的搜索时间。同时，基于样例的 SR 重建方法对训练样本的选择比较敏感，对于图像中的噪声干扰也比较敏感，致使样例方法重建的 HR 图像质量的稳定性不易得到保证。

13.4.4　基于稀疏表示的方法

在信号处理领域，人们对信号的稀疏表示（Sparse Representation）并不陌生，如在正交变换

中，只用几个主要基函数的线性组合就可以充分表示某一信号。对于自然图像信号也是如此，而且图像信号的稀疏表示机制和人类视觉感知系统也是相匹配的。近期的研究表明，人类的视觉感知皮层同样存在稀疏编码机制，即人眼只对某些结构性高频信息敏感。

信号正交基表示的稀疏性并不充分，因为正交基是完备的基函数系，数量有限，而且基函数和被表示的函数可能差之甚远，难以用少量的基函数来表示一个复杂的信号。为此，人们打破基函数的完备性约束，建立一个超完备基函数系（Over-complete Basis Functions）。这个庞大的基函数系犹如一本“字典”，每一个基函数就是一个“字”，又称之为“原子”（Atom）。这样，信号可以用这个冗余字典中少量原子（基函数）的线性组合来表示，这就是图像信号基于冗余字典的稀疏表示方法。依据稀疏表示理论，自然图像在合适的过完备字典下总存在稀疏的表示，即大部分系数为零或接近于零，只有少数的非零大系数。

1．稀疏表示和重建原理

（1）图像的稀疏表示

由上述图像的稀疏表示可知，图像小块可完全或近似地由非常少的一组基图像小块（原子）的线性组合来表示，而所有的原子（图像小块）组成一个超完备的字典。由于组成这个字典的原子个数大于每个原子的维数，如果对稀疏表示没有任何的限制，那么每个图像块在超完备的字典下的表示是不唯一的。但是可以证明，在一定条件下表示的最稀疏性正是保证唯一性的充分条件。

可见图像的稀疏表示实际上是字典中若干元素的线性组合。设 $f \in R^m$ 是某个图像块的向量表示，$D \in R^{m \times n}$ 是一个超完备的字典，$n \gg m$，则有

$$f = D\alpha \tag{13.54}$$

称上式中的 α 为图像 f 的稀疏表示。如果 D 是傅里叶变换，则 α 就是傅里叶系数，如果 D 是超完备字典，则 α 就是各个原子的加权数，其中很大一部分加权数为 0。由于字典 D 的超完备性，可能有很多 α 满足式（13.54），我们需要在所有可能的解中选取一个最稀疏的 α，即为所求解的图像的稀疏表示。

（2）图像的重建

一个向量的稀疏性可以用它的 L_0 范数$\|\cdot\|_0$表示，也就是一个向量非零元素的个数。设 σ 为字典 D 中列向量线性相关的最小值，当$\|\alpha\|_0 < \sigma^2$ 时，对于 x 的稀疏表示 $\alpha \in R^n$ 就是唯一的，即

$$\hat{\alpha} = \arg\min_{\alpha} \|\alpha\|_0 \qquad \text{s.t.} \quad f = D\alpha \tag{13.55}$$

找到 α 的稀疏表示就是获得式（13.55）的精确解，这一问题已被证明是一个 NP 难题（NP-Hard，Non-deterministic Polynomial-time Hard），目前尚无有效的解法，通常考虑它的近似解。例如，在一定的条件下使用 L_1 范数替换 L_0 范数，如式（13.56）所示，使上述问题从一个非凸问题转变成凸优化的问题。

$$\hat{\alpha} = \arg\min_{\alpha} \arg \|\alpha\|_1 \qquad \text{s.t.} \quad f = D\alpha \tag{13.56}$$

这个问题可使用多种方法求解，最早且最简单的是匹配追踪（MP，Matching Pursuit）算法

及其改进的正交匹配追踪（OMP，Orthogonal MP）算法。这两种方法都属于贪婪算法（Greedy Algorithm），每次选择一个最优的原子使其与前一步的残差的内积达到最大。

此外，还有其他一些稀疏重建算法，如和 MP 类似的基追踪（BP，Basis Pursuit）近似迭代求解测度方法，再如采用 L_P 范数（P<1）代替 L_0 范数的方法。得到图像的稀疏表示 α 后，由 α 和字典 D 返回到图像就比较容易。

2. **稀疏重建的步骤**

基于稀疏表示和超完备字典的图像超分辨率重建方法包括超完备字典的建立和图像的超分辨率重建两个主要步骤。

（1）超完备字典的建立

在信号的稀疏表示中，字典的建立是一个关键问题，要求能够对图像形成尽可能稀疏的表示，同时具有较低的表示和求解的计算复杂度。目前构成图像稀疏表示的字典 D 主要有 3 类：正交变换、框架（Frame）和超完备字典。

以往常常采用傅里叶变换、DCT 变换以及小波变换等非冗余的字典（正交变换）对图像进行表示，这种方法具有快速的分解与重建算法，但稀疏性有限。冗余的框架系统有利于信号形成更稀疏的表示，但仍然不够。超完备字典和前两者相比具有最稀疏表示的性能，但分解与重建过程比较复杂，尤其是重建过程。

超完备字典可通过组合现有的正交基或框架来构造，也可通过设计参数化的生成函数，变换其参数生成整个字典，还可以针对具体的应用，通过学习或训练算法来获取字典。字典学习就是一种寻找稀疏表示下最优基的过程，不仅可满足稀疏表示唯一性条件的约束，也可获得更稀疏和更精确的表示。

对于图像的超分辨率问题，较好的方法是利用多幅实际高分辨率图像，通过适当的训练来同时建立两个超完备字典，即一个低分辨率图像块的字典和一个与之对应的高分辨率图像块的字典。由于待 SR 重构图像和训练图像没有关系，为了使所建字典的适用范围广泛，应尽可能多地选取训练图像，且使它们之间的相似度尽可能地小。一例字典形成过程简述如下。

① 选择各类结构的高分辨率自然图像，将它们按照降质和下采样模型产生对应的 LR 图像，再将 LR 图像插值为和 HR 图像相同尺寸的插值图像（本质上是低分辨率）。

② 对低分辨率图像提取各自的高频特征（如一阶导数、二阶导数等），形成 LR 特征图像；对高分辨率图像进行去均值处理，形成 HR 特征图像。

③ 对高低分辨率特征图像进行同样分块，随机抽取一定量的高低分辨率特征块作为训练样本，注意摒弃那些含信息量少的平缓区域以及含重复信息的纹理区域。

④ 为了使高分辨率图像块和低分辨率图像块的稀疏表示一致，对于高低分辨率训练样本中每一对特征块，按照下列公式约束它们具有相同的稀疏表示系数。

$$[\hat{\alpha},D_H,D_L]=\arg\min_{D_H,D_L,\alpha}\left\{\|g_i-D_L\alpha\|_2^2+\lambda_0\|f_i-D_H\alpha\|_2^2+\lambda\|\alpha\|_1\right\} \tag{13.57}$$

其中，D_L 是低分辨率图像块（特征）字典，D_H 是与之对应的高分辨率图像块字典，α 是同时满足 g_i 在词典 D_L 和 f_i 在词典 D_H 下稀疏表示的系数，λ_0 和 λ 分别是第二项和第三项的正则化参数。

⑤ 将所有训练得到的一对对高低分辨率特征块分别组成超完备的高、低分辨率字典对。高分辨率字典的部分元素如图 13.14 所示。

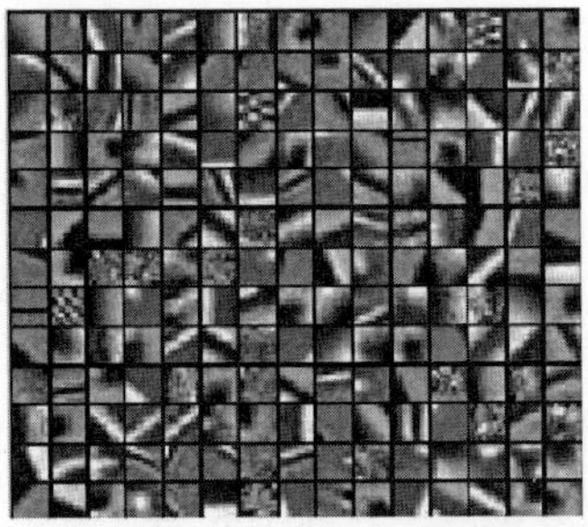

图 13.14　高分辨率字典的部分元素

（2）超分辨率重建

对于待 SR 重建的低分辨率图像，首先对其提取相应的图像特征；然后将其分块，对于每一个图像特征块找到其关于低分辨率字典的稀疏表示系数，利用此表示系数和高分辨率字典可以得到相应的高分辨率图像特征块；最后恢复整幅高分辨率图像。

对于某一个低分辨率的图像块 g_i，使用基追踪（BP）算法或其他算法求解其在低分辨率字典 D_L 上的稀疏表示系数。

$$\hat{\alpha}_i = \arg\min_{\alpha_i}\left\{\| g_i - D_L\alpha_i \|_2^2 + \lambda \| \alpha_i \|_1\right\} \tag{13.58}$$

相应的高分辨率图像块 f_i 可由高分辨率字典中相应的基元按照下式来重构。

$$\hat{f}_i = D_H\hat{\alpha}_i \tag{13.59}$$

将所有重建的高分辨率图像块拼接起来就可得到一幅完整的 HR 图像。

第 14 章

ANN 图像处理

近年来，基于人工神经网络（ANN）的图像处理已逐步成为图像处理中一个最有发展前途的研究和应用领域。本章首先简要介绍 ANN 的基本原理和种类；接着介绍 ANN 中最常见的误差反向传播（BP）网络；最后重点介绍新近发展起来的卷积神经网络（CNN）和生成对抗网络（GAN）的基本机理以及它们在图像处理中的应用。

人工神经网络（ANN，Artificial Neural Network）是20世纪80年代以来人工智能领域兴起的一项重要理论和应用技术。ANN从信息处理角度对人脑神经元网络进行抽象和模仿，建立某种简单模型，按不同的连接方式组成不同的信息处理网络，也常简称为神经网络。神经网络是一种运算模型，由大量的节点（或称神经元）之间相互连接构成。每个节点代表一种特定的输出函数，称为激活函数（Activation Function）。每两个节点间的连接代表一个对于通过该连接信号的加权值，称之为权重或权值，这相当于人工神经网络的记忆。网络的输出则依据网络的连接方式、权重值和激活函数的不同而不同。而网络自身通常是对自然界某种算法或者函数的逼近，也可能是对一种逻辑策略的表达。

最近十多年来，人工神经网络的研究工作不断深入，已经取得了很大的进展，尤其是深度学习类神经网络的出现，在图像处理、模式识别、智能机器人、自动控制、生物医学、军事装备等领域已成功地解决了许多现代计算机难以解决的实际问题，表现出了良好的智能特性。

14.1 人工神经网络

人工神经网络简单来说就是模仿生物神经网络（系统）最基本的工作机理，将人工神经元或感知机（Perceptron）作为一个神经网络节点，用此类节点和连接权组成一个层次型网络结构，我们称此网络为人工神经网络。最简单的神经网络是由输入层（Input Layer）、隐层（Hidden Layer）和输出层（Output Layer）组成的3层网络，当网络的层次大于3层时，我们称之为多层人工神经网络。

14.1.1 人工神经元

1. 从生物神经元到人工神经元

在生物神经网络中，最基本的部分是神经元（Neuron），每个神经元和其他神经元相连接。当神经元“兴奋”时，就会向相连的神经元发送化学物质，从而改变这些神经元的内电位。如果某个神经元的电位超过某个“阈值”，那么它就会被激活，即“兴奋”起来，向其他神经元发送化学物质，以此种方式传递特定的信息。

将上述情况抽象为简单的模型，如图14.1所示。图的左边为生物神经节点的示意图，右边是1943年由神经生理学家McCulloch和数学家Pitts提出、一直沿用至今的M-P神经元模型。在这个模型中，神经元接收来自 n 个其他神经元传递过来的信号，这些输入信号通过带权重的连接（Connection）进行传递，神经元接收到的总输入值与神经元的阈值进行比较，此后通过“激活函数”处理以产生神经元输出。

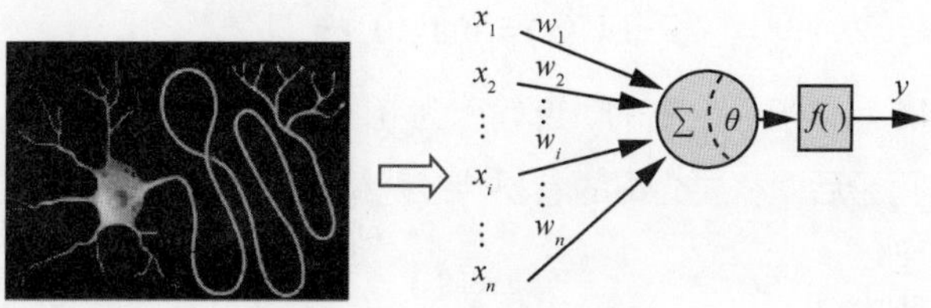

图 14.1 M-P 神经元模型

如图 14.1 所示，x_1~x_n 为输入向量 $\boldsymbol{x}$ 的各个分量，w_1~w_n 为神经元的连接权值向量 $\boldsymbol{w}$ 的各个分量，θ 为阈值或偏置值，$f(\cdot)$为激活函数，通常为非线性函数。y 为神经元输出，一般情况下为标量，可表示为

$$y = f(\sum_{i=1}^{n} w_i x_i - \theta) \text{或向量表达式} y = f(\boldsymbol{w}^{\mathrm{T}}\boldsymbol{x} - \theta) \tag{14.1}$$

可见，一个神经元的功能是求得输入向量与权向量的内积后，经阈值偏移后由一个非线性传递函数（激活函数）得到一个标量结果。从向量空间的角度看，如果激活函数是一个简单的阶跃函数，那么单个神经元的作用就是把一个 n 维向量空间用一个超平面（$\boldsymbol{w}^{\mathrm{T}}\boldsymbol{x}-\theta$）分割成两部分，给定一个输入向量，神经元可以判断出这个向量位于超平面的哪一边。

2. *激活函数*

用于神经元的激活函数有多种，但常用的激活函数并不多，这里介绍 3 种最为常见的激活函数，一种为图 14.2（a）所示的阶跃函数 step( )。

$$\text{step}(x) = \begin{cases} 1, & x \geqslant 0 \\ 0, & x < 0 \end{cases} \tag{14.2}$$

它将输入值映射为输出值“0”或“1”，显然“1”对应神经元兴奋，“0”对应神经元抑制。然而，阶跃函数具有不连续、不光滑等缺陷，不利于微分、梯度等运算。因此，实际中常用另一种“光滑”的连续函数，即如下的 sigmoid 函数作为激活函数。

$$\text{sigmoid}(x) = \frac{1}{1+\mathrm{e}^{-x}} \tag{14.3}$$

典型的 sigmoid 函数又称 Logistic 函数，如图 14.2（b）所示，它可能将$(-\infty, \infty)$范围变化的输入挤压到（0，1）输出值范围内。sigmoid 函数有个重要特性，即它的导数比较简单，记 $\text{sigmoid}(x)=s(x)$。

$$\frac{\mathrm{d}s(x)}{\mathrm{d}x} = s(x)(1-s(x)) \tag{14.4}$$

有了此特性，在计算它的梯度时就更加简便了。另外，双曲函数 $\tanh(\cdot)$也可以用来代替 sigmoid 函数，二者的曲线图比较类似。

$$\tanh(x) = \frac{\sinh x}{\cosh x} = \frac{\mathrm{e}^{x} - \mathrm{e}^{-x}}{\mathrm{e}^{x} + \mathrm{e}^{-x}} \tag{14.5}$$

还有一种近年来常用的激活函数，即修正线性单元（ReLU，Rectified Linear Unit）。

$$\text{ReLU}(x) = \max(0, x) \tag{14.6}$$

ReLU 函数如图 14.2（c）所示，它的负部输出为 0，正部输出为标准的 45°线性，它的特点是收敛快，求梯度简单，常用于后面将要介绍的卷积神经网络（CNN）中。

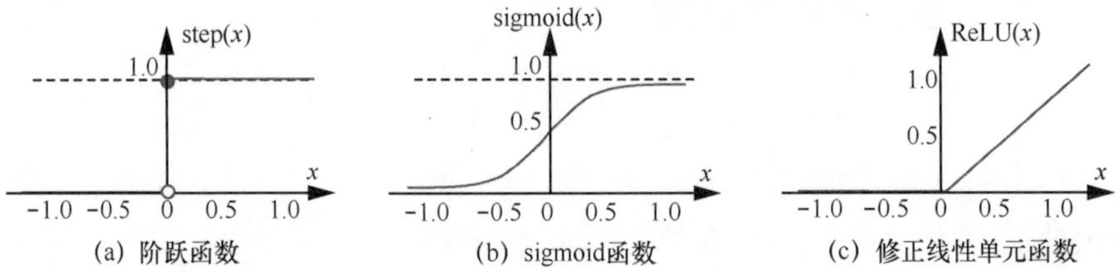

图 14.2　典型的神经元激活函数

14.1.2　人工神经网络

把许多上述神经元按一定的层次结构连接起来，就得到神经网络。在神经网络中，出现最早、结构最简单的就是感知机。

1．感知机

神经网络技术起源于 20 世纪 60 年代，当时叫感知机。感知机由两层神经元组成，输入层和输出层，如图 14.3 所示，实际上就是前述的神经元，输出函数为 $y = f((\sum_i w_i x_i) - \theta)$。输入层接收外界输入信号后传递给输出层，输出层神经元也称"阈值逻辑单元"（Threshold Logic Unit）。感知机可实现线性二分类算法，如前所述，其功能相当于在输入空间中用超平面将目标划分成"0"和"1"两类样本。当然，它要求目标是线性可分的，否则感知机并不保证能够正确分类。

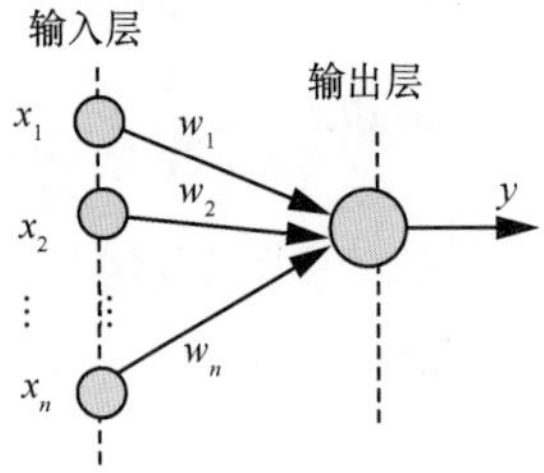

图 14.3　两层感知机

以 2 输入感知机为例，输出函数为 $y=f(w_1x_1+w_2x_2-\theta)$，$x_1$、$x_2$ 为逻辑变量，激活函数为阶跃函数 step(x)，它能容易地实现逻辑与、或、非运算。举例如下。

"与"运算 $(x_1 \wedge x_2)$：令 $w_1=1$，$w_2=2$，$\theta=2$，只有 $x_1=x_2=1$ 时，$y=\text{step}(x_1+2x_2-2)=1$。

"或"运算 $(x_1 \vee x_2)$：令 $w_1=w_2=1$，$\theta=0.5$，在 x_1、$x_2=1$ 不全为 0 时，$y=\text{step}(x_1+x_2-0.5)=1$。

"非"运算 $(\overline{x_1})$：令 $w_1=-0.6$，$w_2=0$，$\theta=-0.5$，在 $x_1=1$ 时，$y=\text{step}(-0.6x_1+0.5)=0$；在 $x_1=0$ 时，

y=step($-0.6x_1$+0.5) =1。

（1）感知机学习规则

从上例可以看出，对于具体应用，需确定感知机的具体参数，即权值和偏置值。这些参数的确定方法就是直到感知机对所有（或最大比例）训练数据的输出和它的标定值一致为止。这就是感知机工作的第一步：“学习”过程。通过学习得到特定权值和偏置的感知机就可投入使用，将需要判定的数据输入这个感知机，感知机的输出即为该输入数据的判定结果，如该数据的类别或其他。根据式（14.1），阈值 θ 可看作增加一个固定输入为$-\theta$ 的节点，所对应的连接权重 $w_{n+1}=-\theta$，$x_{n+1}=1$，这样，权重和阈值的学习就可以统一为下式所示的权重学习表达式。

$$y = f(\sum_{i=1}^{n+1} w_i x_i) \tag{14.7}$$

感知机学习规则比较简单，对训练数据集中的某一对数据(x_i,y_i)，其中 x_i 为数据，y_i 为与 x_i 对应的标定输出值。将 x_i 输入感知机进行训练。经过 k 次迭代后，若当前感知机的输出为 $\hat{y}_i^{(k)}$，则感知机权重 w_i 的第 k+1 步值 $w_i^{(k+1)}$ 将在第 n 步值 $w_i^{(k)}$ 的基础上迭代调整。

$$w_i^{(k+1)} = w_i^{(k)} + \Delta w_i^{(k)} \tag{14.8}$$

$$\Delta w_i^{(k)}=\eta(y_i - \hat{y}_i^{(k)})x_i \tag{14.9}$$

其中，$\eta \in (0,1)$ 称为学习率（Learning Rate）。从式（14.8）可看出，如果对已知训练样例预测正确，即 $y=\hat{y}$，则感知机的权重不发生变化，否则将根据错误的程度进行权重调整。

（2）感知机的不足

需要注意的是，感知机只有输出层神经元进行激活处理，即只拥有一层功能的神经元，其学习能力非常有限。事实上，上述与、或、非问题都是线性可分（Linearly Separable）问题。可以证明，若两类模式是线性可分的，即存在一个线性超平面能将它们分开，如图 14.4（a）、图 14.4（b）、图 14.4（c）所示。每个小图中 4 个圆圈的坐标表示 4 组输入数据(x_1,x_2)，同时圆圈的“实心”和“空心”代表该组数据的感知机输出，实心圆圈表示输出为“1”，空心圆圈表示输出为“0”。如果所给出的模式都是线性可分的（如图中的前 3 组），则感知机学习过程一定会收敛而求得适当的权向量 $\boldsymbol{w}=(w_1,w_2)$；否则感知机学习过程将会发生震荡（Fluctuation），$\boldsymbol{w}$ 难以稳定下来，不能求得合适的解。例如，感知机并不能解决如图 14.4（d）所示的“异或”这样简单的线性不可分问题。

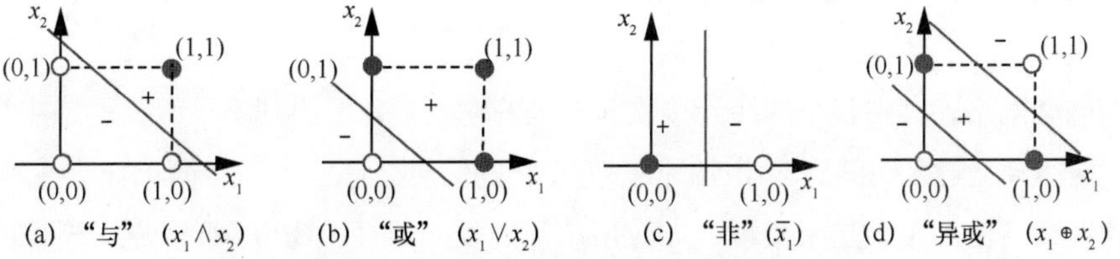

图 14.4　感知机的线性可分和不可分

2. 从感知机到神经网络

要解决非线性可分问题，需考虑使用多层功能神经元。如在图 14.3 这个两层感知机（也称单层感知机）的输出层与输入层之间加一层神经元，即隐层或隐含层（Hidden Layer），形成单隐层感知机或神经网络，如图 14.5（a）所示，其隐层和输出层的神经元都有激活函数。

更一般地，常见的神经网络是如图 14.5（b）所示的层级结构，每一层神经元与下一层神经元全互联，神经元之间不存在同层连接，也不存在跨层连接。这样的神经网络结构通常称为“多层前馈神经网络”（Multi-layer Feedforward Neural Network），其中输入层神经元接收外界输入，隐含层与输出层神经元对信号进行加工，最终由输出层神经元输出。换言之，输入层神经元仅接收输入，不进行函数处理，隐含层与输出层包含激活功能的神经元。如图 14.5（a）所示，只包含一个隐层的网络通常称为“单隐层网络”。而图 14.5(b)包含多个隐层，称为多层网络。神经网络的学习过程和感知机的学习过程类似，就是根据训练数据调整神经元之间的“连接权”（Connection Weight）以及每个功能神经元的阈值；换言之，神经网络“学”到的东西，蕴含在连接权与阈值中。

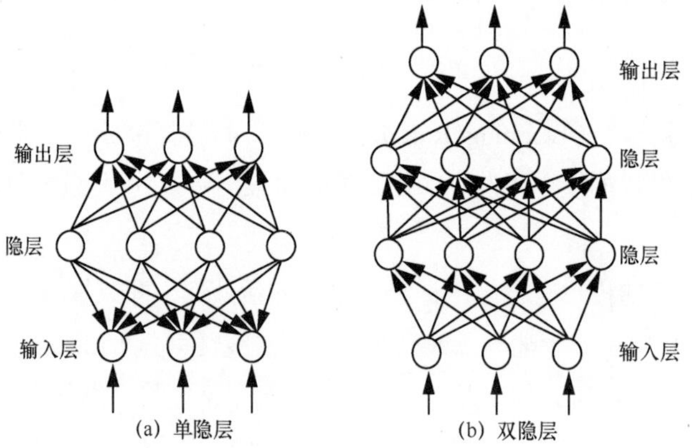

图 14.5 多层前馈网络结构

14.1.3 神经网络的工作过程

1. 神经网络的类型

根据网络连接的拓扑结构、信息传送方式和网络运行方式，主要神经网络模型大致可分 4 类。

（1）前向型网络，其中各个神经元接收前一级的输入，并输出到下一级，网络中没有反馈。这种网络实现信号从输入空间到输出空间的变换，它的信息处理能力来自简单非线性函数的多次复合。前向网络结构简单，易于实现，如应用广泛的反向传播（BP）网络就是一种典型的前向网络，其原理与算法也是其他一些网络的基础。此外，径向基函数（RBF）也是前向神经网络。

（2）反馈型网络，其中神经元间有反馈。这种神经网络的信息处理是状态的变换，可以用动力学系统理论处理。系统的稳定性与联想记忆功能有密切关系。例如，长于联想记忆和优化计算的 Hopfield 网络、波耳兹曼机均属于这种类型。

（3）随机型网络，具有随机性质的模拟退火（SA，Simulated Annealing）算法解决优化计算过程陷于局部极小的问题，并已在神经网络的学习及优化计算中得到成功应用。

（4）竞争型网络，如自适应谐振理论（ART）网络等，广泛用于各类模式识别中。竞争型网络的特点是能识别环境的特征，并自动聚类。

2. 神经网络的学习方式

“学习”或“训练”是神经网络适应具体应用需求的一项重要工作，神经网络的适应性就是通过学习实现的。简言之，学习就是根据环境的变化，对权值进行调整，从而调整网络的行为。人们为神经网络提出了各种学习规则和算法，以适应不同网络模型的需要。根据不同的应用场合，神经网络的学习方式主要分为有监督学习和无监督学习两大类。

有监督学习，相当于存在一个“教师”判定网络学习的结果是否正确。它可对给定一组输入提供应有的输出结果，将训练样本的数据加到网络输入端，同时将相应的期望输出与网络输出相比较，得到误差信号，以此控制权值强度的调整，经多次训练后收敛到一个确定的权值。当样本情况发生变化时，经学习可以修改权值以适应新的环境。使用有监督学习的神经网络模型有反向传播网络、感知机等。

无监督学习，就是没有“教师”进行指导，事先不给定标准样本，直接将网络置于应用环境中，学习阶段与工作阶段成为一体，相当于“在工作中学习”。此时，学习规律的变化服从连接权值的演变。无监督学习最简单的例子是 Hebb 学习规则。竞争学习规则是一个更复杂的无监督学习的例子，它是根据已建立的聚类进行权值调整。自组织映射、适应谐振理论网络等都是与竞争学习有关的典型模型。

还有一种强化学习方式，介于有监督和无监督学习方式之间，外部环境对系统输出结果只给出评价信息（奖或罚）而不给出正确答案。学习系统通过强化那些受奖的动作来改善自身的性能。

3. 局部极值与全局极值

神经网络的训练过程可看作一个参数寻优的过程，即在参数空间中，寻找一组最优参数使网络在训练集上的误差 E 最小，显然 E 是关于连接权 w 和阈值 θ 的函数，即 $E(w,\theta)$。在优化问题中，不可避免会遇到函数的两种“最优”，即“局部极小”（Local Minimum）和“全局最小”（Global Minimum），对于神经网络的参数优化问题同样如此。

对网络参数 w^*和 θ^*，若存在 $\varepsilon>0$ 使 $\forall(w,\theta)\in\{(w,\theta),\|(w,\theta)-(w^*,\theta^*)\|\leqslant\varepsilon\}$，都有 $E(w,\theta)\geqslant E(w^*,\theta^*)$成立，则$(w^*, \theta^*)$为局部极小解；若对参数空间中任意$(w, \theta)$都有 $E(w, \theta)\geqslant E(w^*, \theta^*)$，则$(w^*, \theta^*)$为全局最小解。直观地看，局部极小解是参数空间的某个点，其邻域点的误差函数值均不小于该点的函数值；全局最小解则是指参数空间中所有点的误差函数值均不小于该点的误差函数值。两者对应的 $E(w^*,\theta^*)$分别称为误差函数的局部极小值和全局最小值。

显然，参数空间内梯度为 0 的点，只要其误差函数值小于邻点的误差函数值，就是局部极小点。误差函数值可能存在多个局部极小点，但只有一个全局最小点。也就是说，“全局最小”一定是“局部极小”，反之则不成立。例如，图 14.6 所示的函数中有两个局部极小值，但只有其中之一是全局最小值。显然，在参数寻优过程中我们希望找到全局最小。

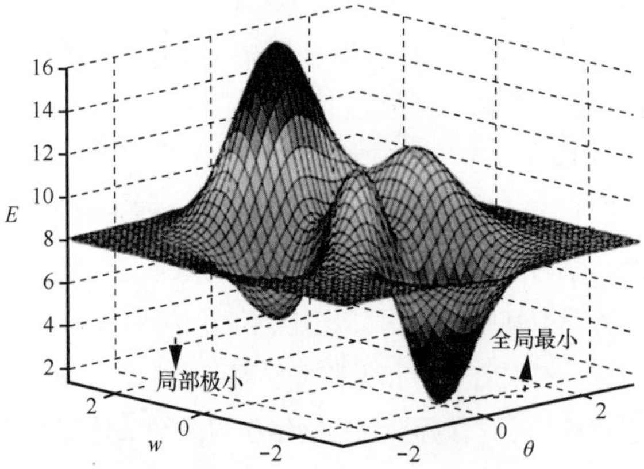

图 14.6　局部极小和全局最小（见彩插图 14.6）

在参数寻优方法中，基于梯度的搜寻是使用最为广泛的一类方法。在此类方法中，我们从某些初始解出发迭代寻找最优参数值。在每次迭代中，我们先计算误差函数在当前点的梯度，然后根据梯度确定搜索方向。例如，由于负梯度方向是函数值下降最快的方向，因此梯度下降法就是沿着负梯度方向搜寻最优解。若误差函数在当前点的梯度为零，则已达到局部极小，更新量将为 0，意味着参数的更新迭代将在此停止。显然，如果误差函数只有一个局部极小，那么此时找到的局部极小就是全局最小；然而，如果误差函数具有多个局部极小，则不能保证找到的解是全局最小。对后一种情形，称参数寻优陷入了局部极小，这显然不是我们所希望的。

在现实任务中，常采用以下策略来试图“跳出”局部极小，从而进一步接近全局最小。

（1）以多组不同参数值初始化神经网络，按标准方法训练后，取其中误差最小的解为最终参数。这相当于从多个不同的初始点开始搜索，这样就可能陷入不同的局部极小，从中选择可能获得更接近全局最小的结果。

（2）使用“模拟退火”技术。模拟退火在每一步都以一定的概率接受比当前解更差的结果，从而有助于“跳出”局部极小。在每步迭代过程中，接受“次优解”的概率随着时间的推移而逐渐降低，从而保证算法的稳定。

（3）使用随机梯度下降。与标准梯度下降法精确计算梯度不同，随机梯度下降法在计算梯度时加入了随机因素。即便陷入了局部极小点，它计算出的梯度仍可能不为 0，这样就有可能跳出局部极小继续搜索。

此外，遗传算法（GA）也常用来训练神经网络以更好地逼近全局最小。需要注意的是，上述用于跳出局部极小的技术大多是启发式，理论上尚缺乏保障。

14.1.4 常见神经网络

人工神经网络模型主要考虑网络连接的拓扑结构、神经元的特征、学习规则等。目前，已有几十种神经网络模型，如感知机、反向传播网络、自组织映射、Hopfield 网络、波耳兹曼（Boltzmann）机、自适应谐振理论（ART，Adaptive Resonance Theory）网络等。其中，感知机前面已有描述，误差反向传播（BP，Back Propagation）网络和近来的深度学习网络另外单独介绍，这里主要介绍人工神经网络发展以来出现的其他常见的几种网络。

1. RBF 网络

径向基函数（RBF，Radial Basis Function）是一种单隐层前馈神经网络，它使用径向基函数作为隐层神经元激活函数，而输出层则是对隐层神经元输出线性组合。假定输入为 d 维向量 $\boldsymbol{x}$，输出为实值 $f(\boldsymbol{x})$，如函数的插值问题或逼近问题等，则 RBF 网络可表示为

$$f(\boldsymbol{x})=\sum_{i=1}^{q} w_i \rho(\boldsymbol{x},c_i) \tag{14.10}$$

其中 q 为隐层神经元个数，c_i 和 w_i 分别是第 i 个隐层神经元所对应的中心和权重，$\rho(\boldsymbol{x},c_i)$是径向基函数，这是某种沿径向对称的标量函数，通常定义为样本 $\boldsymbol{x}$ 到数据中心 c_i 之间欧几里得的单调函数。常用的高斯径向基函数形如

$$\rho(\boldsymbol{x},c_i)=\exp(-\beta_i \|\boldsymbol{x}-c_i\|^2) \tag{14.11}$$

已经证明，具有足够多隐层神经元的 RBF 网络能以任意精度逼近任意连续函数。通常采用两步过程来训练 RBF 网络：第一步，确定神经元中心 c_i，常用的方式包括随机采样、聚类等；第二步，利用 BP 算法确定参数 w_i 和 β_i。

2. ART 网络

竞争学习（Competitive Learning）是神经网络中一种常用的无监督学习策略，在使用这种策略时，网络的输出神经元相互竞争，每一时刻仅有一个竞争获胜的神经元被激活，其他神经元的状态被抑制，这种机制亦称“胜者为王”（Winner-Take -All）规则。

自适应谐振理论（ART）网络是竞争型学习的重要代表。ART 网络由比较层、识别层、识别阈值和重置模块构成。其中，比较层接收输入样本，并将其传递给识别层神经元。识别层每个神经元对应一个模式类，神经元数目可在训练过程中动态增长以适应增加新的模式类。

在接收到比较层的输入信号后，识别层神经元之间相互竞争以产生获胜神经元。竞争最简单的方式是，计算输入向量与每个识别层神经元所对应的模式类的代表向量之间的距离，距离小者胜。获胜神经元将向其他识别神经元发送信号，抑制其激活。若输入向量与获胜神经元所对应的代表向量之间的相似度大于识别阈值，则当前输入样本将被归为该代表向量所属类别，同时，网络连接权将会更新，使以后再接收到相似输入样本时该模式类会计算出更

大的相似度，从而使该获胜神经元有更大的可能获胜；若相似度不大于识别阈值，则重置模块将在识别层增设一个新的神经元，其代表向量就设置为当前输入向量。显然，识别阈值对 ART 网络的性能有重要影响。当识别阈值较高时，输入样本将会被分为比较多、比较精细的模式类；而识别阈值较低时，则会产生比较少、比较粗的模式类。

早期的 ART 网络只能处理布尔型数据，此后 ART 发展成为一个算法族，包括处理实值输入的 ART2 网络、结合模糊处理的 Fuzzy ART 网络，以及可以进行监督学习的 ARTMAP 网络等。

3. SOM 网络

自组织映射（SOM，Self-Organizing Map）网络也是一种竞争学习型无监督神经网络，它能将高维输入数据映射到低维空间（通常为一维或二维），同时保持输入数据在高维的拓扑结构，即将高维空间中相似的样本点映射到网络输出层中的邻近神经元。

二维输出层的SOM网络如图14.7所示，其中输出层神经元以矩阵方式排列在二维空间，每个神经元都和输入层神经元全连接，拥有一个多维权向量。网络在接收输入向量后，将会确定输出层获胜的神经元，它决定了该输入向量在低维空间的位置。SOM 的训练目标就是为每个输出层神经元找到合适的权向量，以达到保持拓扑结构的目的。

SOM 的训练过程很简单：接收到一个训练样本后，每个输出神经元会计算该样本与自身携带的权向量之间的距离，距离最近的神经元竞争获胜者，称为最佳匹配单元。然后，最佳匹配单元及其邻近神经元的权向量将被调整，以使这些权向量与当前输入样本的距离缩小。这个过程不断迭代，直至收敛。

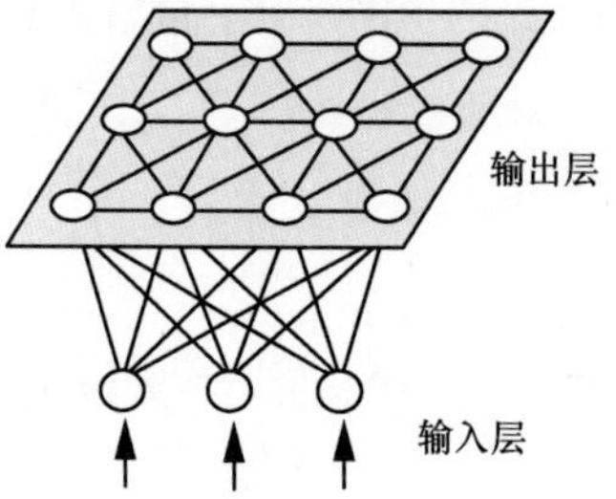

图 14.7　SOM 网络结构

4. 级联相关网络

一般神经网络模型假定网络结构是固定的，训练的目的是利用训练样本确定合适的连接权、阈值等参数。与此不同，结构自适应网络则将网络结构也当作学习的目标之一，并希望在训练过程中找到最符合数据特点的网络结构。级联相关（Cascade-Correlation） 网络是结构自适应网络的代表。

如图 14.8 所示，在级联相关网络的训练过程中，新的节点增加时，虚线所示的连接权通过最大化新节点的输出与网络误差之间的相关性进行训练。

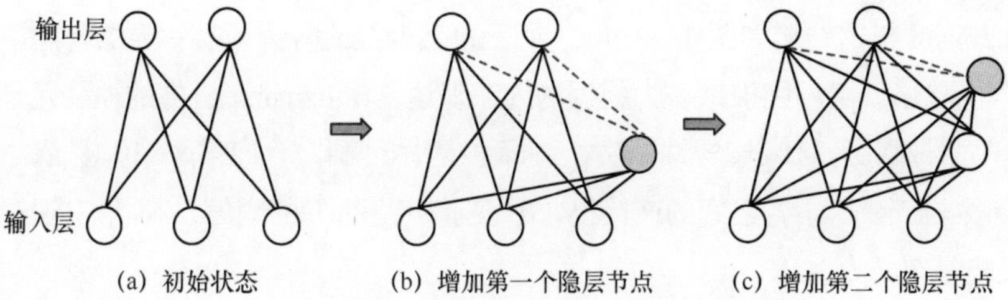

图 14.8　级联相关网络的训练过程

级联相关网络有两个主要部分："级联"与"相关"。级联是指层次连接的层级结构。在开始训练时，网络只有输入层和输出层，处于最小拓扑结构；随着训练的进行，新的隐层神经元逐渐加入，从而创建起层级结构。当新的隐层神经元加入时，其输入端连接权值是冻结固定的。相关是指通过最大化新神经元的输出与网络误差之间的相关性（Correlation）来训练相关参数。

与一般前馈神经网络相比，级联相关网络无须设置网络层数、隐层神经元数目，且训练速度较快，但其在数据较小时易陷入过拟合。

5. Elman 网络

与前馈神经网络不同，"递归神经网络"（Recurrent Neural Network）允许网络中出现环状结构，从而可以让一些神经元的输出反馈回来作为输入信号。这样的结构与信息反馈过程，使网络在 t 时刻输出状态不仅与 t 时刻的输入有关，还与 t-1 时刻的网络状态有关，从而能处理与时间有关的动态变化。

1990 年由 J.L.Elman 提出的 Elman 网络是最常用的递归神经网络之一，其结构如图 14.9 所示。Elman 网络的结构和多层前馈网络相似，但隐层神经元的输出被反馈回来，与下一时刻输入神经元提供的信号一起，作为隐层神经元在下一时刻的输入。隐层神经元通常采用 sigmoid 激活函数，而网络的训练则通常通过推广的 BP 算法进行。

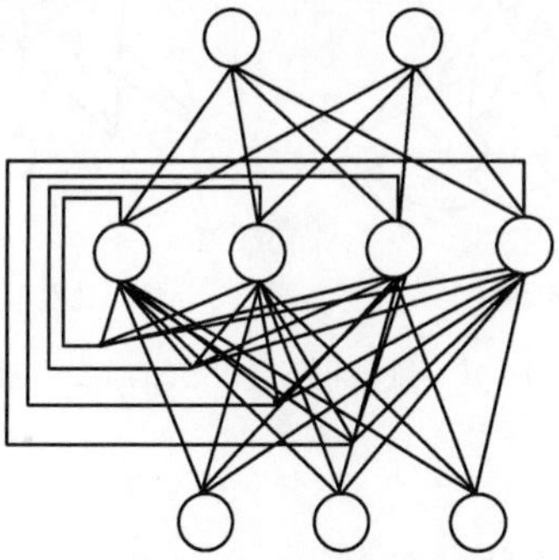

图 14.9　Elman 网络

6. Boltzmann 机

Boltzmann 机是一种可通过输入数据集学习概率分布的随机生成神经网络，由网络状态定义一个"能量"（Energy），能量最小化时的网络达到理想状态，而网络的训练就是最小化这个能量函数。Boltzmann 机的结构如图 14.10（a）所示，其神经元分为两层：显层与隐层。显层用于表示数据输入与输出，隐层则被理解为数据的内在表达。Boltzmann 机中的神经元是布尔型的，即只能取 0、1 两种状态，状态 1 表示激活，状态 0 表示抑制。令向量 $s \in \{0,1\}^n$ 表示 n 个神经元状态，w_{ij} 表示神经元 i 与 j 之间的连接权，θ_i 表示神经元 i 的阈值，则状态向量 s 所对应的 Boltzmann 机能量定义为

$$E(s) = -\sum_{i=1}^{n-1}\sum_{j=i+1}^{n} w_{ij}s_i s_j - \sum_{i=1}^{n}\theta_i s_i \tag{14.12}$$

若网络中的神经元以任意不依赖于输入值的顺序更新，则网络最终将达到 Boltzmann 分布，此时状态 s 出现的概率将仅由其能量与所有可能状态向量的能量之比来确定。

$$P(s) = \frac{e^{-E(s)}}{\sum_t e^{-E(t)}} \tag{14.13}$$

Boltzmann 机的向量过程是视每个训练样本为一个状态向量，使其出现的概率尽可能大。标准的 Boltzmann 机是一个全连接网络，训练网络的复杂度很高，难以用于解决现实任务。

现实中常采用受限 Boltzmann 机（RBM，Restricted Boltzmann Machine）。如图 14.10（b）所示，受限 Boltzmann 机仅保留显层与隐层之间的连接，从而将 Boltzmann 机结构完全简化。神经元之间的连接是双向对称的，这意味着在网络训练以及使用时信息会在两个方向上流动，而且两个方向上的权值是相同的。由于隐层神经元之间没有相互连接，独立于给定的训练样本，这使直接计算依赖数据的期望值变得容易。显层神经元之间也没有相互连接，通过从训练样本得到的隐层神经元状态来估计独立于数据的期望值，并行交替更新所有显层神经元和隐层神经元的值。根据任务的不同，受限玻尔兹曼机可以使用有监督学习或无监督学习的方法进行训练。

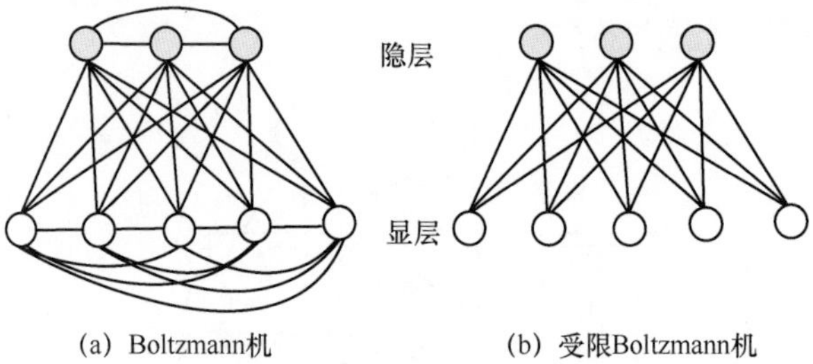

图 14.10　受限和不受限 Boltzmann 机

14.1.5　神经网络的特点和应用

1. 人工神经网络的特点

人工神经网络的特点和优越性主要表现在以下 3 个方面。

（1）具有学习功能。例如，实现图像识别时，只需把许多不同的图像样板和对应的识别结果

输入人工神经网络，网络就会通过自学习功能，慢慢学会识别类似的图像。

（2）具有联想存储功能。用人工神经网络的反馈网络就可以实现这种联想存储。

（3）具有高速寻找优化解的能力。寻找一个复杂问题的优化解，往往需要很大的计算量，利用一个针对某问题而设计的反馈型人工神经网络，发挥计算机的高速运算能力，可以很快找到优化解。

2. **人工神经网络的应用**

目前，人工神经网络也从理论走向实践，在各行各业的应用正迅速发展，以下是一些常见的应用场合。

（1）信息处理

现代信息处理要解决的问题往往是很复杂的，人工神经网络具有模仿或代替与人的思维有关的功能，可以实现自动诊断、问题求解，解决传统方法所不能或难以解决的问题。人工神经网络系统具有很高的容错性、顽健性及自组织性，即使连接线遭到很高程度的破坏，它仍能处在优化工作状态，这在军事系统电子设备中得到广泛应用。

（2）模式识别

人工神经网络是模式识别中的常用方法，近年发展起来的人工神经网络的模式识别方法逐渐取代传统的模式识别方法。经过多年的研究和发展，ANN 模式识别已成为当前十分先进的技术，被广泛应用到文字识别、语音识别、指纹识别、遥感图像识别、人脸识别、手写体字符识别、动作识别、工业故障检测、精确制导等方面。

（3）生物医学信号分析

人工神经网络可以解决生物医学信号分析处理中常规方法难以解决或无法解决的问题。神经网络在生物医学信号检测与处理中的应用主要集中在对脑电信号的分析、听觉诱发电位信号的提取、肌电和胃肠电等信号的识别、心电信号的压缩、医学图像的识别和处理等。

（4）市场预测和风险评估

人工神经网络擅长处理不完整、模糊不确定或规律性不明显的数据，所以用人工神经网络构造出适合实际情况的市场模型结构和算法，进行市场价格预测和风险评估有着传统方法无法相比的优势。

（5）自动控制

人工神经网络由于其独特的模型结构和固有的非线性模拟能力，以及高度的自适应和容错特性等，在控制系统中获得了广泛应用。它在各类控制器框架结构的基础上，加入了非线性自适应学习机制，从而使控制器具有更优良的性能。

（6）智能交通

交通运输问题是高度非线性的，可获得的数据通常是大量的、复杂的，用神经网络处理相关问题有很大的优越性。

虽然人工神经网络的理论和应用已经取得了长足进步，但是还存在许多缺陷，如应用的面不够广阔、结果不够精确，现有模型算法的训练速度不够高，算法的集成度不够高等。目前，人们正在大力对生物神经元系统进行研究，不断丰富人们对人脑神经活动机理的认识，希望在理论上寻找新的突破点，建立新的 ANN 模型和算法。

14.2 BP 网络

多层网络的学习能力比单层感知机强得多， BP 网络或算法就是其中最杰出的代表，它是迄今最成功的神经网络学习算法，近来比较成功的新型神经网络的拓扑结构和算法思路大多是在 BP 网络的基础上发展而来。现实任务中使用神经网络时，大多是使用 BP 算法进行训练。值得指出的是，BP 算法不仅可以用于前馈神经网络，还可以用于其他类型的神经网络，如训练递归神经网络。但通常说“BP 网络”时，一般是指用 BP 算法训练的多层前馈神经网络。

14.2.1 BP 网络的算法结构

BP 算法的核心为反向传播，其作用是对人工神经网络进行优化，属于有监督的学习方式。BP 算法包括两个过程：一个是输入信号从输入层经隐含层，传至输出层的正向传播过程；另一个是将误差从输出层反向传至输入层，即反向误差传播过程，同时通过梯度下降算法来调节连接权值与偏置值。

BP 网络的算法结构如图 14.11 所示，给出了一个有 d 个输入神经元、l 个输出神经元、q 个隐层神经元的多层前馈网络结构。其中，输出层第 j 个神经元的阈值用 θ_j 表示，隐层第 h 个神经元的阈值用 r_h 表示。输入层的第 i 个神经元与隐层第 h 个神经元之间的连接权为 v_{ih}，隐层第 h 个神经元与输出层第 j 个神经元之间的连接权为 w_{hj}。假设隐层和输出层神经元都使用图 14.2（b）中的 sigmoid 函数，给定训练数据集 $D=\{(\boldsymbol{x}_1,\boldsymbol{y}_1),(\boldsymbol{x}_2,\boldsymbol{y}_2),\cdots,(\boldsymbol{x}_m,\boldsymbol{y}_m)\}$， $\boldsymbol{x}_i \in R^d$， $\boldsymbol{y}_i \in R^l$，即输入示例由 d 个属性描述，输出 l 维实值向量。

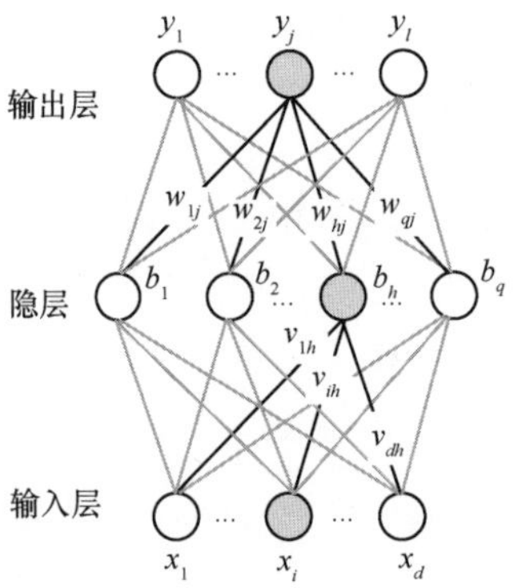

图 14.11 BP 网络的算法结构

输出层第 j 个节点神经元的输入为 $\beta_j=\sum_{h=1}^{q} w_{hj} b_h$，经阈值后输出为 y_j。

隐层第 h 个节点神经元的输入为 $\alpha_h=\sum_{i=1}^{d} v_{ih} x_i$，经阈值后输出为 b_h。

对训练数据$(\boldsymbol{x}_k, \boldsymbol{y}_k)$，即输入数据 $\boldsymbol{x}_k=(x_1^k, x_2^k, \cdots, x_d^k)$，对应的输出 $\boldsymbol{y}_k=(y_1^k, y_2^k, \cdots, y_l^k)$，假定神经网络的输出为 $\hat{\boldsymbol{y}}_k=(\hat{y}_1^k, \hat{y}_2^k, \cdots, \hat{y}_l^k)$，即

$$\hat{y}_j^k=f(\beta_j-\theta_j) \quad j=1,2,\cdots,l \tag{14.14}$$

这样，BP 网络在第 k 对训练数据(x_k, y_k)上的均方误差为

$$E_k=\frac{1}{2}\sum_{j=1}^{l}(\hat{y}_j^k-y_j^k)^2 \tag{14.15}$$

14.2.2　BP 网络权值的迭代估计

图 14.11 中的网络有$[(d+l)q+q+l\ ]$个参数需确定：输入层到隐层的 $d\times q$ 个权值、隐层到输出层的 $q\times l$ 个权值、q 个隐层神经元阈值、l 个输出层神经元阈值。BP 是一种迭代学习算法，在迭代的每一轮中采用广义的感知机学习规则对参数进行更新估计，即与式（14.8）类似，任意参数 v 的更新估计式为

$$v \leftarrow v+\Delta v \tag{14.16}$$

下面以图 14.11 中隐层到输出层的连接权 w_{hj} 为例进行推导。

BP 算法基于梯度下降（Gradient Descent）策略，以目标的负梯度方向对参数进行调整。对式（14.15）的误差 E_k，给定学习率 η，有

$$\Delta w_{hj}=-\eta\frac{\partial E_k}{\partial w_{hj}} \tag{14.17}$$

注意到 w_{hj} 先影响第 j 个输出神经元的输入值 β_j，再影响其输出值 $\hat{y}_j^k$，然后有

$$\frac{\partial E_k}{\partial w_{hj}}=\frac{\partial E_k}{\partial \hat{y}_j^k}\cdot\frac{\partial \hat{y}_j^k}{\partial \beta_j}\cdot\frac{\partial \beta_j}{\partial w_{hj}} \tag{14.18}$$

根据 β_j 的定义，显然有

$$\frac{\partial \beta_j}{\partial w_{hj}}=b_h \tag{14.19}$$

利用 sigmoid 函数的导数性质（式（14.4）），再根据式（14.14）和式（14.15），有

$$g_j=-\frac{\partial E_k}{\partial \hat{y}_j^k}\cdot\frac{\partial \hat{y}_j^k}{\partial \beta_j}=-(\hat{y}_j^k-y_j^k)f'(\beta_j-\theta_j)=\hat{y}_j^k(1-\hat{y}_j^k)(y_j^k-\hat{y}_j^k) \tag{14.20}$$

将式（14.20）和式（14.19）代入式（14.18），再代入式（14.17），就得到了 BP 算法中关

于 w_{hj} 的更新公式。

$$\Delta w_{hj} = \eta g_j b_h \tag{14.21}$$

类似可得

$$\Delta \theta_j = -\eta g_j \tag{14.22}$$

$$\Delta v_{ih} = \eta e_h x_i \tag{14.23}$$

$$\Delta \gamma_h = -\eta e_h \tag{14.24}$$

式（14.23）和式（14.24）中

$$\begin{aligned} e_h &= -\frac{\partial E_k}{\partial b_h} \cdot \frac{\partial b_h}{\partial \alpha_h} = -\sum_{j=1}^{l} \frac{\partial E_k}{\partial \beta_j} \cdot \frac{\partial \beta_j}{\partial b_h} f'(\alpha_h - \gamma_h) \\ &= \sum_{j=1}^{l} w_{hj} g_j f'(\alpha_h - \gamma_h) = b_h(1-b_h)\sum_{j=1}^{l} w_{hj} g_j \end{aligned} \tag{14.25}$$

学习率 $\eta \in (0,1)$ 控制着算法每一轮迭代的更新步长，若太大则容易震荡，太小则收敛速度过慢。有时为了做精细调节，可令式（14.21）与式（14.22）使用 η_1，式（14.23）与式（14.24）使用 η_2，两者未必相等。

需注意的是，BP 算法的目标是最小化训练集 D 中 m 对数据的累积误差。

$$E = \frac{1}{m}\sum_{k=1}^{m} E_k \tag{14.26}$$

但上面介绍的“标准 BP 算法”每次仅对一个训练样例更新连接权值和阈值，也就是说更新规则是基于单个 E_k 推导而得。类似地推导出基于累积误差最小化的更新，就得到了累积误差反向传播（Accumulated Error Back Propagation）算法。

累积 BP 算法和标准 BP 算法都很常用。一般来说，标准 BP 算法每次更新只针对单个样例，参数更新得非常频繁，而且对不同样例进行更新的效果可能出现“抵消”现象。因此，为了达到同样的累积误差极小点，标准 BP 算法往往需要进行更多次数的迭代。累积 BP 算法直接针对累积误差极小化，它在读取整个训练集 D 一遍以后才进行参数更新，其参数更新的频率低得多。但在很多任务中，累积误差下降到一定程度后，进一步下降会非常缓慢，这时标准 BP 算法往往会更快获得较好的解，在训练集非常大时更明显。

正是由于其强大的表示能力，BP 神经网络经常遭遇过拟合，其训练误差持续降低，但测试误差却可能上升。有两种策略常用来缓解 BP 网络的过拟合。第一种策略是“早停”（Early Stopping）：将数据分为训练集和验证集，训练集用来计算梯度、更新连接权和阈值，验证集用来估计误差，若训练集误差降低但验证集误差升高，则停止训练，同时返回具有最小验证集误差的连接权和阈值。第二种策略是“正则化”（Regularization），其基本思想是在误差目标函数中增加一个用于描述网络复杂度的部分，如连接权与阈值的平方和。仍令 E_k 表示第 k 个训练样例上的误差，w_i 表示连接权和阈值，则误差目标函数（14.26）变为

$$E = \lambda \frac{1}{m}\sum_{k=1}^{m} E_k + (1-\lambda)\sum_{i} w_i^2 \tag{14.27}$$

其中，$\lambda \in (0,1)$ 用于对经验误差与网络复杂度这两项进行折中。

14.2.3 BP 算法流程

图 14.12 给出了标准 BP 算法的工作流程。对每个训练样例，BP 算法执行以下操作：先将输入示例提供给输入层神经元，逐层将信号前传，直到产生输出层的结果；然后计算输出层的误差和梯度，见第 4）行和第 5）行；再将误差逆向传播至隐层神经元，见第 6）行；最后根据隐层神经元的误差对连接权和阈值进行调整，见第 7）行。该迭代过程循环进行，直到达到某些停止条件为止，如训练误差已达到一个很小的值。

输入：训练集；学习率 η
过程：
1）在（0,1）范围内随机初始化网络中所有连接权和阈值
2）repeat
3）　　for all $(x_k, y_k) \in D$ do
4）　　　　根据当前参数和式（14.14）计算当前样本输出 $\hat{y}_k$；
5）　　　　根据式（14.20）计算输出层神经元的梯度项 g_j；
6）　　　　根据式（14.25）计算隐含层神经元的梯度项 e_h；
7）　　　　根据式（14.21）～式（14.24）更新连接权 w_{hj}，v_{ih} 与阈值 θ_j，γ_h；
8）　　end for
9）until 达到停止条件
输出：连接权与阈值确定的多层神经网络

图 14.12　误差反向传播算法流程

14.2.4 BP 网络的几个问题

（1）非线性映射和参数优化

若网络输入、输出层的节点个数分别是 d、l 个，则该网络实现了从 d 维到 l 维欧式空间的映射，即 T: $R^d \to R^l$。可知网络的输出是样本在 L_2 范数意义下的最佳逼近，通过若干简单非线性处理单元的复合映射，可获得复杂的非线性处理能力。

BP 算法使用梯度下降法进行参数优化，把一组样本的 I/O 问题变为非线性优化问题，隐含层使优化问题的可调参数增加，使解更精确。

（2）加速收敛

为了克服 BP 算法收敛慢这个缺点，已出现多项改进方法。如在权值更新方程中，加上阻尼项，使学习速率足够快，又不易产生振荡。再如采用可变学习率方法，使学习率 η 随着训练的进行，步长逐渐缩小。

（3）输入信号预处理

sigmoid 型激活函数 $s(x)$ 随 $|x|$ 的增大，梯度模值 $|s'(x)|$ 下降，并趋于 0，不利于权值的调整。

于是我们希望$|x|$取值范围在较小的靠近 0 的范围内，因此网络的输入需要根据情况进行处理，如果网络的输入绝对值较大，那么需做归一化处理，此时网络的输出也要进行相应的处理。

（4）泛化能力

泛化能力强意味着用较少的样本进行训练，就能够使网络在给定的区域内达到要求的精度。没有泛化能力的网络是没有实用价值的。BP 网络的泛化能力与样本、网络结构、初始权值等有关，为得到较好的泛化能力，除需要训练样本集外还需要测试集。

（5）BP 算法的不足

BP 算法是非线性优化的，不可避免地会存在局部极小值问题；学习算法的收敛速度慢，且收敛速度与初始权值有关；网络结构的设计，即隐含层的数目以及每个隐含层节点个数的选择，目前并无理论指导；新加入的样本会影响到已学好的样本。

14.3 基于 CNN 的图像处理

卷积神经网络（CNN，Convolutional Neural Network）是深度学习技术中具有代表性的网络结构之一，在图像处理领域，如模式识别、目标分类等方面取得了良好的成绩。

CNN 是人工神经网络与深度学习相结合，通过反向传播算法训练网络中的权重，从而实现深度学习的方法。CNN 不仅具有传统神经网络的较强顽健性、自适应性和学习能力，还具有自动提取特征、局部连接、权值共享以及可直接输入图像等优势。

以下在简要介绍一般深度学习网络的基础上重点分析 CNN 的基本原理与技术，包括网络结构、局部连接（Sparse Connectivity）、权值共享（Shared Weights）和结果池化（Pooling）等环节。

14.3.1 深度学习网络

一般情况下，参数越多的神经网络模型复杂度越高、容量越大，这意味着它能完成更复杂的任务。但过分复杂的网络模型往往效率不高，容易陷入过拟合（Over-Fitting）状态，因此难以在实际中应用。随着云计算、大数据时代的到来，计算能力大幅提升，加快了训练速度，而训练数据的大幅增加可降低过拟合风险，以“深度学习”（Deep Learning）为代表的复杂模型开始受到人们的关注。

典型的深度学习模型就是深度神经网络，即神经网络的层次较多或很多，可以是近十层，也可以是几十层，甚至几百层，没有一定的界线。如前所述，单隐层的前馈神经网络具有较强的学习能力，通过增加隐层神经元的数目可以增加网络复杂度，从而提高网络解决复杂问题的能力。但单纯增加隐层神经元的数目而带来的神经网络功能的增加是有限的。对神经网络模型，提高网络能力的一个简单办法是增加隐层的数目，增加隐层的数目比增加隐层神经元的数目更有效。增加隐层数不仅增加了拥有激活函数的神经元数目及相应的权值、阈值等参数，还增加了激活函数嵌套的层数，提升了网络处理非线性问题的能力。

我们还可以从多层网络的角度来理解深度学习。在多隐层网络中，每一层对上层输出进行的处理，可看作对输入信号进行逐层加工，从而把初始的、与输出目标之间联系不太紧密的输入表示，转化成与输出目标联系更密切的表示，使原来基于最后一层输出映射难以完成的任务成为可能。换言之，通过多层处理，逐渐将初始"低层"特征表示转化为"高层"特征表示后，用"简单模型"通过逐层进行"特征学习"（Feature Learning）即可完成复杂的分类等学习任务。

多隐层神经网络也有不足之处，如难以直接使用经典 BP 算法进行训练，因为误差在多层逆传播时，往往会"发散"而不能收敛到稳定状态。

14.3.2 卷积神经网络结构

1. CNN 结构

如图 14.13 所示，CNN 的基本结构由输入层、卷积层（Convolutional Layer）、池化层（Pooling Layer）、全连接层及输出层构成。卷积层和池化层可看作一个单元，一般会设若干个单元，相互连接而成。全连接层也可以不止一层，常见的有 2 层、3 层。卷积层中输出特征面的每个神经元与其输入进行局部连接，并通过对应的连接权值与局部输入进行加权求和再加上偏置值，得到该神经元输入值，该过程等同于卷积过程，CNN 也由此而得名。而且 CNN 结构的可拓展性很强，可以采用很深的层数。

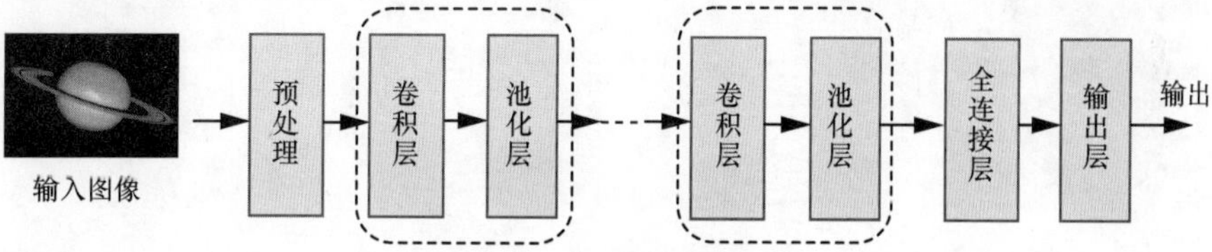

图 14.13　CNN 网络结构示意

传统神经网络的层间都是采用全连接的方式：输入层到隐层或隐层到隐层之间的神经元都是"全连接"的，即神经网络的隐层或输出层的每个节点都和前一层的各个节点相连接。对于低维的输入量，或少量的隐层，这样的全连是可以接受的。但对于图像信号输入，其维度很高，再加上深度网络，这样的全连将导致参数量特大，使网络训练耗时特长，甚至难以训练成功。因此，为了降低网络运行工作量，CNN 通过卷积层的局部连接、网络节点的权值共享以及卷积结果的池化等方法来克服这一困难。

这样，与多层感知机（MLP，Multi-Layer Perceptron）相比，CNN 中卷积层的局部连接和权值共享使网络中可训练的参数变少，降低了网络模型复杂度，减少了过拟合，从而可获得更好的泛化能力。同时，在 CNN 结构中使用池化操作使模型中的神经元个数大大减少，忽略了特征的次要方面，抓住了特征的主要因素，从而增强了 CNN 特征提取作用的顽健性。

2. 局部连接

卷积神经网络的层间采用局部连接是符合图像（也包括其他类别的信号）统计特性的。自然图像中存在局部区域稳定的属性，即某一局部区域的统计特征和图像其他相邻局部区域的统计特征之间具有不同程度的相似性。因此，神经网络从自然图像中学习到的某一局部区域特征同样适合于图像其他相邻的局部区域。

下面从一幅图像数据和神经网络之间不同的连接方式说明局部连接的含义。图 14.14 为全连接方式、局部连接方式和卷积方式的比较，为了简单示意起见，将图像表示为一维列矢量的方式。图 14.14（a）为全连接网络，设输入图像为 1000×1000，输入层的输入节点数为 10^6 个，输入层右面的卷积层的节点数也为 10^6 个，则全连接方式需要 $10^6 \times 10^6 = 10^{12}$ 个权值，如此数目巨大的参数几乎难以训练。图 14.14（b）为局部连接网络，输入节点数为 10^6 个，卷积层的节点数仍为 10^6 个，假设网络采用 10×10 的局部"感受野"，即每个卷积层节点只负责和输入层的 $10 \times 10 = 100$ 个节点相连，则网络权值数降低到 $10^6 \times 100 = 10^8$ 个，减少 4 个数量级。图 14.14（c）为 CNN 采用的共享连接的卷积网络，输入节点数为 10^6 个，卷积层的节点数仍为 10^6 个，每个节点为 $10 \times 10 = 100$ 的局部"感受野"，但是每个节点的 100 个权值都相同，共有 100 个不同滤波器（卷积核），则需要权值数仅为 $100 \times 100 = 10^4$ 个，减少 8 个数量级。图 14.14（d）表示和图 14.14（c）等效卷积运算。

(a) 全连接方式　　(b) 部分接方式　　(c) 共享接方式　　(d) 等效卷积

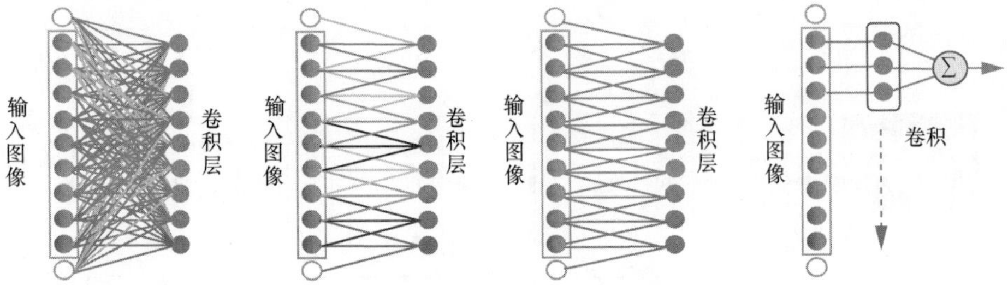

图 14.14　网络连接方式的比较

3. 权值共享

在图 14.14（c）中已涉及权值共享的机理，这里进一步说明。为了减少局部连接 10^8 的权值数目，CNN 采用了权值共享方法，即让一组神经元使用相同的连接权。具体做法是，在局部连接中隐藏层的每一个神经元连接的是一个 10×10 的局部图像，因此有 10×10 个权值参数，将这 10×10 个权值参数共享给剩下的神经元，也就是说隐藏层中 10^6 个神经元的权值参数相同，此时不管隐藏层神经元的数目是多少，需要训练的参数就是这 10×10 个权值参数（也就是卷积核或滤波器的大小）。这样，隐藏层 10^6 个节点的输出等效于一个 10×10 卷积核和 1000×1000 输入图像卷积的结果（不考虑周边像素缺失问题），仅提取了图像的一种特征。如果一个卷积核可提取图像的一种特征，那么 100 个不同的卷积核的卷积运算就可以提取 100 种不同的特征，该隐藏层所需要调整的权值数为 $100\times100=10^4$ 个。这样，就可以将隐藏层看作具有 100 个节点，每个节点负责一个独特的 10×10 卷积核的输出，共输出 100 幅特征图像。如果要多提取或少提取出一些特征，可以增加或减少一些卷积核。另外，偏置参数也是共享的，同一种滤波器共享一个。

由此可见，网络的权值共享和局部连接可以大幅度减少网络参数，简化网络结构，提高网络运行的效率。

4. **结果池化**

池化层紧跟在卷积层之后，通过一定的规则，对卷积的结果进行下采样，进一步减少下一步的数据处理量。例如，对卷积结果的每个 2×2 小块保留其最大值，其他 3 个数据舍去，这就是最大值池化，还有其他多种池化方法，如均值池化、随机池化等。尽管池化成倍地减少参数，但依旧能够保持原有特征的主体部分，可以消除一些非主流特征的干扰，提高 CNN 特征提取的顽健性。

至此，可以看出卷积神经网络的核心技术是：局部感受野（Local Field）、权值共享以及池化（亚采样），这 3 种技术结合起来，可直接用图像数据输入，自动获得图像的各种特征，实现图像识别、分类、标注等操作。

14.3.3　CNN 一例

LeNet-5 是经典的 CNN 结构，由 LeCun 等于 1998 年提出，是一种用于手写体字符识别的高效卷积神经网络，这是有关 CNN 的首创论文。这类 CNN 最大的特点是使用多层卷积网络，然后使用全连接层进行训练，一层卷积学到的特征往往是局部的，层数越高，学到的特征就越全局化。

LeNet-5 的网络结构如图 14.15 所示，不包含输入数据共 7 层，每层都包含可训练参数（连接权重等）。网络输入是一个 32×32 的手写数字“0,1,2,⋯,9”的灰度图像，输出是识别结果，即 0~9 中的一个数字。LeNet-5 复合了两个“卷积层”和“池化层”对输入信号进行加工，然后经两个全连接层实现输出目标的映射。

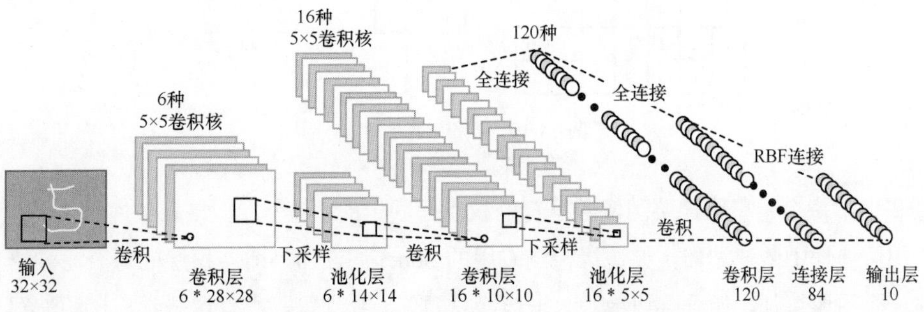

图 14.15　卷积神经网络 LeNet-5 基本结构

每个卷积层都包含多个特征映射（Feature Map），每个特征映射是一个由多个神经元构成的“平面”，通过一种卷积滤波器提取输入的一种特征。例如，图 14.15 中第一个卷积层由 6 个特征构成，每个特征是一个 28×28 的神经元阵列，其中每个神经元负责从 5×5 区域通过卷积滤波器提取局部特征。接着是下采样层，亦称“池化”层，基于局部相关性原理进行下采样，从而在减少数据量的同时保留有用信息。例如，图 14.15 中第一个池化层有 6 个 14×14 的特征映射，其中每个神经元与上一层中对应特征映射的 2×2 邻域相连，并据此计算输出。通过复合卷积层和池化层，LeNet-5 将原始图像映射成 120 维特征向量，最后通过一个有 84 个神经元构成的全连接层和输出层完成识别任务。CNN 可用 BP 算法进行训练，但在训练中，无论是卷积层还是池化层，其每组神经元，即图 14.15 中每个“平面”都用相同的连接权，从而大大减少了需要训练的参数数目。

14.3.4　卷积层

CNN 的卷积层由多个特征面组成，每个特征面由多个神经元组成，它的每一个神经元通过卷积核与上一层特征面的局部区域相连。卷积核是一个权值矩阵，如用于二维图像卷积的 3×3 或 5×5 矩阵。CNN 的卷积层通过卷积操作提取输入的不同特征，第 1 层卷积层提取低级特征，如边缘、线条、拐角等，更高层的卷积层提取更高级的特征。

CNN 中二维函数卷积运算的基本原理和第 3 章所述是一致的，这里仅用“窗口滤波”的方式简化了卷积运算的过程。卷积层就是卷积核（窗口）在上一级输入层上通过逐一滑动窗口计算而得，卷积核中所有的参数和卷积核覆盖的图像窗口中对应像素值乘积之和，即为一步卷积得到的结果（通常还要加上一个偏置参数）。图 14.16 为卷积运算的一例，5×5 的图像加上边框填 0 成为 7×7 的图像，和一个 3×3 的卷积核进行卷积运算。这里卷积核的移动步长为 2，这样共产生一个 3×3 的卷积结果。“卷积结果”图框中左上角就是卷积模板算出的第一个数，其他卷积算出的数以此类推可得。

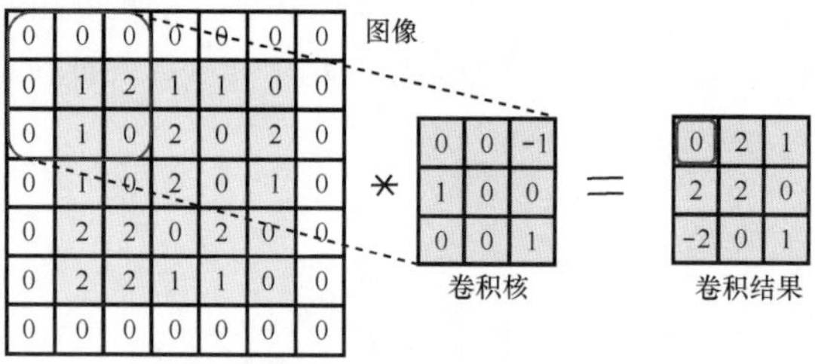

图 14.16　卷积运算示意

在卷积层中每个卷积核连接图像数据窗的权重是固定的，每个卷积核只关注一个特性。卷积核相当于图像处理中的滤波器，如边缘检测专用的 Sobel 滤波器，即卷积层的每个滤波器都有自己所关注一个图像特征，如垂直边缘、水平边缘、颜色、纹理等，所有这些卷积核滤波器加起来成为整幅图像的特征提取器的一个集合。如图 14.17 上面的卷积核提取的是图像中 45° 斜线特征，下面的卷积核实际上是拉普拉斯边缘检测器，提取的是图像中的边缘特征。

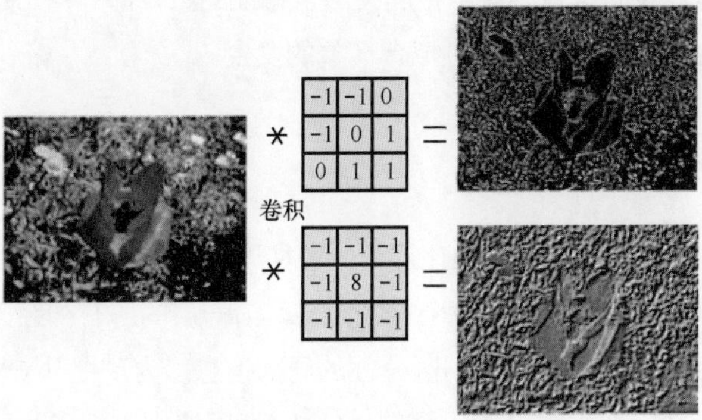

图 14.17　不同卷积核的卷积结果实例（见彩插图 14.17）

14.3.5　池化层

通过卷积层获得图像的特征之后，理论上我们可以直接使用这些特征进行分类或识别等处理。但这样做将面临巨大计算量的挑战，而且容易产生过拟合的现象。为了进一步降低网络训练参数及模型的过拟合程度，CNN 对卷积层进行池化（下采样）处理。池化层紧跟在卷积层之后，卷积层是池化层的输入层，卷积层的一个特征面与池化层中的一个特征面唯一对应。

池化层常用的下采样方法主要有两种：一种是最大池化（Max Pooling），另一种是平均池化（Average Pooling），而实际中用得更多的是最大池化。最大池化的方法非常简单，以 2:1 最大池化为例，将卷积层数据划分为不重叠的 2×2 小块，每个小块中的最大值就是池化层中的一个数据。如图 14.18（a）所示的一幅 4×4 的卷积层特征图，划分为 4 个 2×2 小块，对于每个 2×2 小块选出最大的数作为池化层相应元素的值。例如，卷积层第一个 2×2 小块中最大的数是 6，那么池化层的第一个元素就是 6。如此类推，经过 2:1 的池化，池化层的数据量是相应卷积层数据量的 $\frac{1}{4}$。如果是 4:1 的池化，则是 4×4 小块划分后取一最大值，数据量压缩为 $\frac{1}{16}$。平均池化则是取卷积层每个小块的平均值作为池化层的一个数据。图 14.18（b）是一幅实际的 224×224 卷积层特征图池化为 112×112 特征图。

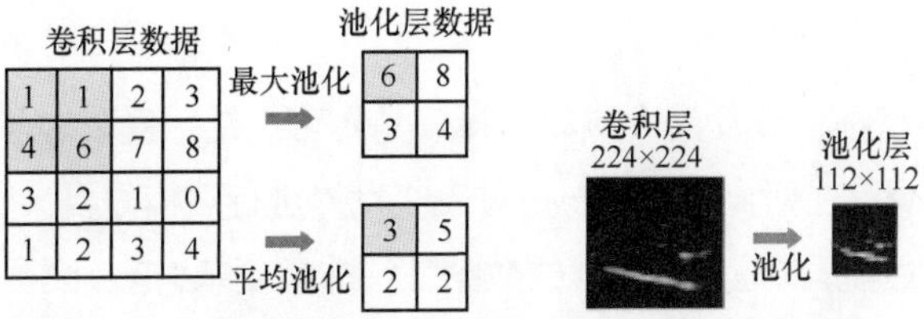

(a) 两种池化方法　　(b) 实际池化示例

图 14.18　池化方式示意

总体说来，池化操作具有两方面的优点：一是保持池化前后特征不变，池化改变了特征图的尺度，但特征的本质基本没有改变，甚至更加突出了特征的主要部分；二是降低了数据量，便于处理和优化，还可以在一定程度上防止过拟合现象的发生。

14.3.6 全连接层

在 CNN 结构中，经多个卷积层和池化层后，往往连接着一个或一个以上的全连接层。与多层感知机（MLP）类似，全连接层中的每个神经元与其前一层的所有神经元进行全连接。全连接层可以整合卷积层或者池化层中具有类别区分性的局部信息。为了提升 CNN 网络性能，全连接层每个神经元的激励函数一般采用 ReLU 函数。LeNet-5 网络中安排了两层全连接层，最后一全连接层的输出值传递给输出层，可以采用 Softmax 回归（Softmax Regression）进行分类，该层也可称为 Softmax 层。逻辑回归（Logistic Regression）和 Softmax 回归是两个基本的分类模型，逻辑回归的激活函数是 sigmoid 函数，主要处理二分类问题，而 Softmax 回归则用于处理多分类问题，因此逻辑回归实际上是 Softmax 回归的特定形式。

通常，CNN 的全连接层与 MLP 结构一样，CNN 的训练算法也多采用 BP 算法。

14.4 基于 GAN 的图像处理

由加拿大 Ian Goodfellow 博士于 2014 年提出的“生成式对抗网络”（GAN，Generative Adversarial Network）是一种基于概率和统计理论，用深度学习网络生成数据本身的一种方法，已成为人工智能深度学习研究领域一个比较重要的模型和工具。

14.4.1 生成模型和判别模型

要理解生成对抗网络，首先要了解神经网络中的生成模型（Generative Model）和判别模型（Discriminative Model）。判别模型比较好理解，就像分类一样，有一个判别界限，通过这个判别界限区分样本。从概率角度分析就是获得样本 x 属于类别 y 的概率，即条件概率 $p(y|x)$。而生成模型需要去拟合整个数据的概率分布，从概率角度分析就是样本 x 在整个分布中产生的概率，即联合概率 $p(x,y)$。

典型的概率生成模型往往涉及最大似然估计、马尔可夫链、受限玻尔兹曼机（RBM）等方法。这些方法的实现至少存在两点困难：一是对真实世界进行建模需要大量先验知识，建模的好坏直接影响生成模型的性能；二是真实世界的数据往往非常复杂，拟合模型所需计算量非常庞大，甚至难以承受。相对判别模型来说，生成模型研究的进展较为缓慢。

针对上述两点困难，GAN 巧妙地使用对抗训练机制对生成网络和判别网络进行训练，并使用随机梯度下降（SGD，Stochastic Gradient Descent）算法实现优化。这种新的生成模式能够通过观测现实世界的样本，学习其内在统计规律，并基于此生成类似样本，即生成反映数据内在概率分布规律的全新数据。

简单说，概率生成模型的目的就是找出给定观测数据内部的统计规律，并且能够基于所得到的概率分布模型产生新的与观测数据类似的数据。例如，概率生成模型可以用于自然图像的生成。假设给定 1 000 万张图片之后，生成模型可以自动学习到其内部分布，能够解释给定的训练图片，并同时生成新的图片。与庞大的真实数据相比，概率生成模型的参数个数远小于数据的数量。因此，在训练过程中，生成模型会尽力挖掘数据背后更为简单的统计规律，从而生成这些数据。

现在比较流行的生成模型主要有 3 类，除了本节介绍的 GAN 以外，还有传统的基于概率图模型的变分自编码（VAE，Variational Auto-Encoder）模型和自回归（Auto-Regressive）模型。这 3 种生成模型都有各自的优缺点，都在不同的领域上得到了广泛关注。其中，GAN 模型实际上是一种比较新颖的方法，除受到学术界广泛的关注外，还受到工业界的广泛关注，许多从事人工智能研究的公司正在投入大量的精力发展和推广 GAN 模型。

14.4.2　GAN 的基本原理

生成对抗网络（GAN）的核心思想来源于描述对抗游戏的双方状态的博弈论（Game Theory）的纳什均衡。GAN 系统包括两个对抗模型：一个生成模型，或生成器（Generator）；一个判别模型，或判别器（Discriminator）。判别器的目的是尽量正确判别输入数据是来自训练集的真实图像数据还是来自生成器产生的“伪”图像数据；生成器的目的是尽量学习真实的数据分布，由此生成一个看起来像真实图片一样的图片，就是说模型自己产生一个图片，可以和你想要的图片很像。而在开始的时候这两个模型都是没有经过训练的，这两个模型一起进行对抗训练，生成模型产生一张图片去“欺骗”判别模型，然后判别模型去判断这张图片是真是假，最终在这两个模型训练的过程中，各自提高自己的生成能力和判别能力，不断优化，两个模型的能力越来越强，最终达到稳态，或者说达到纳什均衡状态。纳什均衡（Nash Equilibrium）是博弈论的一个重要术语，表示博弈中的一种状态，对于每个参与者来说，只要其他人不改变策略，他就无法改善自己的状况。

图 14.19 为一个最简单的 GAN 模型，实际上是将一个随机变量，可以是高斯分布，或 0 到 1 之间的均匀分布的随机变量，通过参数化的概率生成模型（通常是用一个神经网络模型）进行概率分布的逆变换采样，从而得到一个生成数据 x'的概率分布 $p_g(x')$，和真实的数据分布 $p_{\text{data}}(x)$ 达到“纳什均衡”。其中，$x'=G(z)$是一个高维矢量。

而 GAN 或者一般概率生成模型的训练目的，就是使生成的概率分布和真实数据的分布尽量接近，从而能够解释真实的数据。但在实际应用中，我们完全没有办法知道真实数据的分布。我们所能够得到的只是从这个真实的数据分布中采样得到的一些真实数据。

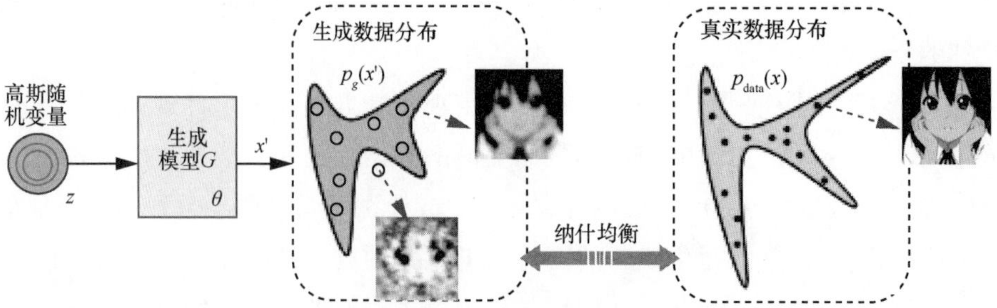

图 14.19　生成模型和判别模型之间的纳什均衡

通过优化目标，我们可以调节概率生成模型的参数 θ，从而使生成的概率分布和真实数据分布尽量接近。那么，怎么定义一个恰当的优化目标或一个损失？传统的生成模型，一般采用数据的似然性作为优化的目标，但 GAN 使用了另外一种优化目标。首先，它引入了一个判别模型（常用的有支持向量机或多层神经网络）。其次，它的优化过程是在寻找生成模型和判别模型之间的一个纳什均衡。

14.4.3　GAN 的工作过程

GAN 判别器和生成器的学习优化过程的计算流程与结构如图 14.20 所示。任意可微分的函数都可以用来表示 GAN 的生成器和判别器，由此，我们用可微分函数 D 和 G 分别表示判别器和生成器。生成器的输入为随机变量 z，输出则是由 G 生成的尽量服从真实数据分布 p_{data} 的"伪数据" $G(z)$。如果判别器的输入来自真实样本数据 x，则输出标注为 1，如果输入为"伪数据" $G(z)$，则标注为 0。这里 D 的目标是尽可能准确实现对数据来源的二分类判别：真（来源于真实数据 x 的分布）或者伪（来源于生成器的伪数据 $G(z)$）。而 G 的目标是使自己生成的伪数据 $G(z)$在 D 上的表现 $D(G(z))$和真实数据 x 在 D 上的表现 $D(x)$尽量一致。这两个相互对抗并迭代优化的过程使 D 和 G 的性能不断提高，当最终 D 的判别能力提升到一定程度并且无法正确判别数据来源时，可以认为这个生成器 G 已经学到了真实数据的分布。

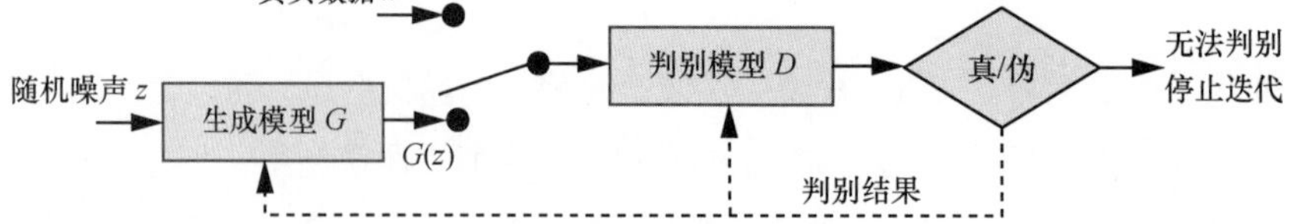

图 14.20　GAN 的计算流程与结构

GAN 所建立的这种学习框架，实际上是生成模型和判别模型之间的一个模仿游戏。生成模型的目的是尽量模仿、建模和学习真实数据的分布规律；而判别模型则是判别自己所得到的一个输入数据，究竟是来自于真实的数据分布还是来自于一个生成模型。通过这两个内部模型之间不断竞争，提高两个模型的生成能力和判别能力。如果我们把生成模型比作一个伪装者，那么判别模型就是一个警察的角色。伪装者的目的，就是通过不断学习来提高自己的伪装能力，从而使自己提供的数据能够更好地欺骗这个判别模型。而判别模型则是通过不断训练来提高自己判别的能力，从而能够更准确地判断数据来源。

14.4.4 GAN 的学习方法

1. GAN 的训练机制

首先，在给定生成器 G 的情况下，我们考虑最优化判别器 D。和一般基于 sigmoid 函数的二分类模型训练一样，训练判别器 D 也是最小化交叉熵的过程，其损失函数为

$$Obj^{D}(\theta_D,\theta_G)=-\frac{1}{2}E_{x\sim p_{\text{data}}(x)}\left[\log D(x)\right]-\frac{1}{2}E_{z\sim p_z(z)}\left[\log(1-D(g(z)))\right] \tag{14.28}$$

其中，x 采样于真实数据分布 $p_{\text{data}}(x)$，z 采样于先验分布 $p_z(z)$（如高斯噪声分布），$E(\cdot)$表示计算期望值。这里实际训练时和常规二值分类模型不同，判别器的训练数据集来源于真实数据集分布 $p_{\text{data}}(x)$（标注为 1）和生成器的数据分布 $p_g(x)$（标注为 0）两部分。给定生成器 G，我们需要最小化式（14.28）来得到最优解，在连续空间中，式（14.28）可以写成如下形式（证明略）。

$$\begin{aligned}Obj^{D}(\theta_D,\theta_G)&=-\frac{1}{2}\int_x p_{\text{data}}(x)\log(D(x))\mathrm{d}x-\frac{1}{2}\int_z p_z(z)\log(1-D(g(z))\mathrm{d}z\\&=-\frac{1}{2}\int_x[p_{\text{data}}(x)\log(D(x))+p_g(x)\log(1-D(x))]\mathrm{d}x\end{aligned} \tag{14.29}$$

考虑到对任意的非零实数 m 和 n，实数 $y\in[0,1]$，可以证明表达式

$$-m\log(y)-n\log(1-y) \tag{14.30}$$

在 $\dfrac{m}{m+n}$ 处得到最小值。因此，给定生成器 G 的情况下，目标函数（14.29）在

$$D_G^{*}(x)=\frac{p_{\text{data}}(x)}{p_{\text{data}}(x)+p_g(x)} \tag{14.31}$$

处得到最小值，即为判别器的最优解。由式（14.31）可知，GAN 估计的是两个概率分布密度的比值。

另外，$D(x)$代表的是 x 来源于真实数据而非生成数据的概率。当输入数据采样自真实数据 x 时，D 的目标是使输出概率值 $D(x)$趋近于 1，而当输入来自生成数据 $G(z)$时，D 的目标是正确判断数据来源，使 $D(G(z))$趋近于 0，同时 G 的目标却使其趋近于 1。这实际上是一个关于 G 和 D 的零和游戏，那么生成器 G 的损失函数为 $Obj^G(\theta_G)=-Obj^D(\theta_D, \theta_G)$。所以，GAN 的优化问题是一个极小-极大化问题，GAN 的目标函数可以描述如下。

$$\min_G \max_D \{f(D,G) = E_{x\sim p_{\text{data}}(x)}[\log D(x)] + E_{z\sim p_z(z)}[\log(1-D(G(z)))]\} \tag{14.32}$$

总之，对于 GAN 的学习过程，我们需要训练模型 D 来最大化判别数据来源于真实数据或者伪数据分布 $G(z)$的准确率，同时，需要训练模型 G 来最小化 $\log(1-D(G(z)))$。这里可以采用交替优化的方法：先固定生成器 G，优化判别器 D，使 D 的判别准确率最大化；然后固定判别器 D，优化生成器 G，使 D 的判别准确率最小化。当且仅当 $p_{\text{data}}=p_g$ 时达到全局最优解。训练 GAN 时，在同一轮参数更新中，一般对 D 的参数更新 k 次再对 G 的参数更新一次。

2. GAN 的全局最优解和收敛性

GAN 中有一些理论问题尚待研究，其中最主要的是全局最优解和收敛性的保证。

第一，GAN 是存在全局最优解的。这个全局最优解可以通过一些简单的分析得到。如果固定 G，那么 D 的最优解就是一个贝叶斯分类器。将这个最优解形式带入，可以得到关于 G 的优化函数。简单的计算可以证明，当产生的数据分布与真实数据分布完全一致时，这个优化函数达到全局最小值。

第二，是关于 GAN 的收敛性。如果 G 和 D 的学习能力足够强，两个模型可以收敛。但在实际中，GAN 的优化还存在诸如不稳定等问题，如何平衡两个模型在训练中是一个很重要的问题。

14.4.5 GAN 的特点

GAN 的优点很多，其中主要有以下几点。

（1）GAN 生成模型在某种意义上避免了传统概率生成模型的马尔可夫链式的学习机制，避免了这种计算复杂度特别高的过程，直接进行采样和推断，从而提高了 GAN 的应用效率扩大了应用场合。

（2）GAN 是一个非常灵活的设计框架，各种类型的损失函数都可以整合到 GAN 模型中，这样针对不同的任务，我们可以设计不同类型的损失函数，都可在 GAN 的框架下进行学习和优化。

（3）当概率密度不可计算时，传统依赖于数据自然性解释的一些生成模型就难以发挥作用。但是 GAN 在这种情况下依然可以使用，这是因为 GAN 引入了一个非常有效的内部对抗的训练机制，可以逼近一些不是很容易计算的目标函数。

（4）GAN 可以和卷积神经网络、循环神经网络（RNN，Recurrent NN）等深度神经网络结合在一起。任何一个可微分的函数，都可以用作参数化 GAN 的生成模型和判别模型。例如，可以使用深度卷积网络来参数化生成模型。

GAN 还存在若干不足之处，如可解释性差，生成模型的分布 p_g 没有显式的表达；再如训练比较难，D 与 G 之间需要很好的同步，如 D 更新 k 次而 G 更新一次等。

14.4.6　GAN 的应用

作为一个生成模型，GAN 最直接的应用就是用于真实数据分布的建模和生成，包括生成一些图像和视频，生成一些自然语句和音乐等。其次，因为内部对抗训练的机制，GAN 可以解决一些传统机器学习中所面临的数据不足的问题，因此可以应用在半监督学习、无监督学习、多视角、多任务学习的任务中。

1. **图像超分辨率**

如前所述，图像超分辨率重建的目的，是将一个低分辨率的模糊图像，进行某些处理，得到一个高分辨率的带有丰富细节的清晰图像。超分辨率问题实际上是一个病态问题，因为在图像分辨率降低的过程中，丢失的高频细节很难恢复。但 GAN 在某种程度上可以学习到高分辨率图像的分布，从而能够应用于图像的超分辨率重建。目前，采用 GAN 模型可以很好地完成这种处理，获得高质量的超分辨率重建图像。

如图 14.21 所示，生成模型将模糊的低分辨率图像作为输入，输出一个高分辨率的清晰图像。判别模型则判断所输入的图像究竟是“真实高分辨率图像”还是由低分辨率图像“转化来的高分辨率图像”。这就大大简化了图像超分辨率模型的学习过程。因为传统的图像超分辨率重建方法需对高频细节进行建模，而这里生成模型训练目的简化为模糊判别模型。

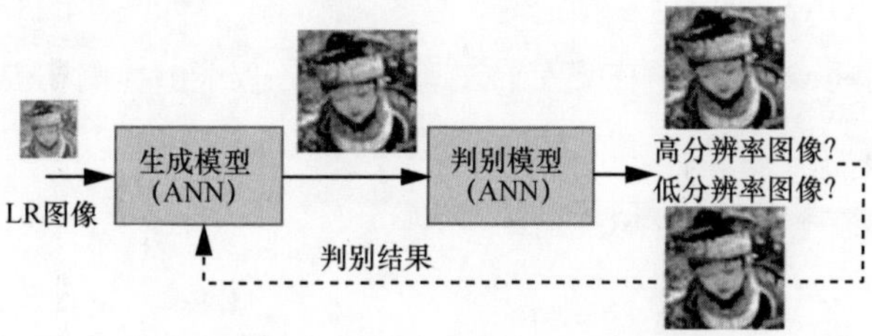

图 14.21　基于 GAN 的图像超分辨率重建

为了使整个 GAN 能够取得比较好的结果，要求生成模型和判别模型都有很强的学习能力。所以在实际应用中，我们常常用多层的神经网络来参数化生成模型或者判别模型。在图 14.21 所示的 GAN 中，用一个 16 个残差块的网络来参数化生成模型。判别模型使用的是一个 VGGNet 网络，这是牛津大学视觉几何组（Visual Geometry Group）和 Google DeepMind 公司共同研发的深度卷积神经网络。与以往基于深度学习模型的图像超分辨率结果相比，这个实验结果说明使用 GAN 模型能够得到更好的结果，能够提供更丰富的细节，这是 GAN 作为图像生成时的一个显著优点。

2. **图像翻译**

用 GAN 可以实现“图像翻译”，如图 14.22 所示。图 14.22（a）是从图像到图像的翻译，如将语义标注图、灰度图或边缘图作为 GAN 的输入，那么 GAN 能够输出和输入图一致的真实图像。图 14.22（b）是从文本到图像的翻译示例，GAN 的输入是描述图像内容的一句话，如“一只有着粉色的胸和冠的小鸟”，生成的图像内容和这句话所描述的内容相匹配。

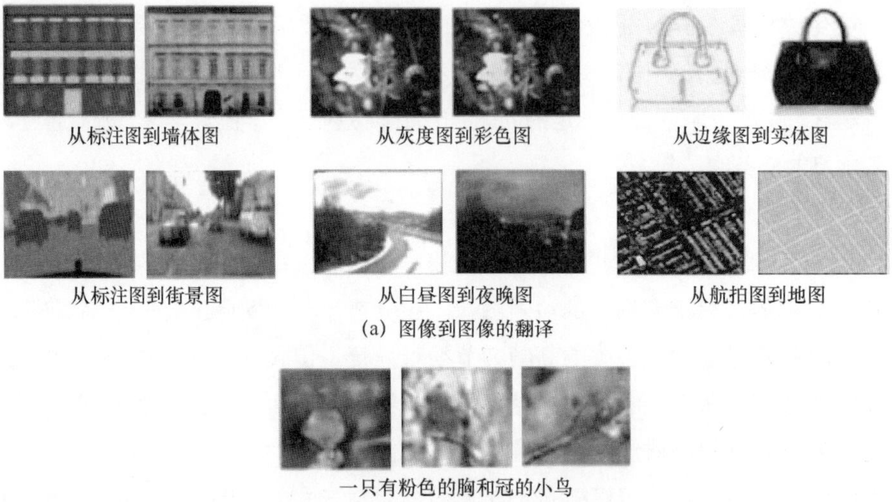

(a) 图像到图像的翻译

(b) 从文本到图像的翻译

图 14.22　图像翻译示例（见彩插图 14.22）

3. 图像生成

如图 14.23 所示，GAN 可以用在特定的人脸图像生成上，如图 14.23（a）生成戴着墨镜的人脸。图 14.23（b）是将 GAN 应用在“人脸去遮挡”，不仅能够检测和去掉在人脸上的遮挡，同时还能保持人的身份信息，从而提高人脸的识别准确率。GAN 也可以用于视频生成，如图 14.23（c）所示，利用过去的一系列帧预测未来的若干帧。

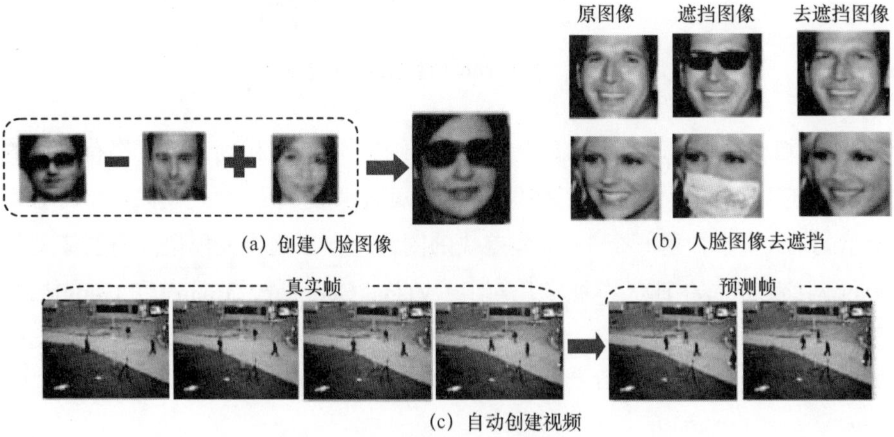

(a) 创建人脸图像

(b) 人脸图像去遮挡

(c) 自动创建视频

图 14.23　图像和视频的生成（见彩插图 14.23）

第 15 章
图像压缩感知

图像的压缩感知，即利用信号的稀疏特性，在远小于奈奎斯特采样率的条件下，将常规的取样、压缩两步合并完成。本章首先简要介绍压缩感知理论中的 3 个基本问题，即信号的稀疏表示、非相关测量和感知信号非线性重建；然后重点介绍压缩感知中非线性重建这一最为关键的问题；最后以视频的压缩感知为例，简单说明了对实际视频图像信号压缩感知的一般处理方法。

对于图像数据的压缩，除了第 7 章介绍的基于图像统计特性的压缩方法外，近年来出现一类新的基于信号稀疏性（Sparsity）的压缩方法，即压缩感知（CS，Compressed Sensing）的理论和技术。

2004 年，Emmanuel Candès、David Donoho 和陶哲轩等所发表的一系列论文奠定了压缩感知理论的基石。压缩感知理论为大多数具有稀疏性的自然信号的采集和压缩带来了突破性进展。压缩感知利用信号的稀疏特性，在远小于奈奎斯特（Nyquist）采样率的条件下，用随机采样获取信号的离散样本，将常规的取样、压缩两个步骤合并一起完成。对压缩感知产生的压缩信号，通过适当的非线性重建算法可准确地重建原信号。压缩感知理论一经提出，就引起学术界和工业界的广泛关注，尤其在图像处理领域，迄今为止一直受到高度重视，理论研究和技术开发成果不断出现。

15.1 压缩感知基础

15.1.1 从传统压缩到感知压缩

在经典的数字信号处理中，信号的数字化和压缩是分开进行的。

首先是数字化过程，其理论基础是奈奎斯特采样定理：若要由均匀采样得到的离散信号无失真地恢复出原连续信号，则要求信号是限带信号，即信号的频谱仅在某一最高频率 f_m 之内有值，而且采样速率必须大于或等于该信号带宽的两倍。

随后是对已获得的数字信号进行压缩处理。对信号进行压缩的方法很多，最常见的是正交变换的压缩方法。例如，长度为 N 的数字信号经过正交变换后，产生了 N 个变换系数。由于大多数信号是统计冗余的，正交变换去除了信号中大部分冗余信息，N 个系数中除少数 K 个较大外，大部分系数为 0 或近似为 0。因此，将这 $N-K$ 个 0 或者很小的系数通过量化处理后舍去，只需保留变换系数中 K 个较大的分量，完成压缩处理。解压缩则是通过对 K 个较大系数进行反量化、反变换，能够近乎完美地重建原始信号，因为丢弃的这 $N-K$ 个变换域系数为 0 或接近于 0，对重建图像的贡献微乎其微。这一压缩、解压缩的过程参见图 15.1。

为了保证不失真重建原信号，这种压缩方式由奈奎斯特定理决定的采样频率会很高，采样间隔很小，所形成的数据量很大。压缩时必须对全部的数据进行正交变换，得到变换系数后又将大部分小的系数丢弃，仅保留少量重要的变换系数以及它们的位置信息。

对比上述采样和压缩这两个过程，会发现其中存在一个矛盾之处：在图像信号采集阶段，需要高速、高密度器件，如高密度 CCD 和高速 A/D 器件，获得大量的图像数据，对全部大量的数据进行压缩处理；在压缩处理后只保留少量的重要数据，丢弃了大量“辛勤”采集和处理得到的数据。这意味着在传统的采集、压缩环节中存在很大的“浪费”，有大量的硬件和软件资源被消耗用来做采集和处理那些与终将被丢弃数据相关的工作。

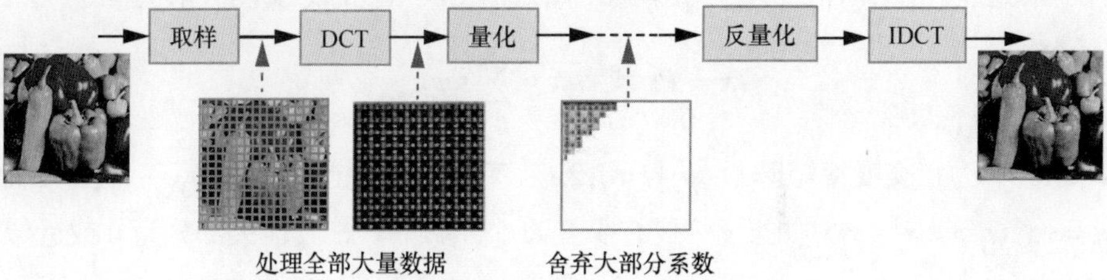

图 15.1　传统的图像采集和压缩过程（见彩插图 15.1）

有没有办法解决这种“浪费”的问题，避免先大量采集和处理后大量丢弃的做法，而直接对信号做“有用”的数据采样？回答是肯定的，这就是近年来引起人们广泛关注的压缩感知（CS）理论：将信号的采集和压缩这两个环节合并进行，在信号的采集过程中就进行了压缩。

在压缩感知理论中，信号的采样速率不再取决于信号的带宽，而是取决于信号的稀疏性，取决于信号和观测系统的不相关性。满足这两个条件，就可以在信号采集的同时得到经压缩的观察值，而且通过解一个优化问题，就可以保证以极大的概率从压缩的观测数据中完全恢复出原信号。

压缩感知是建立在矩阵分析、概率统计、拓扑几何、泛函优化与时频分析等学科基础上的一种新的信号描述与处理的理论，其目标是使信号的采样与压缩在低于奈奎斯特定理要求的速率上进行，可以显著降低数据采集、压缩、存储和传输代价。和传统压缩方法的信号重建相比，压缩感知方法还必须为信号的重建付出繁重的代价。目前，压缩感知理论与应用研究正在国内外多所著名高校、研究单位和有关公司广泛、深入地展开。

压缩感知的理论和实现包含 3 个关键部分：信号的稀疏表示、信号的非相关测量和感知信号的非线性优化重建。其中，信号的稀疏性是压缩感知的必备条件，非相关随机测量是压缩感知的关键措施，非线性优化是压缩感知信号重建的独特手段，也是难点所在。

15.1.2　信号的稀疏表示

在我们实际接触和应用的信号中，尤其是自然信号，如语音、图像、视频等，绝大部分是稀疏的。但这一结论和日常感觉并不一致，如我们看到的图像画面是“丰富多彩”的，并不是“稀稀朗朗”的。其实，这“丰富多彩”中间存在很多相同或相近的内容，如图像中相邻像素之间非常相似甚至相同，存在大量的信息冗余。如果我们能够通过某种变换（不限于线性，也不限于正交）得到信号在变换域的等价表示，由于变换消除了变换域系数之间的大部分或全部相关性，出现了大量的 0 系数或近似为 0 的系数，呈现出明显的稀疏性，则认为这一类信号具有稀疏性，是稀疏信号，或在某一基函数下是稀疏信号。可见，正是信号在空域或时域的大量冗余造就了它在变换域的稀疏。

这里以一维信号矢量为例说明信号的稀疏性，其他二维或多维信号可以经堆叠的方式形成一维信号来处理。设 $N\times1$ 维信号 $\boldsymbol{x}=(x_1,\cdots,x_N)^{\mathrm{T}}\in R^N$ 的正交线性分解为

$$\boldsymbol{x}=\boldsymbol{\Psi s} \text{ 或者 } \boldsymbol{x}=\sum_{i=1}^{N}s_i\boldsymbol{\psi}_i \tag{15.1}$$

其中，$\boldsymbol{\Psi}\in R^{N\times N}$ 为正交变换矩阵，$\{\boldsymbol{\psi}_i\,|\,i=1,2,\cdots,N\}$ 是其基矢量，$\boldsymbol{s}=(s_1,\cdots,s_N)^{\mathrm{T}}\in R^N$ 为变换系数，$s_i=<\boldsymbol{x},\boldsymbol{\psi}_i>=\boldsymbol{\psi}_i^{\mathrm{T}}\cdot\boldsymbol{x}$。如果 $\boldsymbol{s}$ 中仅有少量 K 个系数非零，其他大部分为 0 或近似为 0，即 $K<<N$，则称信号 $\boldsymbol{x}$ 是 K 稀疏的（K-sparse），准确地说 $\boldsymbol{x}$ 在变换域是稀疏的。更一般地表述为，只要信号在一个域是稀疏的（一般不可能在两个域都稀疏），则称信号是稀疏的。

因此，对一自然信号 $\boldsymbol{x}$ 而言，这里可能存在两种稀疏性：一种是 $\boldsymbol{x}$ 本身是稀疏的，不为 0 的分量很少；另一种是 $\boldsymbol{x}$ 本身不是稀疏的，但经某种变换，如 $\boldsymbol{x}=\boldsymbol{\Psi s}$，在变换域 $\boldsymbol{s}$ 是稀疏的，不为 0 的分量很少。在实际中，第二种情况是最常见的，常称之为可压缩信号。对于第一种情况，信号 $\boldsymbol{x}$ 本身是稀疏的，则可看成 $\boldsymbol{x}=\boldsymbol{\Psi s}=\boldsymbol{Is}$，其中 $\boldsymbol{I}$ 是单位对角阵，也是正交矩阵，然后参照第二种情况的稀疏信号处理。对这两种情况我们都可称 $\boldsymbol{x}$ 为稀疏信号，具有稀疏性。

15.1.3 稀疏信号的测量

$N\times1$ 维信号 $\boldsymbol{x}$ 被随机测量矩阵 $\boldsymbol{\Phi}$ 测量后得到测量（观测）值 $\boldsymbol{y}$ 如下：

$$\boldsymbol{y}=\boldsymbol{\Phi x} \tag{15.2}$$

其中，$\boldsymbol{\Phi}\in R^{M\times N}$，为 M 行 N 列矩阵，$M<N$，信号 $\boldsymbol{x}=(x_1,\cdots,x_N)^{\mathrm{T}}\in R^N$，测量结果 $\boldsymbol{y}=(y_1,\cdots,y_M)^{\mathrm{T}}\in R^M$。这里 $\boldsymbol{\Phi}$ 的每一行可以看作一个传感器，它与信号列矢量相乘，即两个矢量的对应元素相乘求和，其结果就形成了 $\boldsymbol{y}$ 的一个分量，它包含了信号的部分信息。测量矩阵对信号 $\boldsymbol{x}$ 执行 M 次观测，共形成了 M 个观察值，组成了信号的线性观察矢量 $\boldsymbol{y}$，它包含了重构信号 $\boldsymbol{x}$ 的足够信息。由于 $\boldsymbol{x}$ 本身的表现形式不是稀疏的，为了重建的需要，将前面的 $\boldsymbol{x}=\boldsymbol{\Psi s}$ 代入式（15.2），有

$$\boldsymbol{y}=\boldsymbol{\Phi x}=\boldsymbol{\Phi\Psi s}=\boldsymbol{\Theta s} \tag{15.3}$$

其中，$\boldsymbol{\Phi\Psi}=\boldsymbol{\Theta}$，矩阵和矢量维数之间的关系可用图 15.2 所示。从图中可以看出，对 $N\times1$ 维信号 $\boldsymbol{x}$ 的随机测量，得到 $M\times1$ 维结果 $\boldsymbol{y}$，一并完成了“采样”和“压缩”两项任务。这里的采样打破了以往的概念，以往的采样一般是用均匀冲激序列和模拟信号相乘来进行离散化。而在压缩感知的情况下，如果设想 $\boldsymbol{x}$ 为模拟信号，$\boldsymbol{\Theta}$ 为某一种具有随机矩阵性能的器件，同样可以得到离散的测量值 $\boldsymbol{y}$，其作用相当于离散化采样。由于传统均匀采样时得到 $\boldsymbol{x}$ 的离散信号的长度为 N，而 $\boldsymbol{y}$ 的长度为 M，比离散的 $\boldsymbol{x}$“短”，已经得到了压缩，压缩率为 $\dfrac{N}{M}$。可见，CS 的采集和压缩是通过测量矩阵直接获取的，没有任何先获取 N 个样本的中间过程。而且这是一个非自适应的过程，测量矩阵 $\boldsymbol{\Phi}$ 是固定的，不取决于 $\boldsymbol{x}$。

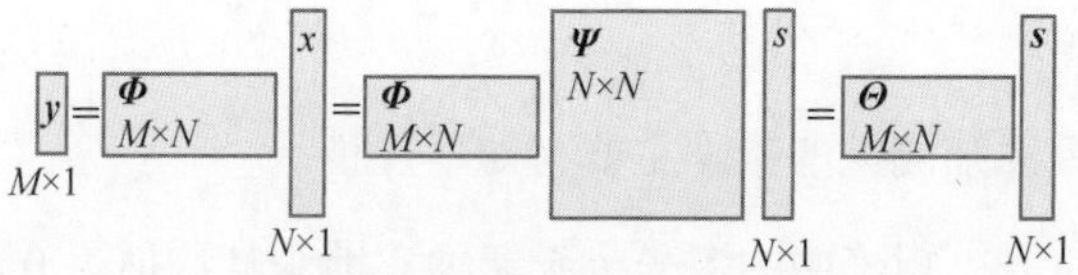

图 15.2　稀疏信号的测量过程

1. 测量矩阵的要求

由前述式(15.3)可知，稀疏信号 $\boldsymbol{x}$ 经随机矩阵测量后得到压缩的观察值 $\boldsymbol{y}=\boldsymbol{\Theta s}$，其中 $\boldsymbol{\Theta}=\boldsymbol{\Phi\Psi}$。现在重要的问题在于，能否由压缩后的观察值通过上述方程完整地解得 $\boldsymbol{s}$，而后重建原信号 $\boldsymbol{x}$。由于 $\boldsymbol{y}$ 的维数远小于 $\boldsymbol{s}$ 的维数，即方程的个数远少于未知数的个数，显然这是一个病态（Ill-condition）方程，可以有无数个符合方程的解。如不能够唯一恢复，那么随机测量得到的测量值就没有意义。并非任意的测量矩阵都可以保证能够由 $\boldsymbol{y}$ 正确恢复 $\boldsymbol{x}$，那么什么样的测量矩阵才能够保证后续的恢复工作顺利进行?

（1）如果 $\boldsymbol{x}$ 是 K 稀疏（K-sparse）的，即在 $\boldsymbol{s}$ 中只有 K 个非零系数，$K<<N$，且知道在 $\boldsymbol{s}$ 中非零系数的位置。若 $M>K$，病态方程 $\boldsymbol{\Theta s}=\boldsymbol{y}$ 可能转变为正常方程（Well-condition），变为正常的变换压缩问题，只要 $\boldsymbol{\Theta}$ 的条件数满足下式。

$$1-\varepsilon \leqslant \frac{\|\boldsymbol{\Theta s}\|_2}{\|\boldsymbol{s}\|_2} \leqslant 1+\varepsilon \tag{15.4}$$

其中，两个不等式中间的分式就是 $\boldsymbol{\Theta}$ 的条件数，ε 为小于 1 的正数。这是方程（15.3）有稳定解的充分必要条件。

（2）如果 $\boldsymbol{x}$ 是 K 稀疏的，但不知道 $\boldsymbol{s}$ 中非零系数的位置，则是压缩感知问题，而且是病态问题。可以证明，$\boldsymbol{\Theta}$ 只要满足如下条件就可保证方程（15.3）有稳定的唯一解。

$\boldsymbol{\Theta}=\boldsymbol{\Phi\Psi}$ 中矩阵 $\boldsymbol{\Theta}$ 具有有限等距性（RIP，Restricted Isometry Property），即需证明 $\boldsymbol{s}$ 的 K 个非零系数的 C_N^K 种组合中任意一个都满足式（15.4）。

验证测量矩阵是否满足 RIP 条件是一个 NP-hard 问题。目前，常用 RIP 的等价条件使之容易验证。这个等价条件就是 $\boldsymbol{\Theta}$ 的不相干性（Incoherence），即要求 $\boldsymbol{\Phi}$ 的行不能够表示为 $\boldsymbol{\Psi}$ 的列的稀疏组合，反过来 $\boldsymbol{\Psi}$ 的行也不能够由 $\boldsymbol{\Phi}$ 的列的稀疏组合来表示。

例如，要满足 $\boldsymbol{\Theta}$ 为 RIP 和不相干的要求，可选择 $\boldsymbol{\Phi}=\{\phi_{ij}\}$ 为随机高斯矩阵，其中任意一项 ϕ_{ij} 是相互独立且服从 0 均值、$\dfrac{1}{N}$ 方差的高斯分布的随机变量。最简单的情况是当 $\boldsymbol{\Psi}=\boldsymbol{I}$ 时，可以证明，$\boldsymbol{\Theta}=\boldsymbol{\Phi I}=\boldsymbol{\Phi}$ 以极大的概率具有 RIP。这时，RIP 条件的满足可简化为

$$M \geqslant cK\log\left(\frac{N}{K}\right) \leqslant N \tag{15.5}$$

其中 c 是一个固定的常数。而且还不管 $\boldsymbol{\Psi}$ 是什么正交方阵，$\boldsymbol{\Phi}$ 是统一的（如采用上述的随机高斯矩阵），$\boldsymbol{\Theta}=\boldsymbol{\Phi\Psi}$ 都以极大的概率具有 RIP。

2. 常见的测量矩阵

用于稀疏信号的压缩感知测量的矩阵主要有如下几种。

（1）高斯随机测量矩阵，矩阵中的每一个元素独立地服从均值为 0、方差为 $\frac{1}{N}$ 的正态分布。

（2）贝努利测量矩阵（二值随机测量矩阵），矩阵中的每一个元素独立地服从对称的贝努利分布。

（3）傅里叶随机测量矩阵，矩阵的 M 个行向量服从于均匀随机分布，并且所有的列向量均归一化。

（4）非相关测量矩阵，该测量矩阵是从 $N\times N$ 阶正交矩阵 $\boldsymbol{U}$ 均匀随机选取 M 行组成行向量，并将其所有的列向量归一化。

还有其他一些测量矩阵，这里不一一列举。

15.1.4 感知信号的重建

信号 $\boldsymbol{x}$ 经过 $\boldsymbol{y=\Theta s}$ 测量形成感知信号，或观察值 $\boldsymbol{y}$，一并完成了取样和压缩。如何从压缩的观察值 $\boldsymbol{y}$ 来重建原信号 $\boldsymbol{x}$? 如下的压缩感知重建定理说明了重建的条件和方法，这里省略复杂的证明，直接引入结论。

已知约束方程 $\boldsymbol{y=\Phi\Psi s=\Theta s}$，$\boldsymbol{x}$ 是稀疏的，且 $\boldsymbol{x=\Psi s}$，$\boldsymbol{s}$ 中只有 K 个分量非零。求解 $\boldsymbol{x}$，等价于求解 $\boldsymbol{s}$，而 $\boldsymbol{s}$ 可由下式解得。

$$\hat{\boldsymbol{s}} = \arg \min_{s} \|\boldsymbol{s}\|_0 \quad \text{s.t.} \quad \boldsymbol{y} = \boldsymbol{\Theta s} \tag{15.6}$$

由上式可知，符合 $\boldsymbol{y}$ 约束条件的矢量 $\boldsymbol{s}$ 有无穷多，找出其中最稀疏的那个 $\hat{\boldsymbol{s}}$，即问题的解答。从概念上看，这一解答可分为两步进行：第一步，约束条件 $\boldsymbol{y=\Theta s}$ 为不定方程（$M<N$），$\boldsymbol{s}$ 有无穷多解；第二步，在众多的解中间，找一个满足 $\min_{s}\|\boldsymbol{s}\|_0$ 条件的解 $\hat{\boldsymbol{s}}$，即为最稀疏的解。因为 L_0 范数表示矢量中不为 0 的分量的个数，最小 L_0 范数表示矢量中 0 分量的个数最多，自然就是最稀疏的解。可见压缩感知的测量（编码）较简单，重建（解码）不容易，重建的关键问题在第二步，即信号的优化重建。

15.2 从测量值重建原信号

15.2.1 信号重建的基本概念

由压缩感知理论可知，一个有限维具有稀疏或可压缩特性的信号可以从它的线性、非自适应测量值的集合（低维）复原出来。因此，从测量值重建原稀疏信号是有理论保证的，这也是 CS

信号处理的 3 个关键问题中最为重要的一个。

1．**矢量的范数**

为了更好地理解从随机测量值重建原信号的问题，有必要简单回顾一下所涉及的几种常用的矢量范数定义。以 $N\times1$ 维列矢量 $\boldsymbol{x}=[x_1\ x_2\ \cdots x_i \cdots x_N]^{\mathrm{T}}$ 为例说明。

（1）$\boldsymbol{x}$ 的 0 范数，又称 L_0 范数。

$$\|\boldsymbol{x}\|_0=\sum_{i=1}^{N}|\operatorname{sgn}(x_i)| \tag{15.7}$$

其中 sgn( )为符号函数，$\boldsymbol{x}$ 的 0 范数实际上是表示矢量 $\boldsymbol{x}$ 中不为 0 的分量的个数。

（2）$\boldsymbol{x}$ 的 1 范数，又称 L_1 范数。

$$\|\boldsymbol{x}\|_1=\sum_{i=1}^{N}|x_i| \tag{15.8}$$

它实际上是表示矢量 $\boldsymbol{x}$ 顶点到原点的“街区”距离，或各个分量的长度之和。

（3）$\boldsymbol{x}$ 的 2 范数，又称 L_2 范数。

$$\|\boldsymbol{x}\|_2=\sqrt{\sum_{i=1}^{N}(x_i)^2} \tag{15.9}$$

它实际上是表示矢量 $\boldsymbol{x}$ 顶点到坐标原点的欧几里得距离。

还有 $\boldsymbol{x}$ 的无穷范数、分数范数等，读者可以查看其他参考资料。

2．**三维信号的 CS 重建**

这里以简单的三维信号为例，解释 CS 重建问题的求解过程，为推广到多维打好基础。

（1）解约束条件方程

对约束条件方程 $\boldsymbol{y}=\boldsymbol{\Theta s}$，已知 $\boldsymbol{y}$ 和 $\boldsymbol{\Theta}$ 求 $\boldsymbol{s}$，在三维空间，可能有以下 3 种情况。

情况一：如果有 3 个约束，$\boldsymbol{\Theta}$ 为满秩，即 $\operatorname{rank}(\boldsymbol{\Theta})=3$，这时

$$\begin{bmatrix}\theta_{11} & \theta_{12} & \theta_{13}\\ \theta_{21} & \theta_{22} & \theta_{23}\\ \theta_{31} & \theta_{32} & \theta_{33}\end{bmatrix}\begin{bmatrix}s_1\\ s_2\\ s_3\end{bmatrix}=\begin{bmatrix}y_1\\ y_2\\ y_3\end{bmatrix} \tag{15.10}$$

式中每个约束方程为一个平面，因为 $\boldsymbol{\Theta}$ 为满秩，3 个方程代表的 3 个平面互相不平行、不共面，则必然交于一点，这一点即为上述正常方程的唯一解，解为一个点。

情况二：如果有两个约束，$\boldsymbol{\Theta}$ 为 2×3 维，$\operatorname{rank}(\boldsymbol{\Theta})=2$，这时

$$\begin{bmatrix}\theta_{11} & \theta_{12} & \theta_{13}\\ \theta_{21} & \theta_{22} & \theta_{23}\end{bmatrix}\begin{bmatrix}s_1\\ s_2\\ s_3\end{bmatrix}=\begin{bmatrix}y_1\\ y_2\end{bmatrix} \tag{15.11}$$

上式为欠定方程，解有无穷多，即为两个约束平面的交线。

情况三：如果只有一个约束，$\boldsymbol{\Theta}$ 为 1×3 维，$\operatorname{rank}(\boldsymbol{\Theta})=1$，这时

$$\begin{bmatrix}\theta_{11} & \theta_{12} & \theta_{13}\end{bmatrix}\begin{bmatrix}s_1\\ s_2\\ s_3\end{bmatrix}=y_1 \tag{15.12}$$

上式也为欠定方程，解为一个平面。设和这个欠定方程对应的齐次方程 $\theta_{11}s_1+\theta_{12}s_2+\theta_{13}s_3=0$ 的解（齐次解）为 $N(\boldsymbol{\Theta})$，即 $\boldsymbol{\Theta}$ 的零空间（Null Space）。找一个式（15.12）的特殊解 $\boldsymbol{s}'$（特解），则 $\boldsymbol{s}'+N(\boldsymbol{\Theta})$ 就是式（15.12）的全部解（通解），如图 15.3 所示，在一个平面上。

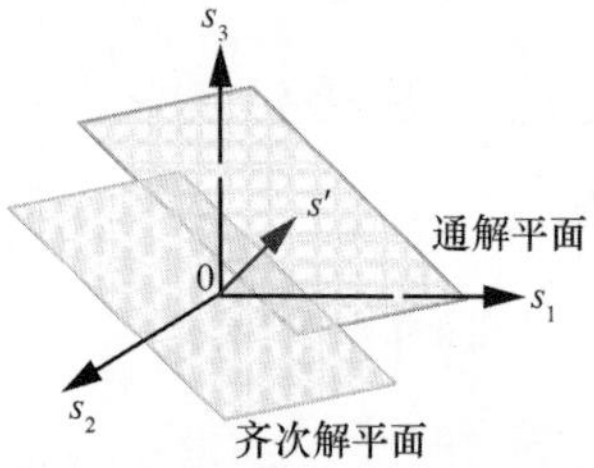

图 15.3　方程（15.12）的解平面

（2）搜寻最稀疏解

在上述的 3 种情况中，情况二和情况三属于不定方程，符合压缩感知测量值的维数远小于信号维数的情况。根据压缩感知的信号稀疏性原理，原信号必定为所有可行解中最稀疏的一个。以情况三为例，解平面（不过原点）上任意一点 $\boldsymbol{s}=[s_1\ s_2\ s_3]^{\mathrm{T}}$ 都满足方程（15.12），每个 $\boldsymbol{s}$ 都可以计算 $\|\boldsymbol{s}\|_0$，即 $\boldsymbol{s}$ 中不为零的分量的个数，最小的 $\|\boldsymbol{s}\|_0$（最稀疏）所对应的那个 $\boldsymbol{s}$ 就是最优解 $\hat{\boldsymbol{s}}$。

对于方程（15.12），即 $\theta_{11}s_1+\theta_{12}s_2+\theta_{13}s_3=y_1$，解平面上所有的点可分 3 种：一是解平面上的普通点 $\boldsymbol{s}$，有 3 个分量，$\|\boldsymbol{s}\|_0=3$，如图 15.4 中的 a 点；二是解平面和坐标平面交线上的点 $\boldsymbol{s}$，有 2 个分量，$\|\boldsymbol{s}\|_0=2$，如图 15.4 中的 b 点；三是解平面和坐标轴的交点，这些点只有一个分量，$\|\boldsymbol{s}\|_0=1$，如图 15.4 中的 c 点，显然这是最稀疏解。

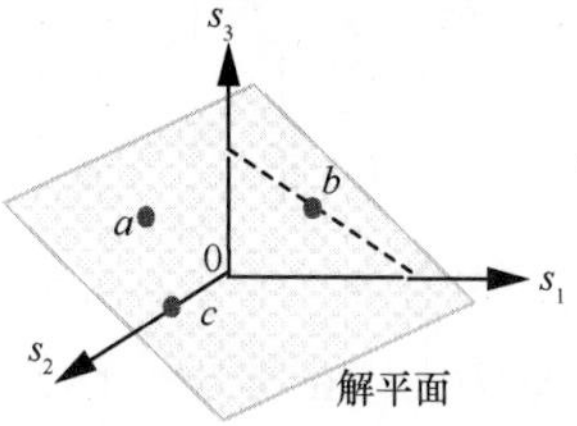

图 15.4　式（15.12）的最优解

下面着重讨论最稀疏解，非零系数的个数 $\|\boldsymbol{s}\|_0=1$，即 $[s_1\ 0\ 0]^{\mathrm{T}}$ 或 $[0\ s_2\ 0]^{\mathrm{T}}$ 或 $[0\ 0\ s_3]^{\mathrm{T}}$，分别将此 3 式代入方程（15.12）得到 3 个具体的解 $\left[\dfrac{y_1}{\theta_{11}}\ 0\ 0\right]^{\mathrm{T}}$ 或 $\left[0\ \dfrac{y_1}{\theta_{12}}\ 0\right]^{\mathrm{T}}$ 或 $\left[0\ 0\ \dfrac{y_1}{\theta_{13}}\right]^{\mathrm{T}}$，实际上是解平面和 3 个坐标轴的交点，如图 15.5（a）所示。3 个解都符合条件，因为它们都是“1 稀疏”的。如

果解平面和一个坐标轴平行（如 s_2 轴），则可以得到两个交点，如图 15.5（b）所示。更特别的是解平面和两个坐标轴（如 s_2 轴和 s_3 轴）平行，只能得到一个交点，如图 15.5（c）所示。这些点的 $\|s\|_0=1$，都是 0 范数的最优解。可见，最稀疏解也不一定是唯一的。

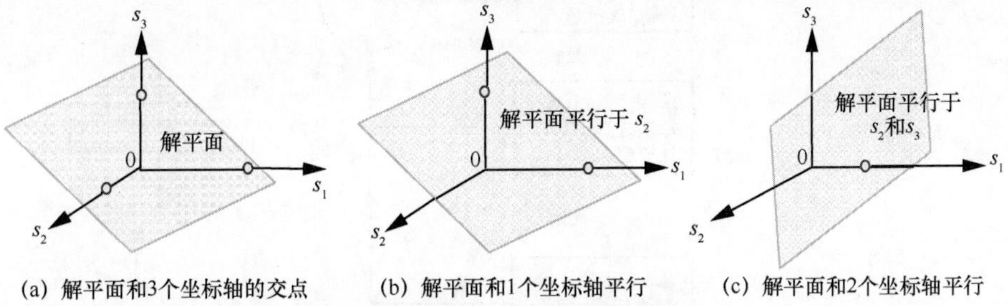

图 15.5　式（15.12）的 3 种最优解

对于第二种情况，式（15.11）$\begin{bmatrix}\theta_{11} & \theta_{12} & \theta_{13}\\ \theta_{21} & \theta_{22} & \theta_{23}\end{bmatrix}\begin{bmatrix}s_1\\ s_2\\ s_3\end{bmatrix}=\begin{bmatrix}y_1\\ y_2\end{bmatrix}$的解集为一条直线，如图 15.6 所示。这时根据直线和坐标轴相交的情况：

（1）和 3 个坐标轴皆不相交，则和坐标平面交点的 $\|\boldsymbol{s}\|_0=2$，为最稀疏解；

（2）和 1 个坐标轴或 2 个坐标轴相交，则和某一轴交点的 $\|\boldsymbol{s}\|_0=1$，为最稀疏解。

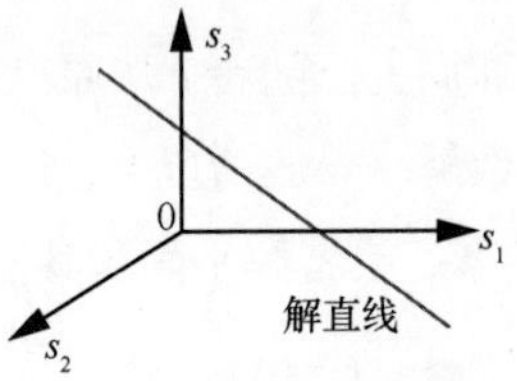

图 15.6　式（15.11）的最优解

3. 多维信号的 CS 重建

（1）L_0 范数求解

上面对三维情况下 $\|\boldsymbol{s}\|_0$ 求解很方便。但对于多维情况，如 100×100 图像，堆叠成 10000×1 维矢量，求解的流程如图 15.7 所示，其计算量就很大。

首先，假设最稀疏的解为 $\|\boldsymbol{s}\|_0=1$，将 $\boldsymbol{s}=[s_1,s_2,\cdots,s_{10000}]$中除 s_1 以外皆置为 0，检查 $\boldsymbol{s}$ 是否满足方程 $\boldsymbol{y}=\boldsymbol{\Theta s}$，如果满足，则$[s_1,0,\cdots,0]$就是问题的最优解；如果不满足，则将 $\boldsymbol{s}$ 中除 s_2 以外所有的分量置零，再检查 $\boldsymbol{s}$ 是否满足方程 $\boldsymbol{y}=\boldsymbol{\Theta s}$，如果满足，则有解，停止计算；如不满足，则继续对 s_3 做相同的操作，直至 s_{10000}，最多需如此计算 10 000 次。

如果 $\|\boldsymbol{s}\|_0=1$ 尚未找到解，则考虑 $\|\boldsymbol{s}\|_0=2$。在 $\boldsymbol{s}$ 中任意取两个分量不为 0，其他皆置为 0，用类似的方法检查，有满足的则为最优解，如果全都不满足，则最多需计算 C_{10000}^2 次，然后转向 $\|\boldsymbol{s}\|_0=3$

的计算。如此往复循环，一般情况至少算到$\|\boldsymbol{s}\|_0$=100～1000，其计算量达到匪夷所思的地步，在数学中称此类问题为 NP 难题，$\|\cdot\|_0$方法在实际中因计算量庞大而行不通。

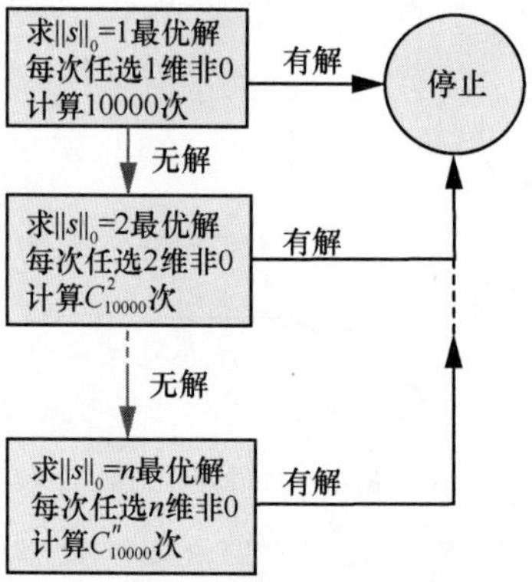

图 15.7　0 范数求解流程

（2）L_2 范数求解

能否用 L_2 范数$\|.\|_2$求最优解？回答是否定的，只用三维情况就可说明。L_2 范数 CS 求解的最优问题变为

$$\hat{s}=\arg\min_{s}\|\boldsymbol{s}\|_2^2 \quad \text{s.t.} \quad \boldsymbol{y}=\boldsymbol{\Theta s} \tag{15.13}$$

如图 15.8 所示，解平面是确定的，解平面上 $\boldsymbol{s}$ 的 2 范数最小的点在哪里？凡是$\|\boldsymbol{s}\|_2^2=r^2$的点都在以原点为中心、以 r 为半径的球面上。随着 r 从原点逐渐增加，球面不断膨胀，首先接触到解平面的那一点$\hat{\boldsymbol{s}}$，即为最小 2 范数解。一般情况下，这个解有 3 个分量，不是最稀疏的。而解平面和 s_1 轴的交点 $\boldsymbol{s}^*$才是最稀疏的解，或者解平面和其他轴的交点也是。可见，2 范数最小化的解并非最稀疏的解。

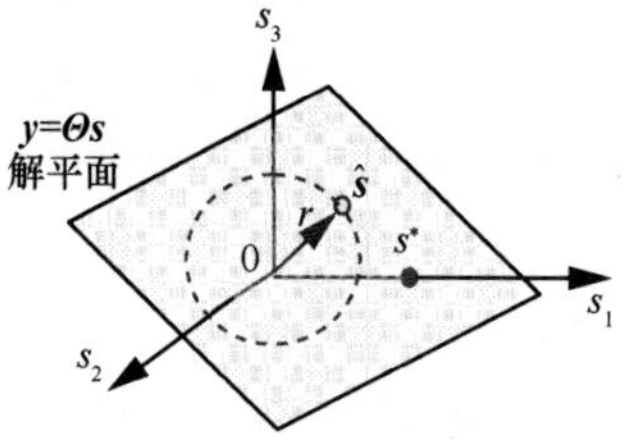

图 15.8　2 范数求解示意

（3）L_1 范数求解

能否用$\|\cdot\|_1$范数求解？回答是在一般条件下是肯定的。这里不予证明，只以 3 维情况为例加以说明。0 范数优化问题转换为下列 1 范数优化问题。

$$\hat{s}=\arg\min_{s}\|\boldsymbol{s}\|_1 \quad \text{s.t.} \quad \boldsymbol{y}=\boldsymbol{\Theta s} \tag{15.14}$$

在三维情况下，$\|\boldsymbol{s}\|_1=|s_1|+|s_2|+|s_3|$，如图 15.9（a）所示，给定一个$\|\boldsymbol{s}\|_1=r$，可得到一个满足此条件的正 8 面体（中心在原点）。换句话说，8 面体上的任意一点都满足$\|\boldsymbol{s}\|_1=r$。求 $\min\|\boldsymbol{s}\|_1$ 的解，就是寻找 8 面体和解平面的交点。图 15.9（b）为 s_1-s_3 截面图，设想逐步扩大 r，即扩大 8 面体，它和解平面的第一个交点必然在轴线上（只要解平面和轴线不成 45°），可以清楚地看到获得 1 范数解的过程。

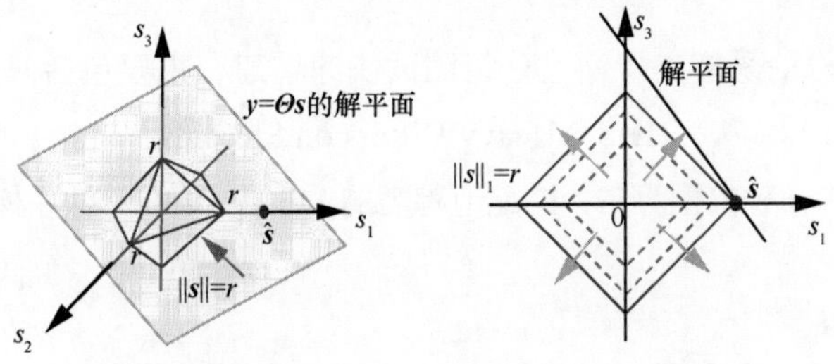

(a) 正8面体和解平面的交点　　(b) s_1-s_3 截面图

图 15.9　1 范数求解示意

由此可见，用 1 范数$\|\boldsymbol{s}\|_1$求解可行：逐步扩大 r，对每个 r 寻找检查$\|\boldsymbol{s}\|_1$坐标轴上的点（1 点、2 点……）是否符合 $\boldsymbol{y}=\boldsymbol{\Theta s}$，一旦符合，即为所求的最稀疏解。可见，$\|\boldsymbol{s}\|_1$和$\|\boldsymbol{s}\|_0$方法的结果是一致的，都可以找到解平面和坐标轴的交点，但由于$\|\boldsymbol{s}\|_0$是非凸函数，求解困难；而$\|\boldsymbol{s}\|_1$是凸函数，可用线性规划等方法求解，比较容易实现。

在多维的情况下，如 N 维，随着测量矩阵的维数逐步扩大，测量次数逐步增多，解集维数逐步减小，如图 15.10 所示。

$$
\begin{bmatrix}\theta_{11} & \cdots & \cdots & \theta_{1N}\end{bmatrix}\begin{bmatrix}s_1\\ \vdots\\ \vdots\\ s_N\end{bmatrix}=\begin{bmatrix}y_1\end{bmatrix} \Rightarrow \begin{bmatrix}\theta_{11} & \cdots & \cdots & \theta_{1N}\\ \theta_{21} & \cdots & \cdots & \theta_{2N}\end{bmatrix}\begin{bmatrix}s_1\\ \vdots\\ \vdots\\ s_N\end{bmatrix}=\begin{bmatrix}y_1\\ y_2\end{bmatrix} \Rightarrow \Rightarrow \begin{bmatrix}\theta_{11} & \cdots & \cdots & \theta_{1N}\\ \vdots & \ddots & & \vdots\\ \vdots & & \ddots & \vdots\\ \theta_{N1} & \cdots & \cdots & \theta_{NN}\end{bmatrix}\begin{bmatrix}s_1\\ \vdots\\ \vdots\\ s_N\end{bmatrix}=\begin{bmatrix}y_1\\ \vdots\\ \vdots\\ y_N\end{bmatrix}
$$

解集为N维超平面　　解集为N-1维超平面　　……　……　　解集为1维超点

图 15.10　多维约束方程的解集

15.2.2　典型的重建算法

上节给出的三维 CS 重建方法只是说明可以从感知信号通过穷尽的搜索方法找到线性方程组的 L_0（或 L_1）最优解。但在一般情况下由于庞大的计算量，这种方法在高维信号的 CS 重建时是不可行的，因此需要寻找解决高维信号的 CS 重建的有效方法。

快速有效、性能可靠的信号重构算法是压缩感知理论的核心部分，目前已出现多种稀疏信号的重构算法，大致可以归结为三大类：贪婪算法、凸优化算法和组合算法。

贪婪算法是通过每次迭代时选择一个局部最优解来逐步逼近原始信号，主要包括匹配追踪

（MP，Matching Pursuit）算法、正交匹配追踪（OMP，Orthogonal MP）算法、稀疏自适应匹配追踪（SAMP，Sparsity Adaptive MP）算法等。

凸优化算法是通过将非凸问题转化为凸问题求解找到信号的逼近，主要包括基追踪（BP，Basis Pursuit）算法、全变分（TV，Total Variation）算法、梯度投影稀疏重建（GPSR，Gradient Projection for Sparse Reconstruction）算法、凸集投影（POCS，Projections Onto Convex Sets）算法等。

组合算法要求信号的采样支持通过分组测试快速重建，主要包括傅里叶采样、链式追踪（CP，Chaining Pursuit）算法、HHS（Heavy Hitters on Steroids）追踪算法等。

这里选择介绍其中 4 种典型算法：匹配追踪类的 MP 和 OMP 算法、梯度投影算法和全变分算法。

1.匹配追踪类算法

重写压缩感知的 L_1 范数求解的优化问题，如下。

$$\hat{\boldsymbol{s}} = \arg\ \min_{s} \|\boldsymbol{s}\|_1 \qquad \text{s.t.} \quad \boldsymbol{y} = \boldsymbol{\Theta s} \tag{15.15}$$

可以将这个有约束的优化问题转换为无约束拉格朗日优化问题。

$$\hat{\boldsymbol{s}} = \arg\ \min_{s} \left\{\|\boldsymbol{s}\|_1 + \lambda \|\boldsymbol{y} - \boldsymbol{\Theta s}\|_2^2\right\} \tag{15.16}$$

这是一个非线性的凸优化问题。对于优化问题，一般可用梯度的方法求解。而这里不行，$\|\boldsymbol{s}\|_1$ 在坐标轴上的点的导数不存在，因为这个点正好位于两条直线的交点上，左右导数不相等。因此，我们先回到最小 L_0 范数问题的求解方法中最早也是最经典的匹配追踪（MP）和正交匹配追踪（OMP）方法。

（1）MP 算法

先介绍信号的稀疏分解过程，明白了分解的过程，也就很容易理解信号重建的过程。设 $D=\{g_i\}_{i=0,1,\cdots,N}$ 为希尔伯特（Hilbert）空间 H 中一冗余“字典”（非正交基函数集），$\{g_i\}$ 为其 N+1 个“原子”（基函数），且 $\|g_i\|_2=1$。对于任意信号 $f \in H$，都可以通过 D 中原子的线性组合来表示。为了获得信号 f 的最稀疏表示，首先需获得和信号最接近的那个原子，即满足下列条件的 g_0。

$$g_0 = \arg \max_{i\in\{0,1,2,\cdots,N\}} \left|< f, g_i >\right| \tag{15.17}$$

上式实际上表明首先寻找信号 f 在所有原子方向上投影最大的那个原子，结果是 g_0，它是 N 维 Hilbert 空间中和 f 方向最为靠近的一个原子，即最为“匹配”的一个原子方向。这样信号可分解为

$$f =< f, g_0 > g_0 + r^{(1)} \tag{15.18}$$

其中 $r^{(1)}$为 f 通过 g_0 分解后的残差，且同 f 正交，有

$$\| f \|^2 = \|< f, g_0 >\|^2 + \| r^{(1)} \|^2 \tag{15.19}$$

采用相同的方法对残差 $r^{(1)}$继续进行分解，也就是“追踪”，可得到 n 次分解后的残差 $r^{(n)}$为

$$r^{(1)} =< r^{(1)}, g_1 > g_1 + r^{(2)} ,\ \cdots\cdots,\ r^{(n)} =< r^{(n)}, g_n > g_n + r^{(n+1)} \tag{15.20}$$

信号 f 的 n+1 个原子的逼近为

$$f = \sum_{i=0}^{n} < r^{(i)}, g_i > g_i + r^{(n+1)} \tag{15.21}$$

残差 $r^{(i+1)}$ 始终正交于上一次迭代的残差 $r^{(i)}$，所以最后有

$$\| f \|^2 = \sum_{i=0}^{n} \| < f, g^{(i)} > \|^2 + \| r^{(n+1)} \|^2 \tag{15.22}$$

当残差为零时，信号得到精确分解。

上面说明了稀疏分解中 MP 算法的运算过程，在压缩感知信号 $\boldsymbol{y}=\boldsymbol{\Theta s}$ 的重构过程中，其主要原理与此是一致的，只是具体操作步骤有所区别。在压缩感知信号重建中，感知矩阵相当于字典，或原子库。MP 的基本思想是在每一次的迭代过程中，从感知矩阵 $\boldsymbol{\Theta}$（或过完备原子库）中选择与信号最匹配的列 $\boldsymbol{\theta}_k$（原子）进行稀疏逼近；然后求出测量值 $\boldsymbol{y}$ 和 $\boldsymbol{\theta}_k$ 的残差 $\boldsymbol{r}^1$，再继续选出与残差最为匹配的原子……如此反复迭代，直到迭代次数达到稀疏度 K 或者迭代误差满足预设的误差要求。实际操作中只要误差足够小，即 $\dfrac{\| \boldsymbol{r}^{(n)} \|}{\| \boldsymbol{s} \|} \leqslant \varepsilon$，迭代就可以中止，完成压缩感知信号重建的任务，重建信号便可以由这些原子的线性组合表示。

设已知测量值 $\boldsymbol{y}=\boldsymbol{\Theta s}$，求解稀疏信号的系数 $\boldsymbol{s}$（K 稀疏的），MP 迭代算法的步骤如下。

输入：感知矩阵 $\boldsymbol{\Theta}$，测量向量 $\boldsymbol{y}$，稀疏度 K

输出：$\boldsymbol{s}$ 的 K 稀疏的逼近 $\hat{\boldsymbol{s}}$，误差向量 $\boldsymbol{r}$，停止迭代判决误差 $\varepsilon > 0$

初始化：残差 $\boldsymbol{r}^{(0)}=\boldsymbol{y}$，重建信号 $\boldsymbol{s}^{(0)}=0$，迭代次数 $n=0$

步骤 1：计算余量和感知矩阵 $\boldsymbol{\Theta}$ 每一列的内积 $\boldsymbol{g}^{(n)} = \boldsymbol{\Theta}^{\mathrm{T}} \boldsymbol{r}^{(n-1)}$。

步骤 2：找出 $\boldsymbol{g}^{(n)}$中绝对值最大的元素，即 $k = \arg \max\limits_{i \in \{0,1,\cdots,N\}} | \boldsymbol{g}^{(n)}(i) |$。

步骤 3：计算近似解，$\boldsymbol{s}^{(n)} = \boldsymbol{s}^{(n-1)} + \boldsymbol{g}^{(n)}(k) \cdot \boldsymbol{\theta}_k$。

步骤 4：更新余量 $\boldsymbol{r}^{(n)} = \boldsymbol{r}^{(n-1)} - \boldsymbol{g}^{(n)}(k) \cdot \boldsymbol{\theta}_k$。

步骤 5：是否满足迭代停止条件，若满足，令 $\hat{\boldsymbol{s}} = \boldsymbol{s}^{(n)}$，$\boldsymbol{r} = \boldsymbol{r}^{(n)}$，输出 $\hat{\boldsymbol{s}}$，$\boldsymbol{r}$，否则，$n \leftarrow n+1$，转步骤 1。

从 MP 算法的步骤来看，虽然每次迭代后的残差始终和上一次迭代的残差正交，但信号在已选定感知矩阵的列向量集合上的投影并不是正交的，故不能保证每次迭代的结果是最优的。因此 MP 算法收敛可能需要较多的信号观测数目以及经过较多次迭代。

（2）OMP 算法

为了克服 MP 算法中信号在已选定感知矩阵的列向量集合上的投影并非正交、不能保证每次

迭代结果达到最优的缺陷，正交匹配追踪（OMP）算法沿用了 PM 算法中的原子选择准则，但对已选择的原子进行格莱姆-施密特（Gram-Schmidt）正交化处理，然后才将信号投影到这些正交原子构成的空间上，得到信号在各已选原子上的分量和迭代残差，保证了每次迭代残差都与已选择的原子正交，从而加快收敛速度，减少迭代次数。然而，对已选原子进行正交化处理，显著增加了 OMP 算法的计算量，使信号的重建时间远远长于 MP。

下面对 OMP 算法做简单解释。

由于信号是稀疏的，其系数 $\hat{\boldsymbol{s}}$ 大部分或绝大部分的值为 0。当 K=1 时，$\boldsymbol{s}$ 中只有一项不为 0，即 s_i，根据 $\boldsymbol{y}=\boldsymbol{\Theta}\hat{\boldsymbol{s}}$，必定有 $\boldsymbol{y}=\boldsymbol{\theta}_i\hat{s}_i$，其中 $\boldsymbol{\theta}_i$ 是矩阵 $\boldsymbol{\Theta}$ 的第 i 列。由于 $\hat{s}_i$ 是一个常数，$\boldsymbol{\theta}_i$ 和 $\boldsymbol{y}$ 极为相似。矢量间的相似可用它们的内积来衡量，显然有

$$|<\boldsymbol{y},\hat{\boldsymbol{\theta}}_i>| \geqslant |<\boldsymbol{y},\hat{\boldsymbol{\theta}}_j>|,\ \forall i \neq j \tag{15.23}$$

所以，只要计算矩阵 $\boldsymbol{\Theta}$ 所有列与 $\boldsymbol{y}$ 的内积，找到内积绝对值最大的那列即可，该列对应的位置就是 i。根据最小二乘法，求 $\|\boldsymbol{y}-\boldsymbol{\theta}_i\hat{s}_i\|_2^2$ 的最优解为

$$\hat{s}_i=(\boldsymbol{\theta}_i^{\mathrm{T}}\boldsymbol{\theta}_i)^{-1}\boldsymbol{\theta}_i^{\mathrm{T}}\boldsymbol{y} \tag{15.24}$$

这是一个数，是所求信号 $\hat{\boldsymbol{s}}$ 的第 i 个元素，其他的元素皆为 0，即 $\hat{\boldsymbol{s}}=[0,\cdots,0,\hat{s}_i,0,\cdots,0]^{\mathrm{T}}$ 为最稀疏解。观察值 $\boldsymbol{y}$ 和由估计值 $\hat{s}_i$ 算得的观察值 $\boldsymbol{\theta}_i\hat{s}_i$ 之间的误差为

$$\boldsymbol{r}^{(1)}=\boldsymbol{y}-\boldsymbol{\theta}_i\hat{s}_i=\boldsymbol{y}-(\boldsymbol{\theta}_i^{\mathrm{T}}\boldsymbol{\theta}_i)^{-1}\boldsymbol{\theta}_i^{\mathrm{T}}\boldsymbol{y}\boldsymbol{\theta}_i=\boldsymbol{y}-\frac{<\boldsymbol{\theta}_i,\boldsymbol{y}>}{<\boldsymbol{\theta}_i,\boldsymbol{\theta}_i>}\boldsymbol{\theta}_i \tag{15.25}$$

这和 Gram-Schmidt 正交化方法是一致的，其误差始终垂直于 $\boldsymbol{\theta}_i$。

当 K=2 时，使用类似处理方法，在矩阵 $\boldsymbol{\Theta}$ 的除 $\boldsymbol{\theta}_i$ 列以外的列矢量中寻找和余量 $\boldsymbol{r}_1$ 相似度最大的那列矢量，如找到的结果为 $\boldsymbol{\theta}_j$。实际上就是寻找使 $\|\boldsymbol{y}-(\boldsymbol{\theta}_j\boldsymbol{\theta}_i)(\hat{s}_j\hat{s}_i)^{\mathrm{T}}\|_2^2$ 最小的那个 $(\hat{s}_j\hat{s}_i)^{\mathrm{T}}$。这里，$\boldsymbol{\theta}_i$ 是我们第一次找到的那一列，$\boldsymbol{\theta}_j$ 是新找到的那一列。可见，估计值 $\hat{\boldsymbol{s}}=[0,\cdots,0,\hat{s}_i,0,\cdots,\hat{s}_j,\cdots,0]^{\mathrm{T}}$ 被更新了，由原来的一个变成两个了，找到两个在变换域最关键的元素和其在 $\hat{\boldsymbol{s}}$ 中对应的位置。此时的残差 $\boldsymbol{r}_2$ 为

$$\boldsymbol{r}^{(2)}=\boldsymbol{y}-\frac{<(\boldsymbol{\theta}_i\boldsymbol{\theta}_j),\boldsymbol{y}>}{<(\boldsymbol{\theta}_i\boldsymbol{\theta}_j),(\boldsymbol{\theta}_i\boldsymbol{\theta}_j)>}(\boldsymbol{\theta}_i\boldsymbol{\theta}_j) \tag{15.26}$$

如果 K>2，则继续上面的步骤，直至找到变换域所有 K 个最重要的分量。

设已知测量值 $\boldsymbol{y}=\boldsymbol{\Theta}\boldsymbol{s}$，求解稀疏信号的系数 $\boldsymbol{s}$（K 稀疏的），OMP 算法的迭代步骤如下。

输入：感知矩阵 $\boldsymbol{\Theta}$，测量向量 $\boldsymbol{y}$，稀疏度 K

输出：$\boldsymbol{s}$ 的 K 稀疏的逼近 $\hat{\boldsymbol{s}}$，残差向量 $\boldsymbol{r}$，停止迭代判决误差 $\varepsilon>0$

初始化：残差 $\boldsymbol{r}^{(0)}=\boldsymbol{y}$，重建信号 $\boldsymbol{x}^{(0)}=0$，信号的索引集 $\Gamma^{(0)}=\varnothing$，迭代次数 n=0

步骤 1：计算余量和感知矩阵 $\boldsymbol{\Theta}$ 的每一列的内积 $\boldsymbol{g}^{(n)}=\boldsymbol{\Theta}^{\mathrm{T}}\boldsymbol{r}^{(n-1)}$。

步骤 2：找出 $\boldsymbol{g}^{(n)}$ 中绝对值最大的元素，即 $k=\arg\max\limits_{i\in\{0,1,\cdots,N\}}\left|\boldsymbol{g}^{(n)}(i)\right|$。

步骤 3：更新索引集 $\Gamma^{(n)}=\Gamma^{(n-1)}\cup\{k\}$ 及原子集合 $\boldsymbol{\Theta}_{\Gamma^{(n)}}=\boldsymbol{\Theta}_{\Gamma^{(n-1)}}\cup\{\boldsymbol{\theta}_k\}$。

步骤 4：利用最小二乘求得近似解 $\boldsymbol{s}^{(n)}=(\boldsymbol{\Theta}_{\Gamma^{(n)}}^{\mathrm{T}}\boldsymbol{\Theta}_{\Gamma^{(n)}})^{-1}\boldsymbol{\Theta}_{\Gamma^{(n)}}^{\mathrm{T}}\boldsymbol{y}$。

步骤 5：更新余量 $\boldsymbol{r}^{(n)}=\boldsymbol{y}-\boldsymbol{\Theta s}^{(n)}$。

步骤 6：是否满足迭代停止条件，若满足则停止，令 $\hat{\boldsymbol{s}}=\boldsymbol{s}^{(n)}$，$\boldsymbol{r}=\boldsymbol{r}^{(n)}$，输出 $\hat{\boldsymbol{s}}$，$\boldsymbol{r}^{(n)}$，否则，$n\leftarrow n+1$，转步骤 1。

由上述介绍可知，MP、OMP 都属于贪婪算法（Greedy Algorithm）类，其核心思想是在每次迭代过程中，选择与当前残差最相关的原子来表示信号的某个分量，每一次迭代都使对信号的逼近更为精确。OMP 对 MP 算法的改进之处在于：将选中的原子正交投影到已被选择的原子张成的空间中，然后重新计算残留误差。

2. **梯度投影算法**

在求解最优化问题的梯度下降法中，迭代沿着目标函数的最速下降方向（负梯度方向）进行。但是，在有约束情况下，沿最速下降方向移动可能导致越出可行解区域。为此，可采用梯度投影稀疏重建法（GPSR）对迭代点进行约束：当迭代点在可行域内部时，取该点处的负梯度方向为可行下降方向；当迭代点在可行域边界上时，取该点处负梯度方向在可行域边界上的投影作为可行下降方向。这样在迭代中不仅使目标函数值不断改进，而且保持迭代点始终在可行域内，直至目标函数的最小值点。下面简单说明梯度投影算法的原理。

压缩感知的信号重建可看成解如下的不受限的凸优化问题。

$$\min_{s}\ \frac{1}{2}\|\boldsymbol{y}-\boldsymbol{\Theta s}\|_2^2+\lambda\|\boldsymbol{s}\|_1 \tag{15.27}$$

其中 $\boldsymbol{s}\in R^n$，$\boldsymbol{y}\in R^k$，$\boldsymbol{\Theta}$ 为 $k\times n$ 矩阵，λ 为非零参数，$\|\cdot\|_2$、$\|\cdot\|_1$ 分别表示矢量的 L_2 范数和 L_1 范数。为了将式（15.27）表示为二次规划（QP，Quadratic Programming）问题，可将变量 $\boldsymbol{s}$ 分裂为正、负两部分，即

$$\boldsymbol{s}=\boldsymbol{u}-\boldsymbol{v},\ \boldsymbol{u}\geqslant 0,\ \boldsymbol{v}\geqslant 0 \tag{15.28}$$

其中，$u_i=(s_i)_+$，$v_i=(-s_i)_+$，$i=1,2,\cdots,n$，$(\cdot)_+$ 表示取正分量的操作，具体为$(\cdot)_+=\max\{0,\cdot\}$。由此可定义$\|\boldsymbol{s}\|_1=\boldsymbol{1}_n^{\mathrm{T}}\boldsymbol{u}+\boldsymbol{1}_n^{\mathrm{T}}\boldsymbol{v}$，其中 $\boldsymbol{1}_n=[1,1,\cdots,1]^{\mathrm{T}}$ 是全部由分量“1”组成的列矢量。这样问题（15.27）就转换为受限的二次规划问题（BCQP，Bound Constrained QP）。

$$\min_{\boldsymbol{u},\boldsymbol{v}}\ \frac{1}{2}\|\boldsymbol{y}-\boldsymbol{\Theta}(\boldsymbol{u}-\boldsymbol{v})\|_2^2+\lambda\boldsymbol{1}_n^{\mathrm{T}}\boldsymbol{u}+\lambda\boldsymbol{1}_n^{\mathrm{T}}\boldsymbol{v}\quad \text{s.t.}\quad \boldsymbol{u}\geqslant 0,\boldsymbol{v}\geqslant 0 \tag{15.29}$$

上式还可以写成更标准的 BCQP 形式。

$$\min_{z}\ F(\boldsymbol{z})=\boldsymbol{c}^{\mathrm{T}}\boldsymbol{z}+\frac{1}{2}\boldsymbol{z}^{\mathrm{T}}\boldsymbol{B}\boldsymbol{z}\quad \text{s.t.}\quad \boldsymbol{z}\geqslant 0 \tag{15.30}$$

其中 $\boldsymbol{z}=\begin{pmatrix}\boldsymbol{u}\\ \boldsymbol{v}\end{pmatrix}$，$\boldsymbol{b}=\boldsymbol{\Theta}^{\mathrm{T}}\boldsymbol{y}$，$\boldsymbol{c}=\lambda\ln u+\begin{pmatrix}-\boldsymbol{b}\\ \boldsymbol{b}\end{pmatrix}$，$\boldsymbol{B}=\begin{pmatrix}\boldsymbol{\Theta}^{\mathrm{T}}\boldsymbol{\Theta} & -\boldsymbol{\Theta}^{\mathrm{T}}\boldsymbol{\Theta}\\ -\boldsymbol{\Theta}^{\mathrm{T}}\boldsymbol{\Theta} & \boldsymbol{\Theta}^{\mathrm{T}}\boldsymbol{\Theta}\end{pmatrix}$。

求解上述 BCQP 问题的基本 GPSR 迭代算法中，$\boldsymbol{z}^{(k)}$ 的每一次迭代都是沿着目标函数的负梯

度方向 $-\nabla F(\boldsymbol{z}^{(k)})$ 在可行域中进行，直到 F 的值降低到足够小为止。为了确定初始值，定义矢量 $\boldsymbol{g}^{(k)}$ 为

$$\boldsymbol{g}_i^{(k)}=\begin{cases}(\nabla F(\boldsymbol{z}^{(k)}))_i, & \boldsymbol{z}_i^{(k)}>0 \quad 或 \quad (\nabla F(\boldsymbol{z}^{(k)}))_i<0\\ 0 , & 其他\end{cases} \tag{15.31}$$

然后选择初始值为

$$\alpha_0=\arg\min_{\alpha} F(\boldsymbol{z}^{(k)}-\alpha\boldsymbol{g}^{(k)})$$

经计算后得

$$\alpha_0=\frac{(\boldsymbol{g}^{(k)})^{\mathrm{T}}\boldsymbol{g}^{(k)}}{(\boldsymbol{g}^{(k)})^{\mathrm{T}}\boldsymbol{B}\boldsymbol{g}^{(k)}} \tag{15.32}$$

为了防止 α_0 的值太大或太小，可将它限制在 $[\alpha_{\min}, \alpha_{\max}]$ 区间中，其中 $0<\alpha_{\min}<\alpha_{\max}$。

简要的 GPSR 算法过程如下。

步骤 1：初始化，给定 $\boldsymbol{z}^{(0)}$，确定参数 $\beta\in(0, 1)$，$\mu\in(0, 1/2)$，令 $k=0$。

步骤 2：用式（15.32）计算 α_0，由 $\mathrm{mid}(\alpha_{0\min},\alpha_0,\alpha_{0\max})$ 替代 α_0。

步骤 3：反向路线搜索，选择 $\alpha^{(k)}$ 作为序列 $\alpha_0, \beta\alpha_0, \beta^2\alpha_0,\cdots\cdots$ 的第一项，以使

$$F((\boldsymbol{z}^{(k)}-\alpha^{(k)}\nabla F(\boldsymbol{z}^{(k)}))_+)\leqslant F(\boldsymbol{z}^{(k)})-\mu\nabla F(\boldsymbol{z}^{(k)})^{\mathrm{T}}(\boldsymbol{z}^{(k)}-(\boldsymbol{z}^{(k)}-\alpha^{(k)}\nabla F(\boldsymbol{z}^{(k)}))_+)$$

并且置 $\boldsymbol{z}^{(k+1)}=(\boldsymbol{z}^{(k)}-\alpha^{(k)}\nabla F(\boldsymbol{z}^{(k)}))_+$。

步骤 4：收敛检查，如果近似解 $\boldsymbol{z}^{(k+1)}$ 满足收敛条件，则终止迭代；否则令 $k\leftarrow k+1$，回到步骤 2。

3. 全变分算法

全变分（TV）重建算法和梯度投影算法同属于梯度类的压缩感知信号重建算法。这类算法从大量自然图像的离散梯度信息比图像像素信息本身更加稀疏的角度出发，提出了更适合二维图像重构的最小全变分算法。图像压缩感知的全变分模型可表示为

$$\hat{\boldsymbol{s}}=\arg\min_{\boldsymbol{s}}\mathrm{TV}(\boldsymbol{s}) \quad \text{s.t.} \quad \boldsymbol{y}=\boldsymbol{\Theta}\boldsymbol{s} \tag{15.33}$$

其中，目标函数 $\mathrm{TV}(\boldsymbol{s})$ 为图像离散梯度模之和，即

$$\mathrm{TV}(\boldsymbol{s})=\sum_i\sum_j\sqrt{[s(i+1,j)-s(i,j)]^2+[s(i,j+1)-s(i,j)]^2} \tag{15.34}$$

该优化问题可以转换为二阶锥规划（Second-order Cone Programming）问题求解，这里不再详述和其他简法的比较，最小全变分模型算法重构的图像比较精确而且顽健性强，但运算速度较慢。

15.3 视频压缩感知

传统的视频压缩编码技术已经相当成熟，应用范围非常广泛，技术性能也越来越好，并且在

不断发展中。但对于高清视频的需求、立体/多视点视频的需求、机器视觉的需求、图像传感网的需求等，传统的视频编码还存在不少问题。其中一个明显的问题是编码器的复杂结构和高强度处理，如前所述的对视频场景的高密度采集、高速变换处理、丢弃大部分处理数据等。

近年来，将压缩感知技术用于视频编码是一种新的尝试，希望以一种新的方式将信号的采集与压缩同时完成，变为一次"采集有用信号"，形成一种简洁、高效的基于压缩感知的视频编码机制。这种编码方式除了能够实现视频数据的压缩外，还具有多项普通视频压缩方式所没有的特性。如编码的顽健性，因为 CS 编码方式的非自适应性和观测数据中有用信息分散分布的特性，编码数据的少部分丢失，不会引起解码的停顿或大片出错，而只会引起重建图像质量稍稍下降。

正因为 CS 视频编码具有多项优越之处，其在视频应用领域得到越来越多的关注，相关的研究成果也不断出现。这里从 CS 视频编码和传统视频编码比较入手，简单介绍 CS 视频编码的原理、系统和关键技术。

15.3.1　全感知和压缩感知

从数据感知的观点出发，我们可以发现，传统的视频编码是一种"完全感知"（Complete Sensing）的信号处理模式，而现在的压缩感知视频编码是一种"压缩感知"（Compressed Sensing）的信号处理模式，即压缩感知。

两种模式的比较如图 15.11 所示，左边是普通的全感知示意图，右边是压缩感知示意图。全感知所示的是传统的取样方法，其测量矩阵 $\boldsymbol{I} \in R^{N\times N}$ 为单位阵，受奈奎斯特取样定理约束。将信号 $\boldsymbol{X}$ 的每一个值都如实地完全"感知"到，并记录为 $\boldsymbol{Y}$，因而有 $\boldsymbol{Y}$=$\boldsymbol{X}$。取样后采用传统的压缩方法，如经 DCT 变换，丢掉大部分不重要的 DCT 系数，保留少数重要的系数及其位置信息，从而得到数据的有效压缩。

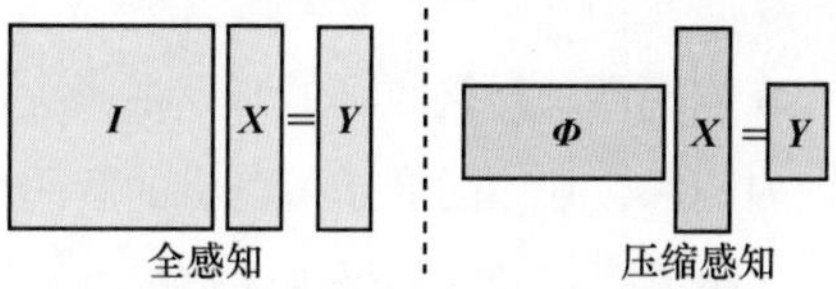

图 15.11　"全感知"和"压缩感知"

压缩感知（CS）的取样方法采用随机测量矩阵 $\boldsymbol{\Phi} \in R^{M\times N}$，其中 M 远远小于 N。和 N 维信号 $\boldsymbol{X}$ 相比，测量结果 $\boldsymbol{Y}$ 是 M 维信号，是一种"压缩了的感知"，只要 $\boldsymbol{\Phi}$ 满足一定条件，$\boldsymbol{Y}$ 中包含了 $\boldsymbol{X}$ 的所有信息，采用适当的重建方法，完全能够从 $\boldsymbol{Y}$ 重建出 $\boldsymbol{X}$。

从上述的比较可以明显地看到，压缩感知是一种高效的编码方式，尤其是在编码端，其简洁性特别引人注目，具有良好的应用前景，如传感网、无线视频传输等。

和传统视频编码类似，在视频的压缩感知编码中，我们也应尽量利用视频信号中帧内图像的空间相关性和帧间图像的时间相关性。对于视频的 CS 编码，一种简单的方法是将视频的每一帧看作一幅普通的图像，对它进行独立的 CS 图像编码（称为“帧内”CS 编码）。当然，还可在保持原来一帧一帧的取样方式的基础上，将运动估计（ME）和运动补偿（MC）技术加到视频的 CS 编码和重建中。这时，当前帧的运动补偿预测值是在重建时产生的，使某些 CS 图像重建算法可以用于当前帧和 ME/MC 预测帧之间的残差。特别在 ME/MC 预测帧和原始帧之间很相似的情况下，预测残差更适合 CS 重建，因为残差比原始图像本身更具有可压缩性。

15.3.2 视频压缩感知系统

基于压缩感知的视频编码的实验系统如图 15.12 所示。

（1）CS 编码端

在图 15.12（a）的编码端，CS 系统和传统编码类似，对视频序列可选择进行帧内编码或帧间编码。如果对当前帧采用帧内编码，就是直接对该帧内数据进行随机测量和编码。如果对当前帧采用帧间编码，实际上是对帧间的残差数据进行处理，即对当前帧和前面解码重构帧的差值进行随机测量和编码。一般说来，由于差值数据的稀疏性更强，所需的测量样本数更少，可以获得更高的压缩率。对编码帧到底采用哪种编码模式，和传统视频编码中编码模式的判定类似，可选择不同的方法来确定，但它们都和视频的内容有关。在 CS 编码端，也和传统的视频编码器一样，为了获得解码的前一帧信号，必须包含一个解码过程，即包含一个解码器，而且是和解码端一样的解码器。

对编码获得测量值，还可以采用量化、熵编码等技术进一步去除其中的相关性，得到压缩率更高的 CS 压缩视频码流。和传统方式相比，帧间编码面临前一解码帧数据的获得、运动估计和补偿等问题，由于 CS 解码算法和运动估计算法的复杂性，这些问题目前尚未很好地解决。

（2）CS 解码端

如图 15.12（b）所示，在 CS 解码端，对接收到的压缩视频码流先进行熵解码、反量化，再进行 CS 重建。如果重建的是帧内图像，则该图像是可输出的解码视频帧。如果重建的是帧间图像，则该图像是一幅残差图像，此时需要将帧存储器内保存的参考图像与残差图像通过加法器相加，才可以输出当前视频帧图像。

（3）和传统编码系统比较

从上述 CS 视频编解码过程可以看出，如果编码端不采用帧间预测方式，CS 方式和传统方式的一个显著差别在于：传统的视频编码过程复杂，解码是编码的逆过程，相对简单。CS 编解码器由于压缩感知理论所致，其编码过程非常简单，主要是一个随机测量的操作。CS 解码过程非常复杂，不再是编码的简单逆过程，而是一个求解优化问题的过程。这样的差别带来两类编码器适用场合的不同，传统编码器一般适合编码器少、解码器多的应用场合，如消费电子的视频播放和存储等应用。CS 编码器一般适合编码器多、解码器少的应用场合，如视频传感网、物联网等应用，这里对编码要求小计算量、低功耗、小体积。

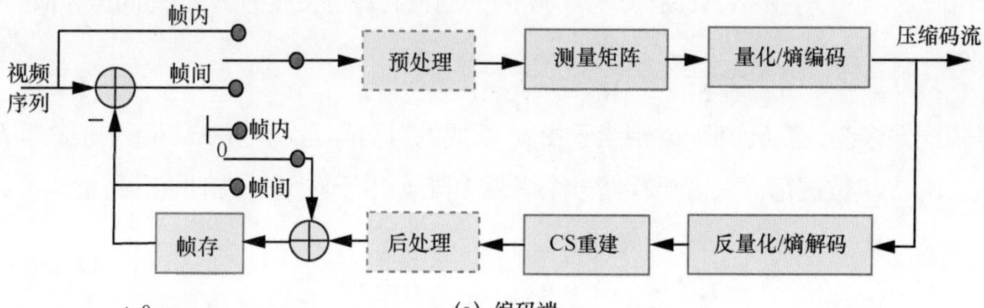

(a) 编码端

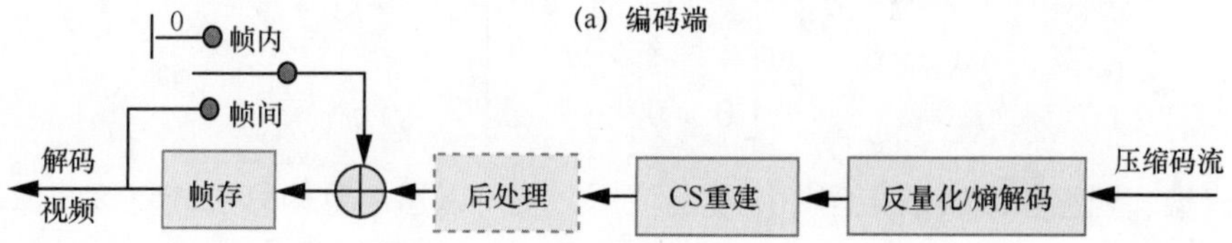

(b) 解码端

图 15.12　CS 视频编码系统

从图 15.12 所示的 CS 视频编码实验系统还可看出，这里只是将 CS 作为一种离散信号的处理方式来使用，而未涉及 CS 的根本优越之处：在信号采集的同时就完成了对信号的压缩处理。如果将上述的压缩过程和采集过程一并在某种新型器件中实现，就可能形成具有实用价值的 CS 视频编码器。目前，虽然 CS 视频编解码技术在不断进步，但编码效率和质量尚未达到传统视频编解码器的水平，尤其在娱乐视频编码领域，离实用、商用还有一段不小的差距。但可以肯定，随着理论、技术、材料和工艺的进展，CS 视频编码将会逐步进入实用，尤其是某些对图像有特殊要求的应用领域。

15.3.3　分块视频压缩感知

在 CS 视频压缩处理中，如果直接对视频序列中的整帧图像，特别是尺寸较大的图像进行观测与重构，其运算量大、存储量大、耗时长，在重构时更是如此。因此，和传统的视频压缩一样，采用图像（帧）分块技术，形成分块压缩感知技术（BCS，Block based CS），可以有效地解决直接 CS 方法中图像重构运算量大的问题。BCS 方法把整幅图像分成等尺寸的块，基本独立地对每个图像块进行观测和重构。这样，在减小运算复杂度的同时，减小了传感器部分的存储容量；而且，在对图像重构之前不需要传输整幅图像的所有观测数据，提高了实时性。

BCS 视频编解码的原理框图如图 15.13 所示。在编码端，首先对一幅图像进行分块，一般为方形块，每块大小为 $n\times n$，如 8×8、16×16 等；然后对每个图像块的像素点进行扫描，形成含 $N=n\times n$ 个元素的列向量，如第 i 个图像块数据为 $\boldsymbol{x}_i=[x_{i1},x_{i2},\cdots,x_{iN}]^{\mathrm{T}}$；最后用相同的观测矩阵 $\boldsymbol{\phi}_B$ 对每个图像块数据进行观测，获取第 i 个图像块的观测值。

$$y_i = \phi_B x_i \tag{15.35}$$

其中观测矩阵 ϕ_B 大小为 $M\times N$，y_i 是长度为 M 的列向量，x_i 是长度为 N 的列向量，$M<<N$。如果不考虑量化、熵编码，压缩比大致为 $\frac{N}{M}$。

对整幅图像来说，测量矩阵 $\boldsymbol{\Phi}$ 相当于由 ϕ_B 组成的对角阵，如式（15.36）。但在实际的编码运算中，以 ϕ_B 为单位进行，只需要存储一个测量矩阵 ϕ_B 用于对每一块的随机测量即可。

$$\boldsymbol{\Phi} = \begin{bmatrix} \phi_B & 0 & \cdots & 0 \\ 0 & \phi_B & \cdots & 0 \\ \vdots & \vdots & \ddots & \vdots \\ 0 & 0 & \cdots & \phi_B \end{bmatrix} \tag{15.36}$$

在解码端，当接收端获取某图像块观测值后，就可以运用重构算法恢复该图像块。对所有的图像块采用相同算法进行重构，将得到的图像块组合就形成了整幅图像。

图 15.13 是最基本的 BCS 编码系统，这里仅仅采用帧内编码方式，没有利用帧间的时间相关性以及运动估计技术。如果将这些因素考虑在内，还可以提高 BCS 的压缩率和重建视频质量。

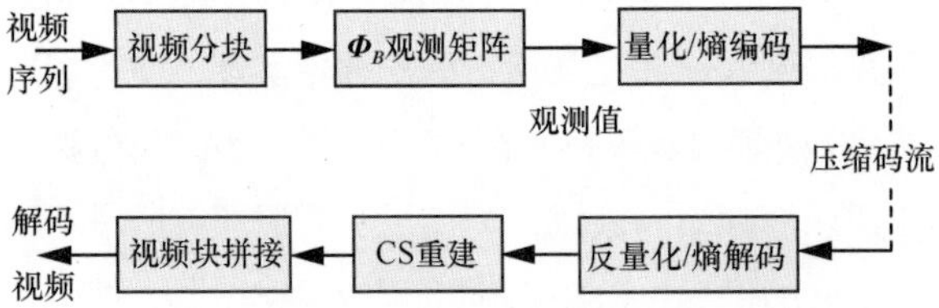

图 15.13　BCS 视频压缩原理框图

15.3.4　视频压缩感知的关键技术

上述的 CS 编码实验系统并未涉及信号的采集部分，认为数字视频信号已经采集完成，获得了和传统编码一样的离散视频信号输入。接下来的工作就是 CS 编码，编码过程中涉及如下几项关键技术。

1. **预处理**

数字视频信号的预处理主要包括信号进一步稀疏化、分块和维度转换 3 部分。

信号进一步稀疏化常见的措施主要有去噪滤波和阈值处理。去噪滤波可以减少噪声对图像的影响，避免不必要的灰度数值的波动，增加图像信号的稀疏性。阈值处理主要针对帧间的残差信号，将小到一定程度的残差值归结到 0 值，这样也可以增加信号的稀疏性。

分块处理主要是避免整幅图像进行 CS 测量时维数过高，计算量过大问题。所以，和传统编码一样，将一帧帧差图像划分成多个小方块，如 8×8、16×16，逐个处理。由于小块的维数下降，处理一帧图像的所有小块的时间比处理一帧信号的时间要短得多。

CS 测量编码过程中使用的是一维的测量方法，即被测量的信号必须是一维的列矢量，而分块图像信号是二维的，因此必须将每一块都进行维度变换，从二维变换到一维，即按行或列的扫描顺序将图像块数据重新排列为一维信号，再对它进行 CS 测量。

2. CS 测量

逐块地将转化为一维的图像块信号与同一个随机测量矩阵 $\boldsymbol{\phi}_B$ 相乘，从而获得和各个块相应的测量值，完成“编码”工作，即完成图像信号从高维度空间域向低维度测量域的映射。CS 测量步骤简单，运算不复杂，只包含乘法和加法，这是 CS 视频编码的最大优点。关键是测量矩阵的选取，它直接影响压缩编码的重构质量，通常可以选用随机高斯测量矩阵、Fourier 测量矩阵和随机伯努利测量矩阵等。

3. 量化和熵编码

在 CS 编码中采用量化措施的理由和传统编码类似，通过随机测量矩阵得到的观测值的取值范围很广，不少取值之间差异很小，包含的数值种类很多，若如实地存储或传输实际意义不大，而且需要花费大量的比特。因此需要对它们进行量化处理，来降低数据种类的数目，节省存储和传输比特。当然，量化也是一种有损编码方式，在压缩码字的同时，带来一定信息损失，引起重建图像的额外失真，所以必须将这种失真控制在人眼可以接收的范围内。在接收端的反量化与发送端的量化过程相反，重新获得近似的 CS 测量值。它和原始的测量值有一定的误差，这就是量化误差。

类似传统编码，量化以后紧接着是熵编码。这是一种无信息损失的编码方式，可以进一步减少用于信息表示的码字数量，具体的方法可以是霍夫曼编码、算术编码等。其接收端的熵解码过程是熵编码的逆过程。对于熵编码，可以不必考虑它的信息损失，但需要认真选择适合于测量值统计特性且计算量尽量小的熵编码方式，以期获得最大的编码压缩增益。

4. CS 重建

从 CS 测量数据重建原图像信号，是 CS 解码过程中最为重要的一步，也是计算量最大的一步。CS 的重建过程实际上是求解在一定约束条件下最优化问题的过程。用于重建的方法很多，常用的算法有正交匹配追踪的方法、梯度投影的方法、最小全变分的方法等，目前尚没有一种具有压倒优势的视频 CS 重建方法。

5. 运动估计和预测模式

图 15.13 中并没有包括运动估计和运动补偿模块。实际上可以如传统图像编码一样加上这两项技术，增加帧间预测的精度，从而增加预测误差的稀疏度，提高编码效率。此外，为了增加感知测量信号的稀疏度，还可以用帧内预测模式替代普通的对帧内像素直接 CS 测量的编码模式，或者增加帧内预测模式判别。在帧间预测模式中，对帧间像素的预测残差进行测量时，往往还可以加上对当前编码块类型的检测，如是否为跳过块、运动补偿块等，对这些块可以不编码或少编码，以减少参与编码的块，提高帧间预测的效率。

6. 图像输出

由 CS 重建的图像数据还需经过维度转换、图像拼接等处理，方可形成可以显示的图像输出。这里的维度转换与编码中维度转换作用相反，需将解码重建的每个小块的一维信号重新扫描成二维图像信号小块。然后将这些重建的图像小块按照一定的顺序拼接成完整的解码图像帧。如果解码小块的是帧内残差或帧间残差信号，还需将它与已经解得并存储的预测视频信号相加，得到重构的图像小块。

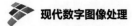

参考文献

[1] JAHNE B. Digital image processing[M]. New York, Springer, 2002.

[2] RAFAEL C, GONZALEZ, RICHARD E. Digital image processing (v.4)[M]. Pearson, 2017.

[3] CASTLEMAN K R. Digital image processing[M]. Prentice Hall, 1996.

[4] 王桥. 数字图像处理[M]. 北京：科学出版社, 2009.

[5] 陈书海, 傅录祥. 实用数字图像处理[M]. 北京：科学出版社, 2005.

[6] BURGER W, BURGE M J. Principles of digital image processing : advanced methods[M]. London: Springer-Verlag 2013.

[7] 朱秀昌, 刘峰, 胡栋. 数字图像处理教程[M]. 北京：清华大学出版社, 2011.

[8] 章毓晋. 图像处理和分析教程[M]. 北京：人民邮电出版社, 2016.

[9] 阮秋琦. 数字图像处理学（v.2）[M]. 北京：电子工业出版社, 2007.

[10] BOSE T. 数字信号与图像处理[M]. 吴镇杨, 等译. 北京：高等教育出版社, 2006.

[11] CHITRADEVI P, SRIMATHI. An overview on image processing techniques[J]. International Journal of Innovative Research in Computer and Communication Engineering, 2014, 2(11) : 6466-6472.

[12] PRABHU P, Digital image processing techniques − a survey[J]. International Multidisciplinary Research Journal of Golden Research Thoughts, 2016, 5(11): 1-11.

[13] PEDRAM M, ABBAS E M, SHAHRAM S, Subjective and objective quality assessment of image: a survey[J]. Majlesi Journal of Electrical Engineering. Match 2015, 9(1): 55-83.

[14] ITU-R Recommendation BT.500-11. Methodology for the subjective assessment of the quality of television pictures[S]. ITU, Geneva, Switzerland, 2012.

[15] STREIJL R C, WINKLER S, HANDS D S. Mean opinion score (MOS) revisited: methods and applications, limitations and alternatives[J]. Multimedia Systems, 2016, 22(2): 213-227.

[16] VQEG. Final report from the video quality experts group on the validation of objective models of video quality assessment phase II[R]. 2003.

[17] 蒋刚毅，黄大江，王旭，等. 图像质量评价方法研究进展[J]. 电子与信息学报, 2010, 32(1): 219-226.

[18] WANG Z, BOVIK A, SHEIKH H, et al. Image quality assessment: from error visibility to structural similarity[J]. IEEE Trans. on Image Processing, 2004, 13(4): 600- 612.

[19] XU L, LIN W S, KUO C J. Visual quality assessment by machine learning[M]. New York: Springer, 2015.

[20] BEGHDADI A, LARABI M C, BOUZERDOUM A, et al. A survey of perceptual image processing methods[J]. Signal Processing: Image Communication, 2013, 28(9): 811-831.

[21] YUSRA A, AL-NAJJAR Y, SOONG D C. Comparison of image quality assessment: PSNR, HVS, SSIM, UIQI[J]. International Journal of Scientific & Engineering Research, 2012, 3(8): 1-5.

[22] BUCKNER Z D, REED M L, AYLOR J H. Anti-aliasing encoder interface with sub-nyquist sampling instrumentation and measurement[J]. IEEE Trans. on Image Processing, 2006, 55(6): 2029-2033.

[23] HAAN G D, BELLERS E B. Deinterlacing an overview[J]. Proceedings of the IEEE, 1998, 86(9): 1839-1857.

[24] MIYAZAKI Y. Image reconstruction theory of electromagnetic wave CT based on spatial beam sampling characteristics[C]//2012 International Symposium on Antennas and Propagation (ISAP), 2012: 423-426.

[25] Wikipedia. Image resolution[R]. 2009.

[26] RODRIGUEZ J J, YANG C C. Effects of luminance quantization error on color image processing[J]. IEEE Transactions on Image Processing, 1994, 3(6): 850-854.

[27] UNSER M, BLU T. Wavelet theory demystified[J]. IEEE Trans on Signal Processing, 2003, 51(12): 470-483.

[28] SWELDENS W. The lifting scheme: a construction of second generation wavelets[J]. SIAM Journal on Mathematical Analysis, 1998, 29(2), 511-546.

[29] GERBRANDS J J. On the relationships between SVD, KLT and PCA[J]. Pattern Recognition, 1981, 14(1-6): 375-381.

[30] MEISEN P. Research on equivalence of SVD and PCA in medical image tilt correction[J]. Journal of Fiber Bioengineering and Informatics, 2015. 8(3): 9-10.

[31] LAPARRA V, CAMPS-VALLS G, MALO J. PCA Gaussianization for image processing[C]//IEEE International Conference on Image Processing , 2010: 3937-3940.

[32] RAO K, DEVARAJAN V, VLASENKO V, et al. Cal-sal Walsh-Hadamard transform[J]. IEEE Transactions on Acoustics Speech & Signal Processing, 2003, 26 (6) : 605-607.

[33] ZHENG Y Y, RAO J L, WU L. Edge detection methods in digital image processing[C]//2010 5th International Conference on Computer Science & Education, 2010: 471-473.

[34] GIJBELS I, LAMBERT A, QIU P H. Edge-preserving image de-noise and estimation of discontinuous surface[J]. IEEE Trans. on Pattern Analysis and Machine Intelligence, 2006, 28(7): 1075-1087.

[35] RAKESH R R, CHAUDHURI P, MURTHY C A. Thresholding in edge detection: a statistical approach[J]. IEEE Trans on Image Processing, 2004, 13(7): 927-936.

[36] DEBASHIS S, SANKAR K. Histogram thresholding using fuzzy and rough measures of association error[J]. IEEE Trans on Image Processing, 2009, 18(4): 879-888.

[37] ALIREZA Y H, Spatially adaptive multiplicative noise image de-noising technique[J]. IEEE Trans. on Image

Processing, 2002, 11(12): 1397-1404.

[38] DABOV K, FOI A, KATKOVNIK V, et al. Image denoising by sparse 3D transform-domain collaborative filtering[J]. IEEE Transactions on Image Processing, 2007, 16(8): 2080-2095.

[39] BUADES A, COLL B, MOREL J M. A review of image denoising algorithms, with a new one[J]. Siam Journal on Multiscale Modeling & Simulation, 2005, 4(2): 490-530.

[40] DABOV K, FOI A, KATKOVNIK V, et al. Image denoising by sparse 3-D transform-domain collaborative filtering[J]. IEEE Transactions on Image Processing, 2007, 16(8): 2080-2095.

[41] BUADES A, COLL B, MOREL J M. Image denoising by non-local averaging[C]//IEEE International Conference on Acoustics, Speech, and Signal Processing. 2005: 25-28.

[42] WU J, WANG Z, FANG Z. Application of Retinex in color restoration of image enhancement to night image[C]//International Congress on Image & Signal Processing, 2009: 1-4.

[43] QIN X, WANG H, DU Y, et al. Structured light image enhancement algorithm based on Retinex in HSV color space[J]. Journal of Computer-Aided Design & Computer Graphics, 2013, 25 (4): 488-493.

[44] WANG D S, NIU X, DOU Y. A piecewise based contrast enhancement framework for low lighting video[C]// 2014 IEEE International Conference on Security, Pattern Analysis, and Cybernetics(SPAC), 2014: 235-240.

[45] HE K, SUN J, TANG X. Single image haze removal using dark channel prior[C]//IEEE Conference on Computer Vision & Pattern Recognition, 2009, 33 (12) : 1956-1963.

[46] MAINI R, AGGARWAL H. A comprehensive review of image enhancement techniques[J]. Journal of Computer Science, 2010, 2(3): 8-13.

[47] SEOW M J, ASARI V K. Ratio rule and homomorphic filter for enhancement of digital colour image[J]. Journal of Neurocomputing, 2006, 69 (7) : 954-958.

[48] 吴锡, 刘子骥. 非线性图像复原算法的研究[J], 国外电子测量技术, 2006, 25(7): 43-45.

[49] YOU Y, KAVEH M. A regularization approach to joint blur identification and image restoration[J]. IEEE Trans. on Image Processing, 1999, 8(4): 412-405.

[50] KUNDUR D, HAZINAKOS D. A novel blind de-convolution scheme for image restoration using recursive filtering[J]. IEEE Transactions on Signal Processing, 1998, 46(2): 156-161.

[51] 陈春涛, 黄步根, 高万荣, 等. 最大熵图像复原及其新进展[J]. 光学技术, 2004, 30 (1): 36-39.

[52] MOHAPATRA B R, MISHRA A, ROUT S K. A Comprehensive review on image restoration techniques[J].International Journal of Research in Advent Technology, 2014, 2(3): 101-105.

[53] GREESHMA T R, AMEERAMOL P M. Bayesian MAP model for edge preserving image restoration: a survey[J]. International Journal of Computer Applications, ICACT, 2011 (1): 14-18.

[54] 王玉全, 隋宗宾. 运动模糊图像复原算法综述[J]. 微型机与应用, 2014, 33(19): 54-57.

[55] BALDI M, BAMBOZZI F, CHIARALUCE F. On a family of circulant matrices for quasi-cyclic low-density generator matrix codes[J]. IEEE Transactions on Information Theory, 2011, 57(9): 6052-6067.

[56] 彭玉华. 小波变换与工程应用[M]. 北京：科学出版社, 1999.

[57] DAUBECHIES I. Ten lectures on wavelets[M]. Society for Industrial and Applied Mathematics Philadelphia, PA, USA, 1992.

[58] FABIO L, RICCARDO L. High performance embedded Morphological wavelet coding[J]. IEEE Signal Processing Letters, 2003, 10(10): 293-295.

[59] OLIVER J, PEREZ M M. On the design of fast wavelet transform algorithms with low memory requirements[J]. IEEE Journal on Circuits and Systems for Video Technology, 2008, 18(2): 237-248.

[60] MALLAT S. A theory for multiresolution signal decomposition: the wavelet representation[J]. IEEE Transaction on PAMI, 1989, 11(7): 674-693.

[61] CHAPPELIER V, GUILLEMOT C. Oriented wavelet transform for image compression and denoising[J]. IEEE Transactions on Image Processing, 2006 , 15 (10) : 2892-2903.

[62] ZHOU W, XIE Z, HUA C, et al. Research on edge detection for image based on wavelet transform[C]//International Conference on Intelligent Computation Technology and Automation, 2009, 1 : 686-689.

[63] BAGGETT L W, MEDINA H A, MERRILL K D. Generalized multi-resolution analyses and a construction procedure for all wavelet sets in R^n[J]. Journal of Fourier Analysis and Applications, 1999, 5(6): 563-573.

[64] 姚庆栋, 毕厚杰, 王兆华等. 图像编码基础[M]. 北京：清华大学出版社, 2006.

[65] TAUBMAN D, MARCELLIN M W. JPEG2000: Standard for interactive imaging[J]. Proceeding of the IEEE, 2002, 90(8): 1336-1357.

[66] WIEGAND T, SULLIVAN G J. Overview of the H.264/AVC video coding standard[J]. IEEE Transaction on circuits and systems for video technology, 2003, 13(7): 560-567.

[67] RAO K R, KIM D N, HWANG J J. Video Coding Standards: AVS China, H.264/MPEG-4 PART 10, HEVC, VP6, DIRAC and VC-1[M]. Springer Dordrecht Heidelberg New York London, 2014

[68] YADAV S, SINGH S. A review on image compression techniques[J].International Journal of Advanced Research in Computer Engineering and Technology, 2015, 4 (9): 3513-3521.

[69] AHUJA M, SHANTAIYA S. A review on image compression using DCT and DWT[J]. International Journal for Scientific Research & Development, 2015, 3(10): 2321-0613.

[70] ROBERT M. Entropy and information theory[M]. Springer-Verlag New York, 1990.

[71] 朱秀昌, 刘峰, 胡栋. 数字图像处理与图像通信[M]. 北京：北京邮电大学出版社, 2016

[72] XU C Y, PRINCE J L. Snakes, shapes, and gradient vector flow[J]. IEEE Trans on Image Processing, 1998, 7(3): 359-369.

[73] RAKESH R R, CHAUDHURI P, MURTHY C A. Thresholding in edge detection: a statistical approach[J]. IEEE Trans on Image Processing, 2004, 13(7): 927-936.

[74] BALI A, SINGH S N. A review on the strategies and techniques of image segmentation[C]//Fifth

International Conference on Advanced Computing & Communication Technologies, Haryana, 2015: 113-120.

[75] BHANU B, LEE S, MING J. Adaptive image segmentation using genetic algorithm[J]. IEEE Trans. Systems, Man, and Cybernetics, 1995, 25(12): 1543-1567.

[76] ZHANG X Y, SHAN Y, WEI W. et al. An Image segmentation method based on improved watershed algorithm[C]//2010 International Conference on Computational and Information Sciences, 2010: 258-261.

[77] THAKARE P. A Study of image segmentation and edge detection techniques[J]. International Journal on Computer Science and Engineering (IJCSE), 2011(3): 899-904.

[78] MELANIE M. An introduction to genetic algorithms[M]. First MIT Press, 1998.

[79] LOWE D G. Distinctive image features from scale-invariant keypoints[J]. International Journal of Computer Vision, 2004, 60(2): 91-110.

[80] BAY H, TUYTELAARS T, GOOL V L. SURF: speed up robust features[C]//Proc of European Conference on Computer Austria: Graz, 2006: 404-417.

[81] VIERGEVER M A, ANTOINE MAINTZ J B, KLEINC S, et al. A survey of medical image registration-under review[J].Medical Image Analysis 2016, (3): 140-144.

[82] ZITOVÁ B, et al. Image registration methods: a survey[J].Image and Vision Computing, 2003, 21(11): 977-1000.

[83] AWAD A I, HASSABALLAH M. Image feature detectors and descriptors: foundations and applications[M]. Springer International Publishing Switzerland, 2016.

[84] KOSCHAN A. 彩色数字图像处理[M].北京：清华大学出版社, 2010.

[85] 蒋刚毅, 郁梅, 郁伯康. 自适应彩色图像滤波新方法[J]. 科学通报, 1999(9): 1937-1942.

[86] FNA J, et al. Automatic image segmentation by integrating color-edge extraction and seeded region growing[J]. IEEE Trans on Image processing, 2001, 10(10): 1454-1466.

[87] PEI S C, ZENG Y C, CHANG C H. Virtual restoration of ancient Chinese paintings using color contrast enhancement and lacuna texture synthesis[J]. IEEE Transaction on Image Processing, 2004, 13(3): 416-429.

[88] RUSSO F, LAZZARI A. Color edge detection in presence of Gaussian noise using nonlinear pre-filtering[J]. IEEE Trans on Instrumentation and Measurement, 2005, 54(1): 352-358.

[89] TREMEAU A, TOMINAGA S, KONSTANTINOS N. et al. Color in image and video processing: most recent trends and future research directions[J]. EURASIP Journal on Image and Video Processing 2008: 1-26.

[90] CELEBI M E, LECCA M, SMOLKA B. Color image and video enhancement[M]. Springer International Publishing Switzerland, 2015.

[91] LEVIN A, LISCHINSKI D, WEISS Y. Colorization using optimization[J]. ACM Transactions on Graphics, 2004, 23(3): 689-694.

[92] WELSH T, ASHIKHMIN M, MUELLER K. Transferring color to greyscale images[J]. ACM Trans Graph. 2002, 21(3): 277-280.

[93] 武瑛. 形态学图像处理的应用[J]. 计算机与现代化, 2014(5): 90-94.

[94] ROBERT M. et al. Image analysis using mathematical morphology[J]. IEEE Trans. On Pattern Analysis and Machine Intelligence, 1987, 9(4): 532-550.

[95] HU J H, LEI Q, FU T Q. Image processing based on mathematical morphology in camouflage[C]//2013 Seventh International Conference on Image and Graphics, Qingdao, China, 2013: 269-272.

[96] YU Z J, ZHAO Y Q, WANG X F. Research advances and prospects of mathematical morphology in image processing[C]//2008 IEEE Conference on Cybernetics and Intelligent Systems, 2008: 1242-1247.

[97] 杨丽雯, 曾朝阳, 张永继. 一种基于数学形态学的灰度图像边缘检测方法[J]. 国外电子测量技术, 2012(2): 27-30.

[98] 崔屹. 图像处理与分析——数学形态学方法及应用[M]. 北京: 科学出版社, 2000.

[99] RUDIN L, OSHER S. Total variation based image restoration with free local constraints[C]//Proc 1st IEEE ICIP. 1994(1) : 31-35.

[100] PERONA P, MALIK J. Scale-space and edge detection using anisotropic diffusion[J]. IEEE Trans. On Pattern Analysis and Machine Intelligence, July 1990, 12(7): 629-639.

[101] 冯象初, 王卫卫. 图像处理的变分和偏微分方程方法[M]. 北京: 科学出版社, 2009.

[102] VOGEL C R, OMAN M E. Fast, robust total variation-based reconstruction of noisy, blurred images[J]. IEEE Transactions on Image Processing, 1998, 7(6): 813-824.

[103] 肖志涛, 冯铁君, 张芳等. 基于角点保护的偏微分方程图像插值方法[J]. 电子与信息学报, 2015, 37(8): 1892-1899.

[104] YAHYA A, TAN J Q, SU B Y, et al. Image noise reduction based on applying adaptive thresholding onto PDEs methods[J].The IET Journal of Engineering, 2017 (6) : 246-253.

[105] WANG H, LI P, et al. The PDE method of image segmentation[C]//2012 IEEE Symposium on Photonics and Optoelectronics, 2012: 1-3.

[106] XU Z Y, LIAN X L, FENG L L. Image inpainting algorithm based on partial differential equation[C]//2008 ISECS International Colloquium on Computing, Communication, Control, and Management, 2008: 120-124.

[107] CHANG H, YEUNG D Y, XIONG Y . Super-resolution through neighbor embedding[C]//Proceedings of the 2004 IEEE Computer Society Conference on Computer Vision and Pattern Recognition, 2004. Washington, DC, USA, 2004.

[108] FREEMAN W T, JONES T R, PASZTOR E C. Example-based super-resolution[J]. IEEE Computer Graphics and Applications, 2002, 22(2): 56-65.

[109] LECUN Y, BENGIO Y, HINTON G. Deep learning[J]. Nature, 2015: 436-444.

[110] MILANFAR P. Super-resolution image[M]. CRC Press, Taylor & Francis Group, 2011.

[111] 苏衡, 周杰, 张志浩. 超分辨率图像重建方法综述[J]. 自动化学报, 2013, 39(8): 1202- 1213.

[112] OLIVA D, CUEVAS E. Advances and applications of optimised algorithms in image processing[M]. [s.l.] Springer International Publishing AG, 2017.

[113] 韩力群, 人工神经网络教程[M]. 北京: 北京邮电大学出版社, 2006.

[114] 邹宁, 李庆, 柳健. 基于 Kohonen 神经网络的深度图像分割方法[J]. 红外与激光工程, 2000, 29(1): 22-24.

[115] HINTON G E, OSINDCRO S, TCH Y W. A fast learning algorithm for deep belief nets[J]. Neural Computation, 2006, 18(7): 1527-1554.

[116] LECUN Y, BOTTOU L, BENGIO Y, et al. Gradient-based learning applied to document recognition[J]. Proceedings of the IEEE, 1998, 86(11): 2278-2324.

[117] GOODFELLOW I J, POUGET-ABADIE J, MIRZA M, et al. Generative adversarial nets[C]//Advances in neural information processing systems (NIPS), Montreal, Quebec, Canada, 2014: 2672-2680.

[118] KRIZHCVSKY A, SUTSKCVCR I, HINTON G E. ImageNet classification with deep convolutional neural networks[C]//The 25th International Conference on Neural Information Processing Systems 2012: 1097-1105.

[119] 周志华. 机器学习[M]. 北京: 清华大学出版社, 2016.

[120] DEV S, WEN B, HUI Y L, et al. Ground-based image analysis: a tutorial on machine-learning techniques and applications[J]. IEEE Geoscience and Remote Sensing Magazine, 2016, 4(2): 79-93.

[121] 李航. 统计学习方法[M]. 北京: 清华大学出版社. 2011.

[122] CAMASTRA F, VINCIARELLI A. Machine learning for audio, image and video analysis theory and applications (v.2)[M]. Springer Verlag London 2015

[123] 王建英, 尹忠科, 张春梅. 信号与图像的稀疏分解及初步应用[M]. 成都: 西南交通大学出版社, 2006.

[124] 肖庭延, 于慎根, 王彦飞. 反问题的数值解法[M]. 北京: 科学出版社, 2003.

[125] DONOHO D L. Compressed sensing[J]. IEEE Trans on Information Theory, 2006, 52(4): 1289-1306.

[126] CANDÈS E. Compressive sampling[C]//The International Congress of Mathematicians. Madrid, 2006, 3: 1433-1452.

[127] CANDÈS E J, ROMBERG J, TAO T. Robust uncertainty principles: exact signal reconstruction from highly incomplete frequency information[J]. IEEE Trans. on Information Theory, 2006, 52(2): 489-509.

[128] RICHARD G. BARANIUK, GOLDSTEIN T, ASWIN C. SANKARANARAYANAN, et al. Compressive video sensing: algorithms, architectures, and applications[J]. IEEE Signal Processing Magazine, 2017, 34(1): 52-66.

[129] 蒋刚毅, 朱亚培, 郁梅等. 基于感知的视频编码方法综述[J].电子与信息学报, 2013, 35(2): 474-483.

[130] JACQUES L, LASKA J N, BOUFOUNOS P T, et al. Robust 1-bit compressive sensing via binary stable embeddings of sparse vectors[J]. IEEE Trans on Information Theory, 2013, 59(4): 2082-2102.

[131] LI R, ZHU X. A PCA-based smoothed projected Landweber algorithm for block compressed sensing image reconstruction[C]//International Conference on Image Analysis and Signal Processing (IASP), 2012: 68-73.

[132] ELAD M. Sparse and redundant representations: from theory to applications in signal and image processing[M]. Springer New York Dordrecht Heidelberg London, 2010.

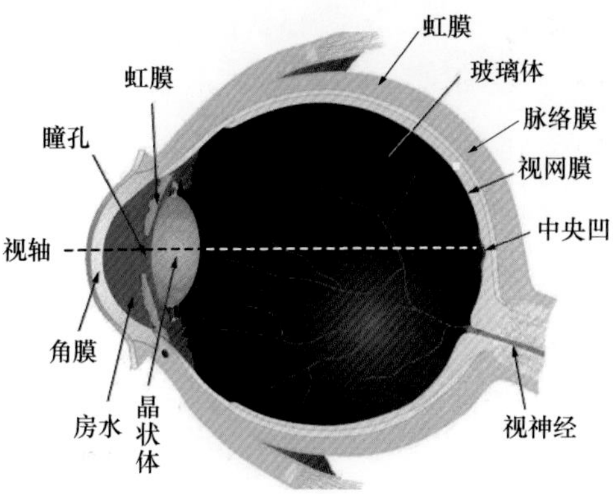

图 1.9　人眼截面示意

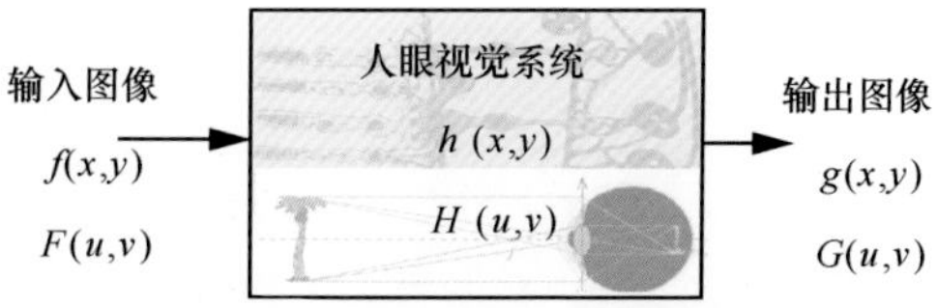

图 1.10　人眼视觉系统光学模型

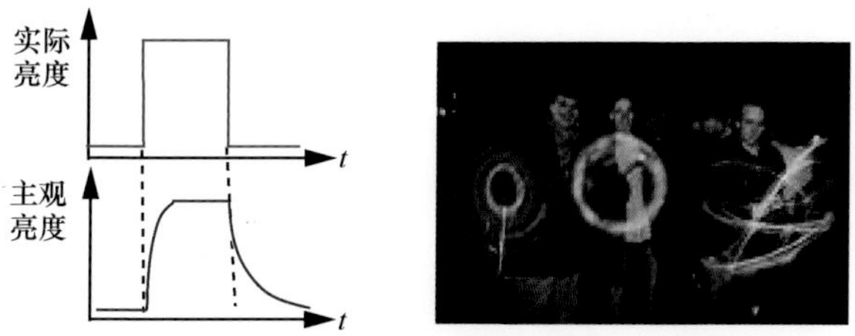

(a) 人眼的主观亮度感觉滞后　(b) 照相机的感光滞后

图 1.18　视觉暂留现象

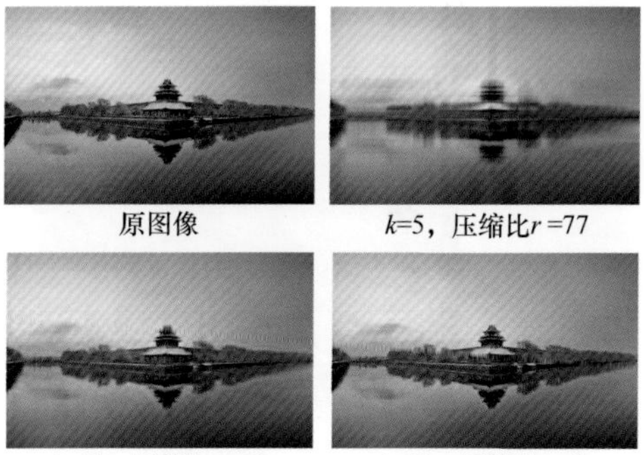

原图像　k=5，压缩比r =77

k=20，压缩比r =19　k=50，压缩比r =8

图 3.8　SVD 图像压缩

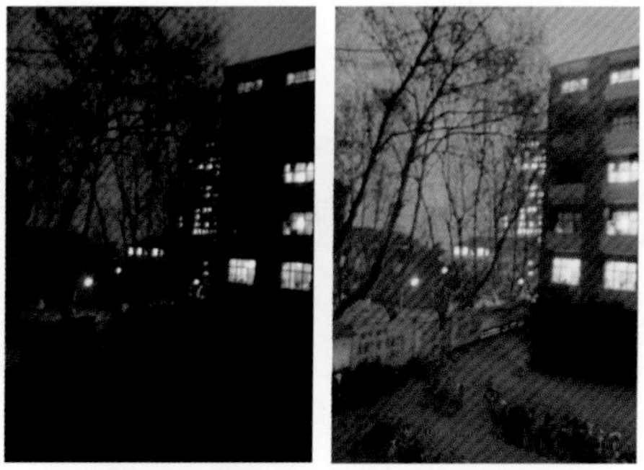

(a) 暗光图像　(b) 增强后的图像

图 4.19　暗光图像的 Retinex 增强

(a) 普通图像　(b) 对应的暗通道图像

图 4.20　暗通道图像示意

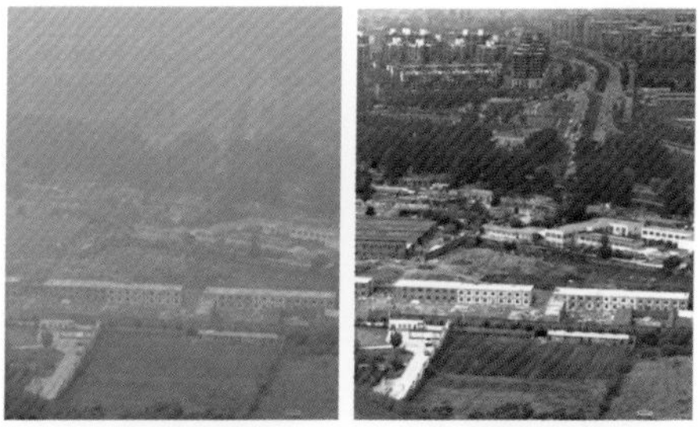

(a) 雾天图像　(b) 去雾后的图像

图 4.21　去雾处理前后的图像

(a) 原图像　　(b) 加噪图像（σ=70）　　(c) BM3D去噪后（27.1 dB）

图 4.32　BM3D 去噪效果一例

(a) 无运动模糊图　　(b) 运动造成的模糊图像　　(c) 复原后的图像

图 5.4　相对运动造成的图像模糊及其复原

(a) 多光谱图像　　(b) 高分辨率图像　　(c) 融合后的图像

图 6.24　图像融合示例

图 7.5　帧间差位置示意

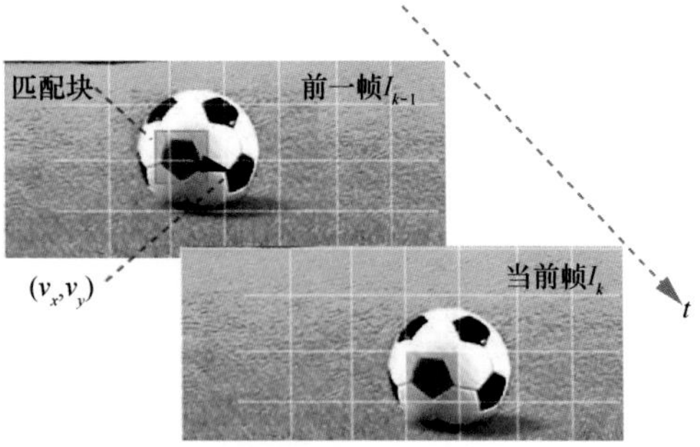

图 7.13　基于块的运动补偿预测

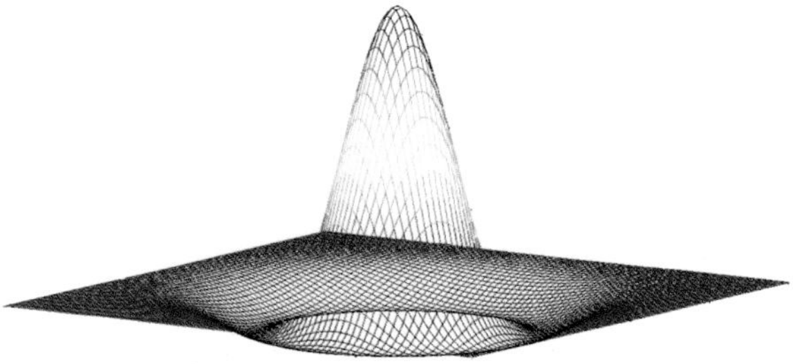

图 8.4　LOG 边缘检测算子

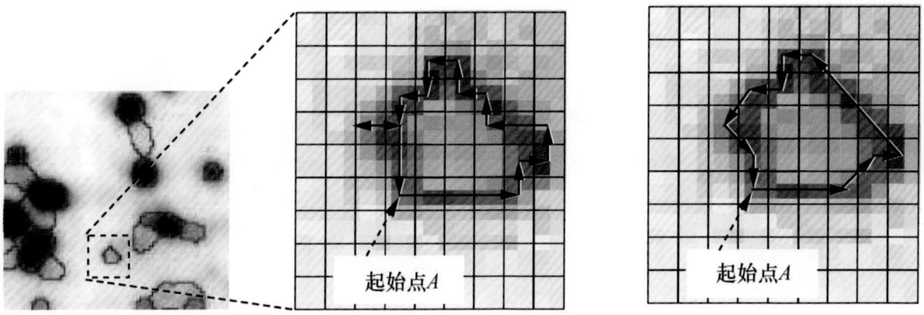

(a) 图像分割结果　　(b) 4-连通链码　　(c) 8-连通链码

图 8.9　图像边界的链码表示

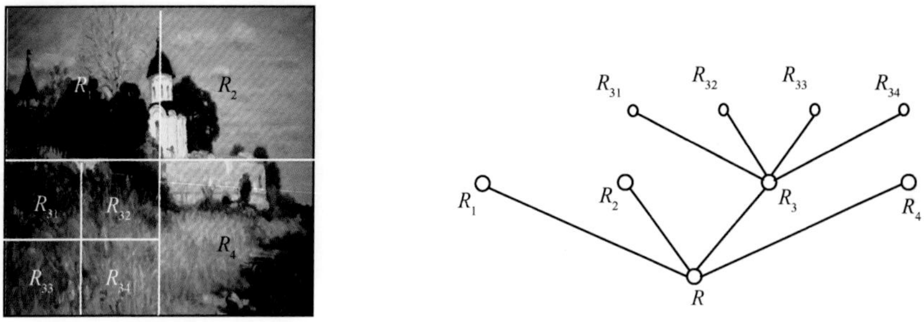

(a) 图像的划分　　(b) 数据的“树”状结构

图 8.12　图像的四叉树数据结构

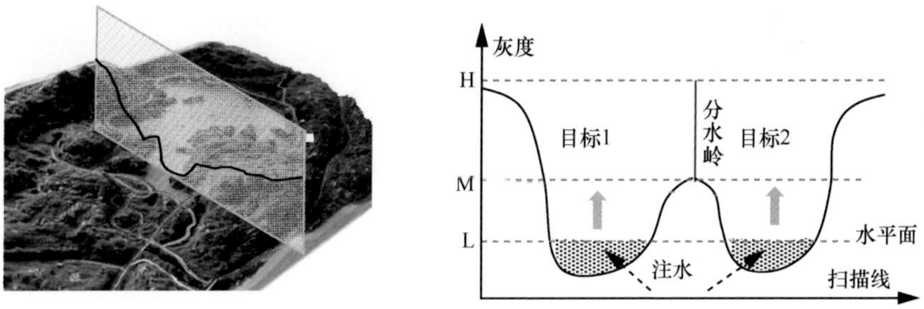

(a) 地理模型的一个横截面　　(b) 图像的一条扫描线

图 8.14　分水岭算法示意

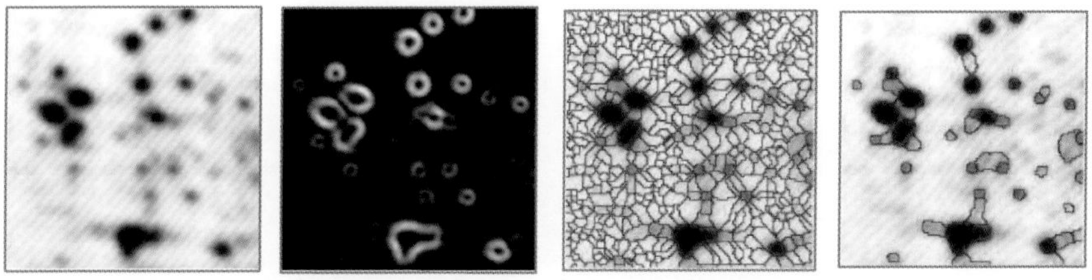

(a) 原始图像　　(b) 梯度图像　　(c) 过分割图像　　(d) 最终结果

图 8.15　一幅医学图像的分水岭分割结果

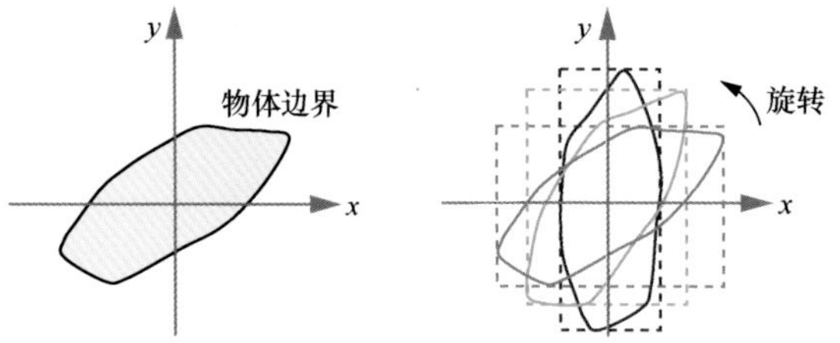

(a) 物体　　(b) 不同角度时物体的外接矩形

图 9.12　物体的最小外接矩形

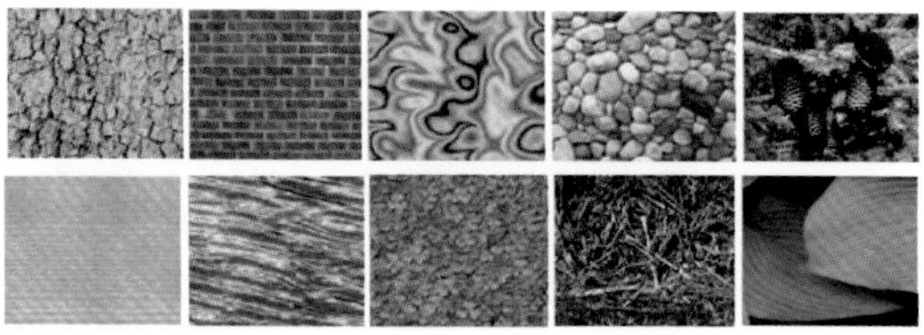

图 9.13　多种自然纹理图像

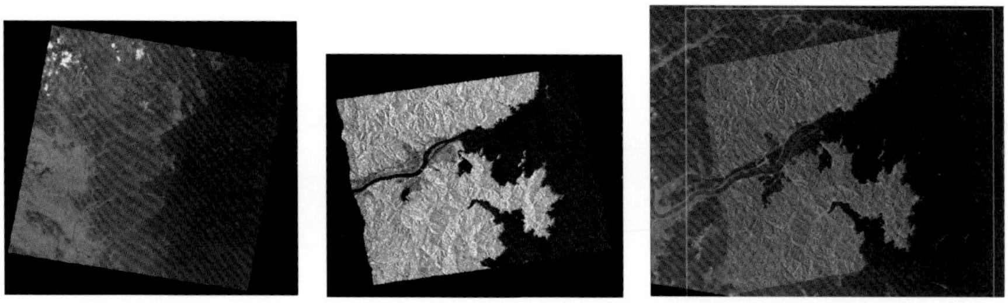

(a) 基准图像　　(b) 配准图像　　(c) 配准结果

图 9.14　图像配准示意

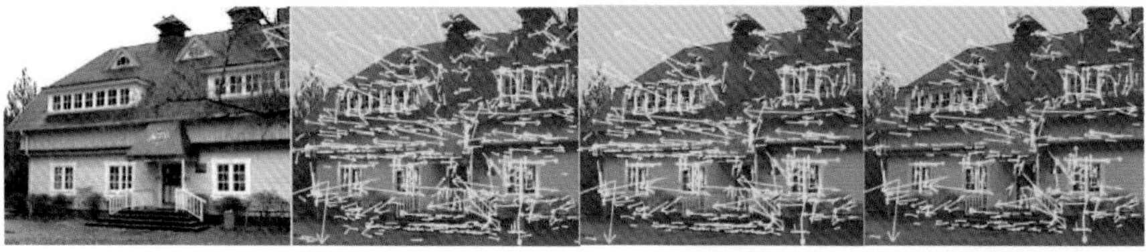

(a) 原图像　　(b) 初始特征点　　(c) 低对比度剔除后　　(d) 主曲率比筛选后

图 9.25　SIFT 特征点的选取

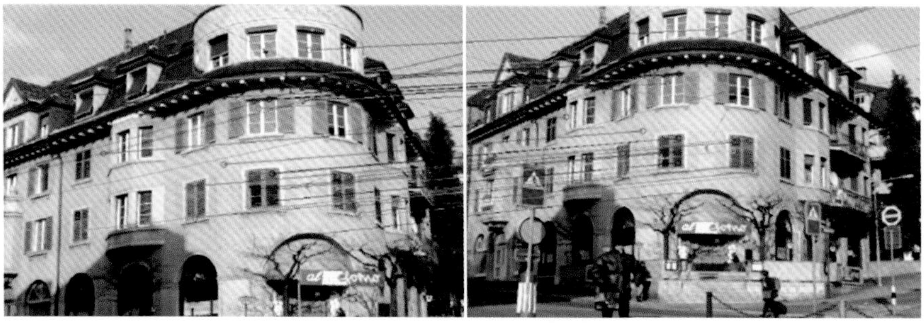

图 9.30　SURF 特征配准结果

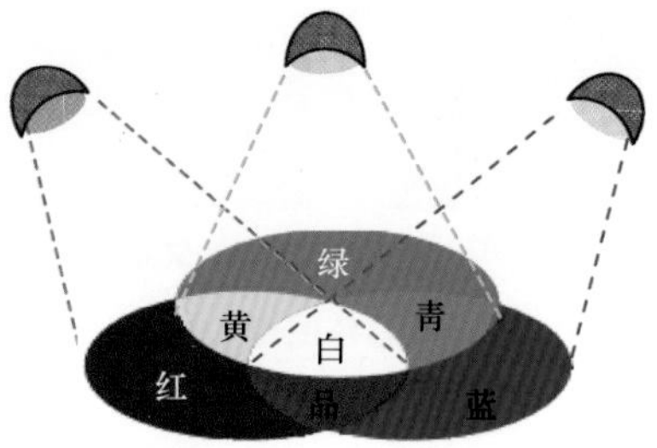

图 10.1　三基色混色图

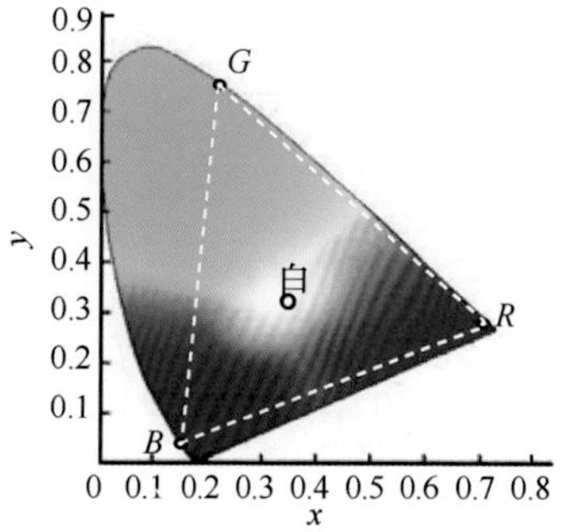

图 10.3　*x y z* 色度图

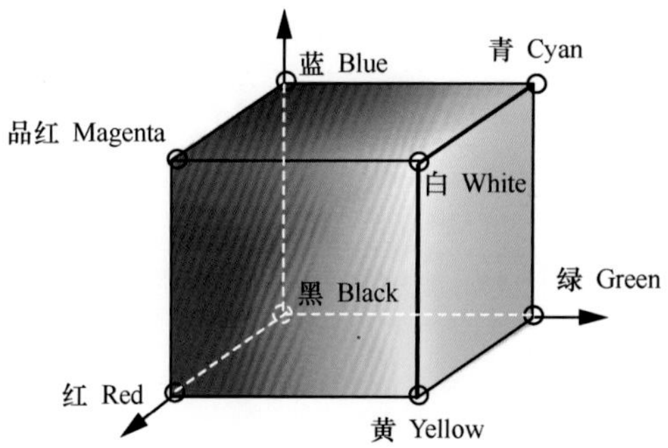

图 10.4　RGB 彩色空间

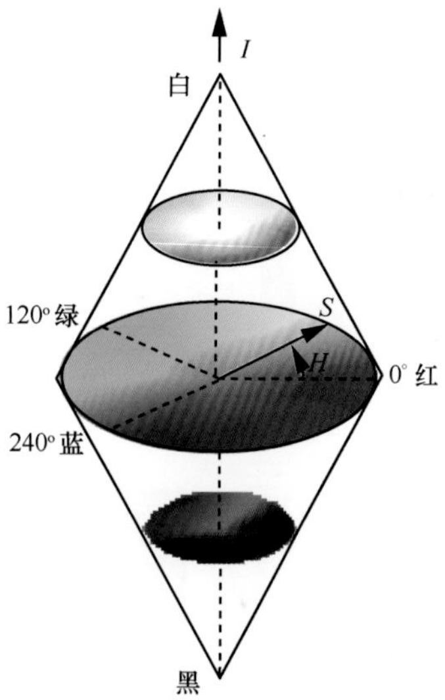

图 10.5　HSI 彩色模型

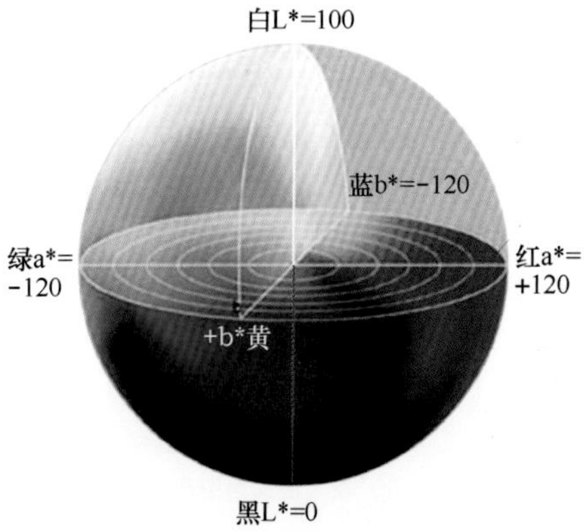

图 10.6　CIE-L*a*b* 均匀颜色空间示意

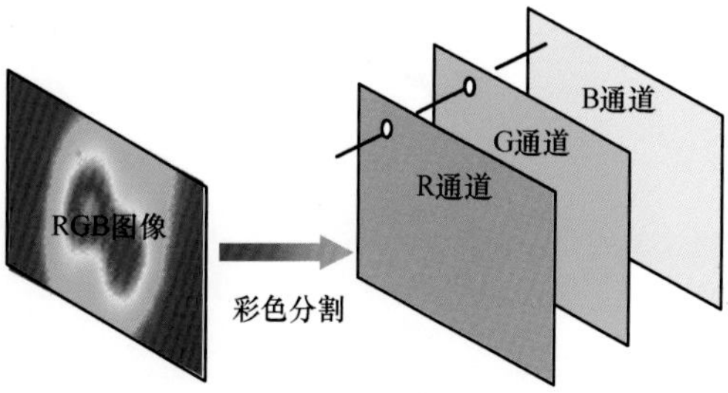

图 10.7　图像的 RGB 分离

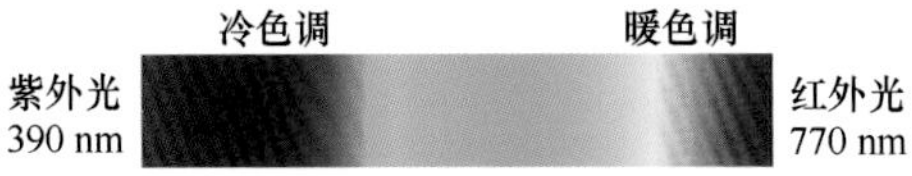
冷色调
暖色调
紫外光
390 nm
红外光
770 nm

图 10.9　冷暖色调示意

背景类
果体类
果蒂类

(a) 原彩色图像　　(b) 聚类分割结果

图 10.10　彩色图像的聚类分割

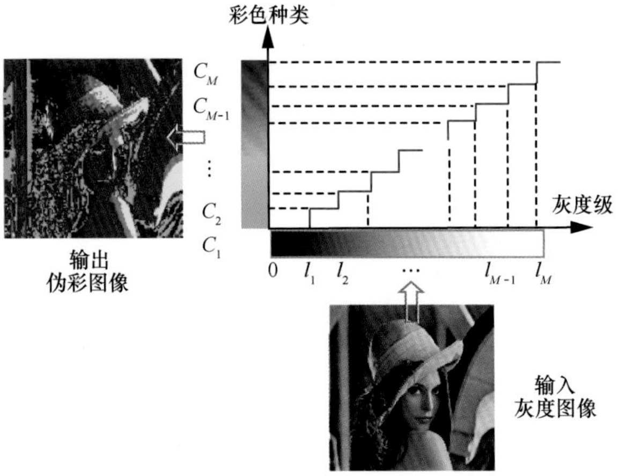
彩色种类
C_M
C_{M-1}
⋮
C_2
C_1
灰度级
0 l_1 l_2 … l_{M-1} l_M
输出
伪彩图像
输入
灰度图像

图 10.12　多灰度伪彩色分割示意

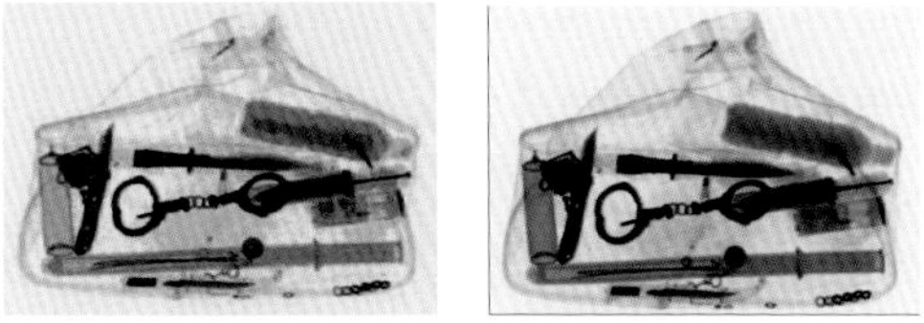

(a) 灰度图像　　(b) 对应的伪彩色图像

图 10.13　安检 X 光图像的伪彩色处理

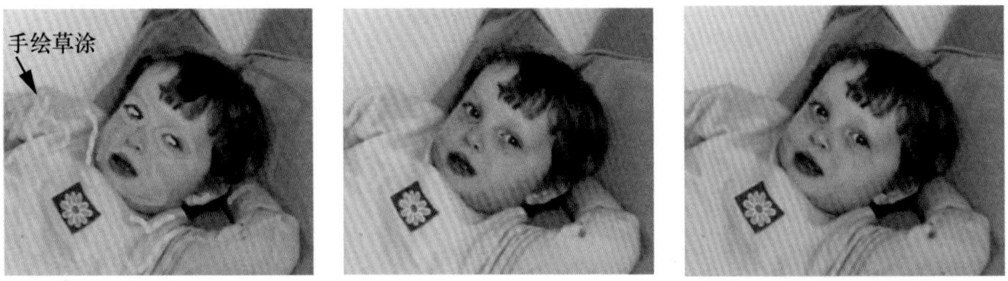
手绘草涂

(a) 目标灰度图像　　(b) 彩色化结果　　(c) 真实的彩色图像

图 10.17　由草涂指示的彩色化结果

(a) 彩色参考图像　　(b) 目标灰度图像　　(c) 彩色化后的图像

图 10.18　自动彩色传递彩色化示例

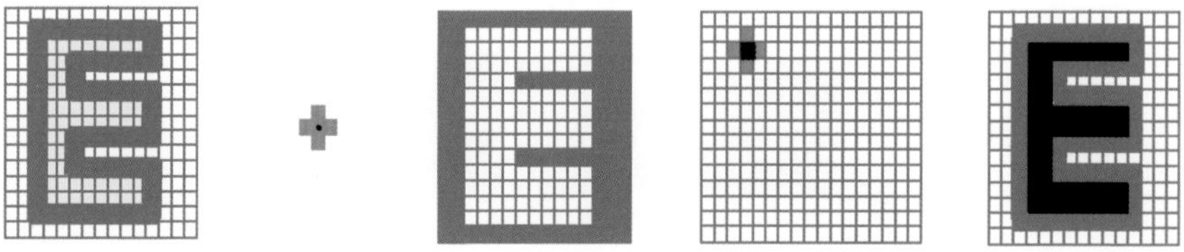

(a) 需填充图像A　　(b) 结构元素　　(c) 图像补集A^c　　(d) 初始X_0及膨胀点　　(e) 填充后图像

图 11.15　形态学区域填充示例

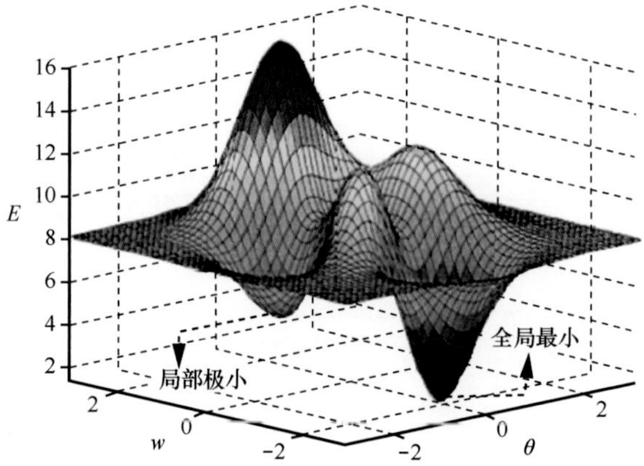

图 14.6　局部极小和全局最小

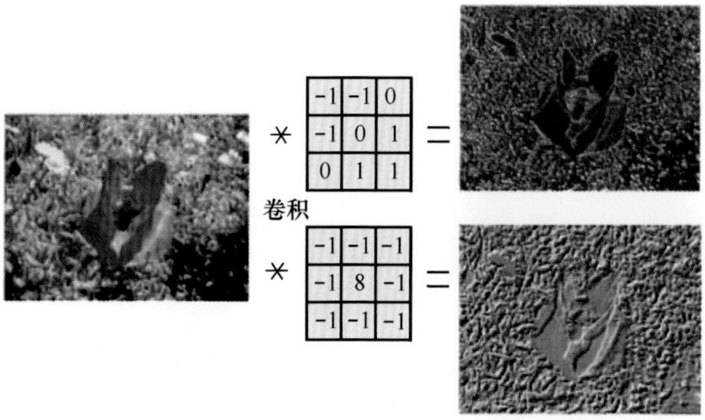

图 14.17　不同卷积核的卷积结果实例

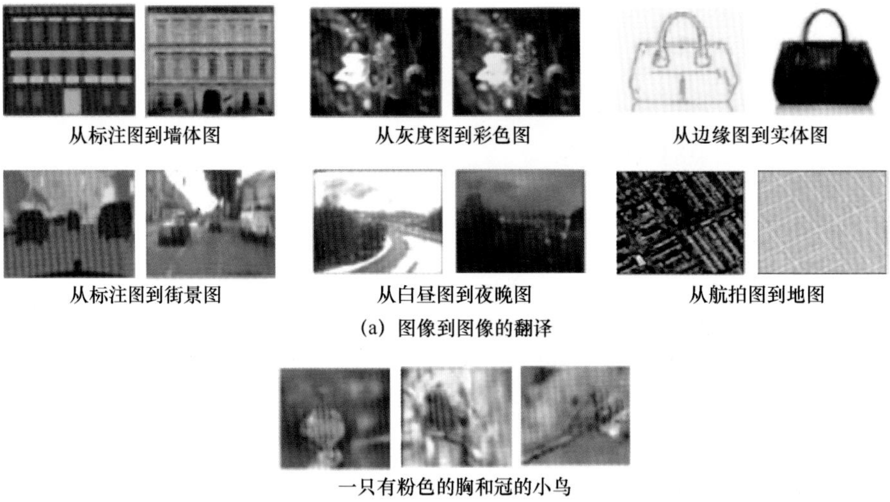

(a) 图像到图像的翻译

(b) 从文本到图像的翻译

图 14.22　图像翻译示例

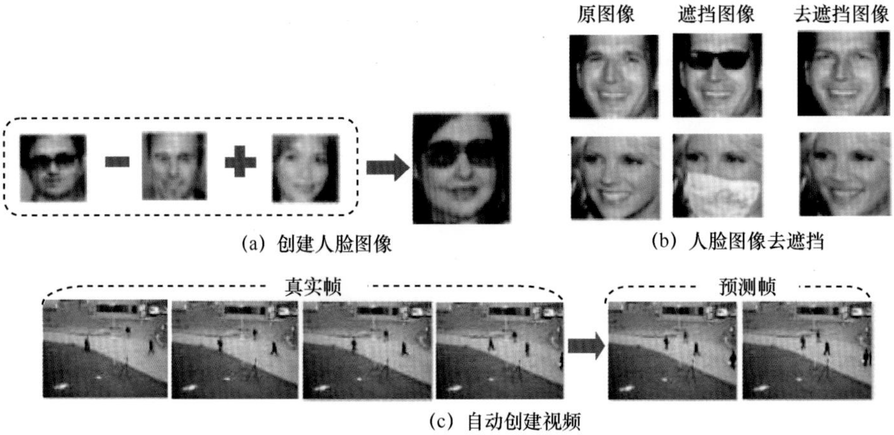

(a) 创建人脸图像

(b) 人脸图像去遮挡

(c) 自动创建视频

图 14.23　图像和视频的生成

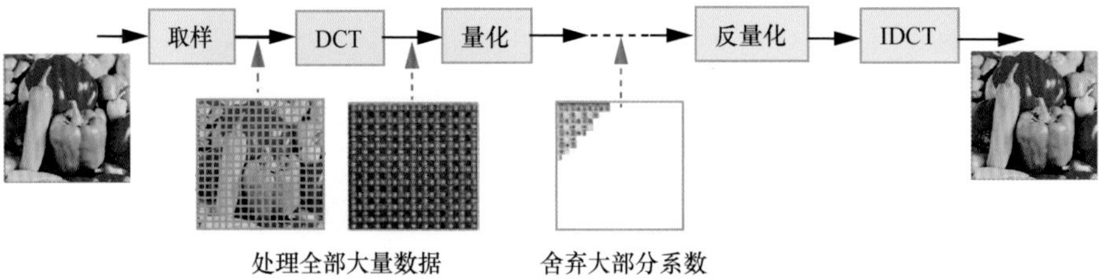

图 15.1　传统的图像采集和压缩过程